建筑工程施工全面质量控制必读

王宗昌　青　云　雷　杰　编著

中国建筑工业出版社

图书在版编目（CIP）数据

建筑工程施工全面质量控制必读/王宗昌，青云，雷杰
编著. —北京：中国建筑工业出版社，2015.10
ISBN 978-7-112-18523-8

Ⅰ.①建… Ⅱ.①王… ②青… ③雷… Ⅲ.①建筑工
程—工程质量—质量控制 Ⅳ.①TU712

中国版本图书馆 CIP 数据核字（2015）第 234043 号

建筑工程施工全面质量控制必读

王宗昌　青　云　雷　杰　编著

＊

中国建筑工业出版社出版、发行（北京西郊百万庄）

各地新华书店、建筑书店经销

北京永峥印刷有限公司制版

环球东方（北京）印务有限公司印刷

＊

开本：850×1168 毫米　1/32　印张：19½　字数：504 千字
2016 年 2 月第一版　2016 年 2 月第一次印刷
定价：**48.00** 元
ISBN 978-7-112-18523-8
（27732）

本书依据最新的施工类和质量验收类规范编写。着重关注施工质量控制的热点问题。

主要内容包括：建筑结构设计相关，建筑工程施工质量控制，混凝土结构工程，保温节能工程，建筑防水与给水排水，建筑电气工程，工程地质及桩基七个方面。

本书供施工人员、质量人员、监理人员、材料人员使用。

责任编辑：尹珀祥　郭　栋
责任设计：李志立
责任校对：张　颖　党　蕾

前　　言

　　建筑业是我国的支柱产业之一，在国民经济和社会发展中占有重要地位。人们的工作、学习及生活都离不开建筑工程，建筑工程质量的优劣直接影响到人们的生存环境和安全，必须采取切实有效的措施加强对建设项目的全过程监督管理。如不能对建筑工程质量进行有效的监管，有可能影响到工程的正常使用，甚至造成安全事故，阻碍城镇经济的迅速发展。同时，由于建筑市场的发展并迅速走向世界，带来机遇的同时也带来了竞争与挑战。为了在竞争中稳步向前，需要采取一系列有力措施加强和提高建设工程质量，尽量减少和预防质量通病的发生，为人们创造和谐的生活居住环境。

　　建筑工程的本质是质量，反映出满足国家及行业相关标准规定或合同约定的要求，包括使用功能、安全及其耐久性能、环境保护等方面所具备的特性总和。其实现是通过专业技术设计人员精心设计、科学构思和严密计算，才能达到使用功能及耐久性使用寿命。设计意图的实现则是通过建筑专业技术施工人员，将这些工程所用的各类材料、成品及半成品、不关联的离散材料，按一定的工艺方法组合成一个合格的使用实体，其施工细部操作过程的科学搭配、协调配合控制是质量监督管理的关键环节。要求每一个操作人员具有必备的技术素质和实践经验，切实重视工序过程的控制，使所形成的产品达到合格标准。而建筑产品具有其他产品不可比拟的特殊功能，一旦形成则难以改变，需要参与各有关方对实施过程的协调与配合监控，使形成的产品真正达到设计及相应标准，符合安全环保及耐久性要求。确保建筑节能达到国家要求的既定目标。

　　作者在各类建筑工程现场参与技术质量管理工作50多年，在这些年中亲身经历了建筑业的发展与技术的巨大进步，紧跟

4

建筑发展步伐学习理解、熟悉各类工程工艺过程中细部操作控制的方法和技术要求,对工序的做法合格与否十分清晰,在对各类工程实践应用总结的基础上,结合现行国家标准、规范、行业规程,以施工验收批质量控制中产生的通病为主,分析介绍了实践证明是符合验收标准、行之有效的技术措施和经验汇集,能给现场忙于施工的技术及管理人员学习提高,得以共同提升施工质量。

本书主要内容包括:建筑结构设计相关,工程施工质量控制,混凝土结构工程,保温节能工程,建筑防水与给水排水,建筑电气工程及工程地质与桩基 7 个方面的问题。在写作构思中力求全面系统、通俗易懂,突出实用性、针对性和可操作性,围绕工序过程中按质量标准及规范的主线,预防通病的产生。本书适用于现场技术人员、工程施工管理人员、建筑设计人员、建设监理及质量检查员、工程监督、建筑专业院校师学习借鉴,使这些工作繁忙又无一定时间顾及学习标准规范的专业人员,能够尽快熟悉和掌握新的技术规范,项目细部操作控制的正确方法,采取验评分离,突出验收的规定。

在本书出版发行之际,感谢国家建设部原总工程师许溶烈、姚兵、金德钧教授的鼓励与多年关怀;感谢克拉玛依市建设局韩斌、王月斌局长等领导;衷心感谢中国建筑工业出版社多年的友好合作及编审老师的辛勤劳作,使拙作再次同读者见面;同时,更要感激自己的家人、亲友及同事的鼓励与多年的关怀支持。在写作中参考了一些技术专著及文献资料,一并衷心感谢。因作者在建设实践活动中,所处地区的局限性和自身的知识面并不全面,难免存在一定欠缺和不足,恳请热诚读者批评指正,有机会再版时予以纠正。

目　录

第一章 建筑结构设计相关

一、建筑结构设计中应重视的一些问题

建筑结构设计是个系统全面的工作，是用设计语言来表达建筑师及其他建筑专业所要表达的内容。建筑物是用基础、墙、柱、梁、板、楼梯、大样细部等结构元素，来构成建筑物的结构体系，包括竖向和水平的承重及抗力体系。把各种情况产生的荷载，以最简洁的直接方式传递给基础。

1. 结构设计的过程

1）结构设计阶段大体可分为三个阶段

即结构方案阶段、结构计算阶段和施工图设计阶段。方案阶段的内容为：根据建筑物的重要程度，建筑所在地的抗震设防烈度，工程地质勘察报告，建筑场地类别及建筑物高度，层数来确定建筑的结构形式，如框架结构、砖混结构、框架-剪力墙结构、剪力墙结构、筒体结构或混合结构等，以及这些结构组合而成的结构形式。当确定了结构的形式之后就要根据所选择的结构特点和要求，来布置结构的承重体系和受力构件。

2）在结构的计算阶段考虑的主要内容

首先，应是结构计算。荷载包括外部荷载，如：风荷载、雪荷载、施工荷载、地震荷载、地下水荷载、人防荷载等；内部荷载，如结构的自重荷载、使用荷载、装饰荷载等。这些荷载的计算要根据荷载规范的要求和规定，采用不同的组合值系数和准永久值系数来进行在不同工况下的组合计算。其次，构件的试算，根据计算出的荷载值，构造措施要求，使用要求及各种计算手册所推荐的试算方法来初步确定构件的截面。同时，进行内力的计算，根据确定的构件截面和荷载值来进行内力的计算。包括弯矩、剪力、扭矩、轴心压力及拉力等；最后，进

行构件的计算，根据计算得到的结构内力及规范对构件的要求和限制，如轴压比、剪跨比、跨高比、裂缝宽度及挠度等，来复核结构试算的构件是否符合规范规定的相关规定。如不满足规范要求，要调整构件的截面或布置，一直达到满足条件为止。

2. 进行结构设计时应重视的问题

1）箱形、筏形基础底板挑板的阳角处理：

（1）阳角面积在整个基础底面积中所占比例极小，可以处理成直角或斜角；

（2）如果底板的钢筋是双向双排且在悬挑部分不变，阳角可以不增加辐射筋。

2）箱形、筏形基础底板挑板问题：

从结构角度分析，如果能出挑板，能调匀边跨底板钢筋，特别是当底板钢筋通长布置时，不会因边跨钢筋而加大整个底板的钢筋通长筋，节省点；出挑板后，能降低基础附加应力，当基础形式处在天然地基和其他人工地基的坎儿上时，加挑板就可能采用天然地基；能降低整体沉降，当荷载偏心时，在特定部位设挑板，还可调整沉降差和整体倾斜；窗井部位可以认为是挑板上砌墙，不宜再出长挑板。虽然在计算时此处板并不应按挑板计算。当然，此问题并不要绝对化，当有几层地下室、窗井横隔墙较密且横隔墙能与内部墙体连通时，可以灵活考虑；当地下水位较高出基础底板，有利于解决抗浮问题；从建筑构造上分析，取消挑板可以方便防水层的施工控制。

3）梁板的计算跨度：

在技术资料及参考书中介绍的计算跨度，如净跨的 1.1 倍等，这些概念和规定仅适用于常规的结构设计，在应用到宽扁梁中是不适宜的。梁板结构简单地看，可认为是在梁的中心线上有一刚性支座，取消梁的概念，把梁板统一看作只是一变截面的板。在扁梁结构中，梁高比板厚度多不了多少时，应将计算长度取至梁中心，选梁中心处的弯矩和梁厚，梁边弯矩和板厚配筋取两者大值。利用台阶式独立基础变截面的概念，柱子也可以认为是超大截面梁，对于梁配筋时应取柱边弯矩，同时还要考虑对于防震缝应加大处理，据介绍按规范规定设的防震缝，在地震时有 40% 发生碰撞，因而应当放大。

4）基坑开挖时，摩擦角范围内的坑边基础土因受到约束而不反弹，坑中心的地基土反弹，回弹以弹性为主，回弹部位用人工清除。当基坑较小坑底受到很大约束，回弹可以不考虑，在计算沉降时应按基底附加应力计算。当基础较大时，相对受到较小约束，如箱形基础，计算沉降时应按基底压力考虑计算，被坑边土约束的部分看作安全储备，这也是计算沉降大于实际沉降的一个原因。

5）对回弹再压缩基坑开挖时，摩擦角范围内的坑边基础土受到约束，不反弹；坑中心的地基土反弹，回弹以弹性为主，回弹部位用人工清除。当基坑较小时坑底受到很大约束，如独立基础，回弹可以忽略不计，在计算沉降时应按基底附加应力计算。当基础较大时，相对受到较小约束，如箱基，在计算沉降时应按基底压力考虑计算，被坑边土约束的部分看作安全储备，这也是计算沉降大于实际沉降的一个原因。

6）在主梁与次梁处加设附筋，一般先考虑加箍筋。附加箍筋可以看作是：主梁箍筋在次梁截面范围无法加箍筋或箍筋缺少，在次梁两侧补足，如板洞口的附加筋处理。附加筋是否必须设置要根据实际情况判定。规范中明确要求，位于梁下部或梁截面高度范围内集中荷载，应全部由附加横向筋承担。也是说位于梁上的集中力如梁上柱，梁上后加的梁如水箱下的垫梁不必要加附加筋。位于梁下部的集中力应加附加筋。但梁截面高度范围内的集中荷载可根据实际情况而定。当主次梁截面相差不大，次梁荷载较大时，应加附加筋；当主梁高度较高，次梁截面较小且荷载也小，如快接近板上附加暗梁，主梁可不加附筋。还有的主次梁截面均比较大，如工艺要求形成的主次深梁，而荷载相对不大时主梁也可不加附筋。

总之，当主梁上的次梁发生开裂时，从次梁的受压区顶至主梁底的截面高度混凝土加箍筋，可以承受次梁产生的剪力时，主梁也可不加附筋。梁上集中力产生的剪力在整个梁范围内是一样的，抗剪达到要求则集中力处也能满足。主次深梁及次梁相对主梁截面，荷载较小时也是可以满足的。

7）正常情况下，悬挑梁应做成等截面。尤其当出挑长度较短时与挑板不同，挑梁的自重占总荷载的比例很小时，做成变截面不能有效地减轻自重。变截面梁的箍筋，每个都大小不同加大了施工难度。变截面梁的挠度也基本同等截面梁。当然外露出的大挑梁，也可以适当变截面，使人的观感舒适。

8）当建筑物多数的房间比较小，而只有极个别较大房间时，如果按大房间确定基础板厚全是一种浪费，而按小房间确定则使配筋有难度，当承载力可以达到要求时，可以在大房间中部垫聚苯板卸载，按小房间确定基础板厚度。

综上浅述可知，建筑结构设计是一个全面且系统的工程，需要扎实的理论知识功底，灵活、创新的构思和严肃、认真、细致、负责的精神。只有脚踏实地从头开始，从一个基本的构件计算，一步一步地深入到全部工程，深入理解规范、标准的含义，并密切配合相关专业进行设计，在考虑处理中事无巨细，善于思考和总结成功与失误，才能使结构设计满足使用功能和耐久性的安全年限。

二、高层建筑结构设计的分阶段优化措施

现在建筑开发商总会把投资利润放在重点位置考虑，这就造成开发商对楼盘开发成本控制要求更加迫切。一般情况下，土建工程造价会占整个房屋工程总造价的 70% 以上，而在土建工程造价中约 75% 为材料款，材料费中钢筋的费用占 50% ~ 70%。因此，开发商会把降低钢筋用量作为降低造价的关键因素。建筑房屋的含钢量受结构类型、高度及抗震设防烈度、场地类别等多种因素的影响。如钢筋混凝土框架结构的含钢量多数在 30kg/m^2 左右；而高层剪力墙结构会在 40kg/m^2 以上，并

随着层高而逐渐增加。在此，主要针对高层剪力墙结构住宅工程，分扩初期设计、结构计算和施工图设计阶段，分析探讨优化设计中如何降低含钢量的具体措施。

1. 扩初阶段的设计优化

结构的布置合理是房屋建筑造价的关键因素。扩初阶段的结构优化设计会收到可靠、良好的设计预想结果。

1）平面规则严格控制

结构平面布置规则，在侧向荷载中，地震、风荷载作用下建筑物构件内力较小，构件用钢量也少。

（1）减少平面凸凹状

平面的凸凹少，则平面布置需要的墙体面积就小，剪力墙的用钢量也就降低。有人曾经在一个核心筒两侧架设空中走廊的大高层，墙率达到6.5%，而高层剪力墙住宅的经济墙率为5%左右。

（2）减小长宽比例

平面长宽比如果达到5~6，建筑物两主轴方向的动力特性差异较大，在侧向荷载作用下，抗侧刚度较薄弱的窄边方向的构件受力较大，综合分析对比看，长宽比较接近的建筑物含钢量要多。

2）竖向规则的控制

结构竖向布置规则，在侧向荷载作用下构件的内力比较小，同时规则性较差的建筑物构造要增加受力不利位置的构件配筋。控制竖向规则程度的措施包括减小高宽比，避免薄弱层和转换层的出现。

3）优选主楼基础的形式

高层建筑的基础造价占工程总造价的25%左右，正确选择基础类型，合理布置基础结构会降低一定的造价。对于建筑层数小于12层的小高层住宅，如果基础持力层是承载力理想的黏性土或砂砾土层，可以采用CFG桩复合地基。当层高超过12层的住宅建筑，一般会采用桩筏基础或桩基承台基础。采用桩基时需进行桩型、桩径、桩长等方面的技术与经济比较。不同地质状况可选用不同的桩型，在设计单桩承载力时尽可能接近桩身结构强度，减少一柱一桩，尽量把桩布置在墙下。这样，上部荷载会直接传递给桩，承台厚度可以适当减小。筏形基础宜适当出挑，一般出挑长度不要超过2m，当有基础梁时可以将梁一同挑出。如果剪力墙布置间距较小或者较多墙肢未对齐，应当选择桩筏基础，如选择桩基承台的基础需设较多的承台梁，而承台梁的箍筋用量会增加很多。

4）地下车库选择与抗浮设计

许多高层建筑周边会设地下车库，有的还是双层地下车库。梁板式楼盖荷载传递路线明确，受力性能合理，而地下车库顶板以上的景观布置和消防车道荷载具有一些不确定因素。所以，地下车库顶板仍然应采用梁板式楼盖。双层地下车库的中间层楼板可以采用"无梁楼盖"加"正柱帽"，地下车库底板可以采用"平筏板"加"倒柱帽"，因为无梁楼盖和平筏板可降低地下室层高。降低地下室层高可带来许多经济方面的好处，如基坑开挖土方量减少、外墙防水面积减少、降水费用降低，而且无梁楼盖和平筏板的施工难度比梁板式楼盖小，节省人工及材料费用。

通过对某高层建筑地下车库分别采用上述两种楼盖形式，经实际应用计算无梁楼盖的混凝土用量提高了约15%，但用筋量却降低了15%，考虑到现行《混凝土结构设计规范》计算板裂缝的荷载组合从标准组合改变为准永久组合，无梁楼盖的含钢量降低还是明显的。而对于双层地下车库底板下一般会打抗浮桩，且抗浮桩承载力不高、数量较大，应采用植筋的措施在地库负二层、负一层顶板设短梁与周边支护桩连接，可以抵消一部分水浮力，从而减少抗浮桩的数量，节省费用。

5）其他影响因素

高层住宅建筑的内隔墙材质，建筑周边悬挑板这类非主要因素对整体的含钢量也会有一定的影响。

（1）内墙用墙体材料。自从取消了烧结黏土砖，加气混凝土砌块是最好的替代材料，由于其优势是自重小，但同砂浆的粘结力却差，为提高墙体强度需要在门窗洞边，纵横墙相交部位设置较多的构造柱。如克拉玛依规定窗洞超过 2m 即设混凝土边梃，这也是为了固定窗框考虑的，因加气块不宜固定门窗框。这样，就增加了钢筋混凝土量。

（2）建筑周边悬挑板。周边悬挑板（飘窗、线脚及阳台挡板等）的面积不计入建筑面积。如悬挑板面积较大时，如造型复杂、有多个悬挑板时，其用钢量不容忽视。高层建筑假若周边悬挑板均为单层，悬挑板长度多数在 800mm 左右时，整栋楼的用钢量在 2.5t；当悬挑板长度多数在 1.2m 时，整栋楼的用钢量在 6.5t。如果周边悬挑板长度为 1m，悬挑板均为单层时，整栋楼的用钢量约为 3.5t；而悬挑板多数为双层时，整栋楼的用钢量约为 6t。

2. 结构优化计算

考虑到扩建及初设优化设计的高层建筑，在模型计算阶段还需要正确选择荷载和模型前数据处理。

楼面（屋面）附加恒载，墙体线荷载应根据实际建筑的习惯做法计算，楼面活载取值应按照荷载规范取用，不要随便放大。对于一些特殊功能的区域，应会同相关专业协调确定荷载的取值。

以现在常用的 SATWE 程序为例，有一些前期处理参数的选取对构件内力有明显影响；

（1）梁弯矩放大系数是 SATWE 程序早期为没有设计活载最不利布置而设定的，如果已选择了活荷载最不利布置的，则该系数不需要再放大；

（2）梁刚度放大系数主要是考虑现浇楼板作为梁的有效翼缘，提高了楼面梁的刚度，在住宅设计中梁取 1.6 较为合适。该系统与梁高、板厚、板的边界条件有关，新版程序可以按现行的《混凝土结构设计规范》GB 50010—2010 中第 5.2.4 条计算，若人为故意放大梁刚度，会使钢筋用量增加；

（3）住宅设计时，传给基础的活荷载应采取折减处理。

此外，在模型计算时通过调整建筑物周边墙体刚度，调整平面刚度中心接近平面质量中心，可以有效减小高层住宅的地震扭转效应，体现在计算结果中的周期比和移位比，从而减少墙体中的计算配筋率。

3. 施工图纸优化设计

1）优化梁板布置

住宅建筑的明显特点是开间较小，控制各排混凝土墙的间距多数在 3～4m 之间，混凝土墙之间的内隔墙尽量直接砌筑在楼板上，不然内隔墙下全都布梁会增加较多的钢筋。梁高及板厚除了根据跨度和构造要求确定外，还要尽量使梁板配筋率接近经济配筋率。梁的经济配筋率应在 0.8%～1.2%，而板的经济配筋率在 0.3%～0.8% 之间。

2）合理选择构造措施

混凝土墙体分布筋、楼板筋和梁柱箍筋用量很大，满足规范的设置要求即可。在满足内力计算要求的前提下，梁截面宽度尽量不要超过 300mm，这样可以避免设置复合箍筋。

高层住宅底部加强部位根据计算结果和应用习惯应增加墙体配筋，上部墙体构造边缘构件纵筋、箍筋及墙体分布筋，应按照现行《高层建筑混凝土结构技术规程》JGJ 3—2010 来配筋，不要随便增加。地下室顶板，住宅平面两端部，转换层，平面大开间周边，平面凸凹较大，顶层的所有楼板，这些特殊部位楼板根据规范适当调整配筋，不要随便增加。

综上所述，经济、安全是建筑设计工作的准则，结构设计人员要对高层住宅的投资考虑，更应对用户高度负责。设计师通过对结构规范的理解和工程实践总结，设计营造出安全经济、耐久可靠的建设工程。

三、高层建筑框架-剪力墙结构优化设计

某高层建筑设计使用功能要求办公、餐饮、居住于一体，属于综合性公共建筑，主楼 13 层，裙房 3 层，总建筑面积达 1.87 万 m²。

1. 建筑设计控制措施

1）结构承重体系设计

根据《建筑抗震设计规范》规定，该建筑物地处抗震设防烈度 7 度区，主楼抗震等级为二级，裙房抗震等级为三级。裙房部分的结构设计主要考虑由恒载及使用活荷载等竖向荷载引起的荷载效应，主楼部分的结构设计不仅要考虑竖向荷载效应，还要考虑水平地震作用及风荷载作用下产生的荷载效应组合。综合考虑裙房部分大空间的设计使用要求及主楼部分的抗侧移要求，裙房结构承重体系采用钢筋混凝土框架结构形式，主楼部分采取框架-剪力墙承重结构体系。

本工程项目的建筑结构在主楼抗侧力构件设计中，剪力墙主要承担水平作用，框架承担少部分水平荷载和大部分竖向荷载作用。主楼平面形状接近正方形，楼梯均设置在角部位置。为提高主楼的结构抗扭刚度，剪力墙结合楼电梯间设在主楼结构的两个对角部位，具体厚度根据高层建筑结构设计的变形限值，由刚度、承载力和延性三者之间的最佳匹配确定。

2）建筑缝的设计处理

工程由主楼和裙房两部分组成，在两者的连接部分需设置建筑缝，考虑到主楼部分高度大、结构重量也大，而裙房部分相对很低，因此在两建筑物之间要设置沉降及防震缝。对于沉降缝结合主楼要设一地下室的使用要求，设计时将主楼基础设计为桩基，而是把裙房基础设计为条形基础，通过两种不同基础形式的沉降变形计算，相应调整和消除主裙房两部分的不均匀沉降。防震缝的设置是为了避免主楼和裙房间连接处留下较宽的缝，给裙房屋面防水带来困难，因此设计时采取"抗"的

措施，结构分析时将主楼和裙房视为一个整体，进行抗侧力结构计算处理。施工中按照设计图在主楼和裙房之间留了一条1.2m宽的后浇带，通过施工后的时间调整两部分存在的沉降差。

3）基础设计措施

根据工程勘察地质报告提供的地质条件，主要是主楼和裙房荷载分布不均匀的实际，主楼部分结合地下室的设计，采用深桩筏形基础，以提高主楼结构的整体稳定性，降低主楼部分的变形沉降。

裙房部分采用柱下条形基础，通过修正条形基础础的宽度来调整基底反力，进一步控制裙房部分的基础沉降变形，使主楼结构与裙房结构在不同的荷载作用下，达到产生基本相似的基础沉降变形量。

2. 结构优化设计的对策

钢筋混凝土框架-剪力墙结构，是高层建筑结构体系中最常见的承载体系。它同时具有框架结构平面布置灵活，可获得大空间，建筑立面也容易处理；同时，剪力墙结构抗侧移刚度大，整体性好，抗震性能好的优势。在水平荷载作用下，具有单纯框架和单独剪力墙结构更加有利的水平变形曲线。但钢筋混凝土框架-剪力墙结构是具有双重承载体系的非常复杂的空间受力体系，力学分析比较有难度，其优化设计就更加困难。虽然国内外专业人士对此有所研究，但框架-剪力墙结构的优化设计仍需深入探讨。

1）框架结构的分部优化

钢筋混凝土框架结构是具有多个多余的约束超静定结构，其荷载效应不仅与外荷载大小有关，还与结构构件的材料特征、几何构造特征有关。钢筋混凝土框架结构的分部优化设计，即是在结构整体内力分析完成后，根据梁柱各构件的控制内力进行截面优化设计，确定满足荷载效应水平要求的各结构构件的几何特征和配筋量的优化结果，由此造成原结构的几何特征和荷载特征发生变化，优化结构在现荷载作用下内力分布特征发生变化，各构件控制截面上的控制内力也发生相应变化，据此再进行新一次的优化设计。因此，框架结构的分部的优化设计实际上是一个迭代、渐进的优化过程，计算结果虽不能等价于整体优化计算结果，但也会给出工程实用的良好结果。钢筋混凝土框架结构的分部优化设计方法的具体步骤为：

（1）初始选型

根据结构平面、立面布置及建筑物的使用功能，分析结构所承受的竖向荷载和水平荷载及传力路线，并考虑方便施工因素归并框架梁柱的类型，初选梁柱的几何尺寸。

（2）结构分析

按照结构的实际几何构造特征，计算结构所受竖向荷载和水平荷载，对钢筋混凝土结构进行空间内力分析。根据结构分析结果，将截面尺寸相同构件的控制截面内力，根据其大小进行分类，并确定每一类构件的设计控制内力。

（3）截面优化设计

针对每一种梁柱构件的控制内力进行优化设计，得出优化约束条件下的结构几何构造特征和配筋特征的优化设计结果，从而构成新的优化意义上的设计结构。

（4）收敛性判断

在工程精度意义上选取一个较小的数值，作为检验结构收敛性的条件，进行收敛性判断。若优化结构与原结构基本一致，则认为优化结构是收敛的，可以转入下步的可行性判断；否则，转回对结构的重新分析，优化设计。

（5）可行性判断

对优化设计结果进行一次内力分析，检验其可用性。若整体分析可以满足结构要求，则可按此方案进行配筋和构造处理，作为最终的优化设计结果；否则，要根据工程应用经验和结构内力分析结果进行局部调整，直到方案符合优化最佳效果为止。

2）框架-剪力墙结构的三阶段优化设计对策

框架-剪力墙结构的设计主要涉及三方面的优化问题：

一是结构最优设防水平的决定；

二是框架与剪力墙结构的协调工作，承载力、刚度与延性变形能力之间的最佳匹配设计；

三是框架-剪力墙结构构件的优化设计策略。

高层建筑采取的框架-剪力墙结构在水平荷载下的协调共同工作非常关键，主要是水平荷载在框架和剪力墙结构之间的分配构造问题，因此，剪力墙位置和数量的设计至关重要。在此，可以把框架-剪力墙结构的优化设计过程分为三个阶段考虑进行。对于不同阶段的不同问题，采取不同的优化措施进行优化处理。

(1) 第一阶段最优设防水平 I_d 的优化决定

根据当地地震危险性分析结果或地区具体规定，在预测地震烈度概率分析基础上，用模糊综合评判法计算结构的模糊延性向量和模糊抗震强度、损伤等级概率和震害损失的预估期望值 $E(I_d)$，在满足最大投资约束和最大损失约束条件下，使 $K_1 C(I_d) + K_2 K_3 E(I_d)$ 达到最小，求出最佳抗震设防烈度 I_d。

(2) 第二是框架与剪力墙结构的最佳优化设计

剪力墙结构构件的优化设计主要是结构的刚度与延性指标的最佳组合。可以用力学准则进行优化，结构刚度对其的影响主要为结构的自振周期和侧向位移，而结构的延性对其的影响主要是保持承载力前提下的变形能力。因此，可以用结构整体的侧向位移量来协调结构的刚度和延性。设计师应当根据高层建筑设计规范对结构层间位移和顶点侧移的限值，来控制结构的刚度和延性设计。

(3) 第三是框架结构构件的优化设计

框架结构构件的优化设计准则是一个结构问题，在一次整体分析完成后，可按照上述方法对框架-剪力墙结构中的框架部分进行单独优化设计。

(4) 框架-剪力墙结构的优化设计步骤

①分析结构平面、立面布置特点，根据工程经验选择剪力墙抗侧力构件的布置位置及所需厚度；

②根据结构使用荷载特点，在总结成功经验基础上归并框架结构类型，并初步选定每一类型框架结构梁柱构件的具体尺寸；

③进行整体结构空间的内力分析；

④按照结构计算分析结果，检查结构的层间位移及顶点总位移，是否可以满足规范要求。如果满足规范要求，则可转入下一步⑤进行判断；若不满足规范要求，则直接返回①步，再进行剪力墙水平截面面积的修正；

⑤刚度的最佳优化判断：比较结构实际侧移值和规范限值，若 $|\max(\delta/h) - \{\delta/h\}|/\{\delta/h\} \leq \varepsilon_1$ 且 $|\max(\Delta/H) - \{\Delta/H\}|/(\Delta/H) \leq \varepsilon_2$，则转入下一步⑥进行计算；否则转入第①步，并用原剪力墙厚度乘以修正系数 $\{S\} = \max\{S_1, S_2\}$（$\hat{S}_1 = \{\delta/h\}/\max(\delta/h)$，$\hat{S}_2 = \{\Delta/H\}/\max(\Delta/H)$），来修正剪力墙的几何尺寸，重新进行结构分析；

⑥分别进行剪力墙和框架结构构件的截面优化设计；

⑦收敛性设计判断：比较优化结构与原结构的接近程度，若优化结构与原结构基本相似，则认为优化设计是收敛的，可以转入下一步进行可行性判断，否则将优化结构作为原结构转回第 3 步重新进行结构分析，优化设计；

⑧可行性判断：对优化设计结果进行一次内力分析，检验其可行性，若是整体分析能够满足工程设计要求，则是按此方案进行配筋和构造处理，作为最终的优化设计结果。否则要根据工程实践经验和结构内力分析结果进行局部调整，直至达到最佳方案为止。

3. 对结果的分析

采用三阶段优化设计方案的对策措施后，对于框架-剪力墙的高层建筑结构进行优化设计，在正常承受灾害损失能力和投资能力较强时，最佳优化设防烈度为 7.5 度。再经过专家论证，并考虑到资金投入的困难，提高了权重系数 K_1，最优设防水平按 7 度控制设计。

综上所述，对于具体的高层建筑结构的优化设计，要根据建筑物使用特点及当地的设防等级综合考虑。由于优化设计对于框架-剪力墙结构而言，是一个亟待解决而比较复杂的设计难题，尤其是超高层建筑或大跨度结构的优化设计，不仅具有显著的经济效益，而且对结构受力的合理性、新型结构形式的应用推广意义重大。以上分析介绍的优化方法及具体措施在应用中作为重要参考，对结构设计及思路的引导有重要作用。

四、建筑框架-剪力墙结构连续梁设计控制

在剪力墙结构中连接墙肢的梁称为连续梁。连梁一般具有跨度小、截面大、与连梁的墙体刚度较大的特点。连续梁除了承担竖向荷载外，还要承受风荷载和水平地震作用、水平荷载且产生较大内力。因此，在进行剪力墙的设计时，有时会出现连续梁无法使连接截面达到设计规范的要求。以下主要探讨剪力墙结构中连续梁设计的几个问题，列举几种新型连续梁结构体系及其利弊，并提出相应的应用措施。

1. 联肢墙在水平荷载时的破坏机理

1）连续梁的作用

在水平荷载作用下墙肢产生弯曲变形，使连续梁端部产生转角，造成连续梁产生内力，同时连续梁端部的内力又反过来减小与之相连墙肢内力和变形，对墙肢起到一定的约束作用，改善墙肢的受力状态。因此，连梁对于剪力墙结构尤其重要。它在起到连接墙肢作用的同时，还对连接的墙肢起到一定的约束作用。

2）联肢墙的脆性破坏

联肢墙的脆性破坏有以下两种情况：即肢墙发生脆性破坏和连梁发生脆性破坏。当脆性破坏发生在墙肢，会造成剪力墙很快失去承载力，甚至使结构突然倒塌，这是设计时应绝对避

免的。现行《建筑抗震设计规范》GB 50011—2010 规定了抗震墙截面的剪压比限值和抗震等级为一、二级时抗震墙底部加强部位剪力设计值的放大系数，就是为了防止墙肢早于弯曲破坏发生剪切破坏。当连梁发生脆性破坏丧失其承载能力，如果沿剪力墙全高所有的连梁均出现剪切破坏，连梁就会失去对墙肢的约束能力，从而造成墙肢成为单片的悬臂墙。由此会导致剪力墙结构的侧向刚度大幅度降低，加大变形量，墙肢弯矩也加大，并且进一步增加了 $P\text{-}\Delta$ 效应，最终可能导致结构的倒塌。为了防止连梁早于弯曲破坏而出现剪切破坏，"建筑抗震设计规范"对连梁截面的剪压比限值和抗震等级为一、二级时连梁端部建立设计值的调整系数进行具体规定。

3）联肢墙的延性破坏

其延性破坏也可以分为两种情况：墙肢发生延性破坏和连梁发生延性破坏。当墙肢首先发生弯曲破坏，连梁尚未屈服，剪力墙结构在破坏时极限变形很小。因此，对有抗震设防要求的建筑而言，它虽然是一种延性破坏，但耗能能力较差，在结构设计中应尽量避免出现这种现象。当连梁先屈服，连梁端部出现垂直裂缝，受拉区出现细微裂缝，在水平地震作用下产生交叉裂缝并形成塑性铰，结构刚度降低变形量加大，从而吸收大量的地震能量，同时结构的地震效应减小。另一方面，连梁出现塑性铰后并未完全丧失承载能力，它仍能通过塑性铰继续传递一定的弯矩和剪力，对墙肢产生一定的约束作用。为了保证联肢墙的延性要求，对连梁的延性要求非常高，因此，在设计高层建筑剪力墙时，必须特别关注连梁的延性系数。

2. 几种新型的连梁结构体系

为了解决传统上形成的设计问题，现阶段有斜对角交叉配筋、菱形配筋、菱形斜配筋和劲性配筋钢筋混凝土连梁结构体系，以及新型组合连梁控制结构体系。

1）斜对角交叉配筋钢筋混凝土连梁结构体系

在 20 世纪 70 年代初，为解决跨度比较小的深连梁的设计问题，新西兰 T. paulay 教授提出了斜对角交叉配筋的连梁。此连梁受力及变形性能较好，滞回曲线丰满、稳定，耗能性好且延性大。但此连梁采用对角线配筋用钢量较多，施工要求也高，推广应用受到一些影响。

2）菱形配筋钢筋混凝土连梁结构体系

为了克服斜对角交叉配筋连梁结构体系的不足，上海城建学院的戴瑞同等教授提出菱形配筋钢筋混凝土连梁结构体系。该连梁结构有较好的受力性能，在跨高比、纵向配筋率等条件相同时，其各项性能指标优于传统连梁。菱形配筋连梁的强屈比高于平行配筋连梁，由于主斜向钢筋承担了大部分剪力，使得其所能承受的剪力高于传统连梁，降低了连梁扭转变形在总变形中的比例。同时，菱形配筋连梁的所能达到的转角延性系数和耗能性能。但该梁在施工方面要求较高，在应用中也受到一些限制。

3）菱形斜筋钢筋混凝土连梁结构体系

重庆大学土木工程学院傅剑平和白绍良等教授，提出了在传统配筋基础上，同时加设交叉斜筋和由上下两组相互倒置的 L 形筋，组成的菱形斜筋的新型连梁结构体系。主要优点表现在双向交叉斜向钢筋在梁腹内布置较分散、均匀，不仅可以有效防止过早发生的"错动型剪切破坏"，而且能够使腹板混凝土沿斜向均匀受压，加上斜筋分担了一些斜向压力，而 L 形筋还提供了少量侧向约束，因而由梁腹混凝土斜压所导致的剪切破坏发生较迟，使连梁发挥出较理想的延性性能。

4）劲性配筋钢筋混凝土连梁结构体系

高层剪力墙结构由于建筑，设备安装及经济的要求，连梁高度受到限制。而采用劲性配筋的钢筋混凝土连梁结构体系，通过增加用钢量以减小连梁截面尺寸满足需要。20 世纪 90 年代有学者进行劲性钢筋混凝土连梁结构体系的研讨。指出该连梁具有较大的变形能力和延性系数，且随着变形的增大，滞回曲线变得十分丰满，表现出较强的抗震耗能能力，所以，该连梁的应用为连梁结构设计提供了新的结构形式。

5）新型组合连梁控制结构体系

该新型组合连梁是由角钢组成的空间桁架组成，与传统连梁相比自重降低，墙肢中的轴力减小；钢桁架结构不但延性好，且受力机理也比钢筋混凝土连梁结构简单、直观，便于设计成延性破坏的连梁；在中间支撑上可以非常方便地设置摩擦耗能阻尼控制装置，能有效实现耗能减震，进而提高剪力墙结构体系的整体抗震能力，在大地震中梁端产生塑性铰之后会影响正常使用，而采用钢结构连梁可以方便更换维修，这个优势是钢筋混凝土连梁结构无法达到的。该新型组合连梁为结构设计提供了一种选择。

3. 连续梁设计要重视的一些问题

在带连续梁的剪力墙设计中，连续梁的跨高比和截面尺寸受到多种因素的影响，跨高比有时会小于2.5或更小。这类连梁在水平地震作用下容易产生承载力超限的情况。如果在结构中只有少量连梁承载力超限，当这些连梁出现并形成塑性铰时，就会有部分弯矩转移墙肢。一般情况下，墙肢的强度应当承受这些增加的弯矩。如果沿墙身有较多的连梁超限而屈服时，墙肢就会增加较大的弯矩，应当考虑对结构进行修改，或重新进行结构计算。以下为对剪力墙连梁进行设计时，连梁出现承载力超限或连梁截面不符合要求时重视的关键问题。

1）对连梁的刚度进行折减

（1）连梁由于跨度比较小，与之相连的墙肢刚度比较大等因素，水平力作用的内力却比较大，连梁屈服时表现为梁端出现裂缝，而刚度降低，内力重分布。因此，在开始进行结构整体计算时，就需对连梁刚度进行折减。现行《高层建筑混凝土结构技术规程》规定：在内力与位移计算中，抗震设计的框架-剪力墙结构中的连梁刚度可予以折减，折减系数不宜小于0.5。

（2）规程中之所以考虑对连梁的刚度可以折减，是由于在水平荷载作用下，混凝土的开裂造成刚度的降低。在水平地震作用下，连梁的裂缝开展与塑性变形在风荷载作用下会更大。因此，连梁在水平地震作用下刚度降低得更多。但是，连梁的刚度折减得越多，即连梁取用的折减系数越小，意味着设计荷载作用下裂缝开展得越大。在承载力超限时，如发生强风或地震烈度超过多遇地震烈度时，连梁的塑性铰也会出现得越早，这就要求设计人员更加重视连梁的延性和使连梁符合"强剪弱弯"的要求。

（3）对于以风荷载为控制因素的高层建筑，为了避免连梁在使用荷载作用下裂缝开展过大，刚度折减系数应取较大值；对于水平地震作用为控制因素的高层建筑，则可取较小的折减系数，但为了连梁的延性要求，连梁的刚度折减系数不应小于0.5；《高层建筑混凝土结构技术规程》中还规定：在竖向荷载作用下可以考虑梁端塑性变形重分布，而对梁端负弯矩进行调幅。因此，在计算连梁竖向荷载作用下的内力时，对已考虑了梁端负弯矩调幅的连梁不应再考虑刚度折减。

2）增加剪力墙洞口的宽度，减小连梁高度

增加剪力墙洞口的宽度即增加连梁跨度，减小连梁高度的目的是减小连梁刚度，同时由于减小了结构的整体刚度，也就减小了地震作用的影响，使连梁的承载力有可能不会超限。

3）提高混凝土强度等级，提高剪力墙的混凝土强度等级

其弹性模量增加的比例远小于混凝土抗剪承载力提高的比例，因此，也可能使连梁的承载力不会超限。

4）连梁刚度折减后，仍有部分连梁承载力不符合要求的处理措施

（1）现行《高层建筑混凝土结构技术规程》规定了连梁可进行弯矩调幅以降低剪力设计值。首先，连梁的弯矩实际值包括竖向和水平两部分荷载所产生的内力。对于竖向荷载下的连梁负弯矩的调幅上面已分析，此处弯矩的调幅不要考虑竖向荷载产生的弯矩在内。

（2）对连梁的刚度已经进行了折减后，弯矩的调幅应慎重。

同样为荷载控制时，在对连梁刚度进行折减后，连梁的弯矩设计值不再调整。在塑性内力重分布时，平衡条件是必须满足的，采取用提高其他部位连梁的弯矩来满足平衡条件是否合理值得注意。由于墙肢的抗弯刚度较大，内力的重分布将由墙肢承担较大的比例，只有当墙肢屈服了，全部不平衡弯矩才会通过墙肢的轴力向上下层的连梁转移。而墙肢的屈服一般晚于连梁的屈服，因此，简单地将不平衡弯矩向连梁转移是不合理的。同时，连梁弯矩的增加，其剪力也会增加，且连梁的跨高比较小，因而在连梁产生塑性铰之前，连梁可能超过其最大抗剪承载力，如上所述连梁会发生脆性破坏。因此，当发生连梁的截面抗剪承载力超限时，应按照"强剪弱弯"的原则，以此作为连梁的最大弯矩进行调整，调整的幅度不宜超过20%。

（3）对于风荷载起控制作用的高层建筑，如果对超限的连梁采取刚度折减后，仍然未解决其承载力超限时，不宜再对连梁的内力进行调整。而应采取增加剪力墙的厚度，以提高连梁的抗剪承载力，使连梁的内力符合截面设计的要求。同时，也可以增加剪力墙洞口的宽度，减小连梁的高度，以降低连梁的刚度，使连梁的内力符合截面设计的要求。

（4）对于水平地震作用起控制作用的高层建筑，如果对超限的连梁采取刚度折减后，仍未解决承载力超限时，应根据情况进行分析，采取相应的措施；如果是超筋或超限的连梁数量较多，结构的刚度较大，位移比规定的限值小得较多时，可采取增加剪力墙洞口的宽度，减小连梁高度的方法，使连梁的刚度减小；另外，若是只有一些连梁超筋或超限，可采取调整连梁内力的方法解决，具体方法如上所述，调整的幅度不要超过20%，且连梁必须满足"强剪弱弯"的要求。同时，如果结构的刚度较小，则不应再对连梁的内力进行调整，而应采取增加剪力墙厚度的方法，以减小连梁的内力，使其达到规定要求。

五、偏心受压柱在设计施工中注重的问题

混凝土受压柱在当今房屋的多层钢筋混凝土框架结构、框架-剪力墙建筑结构中起着关键的构造作用。由于近年来各地地震的频繁出现，泥石流等自然灾害对建筑物的破坏分析，在工程实践中感觉到柱子作为框架-剪力墙建筑结构中的主要构件的重要性。但一般会在设计和施工中存在一些不合理因素，对柱子承载能力可能存在的影响因素考虑不周到，导致部分柱子承载能力在设计基准期内达不到设计要求，失去在预期间抵抗自然灾害的能力。以下重点分析在设计和施工中对柱子承载力的影响因素，采取构造措施以确保结构件在设计基准期内发挥可靠的承载力。

偏心受压柱设计中存在的问题，在构造设计中因对结构受力分析不到位或者是对设计构造要求理解不深，影响到钢筋混凝土偏心受压柱的承载能力，主要表现在以下方面。

1. 钢筋混凝土偏心受压柱破坏形态分析不到位对承载力的影响

1）单向偏心、双向偏心钢筋混凝土偏心受压柱承载力的差异

偏心受压柱根据纵向压力作用的位置分为单向偏心和双向偏心。当构件所承受的纵向压力在截面的两个主轴方向都有偏心时，或构件同时承受轴向力和两个主轴平面内的弯矩 M_x、M_y 时，构件为双向偏心受压构件。经验表明双向偏心受压构件正截面承载能力和单向偏心受压构件正截面承载能力基本相同。但是，由于双向偏心受压构件在破坏时，中和轴一般不与截面主轴相垂直，受压区的形态比较复杂，可能是三角形、梯形或五边形。同时，钢筋应力也不均匀，有的应力可能达到屈服状态，有的应力可能很小，距中和轴越接近其应力越小。现采用近似公式计算，在计算过程中要确定一些参数，给实际工作带来诸多不便，并存在数据精确度差的问题。

为了确保柱子达到设计承载力，设计中必须重视的问题是：

（1）设计过程中为满足经济适用性，应考虑多设计双向偏心柱。由于有上述原因，在设计构造时尽量将柱子设计为单向偏心受压柱或轴心受压柱，避免双向偏心计算公式的不适用，这样计算会简单且能保证柱子的承载能力和结构的可靠性。

（2）设计为双向偏心柱时，配筋计算按单向偏心柱计算，或配钢筋时按 $M_x = M_y$ 对称配筋，这样会明显影响柱子的承载力。

（3）单向偏心柱的一般偏心纵向压力作用在柱截面长边受力较好。设计时如果将偏心纵向压力作用在柱截面短边，也会影响柱子的承载力。

2）大偏心、小偏心钢筋混凝土受压柱承能力的差异

偏心受压柱根据纵向受拉钢筋的配置多少及偏心距的大小，分为大偏心和小偏心柱。大偏心受压柱的特点破坏时，受拉和受压钢筋都屈服，破坏属于延性破坏，受压区高度发展小，满足 $\xi \leqslant \xi_b$（ξ 为截面换算相对受压区高度，是截面受压区高度和有效高度比值；即 $\xi = x/h$。ξ_b 为截面界限相对受压区高度，为截面界限受压区高度和有效高度比值，即 $\xi = x/h$）；小偏心受压柱的特点破坏时受拉钢筋未屈服，受压钢筋全屈服，破坏属于脆性破坏，受压区高度发展大，满足 $\xi > \xi_b$。在同等条件下，大偏心受压柱抗压能力差，而抗弯能力较好，小偏心受压柱抗压能力好，而抗弯能力较差。

在设计中应重视的问题是：

（1）当设计时不能准确判断偏心受压柱的形态，这样对偏心受压柱是否能安全承载影响较大。

（2）在设计时为了计算方便，采取对称配筋。当采取对称配筋时：$A_s = A'_s$（A_s 为受拉区钢筋截面面积，A'_s 为受压区钢筋截面面积），但是实际上 $A_s \neq A'_s$ 且一般 $A_s \geqslant A'_s$，应采取 A_s 的值更安全。如果采用 A'_s 会使结果偏小，会造成结果偏小，降低柱子的承载能力。

3）长柱、短柱和细长柱的承载能力差异

按照长细比的大小不同，钢筋混凝土柱子可分为长柱、短柱和细长柱。短柱的抗压承载能力明显大于长柱，但短柱在破坏时发生材料破坏，表现为明显的脆性；长柱在破坏时除了发生的材料破坏，还会出现失稳破坏和弯曲破坏，表现出明显的延性，长柱的抗压能力不及短柱，但抗弯能力明显优异。细长柱的承载能力低于长柱，延性却较好。

在设计时应注意的问题是：

（1）设计时不能准确认定柱子的计算长度或错估截面尺寸，造成不能准确判断柱子的类型。

（2）设计中出现短柱和细长柱，会降低柱子的承载能力。因此，在设计中严格控制长细比在 $5 < l_0/h \leqslant 25$ 或 $8 < l_0/b \leqslant 30$ 或 $28 < l_0/i \leqslant 97$（l_0 为柱子的计算长度，h 和 b 分别为柱子截面的高度和宽度，为截面回转半径），防止设计成短柱和细长柱，保证柱子有好的承载力和延性性能。

2. 钢筋混凝土偏心受压柱纵筋和箍筋对承载力的影响

在矩形偏心受压柱中，纵筋的作用主要是和混凝土共同承受纵向压力和弯矩，增强构件的延性防止脆性的破坏，减小混凝土的变形和裂缝延伸；箍筋的作用为与纵向钢筋形成骨架防止纵筋外凸，抵抗剪力减少裂缝，但是若受压柱纵筋和箍筋配置不当，会严重影响柱子的承载力和安全使用功能。

设计中应重视的问题：

（1）纵向受力筋的配置率不当，钢筋间距不满足要求。设计中要充分考虑纵向受力筋的配置率规定，并保证每侧纵筋间距在规范规定范围内。

（2）柱子的箍筋选用形式和箍筋加密范围不当。在设计柱子的箍筋时，严格按照规范要求选择合适的箍筋形式，严格控制箍筋的加密区域范围。

（3）设计中柱子箍筋重叠过多，假若柱子箍筋重叠过多，不但形成不利受力区，重叠箍筋把柱的核心受力区与混凝土的保护层分开，不利于混凝土整体性效果的发挥，也会降低柱子的延性和承载能力，还会给施工现场浇筑和振捣带来困难，多余箍筋也是一种对材料与人力的浪费。

3. 轴压比对偏心受压柱承载能力的影响

柱子的轴力越大，则延性越差，一般设计时采用控制轴压比 $n = N/(f_c A_c)$（N 为柱的轴压力设计值；A_c 为柱的全截面面积；f_c 为混凝土抗压强度设计值）的上限值来保证柱子的延性。轴压比是抗震概念设计的一项指标，它不是通过理论计算求得的，而是通过试验及实际地震破坏情况给出的数值。如果轴压比过大，最好通过加大柱子的截面积来减小轴压比满足规范的限值。

设计中当轴压比不满足规范要求时，有的设计师采用增大混凝土强度等级的方法，其实这种方法不如加大柱的截面积来减小轴压比更有效。因为新规范给定的混凝土强度值 f_c 随强度的增长而放慢。

同时，柱截面尺寸设计失误也会带来对承载力的影响，设计中必须正确估算柱子的截面尺寸，才能确保柱子具有可靠的承载力。当前设计中，确定柱子截面尺寸的方法有多种，但必须根据实际情况选择合适的方法，确保截面尺寸安全、经济、可靠，保证柱子具有较好的延性和承载力。

4. 钢筋混凝土偏心受压柱在施工中存在的问题

结构施工中由于管理不到位或控制措施不力，未严格按施工图及施工验收规范进行，造成模板及钢筋位置不准确，会直接影响到柱子的承载力，留下安全使用隐患。

1）钢筋工程施工重视方面

纵向主筋和箍筋的品种、规格、数量要挂牌分别堆放，防止混淆乱放，钢筋未复检或存在问题未及时发现更换，使柱子达不到承载能力；主筋的安装位置差错或达不到要求，纵向筋的骨架由于箍筋小偏移位置，间距及搭接长度及形式不符合现行要求，也会影响到承载能力；箍筋的直径混乱，间距、加密区长度及形状也不符合规定，同时漏放钢筋，由于柱子承载力较大、配置主筋较多，可能有时漏放或在振捣混凝土前影响绑扎抽取，肯定会降低其承载力。更有甚者在主筋中用了部分锈蚀筋，这是由于施工周期长、钢筋保管不到位、锈蚀后仍然使用所造成。这也是降低承载力的一个因素。

2）柱模板施工存在的问题

施工前没有认真进行技术质量交底工作，施工过程中安排管理不当，违反工艺程序，也缺乏应有的监督管理，造成模板的各个方面都达不到规范要求，影响到柱子的承载力甚至质量事故的存在。常见问题是：

支模前未正确进行模板设计，立模后又未进行仔细检查支架是否牢固，造成在浇筑混凝土时临时重量增加，由于稳定性差，有使模板错位甚至坍陷的危害；当柱子高度较大时，若模板刚度不足，所用支撑材料偏小，在浇筑过程中会出现位移、胀模、鼓包现象。不及时处理，如果存在二次重浇会影响其承载力；模板由于支撑原因尺寸偏小，保护层厚度不够，同时模板刚度与强度不足，浇筑过程中因混凝土入模加大模板的侧压力，会造成柱子轴线的偏移同梁轴线产生偏差；模板使用次数多，表面粗糙、掉皮，个别厚度不足及边角处合缝不严，也未采取封堵接槎及边角处，造成浇筑后拆除模板才看到柱表面不平整、蜂窝、麻面甚至漏筋。柱角及模板接缝处无浆，全是石子和小孔穴，这会造成钢筋保护层不足可能产生的锈蚀，严重影响到承载力；也存在由于工期紧模板周转不够，提前拆除模板影响到对柱子的养护，使强度增长受到影响，在使用中柱子也会存在承载力不足的问题。

3）混凝土施工存在的问题

混凝土的质量问题主要是强度不足，表现为使用材质低、配合比不恰当、水泥胶结材料及用量不足或与外掺料不匹配等诸多因素，影响到混凝土的性能及柱的安全可靠性；混凝土浇筑中存在过振或漏振现象、失水早、养护不及时、气温低、未采取保温措施等，都会严重影响到混凝土柱的偏心距及附加弯矩，使承载力受到影响。

综上所述，工程中常用的混凝土偏心受压柱是承受骨架的重要组成构件，是整个结构及构件安全使用的支柱。在建筑和结构设计中，必须全面考虑和慎重选择每一个参数，仔细计算每个数据。施工阶段要考虑到钢筋及模板才是柱子的可靠保证，因此，要对施工操作人员认真交底并提出相应要求。在进行钢筋加工前，要对柱保护层厚度有明确要求，使骨架不要过小和过大，这样对承载力极其不利。模板安装过程中，应将其强度、刚度和稳定性放在第一位，支撑必须安全、可靠。混凝土的入模及振捣环节是个关键，必须控制混凝土入模高度及振捣厚度，并防止欠振和过振，这是混凝土密实度的关键所在。经验表明，对立面混凝土的养护也是一个保证质量的重要措施，养护时间短、浇水次数少、水泥不能充分水化，也是达不到设计强度等级的。同时，对成品保护不重视、混凝土柱角碰撞损伤、露出主筋的情况并不少见，而修补也达不到原来的质量。

只有在施工中严格管理和监督，按工艺工序检查和验收，才能使混凝土偏心受压柱达到设计要求的质量和承载力，提高整个建筑结构的整体刚度和耐久性，才能具备抵抗各种自然灾害的能力，达到正常安全使用的功能。

六、高层混凝土结构设计常见问题控制

高层建筑在我国各地迅速拔地而起，建筑的高度不断增加，建筑类型与功能越来越复杂，结构体系的更加多样化，使高层建筑结构设计越来越成为结构工程师设计工作的重点和难点所在。

1. 概念设计原则

结构的概念设计，是保证结构具有优良抗震性能的一种方法。选择对抗震有利的结构方案和布置，采取减少扭转和加强抗扭刚度的措施，设计延性结构和延性结构构件，分析结构薄弱部位并采取相应措施，避免薄弱层过早破坏，防止局部破坏引起连锁效应，避免设计静定结构，采取二道设防措施等，在每个设计步骤中都贯穿了结构概念设计的内容。强调结构概念设计的重要性，是要求建筑师和结构师在建筑结构中应特别重视规范、规程中有关结构概念设计的各条强制规定，设计中不能只凭计算的误区，对此问题应当深入分析探讨：

（1）在结构体系上，应重视结构的选型和平面、立面布置的规则性，择优选用抗震和抗风性能好且经济合理的结构体系。结构应具有明确的计算简图和合理的传递地震作用的途径，结构在两个主轴方向的动力特性宜相近。

（2）一般工程仅进行了在小震下的弹性设计，而用概念设计和构造措施保证"中震可修，大震不倒"，但没有验算和证实，那么建筑物是否真正能做到"中震可修，大震不倒"无人知晓。对抗震设防烈度较高地区的特别重要建筑和超限建筑，审查专家往往会提出更具体的设计指标：中震或大震不屈服设计；中震或大震弹性设计；要求设计单位确保实现"三水准"的设计目标。

（3）建筑物应当是有个性的，不应当千面一物。基于性能的抗震设计理念的特点是，使抗震设计从宏观定性的目标向具体量化的多重目标过渡，允许按照业主的要求选择不同层次的抗震性能目标，作为设计者的设计依据。例如，业主可以提出更高的抗震设防要求，按中（大）震不屈服设计或中（大）震弹性设计，保证重要建筑物在大地震作用下，不影响正常的使用功能，而不仅仅只是不坏、不倒的问题。

（4）水平地震作用是双向的，结构布置应使结构能抵抗任意方向的地震作用，应使结构沿平面上两个主轴方向，具有足够的刚度和抗震能力；结构刚度选择时，虽可考虑场地特征，选择结构刚度以减少地震作用效应，但是也要注意控制结构变形的增大，过大的变形将会因 $P\text{-}\Delta$ 效应过大而导致结构破坏；结构除需要满足水平方向刚度和抗震能力外，还应具有足够的抗扭刚度和抵抗扭转震动的能力。

（5）在一个独立的结构单元内，应避免应力集中的凹角和狭长的缩颈部位；避免在凹角和端部设置楼、电梯间；减少地震作用下的扭转效应。竖向体型尽量避免外挑，内收也不宜过多、过急，结构刚度、承载力沿房屋高度方向宜均匀、连续分布，避免造成结构的软弱或薄弱部位。应避免因部分结构或构件破坏而导致整个结构丧失抗震能力或对重力荷载的承载力。根据具体情况，结构单元之间应遵守牢固连接或有效分离的方法。高层建筑的结构单元应采取加强连接的方法。

2. 结构选型重点问题

对于高层结构而言，在工程设计的结构选型阶段，结构工程师应该注意以下几点：

1）结构的规则性问题

现行规范在这方面有了相当多的限制条件，例如：平面规则性信息、嵌固端上下层刚度比信息等，而且，规范采用强制性条文明确规定"建筑不应采用严重不规则的设计方案。"因此，结构工程师在遵循新规范的这些限制条件上，必须严格注意，以避免后期施工图设计阶段工作的失误。

2）结构的超高问题

在现行《建筑抗震设计规范》与《高层建筑混凝土结构技术规程》中，对结构的总高度都有严格的限制，尤其是设计规范中针对超高的问题，除了将原来的限制高度设定为 A 级高度的建筑外，还规定了 B 级高度的建筑。因此，必须对结构的该项控制因素认真把控，一旦结构为 B 级高度建筑甚或超过了 B 级的高度，其设计方法和处理措施将有较大的变化。在实际工程设计中，出现过由于结构类型的变更而忽略了高度的问题，导致施工图审查时未予通过，必须重新进行设计或需要请专家开会、进行论证等工作的情况，对工程工期、造价等整体规划的影响相对较大。

3）嵌固端的设置问题

由于高层建筑一般都带有二层或二层以上的地下室和人防，嵌固端有可能设置在地下室顶板，也有可能设置在人防顶板等位置，因此，在这个问题上，结构工程师往往忽视了由嵌固端的设置，所带来的一系列需要注意的方面，如：嵌固端楼板的设计、嵌固端上下层刚度比的限制、嵌固端上下层抗震等级的一致性、在结构整体计算时嵌固端的设置、结构防震缝设置与嵌固端位置的协调等等问题，而忽略其中任何一个方面，都有可能导致后期设计工作的大量修改或埋下安全隐患。

　　4）短肢剪力墙的设置问题

　　现行规范中，对墙肢截面高厚比为 5 ~ 8 的墙定义为短肢剪力墙，且根据试验数据和实际经验，对短肢剪力墙在高层建筑中的应用增加了相当多的限制，因此，在高层建筑设计中，结构工程师应尽可能少采用或不用短肢剪力墙，以避免给后期设计工作带来不必要的困难。

3. 地基与基础设计问题

　　地基与基础设计一直是结构工程师比较重视的问题，不仅是由于该阶段设计过程的好与坏，将直接影响后期设计工作的进行。同时，也是因为地基基础也是整个工程造价的关键性因素，因此，在这一阶段，所出现的问题也有可能更加严重，甚至造成无法估量的损失。在地基基础设计中，要注意地方性规范的重要性问题。由于我国占地面积较广，地质条件相当复杂，作为国家标准，仅一本《建筑地基基础设计规范》无法对全国各地的地基基础都进行详细的描述和规定，因此，作为建立在国家标准之下的地方标准，地方性的"地基基础设计规范"能够将各地方的地基基础类型，和设计处理方法等一些成熟的经验，描述和规定得更为详细和准确，所以，在进行地基基础设计时，一定要对地方规范进行深入地学习，以避免对整个结构设计或后期设计工作造成较大的影响。

4. 结构计算与分析问题

　　在结构计算与分析阶段，如何准确高效地对工程进行内力分析，并按照规范要求进行设计和处理，是决定工程设计质量好坏的关键。由于现行规范对结构整体计算和分析部分，进行了调整改进和提高，因此，结构工程师也应该相应地，对这一阶段比较常见的问题有一个清晰的认识，才能准确用于工程。

1）整体结构计算的软件选择

目前，比较通用的计算软件有：SATWE、TAT、TBSA 或 ETABS、SAP 等，但是，由于各软件在采用的计算模型上存在着一定的差异，因此导致了各软件的计算结果有或大或小的不同。所以，在进行工程整体结构计算和分析时，必须依据结构类型和计算软件模型的特点，选择合理的计算软件，并从不同软件相差较大的计算结果中，判断哪个是合理的、哪个是可以作为参考的、哪个又是意义不大的，这将是结构工程师在设计工作中首要的工作。否则，如果选择了不合适的计算软件，不但会浪费大量的时间和精力，而且有可能使结构有不安全的隐患存在。

2）是否需要地震作用放大，考虑建筑隔墙等对自振周期的影响

振型数目是否足够。在规范中有一个振型参与系数的概念，并明确提出了该参数的限值。由于在原结构规范中，并未提出振型参与系数的概念，或即使有该概念，该参数的限值也未必一定符合现行规范的要求，因此，在计算分析阶段，必须对计算结果中该参数的结果进行判断，并决定是否要调整振型数目的取值。如多塔之间各地震周期的互相干扰，是否需要分开计算。

3）非结构构件的计算与设计

在高层建筑中往往存在一些由于建筑美观或功能要求，且非主体承重骨架体系以内的非结构构件。对这部分内容，尤其是高层建筑屋顶处的装饰构件进行设计时，由于高层建筑的地震作用和风荷载均较大，因此，必须严格按照规范中非结构构件的计算处理措施进行设计。

综上所述，钢筋混凝土高层结构设计是一个长期、复杂甚至循环往复的设计应用实践过程。任何在这过程中的遗漏或错

误，都有可能使整个设计过程变得更加复杂，使设计结果存在不安全因素。上述也只是当前在设计过程中，对一些问题在应用中的分析探讨，需要更多工程的实践应用来验证。

七、混凝土结构全寿命性能设计与施工

既有建筑的使用过程实际上是对结构进行长期试验的过程，在使用过程中表现出来的各种性能，可以检验现有结构设计理论存在的不足，为结构设计方法提供直接指导。就现在的设计理论看，许多国家设计规范是按照承载力及正常使用两类极限状态来控制结构设计，即采用抗弯、抗剪、抗拉强度指标满足结构的承载力极限状态。采用挠度及裂缝宽度指标满足正常使用极限状态。从结构使用中出现问题看，主要存在的问题是：

（1）在正常荷载作用下，按传统方法设计尤其是处于侵蚀环境的混凝土结构，在达到设计承载力极限状态前出现了钢筋锈蚀，混凝土保护层锈胀开裂和剥落耐久性问题，导致结构承载力降低，需要加固处理。

（2）在地震灾害下依据现行规范要求的"小震不坏，中震可修，大震不倒"的目标，尽管可以做到大震不倒保障生命，但可能导致设防烈度地震下的正常使用功能。

（3）业主对结构提出某些要求，如采光、通风、噪声、舒适度等性能，现行规范并未考虑，需要专业设计者满足用户在多方面的需求。

性能的抗震设计理论国内也进行了研究，主要是结构的耐久性问题。耐久性不足除了影响安全使用外，还会产生巨大的维修费用。近年来基于性能的结构设计受到工程界的高度关注。国际上对于在规范中采用基于性能设计的要求普遍，应当是未来结构设计的发展趋势，然而就当前的研究成果分析，主要集中在结构的抗震设计方面。对于正常荷载及环境作用下结构设计，未形成系统理论，对设计方法及指标，性能目标还需要深入研究。

1. 结构全寿命性能及性能方法

1）结构全性能概念

性能一词国际化组织的定义是："与产品的使用相关联的特性"。结构或构件作为一种特殊产品，通过承受一定荷载或环境作用满足人们不同要求。在荷载或环境作用下结构或构件要产生相应影响。如受弯构件在荷载作用下产生弯曲变形和内力；在盐渍环境下混凝土内钢筋锈蚀及保护层胀裂等。结构影响是在使用过程中表现的内部特征，其大小反映了结构的损伤程度，以此判断是否满足预期的目标要求。

2）性能方法概念

对性能方法概括性定义是："性能方法是参考结果而非手段的思维方式与工作方式的运用"。该方法重视的是建筑产品并不做出具体规定。对建设方并不完全掌握结构的建造过程，他们关心的是建筑物必须满足使用功能要求。现在的结构设计规范要求的是建筑物应具有最低的标准。建设方有权选择高于标准的结构，设计人员应满足业主要求，使工程建设达到相关规定。

3）性能设计的要求

性能设计的核心是满足结构预定功能要求。基于性能的要求不和现行设计规范相抵触。而现行结构设计规范是把强度指标通过力的形式（抗弯、剪、拉）量化设计，而正常的使用极限状态是采用挠度，裂缝宽度指标量化的。无论是力还是挠度还是裂缝宽度指标，都是可以计算和量测的。现在的极限状态设计法，实质也是基于性能的设计方法，只是未明确定义。

基于性能的包含了现行结构设计方法，但又比现行结构设计更具广泛性。一方面，它应当在规定使用年限内满足安全，耐久及适用性方面功能要求；另一方面，需要体现结构的个性要求。现在的规范只是共性的规定，个性要求由使用者提出。这种设计方法是对现结构设计理论的继承和发展，是经济发展和社会进步的体现。

2. 性能体系模型及内容

1）性能体系模型

以结构性能分析为主，将结构性能划分为不同性能水平并转换为与之对应的结构指标，设计者根据用户要求进行量化设计并验证。与传统设计的不同是：结构设计前由业主提出要求，设计师根据要求设计。

2）目标及性能要求

目标要求是业主对使用目的和功能方面要求，设计师根据要求确定相应的结构性能，将其分解成详细可测的几个功能部分，做出具体量化规定。

3）结构作用水平标准

当结构采用不同的作用标准设计，其性能水平是不同的，业主的满意程度也不同。如结构在外力荷载作用下产生内力变形，在环境荷载作用下钢筋锈蚀及保护层开裂，这些影响因素除了与荷载类型有关，还与强度大小有关。因此，在性能设计中要按已定的性能目标，考虑到经济条件确定作用强度，也即是作用水平及作用标准。

4）荷载作用要求

由于永久荷载在基准期内不随时间变化，一般是以可变荷载在基准期内的最大概率分布取标准值。现行《建筑结构荷载规范》GB 50009—2012 给出的是 50 年基准期的可变荷载取值标准，如果业主要求使用期大于或小于 50 年，仍按 50 年取值会不安全或过分保守。因此，性能结构设计应区别不同使用期设计构件。

按照不同使用年限要求确定可变荷载取值标准，相当于把可变荷载划分成不同荷载作用等级，各级荷载作用标准值可在现有可变荷载模型基础上确定。对于环境作用应先对环境进行分类，现行《混凝土结构耐久性设计规范》GB/T 50476—2008 中，按照对钢筋和混凝土材料的腐蚀机理，将环境分为一般环境、冻融环境、海洋氯化物环境、除冰盐环境和化学腐蚀环境五类。在环境分类基础上划分为不同作用等级，并确定荷载特征标准值。如海洋氯化物环境在该规范中划分为：中度（C）、严重（D）、非常严重（E）和极端严重（F）四个作用等级。针对不同作用等级确定相应的氯离子荷载标准值，实现性能结构设计。

3. 结构性能及标准

1）结构性能水平

性能水平是针对所设计建筑物，规定在可能遇到的各种作用下容许破坏的最大程度。结构的性能水平可以通过多种形式描述，如预期功能是否影响及其程度、结构破坏程度、结构承载力降低及裂缝大小变形程度等。其性能水平主要是安全水平、正常使用水平和耐久性水平三个方面。

现行结构设计规范有一些对结构性能水平的描述，只是不明确、不全面。如结构设计时根据结构失效可能产生的危及安全、经济损失及影响环境后果的程度，将结构划分为三个安全等级。根据使用要求，将裂缝分为三个控制等级。在此结构的安全和裂缝等级可以视为性能水平。如果把安全和裂缝等级对应于安全水平和正常使用水平，现行规范缺乏对耐久性水平的描述。对此，有必要从设计角度明确结构的耐久性设计水平。根据对结构性能变化过程分析，结合对耐久性的研究，混凝土耐久性可分为三个等级：一级，钢筋不发生锈蚀；二级，允许钢筋锈蚀但保护层不胀裂；三级，允许出现一定宽度的锈胀裂缝。

2）性能标准

性能标准规定了衡量性能水平涉及的问题时，其安全性、适用性及耐久性用什么界定标准，用什么样的物理量描述结构性能，性能指标如何量化等。

性能标准的确定是考虑到设计的问题，如标准过高可以使结构得到安全、耐久，但却增加过多费用；反之，降低费用却加大风险和维修费用。在确定时，应综合考虑安全可靠、寿命期经济性、承受风险能力及用户特殊需求等。考虑到业主对结构性能不同层次、不同方面与规范衔接，在此提出采用三级性能指标对结构进行控制。一级风险性能标准：即安全性、适用性和耐久性，目标是可靠性指标；二级技术性能标准：即内力、变形、裂缝宽度、挠度、钢筋锈蚀率、扩散深度、规定限值；三级材料性能标准：即钢筋强度、变形，混凝土强度、变形、氯离子扩散系数等。

（1）一级风险性能标准

主要是衡量结构完成预定功能的可靠性。用失效概率 P_F 或可靠性指标 β 表示。在确定风险性能指标时要考虑以下因素：公众心理；失效状态下修复损失的可能性；结构的重要性程度，应考虑重要结构、一般结构和次要结构三个等级；结构破坏的性质；失效的后果几个方面。

对于安全性水平，如桥梁结构安全等级分为一、二、三级时，延性破坏时可靠性指标 β 分别为4.7、4.2和3.7；脆性破坏时可靠性指标分别为5.2、4.7和4.2；建筑结构延性破坏时分别为3.7、3.2和2.7；脆性破坏时分别为4.2、3.7和3.2。

对正常使用水平的风险性指标，国际 ISO 2394：1998 建议：可逆转 $\beta=0$；不可逆转 $\beta=1.5$。现行《工程结构可靠性设计统一标准》GB 50153—2008 对房屋建筑正常使用极限状态规定，可逆程度宜取 0～1.5。

耐久性水平风险性能标准中现行结构设计规范无此内容，因此缺少判决超越耐久性极限状态的风险标准。耐久性极限状态失效的风险性能标准控制在什么水平，应考虑初建成本与后期维修成本的平衡，即寿命期内经济性问题，因耐久性不足而引起经济损失业主可承受。在正常情况下，结构初建成本、维修成本及总成本随可靠指标变化，当总成本最小时，其可靠度水平为最优可靠度。

耐久性等级可分为高、中、低三个等级。一级的结构要求钢筋在使用年限不生锈，当结构超越极限状态时，维修成本低对结构性能影响不大；二级的结构允许钢筋锈蚀，但不允许锈胀开裂，一旦开裂其速度很快，维修成本极高；对于三级出现锈胀裂缝宽度的结构，对结构影响不仅是维修问题，更是难以控制的安全问题。

（2）二级技术性能标准

规定了结构件在确定的荷载和环境条件下的物理特性，应当于结构设计采用的性能指标相对应。技术性能标准也可以分为三个方面，即安全性、适用性和耐久性能技术标准。安全性能技术标准可用结构的抗力来表示，取值标准大抵抗力大，反之则小。而设计时，可以细分为抗弯矩、抗剪力及抗倾覆能力等；适用性能技术标准一般是通过挠度、裂缝宽度、变形物理参数表示，应满足规范规定的要求；耐久性技术性能标准的确定，要明确采用什么样的标准描述结构耐久性能。如选择扩散到钢筋表面氯离子浓度描述耐久性退化程度，把钢筋开始锈蚀的临界氯离子浓度视作为耐久性技术性能标准。

（3）三级材料性能标准

规定了结构设计过程中所采用材料技术参数。包括钢筋和混凝土材料的强度、延性、变形，混凝土材料的抗渗、抗磨蚀及抗冻性等，一般通过试验确定其取值标准。具体可参看各行业的结构设计规范。

4. 全寿命设计性能指标

1）选择性能指标的考虑因素

性能设计要求是对荷载和环境作用下结构损伤的量化。根据性能退化特点及要求，在确定性能指标时考虑几个方面问题。

首先，这种性能指标应通过某种方法测量或计算获得，可以量化设计，根据指标或构件当前水平预测将来期望性能；同时，选择指标可覆盖结构退化的几个阶段，从这个指标大小能够了解结构处于那个退化阶段；另外，当业主提出某些方面的功能要求后，要能方便地将其转换为与其相对应的性能指标。

2）结构性能指标体系

业主对结构性能的需求是多方面的，除性能要求外还有如采光、保暖要求。在结构设计中可选择的参数有力、变形、位移、钢筋锈蚀、混凝土裂缝宽度等表达方式。与性能标准相对应，结合现行设计规范，提出三级性能指标体系，为全寿命控制指标。一级风险性能标准：即安全性、适用性和耐久性，目标是可靠性指标；二级技术性能标准：即内力、变形、裂缝宽度、挠度、钢筋锈蚀率、扩散深度，规定限值；三级材料性能标准：即钢筋强度、变形，混凝土强度、变形，氯离子扩散系数等。

3）结构全寿命性能极限状态

按照设计思想应针对不同性能指标建立性能极限状态，从指标体系分析，不同指标控制结构全寿命不同阶段的性能，也可以定义不同的极限状态。在实际结构设计中，可根据使用者的具体要求、环境状态、结构重要性、可修复性要求，确定选择相应的性能极限状态。

结构全寿命性验证是通过计算或试验来确定满足用户要求。通过技术分析检验设计构件截面是否达到标准，用可靠性分析认定达到最低风险标准，用结果调整设计方案。

5. 简要小结

（1）建立结构全寿命性能设计体系模型，模型中包括目标要求、性能需求、作用水平和性能标准几个方面内容的研究。

（2）将荷载作用等级通过不同设计使用年限取值标准来体现。在已有可变荷载模型的基础上，运用等超概率原则，给出不同使用年限可变取值标准的确定方法。

（3）根据结构性的退化过程，将结构性能水平划分为安全水平、正常使用水平和耐久性水平三个方面，并在结构设计时的耐久性划分为三个等级。即一级的结构要求钢筋在使用年限内不生锈；二级的结构允许钢筋锈蚀，但不允许锈胀开裂；三级允许出现一定宽度的锈蚀裂缝，但应控制裂缝的宽度。

（4）提出采用三级性能标准作为结构控制的标准。在考虑工程初建费用，维修费及总投资基础上，给出不同耐久等级时结构风险性能标准取值意见，即一、二、三级时，风险性能标准 B 分别取 1.0、1.5 和 2.0。

（5）对三级性能标准建立全寿命设计的三级指标体系，即一级风险性能指标、二级技术性能指标和三级材料性能指标。在技术性能指标中，提出采用有害介质扩散深度、钢筋锈蚀率及锈胀作为结构耐久性设计控制目标。

（6）全寿命设计性能指标，包括结构全寿命性能极限状态，按照设计思想应针对不同性能指标建立性能极限状态，从指标体系分析，不同指标控制结构全寿命不同阶段的性能。用可靠性分析认定达到最低风险标准，用结果调整设计方案。

八、工程项目设计变更的成因及管理对策

设计变更是指施工图纸经过审核正式发放施工后，在其实施过程中为保证设计和施工质量，完善工程设计，纠正设计存在不足，对工艺或材料设备改变，进行优化设计及满足现场条件变化而进行的设计增加、减少、调整及修改工作。设计变更的形式包括由原设计单位出具的设计变更通知单，由建设单位、施工企业及监理单位征求得到由原设计单位同意的设计变更联络单，设计变更申请单等。

而设计变更应本着及时查遗补漏，预防为主的原则进行。设计变更应立足于确保结构使用功能及装置设备的安全，优化使用效率及投资合理。同时，设计变更应符合设计标准及相应规范的要求。而变更的效果应满足使用要求、安全环保及现场施工的需求。

1. 设计变更现象分析

根据一些统计数据可知，由设计直接原因引起的变更约占33%；根据工程实际情况需要调整、补充、修改的占24%；由于设备选型有误，造成运到现场的设备与设计不相符发生的变更占17%；由于生产使用单位根据生产需求和使用条件提出的

变更占14%；由于材料采购原因引起的变更占9%；由建设方根据国家规定，企业统一要求提出的变更占3%。根据数字分布现状，得出的结论是：

（1）由设计原因产生的变更是产生变更的主要原因，但同时表明不是造成变更的全部原因；

（2）在项目实施的过程中，由于需要现场进一步确认，现场条件的改变，现场实际环境条件的影响，及在进行过程中明确方案等原因，是造成变更比例最大的部分；这些变更是不可避免的，但是可以通过加强前期工作的深度反映出来，减少变更数量；

（3）设备厂家提供资料与设计对接存在不协调，产生的需要设计变更也是一个重要方面。这部分变更涉及生产厂家、项目单位、管理部门、设计之间的密切合作，通过改进管理办法，可以减少设计变更的数量；

（4）生产使用单位的需求是变更中可以减少的部分，在工程施工实施中，工程生产使用单位根据企业管理标准和方便生产的需要，尤其是安全及使用功能要求，采取更加可行的方案及措施，需要对原设计进行修改、完善及更优化。这部分变更有可能使投资费用大增，也可能节省大量费用及减少浪费；

（5）对于材料代用和建设方要求所产生的变更，是工程建设中不可避免的，但是占总变更比例较小，也是在项目实施中建设管理意识的提升体现，并应适应市场条件的必然选择。

2. 变更产生的主体及其影响

1）对建筑设计企业变更产生原因及影响分析

结合设计原因产生的变更主要因素是设计补充说明，设计错误，设计遗漏，设计各专业对接不够到位而导致现场管道基础相碰撞，设计深度不够及标准偏低，图纸经过会审后对图面进行修改，对现场的设计变更。同时，由于设计院审图程序不规范，图纸质量并不合格，加之设计深度不够、设计差错及失误，造成现场施工过程中产生错漏及碰撞问题，导致建设方工程投资费用增加、工期延误、影响工期及造成损失的不良后果。

2）对项目施工实施过程中产生变更的原因及存在问题分析

结合现场情况发生的变更主要原因是：结合现场实际，根据现场实际调整，需要现场增加或补充，与现场结合后优化；对施工条件、施工规范及技术条件要求进行补充说明，需要现场确认数量或尺寸后才能画图，根据现场条件进行设备调整配置，施工单位的错误导致变更产生，现场结合需要对技术方案进行变更，细化施工方案，因市政消防验收要求而变更，为降低项目投资减少相关配置，改进落后设备选型，改进落后工艺及其配置而引起的设计变更等。在项目实施过程中所形成的变更，一方面是对原设计进行了补充和完善，改进提高及优化，在一定程度上节省了投资；另一方面，也因处理不及时而影响了工程的正常进行，并造成材料浪费及费用增加。

3）对工程使用单位提出变更的原因分析及其影响

生产使用单位由于安全防护需要，安全规范规定，现场使用条件不满足，用途改变及工艺使用条件改变，为了设备检修创造条件，为使用检修方便，优化补充，改善工作及工艺条件、工艺补充，根据使用要求提高使用标准等原因而提出变更要求。由于生产使用单位是建设的主体，原设计满足生产使用单位的需求是基本要求，并通过优化设计改进工艺，使原设计更加符合现场实际需求，这是必要的变更。这种变更的发生可能节省一定的投资，也可能使建设费用增加。

4）对设备供应方存在问题的原因分析及其影响

设备供应方产生的变更突出表现在设备到货后与原设计不相符，导致现场无法安装。这类变更的产生主要是由于项目管理中造成的综合因素所致。如为了加快项目进度，先出图后采购设备，通过招标采购的设备厂家确定后，提交的设备资料与原设计有不符之处，造成设计重新进行。这部分变更的发生，如果在设备基础施工前还可以弥补不足，但是也造成赶进度工期，设备基础施工完毕后到货的设备基础尺寸与已经施工的原基础尺寸不相符，返工浪费的现象比较普遍。

对于材料代用和建设方的要求，属于变更范围内正常控制的内容。

3. 加强设计变更管理的对策

1) 由于设计原因产生变更的管理对策

（1）加强对工程设计合同的管理，明确责任，保证设计质量，尽可能优化设计。通过双方签订合同，明确各自的责任和承担的风险，尤其是对变更的约束要采取量化，明确范围以避免和减少因设计深度不够，设计服务不周到及降低设计标准未达到要求的不良后果。

（2）对设计企业进行量化考核并在过程中跟踪检查。在设计变更中可以看到，有些变更是属于设计中可以控制的范围，由于设计深度不够造成的现场必须变更。这样，不仅会延误工期，还会造成经济损失。通过合同中的约束使责任分担，量化考核，减少和避免达不到质量要求的设计图纸发给施工工地，减少损失并提高设计质量，也是极其必要的措施。

（3）加强对施工图纸的审查是控制设计变更最有效的措施。对施工图纸进行审核和优化，把施工图可能存在的不足、缺陷及错漏、碰缺、错误消灭在图纸设计阶段，即正式施工前，可以最大限度地减少由于设计原因造成的变更。施工图纸的审核主要是设计院技术负责人把关，在施工前进行交底并组织各方会审，同时在施工过程中由施工方具体提出，再由设计方依此下发设计变更。但这种变更的特点是滞后、被动的管理控制。按照现在的管理方法，仍然是适用的。是否要委托独立的第三方审查或对设计进行监理，虽然会增加费用，但是对减少失误和投资损失还是必要的。

（4）进行规范化设计，施工招投标，引入市场竞争机制。通过设计招投标为建设单位对设计企业的资质和人员资质，设计方案及工程投资，标准及深度要求，设计深入现场服务提出相应要求。施工图的质量是一个系统管理的问题，对于建设方而言，只有对设计企业加强全面、合同化、制度化的管理，才能确保对建设方的服务质量。

现阶段对参与建设的各方，通过规范施工进行招投标，可以为项目实施过程中设计变更的管理创造有利条件，进一步发现设计文件中不明确部位、错漏、碰缺，在招标文件中还可以考虑对设计变更的程序、处理原则、时效及免除责任条款进行明确、细致的规范，为规范合同执行过程中与施工单位的有关设计管理，减少之间的不协调创造条件。

2) 设备提交资料失误、延误及错误造成设计变更的管理

由于设备资料提交不准确，发生错误及延误，先出施工图后期采购造成的设计方面的变更，其控制措施是：

（1）加强对设备厂家招投标签订合同协议的管理

由于设备厂家从订货到确定工艺从而达到提交满足设计要求的设备图纸需要一个过程。当不能满足建设项目的进度要求时，设备厂家为了取得订货合同，对建设方要求的资料期限都会答应，待正式合同签订之后，可能不会按期提交资料，或是按要求时间提交的资料存在深度不足而影响到出图的质量。加强对设备厂家提交资料的合同管理，采取合理、有效的约束条款，可以从很大程度上避免因厂家提交的资料失误而造成的变更设计。

（2）建设甲方在技术方案的确认和管理程序衔接上加强配合

在建设项目实施过程中，由于建设单位对项目方案的变更改变，导致设备采购条件和参数发生变化，造成设备厂家提交的资料发生变化而必须要变更。这就要求建设方加大在方案论证过程中的力度，尽量减少已经签订合同后发生的设备采购变更。另一面建设方要及时确认设备厂家资料及早对设计师转送厂家的资料，避免由此所产生的设计变更。

（3）建设企业在管理程序上也要有所改进提高

在工程建设过程中，建设方在不同项目上应采取不同的出

图模式：一种是在边设计边施工的条件下，先出图后采购；另一种则是先采购设备，然后出图。这两种模式各有优点及不足，先出图采购可以保证工程进度，但是设计质量由于时间紧会存在不足，而先采购再出图的模式能保证设计质量，但由于采购周期和管理程序的影响而造成进度的延误。科学、合理地制定设备采购周期和资料确认制度，是保证质量和进度的可靠措施。

（4）用合同形式加强对设计企业在设备资料提交过程中的管理

以管理制度完善存在的问题。一方面，要求提交给设计单位的资料真实、可靠；另一方面，要求设计单位对设备厂家提交的技术规范书要及时、准确、完全，控制设计单位无设备资料出图的情况。由于进度的要求导致提前出图，在项目正式施工前现场必须完成共同确认。

3）对工程项目单位在设计变更方面的控制

由于设计企业采用国标和行业标准设计，一些部分可能满足不了业主在管理方面的要求。对建设单位提出的变更申请，原则上要求：凡涉及结构安全的必须变更；凡不能满足基本功能要求的必须变更；凡影响到安全的必须变更；凡不能保证正常生产需求的必须变更；鼓励优化设计方案，杜绝提高标准的变更。

这部分变更的产生需要通过加强设计审核及早实施，同时对于设计优化产生效益的变更还是要大力支持，对于提高使用标准的要进行控制，形成制度化和现场审核制，加强投资控制和管理审核是行之有效的手段。同时，在管理制度上考虑在接收工程给予费用包干的优惠由生产单位自行补充完善。另外，对于非重要部分的变更申请设计，可以在后续检修和改造中完善。

4）因施工管理方面对设计变更存在的问题及应采取的措施

施工单位在工程的实施过程中，因施工错误不按设计图纸尺寸或理解错误未按图施工，无施工方案仅凭经验施工，凭设计示意图而未按标准图集施工，因图纸说明不清楚不落实具体要求则施工；尺寸不明确只凭经验施工；使用材料也不合格造成返工；技术措施不到位，也未进行技术交底，操作人员素质低下；劳务分包单位对工序不衔接等原因存在。

上述这些变更的产生是在现实工程中经常出现的，加强现场施工管理控制包括：对分包队伍资质的审查，技术工人比例的控制，施工专项方案的审查把关，施工前对图纸的会审，工序过程的验收报验把关等，对管理制度控制的同时也涉及监理单位现场监督不到位而引起的质量问题，因此，一定要对管理制度加强并完善，包括对监理单位的监管力度，只有进行深入、细致的工作，才能减少施工中可能产生的错误，不要由此而形成不必要的变更。

综上浅述可知，设计变更的产生是不可避免的现实问题，不仅和设计单位有关，也和参与建设的所有单位都相关。如何减少设计变更也是一个系统的工程。通过各相关单位的协调合作、改进工作和完善制度，有效减少变更的发生，使变更更加符合工程的需要，会使建设水平及质量有一个明显的提高，促进工程建设设计变更更加合理。

九、创意设计及其设计手法

设计总是创造性的，而设计的构思属于创意思维的应用，作为设计构成的基础，结构形式的把握是十分重要的，从视觉心理来说，人们厌弃单调划一的形式，追求多样变化，连续系列的表现手法符合"寓多样于统一之中"这一形式美的基本法则，使人们于"同"中见"异"，于统一中求变化，形成既多样又统一、既对比又和谐的艺术效果，加强了艺术感染力。纵观当前的设计手法，可以总结为以下15种基本方法。

1. 直接展示法

这是一种最常见的运用十分广泛的表现手法。它将某建筑工程主题直接如实地展示在设计图上，充分运用绘画技巧和功能写实表现出来。细臻刻画和着力渲染产品的整体及细部构造、形态和功能用途，将建筑产品精美的质地引人入胜地呈现出来，给人以逼真的现实感，使消费者对所选择的产品产生一种亲切感和信任安全感。

这种手法由于直接将建筑或产品推向消费者面前，所以要十分注意画面上产品的组合和展示角度，应着力突出产品的品牌和产品本身最容易打动人心的部位，运用色光和背景进行烘托，使产品置身于一个具有感染力的空间，这样才能增强画面的视觉冲击力。

2. 突出特征法

运用各种方式抓住和强调产品或主题本身与众不同的特征，并把它鲜明地表现出来，将这些特征置于画面的主要视觉部位，或加以烘托处理，使观众在接触言辞画面的瞬间即很快感受到，对其产生注意和发生视觉兴趣，达到刺激购买欲望的促销目的。

在设计表现中，这些应着力加以突出和渲染的特征，一般由富于个性产品形象与众不同的特殊能力、设计企业的标志和多年建筑产品的质量要素来决定。

突出特征的手法也是我们常见的运用得十分普遍的表现手法，是突出建筑物主题的重要手法之一，有着不可忽略的表现价值。

3. 合理夸张法

借助想象，对作品中所宣传的对象品质或特性的某个方面进行相当明显的过分夸大，以加深或扩大这些特征的认识。文学家高尔基指出："夸张是创作的基本原则。"通过这种手法能更鲜明地强调或揭示事物的实质，加强作品的艺术效果。夸张是一般中求新奇变化，通过虚构把对象的特点和个性中美的方面进行夸大，赋予人们一种新奇与变化的情趣。

按其表现的特征，夸张可以分为形态夸张和神情夸张两种类型，前者为表象性的处理品；后者则为含蓄性的情态处理品。通过夸张手法的运用，为广告的艺术美注入了浓郁的感情色彩，使产品的特征性鲜明、突出、动人。

4. 以小见大法

在建筑产品设计中对立体形象进行强调、取舍、浓缩，以独到的想象抓住一点或一个局部加以集中描写或延伸放大，以更充分地表达主题思想。这种艺术处理以一个点观全面，以小见大，从不全到全的表现手法，给设计者带来了很大的灵活性和无限的表现力，同时为接受者提供了广阔的想象空间，获得生动的情趣和丰富的联想。

以小见大中的"小"，是画面描写的焦点和视觉兴趣中心，它既是广告创意的浓缩和生发，也是设计者匠心独具的安排，因而它已不是一般意义的"小"，而是小中寓大、以小胜大的高度提炼的产物，是简洁的刻意追求。

5. 对比衬托法

对比是一种趋向于对立冲突的艺术美中最突出的表现手法。它把作品中所描绘的事物的性质和特点，放在鲜明的对照和直接对比中来表现，借彼显此，互比互衬，从对比所呈现的差别中，达到集中、简洁、曲折变化的表现。通过这种手法更鲜明地强调或提示产品的性能和特点，给消费者以深刻的视觉感受。

作为一种常见的行之有效的表现手法，可以说，一切艺术都受惠于对比的表现手法。对比手法的运用不仅使广告主题加强了表现力度，而且饱含情趣，扩大了广告作品的感染力。其手法的运用成功可使貌似平凡的画面处理隐含着丰富的意味，展示出主题表现的不同层次和深度。

6. 借用比喻法

比喻法是指在设计过程中选择两个在本拷贝各不相同，而在某些方面又有些相似性的事物，"以此物喻彼物"，比喻的事物与主题没有直接的关系，但是某一点上与主题的某些特征有相似之处，因而可以借题发挥，进行延伸转化，获得"婉转曲达"的艺术效果。

与其他表现手法相比，比喻手法比较含蓄隐伏，有时难以一目了然，但一旦领会其意，便能给人以意味无穷的感受。

7. 富于幽默法

幽默法是指其构思作品中巧妙地再现喜剧性特征，抓住生活现象中局部性的东西，通过人们的性格、外貌和举止的某些可笑的特征表现出来。幽默的表现手法，往往运用饶有风趣的情节、巧妙的安排，把某种需要肯定的事物无限延伸到漫画的程度，造成一种充满情趣、引人发笑而又耐人寻味的幽默意境。幽默的矛盾冲突可以达到出乎意料又在情理之中的艺术效果，引起观赏者会心的微笑，以别具一格的方式发挥艺术感染力的作用。

8. 运用联想法

合乎审美规律的心理现象。在审美的过程中通过丰富的联想，能突破时空的界限，扩大艺术形象的容量，加深画面的意境。

通过联想，人们在审美对象上看到自己或与自己有关的经验，美感往往显得特别强烈，从而使审美对象与审美者之间融合为一个整体，在产生联想过程中引发了美感共鸣，其感情的强度总是激烈、丰富多彩的。

9. 以情托物法

艺术的感染力最有直接作用的是感情因素，审美就是主体与美的对象不断交流感情产生共鸣的过程。艺术有传达感情的特征，"感人心者，莫先于情"这句话已表明了感情因素在艺术创造中的作用，在表现手法上侧重选择具有感情倾向的内容，以美好的感情来烘托主题，真实而生动地反映这种审美感情就能获得以情动人、发挥艺术感染人的力量，这是现代广告设计的文学侧重和美的意境与情趣的追求。

10. 选择偶像法

在现实生活中，人们心里都有自己崇拜、仰慕或效仿的对象，而且有一种想尽可能地向他靠近的心理欲求，从而获得心理上的满足。这种手法正是针对人们的这种心理特点运用的，它抓住人们对名人偶像仰慕的心理，选择观众心目中崇拜的偶像，配合产品信息传达给观众。由于名人偶像有很强的心理感召力，故借助名人偶像的陪衬，可以大大提高产品的印象程度与销售地位，树立名牌的可信度，产生不可言喻的说服力，诱发消费者对广告中名人偶像所赞誉的产品的注意激发起购买欲望。偶像的选择可以是柔美风流的超级女明星，气质不凡、举世闻名的男明星；也可以是驰名世界体坛的男女高手，其他的还可以选择政界要人、社会名流、艺术大师、战场英雄、俊男美女等。偶像的选择要与广告的产品或劳务在品格上相吻合，不然会给人牵强附会之感，使人在心理上予以拒绝，这样就不能达到预期的目的。

11. 悬念安排法

在表现手法上故弄玄虚、布下疑阵，使人对广告画面乍看不解题意，造成一种猜疑和紧张的心理状态，在观众的心理上掀起层层波澜，产生夸张的效果，驱动消费者的好奇心和强烈举动，开启积极的思维联想，引起观众进一步探明广告题意之所在的强烈愿望，然后通过广告标题或正文把广告的主题点明出来，使悬念得以解除，给人留下难忘的心理感受。

悬念手法有相当高的艺术价值，它首先能加深矛盾冲突，吸引观众的兴趣和注意力，造成一种强烈的感受，产生引人入胜的艺术效果。

12. 神奇迷幻法

运用畸形的夸张，以无限丰富的想象构织出神话与童话般的画面，在一种奇幻的情景中再现现实，造成与现实生活的某种距离，这种充满浓郁的浪漫主义、写意多于写实的表现手法，以突然出现的神奇的视觉感受，很富于感染力，给人一种特殊的美的感受，可满足人们喜好奇异多变的审美情趣的要求。在这种表现手法中艺术想象很重要，它是人类智力发达的一个标志，干什么事情都需要想象，艺术尤其这样。可以毫不夸张地说，想象就是艺术的生命。从创意构想开始直到设计结束，想象都在活跃地进行。想象的突出特征是它的创造性，创造性的想象是新的意蕴的挖掘开始，是新的意象的浮现展示。它的基本趋向是对联想所唤起的经验进行改造，最终构成带有审美者独特创造的新形象，产生强烈的打动人心的力量。

13. 谐趣模仿法

这是一种创意的引喻手法，别有意味地采用以新换旧的借名方式，把世间一般大众所熟悉的名画等艺术品和社会名流等作为谐趣的图像，经过巧妙的整形履行，使名画、名人产生谐趣感，给消费者一种崭新、奇特的视觉印象和轻松愉快的趣味性，以其异常、神秘感提高产品的想象空间，增加产品的身价和关注度。

这种表现手法将产品的说服力寓于一种近乎漫画化的诙谐情趣中，使人赞叹、令您发笑，让您过目不忘，留下饶有奇趣的回味。

14. 连续系列法

图纸画面形成一个完整的视觉印象，使通过画面和文字传达的工程信息十分清晰、突出、有力。画面本身具有生动的直观形象，多次反复不断的积累，能加深消费者对产品或劳务的印象，获得好的宣传效果，对扩大销售、树立名牌、刺激购买欲、增强竞争力有很大的作用。对于作为设计策略的前提，确立企业形象更有不可忽略的重要作用。

15. 概念设计法

概念设计是由分析用户需求到生成概念产品的一系列有序、可组织、有目标的设计活动，它表现为一个由粗到精、由模糊到清晰、由具体到抽象的不断进化的过程。概念设计即是利用设计概念，并以其为主线贯穿全部设计过程的设计方法。概念设计是完整而全面的设计过程，它通过设计概念将设计者繁复的感性和瞬间思维上升到统一的理性思维从而完成整个设计。为了适应激烈的市场竞争，设计厂家不能坐等用户找上门订购产品，而应该主动把自己厂家的产品推向市场。利用虚拟现实技术做出虚拟产品的动画广告，再与计算机网络技术结合起来，使用户能够通过网络来游览设计厂家的设计产品。而建筑产品的概念设计要重视两点：

（1）建筑设计不应采用严重不规则的设计方案

建筑及其抗侧力结构的平面布置宜规则、对称，应具有良好的整体性；建筑的立面和竖向剖面宜规则，结构的侧向刚度宜均匀变化，竖向抗侧力构件的截面尺寸和材料强度宜自下而上逐渐减小，避免抗侧力结构的侧向刚度和承载力突变。

（2）结构设计上结构体系应符合的特征

具有明确的计算简图和合理的地震作用传递途径；避免因部分结构或构件破坏而导致整个结构丧失抗震能力或对重力荷载的承载能力；具备必要的抗震承载力，良好的变形能力和消耗地震能量的能力；对可能出现的薄弱部位，应采取措施提高抗震能力；对非结构构件，包括建筑非结构构件和建筑附属机电设备，自身及其与结构主体的连接应进行抗震设计。

十、建筑组合幕墙的设计施工质量控制

高层建筑在城市中越来越多，外立面采取组合幕墙的设计施工也在不断涌现。某高层建筑主楼立面主要由石材幕墙、玻璃幕墙（全明、明隐组合）铝单板幕墙及铝合金门窗组成，体现出风格清新、亮丽、庄重及现代气息。

（1）石材幕墙主要是在各立面的实体墙及墙角部位。采用不锈钢干挂连接系统，龙骨为钢材，热镀锌处理，石材用 30mm 厚花岗石。

（2）玻璃幕墙有全明框、竖明横隐和竖隐横明三种形式，穿插组合，使立面新颖又有层次；玻璃采用 6 透明 + 12A + 6Low-E 双钢化中空玻璃，遇到梁柱处采用 6 透明 + 12A + 6 腐蚀双钢化中空玻璃，龙骨为铝合金型材，室外外露表面用氟碳喷涂处理，室内为粉末喷涂处理。

（3）铝单板幕墙位于层间吊顶及勒脚收口处，幕墙板块采

用框架式结构，室外外露胶缝用国产优质硅酮耐候密封胶密封，保证气密、水密的性能指标。面材用 3mm 铝单板，表面氟碳喷涂处理，龙骨为钢型材，表面热镀锌防腐处理。

1. 设计构造要求

1）石材幕墙设计

结构考虑效果与经济性，采用不锈钢干挂连接系统，镀锌槽钢骨架不仅提高结构刚度和强度，同时又经济合理，石材板面受力状态较好，使板面强度和结构安全可靠。横向龙骨为角钢，表面热镀锌处理。现场施工安装横向、竖向龙骨，横梁及挂件可以在现场调整，使挂点准确，板块直接插装到挂件上。

2）玻璃幕墙设计

幕墙结构由面板构成的幕墙构件连接在横梁上，横梁连接在立柱上，立柱用连接件悬挂在主体结构上。为在温度变化和主体结构侧移时使立柱有变化的余量，立柱上下由活动接头连接，立柱各段可以相对移动。

（1）明框玻璃幕墙

①为防止冷桥的产生则采用隔热铝型材，明框幕墙玻璃板镶嵌在铝框内，成为四周有铝框的幕墙构件。幕墙构件镶嵌在横梁，形成横梁、立柱均外露而铝框分格清晰的立面。玻璃与铝框之间必须留有空隙，以适应温度变化和主体结构位移所需要的空间。空隙用弹性材料橡胶条填充。为防止水分渗入，在横梁上设置等压腔，根据压力平衡原理，使腔内压力和腔外风压相等，阻止雨水沿密封条胶缝进入。装饰效果及耐候性都好，玻璃也可以浮动，能满足幕墙变化的需求。压板与主龙骨间设有断热条，达到结构断热，满足幕墙的保温、隔热要求。

②外露扣板氟碳喷涂处理，既美观又耐腐蚀，所有硬性接触处均采用弹性连接，提高了幕墙的抗震性能，消除了伸缩噪声，同时由于密封性能的提高，确保隔声效果。

③不同金属材料表面的接触都使用尼龙垫片以防电化腐蚀。幕墙预埋件采用平板埋件，通过转接件及其连接件使主龙骨与

主体之间实现三维调整，既保证幕墙的平整度，又提高结构的安全性能。

（2）半隐框玻璃幕墙

半隐框玻璃幕墙是把玻璃两对边嵌在铝框内，两对边用硅酮结构胶粘结在铝框上完成。

3）铝单板幕墙设计

在幕墙吊顶与勒脚收边及屋顶钢构架处使用 3mm 厚氟碳喷涂铝单板饰面，内设加强肋，加强肋布置由计算确定，增强板面的抗风压及平整度。钢竖框之间留伸缩缝 20mm，横框与竖框之间采取一端焊接、一端用螺旋连接的形式，用以消除施工误差及环境温度变化的需要。不同金属材料的接触面用尼龙垫片隔离防止电化学腐蚀。铝板采用耳片连接形式，连接螺钉及耳片由计算而定，所有螺钉均为 316 不锈钢。

2. 施工流程及工艺

组合幕墙的工艺流程：测量放线→预埋件处理→钢框架安装→焊接防腐→避雷及封修施工→饰面安装→密封注胶→检查清理。

1）测量放线

幕墙安装施工测量，应与主体结构的测量相配合，误差及时调整平差，确定无误后再定出幕墙的基准线。根据基准线再量准幕墙位置钢线，以此为准立基准框。测量放线要求全面，包括所有各层标高尺寸、层高、总高度及主体外构造相关尺寸，各转角、节点处要认真考虑铝板的规格、封口的方向、竖框的安装，为后续各工序的施工创造条件。

2）预埋件的清理及补缺件安装

首要任务是将所有的预埋件表面清理干净，再按图纸对预埋件的位置重新测量检查，定出分格中心位置，确定埋件准确后弹出墨线，为框架的安装做好准备。对于因主体结构施工中，不具备预埋件安装条件的倾斜、错位或因技术原因而导致后补预埋件时，应通过试验确定其承载强度。

3）框架安装

（1）铝框的安装

根据现场已提供的轴线、水平线及基准线复核每层基准线的准确与否，以偏移量最小的楼层作为基准层，在基准层上先确定基准框的标高、垂直度与位置，通过校对确定无误后，再进行基准层与其他框架的连接；基准层完成后再重新确定无误差，再依次安装其他框架。当基准框架安装确认无误后，再固定焊接牢固，确定不会因碰撞而产生位移后，再把竖框逐层依次进行安装，必须保证每根框架主龙骨的垂直度、平整度，并随时做好安装记录。所有框架主龙骨全部立完后，用经纬仪对整个框架检查复核，并予以调整且焊牢。

（2）框架与主体的安装

框架与主体的连接由竖框通过转接角钢与埋件连接，转接角钢由热镀锌钢板加工制成，与竖框相连之处有两个槽形孔，便于竖框径向调节。在工作台上首先按角片安装位置图在竖框上画线，并用自攻钉将角片和竖框连接在一起，再把插芯插入竖框上端空腔内。在竖框与插心结合处钻 $\phi12$ 的通孔，两端放转接角钢（接触面垫 1mm 厚尼龙垫片防止电位腐蚀），再用不锈钢螺栓与转角钢连接。然后，把竖框摆放到指定的安装部位，调整竖框的准确位置，把螺栓拧紧。转接件与埋件位置准确后采取满焊，接着进行防腐处理。

（3）竖框与竖框之间的连接

安装基准竖框时，竖框上端按上述工艺安装，竖框下端插入一根插芯，把插芯预固定在主体上，基准竖框以上的竖框在安装时先将竖框在加工中做好安装准备，再抬放到安装位置将竖框下端套在基准框上端的插芯上，竖框与竖框之间垫取掉，使竖框之间留有 15mm 的空隙。每根竖框上端都要固定牢，下端可以伸缩，在环境气候变化时竖框有一定的伸缩余量，基准框以上的安装方法相同。安装基准框以下的竖框时，先将基准框下端插芯取掉，插入下边竖框上端空腔内，同时与竖框虚连接再插入基准框下端空腔内，有 15mm 左右的伸缩量。调整竖框位置准确再连接牢固，依次类推安装。

（4）竖框与横框之间的连接

竖框与横框之间使用铝角片和自攻螺栓连接，先按照分格把一组横框套在相邻两根竖框对应的角片位置上，竖框与横框接触面垫 1mm 厚胶皮垫。调整横框的进出位置，使横框外表面与竖框外表面保持在一个平面上，调整横框的上下位置，用水平仪测横框水平度，保证横框位置符合设计及分格尺寸的要求。然后用自攻螺钉把横框与角片连接在一块。横竖框立定前，型材外表面要进行保护，避免玻璃划伤铝型材。

4）钢框的安装

钢龙骨主要应用在铝板幕墙部位，所有钢龙骨必须经过热镀锌防腐处理。考虑到钢龙骨本身的垂直度及平整度与铝龙骨之间有些差异，为了使铝板安装时，钢铝龙骨之差要控制在允许范围内，因此对进场龙骨的检验要非常认真。对超差的坚决退出，主要还是考虑安装后的表面观感质量。

（1）钢竖框的连接安装

钢竖框与主体的连接及竖框与竖框之间连接的施工，与铝竖框的连接方式相同。

（2）钢竖框与横框的连接

钢竖框与横框之间的连接是用电焊达到连接。根据分格将一组横框一端点焊在相邻两根竖框对应位置的一根竖框上，另一端用水平仪检测横框的水平。当横框的水平度符合设计及分格尺寸要求时，再把这一端焊在另一根竖框上，然后逐层依次安装完成再进行防腐处理。

5）饰面材料的安装

（1）玻璃的安装

玻璃的加工提前在工厂预制，每块玻璃都有编号标志，按分格图上相应编号位置将玻璃通过软接触放在准确位置横框凸台上，调整玻璃的左右位置缝隙，使其中心与分格中心保持一致。用通长压板和螺钉将玻璃固定在框架上。再安装铝合金扣盖，达到装饰效果。玻璃的安装顺序是自上向下推进，每安装两片玻璃安装一次压板，安装好的玻璃应保持平稳。

（2）铝板的安装

铝板的安装工艺方法与玻璃的安装方法基本相当，铝板与铝板之间的间隙用注胶措施处理，对铝板与铝板之间的缝隙必须按设计要求严格控制，以保证胶缝宽度的上下、左右相一致。

（3）石材的安装

石材的规格、大小及表面在加工厂已经加工制作符合要求，并有序号位置。安装前根据图上编号，把同一面上的石材在地面排放选择，以保证同一面石材颜色及纹路基本相似。石材开槽后不允许出现裂缝及损坏问题，槽口应打磨45°全角，槽内平顺干净。石材的连接是通过T形不锈钢挂件与框架连接，安装时根据石材进出尺寸调整不锈钢挂件与横框的连接位置孔，钻孔后用螺栓把挂件与横框连接。然后，将石材槽口插入T形托板，将石材表面调整合适后，用A、B组分胶把石材槽口与挂件之间缝隙填满。安装石材时，其背面槽口与挂件接触处加设三元乙丙胶垫，避免之间产生腐蚀。石材的安装顺序一般是自下向上推进，保证三维方向的水平，要求无阶差影响装饰效果。石材与石材之间缝隙要严格控制，留缝一致，使打胶效果及伸缩量合适。

（4）密封注胶

在接缝两边玻璃或铝板上贴25mm宽保护胶带，擦拭干净嵌缝，再在嵌缝中填入与接缝宽度相匹配的泡沫棒，要连续且深度一致，再注胶其厚度满足设计及牢固，即注胶其厚度不小于4mm，注胶宽度按设计严格控制，饱满且均匀，胶缝表面光滑、平整，对不齐处进行整修，然后撕去保护带。

（5）避雷安装

一般建筑物的防雷设计按二类考虑，幕墙防雷设计按《建筑物防雷设计规范》GB 50057及《民用建筑电气设计规范》

JGJ 16 的相关要求。对于二类防雷要求在房屋屋顶，采取在建筑物 45m 以上防侧击雷及电位的保护措施：防直击雷的措施是在裙房屋顶、办公楼屋顶周围各设置一道均压环，均压环在角部及距离不超过 12m 处，设引下线与主体避雷钢筋可靠连接，防雷点处的预埋件、幕墙骨架连接件要与引下线和均压环可靠连通。

办公楼应在 10 层以上每层及屋顶、机房和水箱层梁周围设一均压环，均压环在角部及距离不超过 12m 处的防点设引下线与主体避雷钢筋可靠连接，防雷点处的预埋件、幕墙骨架连接件要与引下线、均压环可靠连接。防雷点处幕墙主梁用 2mm 厚不锈钢片竖向导通，与幕墙骨架连接件可靠电气连通。均压环与引下线用 φ12 镀锌圆钢筋，接头搭接长度不小于 100mm，且双面满焊在清理干净后防腐处理。对于各层设的防雷点，要与屋顶防雷点对齐连通。幕墙的防雷与主体防雷连通后，共同主体结构防雷接地，其电阻不大于 1Ω。施工后要进行实地检测，当不满足要求时由人工接地极。

（6）用吊篮施工

建筑物幕墙的施工几乎都是用吊篮进行，这样可以进行所有部位的幕墙施工。吊篮的顶端固定是关键环节，上下电气升降控制装置要绝对安全、可靠。

3. 质量保证措施

严格按照现行的《玻璃幕墙工程技术规范》JGJ 102—2003、《金属与石材幕墙工程技术规范》JGJ 133—2001 和《建筑装饰装修工程质量验收规范》GB 50210—2001，为确保幕墙工程的施工及质量控制提供可遵循的依据。同时，培训参与施工的操作人员，也是使工程质量达到要求必不可缺的重要因素。

1）安装样板施工段引路

样板施工段即在每个工序开始大面积施工前，在本施工段内选择具有代表性的部位先进行施工。施工完成后召集所有参加施工操作的人员，对样板段分析检查，发现质量及其存在的问题，共同协商提出解决办法，以便共同达到相应的质量标准。建立样板施工段的目的，是方便每个施工人员对该段容易出现的质量缺陷及纠正办法有所掌握，使质量要求心中有数，尽量减少人为因素造成的质量缺陷或问题。

2）幕墙施工质量的控制必须做到专业化、标准化和科学性

（1）专业化

组合幕墙由专业化班组来施工，建立严格的质量保证体系，按照施工组织设计，图纸及现行规范标准，对施工班组参与人员进行技术交底，明确安装要求及控制的重点部位，使得质量及外观符合验收标准。

（2）标准化

所有的材料及构配件由工厂统一加工制作，现场只是按照工艺标准在确定的位置安装，使每个工序的质量达到验收标准。

（3）科学性

所有用于质量检查的工具由专业部门统一检查合格，尤其是试验室的检测由专业人员依据检测工艺标准进行，同时还要确定组合幕墙的现场检验指标，做到科学认定其幕墙的综合性质量。

3）材料质量及成品保护

要保证所有进场材料符合设计要求和国家的相应标准，因此，在材料进场时必须取样复检，并见证取样送相应机构重新检测，达到质量标准的情况下才用于工程。对于组合幕墙使用的所有材料，从加工成半成品的运输、搬运至安装上墙，都应进行认真的保护措施，防止碰撞及划伤，否则修复极其困难。

综上所述，建筑物的饰面工程代表一个建筑的风格，也是一种地标性的建筑象征，因此在进行外观设计时，从它的外貌、材料、选择、搭配到施工质量控制，对其中的任何一个环节都要认真把控，使所建幕墙达到理想的应用效果。

十一、动力机器基础问题及概念设计

动力机器基础是工业建筑设计中常见的设计问题。在有色

金属、钢铁、石化、能源等大量工程项目中，动力机器广泛用于工艺生产的各个环节，发挥着关键性作用。动力机器基础的主要形式有：块体式（大块式、墙式）基础，构架式基础，还有如箱式、地坑式等形式。在工程建设中向大型化和精细化发展，类型复杂且量大面广，环境条件多样。

动力机器基础是解决在动力荷载作用下，基础结构的动力反应及振动能量在地基土中的传播规律，基础的设计主要是指在给定动力荷载作用下，通过对基础形式及其尺寸的设计以控制基础振动不超过规定限定值的要求，保证机器本身的正常运转，使其振动波不对邻近人员、仪器设备和建筑物产生有害影响。现在，国际工程界对基础振动的理论有：质量-弹簧-阻尼模式；刚体-半空间模式；刚体-有限层等模式。现主要集中在质-弹-阻及弹性半空间两个模式。国内工程界多年来一直采用质-弹-阻理论。近年来，由于大量引进西欧美国设备，其弹性半空间理论的分析方法也得到了越来越多的采用。

1. 荷载作用及其组合

1）荷载作用的分类

动力机器基础所承受的荷载，与一般的建筑结构略微不同，有动态荷载与静态荷载的区分。动态荷载使结构的动力反应明显，如机器扰力、扰力矩和冲击力等；而静态荷载则是工程结构一般常见的恒荷载、活荷载，专为结构动内力计算，特有静力当量荷载。作用在动力机器基础上的荷载类型，按现行《建筑结构荷载规范》GB 50009—2012 的相关规定，应分为三个类型：

（1）永久荷载

包括机器本身重量，各种附加设施重量，基础结构重量，基础台阶上填土重量等；

（2）可变荷载

包括机器的扰力和扰力矩、冲击力或是当量荷载，如操作荷载、温度应力、风荷载、机器生产附加荷载、设备安装检修等荷载；

（3）偶然荷载

包括机器运行的事故荷载、地震作用荷载等。

2）动力荷载的选取

由于动力机器的种类繁多，不同的机器产生不同的动力荷载，工程建设中将常用机器的动力荷载，大体分为旋转式机器扰力、往复式机器扰力及冲击力荷载等。动力荷载标准值通常应在设备合同或协议签订后，由生产厂家提供的相关资料中获得，并由工艺设计专业加以认定后采用。对于构架式动力机器基础，只作结构构件的动内力分析时，工程设计中可简化采用静力当量荷载代替动力荷载处理，事实上当量荷载就是机器动力荷载的等效静力作用。

3）荷载效应组合

动力机器基础结构静态效应验算，包括承载能力极限状态和正常使用极限状态的验算，应区分持久设计状态即正常使用期；短暂设计状态即安装、检修期；偶然设计状态及地震设计状态等情况。通过选用基本组合、标准组合或准永久组合、偶然组合、地震组合，进行相关的设计验算。

多数动力机器基础只需作地基及结构能力的验算，由于现在有色金属，化工设备生产工艺多数处于侵蚀的环境中，基础更不利外，介质作用及环境腐蚀更严重。为了保证结构的正常使用，需对结构及构件裂缝进行限制，进行耐久性设计。

4）振动效应的合成

通常，荷载效应组合简称荷载组合，指在一定条件下当多个可变荷载可能同时对结构发生作用时，通过采用荷载组合，实现结构在单一荷载作用下的可靠度与两个以上荷载作用下的可靠度一致性。在动力机器基础结构强迫振动验算中，采用的可变荷载——扰力或扰力矩，由于机器的类型、布置、转速、台数、作用部位参数的差异，即使有多个动力荷载同时发生作用，也不可能简单地叠加或采用通常的荷载组合。而需要各个扰力值单独验算后，再依据机器类型和扰力频率、方向的不同采取随机组合、叠加及其他数值计算方法，求得基础控制点的总振动效应值。

2. 配置及其控制

1）结构特征

动力机器基础形式是以工艺专业配置需求为依据，兼顾工程条件决定的。当基础形式确定后，其结构体系也就形成。其中，块体式基础是由不考虑变形的质量块与变形的土体共同组成，而刚度由地基弹性刚度决定。一般地基弹性刚度偏低，因此块体式基础的固有频率通常不高。在实际工程中，块体式基础的水平回转耦合振动固有频率约为 4～10Hz，而竖向振动固有频率约为 7～20Hz。对于一些中、低转速的动力机器而言，与机器扰力频率较接近，出现共振的可能性仍比较大。

（1）块体式基础

作为单质点具有 6 个自由度，在下部土体振动中具有水平、竖向、扭转及回转四种形式。地基土对基础的影响是关键的，计算中采用弹簧模拟地基刚度表达。为此，需要预先通过试验或经验方法，获得天然地基或桩基的地基动力特征值参数，才可以进行块体式动力机器基础的振动验算。

（2）墙式动力机器基础

如果采用墙式动力机器基础支承以水平扰力为主的机器时，在水平振动验算中，需要把它看作是构架式基础考虑。要把垂直于水平扰力方向的墙体视为取代构架，求解出横向构架刚度，再进行相关振动的验算。

（3）支承高架动力机器

对于支承高架动力机器且工作转速较高时，通常多数均是采用混凝土构架式基础结构应选择适当截面，使结构具有一定的刚度。由于分配到每榀构架上的质量清晰，工程分析采用多个质点体系，构成由高自振频率组成的频谱，且固有频率分布密集。因此，即便在机器正常运转下，对机器扰力频率的

0.75~1.25倍范围经扫频计算，发生共振的概率是很大的；同时，遇机器工作转速降低或者机器启停过程中，发生共振是必然的，且有多次出现的可能。构架式采用多质点、多自由度的分析体系，可以全面地反映出该类基础结构的振动实际。

2）配置和验算

为了切实满足动力机器基础结构分析的假定，剔除关键影响而简化验算工作。设计配置一项最基本的要求是：力求使基础底面的形心与基组的质心位于同一竖直线上，满足偏心率限值的要求，即定心。严格的偏心率限值造成基组的竖向和扭转振动达到独立，块体式可分别按单自由度进行，简化了验算的工作量。与此同时，定心验算又可防止基础的不均匀沉降，尤其避免软土地基使机器运行状态变差。在工程设计中，不论块体式、构架式及桩基础，其定心工作十分重要且容易达到，特别是对某些未进行振动计算，以工程经验设计的大、中型动力机器基础，定心配置验算更加需要。

在具体工程应用中，对于机器工作转速较低（$n<750\mathrm{r/min}$）、动力荷载较大、配置在地面上的动力机器，一般选择的是块体基础。由于此类基础构造简单且施工方便，有习惯性应用的便利。而对于机器工作转速较高（$n>1000\mathrm{r/min}$）且架空配置的动力机器，采用构架式基础。构架式基础结构应首先强调其概念设计，吸取过去工程的成功经验，从总体上把握此类基础的基本特征，精心配置好构造措施，实现承载能力、刚度和动力特性全优的要求，达到适用、可靠的目的。构架式基础的振动计算应按空间多自由度力学模型体系，工程设计采用专门程序，由计算机完成分析计算。

当由若干个横向构架通过纵向梁连接的构架基础进行竖向振动计算时，可简化为两个自由度的平面体系，不要考虑地基刚度因素。采用两质点的竖向振动系统简图，建立动态方程分析计算，求得构架式基础的竖向振动位移值，方法简便，更符合工程实际。

3. 动力机器基础的概念设计

动力机器基础概念设计就是针对不同的动力机器基础，提出合理的结构形式，平、立面配置，基本构件尺寸和构造，以确保结构设计科学、合理。概念设计不等于结构设计，仅是结构设计的基础和先决条件。

在动力荷载作用下，如基组固有频率与机器扰力频率相同就会产生共振效应。影响基础振动的主要因素是机器的扰频、地基刚度及基组质量等。防止共振的发生就要使基组的固有频率与扰力频率尽可能错开。动力机器基础振动对基础及周围环境都会产生不利影响，振动处理的难度也较大。因此，在动力机器基础设计初期，结构设计人员就应当对振动问题引起特别的重视。

4. 动力机器基础概念设计的内容

根据对动力机器基础的应用分析及振动产生的危害性，在工程实践经验听形成的设计适用原则，构成以下概念设计的基本内容。

1）动力机器资料的收集

动力设备基础的设计，离不开设备制造一厂家资料的提供，尤其是新型关键设备的基础设计，需要厂家配合土建设计人员共同完成，有关动力机器基础设计标准都明确提出了设备厂家应提供的技术资料内容，建设单位需要配合提供的技术资料。动力机器的扰力由设备制造厂家提供尤其重要。

2）动力机器基础的容许振动标准

当前，国内对于动力机器基础设计的几个标准是：《动力机器基础设计规范》GB 50040—96、《建筑工程允许振动标准》GB 50869—2013、《隔震设计规范》GB 50463—2008、《石油化工压缩机基础设计规范》SH 3091、《化工设备基础设计规范》HC/T 20643—2012、《发电厂土建结构设计技术规定》DL 5022—2012等，这些标准都根据不同类型的机器及环境要求，用容许振动线位移或容许振动速度作为控制标准。动力机器基础的设计必须结合工程具体要求，正确选择适宜的容许振动限值。

3）确定天然地基刚度系数及基础的埋深

天然地基的抗压刚度系数 C_z 值，应当由现场试验来确定，对于特别重要的动力机器基础的设计，必须强调这一要求的重要性；对于一般动力机器基础，在没有试验数据时，可以按仍采用的是《动力机器基础设计规范》GB 50040—96 提供的根据地基承载力特征确定的天然地基的抗压刚度系数 C_z 值。

由于基础四周的回填土可以提高地基刚度，从而提高地基的固有频率，基础埋置深度对基底尺寸的比值越大，其影响也越大，特别是对抗弯刚度和抗剪刚度有提高明显。当基础与刚性地表面相连接时，地基的抗弯、抗剪和抗扭刚度都有较大的提升。当动力基础计算时，应合理调整基底面积，以调整天然地基抗压刚度系数 C_z 值，避免因设计基础的固有频率与机器扰频接近而产生共振。

4）确定动力机器基础的结构形式

要根据动力机器的特性、类型、工艺配置、管道布置及振动限值等指标要求，合理地采取大块式基础、墙式基础、构架式基础或隔震基础。

5）地基与机器的质量比值

实践表明，大量的中小型动力机器并不需要烦琐的动力计算，也可以保证基础满足振动限值的要求。因此，需要对动力机器基础的设计，区分为不做动力计算的基础、可简化动力计算的基础和必须做振动计算的基础三种。基组质量与地基刚度构成了基组的固有频率，为避免共振并非基础质量越大越好，还与基底尺寸埋深相关。

6）动力机器基础的偏心率控制

偏心是指基础底面形心与基组质心间的水平距离，设计时应考虑将偏心距与平行于偏心方向的基础底面边长之比满足相关建筑标准的要求，是概念设计的组成部分，一定要严格执行。控制偏心率除了防止基础偏心沉降外，同时可使在动力设计中不考虑质量偏心的影响，将竖向振动、扭转振动和水平回转耦合振动分别计算，可简化动力机器基础的振动计算。

7）动力机器基础应尽量采用隔振设计

传统的动力机器基础设计，常常不将隔振作为优选的设计方案。近年来，有些新型动力机器设备自身就带有隔振装置，如破碎机械就带有隔振支架，可以减少机器在运转时作用在基础上的动力荷载。有的设备工艺要求进行隔振设计，也只有进行隔振设计才能满足环境要求。所以，无论是设备本身还是环境要求，动力机器基础设计都应该优先考虑采用隔振技术，达到经济合理、安全稳定的使用目的。

5. 动力机器基础结构设计

根据动力机器的特性和类型、工艺配置、管道布置的使用要求，确定基础形式及各部分构件的尺寸，相互连接要求后，进而按合理的力学简图进行结构动力和静力计算，使得满足振动限值和结构强度的要求。

1）静力计算的内容

包括基础底面平均静压力计算、破碎机和磨机基础底面边缘最大静压力计算。当对地基变形有控制要求时，还应包括静力作用下的地基变形验算。计算基础底面地基的平均静压力时，上部荷载包括基础的重量和周围的回填土重量、机器设备的重量及传至基础上的其他荷载标准值。计算基础底面边缘的最大静压力时，还应考虑机器的当量荷载产生的弯矩作用。

按基础上的静载和动载换算成当量静载之和作为设计荷载，对构架式基础构件进行强度和配筋计算。而对天然地基，应考虑动力荷载和机器重要性对地基承载力的折减，同时也考虑地基土的类别和特性对地基承载力的折减。对于桩基础，只考虑机器重要性对地基承载力的折减。

2）动力计算的内容

包括机器扰力计算、当量荷载计算、基础的固有频率计算、基础振动线外移、振动速度、振动加速度的计算及振动的合成。

动力计算中的振动合成问题，需要根据各台机器的运转特点，是独立振源还是非独立振源及相位差等因素，按照相应的理论确定。在荷载分类及其组合中，温度应力、气缸膨胀力、凝汽器真空吸水等均属可变荷载。

6. 动力机器基础设计中其他应重视的问题

在动力机器基础结构设计中，还有些需要设计人员重视的问题。

1）大块式、墙式基础的构造要求

对大块式基础不必进行强度计算，但基础体积大于 $40m^3$ 时应沿基础顶面，底面及四周配置钢筋网，作用是防止温度应力及收缩应力产生的开裂，钢筋网应当细而密。当基础体积为 $20\sim40m^3$ 时，可只在基础顶面配置钢筋网，目的是防止设备在安装、检修时混凝土表面遭受砸碰损伤。所有基础底面和上顶板悬臂部分，配筋都需要按强度计算需要来确定。

墙式由顶板、纵墙或横墙、底板三个部分所构成，基础上部尺寸由机器安装要求确定。基础各构件之间的相互连接应能够确保基础的整体刚度，设计和施工时特别要重视加强各构件之间的连接。墙式基础一般多属构造配筋，沿墙面应配置钢筋网，水平钢筋在墙端部应搭接形成闭合状态，竖向钢筋直径可以根据高度偏大一些，使钢筋网片有一定刚度而不变形。

2）往复式压缩机大块式基础设计的几个问题

（1）机器的扰力

往复式压缩机的扰力主要包括旋转部分偏心产生的惯心力及各汽缸质量往复运动产生的惯性力。其中，各汽缸分扰力向曲轴布置中心点平移形成总扰力和扰力矩；电机的短路力矩仅瞬间出现，而大块式和墙式基础强度的安全储备较多，所以电机的短路力矩不要考虑；电机转子不平衡惯性力相对于压缩机扰力很小，一般可不考虑电机扰力的影响。当精度要求较高，振动限值也要求严的压缩机设计时，则应考虑电机扰力的影响。

（2）基础的偏心沉降

处理好基础的偏心沉降主要有三个途径：使基础偏心率不超过规定；把基础设置在比较均匀的土层上；当地基为软弱土层时，应采取人工地基。

（3）基础调频

当基础的固有频率与动力机器的扰频相接近时，会产生较大振动，此时就需要对基础采用调频措施，以改善基础的固有频率。提高基础的固有频率方法是采用人工地基，采取加大基础底板，减少基础质量，减小基础埋深，基础完工后夯实周围回填土，基础与地面采取刚性连接等处理。

（4）联合基础的应用

当基础的扰频较低或扰力数值较大，容许振动限值很严，可以采取联合基础的形式。联合基础一般只能是两三台联合，联合基础可以大幅度提高基础的抗弯和抗扭刚度。

3）对于温度的问题，动力机器基础不应设置温度伸缩缝

当基础尺寸较大时，可以采用施工缝，用低水化热水泥，骨料直径用大的，降低水胶比，增加基础混凝土上表面钢筋的布置措施处治；混凝土浇筑后的收缩也是一个严重问题，应在设计中提出防裂措施，施工中加强后期养护也是重要环节。

4）桩基基础

现行《动力机器基础设计规范》GB 50040 对桩基竖向抗压刚度的计算方法是采用刚性桩的理论，桩的竖向刚度与桩长呈正比增长，则桩越长竖向刚度越大。而应采用变形桩理论进行计算，即把桩当作埋入土中的弹性杆件，桩周表面与土紧密接触，桩周围土层是由无限薄层组成的线弹性体，此时有一个有效桩长的问题，桩并不是越长越好，依据杆件纵向振动理论并简化后求得。变形桩理论的计算结果与现场实测的结果比较接近，尤其是对于长桩和端承桩，这是因为考虑桩本身刚度修正后，当桩长超过一定值时，桩的抗压刚度不会再增加。

对于以水平振动为主的机器基础，当采用预制桩基时，为增加地基的水平刚度，可以采取加大基础底面积、降低基础高

度等措施加以处置。

综上所述，要做好动力机器基础设计，努力做好前期资料、数据的收集和评估，初期选型配置，中期结构分析计算和构造设计，后期的施工及调试。在设计时认真考虑土与动力特征的关系，计算与实际相差较大，且与静力是不同的，对此进行概念设计非常必要。特别重视把握好动力机器基础设计的荷载取值与定位，进行适当的选型并优化结构配置，处理好有效的振动验算并确定合理的振动限值，掌握振动的原理及其概念，采用合理的结构形式及构造要求，动力机器基础设计有一定的规律可循，对于设计人员，通过不断的实践总结，在动力机器基础设计中十分重要。

十二、工程地基基础设计控制

在建筑工程上，把建筑物与土直接接触的部分称为基础，把直接支承建筑物重量的土层叫地基。基础是连接上部结构（例如房屋的墙和柱，桥梁的墩和台等）与地基之间的过渡结构，起承上启下的作用。基础把建筑物竖向体系传来的荷载传给地基。从平面上可见，竖向结构体系将荷载集中于点或分布成线形，但作为最终支承机构的地基，提供的是一种分布的承载能力。

1. 基础设计的基本原则

注重地基基础设计的基本原则，在同一建筑结构单元，宜设置在承载力和变形性能基本相同的地基土上，不宜设置在承载力和变形性能截然不同的地基土上（如部分为老土，部分为新土；部分为一般土或硬土，部分为软土）。同一建筑结构单元一般宜采用相同类型的地基，不宜采用不同类型的地基，如部分采用天然地基，部分采用刚性桩基；部分采用天然地基，部分采用复合地基；部分采用复合地基，部分采用刚性桩基。同一建筑结构单元宜采用相同类型的基础，不宜采用不同类型的基础，如部分采用箱形基础、筏形基础，部分采用条形基础；

部分采用条形基础，部分采用单独桩基；内框架砖房、底层框架砖房，一般外墙宜采用条形基础，内柱宜采用十字交叉条形基础。

在软弱地基和严重不均匀土层上，宜采取措施，加强基础的整体性和竖向刚度。尽可能采用天然地基，如地基较差，通过技术经济的比较，当天然地基造价较高时，可采用桩基或其他人工基础。

2. 重视基础的选型

地基基础设计选型时，应着重考虑的因素有以下几点：工程地质水文条件；上部结构类型和荷载情况；建筑安全等级、体型和使用要求；建筑结构单元的划分；邻近建筑基础和地下设施情况及其相对关系；地下室的设置及防水要求；材料供应和地方材料；施工水平和设备；工期及造价；抗震设防及其他有特殊要求的情况。

3. 基础的类型

基础工程中，习惯常见的建筑工程地基基础设计中，通常按基础所用的材料和受力特点分，有刚性基础和非刚性基础；依据构造形式分，有条形基础、独立基础、筏形基础、箱形基础。

1）刚性基础

由砖、毛石、混凝土或毛石混凝土、灰土和三合土等刚性材料组成的基础，称为刚性基础（也称无筋扩展基础）。从受力和传力角度考虑，由于土单位面积的承载能力小，上部结构通过基础将其荷载传给基础时，只有将基础底面积不断扩大，才适应地基受力要求。上部结构（墙或柱）在基础中传递压力是沿压力分布角（也称刚性角）分布。由于刚性材料抗压能力强、抗拉能力差，因此，压力分布角只能在材料抗压范围内控制。若基础底面宽度超过控制范围，致使刚性角扩大，这时基础会因受拉而破坏。在混凝土基础底部配以钢筋，利用钢筋来承受拉力，使基础底部能够承受较大的弯矩。

2）柔性基础

当基础宽度的加大不受刚性角的限制时，一般被称墙下钢筋混凝土条形基础，或柱下钢筋混凝土独立基础为柔性基础（钢筋混凝土扩展基础）。现行《建筑地基基础设计规范》规定，扩展基础的构造要求应符合下列要求：

（1）锥形基础边缘高度，不宜小于 200mm，阶梯形基础的每阶高度，宜为 300～500mm；

（2）垫层厚度不宜小于 70mm；垫层混凝土强度等级应 C10；

（3）扩展基础底板受力钢筋的最小直径不宜小于 10mm；间距不宜大于 200mm，也不宜小于 100mm。墙下钢筋混凝土基础纵向分布钢筋的直径不小于 8mm；间距不大于 300mm；每延米分布钢筋的面积不小于受力钢筋面积的 1/10。当有垫层时钢筋保护层的厚度不小于 40mm；无垫层时不小于 70mm；

（4）混凝土强度等级不应低于 C20；

（5）当柱下钢筋混凝土独立基础的边长和墙下钢筋混凝土条形基础的宽度大于或等于 2.5m 时，底板受力钢筋的长度可取边长或宽度的 0.9，并宜交错布置。钢筋条形基础底板在 T 形及十字形交接处，底板横向受力钢筋仅沿一个主要受力方向通长布置，另一方向的横向受力钢筋可布置到主要受力方向底板宽度 1/4 处。在拐角处，底板横向受力钢筋应沿两个方向布置。

3）常见的几种结构体系建筑物的地基基础应用

（1）砌体结构建筑

六层或六层以下的多层民用建筑和砖墙承重的轻型厂房，可采用砌体条形基础（毛石或砖）；地下水位较低且具有施工经验时，可采用刚性灰土基础；地下水位较高或冬期施工时，宜采用钢筋混凝土扩展基础；在软弱地基上，多层建筑可设置筏形基础或浅埋板式基础。

（2）框架结构建筑

①如无地下室、地基较好、荷载不大时，可选用混凝土独立基础，柱基之间可根据有关要求，考虑是否设置基础系梁。

②有地下室且有防水要求时，如地基较好，可选用混凝土独立基础加防水板做法。防水板下宜铺一定厚度的易压缩材料，以减小柱基沉降的不利影响。

③有地下室且有防水要求时，如地基较差，可选用筏形基础（有梁或无梁）。

④有地下室的单独柱基础，基础的底面到地下室地面的距离，不宜小于1m，对于防水要求较高的地下室，宜在防水板下铺延性较好的防水材料，或者在防水板上增设架空层。

（3）框架-剪力墙结构建筑

①如无地下室、地基条件较好且承载较均匀时，可选用单独柱基加基础系梁。如地基较差或荷载较大时，为加强基础整体性和增加基础底面积，可选用钢筋混凝土十字交叉条形基础，当条形基础不能满足地基承载力或变形要求时，可选用钢筋混凝土筏形基础。

②有地下室、无防水要求时，也可选用单独柱基或十字交叉形基础。同时，验算地下室外墙的承载能力。有防水要求时，当地基较好时可选用单独柱基或条形基础另加防水板做法，此时应考虑基础沉降对防水板的不利影响而采取的相应措施（同框架结构建筑）。当地基较差或条形基础不能满足地基承载力或变形要求时，可选用钢筋混凝土筏形或箱形基础。

（4）剪力墙结构建筑

无地下室或有地下室但无防水要求时，如地基较好，宜优先选用交叉条形基础。有防水要求时，可选用箱形基础或筏形基础。当基础埋置深度不小于3m时，如原无地下室应建议甲方增设地下室，或与勘察单位研究改用桩基础的可能性和经济性，同时也研究设置架空层的可能性和经济性。如地基土质较差，当采用上述各类基础不能满足设计要求，或者经过经济比较，天然地基造价较高时，可选用桩基础或其他人工基础。高层建筑的地下室，如需用作停车库、机房等要求较大空间时，也可不一定设计成箱形基础，应优先选用筏形基础。

十三、高层建筑地基设计的重要性

基础对建筑物和地基而言是必要的连接体，基础把建筑物竖向体系传来的荷载都传给地基，从平面上可以看出，竖向结构体系将荷载集中于点或分布成线形，可是作为最终支承重量机构的是地基，可以提供的是一种分布的承载能力。

1. 地基处理的一般方法

地质土层如果是属于淤泥和淤泥质土，宜利用其上覆较好土层作为持力层。当上覆土层较薄，应采取避免施工时对淤泥和淤泥质土扰动的措施；当土层是冲填土、建筑垃圾和性能稳定的工业废料，均匀性和密实度较好时，均可利用作为持力层；而对于有机质含量较多的生活垃圾和对基础有侵蚀性的工业废料等杂填土，未经处理不宜作为持力层。局部软弱土层以及暗塘、暗沟等，可采用基础梁、换土、桩基或其他方法处理。在选择地基处理方法时，应综合考虑场地工程地质和水文地质条件、建筑物对地基要求、建筑结构类型和基础形式、周围环境条件、材料供应情况、施工条件等因素，要经过技术经济指标比较分析后择优采用。

2. 地基设计注意重点

地基处理设计时，应考虑上部结构、基础和地基的共同作用，必要时应采取有效措施，加强上部结构的刚度和强度，以增加建筑物对地基不均匀变形的适应能力。对已选定的地基处理方法，宜按建筑物地基基础设计等级，选择代表性场地进行相应的现场试验，并进行必要的测试，以检验设计参数和加固效果，同时为施工质量检验提供相关依据。经处理后的地基，当按地基承载力确定基础底面积及埋深而需要对地基承载力特征值进行修正时，基础宽度的地基承载力修正系数取零，基础埋深的地基承载力修正系数取 1.0；在受力范围内仍存在软弱下卧层时，应验算软弱下卧层的地基承载力。对受较大水平荷载或建造在斜坡上的建筑物或构筑物，以及钢油罐、堆料场等，地基处理后应进行地基稳定性计算。结构工程师需根据有关规范分别提供用于地基承载力验算和地基变形验算的荷载值；根据建筑物荷载差异大小、建筑物之间的联系方法、施工顺序等，按有关规范和地区经验对地基变形允许值合理提出设计要求。地基处理后，建筑物的地基变形应满足现行有关规范的要求并在施工期间进行沉降观测，必要时尚应在使用期间继续观测，用以评价地基加固的效果和作为使用维护的依据。复合地基设计应满足建筑物承载力和变形要求。地基土为欠固结土、膨胀土、湿陷性黄土、可液化土等特殊土时，设计要综合考虑土体的特殊性质，选用适当的增强体和施工工艺。复合地基承载力特征值应通过现场复合地基载荷试验确定，或采用增强体的载荷试验结果和其周边土的承载力特征值结合经验确定。

常用的地基处理方法有：换填垫层法、强夯法、砂石桩法、振冲法、水泥土搅拌法、高压喷射注浆法、预压法、夯实水泥土桩法、水泥粉煤灰碎石桩法、石灰桩法、灰土挤密桩法和土挤密桩法、柱锤冲扩桩法、单液硅化法和碱液法等。

3. 基础设计的关键点

房屋基础设计应根据工程地质和水文地质条件、建筑体型与功能要求、荷载大小和分布情况、相邻建筑基础情况、施工条件和材料供应以及地区抗震烈度等综合考虑，选择经济合理的基础形式。砌体结构优先采用刚性条形基础，如灰土条形基础、C15 素混凝土条形基础、毛石混凝土条形基础和四合土条形基础等。当基础宽度大于 2.5m 时，可采用钢筋混凝土扩展基础即柔性基础。多层内框架结构，如地基土较差时，中柱基础宜选用柱下钢筋混凝土条形基础，中柱宜用钢筋混凝土柱。框架结构、无地下室、地基较好、荷载较小可采用单独柱基，在抗震设防区可按《建筑抗震设计规范》GB 50011 规定设柱基拉梁。无地下室、地基较差、荷载较大为增强整体性，减少不均匀沉降，可采用十字交叉梁条形基础。

如采用上述基础不能满足地基基础强度和变形要求，又不宜采用桩基或人工地基时，可采用筏形基础（有梁或无梁）。框架结构、有地下室、上部结构对不均匀沉降要求严、防水要求高、柱网较均匀，可采用箱形基础；柱网不均匀时，可采用筏形基础。有地下室，无防水要求，柱网、荷载较均匀，地基较好，可采用独立柱基，抗震设防区加柱基拉梁，或者采用钢筋混凝土交叉条形基础或筏形基础。

筏形基础上的柱荷载不大、柱网较小且均匀，可采用板式筏形基础。当柱荷载不同、柱距较大时，宜采用梁板式筏形基础。无论采用何种基础都要处理好基础底板与地下室外墙的连接节点。框架-剪力墙结构无地下室、地基较好、荷载较均匀，可选用单独柱基，墙下条形基础，抗震设防地区柱基下设拉梁并与墙下条形基础连接在一起。无地下室，地基较差，荷载较大，柱下可选用交叉条形基础并与墙下条形基础连接在一起，以加强整体性；如还不能满足地基承载力或变形要求，可采用筏形基础。剪力墙结构无地下室或有地下室，无防水要求，地基较好，宜选用交叉条形基础。当有防水要求时，可选用筏形基础或箱形基础。高层建筑一般都设有地下室，可采用筏形基础；如地下室设置有均匀的钢筋混凝土隔墙时，采用箱形基础。当地基较差，为满足地基强度和沉降要求，可采用桩基或人工处理地基。

多栋高楼与裙房在地基较好、沉降差较小、基础底标高相等时基础可不分缝。当地基一般，通过计算或采取措施控制高层和裙房间的沉降差，则高层和裙房基础也可不设缝，建在同一筏形基础上。施工时可设后浇带，以调整高层与裙房的初期沉降差。后浇带设计因调整地基初期不均匀沉降而设的后浇带，带宽800～1000mm。后浇带自基础开始在各层相同位置直到裙房屋顶板全部设后浇带，包括内外墙体。施工时后浇带两边梁板必须支撑好，直到后浇带封闭并混凝土达到设计强度后拆除。后浇带内的混凝土等级采用比原构件提高一级的微膨胀混凝土。如沉降观测记录在高层封顶时，沉降曲线平缓可在高层封顶一个月后封闭后浇带。沉降曲线不缓和,则宜延长封闭后浇带时间。

基础后浇带封闭前要求施工时覆盖,以免杂物、垃圾掉落,难于清理。并且提出清除杂物垃圾的措施,如后浇带处垫层局部降低等。有必要时后浇带中设置适量加强钢筋,如梁面、底钢筋相同等措施。设计者必须认真对待由于超长给结构带来的不利影响。当增大结构伸缩缝间距或不设置伸缩缝时,必须采取切实可行的措施防止结构开裂。在适当增大伸缩缝最大间距的各项措施中,在结构施工阶段采取防裂措施是国内外通用的减小混凝土收缩不利影响的有效方法,我国常用的做法是设置施工后浇带。另外,当建筑物存在较大的高差,但是结构设计根据具体情况可不设置永久变形缝时,例如高层建筑主体和多层(或低层)裙房之间,也常常采用施工后浇带来解决施工阶段的差异沉降问题。这两种施工后浇带,前者可称为收缩后浇带,后者可称为沉降后浇带。

综上所述,基础设计主要就是控制上部荷载的准确性,上部荷载准确性主要是结构选型确定。结构用任何软件进行上部结构计算即可。而其他结构必须要采用两种以上软件进行上部结构计算,对于结果进行分析,手算综合决定了上部荷载。基础设计软件核心简单,荷载相同,各种软件计算结果都是一样的。所以,平时要多注意设计经验的交流沟通和知识积累。

第二章　建筑工程施工质量控制

第一节　建筑砌体工程

一、复杂建筑结构施工质量问题控制

随着建设工程的多样性规模的不断扩大，新的建筑设计理念和结构体系，施工方法应用于大型公共建筑，对从事复杂建筑结构管理技术人员、工程建设管理人员提出了更高要求。在工程实践中，复杂高层建筑结构施工质量控制与管理仍存在一定的不足，尤其是在基层施工单位，对不同的项目表现形式也不相同。一方面，各工程水文地质条件、基础形式与结构类型存在复杂性；同时，现有的施工工艺和技术、施工机械选型与配套存在局限性；另一方面，建设项目施工现场全方位过程的质量控制难度增加，需要适应与时间过程。

按照现行施工及质量验收规范的相关规定，复杂的高层建筑结构即建筑在结构平面布置和结构竖向布置中，存在对抗震不利的规则性或采用了有明显薄弱部位的复杂类型结构，如带转换层结构、带加强层结构、连体结构、错层结构及大盘底多塔楼结构等。对这些已采取不规则复杂结构，或不应采用严重不规则的平面布置，或竖向严重不规则结构的施工图纸时，在实施的工序过程中应重视以下诸多方面，在此共同探讨。

1. 施工参数方面的控制

　　1）标高 ±0.000 的控制

从建筑工程施工图设计程序上一般是从平面开始。以前的建设项目为比较单一的单位工程，而当前规划的建设用地以片段、整块及功能区域来布置，由此组成建筑群体。在分段分层组合，单元组合的这种结合地形地貌，功能分区的平、立、剖面设计中，带来相互独立的单一建筑各定点位置高差的不同，给施工实施过程带来多样的复杂性。单体建筑随地势起伏依次错落有序排列时，±0.000 设置所对应的绝对标高值，在一些项目是不尽相同的，只有准确确定 ±0.000 的标高，才能判别复杂高层建筑结构基础埋置深度，满足设计对天然地基及复合地基 ≥建筑物总高度 1/15，桩筏、桩基 ≥建筑物总高度 1/18 的总要求，但实际误判多有发生。

具体表现为：在一些项目施工过程中随意提高 ±0.000 的标高定位数值，人为造成基础埋置深度不够，尤其是带有架空层及半地下室山地建筑，已不能满足建筑物的稳定性与抗倾覆的要求。同时，个别项目的施工图说明部分遗漏、说明不清或错误，无法判别建筑物基础持力层指标参数值；另外，还有一些工程的施工测量记录与施工图上的 ±0.000 的标高数值不同，地基验槽记录资料与工程地质勘察资料不相符等。

准备控制 ±0.000 的标高定位数值，从施工图文件上，建筑总平面图内，即测量坐标网的高程系统，场地范围的测量坐标或定位尺寸。也可能是在设计说明中的相对标高与总图的绝对标高之间关系，也就是设计 ±0.000 标高所对应的绝对标高值，对应相关的施工过程资料，施工测量方案，工程定位测量记录，首层平面放线记录，测量放线自检等。从其他施工资料的说明中，才能判别基础持力层具体位置，有效确定复杂建筑基础埋置深度，从而满足设计规范对建筑物稳定性的规定。

2）沉降量的控制

按照现行《地基基础设计规范》GB 50007 的规定，地基变形特征可分为沉降量、沉降差、倾斜、局部倾斜。地基基础的设计要同时满足强度和变形的要求，因为地基基础的事故发生是强度和变形问题的反映。建筑物的地基允许变形值，主要取决结构设计和基础类型对地基变形的适应能力，及建筑物使用功能对地基变形的要求。规范对于多高层建筑物的地基变形允许值应由整体倾斜值控制，必要时应控制平均沉降量。比较复杂的建筑物体型复杂且平面形状不规则，按照相关要求加强对沉降量的观测。现实中多数项目在施工阶段质量控制过程中忽视了对沉降量的观测这一重要环节。

在有些情况下以沉降量观测记录来判断建筑物沉降情况，有利于事前的控制。可以通过施工措施控制沉降量减少其差值。一般情况下多层建筑在施工期间完成的沉降量，对于砂质土可认为最终沉降量完成 80% 以上，而其他低压缩性土可认为最终沉降量完成的 50%~80%，对于中压缩土可认为最终沉降量完成的 20%~50%，而对于高压缩土可认为最终沉降量完成的 10%~30%。尤其是在建筑变形观测过程中，变形量或变形速率出现异常情况的，实施施工中对倾斜特别是沉降的控制就显得更加迫切和重要。

3）建筑物的垂直度控制

复杂建筑结构层数多且立面平面不规则，轴线控制的精度差易造成各楼层面之间垂直度超标和房屋的歪斜，会改变建筑物的受力状态。使偏心距加大，可能造成电梯井道垂直度偏大影响电梯安装使用，同时由于外立面的偏差而影响幕墙钢骨架施工精度等。在实际工程施工中，一些项目对轴线的控制仍然是采用施工传统挂线法，产生的累计误差超标较多，少数项目有测量方案和放线测量记录，主体结构实体上有轴线、标高线、测量标注，但三者之间与数没联系；部分项目无结构测量方案，结构实体上无工作痕迹，但有完整楼层平面放线记录和建筑物垂直度、标高观测记录。

按照现行《混凝土结构工程施工质量验收规范》GB 50204 的规定，垂直度允许偏差全高在 $H_1/1000$ 以内且 $\leqslant 30mm$。在工程实践中应正确选择测量仪器和测量方法，按规范控制其精度。通常使用精密垂直仪，用天顶法测量复杂建筑结构垂直度。轴线控制地下室结构部分用外控制，地上结构部分为内控制。根据首层施工轴线在楼面上确定控制点和方向点形成井字形控制线，作为上部结构施工轴线垂直控制点，逐层向上引测。同时，要观测建筑物的外墙垂直度，在沿轴线的延长线地面位置施工场地上架立经纬仪，主体结构每施工完两层进行一次测量，至封顶结束。现在先进的施工过程监测和控制技术是利用 GPS 相对定位原理，使用全站仪测角、测边或边角同时测模式建立施工控制网。施工放样采取全站仪三维坐标法，测距仪高程传递技术，更有效地保证复杂高层建筑结构垂直度达到规范的要求。

2. 施工工序过程技术控制

1）施工工序问题

施工过程的先后顺序会直接影响到工程质量。习惯考虑的主要是施工工艺和方法等，相对于复杂高层建筑结构施工组织，与结构设计密切相关。根据结构设计类型、结构布置及构造措施，选择合适的施工顺序，有利于提高施工效率；反之，会降低甚至带来工程质量的缺陷或隐患。如有的项目在有主楼和裙楼的施工，未采取任何技术措施造成一些梁板裂缝，有的在浇筑时随意留置施工缝，导致在结构件中留下可见的缝隙和夹层，影响到承重构件的承载力；有的对于结构设计同构造节点或各楼层不同混凝土强度，施工错位浇捣造成实体混凝土试块强度偏低，不满足设计要求，造成质量事故等。

其做法应根据结构设计各单元荷载隔断分开施工，而连体结构及错层结构、多塔楼结构宜先建高、重部分，后建低、轻部分；有主楼和裙房时，基础施工先主楼后裙房的顺序；地上施工宜按防震缝位置分段流水作业。当裙房平面较长时，在中间留设垂直施工缝，分为两个流水段平行作业，与主楼结构形成多个结构施工段立体交叉作业。对于施工缝的临时留置，墙、柱在楼板的上表面，梁、板混凝土浇筑顺次梁方向进行，应留在剪力最小部位，即次梁跨度的中间。每层墙、柱、梁、板混凝土应一次浇筑完成。对于加强层、转换层错层等墙、柱、梁身较高，一次浇筑时，可采取斜向分段、水平分层的方法连续浇筑。

同样，对每一层墙、柱、梁、板节点不同强度等级的混凝土宜采取"先高后低"的浇筑顺序进行，也就是先浇高强度等级混凝土，后浇筑低强度等级混凝土。根据设计要求，在结构混凝土浇筑时，在结构墙柱与板梁不同等级混凝土墙交界梁或楼面处留设45°斜截面施工缝，并设置双层钢丝网片，严格控制在先浇筑柱、墙混凝土初凝前继续浇灌板、梁混凝土。为防止施工冷缝的出现，采取的具体方法是：采用提前准确计算分区不同强度混凝土数量，确定各台泵的工作区域及不同工作时间内泵送的混凝土强度等级，并掺加缓凝剂，延长混凝土的初凝时间，利用混凝土布料机来浇捣墙、柱、梁、板的施工顺序问题。与此同时，各楼层不同强度等级混凝土施工浇筑按设计要求进行分层控制施工。

2）"三缝"（伸缩缝、沉降缝、防震缝）的设置要求

传统的《混凝土结构设计规范》GB 50010、《建筑地基基础设计规范》GB 50007、《建筑抗震设计规范》GB 50011 中规定了三缝设置的最大间距，由设计师在建筑结构总说明的概况中，对分隔缝设置要求提出具体规定便于施工控制。由于各自对现行规范存在理解的偏差，造成施工中设置"三缝"的方法不同甚至产生错误的做法。一种是有的工程在主楼与裙房间不设"三缝"，主要是有的项目是连体结构、多塔楼结构只是用一条临时施工后浇带代替处置，造成裙房屋面、局部楼板与墙面都产生裂缝；另外，也存在"三缝"设置位置不当、水平与竖向位置不连通的现象；还有的项目按照施工图纸设缝处置不当，如缝中上下堵塞建筑材料，甚至模板不拆除，垃圾填满缝隙，无设置作用。

由于复杂高层建筑属于体型复杂，平、立面特别不规则的多塔楼超长结构，而温度变化和混凝土的收缩在横向、竖向均会产生较大变形和内力容易出现裂缝。合适的结构性能主要是设计的准确把控和符合规范的施工控制。具体实施中，重视各种因素对结构内力和裂缝的影响，必须按照施工图要求合理留

置"三缝"的间距，并采取有效的构造措施，配置预应力筋和补偿收缩混凝土，在能不设缝就不设缝、少设缝的前提下，结构单元间刚度相差较大或悬殊时才设缝。若分开则彻底分开，不要若连若分，应满足结构需要。

3）"三带"（后浇带、加强带、膨胀加强带）处理

为满足大开间使用功能和地下室防渗漏水处理需要，从采取分段施工控制大体积混凝土裂缝的实践中，人们开始对"三缝"（伸缩缝、沉降缝、防震缝）产生新的认识，用"三带"（后浇带、加强带、膨胀加强带）替代设缝，近年来许多设计人员在工程中得到应用。但在具体操作中也被造成误解，如有的项目"三带"的留置位置错误，各层间上下错位，也有的设置不连续；有的工程留缝宽度不足且处理不恰当；在"三缝"位置边缘立杆偏少或不设置，严重的还堆放建筑材料，改变结构受力状态。也存在赶工期补缝、浇筑混凝土时间不足、对连接部位未清理及对钢筋整理，重新调整、绑扎等。

合格正确的做法是：按照施工图慎重考虑复杂高层建筑结构不同沉降，分区块留置"三带"且应贯通。"三带"边缘处妥当支撑搭设方案，支架用传统的 ϕ48 钢管扣件搭设，立杆间距小于 1.2m 布置，水平杆设置三道，每三根立杆设一斜撑，立杆底部垫木板，保证构件和结构整体在施工期间的刚度稳定性。

对"三带"的具体划分目前图纸并不统一，只是按控制构件温度应力、沉降及防水要求、工程部位及施工期间，分为后浇带、加强带、膨胀加强带。有的工程将后浇带分为一般性后浇带和沉降性后浇带。有的项目则把膨胀加强带分为连续式、间歇式和后浇式。正常的"三带"浇筑混凝土时间以楼层两侧混凝土在 6 周即 42d 后补浇。采用无收缩微膨胀补偿混凝土。其梁、板、墙带内原钢筋不断，并增加钢筋量 20% 左右。混凝土强度等级提高一级。

3. 施工质量的检验评定

1）承载力荷载试验

所建工程都必须满足地基承载力和变形要求，而确定地基承载力的方法，静载试验是原位试验法中最好的方法。载荷试验包括深层、浅层、岩基、单桩及锚杆等，其检测参数为天然地基及复合地基承载力特征值、岩石地基或桩基础持力层承载力特征值、单桩竖向抗压（拔）承载力特征值、单桩水平承载力特征值、基础锚杆抗拔承载力特征值等。复杂高层建筑结构基础类型习惯采用箱形基础或筏形基础、桩基、桩加箱形基础或筏形基础。在实际工程中发现，其承载力静载试验在工程质量施工中控制并不规范，表现在有的项目地基基础设计等级为甲级的筏形基础、箱形基础验收时仅以地基基础记录作为验收依据，而未进行地基承载力荷载试验，也有依据检测目的施工阶段桩基检测内容不齐全、方法不当。有的人工挖孔桩只做终孔时桩端持力层检验而工程桩不进行承载力载荷试验。当出现不符合设计问题时无处置或处置随意，工程变更过程程序控制不到位。

根据现行的《建筑地基基础设计规范》GB 50007、《建筑地基基础工程施工质量验收规范》GB 50202、《建筑桩基检测技术规范》JGJ 106、《建筑桩基技术规范》JGJ 94 及相关规范规定，对于复杂高层建筑结构采用筏形基础或箱形基础时，且建筑物地基基础设计等级为甲级，由荷载试验确定单位工程的天然地基，处理土地基和复合地基的承载力特征值。在同条件下参加统计的试验点不少于 3 点，取其平均值。当极差超过平均值的30%时应增加试验点数量。

当采用桩基、桩箱、桩筏基础时，工程桩应进行承载力检验。对于单桩竖向抗压静载试验，单位工程内在同一条件下工程桩验收检测抽查数不少于总桩数的 1%，且不少于 3 根，工程桩数量少于 50 根时抽检不少于 2 根。对于单桩竖向抗拔及静载试验抽检数不少于总桩数的 1%，且不少于 3 根；人工挖孔桩终孔时应进行桩端持力层检验，抗浮锚杆完成后应进行抗拔力检验，抽检数不少于锚杆总数的 3%且不少于 6 根。同时，试桩的检测结果不应视为工程桩的检测结果，不应作为工程桩的验收依据。对于不合格的试验结果，经扩大验证试验后报专家现场论证。

2) 结构实体检验

根据现行《混凝土结构工程施工质量验收规范》GB 50204 中对涉及混凝土结构安全的重要部位进行结构实体检验。其内容主要是混凝土的强度，钢筋保护层厚度及建设合同约定的项目检验内容。事实上，在许多施工现场，一是没有符合工程实际的检测方案，或方案中的检测部位、方式及数量、内容不具体；二是具有检测资质的单位只对委托送样的检测报告负责，且按最有利条件选择楼层定点检测，单位工程结构实体检测参数结论的完整性与公正有效性不明确；同时，检测报告技术参数及检测结构不具有真实性、准确性，漏检项目及内容数量多；还有，对不合格的检测报告未进行复检，给结构实体质量控制留下一定隐患，不满足复杂高层建筑结构主体施工质量的评定与验收要求。

按照现行《建筑工程检测试验技术管理规范》JGJ 190 的要求，结合复杂高层建筑结构的特点，制定合理的结构实体检测方案，统一检测操作程序及其方法，计量检定所有检测仪器，明确涉及结构安全的墙、柱、梁结构件的重要部位及内容，即混凝土的强度，钢筋保护层厚度，钢筋品种、数量、直径及间距，砂浆及砌体强度等。其他要求检测项目中，实体检测可按层段数进行或者在主体完工后一次进行。在涉及混凝土结构安全的重要部位选择构件。选择的构件必须包括所有的混凝土强度等级，覆盖更多的结构件类型，对结构件留置的试块抗压强度不足或怀疑的，应优先选点检测。项目的地下室，首层和顶层必须检测，按照复杂高层建筑结构特点及构造措施，加强层及其上下相邻一层框架柱、带错层结构的错层处框架柱的箍筋全柱段加密，带转换层或底盘屋面楼板为转换层时，楼板的双向双层配筋及不小于180mm 板厚，带错层结构的错层处、多塔楼结构转换层楼面板的混凝土强度均应不低于 C30 必须检测。同时，对于不合格的检测结果报告，复检选点应对同类型、同批次的构件或结构加倍选点检测。若还不能满足设计及规范要求，应由建设、设计、施工及监理单位共同确定技术处理方案，并将结构实体检测报告及所存在质量缺陷的整改落实情况形成检验记录，且原始记录与检测报告的结论应有效、真实和可靠。

3）钢结构变形检测

在复杂高层建筑结构布置中，涉及转换层、加强层连接体结构与主体的复杂部位采用钢梁、钢桁架等构件较多，施工钢结构柱，梁吊装，钢桁架施工，钢结构测量过程控制，确保构件抗弯特性及构架节点刚度来控制构架变形达到设计要求，实现复杂高层建筑结构竖向力承托与转换。尤其是大跨度桁架高空分块安装，校正及连接时要保证钢柱轴力为零节点连接，是施工控制的关键工序。对照现行的《钢结构工程施工质量验收规范》GB 50205 中安全及功能的检测要求，主要构件变形检测是钢结构施工质量控制的重点。主要检测项目为钢柱垂直度，钢梁和桁架垂直度及侧向弯曲等。

在具体工程中的钢结构检测资料分析，一些项目存在：检测内容不齐全和检测批量不足；针对复杂的结构体系，围绕施工任务展开的几何（变形）控制，应力控制，稳定控制和安全控制的施工控制资料不规范应变监测及位移监测结果中测点空间坐标在拼接及卸载中变化大，应力变化不正常，结构施工及完成后内力未达到设计要求现象。因此，对于复杂高层建筑结构使用钢构件的变形检测，只有根据工程特点及使用功能要求，选择合适的检测方法，确定匹配的监测仪器，制定满足设计及规范的检测技术手段及精度，提出严密的检测频率，才能实现钢结构受力状态的正常，结构变形合理有效的施工过程控制中。

4. 简要小结

1）结构设计切实按照现行的抗震设计要求进行

在进行结构设计时宜采用规则结构或一般不规则结构，不应当采用特别不规则结构，如果有较明显的抗震薄弱部位单跨框架结构的高层建筑，单塔或大小不等的多塔偏置过多的大底盘结构，刚度有较大不同的错层及连体结构，高层转换结构（6~7度高于5层，8度高于4层），7、8度设防的厚板转换结构，同时具有两种以上复杂类型，如多塔、大底盘大小不等的多塔、带转换层及加强层、错层及连体层结构等。同时，对于超限高层建筑项目，要严格按照住房和城乡建设部规定，在结构初步设计阶级申报抗震设防专项审查。

2）完善施工图设计结构安全性及稳定性审查

一方面，对于多塔、连体、错层及带转换层、加强层的复杂体型结构，应尽量减少不规则类型和不规则的程度。一般不要超过"高规"规定的最大限制高度；另一方面，不应同时采用多塔、连体、错层及带转换层、加强层五种类型中的三种结合的复杂结构类型。对于复杂或超限程度，针对薄弱部位应采取比规范及规程要求更严格的计算与构造技术措施。如在结构计算分析时采用静力或动力弹塑性分析，提高抗震等级的措施。

3）加强复杂高层建筑主体结构施工质量的验收力度

要落实现行建筑施工各项验收规范规定的内容，尤其是强制性条文内容的执行情况规定，无论是属于一般的规定与项目，还是主控项目与施工允许偏差，从检验批、分项工程、分部工程的施工质量量化控制，要严格主体施工阶段的专项验收环节。如预应力梁、钢结构等检验项目允许偏差，施工及验收记录要真实、有效并齐全，与施工进度相同步，要切实查主体结构验收阶段特殊情形的验收处理，对隐蔽项目、结构裂缝控制、局部加强处理、停建时间超过一年项目复工前的检验等。

二、墙体砌筑的操作方法及控制措施

在长期的建筑操作实践中，操作工人实践总结了丰富的砌筑经验，并总结出多种不同的砌筑方法，最主要的是应用最多最广泛的"三一砌筑法"、坐浆条砌法、瓦刀披灰法、铺灰挤砌法和快速砌筑法几种方法，以下重点介绍快速砌筑法的操作及其控制。

1. 快速砌筑法的方法

快速砌筑法是将砌工的动作过程归纳为两种步法、三种弯腰姿势、八种铺灰手法、一种挤浆动作，称为快速砌筑动作规范，即快速砌筑法。快速砌筑法中的两种步法，即操作时以丁字步与并列步交替后退操作；三种弯腰身法，即在操作过程中采取侧弯腰、丁字步弯腰与并列步弯腰三种弯腰姿势进行砌筑，见图1；八种铺灰手法，即砌条砖采用甩、扣、溜、拨四种手法和砌丁砖采用扣、溜、拨、一带二四种手法；一种挤浆动作，即平推挤浆法。快速砌筑法把砌砖动作复合为四个，即双手同时铲浆和拿砖，一转身铺浆，一挤浆和一刮浆，一甩出余浆，见图2。这样大幅简化了动作，使身体各部位肌肉轮流运动而减轻疲劳。

2. 两种操作步法

（1）砌砖时采用拉槽取法，操作人员背向砌砖前进方向退步砌筑。开始砌筑时人斜站成丁字步，左足在前右足在后，后腿紧靠灰斗。这种站立姿势稳定有力，可以适应砌筑部位的远近高低变化，只要将身体的重心在前后之间交换，就可以保证砌筑正常进行。

（2）后腿紧靠灰斗以后，右手自然下垂，就能方便地在灰斗内取浆。右足绕足跟略微转动一下，又可以方便地取得砖块。砌到近身之后，左足后撤半步，右足稍微移动即成为并列步，操作者基本面对砌筑墙身，又可以进行500mm长的砖墙砌筑。在并列步时，靠两足的稍微旋转来进行取浆和取砖动作。

（3）一段墙体全部砌筑完后，左足后撤半步，又一次站立成丁字步，再继续重复前面的动作。第一次步法的循环，可以砌完长度1.5m的墙体，所以要求操作面上灰斗的备浆排放间距也是1.5m，这一点与"三一砌筑法"是相同的。

3. 三种弯腰姿势

1）侧身弯腰

当操作者站成丁字步的姿势铲浆和取砖时，应采取侧身弯腰的动作，利用后腿微弯、斜肩和侧身弯腰来降低身体的高度，以达到铲浆和取砖的便利。侧身弯腰的动作时间很短，腰部只承受轻微的负荷。在完成铲浆和取砖后，可借助伸直后腿和转身的动作，使身体重心移向前腿而转换成正弯腰，这是砌低矮墙时的动作。

2）丁字步正弯腰

当操作者站成丁字步，并且砌筑离身体较远的低矮墙时，应采用丁字步正弯腰的动作。

3）并列步正弯腰

丁字步正弯腰时重心在前腿，当砌至近身砌面并改换成并列步砌筑时，操作者就取并列步正弯腰的动作，这两种弯腰姿势动作见图1。

(a)丁字步弯腰1　(b)丁字步弯腰2　(c)并列步正弯腰

(d)侧身弯腰1　(e)侧身弯腰2　(f)丁字步弯腰3

图1　三种弯腰姿势

4. 八种铺灰手法

1）砌条砖时的三种手法

（1）甩法

是"三一砌筑法"中的基本手法，适用于砌离身体部位低而远的墙体。铲取砂浆要求呈均匀条状，当大铲提至砌筑位置时，将铲面转90°，使手心向上同时将浆顺砖面中心甩出，使砂浆呈条状均匀落下，甩灰的动作见图2。

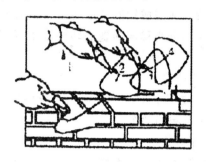

图2 甩灰的动作分解

（2）扣法

扣法适用于砌近身和较高部位的墙体，人站成并列步。铲浆时以后腿足跟为轴心转向灰斗，转过身来反铲扣出灰条，铲面的运动路线与甩法正好相反，也是一种反甩法，尤其砌低矮的近身墙更是如此。扣浆时手心向下，利用手臂的前推力落砂浆，其动作形式见图3。

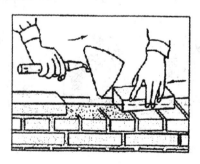

图3 扣灰的动作分解

（3）拨法

拨法适用于砌近身部位及身后部的墙体，用大铲铲取扁平状的灰条，提到砌筑面上把铲面反转，手柄在前平行向前推泼出浆灰条，其手法见图4。

图4　泼灰的动作分解

2）砌丁砖时的三种手法

（1）砌里丁砖的溜法

溜法适用于砌一砖半墙的里丁砖，铲取的灰条要求扁平状，前部略厚，铺浆时手臂伸过准线，使大铲边与墙边取平，采用抽铲落灰的办法见图5。

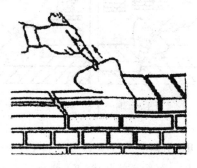

图5　砌里丁砖的溜法

（2）砌丁砖的扣法

铲灰时要求做到前部略低，扣到砖面上后灰条外口稍厚，其动作如图6所示。

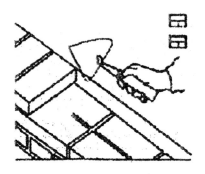

图6　砌丁砖"扣"的铺灰动作

（3）砌外丁砖的拨法

当砌三七墙外丁砖时可用拨法，大铲铲取扁平状灰条，泼灰时落点向内移一点，可以避免反面刮浆的动作。砌离身体较远的砖可以平拉反拨，砌近身体部位的砖采用正拨，其手法见图7。

图7　砌外丁砖"泼"法

3）砌角砖时的溜法

砌角砖时用大铲铲起扁平状的灰浆条，提送至墙角部位并与墙边取齐，然后抽铲落灰浆。采用这样手法可以减少落地灰浆，见图8。

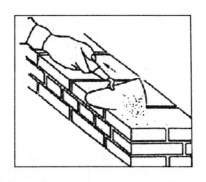

图 8　砌角砖"溜"的铺灰动作

4）一带二铺浆法

由于砌丁砖时，竖缝的挤浆面积比条砖大一倍，外口砂浆不宜挤严，可以先在灰斗处将丁砖的碰头灰抹上，再铲取砂浆转身铺灰砌筑，这样做就多了一次抹灰的动作。一带二铺浆法是把这两个动作合并起来，利用在砌筑面上铺浆时，将砖的丁头伸入落浆处接打碰头灰。这种做法铺浆后要摊一下砂浆才能摆砖挤浆，在步法上也要作相应变换，其手法见图9。

 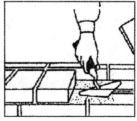

图 9　"一带二"铺灰动作

5）一种挤浆动作

（1）挤浆时应将砖落在灰条2/3的长度或宽度处，将超过灰缝厚度的多余砂浆挤入竖向缝中。如果铺灰过厚，可用揉、挤、搓的手法将多余的浆挤出。

（2）在揉、挤、搓余浆时，大铲应及时接刮从灰缝中挤出的余浆，并甩在竖缝中，当竖缝中饱满时也可以甩入灰斗中。

（3）如果砌的是清水墙，可以用铲尖稍微伸入平缝中刮浆。这样不仅刮了浆，而且减少了勾缝的工作量和节省材料，保持墙面干净，挤浆和刮浆动作见图10。

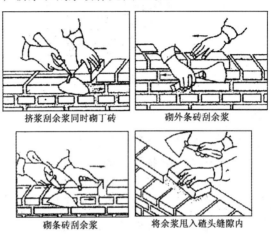

挤浆刮余浆同时砌丁砖　　　　砌外条砖刮余浆

砌条砖刮余浆　　　　将余浆甩入碴头缝隙内

图10　挤浆和刮余浆的动作

5. 快速操作砌筑应具备的条件

1）工具准备

大铲是铲取灰浆的实用工具，要求大铲铲起的灰浆能刚好砌一块砖，再通过各种手法的配合才能达到砌体合格的目标。铲面一般为三角形，铲边弧线平缓，铲柄角度合适的大铲才适合砌筑用，也可以利用废旧材料根据个人习惯自制加工。

2）材料准备

砖必须合格且提前浇水湿润，表面湿润10mm无明水。砂浆稠度要合适，配合比正确，而且有良好的保水性，不然在挤浆时有难度且砂粒适中，不要含大颗粒径。离析的砂浆和停留3h的砂浆不能用于砌筑。

3）搭设好脚手架

保证砌筑时的合适高度及操作过程中的安全。

4）操作面的要求

与"三一砌筑法"中的基本要求手法相似。

三、砌体房屋工程结构的构造技术措施

采用烧结多孔砖与水泥砂浆砌体房屋的墙体都属于脆性材料，在抵御地震等水平作用防倒塌时极为不利，在需要的部位设置构造柱，并配置一定的构造筋，可以达到增强房屋整体稳定性，也是提高抗震能力的有效措施。因此，在混合结构中设置现浇钢筋混凝土构造柱和圈梁，同时配筋砌体的采用，是非常重要的结构技术措施。

1. 构造柱与圈梁的设置要求

在砌体结构房屋工程中，在砌体中沿水平方向设置封闭的钢筋混凝土梁，提高房屋空间刚度，增加砖石结构整体性即抗剪抗拉强度，防止由于地基不均匀沉降，地震及其他震动荷载的破坏。在房屋的基础上部浇筑的钢筋混凝土梁称作为基础或地圈梁，而在墙体上部紧贴楼板的钢筋混凝土梁称作上圈梁。因为圈梁是连续围合的梁习惯叫做圈梁。圈梁是在建筑物的屋檐口、楼层、窗洞顶、吊车梁或基础顶面标高处，沿砌体水平方向设置封闭的按构造配筋的混凝土梁式构件。按需要，圈梁应在同一水平面上连续、封闭，但圈梁被门窗洞口隔断时，应在洞口上部设置附加圈梁进行搭接补强。附加圈梁的搭接长度不应小于两梁高差的两倍，即不小于 1.0m，圈梁一般会设置在基础墙、檐口和楼板处，其数量和位置与房屋的高度、层数、地基状况和设防等级有关。

圈梁是沿建筑物外墙四周及重要内横墙设置的连续封闭的梁。主要作用是增强墙体整体刚度和稳定性。圈梁可以减少因基础不均匀沉降及其他振动对建筑物不利影响引起的墙体开裂。在有抗震设防地区，利用圈梁加固墙身就显得尤其必要。在砌体结构中圈梁有钢筋砖和钢筋混凝土圈梁两种形式。一些人可能认为在框架结构中只有主梁和连系梁，其实并非这样。构造柱与圈梁主要是起到抗震作用，保持砌体结构的完整性，虽然框架结构中墙体多数为填充墙，但是在框架结构中为了保证整体性，防止开裂及倒塌，在一些情况下还是有必要设置圈梁和构造柱：

（1）在图纸说明中要求在什么部位设置构造柱与圈梁；

（2）墙体横跨度当超过 4m 时，墙体中必须增加设置构造柱，同时在砌体端部无框架柱或剪力墙时，一般都要设构造柱；

（3）墙体高度超过 6m 时要设置圈梁，在这里要特别注意圈梁与过梁的区别，因圈梁是封闭的；

（4）墙体中预留较长的洞、墙体边缘、转角部位，一般都会设置构造柱；

（5）对圈梁的设置除了墙体长度要求外，还有设计图纸要求、高度限制的要求，如门窗洞口标高与圈梁相同时，可以用圈梁代替过梁；

（6）在施工过程中墙体需要加强加固时，经过甲方、监理与施工方同意可以设圈梁。

2. 圈梁及其设置

圈梁由于是连续围合的梁，为此被结构专业称为圈梁。

1）圈梁的作用

圈梁即似水桶外的包箍。在非抗震区域，圈梁的主要作用是加强砌体的整体刚度，防止由于地基不均匀沉降或意外振动造成的影响。在地震设防区，圈梁的主要作用有：增强纵横墙体的连接，提高整体性；作为楼盖的边缘构件，提高楼盖的水平刚度；减小墙体自由长度，提高墙体稳定性；限制墙体斜裂缝的出现与延伸，提高墙体抗剪强度；减轻地震作用的影响。

由于存在圈梁的受力特点比较复杂，对圈梁一般按构造要求设计，因为可以起到空间刚度的作用，承受墙体可能产生的弯曲应力，在很大程度上可以防止和减轻墙体裂缝的产生，防止纵墙突然闪塌。提高建筑物的整体性，圈梁与构造柱的可靠连接形成纵横墙的构造框架，加强纵横墙的连接，限制墙体尤其是外纵墙及山墙在平面外的变形，提高砌体结构的抗压和抗剪强度，抵抗震动荷载传递水平荷载。可以起到水平箍的作用，减少墙、柱的压屈长度，提高墙、柱的稳定性，增强砌体结构的水平刚度。通过与构造柱的有效结合，提高墙、柱的抗震及承载力，在温差较大区域防止墙体开裂。

2）圈梁的设置要求

圈梁一般设置在外围护墙、内墙、每楼层楼板处，屋盖处及基础顶面部位。

（1）内纵墙的设置

地震烈度为6、7度地区，屋盖及楼层处设置，屋盖处间距不大于7m，楼层处间距不应大于15m，构造柱对应部位；8度设防地区的屋盖及楼层处沿着所有横墙，且间距不应大于7m，屋盖处间距也不应大于7m，构造柱对应部位；9度设防地区的屋盖及所有楼层处各层所有横墙，在高度超过5m时都要设置圈梁。

（2）空旷的单层房屋圈梁设置要求

砖砌体墙体檐口的高度在5~8m时，应在檐口标高部位设圈梁一道，檐口标高大于8m时应增加圈梁数量；砌块及加工料石砌筑的房屋，檐口标高为4~5m时，应在檐口标高部位设圈梁一道，檐口标高大于5m时应增加圈梁数量；对有吊车或较大振动设备的单层工业厂房，除在檐口及窗顶标高处设现浇钢筋混凝土圈梁外，还要增加圈梁数量。对在软弱地基或不均匀土质建筑的多层建筑，应在基础和顶层各设一道圈梁，其他层可隔开或每层设。多层房屋的基础必须设圈梁一道；在填充墙中高度不超过4m设圈梁一道。

3）圈梁的构造形式

（1）圈梁应连续设置在墙的同一水平面上，并尽量形成封闭圈。当圈梁被门窗洞口截断时，应在洞口上部增设同样截面的附加圈梁，附加圈梁与截面圈梁的搭接长度不得小于其垂直间距的两倍，即不得小于1m。

（2）纵横墙交接处的圈梁必须要求有可靠连接，刚弹性及弹性方案的房屋，圈梁应于屋架、大梁构件可靠连接。圈梁的宽度同墙同厚，当墙厚大于240mm时，圈梁的宽度不宜小于墙厚的2/3；圈梁高度应为墙体墙厚的倍数，不宜小于120mm；设置在软弱黏土、液化土及回填土钢筋混凝土圈梁强度不低于C20，钢筋为HPB300级，混凝土保护层厚度为20mm，正负误差小于5mm。

（3）带内走廊的房屋沿横向设圈梁，均应穿过走廊拉通，并隔一定距离（如7度15m，8度11m，9度为7m）把穿过走廊部分圈梁局部加强，其高度不小于300mm。

（4）圈梁的配筋，圈梁的最小纵筋不应小于4φ12，箍筋间距不大于200mm，钢筋混凝土圈梁的宽度应同墙厚，当墙厚大于240mm时，圈梁的宽度不宜小于墙厚的2/3；圈梁高度不应小于120mm，纵筋不应小于4φ12，绑扎接头长度按受拉筋考虑，箍筋间距不大于250mm，圈梁兼过梁的配筋如不合理，对刚度造成影响。如有的砖混结构设计存在圈梁兼过梁的现象，配筋如不合理的表现形式是：当过梁钢筋大于圈梁钢筋时，用过梁钢筋代替圈梁钢筋；当过梁钢筋小于圈梁钢筋时，只设圈梁钢筋。这时，只从表面看以大代小，还是比较安全、合理。

3. 构造柱及其设置

为提高多层砌体建筑结构的抗震能力，现行建筑结构设计规范要求在砌体的适当位置设置钢筋混凝土构造柱并与圈梁连接，共同承担地震破坏。这种钢筋混凝土柱被称作构造柱。在多层砌体、底层框架及内框架砌体中，它的作用主要表现在：加强纵横墙体之间的连接，是由于构造柱与其相邻的纵横墙及马牙槎相连接，并沿墙高每500mm埋置2φ6拉结筋，每端伸入墙内长度不少于1m，在砌体结构施工中先砌墙体再浇混凝土构造柱，这样会加强墙体与构造柱之间的牢固结合，整体性能更好。

构造柱与圈梁的共同工作，可以把砌体分割又包围，当墙体开裂时可限制裂缝在包围范围内，而不会向外延伸。砌体可能产生裂缝，但是限制它的错位，使得保持承载能力并消除振动能量而不会过早倒塌。砌体结构作为垂直承载构件，地震时最怕发生四散错落倒地，从而造成水平楼板和屋盖坠落，而构造柱则可以阻止或延缓倒塌时间减少损失。构造柱与圈梁连接又可以起到类似框架的作用，其作用是显著的。在砌体结构中的主要作用，一是和圈梁共同作用形成整体性，增强抗震性；二是减少和控制裂缝的产生，还有提高砌体强度的功能。在框架结构中主要作用是当填充墙长度超过两倍层高或开了较大洞口，中间未设支撑，纵向刚度减弱，就设置构造柱加强，防止其开裂。

1）构造柱设置的作用

构造柱可以提高砌体抗剪强度 20% 左右，提高幅度与砌体高宽比、竖向压力和开洞状态有关。构造柱通过与圈梁的配合，形成空间构造框架体系，使得有高的变形能力。当墙体开裂后其塑性变形和滑移、摩擦达到消耗地震能量，在控制墙体破碎散落中起重要作用。由于摩擦墙体能承担竖向压力和一定的水平地震作用，使其在强震下不会倒塌。

2）构造柱的设置

构造柱应当设置在地震时震害最重，连接构件比较薄弱和应力易集中部位。外廊式和单面走廊式的多层砖混房屋，应按层数增加一层后，按设计规范设计构造柱，且单面走廊的两侧纵墙应按外墙处理；当墙体有丁字口、十字口，房屋的四角必须设置构造柱，因为这些部位最容易在遭受外部应力时破坏，在这些部位设置构造柱用以抵抗外部应力；长度超过 4m 的墙体也必须设构造柱，构造柱所影响的范围只有构造柱一侧的 2m，在大于 4m 的墙体中构造柱只能对 4m 范围的墙体起作用，对超过 4m 的墙体无任何作用，所以在 4m 范围内设构造柱是合理的。在框架填充墙中，有 150mm 左右的小垛子用构造柱代替更有效。

3）框架构造柱设置要求

（1）当无混凝土墙（柱）分割的直线长度，半砖厚（120mm或100mm）墙超过3.6m，180mm厚墙超过5.0m时，在该区间加设构造柱分割。

（2）100mm厚墙高大于3m时，开洞宽度达2.4m时，应加构造柱或钢筋混凝土水平带；180mm厚墙当高度达4m，开洞宽度达3.5m时，应加构造柱或钢筋混凝土水平带；与构造柱连接的墙应砌成马牙槎，每一个马牙槎沿高度方向的尺寸不应超过300mm或5皮砖高度，马牙槎从每层柱脚开始，应先退后进，进退相差1/4砖。

4）构造柱的设置原则

构造柱设置应根据砌体结构形式及受力情况综合考虑。

（1）对于大开间荷载较大或层高较高及层数大于8层的砌体结构房屋，应按规范要求设构造柱

墙体的两端、较大洞口两侧、纵横墙交界处。构造柱的间距：当按组合墙考虑构造柱受力时，考虑构造柱提高墙体稳定性时，其间距不宜大于4m，其他情况时不宜大于墙高的1.5～2.0m，不大于6m；也可以按其他规定执行，但构造柱必须与圈梁有良好的连接。

（2）下面情况宜设构造柱

受力或稳定性不足的小墙垛；跨度较大的梁下墙体的厚度受限制时，在梁下设构造柱；墙体的高厚比较大的承重墙或风荷载较大时，在墙的适当部位设构造柱，以形成带壁柱的墙体，满足高厚比和承载力要求，此时构造柱的间距不宜大于4m，构造柱沿高度横向支点的距离与构造柱截面宽度之比不宜大于30，构造柱的配筋应满足水平受力要求。

（3）构造柱保证与墙体的稳定性，同时与梁存在关系

为提高多层砖混结构的抗震性能力，现行规范要求在砌体内适当部位设钢筋混凝土柱与圈梁连接，共同加强建筑物稳定性。这种钢筋混凝土柱被称作构造柱；在多层砌体建筑、底层

框架及内框架砖砌体中，它的作用是：加强纵横墙的连接，构造柱与其他相邻的纵横墙及马牙槎相连接，并与墙高每隔500mm 砌体中设 2φ8 拉结筋。

（4）拉结筋及其要求

拉结筋应伸入墙体每侧不少于1m。一般工序是先砌墙后浇混凝土构造柱，这样整体性粘结好，可以增加其刚度。构造柱与圈梁的共同作用，把砌体分割又包围，当墙体开裂时可限制裂缝在包围范围内，而不会向外延伸。砌体可能产生裂缝，但是限制它的错位，使得保持承载能力并消除振动能量而不会过早倒塌。构造柱与圈梁连接，实际起到框架的效果，作用是明显的。

（5）在砌体结构中的主要作用

一是与圈梁共同作用形成整体性刚度；二是减少和控制墙体裂缝的产生，增强砌体的强度。而框架结构中，当填充墙体长超过两倍层高或开了较大的洞口，中间无任何支撑，纵向刚度大大削弱，设置构造柱可起到防裂、增强墙体的作用。

（6）构造柱的构造要求

构造柱必须与圈梁连接，构造柱的纵向筋应穿过圈梁，确保构造柱的纵筋上下贯通。隔层设置圈梁的砌体，应在无圈梁的楼层设配筋砖带；如果只在外墙四角设置构造柱时，在外墙上应超过一个房间，其他情况下应在外纵墙和相应横墙上拉通，其截面高度不小于240mm（4 皮砖），砂浆等级应为 7.5 级。

构造柱与墙连接处宜砌成马牙槎，并沿墙高每 500mm 设 2φ6 拉结筋，每边伸入墙内不少于 1m 或至洞口。构造柱的最小截面应为 240mm×180mm，建筑物四角构造柱截面可相应放大，施工时应先砌墙后浇柱，而混凝土的强度不低于 C15，钢筋为 HPB300 级，保护层厚度为 20mm。构造柱纵向筋宜 4φ12，箍筋上下两端应加密，中间为 200mm；在地震设防 7 度层高 6 层，8 度层高 5 层，9 度时构造柱的纵向筋不小于 4φ14，箍筋中部间距及上下端应加密处理。

圈梁与构造柱的交接处，圈梁钢筋应在构造柱钢筋内侧，即把构造柱作为圈梁支座对结构有利。构造柱可不单独设立基础，但应伸入下部不少于 500mm，并在柱根浇 120mm 厚混凝土固定，把竖向筋端固定在混凝土中，利于固定位置及地震。当有基础圈梁时可将构造柱纵向筋锚固在低于室外地面 50mm 以下的圈梁内。如遇基础圈梁高高于室外地面，仍应当将构造柱纵向筋锚固在以下 500mm，根部浇 120mm 厚混凝土固定。当有地沟时，构造柱下端应低于沟底。

（7）构造柱的配筋

构造柱纵筋不应小于 4φ12，而对于边角构造柱，则不小于 4φ14，地震设防 7 度层高 6 层，8 度层高 5 层，9 度时构造柱的纵向筋不小于 4φ16。构造柱的竖向受力钢筋应当在基础梁和楼层梁中锚固，应符合受拉筋的锚固要求。构造柱的箍筋不应小于 8mm，间距 200mm，柱上下端 ≥ $h/6$ 层高及 450mm 范围内箍筋加密间距为 100mm。

4. 配筋砌块砌体施工要求

配筋砌块砌体施工前，应按设计要求，将所配置钢筋加工成型，放置于配筋部位的附近。砌块的砌筑应与钢筋设置互相配合。砌块的砌筑应采用专用的小砌块砌筑砂浆和专用的小砌块灌孔混凝土。钢筋的设置应注意以下几点：

1）钢筋的搭接要求

当钢筋直径大于 22mm 时，宜采用机械连接接头，其他小直径的钢筋可采用搭接接头，并应符合下列要求：

（1）钢筋的接头位置宜设置在受力较小部位；

（2）受拉钢筋的搭接接头长度不应小于 $1.1l_a$，受压钢筋的搭接接头长度应大于 $0.7l_a$（l_a 为钢筋锚固长度），但不应小于 350mm；

（3）当相邻接头钢筋的间距不大于 75mm 时，其搭接长度应为 $1.2l_a$；当钢筋间的接头错开 $20d$ 时（d 为钢筋直径），搭接长度可不增加。

2）水平受力钢筋（网片）的锚固和搭接长度

（1）在凹槽砌块混凝土带中，钢筋的锚固长度不宜小于 $30d$，且其水平或垂直弯折段的长度不宜小于 $15d$ 和 200mm；钢筋的搭接长度不宜小于 $35d$；

（2）在砌体水平灰缝中，钢筋的锚固长度不宜小于 $50d$，且其水平或垂直弯折段的长度不宜小于 $20d$ 和 150mm；钢筋的搭接长度不宜小于 $55d$；

（3）在隔皮或错缝搭接的灰缝中，为 $50d + 2h$（d 为灰缝受力钢筋直径，h 为水平灰缝的间距）。

3）钢筋的最小保护层厚度

（1）灰缝中钢筋外露砂浆保护层不宜小于 15mm；

（2）位于砌块孔槽中的钢筋保护层，在室内正常环境不宜小于 20mm；在室外或潮湿环境中不宜小于 30mm；

（3）对安全等级为一级或设计使用年限大于 50 年的配筋砌体，钢筋保护层厚度应比上述规定至少增加 5mm。

4）钢筋的弯钩要求

钢筋骨架中的光圆钢筋，应在钢筋末端作弯钩；在焊接骨架、焊接网以及受压构件中，可不作弯钩；绑扎骨架中的带肋钢筋，在钢筋的末端可不作弯钩。弯钩应为 $180°$ 弯钩。

5）钢筋的间距规定

（1）两平行钢筋间的净距不应小于 25mm；

（2）柱和壁柱中的竖向钢筋的净距，不宜小于 40mm（包括接头处钢筋间的净距）。

5. 简要小结

以唐山地震资料介绍为例，震灾后有 3 栋设有钢筋混凝土与圈梁组成封闭边框的多层砌体房屋，墙体裂而未倒塌；其中，市一招楼客房墙体均有斜向或交叉裂缝，滑移错位明显，4、5 层纵墙多数倒塌，而设有构造柱的楼梯间，横墙每层虽有斜裂缝，但滑移错位较一般横墙小得多，而纵墙未倒塌，仅 3 层有裂缝，靠内廊的两根构造柱遭遇破坏，以 3 层柱头最为严重，靠外纵墙的构造柱破坏较轻。

由此可以看出，钢筋混凝土构造柱在多层砌体建筑的抗震中起到重要的防倒塌作用，多层房屋应按抗开裂和抗倒塌的双重作用设防，而设置钢筋混凝土构造柱则是一个最有效的技术构造措施。按照现行《砌体结构设计规范》要求，分别对砖砌体和构造柱及圈梁的作用、设置、配筋、措施及连接处理结合应用实践进行分析探讨，在总结国内外多次大地震灾害分析研究基础上，国内的抗震设防技术措施是可行的。只要在施工中严格按设计图纸及施工验收标准控制工序过程，对关键节点认真把关，砌体结构房屋的抗震是有可靠保证的。

四、砌体结构墙体裂缝成因及其控制

引起砌体结构墙体裂缝的原因很多，其造成裂缝的主要原因是地基不均匀沉降，温度变化等变形最为关键。对此，结合建筑物墙体开裂的实际，对裂缝产生机理采取有限元建模计算分析，以求得有针对性的加强措施，达到房屋正常使用功能，为实际工程提供施工方法和加固实践分析探讨。

1. 建筑墙体裂缝的原因

1）墙体材料自身原因引起的开裂

（1）砌筑用砂浆强度不均匀因素

在拌制砂浆的过程中，如果搅拌不均匀造成砂浆强度忽高忽低，甚至引起粘结材料数量配合比例不当，用水量较高时砂浆干缩量增大，使灰缝位置开裂。

（2）砌筑砂浆一次搅拌过多、存放时间长

如果才开始砌筑，因砂浆时间长而开始初凝，使用时砂浆强度将会极大降低，严重影响粘结质量，甚至引起墙体开裂。

（3）烧结多孔砖及实心砖

在潮湿环境下，烧结多孔砖及实心砖会产生体积湿胀，而且这种体积湿胀是不可逆转的。随着含水量的降低，砖砌体会产生较大的干缩变形。刚出窑的砌块放置 28d 可以完成 50% 的干缩变形量，几年后砌块才能停止干缩。但是，干缩后的砌块如果遇到潮湿环境仍然发生膨胀变形，随后再次干燥后的砌块还将继续发生干缩变形，但其产生的干缩变形率比之前有所减小，约为第一次的80%。这种干缩变形引起的墙体开裂在建筑物墙体上分布比较广，裂缝现象比较严重。

（4）混凝土小型空心砌块

用混凝土小型空心砌块砌筑的墙体，其裂缝形态和产生的机理主要是：在荷载效应下产生的受力裂缝；地基沉降不均匀产生的变形裂缝；温度变化形成的收缩裂缝等，其中温度变化产生的收缩裂缝最为普遍。混凝土小型空心砌块砌体对温度变化非常敏感，出现温度裂缝的主要原因和混凝土小型空心砌块自身特性相关。

混凝土砌块的收缩有两个主要原因：一个是水泥遇水后产生化学反应形成的化合物体积比原始物质略小，这个过程是不可逆的，即收缩不会恢复；另一个是混凝土砌块中水分的丢失使体积微微变小，这个过程是可逆的。但是，对于混凝土小型空心砌块来说，会带来不利的二次干燥收缩现状，即当砌块吸水后有微弱胀，失水后再次干缩；而对于干缩已趋于稳定的砌块，如再次被水浸湿后还会出现再次干缩，引起墙体开裂的出现。

2）温度变化和砌体干缩引起砌体开裂

建筑结构因温度变化引起的热胀冷缩变形为温度变形。在砌体建筑中，钢筋混凝土构件与砌体的线膨胀系数相差较大，钢筋混凝土一般为 10×10^{-4}，而砌体结构约为 5×10^{-4}。另外，钢筋混凝土结构还有较大的收缩值，约为 $(2 \sim 5) \times 10^{-4}$，28d 可完成 50%，而且砖砌体在正常湿度下的收缩并不明显。由于结构件之间的互相制约，温度变化或材料出现收缩时，各种构件的变形不可能自由进行而产生应力。而使用材料均为抗拉强度偏低的脆性材料，当应力超过其极限强度时，就会出现不同形式的裂缝。

当建筑房屋较长时环境气候出现大的变化，墙体的伸缩变形受到基础的强力约束，也会产生裂缝。对于砌块结构墙体，虽然线膨胀系数很小，但干缩值较大，即便干燥收缩稳定后，当再次被雨淋湿或遇到湿空气后，还会再次产生干缩。因此，温度变形和砌块的干燥收缩引起的墙体裂缝相当普遍。

由温度变形和干燥收缩引起的墙体裂缝的主要形态是：平屋顶屋檐下外墙的水平裂缝和包角裂缝；顶层内外纵横墙的八字形裂缝；房屋错层部位墙体的局部裂缝；砌块砌体由于基础的强力制约，使底部几层较长的实墙体中间、山墙、楼的墙体中部出现竖向干缩裂缝，越向上层则越严重。

3）地基不均匀沉降造成的墙体开裂

建筑物的全部荷载最终会通过基础传给地基，而地基在荷载的效应下，其应力是随深度而扩散的，且在同一深度处沿房屋长度方向的地基应力分布是不均匀的，应力总是显得中间最大。由于地基土的这种应力的扩散作用，因而地基应力分布是不均匀的，即房屋中间沉降量大、两端则相对小，从而造成房屋的不均匀沉降，形成微微向下凹的盆状曲面的沉降分布。

因地基过大不均匀沉降引起的墙体裂缝往往自上而下指向沉降较大处，其裂缝形态主要是正八字形缝、倒八字形缝和斜裂缝。当底层门窗洞口裂缝较大时，还可能出现窗台以下墙体的垂直裂缝。

（1）建筑物纵向地基土质软弱引起的不均匀沉降

房屋的内墙或外墙下基础因土质不均匀时，受压后一定会产生不均匀沉降。当房屋的纵墙地基土中存在压缩模量较小的软土层及压缩模量较大的自然土时，长向墙体上部在荷载作用下产生沉降变形差值，由于上部结构底部位移量不相同，在墙体内产生附加拉应力。当拉应力超过墙体的极限抗拉强度时，则墙体开裂。这种现象在地基土质不均匀的地方，且建筑物体积较长(>40m 以上)时容易产生。

（2）建筑物平面与基础设计构造不合理

多层建筑单体太长，平面构造凸凹比较突出，或存在有高度差且荷载明显不同会引起大的沉降差，使墙体开裂；地基土层差别明显时未在土层分布变化或差别处设沉降缝。基础刚度或整体刚度不足，不能抵抗较大的不均匀沉降量，造成墙体开裂。

（3）房屋使用过程中由于地下水位变化引起的墙体开裂

因环境中的某些条件出现变化，如上下水管线发生渗漏、邻近建筑物基坑开挖等情况时，建筑物地基中地下水位升高或管线的渗漏，地表水从散水浸入地基，长期浸泡土质变软严重的使土体淘空，导致不均匀沉降的墙体开裂。这种现象时有发生，如临近开挖基础时又抽取地下水，使其沉降变形。

4）设计构造不合理引起的墙体开裂

门窗洞口留得过于宽大，就会造成洞口附近的应力集中加剧，房屋整体强度和刚度降低，引起墙体开裂；房屋纵向墙体过长，内横墙较少，会造成墙体所承受的垂直荷载作用过大，使墙体产生整体弯曲变形，最终导致墙体的开裂；埋置在墙内的电线及其他管线，如有开挖宽而深的沟槽，将会造成这部分墙体承重能力的减弱；进深梁的跨度过大，墙体局部强度就会不满足承重的要求，造成墙体水平开裂。

5）施工不规范引起的墙体开裂

施工中混合使用不同的砌体材料作为配套使用砌块，因材质不同的砌块材料存在强度等级、膨胀和吸水率的不同，也会引起砌体开裂；如果使用的砌筑砂浆配合比不合理、搅拌不均匀，必然会造成砂浆的粘结力不足，导致砌块受力效率低而易破坏，最终造成墙体开裂；墙体上临时施工洞口的位置大小不符合结构安全规定，且在临时施工洞口补砌时封堵接槎未挤紧、不严密，会导致在临时预留洞口的位置产生局部开裂；另外，在已砌成的墙体上凿剔电气埋管时，对砌成的墙体也造成一定的破坏，并在安装管之后的补偿砌筑中未认真加强处理，造成该部位墙体抹灰后的开裂。

2. 预防房屋地基不均匀沉降的措施

1）建筑设计措施

（1）建筑设计外形简单处理

房屋的设计外体型应避免形状复杂和高低悬殊的变化，例如工字形、T形、凹陷形及L形等。这种形状的房屋在纵横交接处，会有地基的附加应力相叠加，造成地基基础较大的不均匀沉降，导致墙体开裂。若立面造型层数相差很多，易引起较大的沉降差异。使作用在地基上的荷载差异加大，也引起房屋墙体开裂。因此，建筑师设计时应力求其外造型尽量简单，在无特殊要求的情况下别出怪招。

（2）控制房屋的长高比，满足结构的刚度要求

建筑物的刚度是否能满足要求，其长高比的作用很关键。最好把房屋的长高比控制在习惯要求的 2.5 左右为宜，因房屋过长其纵墙将产生较大挠曲，会造成外墙体开裂。如果长高比不满足规范强制性要求，则需要通过加固措施，来达到控制地基不均匀沉降的目的。

（3）合理安排布置纵横墙，纵横墙避免下部开挖或中断

这样肯定会减弱纵横墙的整体强度，还应加密纵横墙间距，以防止房屋整体强度降低，应提高抵抗地基沉降的能力。

（4）合理布置相邻建筑物的安全距离

相邻建筑物还是会有影响的，应使每个建筑物地基的附加应力增加，也就是基础不出现附加沉降。为了减少相邻建筑物互相影响造成的基础不均匀沉降，相邻建筑物的基础净距离必须满足设计规范的要求。

（5）设置沉降缝

一般采取设置沉降缝的构造措施，把房屋分割为几个长高比较小、体积规则、刚度较好的相对独立单元，这样才能有效减少不均匀沉降的影响。沉降缝的位置应选择的部位是：过长的钢筋混凝土框架结构处，结构类型不同处，地基基础不同处，不同时期建造房屋的交接处。相关规范对建设项目沉降缝宽度

的规定为：房屋为 2～3 层时，沉降缝宽度宜为 50～80mm；房屋为 4～5 层时，沉降缝宽度宜为 80～120mm；房屋高于 5 层时，沉降缝宽度大于 120mm。

（6）控制好建筑物各部位的标高

建筑房屋基础沉降变形，会改变建筑物各点的相对标高，影响到使用功能。一般会采取一些措施，有效减少不均匀沉降带来的不利影响：如适当提升地坪和设备的标准；在建筑物与设备之间留有足够的空间；预留出足够空间的孔洞，以便有管道穿越等。

2）建筑结构措施

（1）减轻建筑物的自身重量

多数建筑物的自重占总荷载的 70% 左右，自重是引起建筑物变形的重要原因，为此减轻建筑物的自身重量非常必要，可减少尤其是在软弱土基础的不均匀沉降。

（2）降低基础底面积附加压力

建筑房屋的地下室或半地下室，可以有效减少底面积的附加压力，起到有效控制沉降的目的。也可以通过改变基础底面的尺寸达到控制基底压力的作用，最终可以改变不均匀沉降量。

（3）选择合理的基础类型，增强其刚度

在土质均匀性差的地基上采取筏形基础和箱形基础等刚度大的基础，是提高基础的抗变形能力的有效途径，可以减少不均匀沉降量。对于土质变化较复杂及软土区域，利用天然地基建筑工程时，宜选择合理的构造形式和基础类别，要求对地基不均匀沉降的影响较小。

（4）提高建筑物的整体刚度

提高整体刚度，如合理布置承重墙、增强基础圈梁刚度、增设混凝土圈梁等。由于圈梁可增强以块体砌筑为承重墙的整体性，用圈梁可以有效防止墙体裂缝的产生和发展。一般在房屋墙体内设置多道圈梁，在基础顶面处设压顶圈梁，在顶层门窗洞口之上布置圈梁。圈梁必须是一道自行封闭的体系，贯穿内外纵横墙及其内外基础，使设置的圈梁达到增强整体刚度的效果，降低不均匀沉降产生的危害。

3）一些其他的技术措施

（1）新型筏形基础

新型浮筏基础可以减轻基础质量，即便是轻钢基础梁代替基础梁，在柱下设独立基础，这就可以使不同的沉降具有协调变形的能力。

（2）加垫聚苯乙烯板

在沉降量不大的基础底部填充聚苯乙烯板，可以降低地基基础的沉降量，调整地基基础的不均匀沉降。

（3）复合基础法

将桩基础与直接基础结合起来，形成一种复合形式的基础类型，可以有效改善地基的不均匀沉降，发挥桩基础与直接基础各自不同的受力特点。

（4）地基处理措施

对地基进行处理可以提高其承载力，减少地基压缩量，确保地基的整体稳定性，改善地基的不均匀沉降，提高经济效益。

综上所述，在通过对砌体结构墙体的裂缝产生原因分析，在建筑结构设计中尽可能考虑建筑物上部结构与下部结构共同工作的影响，选择适宜的结构措施可以达到不均匀沉降量，满足现行《建筑地基基础设计规范》GB 50007—2011 的允许范围内，使建筑工程在安全使用期内能正常投用，产生良好的社会经济效益。

五、建筑砌块墙体裂缝控制

建筑墙体裂缝是建筑工程中经常发生的一种质量通病。墙体裂缝的出现和存在降低了墙体的质量，如整体性、耐久性和抗震性能等，轻则影响房屋的美观、适用性和耐久性，严重的将影响到整个房屋的结构承载力及使用寿命。由于砌体属于脆性材料，同时墙体裂缝会给居住者在感受和心理上造成不良影响。以下总结分析了建筑物墙体裂缝产生的原因和裂缝控制原则，有针对性地提出了墙体裂缝控制的施工技术措施。

1. 裂缝产生的表现形态

引起砌体结构墙体裂缝的因素很多，既有地基、温度、干缩，也有设计上的不周到、施工过程中的质量、材料不合格及缺乏监管等。根据工程实践和统计资料分析，这类裂缝几乎占全部可见裂缝的80%以上。而最为常见的裂缝有两大类：一是温度裂缝；二是干燥收缩裂缝，简称干缩裂缝，以及由温度和干缩共同产生的裂缝。同时，还有不同材质裂缝及应力裂缝。

1) 温度裂缝

温度的变化会引起材料的热胀冷缩，当约束条件下温度变形引起的温度应力足够大时，墙体就会产生温度裂缝。最常见的裂缝是在混凝土平屋盖房屋顶层两端的墙体上，如在门窗洞边的八字形裂缝，平屋顶下或屋顶圈梁下沿砖（块）灰缝的水平裂缝，以及水平包角裂缝（包括女儿墙）和垂直裂缝。

（1）八字形裂缝

当外界温度上升时，外纵墙本身沿长度方向将有所伸长，但屋盖部分的伸长量比墙体的伸长量大得多，从而导致墙体产生裂缝。

（2）水平裂缝和包角裂缝

平屋顶的房屋，有时在屋面板部或顶层圈梁附近出现沿外墙的纵向水平裂缝和包角裂缝。这是由于屋面伸长或缩短引起的向外或向内的推力产生的。

（3）女儿墙裂缝

由于屋面板和水泥砂浆面层发生过大的温度变形，使女儿墙根部受到向外或向内的水平作用力而引起的女儿墙根部与平屋面交接处砌体外凸或女儿墙外倾所产生的。

（4）垂直裂缝

当房屋的楼（屋）为现浇钢筋混凝土结构时，由于收缩和降温引起的楼（屋）面缩短受到了墙体的限制，使楼（屋）面构件处于受拉状态。如果房屋过长，或设计时按采暖考虑而实际上未采暖，则可能在楼（屋）面上每隔一定距离发生贯通全宽的裂缝，在四个角发生八字形裂缝。当房屋有错层时，错层处墙体容易产生局部的垂直裂缝。

2）干缩裂缝

烧结普通砖，包括其他材料的烧结制品，其干缩变形很小且变形完成比较快。只要不使用新出窑的砖，一般不要考虑砌体本身的干缩变形引起的附加应力。但对这类砌体在潮湿情况下会产生较大的湿胀，而且这种湿胀是不可逆的变形。对于砌块、灰砂砖、粉煤灰砖等砌体，随着含水量的降低，材料会产生较大的干缩变形。但是，干缩后的材料受湿后仍会发生膨胀，脱水后材料会再次发生干缩变形，但其干缩率有所减小，约为第一次的80%。这类干缩变形引起的裂缝在建筑上分布广、数量多，裂缝的程度也比较严重。

3）温度、干缩及其他裂缝

对于烧结类块材的砌体，最常见的为温度裂缝，面对非烧结类块体，如砌块、灰砂砖、粉煤灰砖等砌体，也同时存在温度和干缩共同作用下的裂缝，其在建筑物墙体上的分布一般可为这两种裂缝的组合，或因具体条件不同而呈现出不同的裂缝现象，而其裂缝的后果往往较单一因素更严重。另外，设计上的疏忽、无针对性防裂措施、材料质量不合格、施工质量差、违反设计施工规程、砌体强度达不到设计要求及缺乏经验，也是造成墙体裂缝的重要原因之一。如对混凝土砌块、灰砂砖等新型墙体材料，没有针对材料的特殊性，采用适合的砌筑砂浆、注芯材料和相应的构造措施，仍沿用烧结普通砖使用的砂浆和相应的抗裂措施，必然造成墙体出现较严重的裂缝。

4）不同墙体材料之间的裂缝

在不同建筑材料间极易出现规则的裂缝，尤其是框架结构的工程在框架与填充墙之间经常出现这种水平裂缝和垂直裂缝，这种裂缝的特点是沿与梁、柱与墙触面之间出现，裂缝较宽而深，如果梁宽大于墙体宽度则在梁底最易出现空鼓现象，严重时可引起梁底抹灰局部的脱落，很难全面预防。

5）应力集中裂缝

此类裂缝多在砌体结构相对薄弱部位出现，如门洞口上部、窗洞口上、下部及混凝土大梁下部的墙体上。其裂缝多为斜向，少部分为竖直和水平方向裂缝。

6）墙面抹灰龟裂

墙面抹灰完成后，有时会出现大面积细而密呈龟裂状的裂纹，这种裂纹细而深度浅时危害不大，可不做处理，但开裂较深时往往伴随着空鼓、脱落等现象的发生，一旦出现大面积空鼓、脱落，唯一的办法是返工重做，但返工重做部分就像在墙面打了一块"补丁"，很难恢复原貌，易在返工面周围出现收缩裂缝，返工的效果既不经济也不美观，最好的办法还是一次性抹合格。

2. 建筑墙体裂缝形成原因

1）不同墙体材料之间裂缝出现的原因

（1）对材料的性能和特点把握不准或很难把握

如加气混凝土砌块吸水后膨胀较大，失水后体积缩小，导致这种裂缝出现；

（2）施工原因

组砌不合理，砂浆的饱满度小于85%，或者由于拉结钢筋漏放甚至不放，浇水过多，施工一次砌体高度过大，砂浆强度偏低，都可导致不同墙体材料之间裂缝的频频出现；

（3）温度的影响

由于各种墙体材料之间的膨胀系数的差别，必然引起结构热胀冷缩及内外胀缩不一致的变形，因此也必然会将抹灰面层拉裂。

2）应力集中裂缝形成的原因分析

（1）在荷载、收缩或温度作用下，门窗洞口处，产生局部应力集中，共主拉应力约呈45°斜向方面分布，该处拉应力最大值往往超过弹性均匀分布拉应力的二三倍，当此局部应力集中产生的拉应力超过砌体的主拉应力极限值时，而出现了应力集中裂缝；

（2）门窗洞口上部砌体砂浆强度不符合要求，砂浆未充分搅拌，和易性差，操作时饱满度不够，水平灰缝厚度不均匀，砂子含泥量较大、不均匀，不严格计量，配合比不准，造成砌体强度下降等等，诸多原因都能造成应力集中裂缝的出现；

（3）此外，还有一种应力集中裂缝出现在钢筋混凝土大梁下的砌体上，由于未设梁垫或设置不当，产生局部应力集中，导致砌体出现裂缝。

3）墙面抹灰龟裂出现的原因：

（1）抹灰砂浆配合比不合适，水泥用量过大致使水化热大，干缩严重，从而造成龟裂；

（2）基层表面平整度达不到要求，尤其是垂直度超标，造成抹灰层厚薄不均或抹灰层过厚，从而造成表面龟裂的发生，这也是引发龟裂现象较常出现的原因之一；

（3）中、高级抹灰应分层施工，有时施工时为了赶进度或省工、图方便，抹灰基层、中层、面层分层不当，分层厚度不当，抹压不密实，从而引发龟裂。

3. 砌块墙体裂缝的控制措施

长期以来，人们一直在寻求控制砌体结构裂缝的实用方法，并根据裂缝的性质及影响因素，有针对性地提出一些预防和控制裂缝的措施。从防止裂缝的概念上，形象地引申出"防""放""抗"相结合的构想，这些构想、措施有的已运用到工程实践中，一些措施也引入到《砌体结构设计规范》中，并收到了一定的效果。但总的来说，我国砌体结构裂缝仍较普遍也严重，究其原因有以下几种。

1）设计师重视强度而忽略抗裂构造措施

长期以来，住房公有制，人们对砌体结构的各种裂缝习以为常，设计者一般认为多层砌体房屋比较简单，在强度方面作必要的计算后，针对构造措施，绝大部分引用国家标准或标准图集，很少单独提出有关防裂要求和措施，更没有对这些措施的可行性进行调查或总结。因为裂缝的危险仅为潜在的，尚无结构安全问题，不涉及责任问题。

2）防治温度裂缝的措施

（1）屋面设置保温层，减小温度变形；屋盖施工尽量做好保温层。

（2）屋面、挑檐可采取分块预制或留置伸缩缝，或在屋面与砖墙间设置滑动面，以减少屋面伸缩对墙体的影响。

（3）对房屋较长、平面形状较复杂、构造和刚度不同的房屋，可每隔一定的距离将屋盖、楼盖、墙体或其他有关构件断开，形成若干较小的单元，每个单元因温度变形和收缩产生的拉力大大减小，从而防止裂缝出现。

（4）提高砂浆强度，保证砌筑质量，在易开裂处设置水平钢筋承受拉力。

3）砌体的干缩变形引起的墙体开裂的措施

（1）在屋盖的适当部位设置控制缝，控制缝的间距不大于30m；

（2）当采用现浇混凝土挑檐的长度大于12m时，宜设置分隔缝，分隔缝的宽度不应小于20mm，缝内用弹性油膏嵌缝；

（3）建筑物温度伸缩缝的间距除应满足《砌体结构设计规范》GB 50003—2011 的规定外，宜在建筑物墙体的适当部位设置控制缝，控制缝的间距不宜大于30m。

4）防止主要由墙体材料的干缩引起的裂缝

可采用下列措施之一：

（1）在墙的高度、厚度、不大于离相交墙或转角墙允许接缝距离之半，突然变化处及门、窗洞口的一侧或两侧设置竖向控制缝；

（2）竖向控制缝，对3层以下的房屋，应沿房屋墙体的全高设置；对大于3层的房屋，可仅在建筑物1~2层和顶层墙体的上述位置设置；

（3）控制缝在楼、屋盖处可不贯通，但在该部位宜做成假缝，以控制可预料的裂缝；

（4）控制缝做成隐式，与墙体的灰缝相一致，控制缝的宽度不大于12mm，控制缝内应用弹性密封材料，如聚硫化物、聚氨酯或硅树脂等填缝。

（5）控制缝的间距

①对有规则洞口外墙不大于6mm；

②对无洞墙体不大于8m及墙高的3倍；

③在转角部位，控制缝至墙转角的距离不大于4.5m；结构布置形式、建筑物平面、外形等，综合采用上述抗裂措施。

5）不同墙体材料之间裂缝的预防措施

（1）对于加气混凝土和粉煤灰砌块而言，出厂时含水率较高，以后砌块会因逐渐干燥造成体积的不稳定，因此对于这种类型的建材应该提前组织材料入场，杜绝边进料边砌筑的施工方法，材料入场后不要随意堆放，堆放时底部应垫起并防潮，雨天还要覆盖，以防吸水过大而引起体积膨胀；

（2）砌块在组砌时不应为了加快施工进度而减少工序，将填充墙一次性砌至梁底，用砂浆塞实框架梁与填充墙之间缝隙后即进行墙面抹灰；

（3）砌体的胀缩，不同的部位是不相同的。往往是两头大而中间小，因此在柱、梁与砌块接触的部位易出现裂缝，因此在抹灰前宜在框架柱、梁与砌体接触面上用胶泥粘结玻纤网，每边搭接长度不小于100mm。

6）应力集中裂缝的预防措施

（1）在门窗洞口两侧增设抗裂柱或钢筋混凝土门窗框；对于混凝土小型空心砌块砌体，则在洞口两侧设芯柱。

（2）如为混水墙也可在门窗洞口处，设置45°斜向焊接网片或加强钢筋，并用U形筋将斜筋固定在墙体上，再做外抹灰；在门窗洞口上部墙体中采用水平砌缝配筋的办法，加强砌体抵抗水平变形的能力。砌缝配筋是由预先埋设在水平砂浆砌缝中的纵向和横向钢筋构成的，砌缝配筋的间距最小为20cm，最大为60cm，或者在墙体中部设置3φ6的通长水平钢筋，在墙体转角和纵横墙交接处宜设置拉结钢筋，数量为每120mm墙厚不少于1φ6，竖向间距宜为500mm。

（3）支承在墙上的钢筋混凝土大梁下部应设置梁垫。

（4）在砂浆中掺入纤维，即采用纤维砂浆抹面。具体做法是将短纤维（聚合物纤维）按一定比例掺入砂浆中拌合即可制得。短纤维在砂浆中的作用是提高基体的抗拉强度，阻止基体中原有微裂缝的扩展并延缓新裂缝的出现，提高基体的变形能力和改善其韧性与抗冲击性。在工程中常用的是聚丙烯单丝纤维。

7）墙面抹灰龟裂的预防措施

（1）严格按配比拌制砂浆，尤其要控制水泥用量，水的用量也要控制，拌制砂浆前要进行试配，使砂浆的和易性与保水性达到最佳。拌制设备要用专用的砂浆搅拌机，杜绝使用混凝土搅拌机（滚筒式）拌制砂浆。

（2）在砌体施工时要严把砌体施工质量关，控制好砌体表面的平整度，尤其要控制好砌体的垂直度，这样便能有效控制抹灰的厚度，杜绝出现抹灰厚度的不均匀，这样可以大大减少龟裂情况的发生。

（3）抹灰应分层进行，严格控制抹灰的总厚度和分层的厚度，中级抹灰平均总厚度宜控制在20mm内，高级抹灰宜控制在25mm内，外墙抹灰宜控制在20mm内。

综上可知，控制裂缝重点在"防"，并需要从设计和施工上共同努力，采取有针对性的防裂措施，加大主动控制的力度，才能提高新建房屋质量的可靠性。只要严格执行规定，做到设计与施工紧密配合，控制裂缝是完全可以做到的。实践证明，过去许多工程凡是采取了控制裂缝措施的墙体，一般都取得了较好的效果。

六、复合墙体的构造及工程应用措施

作为围护和承重用的单一材料墙体，往往无法同时满足当前节能建筑的保温、隔热要求，而只是复合墙体才能同时达到较高的保温要求，而且应当是建筑围护墙体的主流。采用钢筋混凝土框架-剪力墙结构或钢结构，用薄壁材料夹以绝热材料也是好的选择。

1. 外保温复合墙体

外保温复合墙体的构造是把绝热材料复合在承重墙外侧，与内保温层复合墙体相比较，外保温复合墙体具有明显的特点：

（1）保护主体结构，延长墙体使用时间

由于外保温墙体的保温层置于建筑物围护结构的外侧，减少了因环境温度变化而导致的结构变形产生的应力，降低了空气中有害气体和太阳紫外线对围护体的侵蚀，避免由季节变化的风、雨、雪及冻融循环对主体的破坏。

（2）避免和减少了热桥对室内的影响

外保温复合墙体既可以防止冷桥部位产生的结露，又可以消除热桥造成的热量损失，节省能源的损耗。

（3）墙体潮湿现象得到改善

在正常情况下采用外保温材料时，由于气体渗透性偏高的主体结构材料位于保温层的内侧，因此，只要保温材料选择使用合适，在墙体内部一般不会产生冷凝现象。同时，采取外保温处理后，结构层整个墙体的温度有一定的提高，可以进一步改善提高墙体的保温性能。

（4）有利于室内温度保持恒定

由于外保温复合墙体的蓄热能力，因结构层在墙体内侧，当室内受到不稳定空气交换时，墙体结构层可以吸收或释放热量，使室温大致稳定。

（5）加大了室内的使用面积

因外保温技术所选择的可保温材料，安装固定在墙体外侧，其保温、隔热效果优于内保温，因而可使主体墙厚度减少，从而增加了房屋的有效使用面积。

（6）方便既有建筑物的节能改造

对房屋墙体采取外保温复合墙体的方式，对已有建筑进行节能改造时，最大的优点是不需要住户进行搬迁，对住户的生活影响较小。

2. 外保温复合墙体的分类

有支承的外墙外保温工程，目前按照材料分为刚性复合墙体和柔性复合墙体两种。

1）有支承的刚性复合墙体

有支承的刚性复合墙体是基层墙体为混凝土墙、砌体承重墙或框架结构轻质填充墙的外保温复合墙体。其墙体的构造技术是在现有 EPS 板薄抹灰粘结另加锚钉结合固定的施工基础上，在主体结构上按间距不大于 1.5m 设置混凝土支承悬挑梁，用不锈钢内外拉结螺杆及塑料胀钉，支承悬挑梁突出在 EPS 板外侧 10mm 左右，梁外端焊接竖向筋及水平横向筋，在钢筋上再绑扎钢丝网，在网上抹灰；钢丝网与塑料胀钉外端套有钢垫片绑扎，从而使水泥砂浆外保护层中的竖向筋及水平横向筋，钢丝网与主体结构或基层墙体连接，并将外部水泥砂浆抹灰层和装饰面层重量传递给支承悬挑梁，形成有支承的刚性复合墙体。应通过试验确定聚丙烯酸酯弹性乳液配制的界面剂，在苯板上涂刷两遍界面剂，不要露底刷均匀，目的是防止水泥砂浆抹灰层与苯板有可靠的粘结，防止空鼓、开裂。

2）设置混凝土支承悬挑梁的作用和目的

（1）最大限度地减少热桥

既保证了对保温体系的安全，又使保温节能效果更好，使保温效果接近外粘苯板薄抹灰。混凝土支承悬挑梁的点状热桥与夹芯保温和保温砌块墙体，每层沿房屋周围通长的混凝土挑屋檐板的线状热桥，相比较会减少热桥 90%，热桥面积一般不会超过墙体总面积的 0.5%，增加墙体传热系数约 0.015W/

（$m^2 \cdot K$），仅是保温砌块墙体热桥面积的 2%～3%，门窗洞口有热断桥措施。

（2）满足防火、装饰及安全需要

用混凝土悬挑梁和外部钢筋将苯板外侧水泥砂浆抹灰保护层及装饰面层重量，传递给建筑主体结构，减少和避免 EPS 板薄抹灰层由于粘结不牢固而脱落的安全隐患。同时，解决 EPS 板薄抹灰防火性能差、表面不能粘贴块材的饰面问题。有支承的刚性复合墙体具备多道安全措施的墙体。

（3）保温层厚度应满足，这是降低墙体传热系数的保证条件

混凝土支承悬挑梁的刚度，远远大于现在习惯采用的钢制锚杆，塑料锚杆或者钢塑锚栓的刚度，而保温层则可以是不同厚度，达到墙体节能要求，改变当前墙体保温技术因锚杆刚度小难以增加保温层厚度降低传热系数，不能达到进一步降低能耗，其厚度可以根据需要设置。

（4）防止抹灰层开裂，确保保温层不进水是质量的重要控制措施

对于有支承的刚性复合墙体在要求降低传热系数的同时，因复合墙体厚度大，减少室内使用面积，对推行低能耗建筑不利，柔性复合墙体的优势又超过刚性复合墙体的应用。

3）柔性复合墙体

柔性复合墙体是采用结构手法、机械连接及化学胶粘剂和相应的施工抹灰工艺，科学合理组合的一种复合墙体。可以较好地实现北方严寒地区节能 65% 和夏热冬冷地区节能 75% 的节能目标。造价相对较低，柔性复合墙体同时也可更有效地解决节能和抗震的两大难题，是目前最好的节能和抗震墙体。

3. 柔性复合墙体

柔性复合墙体是在框架结构、钢结构中取消砌筑脆性材料填充墙，用同建筑主体结构嵌入式连接的钢筋，以及与钢筋连接的钢丝网抹灰为复合墙体中的保温层，苯板的内保温层代替

刚性复合保温墙体中的基层墙体。室内钢筋与室外钢丝网之间按一定距离，用 M3 不锈钢拉结螺栓连接，保温苯板与主体结构之间用水泥聚合物砂浆粘结，并用刷界面剂以促进水泥砂浆与保温层之间的牢固粘结，使保温板块之间缝隙挤紧而不能有冷桥存在，使其形成一个共同构件为柔性复合墙体。采取在洞口加强配筋，其余的钢筋之间距和钢丝网设置基本与刚性复合墙体相同。

柔性复合墙体分为两种连接构造，即洞口设置钢筋连接的柔性复合墙体与洞口设置角钢连接的柔性复合墙体。柔性复合墙体的保温层沿外墙贯穿设置，外墙整体被保温材料包裹，把对保温效果不好砌体墙体取消，相应造价也低。在采用不同厚度苯板时，其传热系数也是不相同的。柔性复合墙体的主要特点表现在：

1）保温性能好，容易达到严寒及寒冷地区节能目标的实现

与砌筑墙体比较增加了附加在窗口外的遮阳设施的安装方便且安全，便于在各种外窗的遮阳安装，利于大幅度降低夏季炎热地区制冷用电量，适合于各不同区域的节能复合墙体，柔性复合墙体为工程节能及绿色建筑提供技术支持，具有实际的现实意义。

2）属于造价较低、不同气候条件广泛应用的复合墙体

例如，苯板厚度好 100mm，传热系数为 $0.46W/(m^2 \cdot K)$ 柔性复合墙体，较砌体非节能的 370mm 烧结普通砖墙造价 20 元/m^2，EPS 板厚度 200mm 的传热系数为 $0.28W/(m^2 \cdot K)$；当洞口设置钢筋连接的柔性复合墙体，与 240mm 厚砖墙粘贴 80mm 苯板，节能 50% 的墙体接近，在不同传热系数时比用聚氨酯保温降低造价幅度更大，利于推行低能耗建筑，对钢框架结构更适用。

3）抗震、抗风及安全性更突出

柔性复合墙体不仅是围护结构和保温的墙体，更是满足承载能力极限状态设计和正常使用极限状态设计要求的构件，是至今作为受力墙体抗震最好、安全且价格低的轻质高强复合墙体。

4）防火及耐久性好

复合墙体可满足耐火极限不小于 1h，当水泥砂浆抹灰层厚度达到 40mm 时，其耐火极限不小于 2h。而耐久性是考虑选择聚丙烯酸酯弹性乳液为胶粘剂及不锈钢拉结件，完全满足现行国家对胶粘剂化学成分的规定，并规定了水泥砂浆外抹灰层的有效阻裂措施，有利于延长保温体系的耐久年限。同时，最大限度地增加室内利用面积，对各种装饰也适用。

4. 有支承外保温复合墙体关键措施

1）无须使用传统砖石材料，保证结构的可靠安全性

采用与建筑主体结构嵌入式连接的钢筋和钢丝网抹灰，作为保温层的内保护层，根据材料组成特性在玻璃化温度低的聚丙烯酸酯弹性乳液，与水泥配制的界面剂中加入近纳米级价格低的硅灰，可以使水泥砂浆抹灰层与苯板粘结牢固，成为共同工作的受力构件，即柔性复合墙体，并有效地解决了钢丝网苯板抹灰层空鼓开裂的质量通病。

2）用结构主体承受保温层及抹灰保护饰面层重量

也就是沿建筑物周围的混凝土挑檐板线状热桥变为点状热桥，大幅度降低热桥面积，满足装饰需要，保证复合墙体的使用安全。

综上所述，有支撑的外墙外保温复合墙体应用技术，是通过在实际工程中创新集成的复合墙体，特别是柔性复合墙体应用，较容易达到墙体低传热系数，是节能减排的重要技术措施，不仅费用较低且抗震性能满足安全要求，是推广应用比较可靠的墙体形式。

七、植筋砌体施工质量的过程控制

框架结构填充墙砌体拉结筋，现在主要采取的是化学植筋的施工，与过去预埋的方法相比具有操作方便，位置容易控制，混凝土表面比较完整，模板不破坏从而提高了施工安装速度及模板的利用率。《砌体结构工程施工质量验收规范》GB 50203—

2011中对填充墙砌体的拉结筋明确规定用植筋方法施工，给现场施工管理有了依据。但是，在规范中并未能体现过程的控制要求，仅规定了填充墙砌体植筋的锚固拉拔力检测要求，对使用的原材料质量和施工过程控制未进行规范性规定。

按照习惯，对于锚固拉拔力检测只是植筋施工质量控制的一个工序环节，没有原材料质量要求及施工过程控制的保证，单纯依靠锚固拉拔力检测代替验收不可能保证施工质量。当前，在填充墙砌体植筋施工中，施工单位以包代管、监理人员以检测代验收已成为习惯，《砌体结构工程施工质量验收规范》GB 50203—2011的规定中对施工及监理放松了约束作用。事实上，化学植筋并非有什么高深的技术含量，现在填充墙砌体锚固拉结筋质量比较差的根本原因是施工管理及监管不到位所致。根据工程应用实际，以下对锚固拉结筋施工及监管中应重视的问题进行分析探讨。

1．植筋工序及要求

1）施工工序

首先，是准备工作。对于结构胶进场必须验收，合格的正确储存，双组分的分别存放。同时，对选用的钢筋除油污、调直。植筋工序：确定孔位→钻孔→清孔→注胶→植筋→固化、保养。

2）关键工序的技术要求

（1）清孔

对钻有规定，深的孔用人工气筒或空压机彻底吹净孔内的渣及粉尘，再用丙酮擦拭孔隙，保持内部干燥。

（2）清除钢筋表面

使其干净，钢筋端部因切断变形恢复，用棉纱蘸丙酮擦洗伸入孔内长度钢筋，露出金属光泽。

（3）粘结胶配制

如果采用的胶是双组分的，要在使用前进行试配，配合比可按胶的出厂说明书比例配制，尤其要在规定时间内用完。

（4）植筋

注入结构胶时，其灌注方法应防止孔内空气的排出，灌注胶量应按产品说明书规定，并以植入钢筋后有少许胶液溢出为宜。不得采用钢筋入胶筒中粘胶、再塞进孔洞中的不正确的施工方法。

（5）固化及保养

化学材料植筋置入锚固孔后，在固化完成前不要碰撞及拉拔、扰动，按照厂家所提供的养护条件固化静养。

2. 施工质量存在的主要问题

1）施工单位以包代管

当前，对于锚固植筋施工单位，大多数存在以包代管的现状。专业锚固人员穿越在各个建筑工地，一般多以两个人为一组，以专业承包的方式进行植筋工作。施工企业除了提供钢筋之外，其他基本不再过问，甚至严重的起关键作用的结构胶都是由这些工人自带，完成所有锚固后施工方只是清点数量，进行一次检测拿到报告，所有锚固植筋即为完成，整个过程无人监督管理，全凭工人自觉进行。

2）监理人员只依据检测而代替验收环节

锚固植筋由于由专业人员进行，一般施工单委托了植筋人员，却很少过问及进行过程控制。而监理人员更不关心工序过程，只要拉拔报告出具合格就可以了，用报告代替检查及隐蔽验收是普遍的现状。

3）施工依据并不充分

框架填充墙砌体的植筋，应满足设计文件规定的锚固长度、结构胶耐久性指标要求。施工图中凡是要求有拉结筋预埋的，如果未采取预埋而是准备锚固植筋的，需要征求设计单位同意并出具正式变更手续。施工单位在施工前也应当制定专项方案并报监理审批。这一切必备程序往往都被忽略了，只按产品说明书施工极其普遍。

4）结构胶产品质量相差很大

当前，锚固用结构胶质量低劣的充斥建材市场，原材料进场把关并不严，工程质量隐患依然严重存在。一般会认为，拉结筋有拉拔力试验合格，钢筋用结构胶进场质量验收无多大影响，持有这种认识极其危险。部分结构胶使用了劣质固化剂，虽然可能达到结构胶短期内粘结强度合格，但是随着时间的推移，胶在环境中抗老化能力及抗冲击剥离能力急剧降低，其结构的整体刚度造成的危害是严重的。

5）实际操作人员技术素质和责任性缺乏

在墙、柱立面钻孔锚固植筋，工作面广且分散，全部工作是由人工操作进行，监督也是一个盲点，这就要求对操作人员的技术素质、质量意识和个人品德有较高的要求。当前，施工操作人员业务水平及质量意识在整体上观察，离真正的质量要求有一定的差距。倘若再加上监督管理不到位，其质量可想而知。

6）工程实体质量存在的问题

结构胶原材料不合格，锚固胶耐久性不达标，被植钢筋使用年限达不到规定要求，也就是结构胶原材料不合格所致。锚固长度不够、钻孔深度满足不了设计规定的锚固长度，造成钢筋的锚固力达不到要求。同时，锚固效果也差。钻孔的清理是一个重要的工序环节，但不认真进行清理，孔内存有残渣、尘灰，影响到与混凝土之间的有效粘结，对后植拉结筋的拉拔力影响很大。现场检查时，手拉不出但可以转动，无锚固强度，对拔出的钢筋观察已经凝结的固化剂上粘有较多粉尘，同时钢筋除锈不彻底，这也是影响锚固粘结牢固的重要因素。

同时，也存在注胶方法不正确，操作中不是先向孔内注胶后再插入筋，而是在钢筋锚固端涂抹或蘸上一点结构胶后，直接把筋插入孔中，造成孔中结构胶不饱满而影响到粘结效果。另外，后期的保护也不到位，把钢筋植入后未按规定时间养护和保护，无成品保护意识，后续工作对尚未完成固结的外露筋进行扰动。

3. 加强施工质量控制的方面

1）加强对施工文件及专项方案的审核工作

框架柱填充墙砌体的植筋施工方法，有设计文件中明确要求，并对锚固深度及粘结胶的性能指标作具体规定。例如，原设计图纸要求拉结筋预埋，并无化学植筋的设计内容，施工单位为方便施工提出更改，也应由建设方业主提议设计单位依照惯例出具变更。同时，在施工前也要编制专项施工方案，经报监理审批后严格按照方案组织实施，施工操作人员要经过岗位培训才能上岗操作。

2）加强材料进场的检验工作

主材结构胶进场时，施工技术人员会同监理工程师对胶进行严格检查验收。在确认产品批号、包装及标志完整的前提下，检查其合格证、出厂时间、产品检测报告。产品合格证及检测报告应是原件。植筋用结构胶进厂验收合格后标记存放，严禁未经报验的胶混入施工工地。

出厂检测报告中，混凝土与钢筋粘结强度、耐热老化性能指标应满足现行《混凝土结构加固设计规范》GB 50367 及《建筑结构加固工程施工质量验收规范》GB 50550 的相应规定。对检测报告内容不全或对质量有疑问的，要取样复检合格后再用于锚固工作。

3）加强工序报验和隐蔽项目验收

施工单位应严格对钻孔、清孔、钢筋除锈、锚固胶配制、植筋、固化与养护的关键工序进行自检，并报现场监理验收，填写验收记录。

在植筋注入结构胶这一重要环节，监理人员应加强监督管理，加大抽查频率，一旦发现有不规范的操作应限时整改或返工重做。

4）加大对植筋的实体检测工作

《砌体结构工程施工质量验收规范》GB 50203—2011 第 9.2.3 条及附录 B、C 对填充墙植筋锚固力检测要求、抽样评定方法、检测记录的格式要求做出明确规定，这是必须要求执行的。同时，对植筋抽样频率的要求很高，这与现在施工质量稳定性差的实际是相关的，应严格监督执行。监理人员应切实负起责任，保证检测的真实性和代表性，杜绝对检测试件的特殊处理。

5）应增加检验批的内容

为对锚固植筋工作的重视，应在填充墙砌体植筋界面处设验收批及植筋施工验收批两栏目，以完善技术资料中体现对质量的评定。将钻孔至钢筋除锈全部工序作为一个验收批，施工自检合格报监理认可，然后再进行植筋工序；植筋及界面处理为主控项目，清孔及钢筋除锈为一般项目，孔深等为允许偏差项目。将植筋与固化作为一个验收批，验收记录中把植筋作为主控项目，包括注浆、固化与保护。

综上所述，框架柱植筋砌体质量在抗震设防中极其重要，化学植筋施工的优点较多，由于施工分散面广、手工操作且隐蔽性很强，加强施工工序过程的监督管理十分必要，这也是施工单位与监理人员应切实做好的重要工作。

八、剪力墙产生裂缝的原因及控制措施

随着建筑技术的发展，建筑物的高度越来越高，对于一般的高层建筑，在设计中普遍采用现浇框架-剪力墙结构设计，并使用大流动度的泵送混凝土浇筑施工。预拌混凝土快速发展的同时也带来一个问题—结构裂缝。如果发生裂缝，会导致建筑物发生渗漏或影响结构物的整体性能及抗震性能，所以对于墙板结构的裂缝，也应引起足够的重视。

1. 墙板产生裂缝的原因

框架-剪力墙裂缝的主要原因有：混凝土收缩裂缝；强约束裂缝；建筑体形引起的裂缝；外力作用的裂缝。

1）混凝土收缩的三种情况是：

（1）干缩

混凝土在制备过程中，水泥和掺合料与水拌合后体积膨胀，但在入模成型后，随着混凝土水化作用的发生，混凝土中的部分水分被吸收、部分水分被蒸发，体积有一定的缩小。混凝土体积收缩，使混凝土产生内应力，当收缩快且收缩大时，混凝土就会产生裂缝。

（2）混凝土内部温度变化产生收缩裂缝

与墙连体的部分框架柱，断面边长都大于1m，属大体积混凝土，水化热高，若采取措施不当，表面混凝土就会产生裂缝。

（3）框架柱与外墙连体的节点

大体积混凝土的框架柱可视为一个较大的热源体，而与之连体的墙体薄，且与外界空气接触面较大，散热快。当框架柱混凝土内大量发热膨胀时，墙体已开始降温收缩，由于连接在一起的两个构件之间产生温差，变形不同步协调，在柱子附近和墙中间出现裂缝是符合规律的。

2）强约束引起的裂缝

约束是对结构构件活动和变形的制约，约束分为内部约束和外部约束。内部约束主要有：混凝土墙内配筋对混凝土收缩变形的约束；墙体内收缩变形小的部分对收缩变形大的部分的约束；墙体内暗柱、暗梁对墙板收缩变形的约束；长度大的混凝土墙，墙端与墙中收缩变形的相互约束。外部约束主要是超静定结构的多余联系，如墙体以下的基础和底板、墙体顶上的楼板或梁、墙体两端的附墙柱或电梯井筒等。当墙体混凝土收缩变形产生内应力，若外约束很强，产生的内应力不能造成约束变形时，则墙体混凝土出现开裂，尤其是早期混凝土容易开裂，因为混凝土早期抗拉强度较低。墙体的最大外约束应力一般都产生在外约束的边缘，即墙体与柱、筒体、基础、底板、梁等交接处。但实际裂缝并非在墙与约束体的交接处，而是离开0.3～0.5m，其理由是裂缝由约束产生；反过来，约束又能推迟裂缝的出现并限制裂缝的扩展，这就是人们常说的"模箍作用"。

3）建筑物的形体及结构构件断面对墙体裂缝的影响

框架柱断面大，墙板厚度小，柱、墙连接断面变化大，不利于防止墙体裂缝，其原因除了柱、墙混凝土水化热产生温差收缩变化和大柱子给墙板增加约束造成墙体裂缝以外，还因框架柱是高层建筑主要传力构件，基础以上的所有荷载全部由柱子、筒体传给基础、基岩，当地基出现沉降或基础压缩下沉时，墙体在基础边级部位产生剪力，导致裂缝出现。

经观察，凡矩形、方形、梯形等直线段比较多的平面形状，墙体产生裂缝的较多，而曲线、弧线和折线较多的建筑物墙体裂缝却极少。因为直线是两点的最短距离，直线墙收缩变形的内约束较大，直线方向无伸展的余地。而曲线、弧线、折线有一定的伸展余地，内约束力比直线墙小。

4）外力作用引起墙体裂缝

墙两侧模板未同时拆除，先拆一边，未拆的一边模板支撑给新浇混凝土墙一个侧向压力。若模板支撑较紧，则混凝土墙产生裂缝。

2. 控制裂缝措施

1）原材料的控制

由于在剪力墙中配筋很多且密，为了保证混凝土在结构中的最紧密填充，应当控制石子的最大粒径和粗细集料级配。如石子粒径较大，石子容易卡在钢筋中间，或钢筋与模板之间。由于砂浆的收缩比混凝土的收缩大，从而导致在拆模后一段时间在钢筋的下方会产生裂缝。

砂石料的含泥量必须严格控制，当砂石料含泥量超过规定，不仅增加了混凝土的收缩，同时又降低了混凝土的抗拉强度，容易引起裂缝。由于墙板结构施工中的水化热及收缩很可观，所以应尽可能选用低水化热、低收缩的水泥。一些施工单位为了追求较快的施工进度，盲目使用高早强水泥，但是高早强，必然导致高收缩及水化热峰的提前出现，这对控制墙板裂缝是很不利的。

2）从施工组织设计的技术措施来控制

（1）对于 ±0.000 以上的墙体，出现裂缝的可能是较小的，容易出现的裂缝是冷缝和分层缝。这些都是由于施工组织不合理造成的。在施工中应防止侧模的偏移，开始浇筑时应加强对墙根部的振捣，以防止产生"烂根"现象。混凝土的运输应均匀、连续，防止产生冷缝或施工缝。

（2）采用科学、合理的施工组织设计，根据混凝土的凝结时间对混凝土的浇筑施工及混凝土搅拌站的混凝土供应做合理的协调，使上层混凝土在下层混凝土浇筑后 2～4h 内完成。

（3）混凝土的初凝时间并不是混凝土导致出现冷缝的终凝时间，实际上在此时浇筑混凝土，上下层混凝土的结合已经很弱，如在混凝土接近初凝时对混凝土振动，同样也会在新旧混凝土之间形成一层薄弱层，影响结构的整体性，形成冷缝。

（4）为防止产生分层缝，在浇筑上层混凝土时，捣棒应插入下层混凝土 50～100mm，以利于两层混凝土充分结合。同样，分层缝的出现也使混凝土的整体性能降低。

对于箱形基础中底板上长墙的裂缝往往是难以避免的，这种裂缝可通过设置温度钢筋来克服，通过配置一定数量的温度钢筋并采用细而密的构造钢筋，使构造钢筋起温度钢筋的作用。同时在底板上外墙混凝土浇筑时，应注意分段施工，合理分段，避免长度过长，应设置温度伸缩缝或后浇缝。对墙体的养护效果往往不很理想，在拆除模板后刷上一层养护剂，可防止混凝土内部水分的过度挥发，并应进行充分的浇水养护，以保证水泥的充分水化。

3）从结构设计来控制

为防止墙板结构的裂缝，在结构设计方面主要应考虑好温度钢筋的设计（水平筋），充分利用构造钢筋的作用以减小墙板结构的温度应力和收缩应力。由于引起墙板裂缝的主要因素，是水化热及降温引起的拉应力，所以必须尽可能减小入模温度，应分层散热浇灌，预防激烈的温度、湿度变化，为混凝土创造充分应力松弛的条件。

应避免结构突变（或断面突变）产生应力集中，导致应力集中裂缝。当不能避免断面突变时，如在孔洞和变断面的转角部位，由于温度收缩作用，也会引起应力集中，此时应作局部处理，做成逐渐变化的过度形式，同时加配钢筋。

4）配筋对控制裂缝的作用

钢筋会约束收缩，但不能阻止收缩，它对钢筋混凝土收缩的约束作用会在混凝土中产生拉应力，在钢筋内引起压应力。增加钢筋数量会减少收缩，但会增加混凝土的拉应力。如果钢筋很多，约束可能会很大，也足以引起混凝土开裂。

钢筋混凝土中配筋率对混凝土中自约束有很大的影响。适当的构造配筋能够提高混凝土的极限拉伸，对控制混凝土的温度收缩裂缝及收缩裂缝有积极的作用。在墙板结构中，采取增配构造钢筋的措施，使构造钢筋起到温度筋的作用，能有效地提高混凝土的抗裂性能。

构造筋的配筋原则应做到"细一点、密一点"，即配筋应尽可能采用小直径、小间距设计。提高混凝土结构的含钢率或减小钢筋直径，都可提高材料的抗裂性能，但减小钢筋直径、加密间距要比提高含钢率效果明显一些。采用直径 8 ~ 14mm 的钢筋和 100 ~ 150mm 间距比较合理，结构全截面的配筋率不宜小于 0.3%，应在 0.3% ~ 0.5% 之间。受力筋如能满足变形的构造要求，则不再增加温度筋；构造筋不能起到抗约束作用时，应适当增加温度筋。

九、预防和减少结构裂缝的技术措施

建筑结构裂缝，尤其是非结构裂缝，例如发生于内外墙体抹灰上的龟裂、水平裂缝、沿柱的竖直裂缝、不同材料间的裂缝等，是在建筑中经常发生的一种通病。出现这种裂缝究其原因，有的是因为技术上的不成熟、材料本身的缺陷、温度的变化、设计以及施工等因素的影响。以下结合多年来的施工经验以及相关的理论，对减少这类裂缝的技术措施作进一步的探讨，部分技术措施已用于实践中并取得了显著效果。

1. 裂缝概况

通过对大量砖混结构的民用住宅、框架结构的办公楼等多种建筑的施工检查发现，多数建筑都存在着不同形式的裂缝，这些裂缝一旦出现便很难弥补，但许多裂缝是有规律可循的。对这些裂缝进行分析总结，其结果主要是如下状况：

（1）不管是什么结构材料的建筑，几乎都存在抹灰开裂的现象，大部分是因为温度变化引起的，仅仅是裂缝的多少与宽度的不同而已；

（2）抹灰表面龟裂，裂缝多而无规律，裂缝较细但面积较大，严重的引起墙面空鼓，若要返工成本较大；

（3）在框架结构中，填充墙体与梁柱接触面间容易出现水平和垂直裂缝，这些裂缝几乎是不可避免的，如果不加以预防，裂缝一旦出现就很难补救；

（4）墙体使用新型材料，尤其是大块板型材料，例如 GRC 墙板、钢丝网架聚苯乙烯夹心板（俗称得乐板、舒乐板等），不同板块之间经常出现规则的竖向裂缝；

（5）在门、窗洞口出现形状为八字形的裂缝，裂缝沿约 45°方向开裂，框架结构和砖混结构均有发生，而砖混结构多发生于顶层两端的房间且裂缝一般较宽，这种裂缝不仅仅是抹灰的开裂，而是砌体的开裂，出现后有时伴有渗漏现象，危害较大。一般是由于温度变化引起的，是较为典型的温度裂缝，较难处理和避免。

2. 裂缝对建筑及社会的影响分析

1）对建筑物的影响分析

通常情况下，这些裂缝不会危及结构的安全，危害性较小，但对建筑物将产生下列影响：

（1）贯穿墙体的裂缝影响建筑物的使用寿命及抗震性能，尤其以砖混结构的建筑更加突出；

（2）发生于外墙的裂缝，当开裂较为严重时，往往造成墙面的渗漏并且给内装饰带来污染和损伤，影响表观和使用耐久性；

（3）当裂缝尤其是温度裂缝到达一定程度时，会造成窗口变形，影响正常的使用功能；

（4）外抹灰开裂后，不仅影响外观和使用寿命，一旦外抹灰层进水，冬季冻胀致使外抹灰层脱落，将影响到周围行人的安全。

2）社会影响分析

随着国家对工程质量越来越重视和人们质量意识的提高，特别是住房体制的改革，住宅建设资金将由个人出资，因此人们对工程的质量问题的关心程度将会越来越高。这也对工程的建设者们提出了越来越高的要求，这就要求我们必须认真对待并力求克服建筑通病的发生。由于人们对建筑结构还不太了解，所以用户对于裂缝引起了较为强烈的反响，主要反映在以下几个方面：

（1）影响外观感

墙体的裂缝对人的心理影响很大，给人的感觉造成较大冲击，使人感到极不舒服，影响情绪，同时给工程的交工带来极大麻烦。

（2）不安全感

尽管这些裂缝一般不会危及结构安全，但是由于多数人对结构情况并不了解，而担心是否安全，造成心理上的不安全感，同时外墙抹灰层的开裂脱落也的确存在着不安全因素，因此对用户的解释工作很难做好。

（3）影响使用功能

裂缝严重时将会造成渗漏、门窗框变形等，不仅影响到正常使用，而且也会造成一定的经济损失。

3. 原因分析及技术措施

1）墙面抹灰龟裂

墙面抹灰完成后，有时墙面会出现大面积细而密的呈龟裂状的裂纹，这种裂纹细而深度浅时危害并不大，可不做处理，但开裂较深而形成裂缝时，往往伴随着空鼓、脱落现象的发生，一旦出现大面积空鼓、脱落，唯一的办法是返工重做，但返工重做部分就像在墙面打了一块又一块"补丁"，很难恢复原貌，易在返工面周围出现收缩裂缝，返工的效果既不经济也不美观，分析原因主要有以下几种：

（1）抹灰砂浆配比不合适，水泥用量过大致使水化热大，干缩严重从而造成龟裂；

（2）基层处理不干净或处理不当，从而导致抹灰砂浆失水过快而引发龟裂的发生；

（3）基层表面平整度达不到要求，尤其是垂直度超标，造成抹灰层厚薄不均或抹灰层过厚，从而造成表面龟裂的发生，这也是引发龟裂现象较常出现的原因之一；

（4）中高级抹灰应分层施工，施工时为了赶进度或为了省工图方便，从而抹灰基层、中层、面层未分三次，每次厚度小于 10mm，分层厚度不当、抹压不密实，从而引发龟裂；

（5）与施工环境有关，抹灰环境通风良好而且干燥，通常又疏于养护致使砂浆失水较快从而导致严重龟裂，这是龟裂现象出现的另一主要原因；

（6）为了使抹灰尽快成活或使表面当时美观、便于交活儿，有时操作人员在表层抹光后或压光同时外罩一层纯水浆，这层水泥浆风干后薄而脆，不仅引发表面的龟裂而且最易分层，应予以杜绝；

（7）填充墙体使用新型材料如钢丝网架聚苯乙烯夹心板，这种板材几乎没有吸水性，当疏于养护时导致抹灰砂浆失水迅速而发生龟裂现象；

（8）用户急于入住新楼，盲目要求加快施工速度，入住后使用不当也可能引发龟裂现象。

2）墙面裂缝预防措施

导致龟裂现象发生的主要原因有上述八种情况，处理这种裂缝应该侧重于"防"而非"治"，即防患于未然，如处理得当，施工方法科学、合理，这种裂缝是完全可以杜绝的。分析出原因后，预防的方法有下述几种是比较成功、有效的：

（1）严格按配比拌制砂浆，尤其要控制水泥用量，水的用量也要控制，拌制砂浆前要进行试配，使砂浆的和易性与保水性达到最佳。拌制设备要用专用的砂浆搅拌机，杜绝使用混凝土搅拌机（滚筒式）拌制砂浆；

（2）抹灰的基层要处理，方法得当。对于砖砌体来讲，一定要提前1~2天用清水浇透，至表面出现水光，然后阴干，手摸时有潮湿感时再抹灰。加气混凝土砌块与粉煤灰砌块则不需用水浇透，只要在砌体上适当浇水，然后阴干半天左右再抹灰；

（3）在砌体施工时要严把砌体施工质量关，控制好砌体表面的平整度，尤其要控制好砌体的垂直度，这样便能有效地控制抹灰的厚度，杜绝出现抹灰厚度不均匀，这样可以大大减少龟裂情况的发生；

（4）抹灰应分层进行，严格控制抹灰的总厚度和分层的厚度，中级抹灰平均总厚度宜控制在 20mm 内，高级抹灰宜控制在 25mm 内，外墙抹灰宜控制在 20mm 内。分层应合理，一般情况下中级抹灰分工层较为合理。无论混合砂浆还是水泥砂浆，厚度以 10mm 为宜，面层 5mm 为宜，抹完底子灰后待六七成干、表面发白、手压有坚实感但能留下手纹时，即可进行面层抹灰；

（5）抹灰的施工环境对于裂缝的出现也起着相当重要的作用。如果环境干燥而且通风良好且又疏于养护时则最易出现龟裂，因此抹灰应营造一个比较潮湿的环境。在高温干燥的气候条件下施工应将门窗敞口封闭，必要时在地面上定期适量浇水或定期在抹灰表面（八成干后）喷雾，天气异常酷热时，最好用薄膜将抹灰面封死进行养护，效果较为理想。对于像 GRC板、钢丝网架聚苯乙烯夹心板这种吸水较差的新型建材，则在施工抹灰前宜在基层刷一道界面剂，成活后喷雾或封闭进行养护，否则极易出现龟裂现象；

（6）用户使用不当也是出现干裂的原因之一。如某栋办公楼，业主急于元旦入住而盲目催工期，入住后将空调温度调至最高，结果在一周内墙面出现了较多的干燥龟裂现象，所以在施工中不应强调工期的提前，应按照合理的工期计划有组织地施工，大幅度缩短工期是不宜提倡的。

综上所述，龟裂是在施工中经常出现的质量通病之一。这种裂缝对于美观影响最大，因此我们在施工中应尤其注意，只要在施工中严格按设计要求及验收规范施工，提前预防，产生的各种裂缝是可以减少及避免的。

3）不同材料间裂缝的防治

在长期的施工实践中发现，不同建筑材料间极易出现规则的裂缝，尤其是框架结构的工程在框架与填充墙之间这种裂缝经常出现。近几年国家对新型建材的大力推广，许多新型建材层出不穷，如果对这些建材的特点把握不准，技术措施使用不当，那么这种裂缝几乎是不可避免的。目前，北方地区最常用的填充墙材料是加气混凝土砌块、粉煤灰砌块、GRC 墙板以及钢丝网架聚苯乙烯夹心板等。

这种裂缝的特点是沿与梁柱触面之间出现，裂缝较宽而深，并且对称出现，伴随这种裂缝的出现，如果梁宽大于墙体宽度则在梁底最易出现空鼓现象，严重时可引起梁底抹灰局部的脱落，很难全面预防。对于板块式拼装的填充材料在不同的板块之间也往往出现竖向裂缝。对于这种裂缝出现人们往往采取在裂缝表面粘贴韧性材料，如牛皮纸、绷带等方法，由于这种方法成本低廉、施工简单而往往被大量采用，但这种方法治标不治本，在表面喷漆后粘贴的韧性材料无法遮盖若隐若现，与周围墙面差别明显，影响美观而且这种方法也无法长期掩盖裂缝，因此是不可取的。

裂缝出现的原因：

（1）对材料的性能和特点把握不准或很难把握

如加气混凝土砌块吸水后膨胀较大，失水后何种缩小，导致这种裂缝出现。

（2）施工原因

组砌不合理，砂浆的饱满度小于85%，或者由于拉结钢筋漏放甚至不放，浇水过多，施工一次砌体高度过大，砂浆强度等级低，都可导致裂缝的频频出现。

（3）温度的影响

由于各种材料之间的膨胀系数的差别，必然引起结构热胀冷缩及内外胀缩不一致的变形，因此也必然会将抹灰拉裂。

预防措施：

（1）对于加气混凝土和粉煤灰砌块而言出釜时含水率较高，以后砌块会因逐渐干燥造成体积的不稳定，因此，对于这种类型的材料，应该提前组织砌块入场，杜绝边进料边砌筑的施工方法，材料入场后不要随意堆放，堆放时底部应垫起并防潮，雨天还要覆盖，以防吸水过大而引起体积膨胀；

（2）砌块在组砌时不应为了加快施工进度和减少工序，将填充墙一次性砌至梁底，用砂浆塞实竖直下缝隙后即进行墙面抹灰。这种施工方法不仅加大了砌体自重，不便施工，而且会使砌体失水体积收缩而出现水平及垂直裂缝。要消除砌块体积收缩产生的裂缝，应降低砌筑时砌块的含水率，施工时砌块的含水率控制在15%以下，严禁提前大量浇水，要在砌筑前适量浇水，这样既保证砂浆有良好的硬化条件，又可使砌体不致含水率过高。填充墙施工至接近梁底时，要保留小于一皮砌块高度的空隙，使砌体充分的收缩变形，抹灰前1~2d用侧砖或立砖斜砌顶紧；

（3）组砌砌块时，施工人员往往只注意水平缝砂浆的饱满度，而忽视立缝砂浆的饱满度，尤其是柱与砌块之间的砂浆不饱满，饱满的立缝能阻止砌体变形，减缓裂缝的出现；

（4）粉煤灰砌块分有底和无底两种，在选择砌块时要尽量选择有底的砌块，无底的砌块不仅施工不方便，而且砂浆很容

133

易漏入洞中，不仅增加墙体自重，而且这种砌块由于缺乏底的约束变形较大，裂缝更容易出现。更主要的是，这种砌块大大削弱了拉结筋的作用，极易诱发沿柱垂直裂缝的出现；

（5）1m 长 0.5m 一道的拉结筋虽能减少竖向裂缝的出现，但效果不是很理想，由于多方面的因素，裂缝还是时有发生。根据笔者的实践，最好在砌体中加设 2～3 道通长钢筋 φ8 并设现浇带，这样对墙体形成有效约束，可大大减少竖向裂缝的发生；

（6）砌体的胀缩，不同的部位是不相同的。往往是两头大而中间小，因此在柱梁与砌块接触的部位易出现裂缝，因此在抹灰前宜在框架与砌体接触面上设置双层钢丝网片；钢丝网片以丝径较细强度较高而孔径小的为最佳，这种方法对于 GRC 墙板及 GRC 墙板之间裂缝的出现，同样行之有效；

（7）钢丝网架聚苯乙烯夹心板具有轻质、防潮、防火、隔声和保温等特点，用它代替传统的烧结普通砖、加气混凝土等材料可以大大减轻建筑物自重，从而大幅度减少基础部分的材料和资金投入，是近年来广泛被采用的新型建材，但是这种材料的抹灰易在墙体和拼缝之间出现裂缝，出现裂缝是由于板材现场堆放不合理，造成板面翘曲，上墙后用力支顶找平，使墙体预先受力，忽视相邻板块间的拼缝处理，使两块板材之间无法形成一个整体所造成。而且，由于板材吸水率差很容易造成抹灰过快，产生裂缝。

4）施工中应特别注意以下几点：

（1）根据设计要求预先排板，板块力求大小均匀，拼缝要尽量减少；

（2）板材的运输堆放非常重要，运输时板材要尽量放平且减少振动，进场后则要立排堆放，直立搬运，防止板面变形；

（3）板与柱梁接触处除用与板材钢丝网架同质、同径、同间距的钢丝网带连接以外，同时在板缝两侧用 22 号钢丝，将宽度为 300mm 的板外层的钢丝网架，同质同径同间距的钢丝网带骑缝绑扎在钢丝网架上；

（4）采用钢丝网架聚苯乙烯夹心板时，内墙抹灰宜采用水泥：石粉：砂 = 1：1：3 的混合砂浆抹灰，抹灰前板材表面要涂刷界面剂，抹灰一定分层施工，而且抹灰完成后一定浇水养护以防砂浆失水过快。

5）有一种裂缝比较难以防止，就是在门窗洞口上边沿沿45°开裂的"八"字形裂缝，这种裂缝在框架结构与砖混结构中均有发生。这种裂缝在框架结构中较轻，而在砖混结构的房屋中较为严重，裂缝发生的普遍规律是房屋顶层的两个端户最为严重，向中间和向下依次减轻，裂缝最宽可达 1.5 ~ 2.0mm，而且窗口越多、越大，裂缝也越多、越明显。

原因分析：

（1）温度变化可分为两种：一种是一年四季的温度的变化，炎热的夏天与寒冷的冬天的温度差可达 40 ~ 50℃；另一种是室内外温度的差异，夏天太阳直射屋面，而室内温度相对较低，温差可达 15 ~ 20℃；而在冬天，由于室内采暖，其内外温差可达 30℃ 以上；

（2）由于钢筋混凝土的线膨胀系数为 $1.0 \times 10^{-5}/℃$，普通砖砌体膨胀系数为 $0.5 \times 10^{-5}/℃$，在相同的温度下，钢筋混凝土的伸缩值要比砖砌体大一倍左右，故在混合结构中，当温度变化时钢筋混凝土屋盖、楼盖与砖砌体伸缩不一；

（3）由于温度的变化及线膨胀系数的差别，必然会引起结构的热胀冷缩及内外胀缩不一致的变形。若构件不受任何约束，则结构将不会产生附加压力；反之，若构件受到约束，不能自由变形，则在结构中将会产生附加压力，通常无约束的构件是不存在的，因此就不可避免地在墙体和构件中产生附加压力。当附加压力超过墙体的承受能力时，就会使墙体开裂。

若将屋盖与墙体连接处水平切开，屋盖（或梁）的伸长或缩短将对墙体产生附加水平推力，因此往往易在墙的顶部出现水平裂缝，墙体由于受到屋盖的推力而产生剪应力，剪应力和拉应力又在墙体中产生与水平方向大致成45°的主拉应力。当主拉应力过大时，就会在墙体上产生与水平方面成45°的斜向裂缝，即所谓的"八"字形裂缝。从房屋的纵向看，剪应力的分布大体上是两端最大，中间为零，即由两端向中间递减，因此，"八"字形斜裂缝多发生在房屋两端的墙体上，且一般发生在最上面两层墙面上，而以顶层最严重，而且在墙体开的洞口越大、越多，对墙体的削弱也就越严重，其裂缝就越严重。

预防和减少裂缝的技术措施：由于影响房屋沉降及伸缩而出现裂缝的原因很多，并且比较复杂，并受多种因素的制约，目前还没有可靠的根治措施，不能完全杜绝沉降及温度裂缝的发生，但控制和减少裂缝的产生是可能的，除按规范要求合理设置伸缩缝外，一般应从设计限制与施工控制两个方面采取强力措施预防。

十、建筑装饰抹灰的质量控制措施

抹灰工程是指一般抹灰和装饰饰面抹灰，装饰抹灰墙面主要包括：水磨石、水刷石、斩假石、干粘石、假面砖、拉条灰、拉毛灰、喷涂、滚涂、弹涂等墙面、顶棚饰面抹灰等。建筑装饰工程的抹灰工程，不论采用何种材料，一般抹灰都应按高级抹灰的要求进行施工。

1. 材料要求

（1）胶凝材料

建筑石灰：石灰膏或生石灰粉，陈伏期要大于15d，用于罩面的大于30d，已风化冻结的石灰膏不得使用；

通用水泥：水泥品种、强度等级，需按设计要求选用；

建筑石膏：要求无杂质且磨成粉。

（2）细骨料

普通砂：中砂或中粗砂混合使用，使用前须过筛；

炉渣：粒径≤1.2～2mm，使用前过筛。

（3）纤维材料

纸筋、麻刀、稻草、玻璃纤维等材料，在抹灰层中起拉结作用，提高抹灰层的抗拉强度，增加抹灰层的弹性和耐久性，使抹灰层不易裂缝脱落。

（4）有机聚合物

有机聚合物的品种：聚乙烯醇缩甲醛（108 胶）和聚醋酸乙烯乳液（白乳胶）。

2. 施工方法

内墙抹灰的工艺流程是：基层处理→浇水湿润基层→找规矩、做灰饼→设置标筋→阳角做护角→抹底灰、中灰→抹窗台板、墙裙或踢脚板→抹面灰→清理。

顶棚抹灰的工艺流程为：弹水平线→洒水湿润→刷结合层→抹底灰、中灰→抹面灰。

（1）找规矩、做灰饼

用一面墙做基准，先用方尺方正，如房间面积较大，在地面上先弹出十字中心线，再按墙面基层的平整度在地面弹出墙角线，随后在距墙阴角 100mm 处吊垂线并弹出垂直线，再按地上弹出的墙角线往墙上翻引，弹出阴角两面墙上的墙面抹灰层厚度控制线，以此确定标准灰饼厚度。

（2）做灰饼的方法

在墙面距地 1.5m 左右的高度，距墙面两边阴角 100 ~ 200mm 处，用 1:3 水泥砂浆或 1:3:9 水泥石灰砂浆，各做一个 50mm×50mm 的灰饼，再用托线板或线坠以此饼面挂垂直线，在墙面的上下各补做两个灰饼，灰饼离顶棚及地面距离 150 ~ 200mm 左右，再用钉子钉在左右灰饼两头墙缝里，用小线拴在钉子上拉横线，沿线每隔 1.2 ~ 1.5m 补做灰饼。

（3）抹标筋与护角

标筋时，上下水平冲筋应在同一垂直面内，阴阳角的水平冲筋应连起来并相互垂直。

护角：必须在抹大面前做，护角做在室内的门窗洞口及墙面、柱子的阳角处。护角高度大于 2m，每侧宽度≤5cm，应用 1:2 水泥砂浆抹护角，采用的工具有阴、阳抹子，或采用3m长的阳角尺、阴角尺搓动，使阴、阳角线顺直。

（4）抹窗台、踢脚板

应分层抹灰，窗台用1:3水泥砂浆打底，表面划毛，养护1d刷素水泥浆一道，抹1:2.5水泥砂浆罩面灰，原浆压光。踢脚板应控制好水平，垂直和厚度（比大面突出3~5mm）上口切齐，压实抹光。

（5）抹底灰

待标筋有了一定强度后，洒水湿润墙面，然后在两筋之间用力抹上底灰，用木抹子压实搓毛，底灰要略低于标筋。

（6）抹中灰

待底灰干至六七成后，即可抹中灰。抹灰厚度稍高于标筋，再用木杠按标筋刮平，紧按用木抹子搓压，使表面平整、密实。

（7）抹面灰

待中灰干至六七成后，即可抹面灰。如中灰过干应浇水湿润，常见的罩面抹灰有以下几种：

①石灰砂浆罩面、混合砂浆罩面：石灰砂浆先在墙面上用钢抹子抹砂浆，再用刮尺刮平，最后再进行抹平。

②纸筋、麻刀灰：一般抹在石灰砂浆或混合砂浆面上，先用钢抹子将灰浆均匀刮于墙面上，然后再赶平、压实，待稍平后，用钢抹子将面层压实、压光。施工时通常两人合作，一人抹灰，一人赶平、压光。罩面抹灰厚度约为2mm。

③石膏罩面：同一墙面脚手板上下各站两人，同时操作，从墙面左侧开始，先用水湿润底灰，第一人用铁抹子将石灰膏由下向上抹，再从上向下刮平；第二人紧跟其后，左手洒水，右手用钢抹子由下而上，再由上向下压抹光，最后稍洒水压光至密实、光滑为止。墙面较大时最好三人作业，即抹平、抹光、压光连续进行。

（8）清理

抹灰完毕，要将粘在门窗框、墙面上的浮灰浆及落地灰及时清除，打扫干净。

3. 质量预控重点

1）质量预控

（1）抹灰工程进行前，结构工程必须经监理工程师、政府建设主管的质量监督部门验收合格。

（2）抹灰前，应督促承包单位做好以下检查和修正：检查门窗框位置是否正确，过梁、梁垫、圈架、组合柱及其他需抹面部分剔平，对混凝土蜂窝、麻面、露筋等做好修补；管道穿越的墙洞、脚手眼、模板洞和楼板洞用相应的材料嵌实；各种管道已安装完毕，电线管、消火栓箱、配线盒用纸封严。

（3）所采购和进入施工现场的材料已正式报验，色泽、质量，除应有产品合格证外，还应自检和经监理工程师认可。

（4）正式大面积抹灰前应先做样板间，经鉴定合格和确定施工方案后再安排正式施工。

2）施工质量控制要点

（1）注意检查处理基层上的残余砂浆、灰尘、污垢和油渍应清理并毛化处理，基层面必须充分淋水涸透。

（2）基层垂直宽、平整度较差，抹灰厚度局部应分层衬平（每遍厚度宜为 7~9mm）。

（3）注意巡视成活后的质量，及时发现不合格的部位联系处理，必要时以书面通知提出修改意见。

（4）注意成品保护和湿润养护。

4. 常见质量通病及防治

1）墙体与门窗框交接处抹灰层空鼓、裂缝脱落

（1）抹灰前应全面洒水，砖墙吸水量大的部位应浇两遍以上确保湿润 5mm。如果底灰干透了，应在中灰前浇水湿润；

（2）明显的凹凸部位应分层填抹找平，太光滑的表面应凿毛；

（3）不同基层交汇处应钉钢板网，每边搭接长度大于 100mm；

（4）门、窗框与洞口接缝派专业人员填塞。

2）墙面抹灰层空鼓、裂缝

（1）抹灰前必须洒水，砖墙吸水大，应浇两遍；混凝土墙吸水小，可少浇一些。如果底灰干透了，应在中灰前浇水湿润；

（2）砂浆保水性差，可加入适量石灰膏或外加剂；

（3）要分层抹灰；

（4）水泥砂浆、混合砂浆、石灰膏等不能前后覆盖，混杂涂抹。

3）面层起泡、开裂、有抹纹

（1）待砂浆收水后终凝前进行压光；

（2）底灰太干，应浇水湿润，再薄薄地刷一层纯水泥浆后进行罩面。罩面压光时发现面层太干、不易压光时，应洒水后再压；

（3）严禁使用未熟化好的灰膏。

4）外墙抹灰接槎明显，色泽不均，显抹纹状：

（1）施工时把接槎位置留在分格条处或阴阳角、水落管等处，并注意操作时避免发生高低不平、色泽不一等现象；

（2）为防止有抹纹，室外抹水泥砂浆墙面应做成毛面，用木抹子搓毛面时，要做到轻重一致，先以圆圈形搓抹，然后上下抽拉，方向要一致，以免表面出现色泽深浅不一、起毛纹等问题。

综上所述，伴随着国民经济的不断提高，新材料、新技术、新工艺和新设备的不断出现，建筑的中、高级装饰抹灰日益增多且花样翻新，在实际施工过程中只要严格切实按规范、设计要求认真对待每一个工序工艺，同时积极学习和应用新技术、新材料，就能确保装饰抹灰工程的质量。

十一、房屋装修及改造问题与对策

一些建筑较早、面积偏小的既有房屋，已不适应居住者的需求，有必要进行重新装修和改建，但是在具体施行中会产生一系列的问题，尤其是安全与质量的问题并未引起相关部门的应有重视，以至许多无资质单位和人员也承揽到项目的装修和改建中来，造成装修和改建时事故的频率高，给人民生命财产造成巨大损失，社会危害及影响也大。如2012年上海发生的两起因装修和改建引起的严重事故和中央电视塔的大火，给人们敲响了警钟，已引起了管理及从业人员对既有房屋装修改建中，存在的一系列问题的重视和思考。

1. 装修改建存在的问题

由于既有房屋事实上的多样与复杂性，房屋在装修和改建过程中确实会存在诸多问题，麻烦的是相关手续办理遇到的困难，特别是年代较早的房屋因受历史的限制，其建造条件的原因比较复杂，也有的没有房产证，有房产证的也缺少其他资料的，无原设计图纸及相关配套设施的，经过多次转手或转租后产权并不明确的，还有的并未通过消防验收认可的，自行改建后属于违规房屋，还有的就是故意逃避办理手续等情况。

同时，也存在着在实施过程中的不规范行为而造成安全和质量问题。更有甚者在装修中以装修名义大肆破坏结构，私自改变结构形式及消防设施与通道等。现实中的多种原因造成一些装修工程存在许多安全及质量问题，房屋的装修改建缺乏监督和管理，施工过程安全和装修安全处于完全的失控状态。

1）未办理相关手续即施工

按照《建筑法》、《建设工程质量管理条例》和《建筑工程安全条例》等规定，结合各地区的规定及相应要求，装修工程造价在30万元，建筑面积在300m² 的都要报建和报监，事实上这些类型装修工程办理相关手续和如何办理的极少，究其原因：

（1）由于房屋所有人、承租人无报建意识或者不了解要办理相关手续，如何办理手续也不清楚，无人告知。

（2）存在着有些单位的领导有"重经营、轻安全"，"早装修、早开业、早受益"的观念，抱着侥幸心理，更有甚者一些地方进行干涉，以权代法，过分强调经济行为，阻挠和故意不办理相关监督手续。

（3）因一些既有房屋原有房产证件不齐全的影响，当前的相关要求是无法也难办理相关监督管理手续的。但是，由于目前办理各种手续过分烦琐，而装修工程基本都是以中小型项目且工期很短，待手续办完工程已经干完或者即干完，事实上手续明显滞后于施工，工程安全和质量监督流于形式。

（4）由于装修工程中会包括改建和扩建内容，其手续办理不同于一般装修工程，需要增加经过审核的规划许可证及施工图纸。这些前置条件制约了各种手续的正常办理，以至于办理报建报监手续时只办理一部分证件，其余的靠在施工过程中蒙混过关。

（5）最为严重的是无任何手续的工程。房屋装修改建时无任何资料和手续，如果是新建项目则应当是完全失控的状态，成为建设领域的"老大难"问题，也是主管部门非常棘手的问题，各地都有一些"老大难"工程。

2）建设业主方不规范

业主方行为的不规范是问题的关键所在，也是一切问题存在的根源。多数业主对房屋装修不熟悉也并不了解，重视的是效益和效果，因此，导致装修改建的随意性和违规现象十分普遍，除手续办理问题外还有一些表现形式是：

（1）不请专业设计单位和设计人员，无正规设计图纸，按照业主自己的意图和想法进行装修改建，即便有设计图纸及方案，也不会审查请示即进入实际施工。

（2）不请有资质的专业装修队伍，而随意招揽顾用马路人员施工。为节省费用层层承包和转包，由业主自己管理。为了达到理想效果和节省空间，能敲就敲，无任何顾及，甚至为了重新整合空间，随意拆墙凿洞不可避免。

（3）有些业主缺乏装修方面基本知识，又不舍得花钱请专业监理人员监督为安全和质量把关，有的房间内装修施工中任意改变原来结构及通过公安消防审查同意的意见，干完后不经过验收就立即投入使用；以便留下先天性不足的隐患。还有的业主根本不知道室内装修还要向公安消防部门和当地建设主管部门审报，只从经济利益考虑，片面强调企业的自主经营权。

3）设计存在的问题

由几个人组成一个设计单位，专业不配套也无设计资质，更无出图章且设计变更很多。当前一些室内装修设计单位为了经济利益，盲目迎合业主方的要求，设计人员安全意识淡薄，缺乏消防和结构的安全常识，只考虑外在的美观效果，忽视结构和消防要求的重要性，改变主体结构或随便加层使荷载大增，而不是根据原设计对结构的审核确认或请有资质的结构设计人员计算把关认可。涉及消防的改造会影响消防规定的，也不向业主方提出建议请消防部门重新审查等不规范行为严重存在。

4）施工存在的问题

主要问题是装修队伍素质普遍较低，施工人员缺乏必要的专业知识和安全意识，大胆盲目操作。在他们看来很少有墙是不能拆的，如2012年12月30日上海延安东路四川大楼的7~8层突然倒塌，就是施工不当无安全防护造成的，这样的事例并不少见。同时，装修队伍的管理也混乱，采取层层分包和转包，人员混杂，吃住在现场，且使用材料乱堆乱放、电线乱拉，任意抽烟，烟头乱丢，增加了火灾隐患。另外，为了降低费用偷工减料，擅自改变建筑材料的使用功能，如将阻燃材料改为可燃材料、用木龙骨代替轻钢龙骨等。减少工序作业，节省人工，如该刷防火涂料的不刷，要求刷三四遍的只刷一遍，极大地降低了材料本身的耐火与抗火功能。这是装修中存在的最大、最普遍也最严重的问题，给建筑物埋下先天性的火灾安全隐患。

5）监管方面存在的问题

由于绝大多数现有房屋的装修改建并未办理任何监督手续，加之多数为室内装修，隐蔽性强难以发现，建设主管或委托的质量安全监督部门是不易发现的，其监管实属极难。如未办理相关监督手续，当地街道及居委会．村镇办公室及物业公司应当有监督职责，至少容易发现并有巡查及上报的义务。

在事实上，这类装修项目监管缺少明确的可操作及权威性，也无规章及实施细则约束，以至绝对多数处于监管盲区和无人监管状态。还有对报建和报监的装修改建项目一般很小，可以说多数监管部门因人员和监督力量有限等原因，往往忽视对首次监督例会告知和中间巡查，认为工程太小不需要严格程序，也不会出现问题，只重视完工后的检验环节。一旦有严重结构安全隐患也不会发现和检查到，给使用留下安全隐患，监督也缺失和缺位普遍。

2. 装修改建问题与对策

针对房屋装修改建存在的诸多现实问题，根据实际应用提出一些建议与基本对策。

1）从源头上把关解决实际问题，规范和限制建设业主方的不规范行为

这是遏制和减少事故的关键，也是最有效的措施。事实上，国家及各级地方政府在许多法律法规中都有明确规定，如《建筑法》、《建设工程质量管理条例》和《建筑工程安全条例》等，都对建设业主方的不规范行为有约束条款，如业主一定要拆除承重墙需承担法律责任。对违法者要承担民事责任，而业主则可依法向法院提起民事诉讼。再如属损坏房屋承重结构的，由当地行政主管部门责令立即整改，恢复原状并处以一定数额的罚款，关键是要从源头上严肃执法力度。

2）要更进一步加强监管力度，尤其是形成各种执法合力

当前，虽然有相关法律法规规定了相关管理部门的职责，但由于涉及房管、建设、规划、消防及当地政府多部门的职责和利益，又缺少具体、可操作的实施细则，存在较大的监管困境，尤其是无任何证件的项目监管定位问题。为避免部门之间相互推诿，应当由当地政府成立的综合治理部门专门监管，并制定监管实施细则，达到真正的监管目的。

3）相关部门应进一步简化装修项目的报建监管手续和竣工备案

针对房屋装修改建项目多数为中小型且工期比较短的实际，减少不必要和不重要的手续环节。如涉及结构安全和消防安全的手续的确不能简化和放松外，而像办理垃圾土外运需一周左右时间也略长，事实上一般房屋的装修改建时间往往两三个月就完成了，相关职能部门确实应以企业和为民办实事出发，简化办理流程、缩短时间。

4）加强房屋工程装修改建相关知识的宣传介绍工作

相关管理部门应当加大对装修工程一些基本知识的宣传教育，尤其是涉及结构安全和消防安全的基础知识及既有房屋装修需要办理手续的内容等。如损坏建筑承重结构是违法行为，违反安全使用后果严重。公安消防监督机构可以在专门的场所，如建材装修市场、劳务市场、建材商店及施工现场，利用宣传栏、板报、广播资料形式，开展装修防火安全知识宣传，有毒、有害材料的识别方法宣传，使其造成声势，提高防火及防危害意识，从而减少防火及其危害风险。

5）清理整顿装修行业队伍，加强对施工企业的审校和对从业人员的培训上岗

从事专门装修的专业施工企业要主动到当地监督机构登记备案，接受审核。凡是未取得室内装修资质证书、营业执照、消防许可证、上岗作业证的单位及个人，不得进行室内装修设计、施工活动，从严整治管理。

6）加强对装修改建工程的日常监管力度，并不定期进行监督抽查活动

严格执法监管，加大力气整治装修项目的建筑市场混乱现象。从技术指导和服务力度入手，杜绝和减少违规现象的发展。当地政府应出台一些装修管理实施条例，限制和规范其行为。进一步加强监管促进规范化，把监管重心从程序监管转变为程序·过程与行为并重的监管模式，形成闭合监管回路。加强限额项目的专项监管，还要健全限额以下小型装修改建的质量安全巡查管理，切实落实监管责任主体。还要加强城乡结合部、

城中村的建设执法力度，有效防止和避免发生质量和安全事故，把人身及财产安全放在首位。

7）房屋管理部门和监管部门应加强与相关部门的协作配合

首先，应加强与区镇及监管部门的工作配合，街道及住宅小区装修改建面广量大且情况复杂，仅靠房管部门及监管机构的力量是很难保证所有项目的施工处于受控之中，难免有私自开工及漏办相关手续的违规行为。街道及住宅小区有居委会实行管理，要发挥他们的知情和管理更细的作用，负责巡视中发现并反映的优势。同时，还要加强与平行部门的协调配合，由于项目从申报到审批是一个比较复杂时间也长的过程，离不开各个涉及部门的配合。还必须保持与上级主管部门的联系沟通，及时掌握了解政策和要求的信息。

8）充分利用社会民间的力量，发挥市民服务热线的作用，形成全社会齐抓共管的监督氛围

事实上，各个地区都对住宅物业管理有专门规范和规定，在业主装修改建房屋期间，物业公司应派出人员至现场巡查，如发现装修中出现违反国家或本市有关规定的，应当劝阻或制止，如劝阻或制止无效时，应在当天内报告有关部门及业委会。现在通信十分便利，如果居民发现周边房屋有私自拆除承重结构等违规行为的，电话反映更快、更便捷，直接向上级有关部门反映可得到及时的纠正和处理，效果更快、更明显。

随着生活水平的提高，改善居住条件是每个人都期望的。但装修改建工作必须在法制的范围内进行，也需要在可控制的环境下施工。目的是盲目施工可能给安全和质量造成危害，产生不安全隐患。应形成全社会重视的氛围，将不规范行为扼杀在萌芽之中，共同确保既有房屋装修改建的质量和安全。

十二、砌体裂缝产生及其防治方法

砌体属于脆性材料，裂缝的存在降低了墙体的整体质量，如整体性降低、耐久性和抗震性能变弱，同时墙体裂缝给居住

者在观感上和心理上造成不安全影响。

1. 裂缝产生的原因

引起砌体结构墙体裂缝的因素很多，既有地基、温度、干缩，也有设计上的疏忽、施工质量、材料不合格及缺乏过程控制经验等。根据工程实践和统计资料分外，这类裂缝几乎占全部可见裂缝的 80% 以上。而最为常见的裂缝有两大类：一是温度裂缝；二是干燥收缩裂缝，简称干缩裂缝，以及由温度和干缩共同作用产生的裂缝。

1）温度裂缝

由于环境温度的变化引起材料的热胀冷缩，当约束条件下温度变形引起的温度应力足够大时，墙体就会产生温度裂缝。最常见的裂缝是在现浇混凝土平屋盖顶层两端的墙体上，如在门窗洞边的八字形裂缝、平屋顶下或屋顶圈梁下沿砖（块）灰缝的水平裂缝，以及水平包角裂缝（包括女儿墙）和垂直裂缝等。

（1）八字形裂缝

当外界温度上升时，外纵墙本身沿长度方向将有所伸长，但屋盖部分的伸长量比墙体的伸长量大得多，从而导致墙体产生裂缝；

（2）水平裂缝和包角裂缝

平屋顶的房屋，有时在屋面板部或顶层圈梁附近出现沿外墙的纵向水平裂缝和包角裂缝。这是由于屋面伸长或缩短引起的向外或向内的推力产生的；

（3）女儿墙裂缝

由于屋面板和水泥砂浆面层产生较大温度变形，使女儿墙根部受到向外或向内的巨大水平推力，进而引起女儿墙根部与平屋面交接处砌体外凸或女儿墙外倾所产生的裂缝；

（4）垂直裂缝

当房屋的楼（屋）为现浇钢筋混凝土结构时，由于收缩和降温引起的楼（屋）面缩短受到了墙体的限制，使楼（屋）面构件处于受拉状态。如果房屋过长，或设计时按采暖考虑而实际上未采暖，则可能在楼（屋）面上每隔一定距离发生贯通全宽的裂缝，在四个角发生八字形裂缝。当房屋有错层时，错层处地墙体容易产生局部的垂直裂缝。

2）干缩裂缝

烧结空心砖，包括其他材料的烧结制品，其干缩变形很小且变形完成比较快。只要不使用新出窑的砖，一般不要考虑砌体本身的干缩变形引起的附加应力。但对这类砌体在潮湿情况下会产生较大的湿胀，而且这种湿胀是不可逆的变形。对于砌块、灰砂砖、粉煤灰砖等砌体，随着含水量的降低，材料会产生较大的干缩变形。但是干缩后的材料受湿后仍会发生膨胀，脱水后材料会再次发生干缩变形，但其干缩率有所减小，约为第一次的80%。这类干缩变形引起的裂缝在建筑上分布广、数量多，裂缝的程度也比较严重。

3）温度、干缩及其他裂缝

烧结类块材的砌体最常见的为温度裂缝；而对非烧结类块体，如砌块、灰砂砖、粉煤灰砖等砌体，也同时存在温度和干缩共同作用下的裂缝，其在建筑物墙体上的分布一般可为这两种裂缝的组合，或因具体条件不同而呈现出不同的裂缝现象，裂缝的后果往往较单一因素更严重。另外，设计上的疏忽、无针对性防裂措施、材料质量不合格、施工质量差、违反设计施工规程、砌体强度达不到设计要求及缺乏经验，也是墙体裂缝的重要原因之一。如对混凝土砌块、灰砂砖等新型墙体材料，没有针对材料的特殊性采用适合的砌筑砂浆、注芯或空心材料和相应的构造措施，仍沿用空心黏土砖使用的砂浆和相应的抗裂措施，必然造成墙体出现较严重的裂缝。

2. 砌体裂缝的控制措施

长期以来，专业人员一直在寻求控制砌体结构裂缝的实用方法，并根据裂缝的性质及影响因素，有针对性地提出一些预防和控制裂缝的措施。从防止裂缝的概念上，形象地引导出

"防""放""抗"相结合的构想，这些构想、措施有的已运用到工程实践中，一些措施也引入到现行的砌体规范中，也收到了一定的效果。但总的来说，我国砌体结构裂缝仍较严重，究其原因有以下几种。

1）设计师重视强度设计而忽略抗裂构造措施

20世纪前的公有制住房，人们对砌体结构的各种裂缝习以为常，设计者一般认为多层砌体房屋比较简单，在强度方面作必要的计算后，针对构造措施绝大部分引用国家标准或标准图集，很少单独提出有关防裂要求和措施，更没有对这些措施的可行性进行调查或总结。因为裂缝的危险仅为潜在的，尚无结构安全问题，不涉及责任问题。

2）防治温度裂缝的措施

（1）屋面设置保温层，减小温度变形；屋盖施工尽量做好保温层；

（2）屋面、挑檐可采取分块预制，或留置伸缩缝，或在屋面与砖墙间设置滑动面，以减少屋面伸缩对墙体的影响；

（3）对房屋较长、平面形状较复杂、构造和刚度不同的房屋，可每隔一定的距离将屋盖、楼盖、墙体或其他有关构件断开，形成若干较小的单元，每个单元因温度变形和收缩产生的拉力大大减小，从而防止裂缝的出现；

（4）提高砂浆强度，保证砌筑质量，在易开裂处设置水平钢筋承受拉力

3）砌体干缩变形引起的墙体开裂宜采取的措施

（1）在屋盖的适当部位设置控制缝，控制缝的间距不大于30m；

（2）当采用现浇混凝土挑檐的长度大于12m时，宜设置分隔缝，分隔缝的宽度不应小于20mm，缝内用弹性油膏嵌缝；

（3）建筑物温度伸缩缝的间距除应满足现行《砌体结构设计规范》GB 503—2011 的规定外，宜在建筑物墙体的适当部位设置控制缝，控制缝的间距不宜大于30m。

4）防止主要由墙体材料的干缩引起的裂缝可采用的措施

（1）在墙的高度、厚度、不大于离相交墙或转角墙允许接缝距离之半突然变化处及门、窗洞口的一侧或两侧设置竖向控制缝；

（2）竖向控制缝，对 3 层以下的房屋，应沿房屋墙体的全高设置；对大于 3 层的房屋，可仅在建筑物一二层和顶层墙体的上述位置设置；

（3）控制缝在楼、屋盖处可不贯通，但在该部位宜做成假缝，以控制可预料的裂缝；

（4）控制缝作成隐式，与墙体的灰缝相一致，控制缝的宽度不大于 12mm，控制缝内应用弹性密封材料，如聚硫化物、聚氨酯或硅树脂等填缝；

（5）控制缝的间距，一是对有规则洞口外墙不大于 6mm；二是对无洞口墙体不大于 8m 及墙高的 3 倍；三是在转角部位，控制缝至墙转角的距离不大于 4.5m。

结构布置形式、建筑物平面、外形等，综合采用上述抗裂措施，可以有效控制砌体墙体的裂缝。

十三、砖混结构墙体砌筑中的留槎

砌筑施工过程中，砌筑人员随意留槎的现象很普遍也严重，常常表现为留设直槎、马牙阴槎现象。由于接槎塞砌的砂浆不饱满、灰缝不均匀、接槎灰缝不顺直、锚拉钢筋放置长度不够等多种原因，经常出现一些因砌体接槎、搭接处质量不好造成的墙体裂缝，或者是在使用环境因素作用下被扩大的裂缝问题，致使接槎处的砌体质量得不到有效保证。

1. 砌筑中留槎处置不当的原因分析

（1）砌筑工人长期不按照规范规定操作施工，习惯于错误的留槎操作方法，图方便、省事，技术人员未进行砌筑质量交底要求。

（2）施工管理人员对正确留槎的规范要求重视不够，认为不会对结构安全造成影响，管理过程没有严格检查并提出要求。

（3）混淆 L 形转角，T 形、十字形连接处有构造柱和没有构造柱处理的区别。

（4）管理人员不能正确处理进度和质量的关系，或者是没有合理安排、规定正确的接槎处理方法。

（5）施工安排不当，不能同时纵、横墙砌筑。砌体施工留斜槎操作工作量大，操作不方便。

以上操作和管理的原因，是留槎处置不当造成砌筑砌体质量，长期得不到有效解决的主要通病。

2. 解决问题的方法及对策

（1）必须加强对操作工人的工艺、工法知识的学习，强化规范、标准的教育培训，培养操作人的执业能力。操作工人的技能学习应由地方政府劳务输出培训部门负责，或者由劳务资质企业委托培训，劳动行政主管部门或建设行政主管部门颁发操作者从业资格证书；由用人劳务资质企业负责对工人规范标准的培训和项目施工技术质量的管理，从源头上抓住质量意识和知识培训关。

（2）劳务承包方（劳务资质企业）必须根据施工项目总承包管理者的要求，按照《施工组织设计》或《项目管理规划》规定，编制班组向操作工人的技术交底、作业指导书，让工人明白规范标准要求和工艺、工法、标准。

（3）在施工过程中，加强过程监督管理，记录施工部位，并认真组织班组内部自检和操作人之间的互检，实行用质量评定工程量完成情况，与工资收益挂钩，强制性推行质量控制收益的原则，革除操作陋习，强化留槎部位的监督、处理。

（4）总承包施工管理人员必须加强对班组的技术交底，正确处理进度与质量的关系，合理安排施工工艺和工法，保证合理的持续进展；必须结合计划安排，有目的地解决不同阶段施工过程"质量通病"的防治。

（5）经常组织开展群众性技术"比武"或"比赛"活动，

组织工法质量管理现场会，针对留槎施工中存在的现象，结合操作实践，正确解读留槎处置方法，指出不合理留槎施工存在的问题，并结合以往工程出现的质量问题教训，讲解因果关系，帮助提高对接槎质量的认识，并适时地按照规范、标准规定，强制性地推行留斜槎施工。

（6）对于因客观条件限制留斜槎却有困难的，可以按照管理程序，经技术负责人同意，制定保证质量措施后，留直（阳）槎施工，决不能因怕麻烦、图省事，没有原则地将留斜槎改为留直（阳）槎，并保证按照规定加设锚拉钢筋。不论任何种情况，都不准留阴槎。

（7）由于留直（阳）槎的后续施工是塞填砌筑，为保证连接处砌体施工质量，必须保证：

①阳直槎的皮数杆控制应与后砌墙体的皮数杆控制必须建立在同一控制"50"线上，避免出现后砌砌体施工后出现的水平灰缝不平整，导致搭接不好，局部集中应力造成的破坏，搭接长度不够在极限使用状态下的破坏。

②后塞砌筑施工时，要把接槎处的浮浆处理干净，用水湿润；砌筑施工时，要按照已设皮数杆的要求，保证砂浆饱满，嵌砖平实；保证灰缝均匀、密实。

③保证按照规范要求，合理放置拉结钢筋，并保证钢筋的数量、直径、长度满足设计规定。

（8）必要时与设计人员联系，在满足《建筑抗震设计规范》要求的前提下，根据设计抗震烈度等级要求，通过增设构造柱的方法进行处理。

综上可知，由于砌块的接槎质量问题涉及结构纵、横墙间的拉结连系整体，涉及砌体的组砌质量，不按规范允许留槎，必然导致砌体结构的整体质量受到严重削弱，给工程的安全正常使用功能造成隐患。解决此类问题与其他建筑质量问题一样，都必须在认真分析造成原因的基础上进行综合的方法处理，不能够"头痛医头，脚痛医脚"；否则，就不能彻底处理砌体质量问题。

十四、房屋砌体裂缝成因与防治措施

建筑房屋工程砖砌体常见裂缝的原因比较复杂，以下提出一些处理及预防的方法措施。研究与工程实践表明，裂缝的存在是材料本身固有的物理特性，任何结构物的裂缝都是不可避免的，房屋建筑工程更是如此。在房屋建筑工程中，经常会遇到一些砌体及结构构件出现裂缝的质量缺陷。因此，对裂缝进行分析，探究其产生的原因，如何采取防范措施、如何进行修复是很重要的。

1. 设计方面

1）设计师重视强度设计而忽略抗裂构造措施

长期以来，人们对砌体结构的各种裂缝习以为常，设计者一般在强度方面作必要的计算后，针对构造措施绝大部分引用国家标准或标准图集，很少单独提出有关防裂要求的具体措施，更没有对这些措施的可行性进行调查或总结。

2）设计师对新材料如砌块的性能应用不熟悉

设计单位对新材料砌块的性能和新标准的应用尚在认识探索之中，因此或多或少地存在设计缺陷。主要有：

（1）非承重混凝土砌块墙是后砌填充围护结构。当墙体的尺寸与砌块规格不配时，难以用砌块完全填满，造成砌体与混凝土框架结构的梁板柱连接部位孔隙过大容易开裂；

（2）门窗洞及预留洞边等部位是应力集中区，未采取有效的拉结加强措施时，会由于撞击振动而开裂；

（3）墙厚过小及砌筑砂浆强度过低，使墙体刚度不足也容易开裂；

（4）墙面开洞安装管线或吊挂重物均引起墙体变形开裂；

（5）与水接触墙面未考虑防排水及泛水和滴水等构造措施使墙体渗漏。把好构造设计关，预防新型轻质砌块墙体裂缝，必须以建筑设计为重点。设计者应根据《非承重混凝土小型砌块砌体工程技术规程》、《非承重混凝土小型砌块砌构造》及有关规范的要求，结合建筑使用功能及各种材料的特性采取有效的构造措施，方可避免墙体开裂甚至渗漏。

2. 材料质量问题

由于轻质砌块容重轻，用作非承重墙体时较黏土砖有较大优越性，但也有其缺点：一是收缩率比黏土砖大，随着含水量的降低，材料会产生较大的干缩变形，容易引起不同程度的裂缝；二是砌块受潮后出现二次收缩，干缩后的材料受潮后会发生膨胀，脱水后会再发生干缩变形，引起墙体产生裂缝；三是砌块砌体的抗拉及抗剪切强度较差，只有黏土砖的50%；四是砌块质量不稳定。由于砌块自身的缺陷，引起一些裂缝，如房屋内外纵墙中间对称分布的倒八字裂缝，建筑底部一至二层窗台边出现的斜裂缝或竖向裂缝，屋顶圈梁下出现的水平缝和水平包角裂缝，在大片墙面上出现的底部重、上部较轻的竖向裂缝等。材质质量的控制：轻质砌块质量性能指标中，对于墙体裂缝的产生影响最大的是收缩性，而相对含水率是反映收缩性的重要指标。为此，要求轻质砌块特别是轻集料混凝土小砌块必须经28天养护方可出厂，并且使用单位必须坚持产品验收，杜绝使用不合格产品。

3. 施工控制问题

施工单位缺少培训和实践，施工方法、工具、砂浆等都几乎沿用了黏土烧结砖的做法，对砌筑高度、湿度控制缺乏经验，加上施工过程中水平灰缝、竖向灰缝不饱满，减弱了墙体抗拉抗剪的能力以及工人砌筑水平的不稳定都导致墙体出现裂缝。施工防治措施：

（1）施工单位应选择当地具有准用证的合格生产商。签订合同时，要明确砌块进入施工现场时间，生产商必须保证龄期问题并承担相应责任。

（2）施工单位应对进场砌块加强检测。

（3）砌块进场后，尽快运入已放好线的施工楼层，分散堆放至砌筑位置，并应事先做好防水措施，保证主体结构养护用水，以及雨水不流入楼层。为尽量增加砌块龄期，宜在间隔一周后再进行砌筑，并且应采用电热法测定砌块含水率。当含水率低于15%时，方允许施工。

（4）针对砌块的特点，在砌筑前不应再提前浇水湿润，以避免因浇水不均匀造成砌块含水量增大。而应采取在砌筑时，铺砂浆前在砌筑面上适量浇水的做法。

（5）加强圈梁、构造柱的设置，墙长超过4m应设构造柱，墙高超过3m应设圈梁。墙长及层高较大且有门洞时，构造柱的设置应首先保证洞口两侧，以避免洞口角部收缩裂缝。当主体结构未留钢筋或位置偏差时，必须采用植筋。

（6）由于易受空气湿度影响，以及与框架结构存在变形差，宜将墙体两侧拉结筋拉通，提高抗裂能力。

（7）严格按照操作规程施工，保证砂浆强度，以及灰缝饱满（尤其是竖缝）。

（8）砌筑完成后要坚持洒水养护，以减少砂浆的干燥收缩。

4. 因承载力不足产生的裂缝

由于砖砌体是脆性材料，其抗拉强度较低，因承载力不足而产生的裂缝，很可能是结构早期破坏的特征。因此，正确认识这类裂缝的形态特征十分重要。这类裂缝产生的主要原因有：柱、窗间墙高厚比较大，中心受压和小偏心受压偏小；承载大梁的墙局部受压；轴心受拉或偏心受拉；砖挑檐的竖向剪力；墙柱的大偏心受压；砖平拱的竖向弯矩；砖过梁的弯矩和剪力共同作用。

5. 基础不均匀引起的裂缝

房屋基础不均匀沉降引起的裂缝的表现形式：

1）正八字形裂缝

建筑物中部的下沉值较大，建筑物形成正向弯曲而造成正八字形裂缝。

2）倒八字形裂缝

建筑物中部的下沉值较两端小，建筑物形成反向弯曲而造成倒八字形裂缝。

3）斜裂缝

建筑物地基局部软弱，造成局部沉降量过大而出现斜裂缝，相邻的建筑物间距过小，新建的高层建筑造成原有建筑不均匀沉降。

4）竖向裂缝

底层大窗台下的竖向裂缝，主要是因为窗间墙下基础的沉降量大于窗下基础的沉降量（因为大孔洞削弱墙体严重），使窗下墙产生反向弯曲变形而开裂。

5）水平裂缝

水平裂缝一般有两种：一是窗间墙上的水平裂缝，一般都在每处窗间墙的上、下两对角处成对出现，沉降量大的一边裂缝在下，沉降量小的一边裂缝在上；二是水平裂缝发生在地基局部塌陷处，这种裂缝较少见。

6. 温度变化引发的砌体裂缝

1）温度裂缝形成的机理简析

外界温度变化使组成房屋建筑的结构构件产生胀缩变形，当这种变形受到其他构件的约束时，就会在构件内部或相互约束的不同材料构件之间产生应力（主要为拉应力和剪应力）。当应力超过构件材料的强度极限时，就产生了温度裂缝。

在使用两种不同材料的屋面板与墙体之间，线膨胀系数 α 差异较大，通常混凝土屋面板的线膨胀系数 $\alpha_1 = 10 \times 10^{-6}$，砌体的线膨胀系数 $\alpha_2 = 5 \times 10^{-6}$。当两者以相同的温差升降时，由于线胀系数不同，在接触面上将产生相对位移，而此位移受到限制则产生剪应力。由于屋面受到阳光的直射，通常屋面板的温度高总是大于墙体的温度变化，使得这种剪应力更大。当膨胀产生的应力大于砌体的抗拉强度 $t_{max} > f_{tk}$ 时，墙体就产生斜向温度裂缝。当温度应力超过墙体的抗剪强度 $t_{max} > f_v$ 时，墙体就产生水平温度裂缝。由于应力集中的原因，就在门窗洞口四角产生竖向及斜向裂缝。而楼板的斜裂缝主要由于纵横双向框架梁受热膨胀产生推力作用于端角楼板上，超过混凝土的抗拉能力，产生了斜裂缝。

2）房屋建筑工程出现温度裂缝的修复

发现温度裂缝时不要急于修复，应观察到裂缝稳定后根据具体情况采取措施，若发现屋面保温层未达到热工要求和标准时，首先应重新改做屋面保温隔热层，以防止裂缝继续活动。鉴定裂缝的稳定方法是在裂缝内嵌抹水泥浆或贴玻璃纸，经过一段时间的观察判断确定。对裂缝的处理需从建筑的美观、强度、耐久性、使用功能等方面，并充分考虑到裂缝形成的机理，从根本上加以治理。

处理的办法一般为：

（1）裂缝细小，对房屋正常使用影响不大，可暂不处理；

（2）裂缝虽细小，但已造成墙面、屋面、楼面的渗水，或对钢筋混凝土内的钢筋保护的需要，可采用嵌补密封或压力灌浆进行处理；

（3）裂缝较大、较多又贯穿墙体，不仅影响美观和正常使用，还对房屋的刚度和抗震性能有较大的影响。这种情况下，可在裂缝墙体两侧用或 $\phi6@500$ 钢筋网片，并用 $\phi6@500$ 的钢筋穿墙将两钢筋网片拉紧固定后，外抹水泥砂浆或喷射混凝土以补强加固。

7. 砌体材料本身产生的裂缝

如混凝土小型空心砌块、粉煤灰砖等的砌体，前者致裂的主要原因是竖缝砂浆难以饱满，特殊的构造要求未能跟上。后者一般由于其本身对温差敏感、表面光滑等特殊性，虽然外观、尺寸指标均较好，但在实际使用中对严格的《灰砂砖砌体施工规程》不熟悉，缺少使用经验，导致除存在烧结普通砖常见裂缝外，还常见在较长墙段中及外墙窗台下的竖斜裂缝。其机理可以认为：

（1）刚出厂的粉煤灰砖稳定性差。由细砂和粉煤灰组成，蒸压养护后，一般不到一周即已出厂，但根据生产经验在出厂的一月内其释放的热量较大，存在着反复的化学反应过程，而且实际上一时难以完全反应，因此，体积极不稳定。

（2）对含水率有苛刻的要求。据有关试验资料和使用经验表明，含水率控制在7%～10%之间砌体可获得较好的粘结力和抗剪强度，否则影响明显。

（3）砖体表面太光滑，粘结性能差，特别是当含水率不当，致使砌体砂浆强度低劣、粘结不良后，直接地导致了在缝间抗拉剪强度低下。

预防的主要方法：

①确保使用前的稳定期；

②严格控制含水率；

③严格按操作规程和构造要求施工；

④改善砖面造型。如能切实落实这四类措施，在目前大力推广使用墙改材料的今天，粉煤灰及灰砂砖等砌块还是有广泛的生产和应用潜力。

8. 其他裂缝

这些裂缝包括：混凝土构件变形导致的砌体裂缝，如当挑梁上填充墙、梁相继同步施工致使挠度过大，其上砌体产生内低外高斜裂及与外纵墙之间的竖缝等；砌体本身承载力不足，如砖柱承载不足时在下部1/3高度处出现的竖缝；砌体构造要求不良，如施工洞留置和拉结筋放置不当造成的洞边缝；施工质量差造成的缝，如砌体通缝、灰缝砂浆不饱满、含水率掌握不当、脚手眼设置不当、组砌不当等。这些裂缝形态各异，必须对症防治。轻质砌块质量性能指标中，对于墙体裂缝产生影响最大的是收缩性，而相对含水率是反映收缩性的重要指标。为此，要求轻质砌块，特别是轻集料混凝土小砌块必须经28天养护方可出厂，且使用单位必须坚持产品验收，杜绝不合格产品进入现场。

综上分析，房屋建筑工程中的温度裂缝问题，尤其是各种轻质砌块墙体开裂的原因较多，只有严格执行有关砌体规范，必须从设计、施工、生产、使用等各个阶段全面综合的分析，以便有针对性地采取预防和有效的控制措施，针对砌体开裂精心按程序施工，才能消除新型砌块墙体开裂的质量通病。只要有足够的重视、方法得当，温度裂缝的发生的几率、严重性、造成的影响和损失均能降低到理想的水平。

治理的原则：凡已涉及结构安全且变化剧烈的，应当机立断，迅速采取相应对策，排除根源，加固补强或作拆除返工处理；反之，如变化趋缓、稳定，仅外观不影响使用功能，则重点应放在表面的裂缝处理上。

第二节　施工质量及管理控制

一、房屋建筑常见裂缝的产生和预防

房屋建筑无论是工业还是民用工程，在投入使用后墙体裂缝较为常见，几乎成了一种建筑通病，给工程质量留下隐患。虽然工程设计方面也很重视这类问题，但仍然不能根除。在多年的工程实践中，此类现象也较多出现，在处理过程中总结了一些经验供借鉴。

1. 地基不均匀沉降引起的墙体裂缝

1）现象

（1）斜裂缝一般发生在纵墙的两端，大部分裂缝通过窗口的两个对角，裂缝向沉降较大的方向倾斜，并由此向上发展。横墙刚度较大，很少出现这类裂缝。裂缝多在墙体下部，向上逐渐减少，裂缝宽度下大上小。

（2）窗间墙水平裂缝。一般在窗间墙的上下对角成对出现。沉降大的裂缝在下，沉降小的裂缝在上。

（3）竖向裂缝发生在纵墙中央的顶部和底层窗台处，裂缝上宽下窄。当纵墙顶层有钢筋混凝土圈梁时，顶层中央竖直裂

缝较少。

2）原因分析

（1）斜裂缝主要发生在软土地基上的房屋，由于地基不均匀沉降，使墙体承受较大的剪切力，当结构刚度较差、施工质量和材料强度不能满足要求时，则导致墙体开裂。

（2）窗间墙水平裂缝是由于沉降、上部墙体等受到阻力，使窗间墙受到较大的水平剪力，而发生上下部位的水平裂缝。

（3）房屋底层窗台下竖直裂缝，是由于窗间墙承受荷载后，窗台起着反作用。当上部集中荷载较大时，窗间墙因反力作用变形过大而开裂。

3）预防措施

（1）加强地基探槽工作

对于较复杂的地基，在基槽开挖后应进行较全面的钎探，待探出软弱部位加固处理后再施工。

（2）合理设置沉降缝

若房屋层数差异较大、长度过长、平面形状较为复杂、同一建筑物地基处理方法不同和有部分地下室的建筑物，都应从基础开始，将基础断开成若干部分，使其自由沉降，以防止裂缝产生，沉降缝应按规范要求宽度设置。在沉降缝处圈梁不应连在一起，同时防止砖、砂浆等较大的杂物落入缝内，以防房屋不能自由沉降而发生拉裂。

（3）加强上部结构的刚度，提高墙体抗剪强度

一般房屋上部刚度较大，可适当抵消地基的不均匀沉降。故应在基础顶面（±0.000）处及各楼面门窗口上部设置圈梁，减少建筑物端部门窗数量。实际施工操作中，严格执行规范要求，如砖浇水浸润、提高砂浆饱满度、改善砂浆的和易性、施工临时间断处留置斜槎、适当放置拉结筋等。

（4）窗台部位考虑设钢筋混凝土梁或反砖过梁，以防止反梁作用的变形而产生垂直裂缝该部位尽量少用半砖，采取配通长钢筋效果较好。

2. 温度变化引起的墙体裂缝

1）现象

（1）八字形裂缝

出现在顶层纵墙的两端，有时横墙上也可能发生。裂缝宽度一般中间大，两端小。当外纵墙两端有窗时，裂缝沿窗口对角方向裂开。

（2）水平裂缝

一般发生在平屋顶屋檐下或顶层圈梁二三皮砖的灰缝位置。裂缝一般沿外墙顶部断续分布，两端较中间严重。在转角处，纵、横墙水平裂缝相交而形成包角裂缝。

（3）外墙水平裂缝

外墙与顶层（圈）梁接头处形成水平裂缝。

2）原因分析

（1）八字形裂缝一般发生在平屋顶房屋顶层纵墙面上，这种裂缝的产生，往往是夏季屋顶圈梁、挑檐混凝土浇筑后，保温层未施工前，由于混凝土和砖砌体两种材料线膨胀系数不同，在较大温差下纵墙因不能自由伸缩而在两端产生八字形裂缝。

（2）檐口下水平裂缝、外墙水平裂缝、包角裂缝、较长的多层房屋楼梯间处休息平台与楼板接头部位发生的竖直裂缝，产生的原因与上述原因相类似。

3）预防措施

（1）合理安排屋面保温层施工。由于屋面结构层施工完毕至做好保护层，其间有一段时间间隔，因而屋面施工应尽量避开高温时期；

（2）按规定留置伸缩缝，以减少温度变化对墙体产生的影响；

（3）在顶层圈梁每一开间处设钢筋混凝土构造立柱，外墙顶浇筑钢筋混凝土压顶。

3. 大梁处的墙体裂缝的预防

1）有大梁（或屋架）集中荷载作用的窗间墙，必须有一定的保证宽度。

2）梁下应设置足够面积的现浇混凝土梁垫，当大梁（或屋架）荷载较大时，墙体尚应考虑横向配筋。

3）对宽度较小的窗间墙，施工中应避免留脚手架洞。

4. 现浇楼板板角裂缝

1）现象

（1）裂缝出现在建筑物的阳角部位，裂缝与纵、横框架梁成45°角。

（2）多为上下贯通的裂缝。

（3）多出现在除屋面、首层地面（无地下室）以外的各个楼层。

（4）裂缝多出现在竣工验收后几个月至一年左右的空置（或使用频率不高）的房间。

2）原因分析

正常使用的教学楼几乎不会发生上述现象，主要是试验楼、综合楼等使用频率不高的房间会发生。这部分用房门窗长期紧闭，其中相对湿度在70%~80%左右，而且板角裂缝都是在竣工验收后半年到一年左右的时间内发生。这些建筑物内相对湿度过低，混凝土长期处于干燥的环境中，而引起的混凝土收缩开裂是板角裂缝产生的主要原因。裸露在空气中的混凝土处于收缩状态，此种状态自其浇筑完成后可持续两年左右。在正常的湿度环境中，混凝土收缩所产生的裂缝十分微小，而且这些裂缝随湿度变化处于产生、愈合的反复过程，因而裂缝不会进一步扩展。但当混凝土所处的环境相对湿度低于80%时，混凝土内部的自由水蒸发加快，从而加剧混凝土的收缩。若这一过程持续时间过长，微裂缝就会进一步扩展，进而形成通缝。

3）预防措施

（1）在阳角部位的混凝土板中，设置抗收缩的构造钢筋，宜采用双层、双向小直径钢筋。

（2）采用收缩量小、水灰比较小的混凝土或用微膨胀混凝土等。

（3）在混凝土浇筑完成后两年内，保持空置房间内的相对湿度与室外相对湿度基本一致，并不低于85%。这一方法可采取经常开窗通风得以实现，有条件的地方定期洒水，增加湿度则效果也好。

5. 预制楼板板端及沿板缝裂缝

1）现象

（1）预制板支承在梁上，板端在梁上沿梁长方向出现裂缝，裂缝宽度可达2~3mm。

（2）预制板与板之间沿板缝通长裂缝，板缝一般下部裂上部楼面不裂，有时上下贯穿裂缝。

2）原因分析

（1）板端支承在梁上，沿梁长方向裂缝，主要是板端与支座结合不严密，产生松动所致。

（2）预制板间的沿缝裂缝，主要是板缝混凝土未达到强度，就在板面上加荷载所致。有时，施工人员图省事，板安装就位后就灌缝，缝内垃圾、杂物未清扫干净，造成缝内混凝土不密实，与板粘结差。当受到荷载振动后强度未达到的混凝土被振裂。另外，板间缝隙较小，浇筑混凝土不密实，加荷后更易造成裂缝。

（3）由于板缝较小，浇筑混凝土板缝时为便于灌浆，一般将混凝土水灰比加大，极易产生干缩裂缝，加之养护不及时，加剧干缩，易造成板缝开裂。

3）预防措施

（1）在垂直于梁方向的预制板顺板缝内加构造钢筋，在板面搁置钢筋，然后再用细石混凝土或水泥砂浆找平，这样既满足抗震构造要求，又能增强板与板之间的整体性。

（2）宜采用梁模板支好后铺装预制板，板头预留一定宽度，连梁带板头混凝土一次浇筑完成,使其形成整体性,对板端有一定的嵌固力,楼板松动亦不会出现裂缝。

(3)预制板板缝的灌浆时间,应确保板缝混凝土强度的增长。只有板缝的混凝土强度达到设计强度的70%以上方能加荷。也可采用隔层灌浆,即上层施工后再浇灌下层板缝混凝土。

(4)预制板铺装时,板底缝尽量不小于30mm。

(5)预制板作为运输通道时,应铺一层板,板底采用支撑措施。同时,应注意板车、堆放材料不得超载,以防造成板端、板间裂缝。

(6)灌缝时应清扫垃圾、杂物并冲洗干净,充分湿润、振捣密实、加强养护,避免产生干缩裂缝等。

当然,引起裂缝的原因多种多样,出现的现象也是各不相同,预防措施还是应根据实际状况进行。随着新工艺、新材料的出现,也会有更多的处理方法,总之以使砌体结构达到安全使用为目的。

二、住宅工程质量通病及防治措施

对于建筑工程的要求,多年以来一直是"百年大计,质量为本",这是每个建筑施工企业都应当具备的企业精神。施工过程中,每一个环节都是紧密相连、环环相扣的。任何一个细微的环节处理不好,都可能会影响建筑物的整体质量。但在施工过程中,有些质量问题经常反复地出现,以下就当前一些工程质量通病及防治的措施探讨如下。

1. 钢筋混凝土现浇楼板裂缝

现浇楼板裂缝易产生贯通性裂缝或上表面裂缝;现浇板外角部位易产生斜裂缝;现浇板沿预埋管线易产生裂缝。

治理措施:

(1)住宅的建筑平面易规则,避免平面形状突变。当平面有凹口时,凹口周边的楼板配筋应适当加强。当楼板平面形状不规则时宜设置梁,使其成为较规则的平面。在未设置梁的板的边缘部位设置暗梁，提高该部位的配筋率，严格控制骨料含泥量和砂的粒径，不得采用细砂、特细砂和含泥量超标的骨料拌制混凝土，提高混凝土的抗裂性能；

（2）应加大现浇板的刚度：现浇楼（屋）面板设计厚度不宜小于120mm，厨房、厕浴等不宜小于100mm；

（3）现浇板配筋设计宜采用热轧带肋钢筋细且密的配筋方案。受力钢筋间距不宜大于150mm，板角处上部受力钢筋间距不宜大于100mm，分布筋间距不宜大于200mm；

（4）楼板内敷设电线管宜避免交叉，必须交叉时宜采用接线盒形式。严禁三层及三层以上管线交错叠放。必要时，宜在管线处增设钢丝网等加强措施；

（5）在订购混凝土时，应根据工程的不同部位和环境提出对混凝土性能的明确技术要求。楼（屋）面板混凝土浇筑后，应及时采取有效的养护措施，保证混凝土处于潮湿和相对密闭状态；

（6）模板支撑系统必须经过计算，除满足强度要求外，还应有足够的刚度和稳定性。混凝土强度达到 $1.2N/mm^2$ 前，不得在其上踩踏、堆载或安装模板及支架。施工中应采取措施，避免堆放材料超过模板设计荷载和施工荷载对楼面板产生较大的撞击作用，应避免过早拆除模板。

2. 填充墙体裂缝

不同基体材料交接部位易产生裂缝；填充墙临时施工洞口周边易产生裂缝；填充墙内暗敷线管处易产生裂缝。

主要治理措施：

（1）砌筑时，蒸压（养）砖、混凝土小型砌块、蒸压加气混凝土砌块类的墙体材料至少养护28d后方可用于砌筑。严格控制砌块的含水率和融水深度。放置在现场的墙体材料应采取可靠的防潮、防雨淋措施；

（2）填充墙砌体应分次砌筑，每次砌筑高度不应超过1.5m。应待前次砌筑砂浆终凝后，再继续砌筑；日砌筑高度不宜大于 2.8m。灰缝砂浆应饱满密实，嵌缝应嵌成凹缝，严禁使用落地砂浆和隔日砂浆嵌缝。填充墙砌体顶部应预留空隙，再将其补砌顶紧。墙高小于 3m 时，应待砌体砌筑完毕至少间隔 5d 后补砌；墙高大于 3m 时，应待砌体砌筑完毕至少间隔 7d 后补砌；

（3）非承重墙体与混凝土交接处灰缝砂浆要饱满、密实，钢筋网片设置要到位；

（4）消火箱、配电箱、水表箱、开关箱等预留洞上的过梁，应在其线管穿越的位置预留孔槽，不得事后剔凿，其背面的抹灰层应满挂钢丝网片。

3. 墙面抹灰裂缝

抹灰墙面容易出现空鼓、裂缝。

主要防治措施：

（1）应严格控制抹灰砂浆配合比，宜用过筛中砂（含泥量 <3%），保证砂浆有良好的和易性和保水性；

（2）对混凝土、填充墙砌体基层抹灰时，应先清理基层，然后做甩浆结合层，掺加界面剂与水泥浆拌合，喷涂后抹底灰；

（3）填充墙与梁、柱交接处应按要求挂防裂金属网。金属网与各类基层搭接宽度不应小于 100mm；

（4）抹灰厚度大于或等于 30mm 时应采取挂网等防裂、防空鼓的加强措施，并分层抹灰，每层厚度为 10mm。

（5）混凝土结构及砌体结构在抹灰前，应进行充分的淋水湿润。墙体抹灰完成后，应及时喷水养护。

4. 外墙开裂、渗漏

主要治理措施：

（1）填充墙与梁、柱交接不同材料处应按要求挂防裂金属网。金属网与各类基层搭接宽度不应小于 100mm；

（2）抹灰厚度大于或等于 35mm 时，应采取挂网等防裂、防空鼓的加强措施；

（3）架眼、支模孔的嵌堵应按设计要求进行施工，设计无要求时应铺灰砌砖，用 1:3 干硬性水泥砂浆将砖其余三面分层嵌严，或者用细石混凝土分层捣实；

（4）混凝土结构在抹灰施工前应凿毛或甩浆对界面进行处理；

（5）混凝土结构及砌体结构在抹灰前应充分淋水湿润，抹灰后对表面也应进行养护。

5. 屋面渗漏

屋面细部处理不规范，易产生漏水、渗水。

主要治理措施：

（1）屋面防水必须有相应资质的专业防水施工队伍施工，施工前应进行图纸会审，编制防水工程的施工方案或技术措施，掌握细部构造及有关技术要求并进行技术交底；

（2）不得擅自改变屋面防水材料和防水等级，确需要变更的应经原审图机构审核批准，图纸设计中应明确节点细部构造做法；

（3）防水材料进场后，应经抽检合格后方可开始施工；

（4）屋面防水工程施工完毕，应进行蓄水检验，蓄水时间不少于 24h，蓄水最浅处不少于 300mm；坡屋面应做淋水试验，淋水时间不少于 2h；

（5）卷材防水屋面工程基层与突出屋面结构（女儿墙、山墙、天窗壁、管道、变形缝、烟囱等）的交接处和基层的转角处，找平层均应做成圆弧形，圆弧半径应符合规范要求；

（6）卷材防水在天沟、檐沟与屋面交接处、泛水、阴阳角等部位，应增加防水附加层。附加层经验收合格后，才能进入大面防水层施工；

（7）天沟、檐沟、檐口、泛水和立面卷材收头的端部应裁齐，塞入预留凹槽内，用金属压条钉压固定，最大钉距不应大于 600mm，并用密封材料嵌填封严；

（8）刚性防水层与基层、刚性保护层与柔性防水层之间应有良好的粘结，防止空鼓发生。

6. 安全玻璃的使用要求

不按要求使用安全玻璃，采取的措施是：

（1）设计图纸必须在设计文件中标明安全玻璃的品种和规格。

（2）进场的安全玻璃，应有产品质量合格证书和国家强制性产品认证证书复印件。复印件必须加盖生产企业公章，作为质量控制资料存档。

（3）按设计必须使用安全玻璃的部位：七层及七层以上建筑物外开窗；面积大于 1.5m² 的窗玻璃和玻璃底边离最终装修面小于 0.5m 的落地窗；玻璃幕墙；天窗、采光顶、吊顶、雨棚；室内隔断、浴室围护和屏风；楼梯、阳台、平台、走廊的栏杆和内天井栏杆；易受撞击、冲击而造成人体伤害的其他部位。

（4）安装在易于受到人体或物体碰撞部位的建筑玻璃，如落地窗、玻璃隔断等，应采取保护措施。对碰撞后可能发生高处人体或玻璃坠落情况的，必须采用可靠的防护栏。

7. 防护栏杆、扶手设置问题

栏杆、扶手设置不符合要求的处理：

（1）阳台、外廊、室内回廊、内天井、上人屋面及室外楼梯等临空处应设置防护栏杆。临空高度在 20m 以下时，栏杆高度应 ≥1.05m；临空高度在 20m 及以上时，栏杆高度应 ≥1.10m。（注：栏杆高度应从楼地面或屋面至栏杆扶手顶面垂直高度计算。如底部有宽度 ≥0.22m，且高度 ≤0.45m 的可踏部位，应从可踏部位顶面起计算。）

（2）室内楼梯扶手高度自踏步前缘线量起 ≥0.90m，靠楼梯井一侧水平扶手长度超过 0.50m 时，其高度 ≥1.05m；

（3）窗台低于 0.90m 时，应采取防护措施。防护高度，当窗台高度 ≤0.45m 时，从窗台面起计算；当窗台高度大于 0.45m 时，从楼地面面层起计算，其高度不应低于窗台高度；

（4）梯井净宽大于 0.20m 时，必须采取防止少年儿童攀滑的设施。楼梯栏杆应采取不易攀登的构造，采用垂直杆件作为栏杆时，其杆件净距不应大于 0.11m。

8. 无障碍设施设置不当

无障碍设施问题的处理：

（1）设计单位必须按工程建设强制性标准，在设计文件中标明无障碍设施的具体做法。任何单位和个人不得擅自更改或取消；

（2）住宅无障碍设施的位置及走向应按规定设国际通用的无障碍标志牌；

（3）设有电梯的居住建筑，入口与室外有高差处和入口通往电梯的通道有高差时，均应设坡道；

（4）坡道的坡度不应小于 1:1.2。坡道应采取防滑措施；坡道的两侧应设连续扶手，扶手单层设置时高度为 0.80 ~ 0.85m，扶手双层设置时高度分别为 0.65m 和 0.90m。扶手的起点与终点应向坡道外延伸≥0.3m；

（5）出入口内外应有 1.50m × 1.50m 的轮椅回转面积，且不应有影响轮椅通行的坎台。

9. 外墙保温面层开裂

外保温面层开裂的预防处理：

（1）外墙保温体系应采用外墙外保温体系，禁止采用外墙内保温法施工；

（2）建设、施工、监理单位必须依照施工图审查机构审查通过的施工图施工，不得擅自修改节能设计文件。确需变更的，建设单位应重新报施工图审查机构审查通过后才能施工；

（3）现浇混凝土模板内置保温板体系，与保温板接触面应设砂浆垫块，混凝土一次浇筑高度不宜大于 1m，严禁正对聚苯板下料，振捣棒不得接触聚苯板；

（4）对于现浇混凝土内置保温板有网体系，保温板内斜插腹丝伸入混凝土墙面长度不得小于 30mm，板面附加锚固固定件须进行防锈处理，锚入墙面长度不得小于 100mm；

（5）保温板与粘结胶、锚固膨胀螺栓、网格布、聚合物砂浆和界面剂等辅助材料不得分开采购，保温材料应进行热工指标检测；

（6）聚苯板薄抹灰外墙外保温体系，粘贴聚苯板时，基层平整度应控制在 3mm 内，涂胶粘剂面积不得小于 40%。聚苯板应按顺砌方式粘贴，竖缝应逐行错缝，墙角处聚苯板缝应交错互锁。门窗洞口四角处聚苯板应采用整块板切割成形，接缝应离开角部至少 200mm；

（7）网格布应铺设在抗裂砂浆中靠近外饰面一侧，以见纹不见色为宜；窗角、阴阳角等部位应设加强网格布，网格布搭接宽度不应小于 50mm，边缘严禁干搭接；

（8）门窗口四周与框接触处、管道或其他构件穿越保温板处、墙体顶部收口处等应采用密封胶封闭严密，不得有渗漏现象。

10. 门窗洞口渗漏

洞口渗漏防治措施：

（1）外窗安装应采用企口后塞法施工工艺。窗洞口抹灰采取企口（里高外低）形式，抹灰时应一次成活，洞口几何尺度必须准确。洞口上弦及窗台应做滴水线和流水坡，内外高差应大于 15mm；

（2）门窗框安装前，监理（建设）及施工单位应对抹灰成型的门窗洞口几何尺寸进行测量验收，达到要求后方可安装；

（3）门窗与墙体应连接牢固，且满足抗风压、水密性、气密性的要求。每条门窗框与墙体连接固定点不得少于两处，采用不小于 50～70mm 镀锌胀管螺栓固定门窗边框，间距≤600mm。边框端部第一固定点距端部≤200mm，螺栓必须粘胶后紧固，并粘贴密封盖；

（4）建筑物外门窗与墙体的缝隙，用发泡填充剂填嵌饱满，表面用有弹性且粘结性能好的密封胶密封，无裂缝；

（5）推拉门窗扇应设防止脱落装置；门窗的配件应与门窗

主体相匹配，并应符合各种材料的技术要求。

11. 模板接缝及拆模不符合要求

模板接缝、拆模不符合规定的处理：

（1）对于多次周转使用的模板应进行整修，保证其棱角顺直、平整。接缝处应使用双面海绵胶带等材料嵌塞严实；

（2）混凝土柱、墙、梯板及梁柱节点的模板安装，均应在其根部预留清扫口，浇筑前清理垃圾、杂物后再封孔；

（3）模板拆除应符合下列要求：拆模顺序应为非承重部分先拆，承重部分后拆，后支的先拆，先支的后拆；侧模在混凝土强度能保证其表面及棱角不因拆除模板而受损坏后，才能允许拆除；底模在混凝土强度符合下列规定后，才允许拆除。板的结构跨度≤2m，混凝土强度应达到设计值的 50%；2m 板的结构跨度≤8m，混凝土强度应达到设计值的 75%；板的结构跨度大于 8m，混凝土强度应达到设计值的 100%。梁的结构跨度≤8m，强度应达到设计值的 75%；梁的结构跨度 8m，强度应达到设计值的 100%。悬臂构件的结构跨度≤2m，强度应达到设计值的 75%；悬臂构件的结构跨度大于 2m，强度应达到设计值的 100% 才能拆除。

12. 钢筋质量问题

钢筋间距、保护层控制不当的控制措施，钢筋制作及绑扎的控制要求：

（1）受力钢筋之间的间距应不小于 25mm。梁的双排钢筋应使用 φ25 筋作为垫筋；

（2）保护层垫块的强度应达到要求，砂浆垫块不应低于 M15，面积不小于 40mm×40mm，间距为 1m 一块；

（3）板的上层钢筋应使用马凳或钢筋架作支架，马凳及钢筋架的直径均不小于 φ12，每平方米不少于一个；

（4）钢筋绑扎成型后，应采取架空通道通行的办法，严禁板筋施工中踩踏变形。

三、建筑的混杂性及其在工程中的应用

混杂的建筑在我们身边不断地拔地而起，功能的混杂、结构的混杂及形式的混杂，时常让设计者都无所适从。建筑的混杂性是当下设计者必须要面对的现实问题。现从三个不同角度对建筑的混杂性作一简要分析，以求加深对建筑设计混杂的理解。建筑的混杂性是设计者在工程项目中司空见惯的现象，而且随着时代的发展，生活方式也不断发生着变化，新的需求和审美情趣也不断登上舞台，建筑的混杂性也就越来越显著。时至今日，建筑的混杂性已经大大超越了以往任何一个历史时期，以至于很多时候让建筑师们很无奈。

自古至今，各类建筑承载了多少期待？它承载着历史与文脉，承载着文化与文明，承载着生活与梦想，承载着艺术与生命，甚至承载着责任与虚荣等。由于人们对建筑的苛求太多，一个建筑产品在"出生"前就承载了太多希望。开发商想赚钱，建筑师希望展现自己的创作，公司需要营造品牌，使用方希望它舒适，城市需要它营造更好的外界面形象。建筑师做设计是不断地回答和提出问题：别人问，我来回答；自己问，我也要回答，多方面的问题，最后要给出一个答案。这些希望和要求有些是悖逆或者冲突的，如何去实现这些愿望呢？建筑师的任务就是不断处理这些矛盾，在这整个过程中建筑的混杂性日益显现。

建筑师们很快就会发现，很难给自己设计的这栋建筑划分一个类别，很难把它的脉络清晰地分离出来，极难说清它是哪一种风格的产物，建筑功能的混杂、建筑结构的混杂、建筑形式的混杂，有时候让建筑师也显得很无奈。建筑，从某种意义上来讲，也像植物和动物一样被杂交，产生了混杂建筑。正如我们眼中形状各异的建筑物所展示的，建筑混杂有无限多种可以交换搭配的组合。然而，抛开这些风格独特的外表，它们都要有一个共同的目标，那就是混杂优势或混杂繁殖后的使用

功能。

1. 建筑功能的混杂性

  不同建筑方式的组合，将许多的社会活动集中于一个建筑形式中，歪曲了一种新的建筑类型。如果用当代建筑理论来审视，先前忽略的建筑联系已经在城市中扭在一起，以至于产生作为反类型学的建筑。历史上一直有混合功能的建筑范例。但是，混杂功能的建筑发展最快的时期莫过于当代。"旧的混杂建筑实现者们不拥有当代混杂建筑师们所拥有的工作资料"。从使用功能而言，现代城市已经成为培育建筑从同形到异形发展的沃土。城市密集性与日益发展的建筑技术可以有效地将不同的建筑功能加以混合，将不同的功能层层累积，这个结果使得那些批评"建筑应当看起来符合它的使用功能"的人无言以对。在同一个结构中，综合了多种功能的建筑策略一直被广泛使用，一部分原因是日益增加的人口流动，推动了城市中心区人口的快速增长。混杂建筑是对城市飞速飙升的土地价值与日益紧缺的可利用土地的响应。由于平面的扩展受到极大限制，城市建筑开始高耸入云。由于不能只利用这些新的庞然大物完成一种功能，建筑功能便开始加以组合，于是混杂建筑应运而生。在很短的时间内，混杂建筑包罗万象：住宅、办公楼、购物中心、娱乐场、博展馆、工厂、车站等等需求不同的建筑混杂在一起，构成了今天城市的新格局。

  经济上的可能性是决定设计方式的主要因素，使用功能的便利性与视觉上的探索性推动了混杂建筑的广泛应用。面对日益升值的土地，建筑变得要求建造最大允许的形式。在建筑的外在体积已被决定的前提下，所要做的只是选择、组合并且再组合功能，直到这些功能填充这块体积为止。不同的设计常常试图去强调一种经济优势。例如，一座办公楼可以得益于加于其上的商业功能，地下室的停车场为使用者们提供了便捷。置于住宅楼底层的商业空间为业主们提供了购物的便利，也为开发商带来了可观的利润。这还只是简单的混杂，譬如将店铺、停车场、饭店、公寓、娱乐、办公等功能糅杂在一起，其经济性就更为复杂。

事实上，许多建筑师都设计过"综合楼"。这些所谓"综合楼"已经不是简单的两三个功能共生的问题，我们完全可以称之为"超级综合楼"。你会惊异于建筑的包容性，它有时可以把若干毫不相干的功能集于一身，变成一个庞大的综合体。如今，世界各地仍然有许多优秀的建筑师在研究这种"超级综合体"，它的最终目标是：一栋建筑，一座城市。这种思想其实早就有之。现在的建筑技术与城市规模已经远远超出远去的时代。于是，我们的建筑师在继承先人思想的基础上有了更大的梦想，建造一个立体城市，一栋巨型建筑里包含了城市所有的功能。从你在这栋建筑出生，直到你在它里面死去，它可以满足你所有的需求，它就是一个微型城市。这是大胆又可怕的梦想，我们可以满怀希望又战战兢兢地等待它的诞生。

2. 建筑结构的混杂性

不同功能的需求对建筑产生不同空间形态的混杂需求，势必对建筑结构提出新的要求，于是混杂结构随之而来。这会让很多遵循设计规定的结构设计难以符合，因为这打乱了设计人员熟知的结构体系，很担心结构的强度及安全性。砖混、框架、剪力墙、框架-剪力墙、刚架、桁架、网架、拱与壳、悬索、膜结构等等，这些建筑结构随意地把两种或几种碰在一起，衍生出违背规则的混杂结构。但是，高速前进的建设步伐不会给结构师留有太多迟疑和思考的时间，他们必须为混杂的建筑空间的可行性提供支撑。实际工程中，尽管由于种种原因存在不尽合理的混杂结构，然而我们发现，更加积极的意义在于混杂性也带来了结构的创新。

设计规范永远都是超前相对成熟而稳定的规矩，局部也存在滞后于时代的发展和技术的进步。很多优秀的结构设计师游走于设计规范的边缘，进行着新型结构的探索和实践。新型的建筑和空间势必催生新型的结构体系，现在我们熟知的结构体系无一不是由此诞生。科技生产力和新材料的不断问世，为新型结构的发展提供了条件。新型的结构基础、新型的承重体系、新型的墙体、新型的屋盖，他们都在发挥着对新型结构发展的贡献，昭示着新型结构的来临。

以国家体育馆的鸟巢为例，这个由瑞士赫尔佐格和德梅隆设计事务所、奥雅纳工程顾问公司及中国建筑设计研究院设计联合体共同设计的"鸟巢"，让人们耳目一新，奥运会之后更是名声大振，几乎全世界的人都想一睹它的风采。它的结构名字也许并不新鲜——"钢结构"，任何熟悉建筑的人都知道，然而这个钢结构创造出来的空间却如此动人、如此与众不同，与它围合的空间功能如此相得益彰，这是一个成功的结构设计。

另一个成功的结构设计可以举例鸟巢旁边的国家游泳中心，即水立方，由中建设计的联合体、澳大利亚 PTW 建筑师事务所、ARUP 澳大利亚有限公司联合设计。水立方的成功主要缘于新材料的开发，这种新型膜材料 ETFE（乙烯—四氟乙烯共聚物）在中国的建筑工程中是第一次使用，它结合泡沫理论，完成了 ETFE 膜立面装配系统的运用这一迄今世界上规模最大、构造最复杂、技术综合最全面的壮举，成为人们观摩的焦点。

3. 建筑形式的混杂性

建筑形式的混杂则更加直观、常见，它的产生似乎更自由也更随意，或受功能与结构的制约，或受投资方喜悦的影响，或是政治家个人的趣味，或者纯粹是设计者一时冲动的表达。詹姆斯·乔伊丝在他的《Finnegan 的觉醒》中说，"将真实与非真实放在一起，也许可以一瞥混杂真实的样子。"混杂的形式实在让我们捉摸不定。

在过去的 100 多年里，混杂建筑产生了一系列的建筑形式，已出现的建筑形式与潜在的设计组合都具有相当的数量。组合在同一个混杂建筑中的多种功能可以被加以表达，也可能被加以抑制。这些功能可能被垂直地加以堆叠，也可能水平地加以嫁接，或者在整个建筑外皮的内部形成一个整体。形式混杂的优劣难以评判。不接受，可以说它"不伦不类"；喜欢，可以说它"丰富"。形式的混杂最容易让我们想到的就是后现代，即毁誉参半的建筑风格。形式美是建筑的普遍追求。现代建筑无疑创造了辉煌的历史，而且目前也许仍然还在继续创造着希望的未来。

后现代建筑崛起的建筑师代表是美国建筑师文丘里。他在他的《建筑的复杂性和矛盾性》一书中提出了一套与现代主义建筑针锋相对的建筑理论和主张，在建筑界特别是年轻的建筑师和建筑系学生中引起了震动和响应。后现代主义注入了游戏心态，使设计人性化、幽默化和自由化，它包括波普主义、新写实主义、新表现主义等。后现代主义设计的特征有三个方面：其一是复古；其二是重"文脉"；其三是装饰。隐喻和玄学是后现代的常用手法，我们从后现代的建筑中也可以发现，这是一种不折不扣的"混杂"建筑，它摒弃了现代建筑"纯净"的形式，注重人的心理因素，抓住了人的内心世界里柔软的一面，给自己的外表增添了许多富于亲和力的元素，这与当下的中国仿古建筑仍然占有一席之地异曲同工。

混杂建筑是我们社会进化历程的一张晴雨表。每一种新的并列与组合都反映了设计师的一种面对现实的愿望，一种探索未来的渴望。许多混杂建筑的功能设计，最初不过是由于城市用地的紧张，设计者作功能布置时迸发出的火花。然而，却从此进入了建筑主流。一个复兴城市的战略必须提出一种新的建筑形式，这种建筑形式必须能够包容城市多种多样、看似好却不相关的各种活动。到现在为止，还没有成功总结出指导混杂形成与发展的一般实用的指导性规律；这一点不会引起任何一个熟悉这项工作所涉及范围、懂得为此要做的实验所带来的困难的人的奇怪。的确，建筑的混杂是设计者们的天才和勇气的一种胜利，建筑师的个人创造力在每项建筑的独特性上体现得完美无缺。建筑的组合连接是无穷无尽的，建筑混杂为我们提供了一个处理城市复杂性的实用手法。

四、建筑施工管理职责分工的现状

许多国内外机构及学者都不同角度地研究了建筑施工质量安全事故的原因，其中很大部分原因是管理系统方面问题，主要有管理的规章制度、监督的有效性、管理的程序及员工训练等，造成了质量安全事故的发生都是管理不到位或失效的原因所致。因此，建筑施工质量安全事故的有效防止与控制，其关键在于加强管理。而在建筑施工中往往存在着多个责任主体，包括了建设单位、设计单位、监理单位、施工单位等。当前一些人认为，质量安全事故大多由施工单位的原因所造成，这种认识不够全面、正确，质量安全事故的发生在建筑工程有多个责任主体，因此，明确建筑施工管理职责分工具有重要的现实意义。

1. 建筑工程管理中存在的问题

1）建筑设计方面存在的问题

建筑设计有广义与狭义之分。广义的建筑设计包括了一个建筑物或建筑群从立项到竣工所有进行的设计工作，这个过程需要所有设计人员的合作；而建筑设计从狭义上来说，指的是合理安排建筑物内部各种使用空间以及使用功能，建筑物与各种外部条件以及周围环境的协调配合，设计布置好各个细部的构造方式，如何得到艺术的内部和外表的效果，以及综合协调好建筑与各种设备以及建筑与结构等之间的相关技术，以及在实现上述各种要求的前提下，如何保证使用的材料、劳动力、投资以及时间是最少的，并最终建设成适用、经济、坚固、美观的建筑物。

建筑设计涉及的内容有很多，因此建筑设计也存在着很多管理方面的实际问题。比如说在安全方面，如何同时实现结构设计、防火、抗震以及加固等功能。设计与各个技术工种之间往往存在着很多矛盾，进而也会存在着很多管理上的疏漏，因此如何解决这些矛盾是建筑设计面临的主要问题。矛盾包括可能与需要之间的矛盾；设计本身与投资者、使用者、城市规划以及施工制作之间，以及由于建筑物考虑角度不同而使得它们彼此之间产生的矛盾；建筑物外部与内部之间、建筑物群体与单体之间存在的矛盾，以及在技术要求上各技术工种之间存在的矛盾；建筑的几个基本要素之间，包括了适用、坚固、经济、美观等之间的矛盾；这些矛盾有时候可以通过管理来解决，但很多时候是不可解决的矛盾，管理者在进行决策时往往会犹豫不决，甚至做出错误的决定，造成安全质量事故的发生。

2）施工安全与质量方面

政府及建筑界自汶川地震发生后，越来越重视施工安全与工程质量，而建筑施工出现质量安全的问题，不仅给国家和企业本身带来巨大的损失，还让民众对建筑企业的能力失去信心。然而，在施工安全与质量方面，各责任单位在管理方面还存在着很多的问题，比如说，一些建设单位不遵守建筑方面的相关法律法规，甚至不按施工企业的资质要求来承接业务，使得建筑市场混入了很多不合格的挂靠施工企业。还有的施工项目对应进行招投标的项目不实行招投标，导致建筑市场的混乱现象发生，并出现了恶性竞争的局面，甚至有一些有资质的施工企业为了收取管理费，允许没有资质的施工单位挂靠其名下，以他的名义承揽工程。但事实上，这些施工单位没有技术和资质，其管理水平也很低，是有名无实的假冒施工队。这些管理混乱现象是导致质量安全事故发生的根本原因。

3）建筑材料质量问题

建筑材料的质量是整个工程质量控制的决定性要素，直接影响到工程结构的安全使用功能和工程使用者的人身安全，同时也直接影响投资建设者的经济效益。因此，选择并合理使用合格的建筑材料是施工质量控制的重要环节。目前，建筑材料质量问题主要体现在三个方面，即钢材、水泥和机械设备。

（1）钢材引起的工程质量事故，一方面是钢材本身的材质问题，另一方面是没有严把质量检验关。

（2）水泥是混凝土和砂浆的胶凝材料，但目前使用的水泥质量较差，主要表现在安定性不良、强度不符合规定以及成品、半成品、构配件问题。

（3）机械设备包括设计设施、施工机具、检测设备等，这些设备是现代化工程建设和质量管理不可缺少的设施。这些设施的完善可有效降低劳动成本和提高工作效率，如果不能及时更新和检修设备，定期校核计量用具、发现机械设备故障，也很可能引起工程质量问题。

2. 建筑施工管理职责的分配现状

1）建设单位的管理职责

《建设工程安全生产管理条例》已经明确规定了建设单位的安全生产责任，建设单位不仅会由于安全生产事故的发生而造成直接或间接的经济损失，甚至还会承担法律的责任。因此，对于法律法规上明确规定的安全责任，建设单位以及管理人员必须要实施。首先，在招标过程中，建设单位选择的建筑施工承包商必须要具有相应的资质；其次，建设单位在施工过程中需要安排专门的管理人员对施工单位的安全生产进行监督；最后，为了保障建筑的安全质量，建设单位还要积极地提供保障措施，对勘察、施工、设计、工程监理等单位提出的要求必须要符合相关法律、法规的强制性标准规定。

2）施工单位的管理职责

施工单位就是项目的直接实施单位，为了保证安全地进行建筑施工，对于现场的安全管理工作，施工单位要有切实措施做好安全工作。首先，要配备专职安全生产管理人员，最好是设立安全生产管理机构来保证现场安全。项目经理要大力支持安全管理人员的工作，加大人力、物力的投入，还要对安全管理人员进行培训，使其具备高度的质量安全意识。

3）监理单位的管理职责

监理单位对于建筑施工的质量安全也有着重要作用，能够有效监督施工的质量安全生产。监理人员首先要认清自己的工作职责，尤其要加强施工现场的巡检，及时发现施工过程出现的质量安全隐患，必须要求施工单位立即整改或及时上报给建设单位，对于情节特别严重的，有权利要求建设单位让施工单位责令限期改正。如果施工单位坚决不执行整改，监理单位必须向有关主管部门报告，按照合同中规定的强制性措施，强令施工单位消除隐患。

4) 设计单位的管理职责

设计单位在项目的施工过程中也承担一定的责任，并不是提供了施工图就不再承担任何责任的。在设计中，必须要考虑防护的需要以及施工安全操作，还应在设计文件中注明涉及施工安全的重点部位和环节，并提出防范生产安全事故的指导意见。注册建筑师及其所在的设计单位要对其设计的重点操作负责。

从多年来所发生的建筑工程质量安全事故来看，事故发生的责任不仅仅是施工单位方面的责任。建设单位、监理单位以及设计单位等，各参建方都要对建筑工程的质量安全承担着一定的责任，以上的重点是从各方责任主体在建筑施工中存在的安全管理职责问题，并对目前我国的安全管理职责分配现状进行了分析。要合理解决存在的问题，就必须合理分配建筑施工过程中各建筑主体的管理职责，以上就此提出了一些建议和思路。通过加强政府有关部门的监管力度及明确各方责任主体，在进行建设项目施工的过程中必须加强安全管理工作，对安全生产事故的发生要有效预防和控制，有利于提高建筑施工的安全防范意识。

五、房屋屋面细部施工技术措施

建筑物屋面的细部处理，是要求比较严格且非常细致的工作，处理的质量优劣影响到防水功能及使用效果，也是多年来施工单位难以彻底解决的现实问题。

1. 屋面细部处理的特点

（1）在屋面沉降伸缩缝的铝合金组合板上，增加一根 φ50 的 UPVC 水管，形成伸缩缝与排水功能为一的集成组合，既满足了沉降伸缩缝的需要，也有效地解决了伸缩缝漏水的质量通病，只要安装固定牢固，也不影响外观质量。

（2）在房屋板与女儿墙进行两次浇筑施工的工序条件下，浇筑屋面混凝土终凝前，用水冲洗女儿墙宽度的混凝土表面水泥浆，露出石子，利于浇筑女儿墙新老混凝土的结合，也不影响钢筋，且不必因为再处理混凝土而耗费时间。

（3）屋面的保温及隔热层都要按规定设分格缝，在分格缝纵横交叉点增加透气孔，并在透气孔和分格缝下设置 200mm 宽度纵横交错的卷材干铺带，使其在卷材防水层中的空气受环境温度热胀时，及时排除空气。

（4）在预埋管道支架的根部，加设带有止水环的套管，加强防水效果，同时也方便后期维修的更换。

（5）在制定细部构造和工艺方案的同时，考虑到各细部的特殊性和外观，将屋面细部防水功能与其耐久性，外观感质量相统一。

2. 细部处理施工的质量控制

屋面工程一般为大面积及有变形连接的细部两个部分，把细部再分解为工序过程，对工序环节的构造施工，其评价标准则是其使用功能正常与否。

1）屋面混凝土现浇板与女儿墙必须进行两次浇筑施工

这个部位是一个薄弱环节部位，其缝是防水质量的通病所在，也是一个关键处理点。许多房屋在此施工缝处处理不当，引起在女儿墙外侧渗水，影响到正常使用及观感质量。施工缝处粘结质量差的原因在于界面处理不到位，采取混凝土初凝前的时间，用水将其表面浆冲掉，从而达到施工缝处理的要求，节省了毛化处理的时间。

2）将沉降伸缩缝的铝合金部件及 UPVC 水管利用法兰连接

并同橡胶管组合在一起，解决了伸缩缝的渗水问题，其做法是总结了许多工程中遇到了伸缩缝的渗水问题，通过实践按缝隙实际进行管件组合，使其满足既可伸缩又能排水的双重功能。

3）透气孔与分格缝处理

屋面的保温隔热及防水处理一般不考虑预留排气孔的，由此引起的湿气排不出防水层鼓起现象出现普遍。为此考虑到气候环境与工期，自行预设排气孔防止卷材鼓胀而引起的破坏，且在排气孔底部设置卷材空铺带。其关键工序环节在于干铺带和卷材防水层、不锈钢透气管的构造与连接处理，其做法见图1。

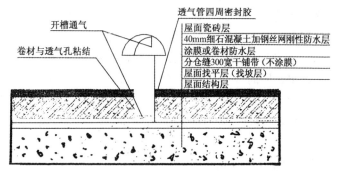

图1　卷材干铺带与透气孔的构造

4）排水口处理

在排水口的排水管是预埋在屋面混凝土内，应当是焊有止水环的部分，可以提高排水口的防渗性能。其工艺原理是延长了水的渗漏通道，加大了贯穿阻力，在排水口周围500mm范围内加涂两道防水涂膜，刚柔结合，避免该部位渗漏。

3. 细部处理流程及操作要点

1）排水沟施工流程及操作要点

（1）施工工艺流程

在屋面板混凝土初凝前，用水将檐口300mm宽沿长度四周的水泥浆冲掉，完全露出石子。女儿墙的混凝土施工，在浇筑时严格按照施工缝的要求处理，即先刷一道1:0.5的水泥素浆，再铺一层同强度的无石子砂浆作为结合层，紧接着浇筑女儿墙混凝土→天沟定位和弹线及做模型板→在各个控制点根据样板抹排水沟→排水沟抹灰找坡→防水层涂防水膜→如用卷材防水与女儿墙接缝（图2）贴一层无纺织布→水泥砂浆保护层→贴排水沟面砖，排水沟构造大样见图2。

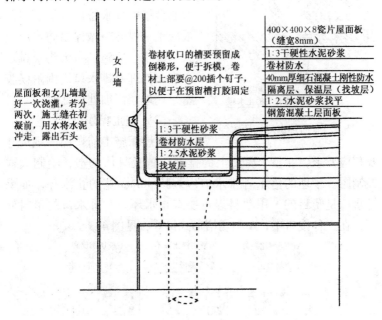

图2　屋面排水沟构造大样

（2）施工操作重点

屋面排水沟的卷材是在女儿墙上的收口槽处，即安装模板时固定的倒梯形小方木条上，其构造见图1。倒梯形小方木条上底宽30mm，下底40mm便于拆模。防水层尽量采用防水涂膜，如用卷材时在卷材上口收口，用镀锌薄钢板宽30mm×－0.75mm压条。每隔200mm左右钉一点，用油膏封钉帽，既加

183

强卷材嵌固在女儿墙的预留槽中，又不易被碰撞而影响到耐久性。

2）排水口施工流程及操作要点

（1）施工工艺流程

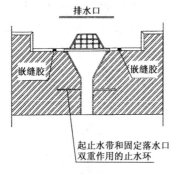

图3　屋面排水口构造大样

按照图纸尺寸确定排水口位置→按1∶1绘图放样确定构造→弹线→在屋面板绑扎钢筋及预埋焊制合格的排水管口→浇筑屋面混凝土→保养→做保温防水层→天沟及排水口施工→天沟及排水口表面处理→排水口周围耐候胶密封处理，详细处理见图3。

（2）施工操作重点

在屋面施工前按照图纸尺寸及相应要求，在整个屋面上的排列位置及具体构造，绘制大样控制图。预埋的落水管排水口应焊接40mm宽的止水环，如果排水口是塑料的，用塑料焊也要有止水环。对排水口的密封处理，在三种接口中，A型切槽形式最好，见图4。

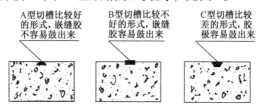

图4　混凝土施工缝处理大样

3）透气孔及分格缝施工流程及操作要点

（1）施工工艺流程

在屋面找平层施工后用涂膜或卷材防水层施工前，弹出屋面分格缝的位置走向，一般控制在6m以内→按所弹分格中心线空铺300mm宽卷材→在分格缝范围内的纵横相交的节点安装直

径 φ100、高 200mm 的不锈钢透气管→粘贴卷材或涂膜防水层→粘贴卷材和透气钢管之间界面→铺设无纺织布→抹保护层砂浆→铺设块材饰面→处理分格缝和密封透气管，详见图 1。

（2）施工操作重点

分格缝的间距宜不超过 6m；干铺卷材带的铺设时间宜控制将 $1m^2$ 的卷材平整放在屋面上，太阳直晒 2h 揭开检查无湿气为宜；干铺带卷材可以单边粘贴，但是交叉部位不要粘结。

4）排风口及烟囱施工流程及操作要点

（1）施工工艺及流程

在架设屋面模板后再绑扎屋面钢筋前，按照下层烟道位置留置屋面烟囱（排风口）预留孔→浇筑屋面混凝土→在混凝土初凝前将洞口周围 300mm 宽用压力水冲掉表面浆，露出石子→混凝土养护→达到规定强度安装烟囱→烟囱周围防水处理→表面铺设块材及饰面。

（2）施工操作重点

在屋面混凝土认真浇筑完成，并在需要二次浇筑部位冲掉水泥浆露出石子是确保施工缝粘结质量的关键环节，为了防止界面漏水，在高出屋面根部处必须抹成弧形泛水。

5）伸缩缝处施工流程及操作要点

（1）施工工艺及流程

提前按照设计图纸和伸缩缝结构详图→细化伸缩缝和 UPVC 排水管组合的接头处理→在屋面伸缩缝垃圾清理→处理缝平面及侧面平整垂直度→缝内填柔性保温材料→安装施工缝组合件→表面装饰处理。

（2）施工操作重点

要对伸缩缝结构绘制详图并征求设计意见，对缝隙内外实物对照检查，预制尺寸准确。要确保伸缩缝槽底面和侧面横平竖直，保证伸缩缝处橡胶垫与槽底面和侧面严密结合，防止在此部位渗漏水，伸缩缝和 UPVC 排水管构造见图 5。

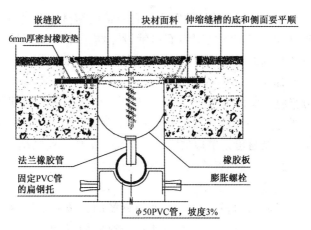

图 5　伸缩缝和 PVC 排水管构造大样

6）管道及支架与屋面交界处理

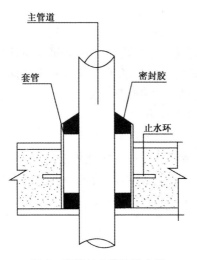

图 6　套管与主管构造大样

（1）施工工艺及流程

浇筑屋面混凝土前管道及支架定位→预埋加工合格的止水套管→安装竖向及横向管道支架→处理支架与屋面接触处→铺设饰面材料。

（2）施工操作重点

套管预埋位置一定要准确，需要时与主管同时安装；套管与主管之间缝隙必须用耐候胶密封，确保不会产生渗漏，构造大样见图 6。

7）楼梯及电梯墙与屋面板交接界面处理

（1）施工工艺及流程

在屋面混凝土浇筑后初凝前，将界面用水冲走水泥浆，露出石子→用 1：2.5 水泥砂浆铺在石子上厚度 30mm→楼梯（电梯）间下部300mm高浇混凝土防潮墙→浇混凝土防潮墙时预留卷材收口槽→在垂直墙面与屋面交界处做弧形泛水→卷材防水层收口→找平层与屋面处理→表面处理。

（2）施工操作重点

对施工缝界面必须处理且露出石子：预留槽口处卷材收口认真处理，收口槽分层嵌缝，最后打嵌缝胶密封。

上述7个屋面细部的处理共性是：凡是由于水平构件把竖向构件分为二次浇筑的混凝土，因屋面位置特殊对防水要求极严，对施工缝的处理是重中之重；对于割切的嵌油膏缝，宜切成A型较好，避免缝内流出；防水材料有一定的敏感性，类似伸缩缝底面及侧面的平整是非常重要，关系到垫片能紧密结合不产生渗漏；在放置橡胶片及条前应刷防水涂料一遍，橡胶条搭接应斜向，见图7。

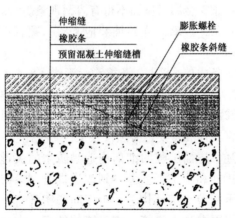

图7　伸缩缝的橡皮条斜面搭接接缝加胶图

4. 质量控制措施

建筑房屋屋面施工质量控制措施，应按照现行《屋面工程施工质量验收规范》GB 50207—2012 依据强制性条文严格控制。

第3.0.6条规定：屋面工程所用的防水、保温材料应有产品合格证书和性能检测报告，材料的品种、规格、性能等必须符合国家现行产品标准和质量要求。

第4.1.3条规定：屋面找坡应满足设计排水要求，结构找坡不应小于3%，材料找坡宜为2%，檐沟、天沟纵找坡不应小于1%，沟底水落差不得超过200mm。

第5.1.7条规定：保温材料的导热系数，表观密度或干密度，抗压强度或压缩强度，燃烧性能，必须符合设计要求。

第6.2.11条规定：卷材防水层不得有渗漏和积水现象。

第6.3.5条规定：涂膜防水层不得有渗漏和积水现象。

第6.5.5条规定：密封材料嵌填应密实、连续、饱满，粘结牢固，不得有气泡、开裂、脱落等缺陷。

第7.2.7条规定：瓦片必须铺置牢固。在大风及地震设防地区或屋面坡度大于100%时，应按设计要求采取固定加强措施。

第7.4.7条，金属板屋面不得有渗漏现象。

第7.5.8条，玻璃采光顶铺装应平整、顺直；排水坡度应符合设计要求。

第8.2.2条檐口，8.3.2条檐沟、天沟，8.4.3条女儿墙和山墙，8.5.2水落口，8.6.3变形缝及8.7.2条伸出屋面的管道根部不得有渗漏和积水现象都进行明确的规定，对施工质量验收的执行非常具体和重要，必须按条文认真控制。

综上所述，屋面工程的细部构造是防水的关键环节，需要设计在构造措施和施工工艺上得到改进提升。参与屋面工程的各相关人员重视节点细部构造，工序间紧密配合，严格工序质量，尤其是屋面混凝土浇筑及施工缝的处理，也是防止渗漏的重要环节，必须加强工序控制，使屋面防水工程达到设计使用的耐久性。

六、市政建设工程管理中的质量控制

市政工程建设在国民经济尤其是调整产业结构，优化生产力布局，加大投资环境起着十分重要的作用。现在，建设行业竞争异常激烈，市场管理不够规范，这给工程项目的管理工作带来一定的挑战。自 2008 年来，受国际金融危机的影响，国内采取了加大基础设施的投资力度。因此，在新的形势下，规范市政建设市场、完善质量控制体系势在必行。

1. 市政工程建设质量问题

1）质量责任制落实不到位

未做到责、权、利的统一，不能完全落实，至形同虚设，质量工作计划不能认真落实，缺乏总体目标，走一步看一步，干到哪儿算哪儿，并未形成全员努力、心往一处想、劲儿往一处使的新格局。

2）监督不严

有的监理人员对关键部位和关键工序，没有做到旁站监理或是旁站监理，把关不严，不能及时纠正出现的问题，使少数市政工程出现质量和安全缺陷。

3）同步建设施工质量差

位于人行道或慢车道上的同步设施，各类管线检查井标高与路面标高不同程度存在差异，造成使路面平整度差。尤其是部分管线基础，未按行业标准和道路设计标准进行夯填和处理，使地基基础留下质量和安全隐患，造成路面多处沉陷。

4）隐蔽工程和附属工程质量达不到设计要求

软土地基和回填土处理不到位，致使地面出现纵向下沉裂缝和破损；混凝土路面施工养护不到位，路面成型后出现起砂和脱皮，甚至钻芯取样试件出现蜂窝现象。同时，由于对市政工程的附属工程不够重视，人行道基础处理不到位，导致人行道道砖铺砌块出现松动塌陷与不平。盲道下坡道与路衔接高差较大，不符合设计和规范要求。

2. 要实施全面质量管理

1）基础工作必须扎实

搞好质量管理的基础工作，是全面质量管理的开始，这些基础工作需要在公司管理层的大力倡导下，踏踏实实做好，才能保证后续工作的顺利开展。

（1）质量教育工作

对于市政工程公司的员工质量教育工作，可以从两个方面抓起：

①增强质量意识的教育和全面质量管理基本知识的教育。以此强化全体员工"质量第一、信誉为本、顾客至上"的观念；

②专业技术教育和培训。这种教育和培训要结合员工的专业工作特点，进行专业的技术教育和操作技能训练，以提高员工的基本功和技术业务工作水平，以适应新设备、新技术等技术进步的客观要求。

（2）标准化工作

做好企业的标准化工作，特别要注意以下几点：

①有严肃、认真的工作态度；

②全员参与；

③充分运用现代管理技术。

（3）质量责任制

建立质量责任制，要结合质量管理体系的要求，按照不同的层次、对象、业务来制定各部门和各级各类人员的质量责任制，从而使全公司形成一个职责明确、覆盖全面、纵横有序、层次分明的质量责任制网络。建立质量责任制，一定要从本公司的实际出发，任务和责任应尽量做到客观合理以及具体化和数量化，以利于执行和考核；应有配套的质量奖惩措施，实行"质量否决制"，且一定要落实到位。

2）工程实施过程管理

（1）设计过程管理

设计过程的质量管理是全面质量管理的首要环节。在这一阶段，一定要做到耐心、细致，把施工中可能遇到的问题考虑周全，对设计图中不便于施工的地方尽早提出修改意见，制定出详尽、合理的施工方案和施工组织设计，便于下一阶段施工过程的进行。另外，一定要杜绝违反工作程序、边设计边施工、漫无目标的做法。

（2）施工过程管理

施工过程是工程质量形成的基础，也是质量管理的基本环节。施工过程管理的基本任务是保证工程的质量，建立一个能够稳定地生产合格和优质工程的管理系统。这一阶段要做好以下工作：组织好质量检验工作，包括原材料、半成品、成品的检验、施工工序的质量评定和最终质量评定工作；科学组织、严格管理、文明施工；组织好每一道工序的质量控制，建立管理点。

3. 市政工程项目质量控制的重点

市政工程质量的形成是一个复杂的系统过程，但也可以依据"TOE"中人、机、料、法、环五大要素管理的理论，和对施工全过程进行一般性分析，明确项目质量和安全控制体系的主要内容。

1）对劳动主体的控制

在项目质量和安全控制中，人、机、料、法、环这五大要素中，人是决定因素。人员素质高低对工程质量影响的表现形式就是工作质量，因此对工作质量必须进行严格管理。要通过岗位教育和技术交底树立全员的质量和安全意识，形成人人关心质量，个人重视质量的行业风气。坚持对分包商的资质考核和施工人员的资格考核，坚持工种按规定持证上岗制度，坚持激励机制和奖惩机制，以达到保证工程质量和安全的目的。

2）对劳动对象的控制

保证原材物料按质、按量供应和使用是项目质量和安全控制的重要内容。对原材物料的质量和安全控制应采用"三把关、四检验"的制度。即材料供应人员把关，质量和安全检验人员把关，操作使用人员把关，检验规格、检验品种、检验质量、检验数量。

3）加强施工机械设备的控制

施工机械设备一般不直接用于工程实体，因此对工程质量和安全不产生直接影响，但不能忽视它的间接影响。所以，在工程方案的确定中，选用先进的、可靠的、适用的、符合技术要求的设备，对保证和提高工程质量和安全有举足轻重的作用。特别是对带有计量的设备，要定期进行检查和维护，使其达到额定的性能，以满足工程质量和安全的要求。

4）加强施工工序的质量和安全控制

质量和安全控制最基本的内容，是工序质量和安全的控制。工序质量和安全控制的目的，就是要发现偏差和分析影响工序质量和安全的制约因素，并消除制约因素，使工序质量和安全控制在一定范围内，以确保每道工序的质量和安全。工序质量和安全具有不稳定性和不确定性的特点，不稳定性是因人工操作所致，而不确定性是指市政工程施工不像工业产品的工序那样可以事先确定。市政工程施工工程量大，共同操作的人员多及交叉施工的存在，使市政施工的工序具有连续、相互搭接的特征。控制好工序质量和安全，就要做到对每道工序每个工作全部实施监督操作、检验把关、预防和检测检验相结合的管理控制方法。

4. 推行目标管理制

目标管理是管理人员通过与下层共同努力，把重点放在实现组织目标之上的一种管理程序。目标管理综合了以工作和以人为中心的管理技能及管理制度。在市政工程公司推行目标管理，可以采用以下做法：

1）制定质量目标

按照质量管理体系的要求，公司今后每年都要制定质量目标，公司质量目标发布以后，各部门、单位都要及时进行分解，制定出各自的分目标，每个分目标都要服从于公司的总目标。在制定质量目标的过程中要注意三点：一是目标必须是需要努力才能达到的，不能太低，也不能太高；二是目标要尽量做到明确、具体、数量化、可测量，便于组织实施和检查考核；三是下一级目标项目必须对上一级目标项目构成全面支撑，并根据实际情况完善相应的措施。

2）将目标管理与绩效考核结合起来

确定了质量目标后，就要采取措施对目标的实现情况进行考核，否则目标就失去了意义。推行目标管理就是要将员工个人目标与企业组织目标结合起来，将小目标和大目标结合起来，以达到激励、培养员工的目的，最终实现组织目标。通过定期对员工目标完成情况进行考核，衡量员工的工作积极性和质量责任的履行情况，以便采取适当的激励措施。

综上分析，要求在新形势下项目质量管理要以人为本，以提高全员素质和质量意识为前提狠抓工程质量。这样，施工人员和质量检查人员的素质才会有大的提高，全面质量管理体系才会得到推广应用，我国市政工程建设质量管理水平也会上一个新的台阶。

七、石化工程建设中管道安装质量监管

石油化工装置中主要有常减压、催化裂化、重整、加氢和焦化、聚丙烯等装置，每个装置和工艺都涉及高温、高压的操作环境，并存在易燃易爆、有毒有害的流动介质。随着科学技术的发展和工艺设备制造的模块化和工厂化，在这样苛刻的加工生产环境下，工艺管道的安装质量会严重影响安全生产。特别是管道发生事故后，会造成工艺系统的连锁反应，事态则迅速发展蔓延，造成极其严重的安全后果。为此，对石油化工装置中工艺管道施工的质量监督应当成为监管的重点控制内容。

1. 加强对质量行为的监管

工程质量行为是指其质量责任主体，质量检测监理单位所履行的法定责任和义务的行为，其质量行为包括两个方面：一是参与工程活动的责任主体必须具备符合工程等级的资质证件，参与工程活动的专业技术人员必须具备相应的资质证书，并在资质证书和资格证书许可的范围内从事建设活动；二是各责任主体和专业技术人员在工程活动中，必须严格遵循法律法规办事，认真履行法定的质量行为和质量义务，并承担相应的法律责任。

在影响工程质量的五个因素中，排在第一位的因素就是"人"。"人"应当包括单位法人、项目管理人、专业技术人、工程监督人员，最重要的人则是实际操作的技术工人，因为速度及质量都经过他们的手而完成。由于人是实现项目的主体，其质量会受所有参加人员的影响，因此，对质量的监管也就是对人的监管。

对石油化工装置的安装施工过程中，当业主即建设方完成质量监督申报后，工艺管道开工同时，质监人员就应当在第一时间进入现场，对工程项目责任单位安全质量体系全面监督。

1）对建设方的监督检查

检查重点是否将建设项目发包给了具有相应资质等级的设计、施工单位，是否委托了监理单位和监测单位，并分别与其单位签订了工程合同。检查建设方是否组织相关单位进行了施工图会审，通过图纸会审可以使各参建单位，特别是施工企业熟悉设计图纸要求，领会设计意图，掌握工程重点及施工难点，找到需要解决的技术难题并拟定解决方案，从而将因设计存在的难点问题处理在施工前，也是保证工程顺利实现的前提条件。

2）对设计方的监督检查

首先，要检查设计单位已完成的设计图纸，检查图纸是否加盖了单位出图专用章，是否经过编制、校对、审核后的会签。对 GCl 类高温高压管道，图纸还需要由审定人员会签，必要时还需要复核编制、校核、审核及审定人员的资质证书。

其次，审查设计文件中对压力管道的界定是否符合规定，对管线焊缝规定的无损检测是否符合检验要求。必须重视的是：一些设计企业在设计石油化工装置的工艺管线时，依据的是《工业金属管道设计规范》GB 50316 和《压力管道规范》GB 20801。根据《工业金属管道设计规范》规定，工业管道连接焊缝的无损检测比例规定为：100%、10%、5% 和 0 四个等级；

而按照《压力管道规范》的规定，压力管道连接焊缝的无损检测比例规定为：100%、20%、10%、5%和0五个等级，但实际执行仍是100%、20%、5%和0四个等级，可以满足规范的检测要求，并不包括压力0.1MPa以下及直径不大于25mm的管道。由于石油化工装置的特殊属性，在现行规范《石油化工金属管道工程施工质量验收规范》GB 50517中要求，将管道焊缝的无损检测比例按照输送介质的特性，对设计压力和设计温度明确规定为：100%、20%、10%、5%和0五个等级，并包含了压力0.1MPa以下及直径不大于25mm的管道。同时，也降低了对GCl类高温高压力管道的要求。在抽查设计图纸时，如果发现问题需要及时向建设方提出并要求认真整改，利于设计质量的提高，使施工更安全、可靠。

最后，还要抽查设计交底记录。这是指在施工图完成后并经审查合格后，设计单位在设计文件交付施工时，按法律规定的义务就施工图设计文件向施工单位和监理单位进行详细的说明。其作用是使施工单位和监理单位能够正确按设计图纸施工，理解意图加深对工程特点，难点和疑问的理解，掌握关键部位的质量要求，使质量得到有效保证。

3）对监理方的监督检查

检查专业监理工程师的资质是否符合相应的要求。管道专业监理工程师是由总监授权，负责该监理岗位的质量监督管理控制，也具有相应的文件资料签字责任，必须具有工程类注册执业资质或者具备中级以上专业技术职称。该专业的质量控制工作就是由此人负责，可以认为，该管道专业的监理人员是否具备相应的资质，也是施工质量把关受控的关键。

还要检查项目监理机构是否编制了监理细则，因实施细则是根据监理相关规定的要求，监理工作实际需要另行编制操作文件。管道专业监理实施细则必须具有可操作性，针对性是其检查的重点。经过工程实施及其施工安装过程的检查，发现对细则的针对性不强是比较普遍存在的，并未认真分析其真正原因，管道内介质特性和管道材质应是重点考虑的问题。通过对工程监督过程的检查感觉，反映出一些专业监理工程师对图纸的要求、规范的理解并无深度，一些重点部位也未认真检查到，对监理的配置还是需要核查素质的。

4）对施工方的监督检查

要督查施工单位的质量保证体系是否按规定建立，组织机构及人员是否齐全。施工单位质保体系运行的好坏，是工程质量受控的重要因素。在质保体系中，专职质量检查员是施工企业质量运行的基本要素，也是质量运行的主要环节，对质量检查员资质的检查也是不可缺少的。同时，还要检查施工企业是否编制了管道工程专项施工方案，管道安装质量检查计划和焊接指导书。在此需要特别强调的检查是管道安装工程质量检查计划，它是针对管道特性规定质量措施、资源和活动控制的文件，也是施工企业在正确理解设计图纸、专项验收规范的前提下，向业主做出的实现合格管道安装工艺的质量保证。

2. 做好管道组成与进场的抽查验收

石油化工管道即由管道元件连接或装配而成，在石油化工生产装置及辅助设施中，用于输送有毒、可燃与无毒、非燃性气体及液体介质的管道系统。为此，在对石油化工管道工程的实体质量监督过程中，要坚持把对管道元件及材料的进场验收和管道连接作为监督检查的重点。正是由于石油化工装置的工艺复杂、环境苛刻，这些特点决定了同一装置内管道特性的多样性，也就造成了装置内管道元件材料的多样性。对管道元件材料的监督检查验收应注意的问题是：

1）对于管材和管件的规格尺寸，重点是对壁厚的检查

同一直径的管材管件有多个厚度等级，设计选择管材的壁厚是根据不同压力状态选择的。同时，产品壁厚允许存在负偏差的，材料进场后必须进行厚度检查，防止进场材料的错误及负偏差超标。

2）对管道组成件材质的抽查

检查时严格审查材料质量证明文件，特别是铬钼合金钢、含镍低温钢、不锈钢、镍及镍合金、钛及钛合金材料的管道组成件，应采取光谱分析或其他技术手段复查。

3）对管道组成件性能的抽查

管道的性能主要是指低温工作性能和抗晶间腐蚀的性能，需要严格审查质量证明文件，如果有怀疑可以进行送样检测。

4）管道组成件表面无损检测

对于表面无损检测要说明的是，现行《压力管道规范》和《石油化工金属管道工程施工质量验收规范》有不同的要求，前者定义为只有 GCl 类压力管道中输送极度危害介质的和设计压力不小于 10MPa 的管材，管件需要进行表面检测；而后者为所有输送极度危害介质的和设计压力不小于 10MPa 的管件，需要做表面检测。可以看出，前者规定液体介质管道及设计压力小于 0.1MPa 以下及管道直径小于 25mm 的管件不可以使用了。同时，由于施工现场部分质量管理人员对介质的毒性界定不清，往往会导致此项漏检而未引起注意。

5）对管子管件制造标准的抽查

管道材料的选择是设计人员根据管道的使用条件（压力、温度和介质类别），腐蚀性、经济性，材质的焊接及加工性能，并结合管道设计规范所提出的必需条件来确定的。设计人员在确定材料型号的同时，材料的制造标准也要确定。当前，国内针对装置内使用频率高的碳素钢无缝钢管的制造标准有 4 个。不同的制造标准所制造出的管道性能也会存在一定差距。在材料进场验收时对材料制造标准的检查，往往会成为一个盲点，应当是质量监督的重点进行。特别是经过管道元件制造单位，用管子加工制成的弯头、三通、变径接管的管材件，一定要对其提供的材料进行可追溯的监督抽查。

6）特定工况下对连接螺栓的检测

特定工况是指管道的设计压力大于 10MPa，设计使用温度高于 400℃ 和低于 −29℃ 的情况，在此工况下需要对设计采用的铬钼合金钢螺栓及螺母进行补项检测。

3. 管道焊接工作的监督检查

从上述浅述中可知，对石油化工管道工程的实体质量监督管理过程中，应当坚持对管道元件等材料的进场复检及管道连接作为监督检查的重点。其中的连接包括法兰连接、螺纹连接、焊接连接等；对非金属管道的连接还包括电熔连接和热熔连接等。对管道的连接重点考虑的是焊接连接。

鉴于每一个石油化工装置规模都比较庞大，焊缝工作量是非常大的，焊接技工人员较多，在空间上管道的焊接处处都在，而时间上管道的焊接工作贯穿在整个项目建设中，甚至在项目交付后管道焊接仍然继续。对此，虽然把管道焊接的监督作为重点进行，但也只能尽量做细、做好。在进行管道焊接的监督检查时，一般应进行以下几个方面：

1）对焊接操作人员的资质进行抽查

人是建设的主体，永远是工程质量实现的第一要素，质保体系中是这样，在直接实施的操作人员亦如此。在焊接工作开始前和进行中，需要认真核查焊接操作人员的资格证书，重点涉及的有Ⅲ类钢和Ⅳ类钢管的焊接人员。同时，由于现场质检人员对Ⅱ类钢、Ⅲ类钢和Ⅳ类钢的概念并不十分清晰，也可能缺乏此方面的意识，而使部分焊工进行超出自己资质的焊接作业。

2）对焊接指导书的监督检查

焊接指导书是施工单位技术人员依据本公司焊接资质和水平，针对工程项目使用的不同材料、不同规格、不同焊口形式所制定的经项目焊接工程师和专业监理工程师同意的焊接可操作性文件。因材料不同、规格不同、焊口形式不同，决定了所采取的焊接工艺也是不同的，要改变焊接工艺就会影响到焊缝的结构性能。在焊接实施前，编写焊接指导书是很有必要的，并要求焊接实施人员严格遵守，这是保证焊接质量的可靠措施。

3）焊接过程中的巡查

进行焊接巡查主要目的是抽查焊接人员对焊接工艺执行的情况，根据多年对质量检查管理的了解，对于设计的某些部位焊缝工艺一定要认真、仔细地检查。

（1）承插管件角焊缝的焊接

在此部位操作人员一般焊接的层数不够，造成焊接缝高度不足。

（2）支架台与母管焊缝的焊接

操作者往往在母管开孔后，开孔口周围不打磨或不处理坡口，而造成根部焊缝未熔合或未焊透的缺陷，此种质量缺陷是隐蔽性的，无特殊工具检查不出来。

（3）支撑件与管道角焊缝的焊接

这些部位多数是仰焊，焊接人员一般会在此处使用大直径的焊条进行焊缝焊接，造成此处焊缝高度不够，且伴有管件母材严重咬伤的缺陷，在重点引弧点和收弧点处。

（4）合金钢管道需背部充氩保护焊缝的焊接

合金钢管道焊缝之所以背部充氩（铬含量大于3%，总合金含量大于5%），也是为了防止材质内的合金成分在高温下与空气中的氧气反应，而降低焊缝结构中合金含量而降低管道焊缝的力学性能。在实际施工焊接检查中发现的问题有两个：一是操作人员在管口组对时不留间隙，私自减少背部保护处理；二是私自更改冲入氮气替代氩气。前者会造成未能焊透和严重疏松结构的质量缺陷；而后者则是存在探讨的问题，在一些项目上已经有使用了氮气的成功应用，但施工方无法提供两个方面的材料时，应当是不符合规定的。一是证明责任单位具有该工艺焊接能力的焊接质量评定报告；二是证明现场工况排干净背部氧气的检测证明，这是由于氮气密度低于空气，现场在工况排干净空气时存在较大难度。

（5）预热、后热和焊后的热处理

管道的使用条件越是苛刻、严酷，就越需要提高管道材料的机械性能。但是管道的机械性能提高，其焊接性能则随之下降。焊前预热和焊后预处理，是降低焊缝的残余应力，防止焊接处产生裂纹，改善焊缝与近缝区域金属组织和性能的有效措施。焊后热处理需要在焊接完成后立即进行。对于有延迟裂纹可能的焊接口，如果不能及时进行热处理，也必须进行后热处理。而后热处理是监督控制的重点所在，在工程实施中由于多种原因，焊接后的热处理很少能跟上焊接进度。这时，如果不采取后热处理，一定会留下质量隐患。

（6）对于道间的温度控制

正确的道间温度的控制，是按照正确的焊接线能量施焊的保证，焊接线能量超标或造成达不到预期的晶间组织或者导致合金成分的损伤。

（7）焊缝的无损检测

在规定的无损检测项目中，多数工程发生的都是同一个问题，即对角焊缝漏检。在《压力管道规范》GB 20801 和《石油化工金属管道工程施工质量验收规范》GB 50517—2010 中明确规定，对管道检测类别为Ⅰ和Ⅱ级的管道角焊缝实行同比例的表面无损检测。其中，角焊缝包括承插焊和密封焊，以及平焊法兰、支管补强和支架与管道的连接焊缝，而重点是支架与管道的连接焊缝检验。

综上所述可知，石油化工管道是由管道元件连接或装配而成，因为这些工作都是由人来完成，其参与人员的素质是主导性的。在石油化工装置及辅助设施中，用于输送毒性、可燃与无毒、非可燃性气体及液体介质的管道系统，一般的情况是极其苛刻的使用条件和工作环境，其管道系统的复杂性远比想象中的更复杂。无论是石油化工管道施工安装的工程质量管理，还是过程中的监督检查，各参建及监理认真做好监督管理工作比较不易，重点控制的部位和问题也有不少。上述浅要分析介绍在管道安装质量监督工作的基本做法，处理好质量巡检切入点和逢查必有问题的几个关注方面进行简要阐述，希望建筑工程同行共同交流，把石油化工管道的安装质量提高一个新的高度。

八、薄膜结构监测与自修复材料的应用

大跨度薄膜结构由于积雪、大风和冲击等恶劣荷载条件而遭受破坏，有必要研究采取适用于结构的健康监测技术，针对薄膜结构在使用中出现的小型损伤，介绍自修复薄膜材料的研发状况，实现自修复功能和薄膜结构智能化应用。对于结构健康监测是指对工程结构实施在线损伤检测和识别，主要利用的设备有传感器和其他配套设备，对监测系统的要求包括在结构出现较小损伤时可及时发现，并确定损伤的位置，评估损伤程度，提示检测人员采取修复处理。而结构健康监测系统则包括传感器系统、数据采集与收集系统、结构实时分析与预警系统等。

对于桥梁、大坝及海洋平台的健康监测，美、日等国家开展较早，也制定了相应的行业标准。由于大跨度空间结构的研究应用晚，监测技术也晚，大跨度空间结构因跨度大、刚度小，往往利用柔性材料作为屋面材料，与混凝土结构比较监测技术更复杂，健康监测难度更大。已针对广州体育馆部分桁架的健康监测、佛山明珠体育馆主体结构施工阶段的监测，仍属于常规监测，即对结构关键构件或最不利位置进行直接静态的监测。而对于柔性结构，如索膜结构、张力整体结构的研究较少。

1. 薄膜结构健康监测问题

大跨度薄膜结构的健康监测内容包括外部荷载作用和结构反应两个部分。外部荷载作用主要是地震作用、雪荷载及风荷载等；薄膜结构反应是指结构应力、位移、振动加速度、表面温度及表面裂缝等。大跨度空间结构对风荷载的敏感极强，一些结构失效是由于风荷载的作用。应当把风荷载作为监测的重点及表面风压上，而结构应力监测则与普通结构相似，各受力构件应力，如钢结构表面应力、索应力、膜面应力等。

对于大型薄膜结构，监测对象应包括损伤敏感部位和结构的整体健康状况，损伤敏感部位的监测是局部的应力、应变、位移和加速度等。材料结构整体的监测包括内力、挠度及振型和频率变化。薄膜结构具有独特的力学特性，如结构中的薄膜和张拉索是柔性材料，而其支撑为刚性材料，是典型的刚柔耦合系统。薄膜结构是典型的预应力结构，需要特殊工艺才能施工，薄膜材料也需要经历生产流程、折叠、运输、张拉施工多个过程。这也是传统健康监测技术不适用于大型薄膜结构，重新研究其不同监测内容需求和主要难点。

1）健康监测要求分析和有效监控结构在受风荷载作用的动力反应，并准确、迅速地把结构应力-应变的分布反馈给监测平台

撕裂破坏包括风荷载造成的膜材裂纹，及使用者在结构内部或外部活动造成的冲击引起的裂纹。结构健康监测系统要能够识别微小裂缝位置分布、深度和伤害程度，并告知监测平台是否需要做出快速反应。

结构健康监测的另一项要求，是结构中不同材料表面界质的应变评价，特别是刚性与柔性材料交接界面。较多的薄膜结构中包含了刚性与柔性构件，其中柔性构件为薄膜和张拉索材；刚性构件包括膜夹板、索锚固支座、刚构件等。这些柔性与刚性材料的交接界面及结构特性的突变，很难建模和分析明确。此时，接触面两侧的内置结果十分重要。还有一些结构健康监测的需求，对于保障结构体系的安全并不重要，却是成功建造薄膜结构的关键。例如，薄膜材料必须在到达施工现场前折叠、运输和现场张拉，在此过程中的动态检测系统能够确保张拉平稳，监测结构曲面的最终尺寸和形状，也是考虑为结构健康系统的重要环节。动态检测系统能够利用嵌入式的传感器网络和摄像头确认整个构建情况正常。

由于薄膜结构独特的设计方案、材料特性和监测需求，要求有新的系统构成和监测手段，来满足在工程应用中的监测

需要。

2）监测技术的难点

传统的健康监测技术是针对刚性结构发展，对刚性结构传感器的集成和装配不是多大的问题。不论是数据传输还是供能分配的有线电缆和光纤布线，都可以适用于大多数健康监测系统。

如果在薄膜结构中采用传统的传感技术，如粘贴式应变计和光纤传感器，有线电缆和光纤必须在薄膜折叠包装前安装好，并保证在施工中不受损，或者在整个施工结束后再安装，这会造成安装过程的复杂性。只有在全部完成后才能启动传感器，会意味着一部分传感器不能用于施工过程中的健康监测，传统技术中庞大数量的散式节点传感器，在供能和数据采集方面对设计水平也是一种挑战。

薄膜结构的健康监测系统会综合采用无线点式传感器和嵌入式弹性传感器，弹性传感技术可用于监测风荷载破坏或是大面积应变监测，而无线点式传感器更适用于局部覆盖监测的情况，如撞击监测或泄露检测。

采取低能耗或不耗能的传感器组成的分布式网络，或减轻消除数据线的无线电通信技术，可以减少连接器和要求的焊接，会大幅增加设计的灵活性，降低检测系统的集成复杂性。为减少薄膜结构设计后期整合新传感器的复杂性，要提前设计好标准数据的无线数据接口。

在薄膜结构中安装此类传感器时，要保证传感器在施工张拉前后位置不变还不影响施工，还有需要解决的问题，如安装固定点引起的应变集中，粘贴或其他连接技术改变了基本物质特性，对结构本身会造成一定损伤影响。避免这些问题的方法就是使用多功能材料，在分层之间整合或嵌入式弹性材料传感器和相关电子设备，用于数据采集和处理。应用弹性传感器的最大难点在于：传感器和相关设备必须同基体物质相容，传感器和相关设备必须有足够的耐久性，经过生产、运输、施工的各个环节不受影响。

3）适用于薄膜基体的传感器，如何把离散、附加的电子装置转移到薄膜材料上很重要

处理方案是一个高度整合的系统，通过弹性薄膜晶体管技术（TFT技术），达到每个电容感矩阵相互独立，并对每个矩阵读取数据，甚至包括薄膜应变传感器和温度传感器。采取大面积卷轴工艺，直接在结构性材料上生产出所有的传感器和相关电子设备。

如上所述，柔性与刚性材料的交接界面需要进行应变检测，尽管刚性材料的应变检测技术已比较成熟，但是传统的应变计应用于低模量的薄膜材料时，要准确地把应变片中的应变发送给应变计，面临着较大的困难。可以考虑直接把应变计贴于薄膜材料的基体上，其质的应变可以被测量出来。如果可以整合进电容性冲击传感器矩阵，大面积基体的应变数据就可以测量。这种技术可以用于对长期结构整体性极为重要的薄膜层应变。分散式的应变计也用于确保薄膜结构张拉过程中的应变状况正常，当应变状态出现异常时提供报警，可以提供动态荷载的信息。

4）无源无线传感技术

除了裂纹检测和应变检测，薄膜结构亦需要整合其他的健康监测设备和能力，包括：加速度冲击或撞击检测、超声或声学检漏、温度梯度检测用温度传感器、结构辐射量检测器等。但是，在采用广泛分散式的多点式传感器的情况下，能源分配和数据采集则难度加大。这时，可采用无源无线传感器节点来预防上述问题。与功能节点相比（自带干电池、太阳能电池的直流源），无节点仅仅依靠的是从一个讯问设备发送的射频能量。因此，对于无源设备信号问讯和供能均可以通过无线进行，使传感器摆脱对电线的依赖，也避免了对储能技术的需求。这对用于薄膜结构的分散式传感器整合提供了一定优势。无源远程传感器主要包括：小型射频发射器1个，发射集中射频波信

号；带有表面声波（SAW）相关设备的传感器节点，接受并调整相应射频信号；信号接收器，可以接受发射和调整后的脉冲信号，其结构系统见图1。

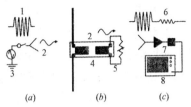

图1　无源无线传感器节点结构

（a）信号发射；（b）传感器节点；（c）信号接收

1—问讯脉冲；2—天线；3—封闭振荡器；4—窄带宽SAW；

5—可变阻抗；6—接收脉冲；

7—天线放大滤波器；8—信号处理探测器

传感器节点的核心即为SAW过滤器，通过把电能转化为声能，从而对带通和频率进行选择并对信号进行处理。SAW过滤器为3端口设备，拥有3个电能1个声能变换器，每个变换器上有1个信号输入端和两个输出端。SAW过滤器见图2。

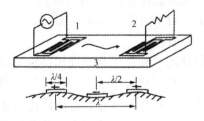

图2　SAW设备的原理示意

1—信号输入端；2—输出端；3—压电基体

5）薄膜结构健康监测系统的应用现状

对薄膜结构健康监测在当代的航空航天领域已经有深入的研究和应用。如美国宇航局JPL试验室设计了一套对卫星可展开薄膜天线的健康监测系统，并将其应用于实际项目中。哈尔滨工业大学欧进萍院士对智能感知材料、传感器与健康监测系统进行了研究，并研制了一种用于土木工程健康监测的无线传感器局域网（WSLAN）。

现在国内对膜结构的健康监测尚未实例，只有对膜材和索的检测，在施工前对膜材性能的检测，在施工中对膜材张力的检测。对膜材性能的检测包括单轴、双轴拉伸试验，撕裂试验，耐候试验，膜结构连接强度试验，水密性能试验及膜面预张力测试。

2. 自修复薄膜材料

1）建筑膜材料及常规修复方法

建筑膜材料是由基层、涂层、面层组成的涂层织物，它是一种复合材料。由纤维编织而成的基层决定了建筑膜材的力学特性。而涂层和面层则利用其自洁、抗污染及耐久性等作用来保护基层。常用的建筑膜材的基层纤维，有玻璃纤维、聚酯纤维等。常用的涂层材料，有如聚氯乙烯（PVC）、聚四氟乙烯（PTFE）等。

建筑膜材的传统修复方法包括嵌入法、补丁法、新树脂固化法等。这些修复方法针对的是大面积可见及探测的裂纹修复，这些传统修复方法对于微裂纹的修复则无效果。

2）自修复的机理

薄膜结构设计的最终目标是设计出一种可以适应不断变化的环境智能结构。在实现设计的过程中，最关键的一个是自我修复功能的整合。自我修复材料和无线传感技术的有效结合可以实时检测结构的损伤情况，检测自我修复过程，如果需人工介入则通知监测平台。而自修复材料是受到活体组织的启发，在受到微小伤害如擦伤时，就能启动一种自我修复机制。在生物系统中伤口释放的化学信号能够引发一系列的反应，运送修复因子到达伤口，促进成长越合。近年来，一些研究已经可以用一种能够自修复的环氧基树脂模仿生物系统的上述过程，图3为自修复概念过程。

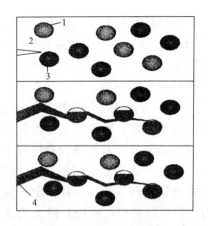

图3　自我修复功能的弹性体被微型胶囊化
1—引发剂微胶囊；2—裂纹；3—树脂微胶囊；4—聚合修复因子

自我修复通过把自修复因子微胶囊化，并在一种聚合物基质中和聚合触发物混合在一起，一旦出现撕裂或是破裂的状况，自我修复机制就会引发，类似于生物系统中的受伤自越过程。外来的损伤破裂损坏了自修复因子胶囊，通过毛细管作用向破坏面释放出修复因子，一旦遇到聚合触发物，修复因子的高聚反应即开始，重新连接破坏面。

3）自修复材料的研究应用

20世纪80年代末，材料技术的发展和集成电路技术的进步，美国军方提出了智能材料与结构的设想概念，之后便开始了大规模的研究。现今，发展非常迅速，在航空航天领域智能材料与结构得到应用，美国宇航局已在卫星可展开天线的薄膜结构中应用了自我修复智能材料。

自我修复微胶囊，在国外研究了DCPD（二聚环戊二烯）芯UF（脲醛树脂）微胶囊的自我修复。国内也对自我修复微胶囊进行了研究，包括DCPD（二聚环戊二烯）胶囊合成工艺、E-51树脂胶囊和DGEB-PA树脂的合成等。

浙江大学高分子复合材料讲究所的国家自然科学基金项目

"聚合物基自修复复合材料-负载型铂基催化剂的制备与自修复单体的合成"设计了一种新型聚合物基自修复复合材料体系。这个体系包括分散于基体中的包覆有修复单体的微胶囊和负载有催化剂的增强粒子或纤维填料。催化剂选择了负载型铂基催化剂，这种催化剂可在常温常压下快速高效催化硅氢化反应；修复剂选用低聚有机硅氧烷。哈尔滨工业大学复合材料与结构所王荣国教授也对自修复复合材料微胶囊进行了深入研究。此外，国内外专业人士对各种微胶囊的耐热性、分散性、界面粘结强度的重要特性进行了深入研究，并提出了复合材料的断裂修复、疲劳修复、撕裂修复和层间断裂修复的自修复效率表示方法。

这些自修复材料都可以用于膜结构基材。玻璃纤维和聚酯纤维给自修复膜材的研发提供了便利。自修复材料不适用于大型风载破坏损伤，却可以有效地修复小型的薄膜材料损伤甚至薄膜基体内部的损伤。尤其对于充气薄膜结构，使用自修复材料是非常好的。大量充气薄膜结构的小型漏气检测非常不易，若薄膜材料可以自我修复漏气处，就会实现漏气监测定位，修复时间少、速度快。

4）自修复薄膜材料的制备

实现薄膜材料自修复功能的难点，在于如何把含有修复因子和催化剂的微型胶囊填充进成层的弹性薄膜。任何能够修复剪切破坏，撞击和穿刺破坏的化学物质以及可能的破坏模式，都需要明确能够修复的损伤类型，任何自我修复材料也必须能够满足特定的工作要求，以便能够作为自修复薄膜材料最佳状态下工作，包括在服役环境中保持弹性、低透氧性、最小的透气性和一定程度的抗压、抗拉、抗剪能力。

有两种工艺可以把自修复功能整合于薄膜材料：第一种是直接用带有自修复功能的材料制作气囊薄膜；第二种方法是在已有的薄膜材料中加上一层自修复功能层。虽然第一种工艺能够实现最大程度上的自修复功能整合，但也给薄膜生产技术带来巨大的挑战，微型胶囊直径必须足够小，能够被整合进薄膜材料；自修复成分必须要在经历整个生产工艺流程后保持足够的活性，要能够承受高温、高压的施工环境。第二种方法是在薄膜材料的某一侧加上一层自修复功能层，该工艺能够规避第一种工艺中很多生产技术上的难题，但是要求薄膜材料和自修复功能层材料之间可以保证良好的结合性能。

美国宇航局JPL试验室采用第二种工艺来制作自修复薄膜材料，具体是用自修复层夹住两层保护层中间，见图4。该种材料已通过试验，可以在静态环境中修复小的穿刺损伤及剪切损伤。

图4　自修复薄膜材料示意
1—保护层；2—自修复层

综上浅述，现代大型膜建筑工程较多，为达到实时监测大跨度薄膜结构在恶劣使用环境中的正常工作，伊桑介绍了适用于此类柔性结构的新型健康监测系统，包括监测内容需求、主要技术难点、基体传感器等。针对薄膜结构在使用期间可能出现的小型损伤，介绍具有自我修复功能的新型自修复薄膜材料，以实现薄膜结构设计的智能化水平提升。

九、建设施工企业如何正确控制工程造价

对于工程造价的合理确定与有效控制，是项目管理的重要内容。对建设项目的各个参与方来说，处于不同角度的单位对其造价的控制有不同的侧重与方法。从建设业主的位置分析，对建设项目费用的控制也就是对投资的控制，力求在合理的范围内以最少投资获得最大化效益；而处于施工企业的角度而言，

对建设项目造价的控制重点就是对项目成本的控制，力求以最少的投入获得更大的经济利润。

现阶段建筑施工企业对工程造价的控制技术手段，更多的是以事后管理为特征、以重视工程结算为目标的方法。实行的是投标报价—中标价—进度款预付—竣工决算的管理模式。这种已习惯使用的方法，主要体现在对建设项目成本静态、被动、孤立的管理，很难从根本上达到控制施工成本、获得最大经济效益的目标。

对于施工企业来说，建设项目的管理涉及范围广、面大，成本控制的因素错综复杂，而施工项目的成本直接关系到项目的成败，关系到建筑施工企业的发展，同时也是项目竞标的主要因素。严格控制工程造价是施工企业必须做的，降低项目成本才能在市场竞争中取胜。施工企业合理确定和控制项目成本，是一项比较复杂的系统工程。必须采取有效的措施，抓好成本事前、事中和事后的控制，有效降低工程费用，实现利润目标。

1. 成本预测是造价控制依据

项目成本预测是施工企业控制工程造价的基础，是合理、有效编制项目成本计划，确定成本控制目标的依据。项目成本预测的内容，应根据各工程项目的施工条件，机械设备，人员素质等进行预测。

1）人工、材料、机械成本的预测

（1）人工费

是根据市场价和企业内部人员工资标准进行预测计算，根据工期及设备投入的人员数量预测该项工程的人工费用。在人工费用预测中，施工企业应注意不能完全按照定额预测人工费。由于当前定额编制的严重滞后，现在定额规定的人工工日单价标准却是大大低于市场人工价格，只有按照市场价格进行的人工费预测才是接近实际的，也是具有可操作性的。

（2）材料费成本的预测

是项目总成本预测的关键因素，因为在大多数工程项目中，材料费用占项目成本的 70% 左右。基本上决定了工程造价的总体。对使用的主材料、地产材料、辅助材料及其他材料成本应进行逐项分析，实行比价采购管理，确定材料的供货地点、购买价格及运输和消耗，加大对市场价格询价的方式及力度，分析在施工方案中规定的材料规格与实际使用材料规格的可能差异，应预测和制定当某项材料出现短缺时，可以替代材料的方案，并重点分析替代材料的与原设计材料成本的差异。当差异较大，造成项目总成本增加较多时，应采取相应的处理措施。

（3）机械使用费成本的预测

要分析使用自备机械的摊消费和直接使用费，并与使用租赁机械设备费用相比较。当使用租赁机械设备费用较低可以使用时，应将租金作为机械使用费的主要成本标准。

2）项目措施费的预测

措施费中有些项目，如文明、安全费等应按照国家规定的标准进行计算，不存在预测问题。但项目措施费中其他的一些费用，如夜间施工费、二次搬运费、垂直机械吊装费等，是需要进行费用预测的，应根据工程规模、工期长短、施工场地环境及投入人员、机械规模的多少，并参考其他类似项目施工的经验教训，预测合理的费用目标控制。

3）成本风险控制的预测

由于建设项目的施工工期一般比较长、工程量大、工序多、工种之间交叉作业也多，同时也受到环境气候的影响因素，施工中一直存在风险因素。这些风险因素主要包括：政策性变化导致的施工方案的变化风险；市场材料价格变化存在的风险；设计变更风险；施工管理风险等。直至项目竣工验收合格，成本控制的风险才基本上消失。因此，要做好事前对施工项目技术及地质可能存在问题的分析，对施工组织设计、施工资源配置、参加施工人员素质的分析，对市场变化和项目现场环境进行评估，做好风险识别、风险评价和规避风险的预测工作。

成本预测工作的程度深浅，实际也关系到工程投标价的决定。施工企业为了获得项目中标，总是尽量报出合理价再偏低一点儿。而合理低价的确定，一定要以科学、合理的成本预测分析作为依据。

2. 成本控制原则

为确保项目施工成本控制目标实现，应确定成本控制的原则。

1）全员成本控制的原则

成本控制涉及施工企业项目经理部的所有机构人员，也涉及每一位员工的切身利益。要纠正一些工程技术人员只注重技术管理工作，而忽视费用管理即成本控制，有时会出现一些不应有的经济损失及浪费现象。应对现场技术人员要求树立从技术入手、经济从严控制的综合管理理念，树立全员关心成本控制的风气。

2）全过程成本控制的原则

工程项目成本的发生涉及整个项目的施工周期，成本控制工作应伴随着施工的每一个阶段中。如在准备阶段制定最佳施工方案，按设计要求和现行规范施工，充分利用现有的资源，减少施工费用的支出。保证施工质量，减少过程中的返工和竣工后的保修费，使建设成本自始至终处于有效的控制之中。

3）目标成本控制的原则

目标控制是工程管理活动的基本方法措施，何谓成本目标控制，就是把计划成本的任务目标和措施逐一分解，落实到各个职能部门、施工班组及个人。目标内容既包括工作责任，也包括成本责任，做到责、权、利相结合，奖罚分明。

4）动态控制的原则

成本控制是在不断变化的条件下进行的管理活动，动态控制就是在施工过程中收集发生费用的实际数据，不断地将成本计划目标与实际发生费用进行对比，找出存在的问题，分析成本偏差的原因，主动采取控制措施，使费用控制不超过允许范围。

5）节约的原则

在项目实施过程中应对人力、物力、财力尽量节省，是费用控制的基本原则。要经常检查费用支出出现的偏差，不断改进优化施工方案。主要是对材料的消耗要严格控制，根据项目进度对消耗材料与定额材料进行对比，一般不要超过。对各种材料余料有专人回收，加强现场管理，尽可能使材料的损耗降至最低。

3. 实施阶段的成本控制

项目的实施阶段也是实施阶段，是工程项目变成实体的主要过程。大量的人工、材料、设备在这时全部投入，此阶段对费用的控制应是关键的环节。

1）施工阶段的成本控制

主要是从施工组织设计、质量、工期管理几个方面考虑。

（1）施工组织设计与经济效益相统一

施工组织设计是工程施工的重要依据，决定着工程的质量、进度和成本。因此，一个好的施工组织设计对节约费用、控制造价起着至关重要的作用。在编制施工组织设计时，应体现先进的劳动效率，在努力降低成本的同时，减少或缩短一些工序工日及材料消耗量。所以，必须采取技术上可行、经济上合理的施工方案，优化组织设计，达到施工组织设计与经济效益的相统一。

（2）加强工程质量和进度管理

工期的缩短或拖延必然带来费用的变化，延长越多，费用会越大。要合理制定资金使用计划，使成本控制与进度控制相协调；必须加强质量的管理，控制减少返工，在施工过程中严把质量关，使质量的管理贯穿于项目实施的全过程中，做到工程一次合格，杜绝可能产生的返工现象，避免因不必要的人、财、物投入而加大费用支出。

（3）加强材料成本的控制

因材料成本占整个工程项目成本的比例最大，直接影响整个建设费用。首先，施工企业应随时分析各种材料的市场变化趋势，掌握材料的其实价格，在保证质量的前提下择优选材，进行货比三家，达到降低费用的目的；其次，对材料用量进行控制，坚持用定额确定材料消耗量，实行限额领料做法；另外，要改进施工技术，推广使用降低材料消耗的工艺，力求以低价材料代替高价材料。还要加强对周转材料的控制，合理确定进货批量和时间，这也是材料成本控制的有效措施。

2）加强施工合同管理，保证施工顺利实施，特别是对工程变更和索赔的管理

（1）工程变更

是指施工过程中发生的设计变更、进度计划变更、施工条件变更、材料变更及原招标文件中工程量清单中新增加的工程量。工程变更带来的影响，新增工程会使成本费用提高，利润也相应增加。尤其是多数变更工程的价格不是招投标的竞争价格，而是双方重新协商的价格。如果施工企业能合理利用变更项目的有利条件，一般会给施工带来较好效益。另外，是工程变更带来的成本增加。如果施工企业管理不善，无有效措施处理变更带来的新成本利润关系，会造成施工企业付出的比得到的多，对项目总成本控制不利。这里主要涉及的是工程变更资料的签证和管理问题。

①为了有效地对变更成本进行控制，施工企业应注意工程变更相关资料的齐全和完整性。凡是工程变更资料都必须有甲方代表、监理单位和施工方代表签字盖章，涉及设计的变更还要有设计人员及单位盖章才能有效。

②工程变更通知单一般由施工方负责填报，但从工程实践中可以看到，一些工程变更通知单填写简单、敷衍，不能反映出真实的变更情况，特别是对反映工程造价的工程量、单价及费率界定不明确，造成工程价款结算时产生较大争论，而这种争论往往以施工单位的退让而结束。

③从控制成本的角度分析，不是所有的变更通知单都要可

以计算工程款的，即便新增造价的项目。如果工程变更手续不全，也计算不到相应的价款。因此，施工单位应掌握申报变更合理性的技巧，合理性是反映工程变更的内容合理、真实、有效，不能高估冒算；否则，不能签字认可。技巧是尽量反映全面，不少报、不漏报。工程经济人员应熟练掌握造价知识，对变更新加的量价准确反映，符合工程造价计算规则和政策规定，并符合施工合同约定的时间之内。

（2）施工索赔

是施工阶段发生比较多的问题，而索赔也是双方争议最大、最难处理的问题，施工企业加强索赔管理工作，是项目成本控制的重要内容。

①提高对索赔的认识，是施工企业管理人员必须重视的

相对于传统的管理方式，许多管理人员对索赔概念不清，对处理索赔程序资料不明，造成索赔工作的滞后和拖延。作为施工管理的一员，应充分了解掌握有关索赔的程序和内容，做好资料的收集、整理和保存，并要参会人员签字作为正式文档资料，为索赔工作提供充足的事实依据。

②除了常见的索赔方式外，在索赔处理中还要注意的方面

重视索赔的及时时效性。索赔的程序都有时间限制的规定，超过这个时间节点就无效。这个时间节点反过来又约束了建设方，当超过时间限甲方未答复，索赔自动生效。在很多情况下，施工方在提交索赔报告时，甲方代表一般不会及时答复，多数会采取拖延的方式对待索赔。施工方会要求甲方代表在回执上签字，表明时间防止争议。同时，施工方应主动做到单项索赔一事一索赔，发生一件处理一件，不要集中一块儿进行。

综上所述，加强施工企业的工程造价控制也就是项目成本控制，是现在施工企业创效的主要途径。施工企业根据自身的特点，积极做好"科学预测、静态控制、动态管理"的施工造价管理模式，正确处理费用与质量、工期之间的关系，把技术与经济相结合的管理思想贯穿于整个施工过程，逐步建立完善

适合企业自身的成本控制方法。并加强对施工管理人员知识结构多元化与综合性的培育，通过多种合理、有效的造价控制技术措施，在施工实践中达到经济效益的最大化。

十、建筑物外悬挑脚手架应用技术控制

当今的高层及超高层建筑物外墙，绝大多数都使用型钢分段悬挑脚手架技术施工，其搭接形式主要是采用悬挑型钢一端与结构楼面梁板锚固，而另一端挑出建筑物以支撑上部外墙施工用脚手架。为确保安全，一般会在型钢的端部增加斜拉钢丝绳，以增加型钢的受力稳定性，从而形成型钢悬挑、钢丝绳斜拉（钢丝绳不参与计算）的脚手架体系。现行《建筑施工扣件式钢管脚手架安全技术规范》JGJ 130—2011 中，增加了型钢悬挑脚手架一节，对工程具体使用提供了科学依据，也给工程的计算有了明确的模式。以下就规范要求及传统常用的悬挑脚手架设计与施工中遇到的问题进行分析探讨。

1. 对使用材料的选择

1）使用钢管

《建筑施工扣件式钢管脚手架安全技术规范》JGJ 130—2011 明确规定宜采用 $\phi48.3 \times 3.6mm$ 钢管，外径允许偏差为 ±0.5mm，壁厚允许偏差 ±0.36mm。现在建筑工程中采购的脚手架钢管多数为 $\phi48 \times 3.25$（3.5）钢管，外壁及壁厚允许偏差 ±0.36mm，再由于使用周转次数多且雨淋日晒，钢管产生锈蚀，壁会变薄，应当在计算外脚手架时用壁厚薄的钢管进行计算，结果会更偏于安全。在现场实际使用的是新采购的全新、无锈蚀抽样送检合格的钢管，可以按 $\phi48 \times 3.6mm$ 钢管的各项参数计算。按旧 JGJ 130—2001 规范采购的钢管或是现场多次用过的旧钢管 $\phi48 \times 3.5$、$\phi48 \times 3.25$ 可分别采用 $\phi48 \times 3.5$ 和 $\phi48 \times 3.25$ 的各项指标进行计算。一般情况下，不要采用 $\phi48.3 \times 3.6mm$ 钢管的各项参数进行计算，钢管长度不要超过 6.5m。

2）采用扣件

外架应采用的钢管扣件材质一定要符合现行的《钢管脚手架扣件》GB 15831—2006 的相应规定，并有生产合格证书，扣件螺栓拧紧扭矩值不应小于 40N·m，且不大于 65N·m。试验结果表明：只有将螺栓拧紧时，扭力矩达 50N·m 时，脚手架才具有稳定的抗侧移能力。

3）型钢悬挑梁

型钢悬挑梁一般使用双轴对称截面的型钢，主要是工字钢等，而不宜推荐使用槽钢这些单轴对称截面的型钢。悬挑梁钢型号及锚固件应按设计确定，钢梁截面高度不应小于 160mm，每根型钢悬挑梁外端宜设置钢丝绳与上层建筑结构斜向拉结，而钢丝绳不需要参与悬挑梁的受力计算。

4）钢丝绳选择

应当采用 6×19+1FC（纤维芯），直径为 15.5mm，抗拉强度不小于 1670MPa。钢丝绳选择主要考虑的是纤维芯（麻芯）小直径、高强度，方便操作，不需要使用高强度（1770、1870、1960MPa）的钢丝绳进行设计。

5）连接件及钢筋拉（压环）或者锚固用螺栓

连接件用材质应符合 Q235-A 级钢的要求就可以，一般的选择用短钢管或者圆钢即可；钢筋拉（压环）或者锚固用螺栓应采取冷弯成型，用 HPB235 级钢筋制作，直径不小于 16mm。

6）吊环

钢丝绳与建筑结构拉结的吊环应使用 HPB235 级钢筋制作，其直径按设计确定并不小于 20mm。

7）安全网

立网应使用密目型安全网，其标准为每 100mm×100mm 的面积内 2000 网目，多数采用 2200、2300 目，同时要求防火阻燃。密目型安全网自重不得小于 0.01kN/m²。

8）脚手用板

现行《建筑施工扣件式钢管脚手架安全技术规范》JGJ 130—2011 中规定了冲压钢脚手板、竹串片脚手板及木脚手板等，由于地区施工习惯及防火安全的因素，这几种脚手板在北方地区都会有一些使用，以木质及压钢脚手板较普遍。

2. 设计参数取值及其计算

1）施工荷载的考虑

当前，高层建筑的机械化应用水平比较高，在主体施工阶段脚手架的主要功能只是起到围护作用，而更多的是在装修时期使用。在一个悬挑段上同时进行主体施工及装修的概率几乎为零。因此，应考虑选择一层结构施工荷载 $3kN/m^2$ 或二层装修期的施工荷载 $2 \times 2 = 4kN/m^2$ 比较合适，而规范中要求在同一个跨距内各操作层的施工均布荷载标准总值和不得超过 $5kN/m^2$，这样也不会造成大的浪费。

2）风荷载标准值

按照原 JGJ 130—2001 规范中要求的基本风压 w_0 是根据重现期为 30 年而确定，而建筑结构荷载规范的风压值是按 10 年、50 年和 100 年编制，现行 JGJ 130—2011 规范确定为重现期 10 年一遇的基本风压，取消了 0.7 的系数，使计算更方便。

风压高度变化系数 μ_z 应按不同的高度进行取值，悬挑脚手架是悬挑取值，各悬挑段高度在 20～30m 之间，各段高度应选取不同的风压高度变化系数，每个悬挑段也应根据不同的计算进行选取。在验算脚手架立杆稳定性时，应取每一悬挑段起挑处的高度计算；在验算脚手架连墙件承载力时，在同一悬挑段内连墙件要统一设置，可取每一悬挑段的最大离地高度计算。

3）悬挑工字钢的允许挠度

现行《建筑施工扣件式钢管脚手架安全技术规范》JGJ 130—2011 中专门列出了型钢悬挑脚手架型钢梁的允许挠度 $[u] = t/250$（t 为悬挑杆件，取悬伸长度的两倍）。

4）脚手架立杆计算长度系数 μ

现行《建筑施工扣件式钢管脚手架安全技术规范》JGJ 130—2011 中表 5.2.8 按照连墙件的布置只给出了二步三跨、三步三跨，但是现在的一些超高层建筑物超过 100m 是正常的，使用钢丝绳斜拉型钢悬挑脚手架是普遍的，二步三跨及三步三跨布置连墙件是满足不了要求的，也要求规范在重新修订时有二步一跨及二步二跨的 μ 值。

5）脚手架的挡风系数

密目型安全网全封闭式脚手架的挡风系数，应由密目安全网挡风系数 ρ_1 和敞开式脚手架的挡风系数 ρ_2 两部分组成。密目型安全网脚手架的挡风系数计算参考值见表1。

密目型安全网脚手架的挡风系数 ρ 计算参考值　　表1

网目密度 $n/100\mathrm{cm}^2$	密目安全立网挡风系数 ρ_1	敞开式脚手架的挡风系数 ρ_2（规范附表 A-3）	密目安全立网全封闭脚手架的挡风系数 $\rho = \rho_1 + \rho_2 - \rho_1 \times \rho_2 / 1.2$
2300 目/$100\mathrm{cm}^2$ $A_0 = 1.3\mathrm{mm}^2$	0.841	步距 $h = 1.8\mathrm{m}$　$\rho_2 = 0.099$ $L_n = 1.2\mathrm{m}$	0.871
2300 目/$100\mathrm{cm}^2$ $A_0 = 0.7\mathrm{mm}^2$	0.931		0.953
2300 目/$100\mathrm{cm}^2$ $A_0 = 1.3\mathrm{mm}^2$	0.841	步距 $h = 1.8\mathrm{m}$　$\rho_2 = 0.09$ $L_n = 1.5\mathrm{m}$	0.855
2300 目/$100\mathrm{cm}^2$ $A_0 = 0.7\mathrm{mm}^2$	0.931		0.951

密目型安全网全封闭脚手架的步距 1.8m，立杆纵距 1.5m，挡风系数计算为 $\rho = \rho_1 + \rho_2 - \rho_1 \times \rho_2 / 1.2 = 0.841 + 0.09 - 0.841 \times 0.09 / 1.2 = 0.868$。密目型 2300 安全网全封闭（敞开、架框和开墙洞）脚手架风荷载体系数 $\mu_s = 1.3\rho = 1.3 \times 0.868 = 1.128$。

6）斜拉钢丝绳安全系数取值

钢丝绳安全系数 K_0 是按钢丝绳用途而定，钢丝绳不参与计算。只是安全储备，应当选择取 $K_0 = 6 \sim 8$ 较合适。

7）连墙件的设置计算

现行《建筑施工扣件式钢管脚手架安全技术规范》JGJ 130—2011 条文中增加了连墙件与脚手架，连墙件与建筑结构采用扣件连接时的验算。连墙件的计算包括两方面：连墙件的强度和稳定性计算，连墙件与脚手架、连墙件与建筑结构连接件的抗滑移计算。

连墙件轴压力的设计取值 $1.0N_{LW}$ + 侧向支承力，N_{LW} = $1.4W_{kVW}$，N_{LW}—风荷载对连墙件所产生的轴向作用力；W_k—风荷载标准值；A_W—单位连墙件覆盖的脚手架外侧面的迎风面积。每个连墙件覆盖的面积内脚手架外侧面的迎风面积，为连墙件水平间距乘以连墙件竖向间距。在脚手架设计中，连墙件的设置用几步几跨表明，由于连墙件几乎全设在结构楼板上，在实际设计时迎风面积应当是本层高乘脚手立杆的跨度，如果层高为3m，连墙件为2跨（每跨1.5m）设，其面积为 $3m \times 3m = 9m^2$，而不是 $3m \times 3.6m$（2步）= $10.8m^2$。

侧向支承力应重视两种水平作用力：一是在偏心力作用下，由脚手架倾覆力矩在连墙件中引起的水平力；另一个连墙件对脚手架横向整体失稳的约束作用所产生的屈曲剪力。这两种水平力当前还难以准确界定，根据现行《钢结构设计规范》GB 50017—2003 的规定，并根据国内工程长期应用的经验，连墙件约束脚手架平面外变形所产生的轴向力 A_0，由原规范的双排架取 5kN，改为取 3kN。

采用扣件连接，当一个直角扣件连接承载力计算达不到要求时，可采用双扣件。当采用钢管扣件做连墙杆的连接件时，扣件抗滑承载力按公式 N_1 不大于多少计算，R_c 为扣件抗滑移承载力设计值，一个扣件为 8kN，两个扣件可取 12.8kN。当采用焊接或螺栓连接的连墙件时，宜按《冷弯薄壁型钢结构技术规范》GB 50018—2002 的规定计算；连墙件与混凝土中的预埋件连接时，预埋件还应按《混凝土结构设计规范》GB 50010—2010 的规定计算。

8）计算高度的确定

型钢悬挑脚手架的高度分实际悬挑高度和设计计算悬挑高度。实际悬挑高度是指悬挑工字钢开始到此段脚手架的顶端，也可是两段悬挑工字钢之间距离，计算高度是指本段型钢悬挑脚手架搭设完成，梁板混凝土浇筑后达到一定强度，上一道工字钢未能完全受力之前，为了使工程连续施工，下一悬挑段的脚手架应超过本段悬挑工字钢一段高度，一般宜取计算高度为实际搭接高度加二步架，即3.6m。最顶层的设计高度应采用型钢悬挑楼层至女儿墙顶加1m安全栏杆高度。在安全计算复核时，不要用实际悬挑高度代替计算高度。

3. 节点构造措施应用分析

在规范中推荐使用U形螺栓，锚固型钢悬挑梁的U形钢筋拉环或锚固螺栓，其直径不小于16mm，用于锚固的U形钢筋拉环或螺栓应采用冷弯成型，U形钢筋拉环、锚固螺栓与型钢间隙应用钢楔或硬木楔楔紧密，见图1和图2。

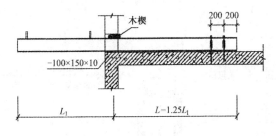

图1 悬挑钢梁穿墙构造示意

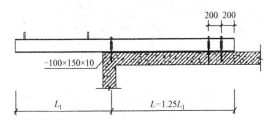

图2 悬挑钢梁楼面固定构造示意

1）型钢挑梁与楼板固定方式

在混凝土浇筑时，预埋插入圆钢压环，工字钢挑梁根据在楼板内的锚固长度设置3道卡箍（有一道锚入梁内），卡箍在板内锚入混凝土不应小于30d，卡箍内空尺寸与工字钢不匹配时，宜另制作一套箍与工字钢及预埋压环焊牢固，以抵抗外架引起的挑梁水平力，严禁用木楔填满。

悬挑钢挑梁的悬挑长度应由设计确定，固定段长度不应小于固定段长度不应小于悬挑段长度的1.25倍。悬挑梁固定端应采用两个以上U形钢筋拉环或锚固螺栓与建筑结构梁板固定，U形钢筋拉环或锚固螺栓要预埋至混凝土梁、板底层钢筋位置，并应与混凝土梁、板底层钢筋焊接或绑扎牢固，其锚固长度应符合现行《混凝土结构设计规范》GB 50010—2010中钢筋锚固的规定。除遵守《建筑施工扣件式钢管脚手架安全技术规范》JGJ 130—2011中推荐的型钢在梁内锚固节点构造图外，根据施工实际还有两种做法，见图3、图4。

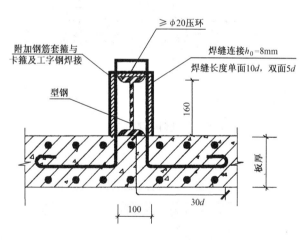

图3　钢梁压环节点（先预埋压环），后置工字钢

2）钢丝绳吊环

钢丝绳吊环应使用圆钢制作，预埋长度在混凝土中不小于

30d，并锚固在梁主筋内，同时伸出梁面，以便于穿入锚固钢丝绳，严禁吊环外塞得太多，受力后变形，引起钢丝绳张拉不紧而产生松弛，见图5。钢丝绳压环与剪力墙或阳台时，可以采取预埋螺栓的方法，见图6。

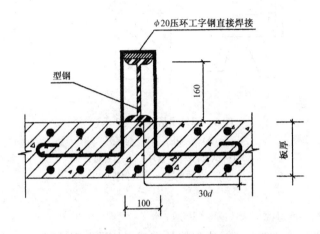

图4 工字钢与压环焊接，在浇筑混凝土时预埋

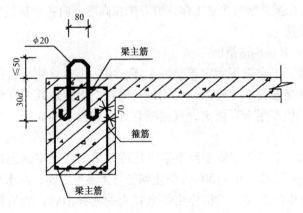

图5 钢丝绳吊环节点1示意

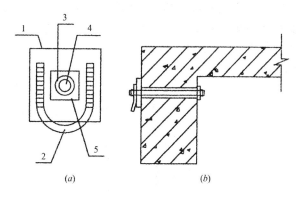

图6　钢丝绳吊环节点2示意

（a）立面图；（b）剖面图

1—钢板；2—连接环；3—双螺母；

4—22 预埋螺杆；5—钢垫片

3）剪刀撑

剪刀撑主要作用是为保持外脚手架的纵向整体稳定。钢悬挑梁架一般高度应当在 24m 以上，应连续设置剪刀撑，为确保各悬挑段的悬挑梁架的独立工作，剪刀撑在高度方向各悬挑段应分开独立设置。

4）其他构造措施

（1）工字钢下固定钢丝绳卡环，应防止钢丝绳与型钢锋利的翼缘接触而产生丝断，可用钢丝绳在型钢接触处外挂胶皮网管，严禁不用卡环固定，直接绕着挑梁和脚手架立杆，易产生滑移；

（2）悬挑钢梁固定脚手架立杆可以采用在工字钢上焊上短钢筋头，长度 100～150mm 防止钢管与工字钢之间，在水平力作用下产生的滑移，不得使用焊直径大的镀锌钢管，然后钢管插入镀锌钢管的做法，见图7；

（3）对于人货电梯及脚手架开口处或一字形脚手架连墙件，应不考虑计算的要求，按照规范要求的构造要求即可；

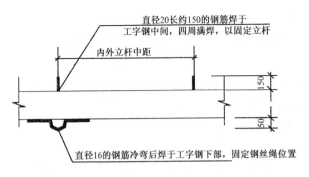

图 7　工字钢固定钢丝绳及钢管立杆的节点示意

（4）钢丝绳夹具应为 3 道，见图 8。型钢外挑端部一般使用一道钢丝绳斜拉；当型钢悬挑长度小于 1.8m 时，应采用两道钢丝绳斜拉。对于悬挑段中部增设的卸载钢丝绳，无论外挑长度多少，均应采用两道钢丝绳，拉住外架立杆的主节点部位。钢丝绳夹把夹座扣在钢丝绳的工作段上，U 形螺栓扣在钢丝绳的尾端上，钢丝绳夹在钢丝绳上交替位置；

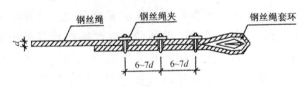

图 8　钢丝绳夹正确布置方法

（5）型钢悬挑脚手架不宜设"之"字形斜道，可以考虑在作业层以下 3 层，在脚手架上安内爬梯；如设"之"字形斜道时，工字钢悬挑跨度太大，计算不可能满足要求；

（6）当型钢悬挑脚手架遇到阳台时，因为阳台也是悬挑构件，承受能力不足，此时工字钢悬挑段可达 3m 左右，按照锚固1.25 倍的内压长度达 3.75m 太长了，而工字梁总长达到 7m 左右，给施工带来极其不利的影响，应与设计者沟通，增加阳台梁的配筋，将工字钢仍支撑在阳台上部，也可以对阳台悬挑梁支顶加固；

（7）脚手架主杆接长除顶层顶部外，其余各层各步接头要采用对接扣件连接，以防止扣件抗滑移差的同时出现偏心。顶层顶部承受垂直方向的力较小，建议采取搭接，这样比对接能更好地抵抗侧向风荷载的水平力，受力更合适。

4. 施工应用需重视的问题

1）悬挑架手架方案设计

对于高度超过 20m 的外墙脚手架方案，要严格按照住房和城乡建设部《危险性较大的分部分项工程安全管理办法》（建质〔2009〕87 号文）进行专家论证评审；编制悬挑架手架方案，应包括设计计算书、构造措施和图示说明。按不同楼层绘出平面布置图（包括阳台、转角、人货电梯口的不规则部位），各段悬挑架的剖面（包括型钢、钢丝绳斜拉及卸载位置）节点图（包括型钢固定方式、压环锚固形式与工字钢的固定、钢丝绳的吊环设置方式、锚固形式、钢丝绳与型钢的固定节点等）。

脚手架的计算公式是建立在钢结构设计规范并参照一些试验而确立，当前脚手架材料质量优劣差别较大，选择的参数一般偏于保守是安全合理的。现场搭设时严格按计算书中的材料及构造施工，每隔一定时间尤其是如克拉玛依的大风之后，立即检查架体钢管的磨损及锈蚀程度、扣件的松紧度、钢丝绳的张紧度，以保证受力正确。如果型钢位置设在楼板上时，板混凝土强度不得低于 C25，楼板的厚度不宜小于 120mm，否则对楼板采取加强措施。

2）悬挑脚手架的实际应用

完整的脚手架一般参数为：型钢 16～18 号工字钢，外挑 1.5m，内压 1.9m；型钢压拉环及钢丝绳吊环不小于 $\phi20$；端部型钢底部焊接 $\phi16$ 以固定钢丝绳滑移位；连墙件：$\phi48.3 \times 3.6$ 钢管，根据脚手架高度，连墙件单扣件、双扣件一般选每自然层 3 跨，每层 2 跨，对于 100m 以上的超高层则每层 1 跨，不论外架多高，外架最顶 1 步架及钢丝绳卸载层每根立杆均设连墙件；钢丝绳：$6 \times 19 + 1$，强度约为 1670MPa，型钢端部拉一道钢丝绳，在脚手架悬挑段中间内外立杆加钢丝绳卸载，内外立杆均设置钢丝绳卸载；实际搭设高度不大于 24m，计算高度不大于 27.6m，且编制方案应经专家论证。

3）悬挑脚手架的搭与拆

（1）增加脚手架的横向刚度是提高脚手架稳定承载能力的最有效措施

一般应通过减小步距或连墙件间距，尤其是竖向间距，来增强脚手架的横向刚度。但加设横向支撑不方便人工在外架上来回行走作业，应该只在转角处加设横向支撑，主要是用加密连墙件提高外架的稳定性。

（2）连墙件的拆除应与外架架体拆除同步进行

最多只能提前一两个步架，在拆连墙件前应先拆除密目型安全网，变封闭式脚手架为敞开式明脚手架，对脚手架的拆除有利。有大风时要加强脚手架，减小大风对外侧稳定性的影响。

十一、建设工程质量监督中的具体控制做法

随着各地城市建设规模的不断扩大，从基础设施建设到住宅工程都呈现出快速发展，工程质量监督工作也面临新的考验。新形势下对监督工作提出了更高要求，房屋建筑和市政基础设施工程质量监督管理规定（住房和城乡建设部 5 号令）的实施，是规范质量监督工作的指导文件。按照 5 号令的要求，把握好监督人员的定位，转变思维改进监督模式，提高监督效率，保证工程质量。按照以前的监督模式，监督人员在各种定点检查或阶段性，分部验收监督中奔走，体力上劳累事小，监督效果会大打折扣。5 号令的实施让广大监督工作有了改进监督工作的动力，其过程控制使日常监督得到政策保证。如何才能对监督模式进行改革，监督过程如何控制，毫无悬念地说，应加强日常监督巡查是最重要的。

1. 质量监督存在的现状及问题

1) 任务重

近几年，为加快基础设施建设、教育基地建设、省级工业园区建设，改善和提高居住条件，采取了前所未有的投入和规模，工程建设蓬勃发展，技术质量难度不断加大。建设项目中的高层、大跨度、结构复杂的项目日益增多，建设水平和要求也在提高，做好质量监督的工作更加繁重。

2) 要求高

建设工程涉及公共利益和公众安全，工程质量直接影响人民群众生活质量和生命财产安全，关系广大群众最关心，最现实，最直接的利益。因此在当前的经济建设中，工程质量的重要性越来越突出，全社会对工程质量的关注和要求也是越来越高。

3) 问题多

当前，工程质量状况总体在受控中，质量水平也在提升。但是必须认识到工程质量问题仍然在不同方面存在，主要表现在两个方面：一方面是房屋的结构安全性能在设计和材料选择上得到有效保证，但施工中的质量通病普遍存在；另一方面，工程质量水平存在明显的区域差别和城乡差别，尤其是一些开发区和乡镇工程质量问题更突出。

4) 监督模式不适应

原来的监督模式都是一对一的质量监督，即业主办理质量监督手续后，即安排不少于两名监督员，对项目实施监督管理，直至竣工验收完毕。这种监督模式已不能适应形势的发展，应当探索多种有效的监督模式。

5) 监督力量薄弱

当前的监督队伍力量不能适应量大、面广、线长的建设规模。如某市质量监督站人员一直在 10 人左右，进入 21 世纪初的建筑面积由几万平方米增加至今的几十万平方米，且高层、大跨度、结构复杂的建筑日益增多，给监督人员提出更高要求。

而且，建筑市场并不完善，也给质量监督工作带来新的困难和挑战。

2. 质量监督模式的改进

1）转变监督思路

质量监督站多次组织全体监督人员，对住房和城乡建设部5号令及相关文件认真学习研讨，统一思路并要求监督人员切实转变过去的传统思维，以新的要求进行工程质量的执法监督，认真监督的法律地位和监督工作的行政执法属性。

2）转变监督重点

在不减少工程实体监督抽查和抽测的基础上，重点加大对责任主体质量行为的监督力度，主要查看责任主体资质是否符合相关规定要求；同时，要查责任主体所派人员是否满足工程实际需要；还要监督检查责任主体是否有所作为。对检查发现的责任主体各类违规问题，从源头开始重点整治，一定要规范他们的行为。

3）完善监督手段

制定建设工程实体质量监督抽检管理办法或规定，要求在所管区域对新扩建，改建工程的施工，在房屋主体隐蔽前，市政工程吊装之前，道路工程的面层摊铺之前，监督人员必须进行实体质量监督抽样，并要求建设方委托具有 A 级信用等级的检测机构检测实体质量。完善了工程质量监督的手段，使施工过程中的质量隐患能够通过检测手段被及早发现，进一步加大了对建设实体质量的监督力度，使工程质量得到有效保证。

4）转变监督模式

（1）改变以日常监督为主的监督方式

将随机抽查和巡查监督作为工程质量监督检查的主要方式。通过事前不定点、不定期、不定检查内容、不提前告知的随机抽查，一方面可以避免受检单位事先准备做假，从而增强监督检查的有效性；另一方面，则更加灵活、合理地配置监督力量，在很大程度上缓解监督工作量大与监督力量不足的矛盾，提高监督效率。

（2）实行差别化管理

一是针对不同监督对象实行不同程度的监督方式。对信誉、业绩、质量保证能力良好的企业，可以减少监督抽查频率；对信誉、业绩、质量保证能力较差的施工企业，要加大监督抽查频率和力度。二是针对不同工程类别实行不同程度的监督方式。对大型公共建筑、政府重点项目、保障性民生特别关注的住宅工程、公共安全和群众利益的工程重点监管，对一般性小型项目可以减少监督抽查次数。还要针对不同时期实行差别化管理，要突出对项目关键部位、关键工序环节的监督力度。

（3）打破原有的同一工程由专人固定验收即由责任监督人员一直到底的安排

可以规定主体结构，竣工前的监督抽查和竣工验收由电脑或现场随机进行，抽取两名以上监督人员组成监督组，组长由副站长以上领导担任，使同一工程在各个监督验收阶段由不同的监督人员进行监督验收。发现存在的质量问题，由责任监督负责落实处理，在下次监督验收组对上次验收发现的问题处理结果，重新进行监督抽查，形成互相监督形成闭合的监督体系。

（4）资料的处理

根据《房屋建筑和市政基础设施工程质量监督管理规定》（住房和城乡建设部5号令）的要求，率先对监督档案中监督计划，交底记录，分部工程监督记录等的文本格式，进行优化调整，应简化监督计划和交底记录，取消分部工程质量监督记录，增加监督抽查记录。

同时，还要加强监督队伍的建设，每年都要通过"请进来，走出去"的方式对监督人员进行专业技术和新标准、规范的学习，提高其技术专业水平。同样，也鼓励支持专业技术人员参加各类学历提升执业资格考试，提供一个发展晋升的机会。

3. 工程监督巡查中的监督手段

监督人员进入施工现场，应该在有限的时间内通过一定的方式、方法，以较快的速度准确了解和掌握其施工质量状况，包括现场参建主体质量行为及实际操作质量，从而通过质量实际提出整改或整改意见，并达到真实的监督效果。习惯和传统对现场质量的监督方法，主要内容是"望、闻、问、切"的基本功夫，目前仍然采用这些多年总结的方法。

1）"望"

在观察的同时掌握现场的大概。望看即观察，监督人员进入施工现场，不必直奔具体定点的操作施工面，可以对其现场通览心间，从而掌握总体状态，使之心中有数、有底。

（1）观察现场人员到位情况，由于人是工程进度和质量的第一要素，各级质量与技术管理人员的到岗情况，履职是工程质量有保证的先决条件。

（2）观察施工机械和设备的配置现状。合适的工程机械设备，是工程进行中质量的保证。对于道路工程来说，使用不同档次、级别的拌合、整平及碾压设备，必然会产生不同的施工实际效果，施工质量也是有差别的。

（3）要观察施工作业状态，配置合适的人员和机械设备，还要有良好的现场管理安排。施工过程工艺安排的合理与否、是否有序和规范，必然体现在秩序的井然、有序的操作面上。另外，可以一目了然地看到材料、机具、标志、标牌的堆放是否规范、整齐，这也能从很大程度上反映出管理的水平和单位的整体素质。

（4）观察现场的实际施工进行状态

不同的施工阶段，分项分部工程的控制重点自然不同，如果在第一时间了解施工的进展，监督人员就可以快速地找到当前的质量控制重点，从而使得监督巡查更具针对性。

2）"闻"

即获得信息，充分把握工程实际质量。从狭义上讲，"闻"即耳听；但从广义上说，更可以将"闻"当作吸收和获取。在监督巡查中，在熟悉了施工现场的基本状貌后，监督时应立即投入主题，迅速进入检查状态，具体把握实际质量状况。

（1）获得实体作业质量状况

监督人员在无事前通知或避开质量监督控制申报点的情形下进入操作现场时，在其面前展现的所有施工作业面均是最真实、最客观的状态。从围护墙砌体工程而言，可以看到已经完成的砌体现状、灰缝厚度、砂浆饱满度、水平灰缝平直度及砌体表面平整度等；砂浆的稠度、砌块表面的湿润程度、脚手架的搭设情况；从隐蔽方面的拉结筋锚固，拉结筋长度及构造柱，混凝土加强带的设置等质量现状。

多数情况下，现场施工及监理人员可能会向监督人员进行某些解释，会说某工序还未进行自检或是未报监理检验，存在的质量缺陷或问题还未进行整改等理由。监督人员只需要理解其解释目的即可，专注于了解、掌握自己发现的真实质量状态。做到心中有数，是最重要的。当然，在此过程中监督人员如果认为有必要，可以采取监督抽测等手段，尽量做到检查结果客观、真实，具有说服力。

（2）获得现场检测信息及质量问题处理状况

当充分掌握了现场具有代表性的实物作业质量真实性后，可以通过查看工程报验资料、检测试验报告等方式，进一步了解其过程质量控制的真实状况。比如已经使用了的材料是否严格执行了"先检后用"的规定，现场如果查出使用材料与实物质量检测不合格的结果，是否已经按照要求进行了正确处置并及时落实了销项处理，相关记录、资料是否收集齐全并进行登记，工程资料是否同工程进度同步翔实。如再通过查看监理日志、监理通知单等资料，切实掌握并了解现场监理人员的真实监管状态，如关键工序是否进行了旁站、巡视或平行检验，是否及时发现了施工中存在的质量缺陷并及时指出纠正，对于缺陷的处理是否跟踪复查到位。

（3）获取弦外之音

在施工现场掌握一般意义上的习惯质量状况，是质量监督人员的基本功，但是否能了解一些跟质量信息相关的其他方面，则需要监督人员留一个心眼。例如，关于招投标价格情况，材料进场时的价格状态比较，施工作业队伍的选择，项目内部管理关系等。事实上，工程质量的影响因素，往往存在于看不到、摸不着的关系网之中，有的甚至极其严重。当了解到这些真实情况，对于准确看待现场质量现状，从而采取更具针对性的分析、处置，起到非常重要的作用。

3）"问"

即交流沟通，达到与参建方的良性互动。"问"实际上是主动交流的形式，在现场与各参建人员交流，能及时获取工程一些更加具体的状况。同时，提出一些监督要求，达到良性互动的沟通。

（1）与业主方的交流

建设业主方是项目的总负责，把握着工程的总体进程，与其交流可以随时掌握工程计划安排、上级主管部门的相关要求、现场各参建单位的状态及各种信息。同时，监督人员提出的一些基本要求，经建设业主的知情理解，可能得到更好的支持、配合，总体上有利于监督工作的顺利开展。

（2）与监理单位的交流

从质量监管的角度看，监理人员现场发现并解决的质量问题，是监督人员无法替代的。核心前提是监理人员的责任心、工作主动性及业务素质达到的水平。从当前监理行业的总体状态看，有相当一部分监理人员的上述水平相差甚远，监理行业的素质相对最差。监督人员虽不是实际意义上的领导，但从监督对象这个角度，监督员有义务也有权力明确指出监理工作中存在的现实问题，必须提醒其努力提升自身素质并认真完成好本职工作，从而为工程质量把关，尽到监理责任。

（3）与施工单位的交流

现场的具体要求和存在的问题必须通过交流，让施工单位认真掌控及改进。在监督工作态度上必须体现出一个"严"字。

监督工作实践表明，施工单位有时候就像蜡烛不点不亮，你对他迁就会形成习惯；相反，只有持之以恒地施以监督压力，采取多种举措让其感到"不这样干不行"，才能真正在现场实施中将监督要求落到实处。当然，"严"不等于不讲道理，"严"是一种不怒自威的工作正气质。

4）"切"

立足找准问题且得到尽快解决。望、闻、问是稳扎稳做的基础，而"切"则是解决问题的根本，监督的本质全部体现于此。

（1）找准具体问题，迅速督促整改处理

对于施工现场在检查中发现的具体质量问题，监督人员应翔实书写质量问题整改通知单，严肃要求参建单位限期处理整改到位，同时严格跟踪复查其整改的效果。此举的目的是消除一切发现的质量隐患及问题。

（2）狠抓根本原因，要求长效整改

通过现象才能看到事情的本质。具体质量缺陷反映出的是参建各方在施工技术，质量管控等方面存在的根本问题。如现场各类人员的到位，职责不清，机械设备混乱，现场文明施工环境差。项目部及监理部内部缺乏有效管理，脱节严重，相关专业的技术水平较低。监理人员在现场对问题做出分析判断，采取对症下药的治理，随时查看、掌握其整改和要求的到位情况。

（3）监管并举，体现重在服务

工程监督人员在某种意义上，是作为当地建设主管部门委派的项目质量管理者的身份出现，监督人员的工作体现的只是"相对独立性"。为了建设目标的实现，监督部门必须与参建部门同心协力共同努力。在监督工作中发现问题后本着解决问题的态度，尽量能提出一些有效的建设性措施，介绍一些具体方法，为共同目标献力。

5）望、闻、问、切的灵活运用，要注重高效既然监督巡查的目的是提高监督效能，那么望、闻、问、切方法的应用就更应注重高效。切忌拖拖拉拉、慢条斯理。工作节奏的熟练掌握需要监督人员在实践中体会总结。同时，还要采取交叉综合应用。望、闻、问、切的方法看似独立，但是在具体项目巡查中可以有所侧重，并且交叉应用。比如，在望中会有所闻，在问中也带有闻，全过程带着切，监督方法的灵活应用也更需要监督人员的用心领悟和体会。

4. 质量监督模式及实施效应

1）对监督行为的规范

以前，由于监督人员技术水平，监督方式、方法存在差异，出现一些建设方、施工单位挑选监理人员的现实。现在，采取随机抽取监督人员，统一了监督标准尺度，这种不良现象也会消失。同时，不同的监督人员之间互相监督，从另一个方面降低了可能存在的廉洁问题。有效减轻和防止对施工企业"吃、拿、卡、要"的严重现象。

2）提高了监督效能

实施监督模式的改进后，有限的人员得到了合理配置和有效利用，使较少的监督力量真正落实到重点工程、重点部位和关键节点上，可以大幅度提高监督效能。对于一些已施工但未办理施工许可证、项目经理和总监不在岗等违规行为，也得到一定程度的遏制，工程投诉和质量通病的出现率也会有所下降，做到有的放矢。

3）规范和避免质量风险

这样实现了闭合监管，监督巡视中发现的问题可以得到快速、有效的处理，最大限度地杜绝了行政不作为和无的放矢，在很大程度上规避了质量风险。

4）提高服务意识

由于对监督资源得到合理有效利用，监督人员开展监督检查工作的主动性和灵活性得到加强，减少了因监督人员监督抽查不及时，而直接影响到施工进度情况的发生。同时，由于监督尺度的统一性，针对监督中发现的质量缺陷问题，有一个统一的处理办法，避免减少了人为因素的干扰和服务对象的不作为，受到受检人员的好评。

5）对于监督模式的改变

有人认为权力小了，而责任反而大了。经过近两年的工程实践，这种新的监督模式的改进是成功的，不仅提高了质量监督和工程质量，更大幅度减少了质量隐患，对监督人员不良行为风险也有所降低。

综上所述，建设工程新形势、新要求带来了新机遇和新挑战，质量监督工作也在不断前进中发展健全。质量监督工作不是单一的工作，它需要建设主管部门的有力支持，需要监督人员去有效地执行与操作。不同的现场监督态度与监督方法，达到的监督效果也会有大的差异，这更加要求监督人员要不断学习，提高业务水平和不断创新的工作方法，也要有社会的关注与参与。只有调动各方力量，不断从现场操作者的角度对监督巡查方法进行归纳总结，使监督工作真正实现科学发展。

十二、提高企业标准在工程质量标准化中的重要性

多年来，人们对质量的重要性总结为："百年大计，质量为本"，表明质量是产品的生命线，而建设工程的质量更是如此，不仅关系到建设项目能否在投产后发挥预期的效益，而且关系到生产使用人们的人身及财产安全。国务院在 2012 年 2 月发布了《质量发展纲要（2011～2020 年）》，对建筑工程质量提出了更高要求，确保和提高工程质量是发展的必然局势。标准是衡量生产的产品是否合格的主要依据，而针对建设工程的标准化工作，对于保证建设工程质量就显得极其重要。

1. 工程质量标准化的概念

1）什么是"标准"和"标准化"

对于"标准"的理解是为了在一定的范围内获得最佳秩序，经过协商一致制定，并由公认机构批准，共同使用的和重复使

用的一种规范性文件。标准以科学、技术和经验的综合成果为基础，以促进最佳的共同效益为目的。国家《标准法》中规定，当工业产品（包括建设工程）的规格、质量、设计、生产及安全、卫生需要统一的技术要求时，应当制定标准，我国现在的标准分为国家标准、行业标准、地方标准和企业标准四个级别。为了获得最佳秩序，制定共同使用和重复使用的标准活动也就是"标准化"。

2）标准化和质量管理的关系

标准化和质量管理之间密切相关，互相支持也不可分割。标准是质量管理的基础，没有标准质量管理就没有了依据，而标准只有在质量管理的过程中，才能得到贯彻和执行。在质量管理中，要根据标准制定计划，根据标准进行检查，标准贯穿于质量管理的全过程中。可以这样认为，质量管理是一项"从标准化开始，到标准化结束"的系列活动。

3）工程质量标准化

把标准化用于建设工程质量管理，为建设工程制定质量标准的活动就是工程质量标准化。工程建设标准包括强制性标准和推荐性标准。我国的工程建设标准在发布实施初期，强制性标准占所有标准数量的 75% 左右，数量很大，执行也困难，重点并不突出。为此，2000 年由建设部将国家和行业标准中，直接涉及人民生命财产安全、人身健康、环境保护和其他公众利益的条文摘录出来，形成了工程建设标准强制性条文，并分别于 2002 年、2009 年和 2013 年进行了三次修订和完善。强制性条文是工程建设执法的依据，是必须遵守的，否则要根据情节受到处罚。它是政府检查和监督的重点，能够带动各类工程建设标准的贯彻执行。

4）工程质量的企业标准

当前，我国的工程质量标准分为国家标准、行业标准、地方标准和企业标准，分别由各级政府设置的标准化行政主管部门和企业自行制定。国家标准和行业标准分为强制性标准和推荐性标准，而地方标准在该行政区域内是强制性标准，国家鼓励企业制定严于国家标准或行业标准的企业标准，在企业内部实行。企业标准是企业组织生产和检验产品质量的依据，以先进的科学技术和生产实践经验为基础。类似于工程量清单招投标单位的企业定额，企业标准往往反映了该企业的生产能力和技术水平。

2. 实行工程质量标准化的意义

1）质量标准是质量安全的保证

进入 21 世纪以来，国家对建设工程质量日益重视，现在制定的《质量发展纲要（2011 ~ 2020 年)》对工程质量提出了"大中型工业项目一次验收合格率达到 100%，其他工程一次验收合格率达到 98% 以上"的更高目标。而 1996 ~ 2010 年的质量振兴纲要提出了到 2010 年，竣工工程质量全部达到国家标准或规范要求，大中型工程建设项目以外的其他工程一次验收合格率达到 96%，其他优良率达到 40% 以上的工程质量目标。质量振兴纲要和质量发展纲要对工程一次验收合格率的要求有很大的提高。

建设工程质量的管理以标准为控制目标和依据，工程质量的管理过程也是遵循标准的制定，宣传和执行的过程。其中非常重要的一点就是把国家. 行业. 地方和企业标准作为检查. 检验工程质量合格与否的基本依据。工程质量管理的目的就是提高其质量，建设出业主希望的满意工程，工程质量标准化是从技术上保证其质量的关键，对于促进工程项目活动健康向前发展，实现《质量发展纲要（2011 ~ 2020 年)》提出的工程质量目标意义重大。

工程安全和工程质量是唇齿相依的关系，工程质量的确保不仅在很大程度上遏制施工安全事故的发生，还能够保证建设项目投入后广大人民群众生命财产的安全，是深入贯彻落实科学发展观、以人为本、和谐社会的体现。

2）工程质量标准化是与世界接轨的重要举措

工程质量标准化是从技术上保证工程质量的一项基础性工作，对引领和规范建筑市场行为具有重要意义。世界先进发达国家都对工程质量技术的控制，采取的是技术法规与技术标准相结合的管理体制。技术法规是强制性的，而没有被技术法规引用的技术标准则可以自愿采用。这些技术管理体制，由于技术法规的数量比较少，重点内容也很突出，因此执行起来就比较方便和明确，不仅能满足项目建设时对工程质量管理的需要，而且不会给建筑市场的发展和建筑技术的进步造成不利影响。国家建立制定和发布工程质量标准，特别是制定的"工程建设标准强制性条文"，正是适应了建设发展的需要，也是与时俱进的真实写照。

自从我国加入世贸组织（WTO）以来，在工程建设领域面临更多的挑战和机遇，国内大中型企业如果没有严格的工程质量标准体系，就很难在激烈的国际建设市场有竞争，更难以生存、更无法发展。同时，外国企业在我国境内从事工程建设活动，也必须要执行中国的工程建设标准。其严格施行既能满足工程质量和安全，又能保护我国的民族工业，维护国家安全和广大人民群众的切身利益。

3）质量标准化利于科学技术水平的提高应用

随着科学技术和建设思路的更新进步，新的施工技术、新工艺和新材料在工程建设中大量涌现，但是若没有职能权威部门的制定和发表，其往往难以得到广泛的认可和应用。而当国家或行业针对某项新技术、新工艺进行技术经济论证后，为其制定相应的标准予以推广，该技术或工艺就会得到迅速的推广和普及应用，从而促进建筑业的更快发展。例如，在1998年借鉴国外经验制订和发布了《门式刚架轻型房屋钢结构技术规程》，此规程发布实施后的4年内，国内轻钢结构的建造量增加了6倍，使这种轻钢结构轻型房屋结构成为国内广泛应用的钢结构类型之一。因此可以认为，工程建设标准是新技术、新工艺、新材料得到推广应用的推动力。

4）企业标准能提高企业在社会的竞争力

建设工程包括建设业主单位、工程参建企业、施工及监理单位、质量监督站等，为了确保建设项目质量，各参建单位在整个建设过程中都必须严格执行质量标准，尤其是工程质量强制性标准。工程参建单位中，制定企业标准最具有现实意义的是施工企业和项目建设业主单位。

在西方发达国家，企业标准一直被看作是衡量企业技术水平和管理水平的重要指标，被视为提高企业经济效益和社会效益的重要手段。施工企业总结、研究、制订并执行更先进的工程质量企业标准，能够在同样的成本下生产出质量优于同行业其他同样的更好产品，从而在市场中占据有利地位，更具竞争力。例如，中国建筑工程总公司多年以来一直重视企业标准的建立和完善，把其作为企业生产和发展的重要基础工作和科技创新的重点，长期以来形成了企业自成体系的《建筑工程施工质量统一标准》、《建筑电气工程施工质量标准》等一大批企业技术标准，这些企业标准已经成为该公司独特的核心竞争力。各施工企业如果以企业标准为核心参与市场竞争，必然会促进建筑技术水平的大幅提升。

国内一些经济实力强的大公司，为了获得更可靠的工程质量，保证生产的安全性和连续性，也可以制订更严格的工程质量企业标准，要求施工企业在建设过程中严格执行。这样，虽然会增加一定的成本，但是能够获得质量更加优良的工程，在建设项目的全生命周期内减少维修养护的费用，工厂车间更减少停产检修时间，经济效益显而易见。

3. 国内工程质量标准化的现状

我国在 1988 年颁布了《中华人民共和国标准法》，1990 年颁布了《中华人民共和国标准法实施条例》后，20 多年来在工程建设领域陆续制定颁布了各类工程建设国家标准、行业标准和地方标准，之后在 2000 年、2002 年、2009 年和 2013 年分别更新发布了四次"工程建设标准强制性条文"。以 2010 年 7 月为例，我国工程建设国家标准、行业标准、地方标准数量分别为 539 项、2374 项和 875 项，其中行业标准所占比例最大，约占 62.7%；地方标准次之，占 23.1%；国家标准只占 14.2%。

在各类工程建设标准中，有关工程质量的国家标准和行业比较系统、齐全，不少省市、自治区也都积极总结、制订适用于本区域的建设工程地方质量标准，但工程质量企业的标准还是比较少，而且大多数都是集中在大中型施工企业。作为业主，总结、编制建设工程质量标准的几乎很少，也并不是空白。自从加入世贸组织以来，随着市场经济体制的不断健全，企业标准在市场竞争中发挥越来越重要的作用，加速企业技术标准建立完善意义重大。可以看见，遵循现有的工程质量标准对于保证和提高我国的建设工程质量安全，发挥着不可替代的作用。但是，整个体系标准，特别是企业标准的制订，仍然有较大的提高和完善的余地。

同时，在一些省市和地区，工程质量标准化工作中还存在着标准体系不完善，宣传和贯彻执行、教育培训机制并不是常态化，工程质量标准化在日常管理缺失，标准管理职能界定不清晰，标准化工作投入较少，费用不足等，制约了工程质量标准化工作的顺利发展。

4. 如何推行质量标准化工作

1）加强工程质量标准的宣贯培训力度

工程质量标准的正式实施运行，离不开宣贯培训教育，尤其是在标准发布运行的初期阶段。宣贯和培训可以提高各级部门和企业执行标准的能力和自觉性，要充分利用信息化手段，多渠道、多形式地利用各种机会开展标准贯彻工作。宣贯和培训的直接目的是提高各级人员素质，因为只有提高了人的素质，才能保证质量标准的正确执行。施工企业、监理单位、政府监督部门都应当定期、有组织、有计划地对管理及生产人员举办各种不同类型的工程质量标准学习班，不断提高各种相关人员执行工程质量标准的自觉性和意识的更新，为保证建设项目质量打下坚实的基础。

2）调动各方力量，齐抓共管建设工程质量

我国的建设工程质量多年来一直采取的方式是"政府监督、市场调节、企业主体、社会监理"的保障体系，工程质量标准化同样需要全社会的协作共管。政府、行业制订和发布标准，设计和审查机构在项目开工前把好标准执行关；企业在施工过程中自觉按照标准施工，监理单位和监督部门切实监督标准的执行情况，而标准编制单位再总结标准执行中可能存在的问题，在修正、提高、完善的基础上再施行。社会各界的协作配合能使工程质量标准化工作形成闭合环，更加有力地促进标准化工作的实施。

3）鼓励企业制定标准的自觉性

国家一直在鼓励企业制定略严于国家标准或行业标准的企业自己的标准。《质量发展纲要（2010～2020年）》强化了企业的质量责任主体作用，明确了法人对质量安全负首要责任，并要求发挥优势企业的区域引领作用，努力推动中央企业和行业中骨干企业，成为国际标准的主要参与者和国家标准、行业标准的实施主体。

为了进一步提高工程安全质量管理水平，工程施工企业和长期有较大基本建设投资的建设单位，应编制从本企业实际出发并服务于本企业的自制标准。编制企业标准是市场经济的必然结果，也是企业经营管理的有力对照，不仅有利于企业的科技创新，而且能够为企业带来更多的社会效益和经济效益。企业标准的编制宜采用工程标准的编写模式，并作必要的改良和企业内部定型。同时，企业要做好对已制定标准的检验、评价与优化工作，相关标准化机构和中介组织也可以为企业提供企业标准咨询服务，从而促进企业标准的建设。

4）加快检验检测技术，使体系建设更具生命力

工程质量标准的执行和检验、检查，离不开相应的技术与设备，技术与设备的先进与否则决定标准执行和检查过程中的

方便与准确，直接影响到标准的推广与应用，进而影响标准的实施。

《质量发展纲要（2010~2020年）》提出，要通过研发检测仪器装备，建设检测机构．建设检测资源共享平台等手段，来加快检验检测技术保障体系的建立，提高工程质量检验检测的能力。工程质量检验检测技术和能力的提升，必然会提高工程质量标准执行力度和检查效率，促进工程质量标准化的实施。

5）质量标准化的动态管理

工程质量标准化伴随着全面质量管理的全过程，并且是通过 PDCA 循环不断完善和提高的。工程质量标准不是经过发表后就不变的应用，而是必须经过"制定—执行—检查—修订"循环的动态管理的过程，每一个循环结束都要对标准中有不足的部分进行修正、完善，从而提高工程质量标准的先进性、适用性和有效性。为此，修订和发布标准的机构、行业、地方政府和各有关企业，都必须根据标准在执行中实际情况，对标准重新修订完善和提高。

综上所述，工程质量标准化是保证和提高工程质量，达到一个新高度的必要手段，也是我国进入世贸组织后，工程建设企业进入国际市场，同世界水平看齐并进入竞争建设项目的重要举措。现在国内工程质量标准体系更加成熟并逐渐与国际规则衔接，但是仍有一定的发展提高空间。在现有的国家工程质量体系中，政府负总责，监管部门各负其责，但生产企业仍然是第一责任主体，总结制定更加先进和严格的工程质量企业标准，具有越来越重要的现实与深远意义。只有各参与方共同协作、多措并举，才能推行和实施工程质量标准化，加快企业标准的建设，促进工程质量的大幅提升，发挥最好的社会和经济效益。

十三、地域建筑的魅力及对现代建筑的启示

地域是指具有同质的地理环境和社会文化特性的"面积相

当大的其中一块地方"，同质的地理环境包括相近的日照、温度、湿度、风向、风力、雨景、地形、地貌、土质及生物等；同质的社会文化特性包括相近的社会体系、人口结构、生活方式和传统习俗等，地域性建筑受到当地的自然条件和人文环境所制约，并由此构成了建筑形式和风格的基本特点。

我国领土幅员辽阔、民族众多、地形多变、气候多样，地域之间的发展极不平衡，从建筑史看，地域性建筑的变化远远大于时间上的变化，因此地域性建筑已成为中国建筑不可缺少的重要特色，如我国各地风格迥异的民居建筑，好比生物链一样维系着中国建筑文化的新陈代谢和多样均衡；多数官式建筑的基本建造手法也都是从民居中提炼概括出来并使其广泛传播的，因此地域性建筑本身体现了中华民族建筑文化的精髓所在。

1. 地域性建筑的魅力

1）地域性建筑是自然、人文、社会适应性的统一

从空间角度看，内部环境更多地体现了人文适应性和社会适应性，而外部环境则主要体现了自然适应性。

（1）地域性建筑有旺盛的生命力，是与自然相适应、相协调的产物。我国气候种类包括热带亚热带、温带、寒带等，地形包括平原、河谷、高原、丘陵、沙漠等，在这种复杂的自然环境里，地域性建筑如遍地开花般地应运而生，如江南水乡、岭南建筑文化、四川山地建筑、甘肃陇东建筑、客家建筑文化、干阑式建筑文化、蒙古包、新疆维吾尔族民居、西藏的藏雕楼、北方的四合院、纳西族的井干式木楼房、西北的窑洞等等，这些不同的营造方式成为对自然的某种程度上的诠释。

（2）人的生存需要包括生物性需要和文化性需要，其中的基本生理需求相差无几，但是不同的文化观念决定了不同的居住形式和空间形态。各地特有的人文环境孕育了不同的文化特性和技术个性，影响着当地建筑的形式、演变和发展。俗话说："一方水土养育一方人。"地域性建筑像一面全息的镜子，涵盖了当地的历史、地理、哲学、美学、宗教、信仰、民俗、风情

等，折射出丰富的人文信息。

（3）人是社会的动物，而建筑是为人且为人创造的，因此离不开人的社会属性。建筑的形制、构造样式、功能布局、空间形态、装饰题材等，都是体现宗教礼法、社会特质、生存方式、道德伦理、价值观念等重要的物化载体。

2）地域性建筑显示了一定的适用性、经济性和生态性

各地的地域性建筑因当时当地交通、政治及经济条件发展的制约，形成了朴素的世界观，建造是自发也是因地制宜、就地取材的，成为没有建筑师的建筑典范。但这些可再生、可循环的物质减少了建造全过程的能源消耗，并达到一定的经济性和可持续发展。

（1）建筑的光线、温度、湿度等物理性能，不是以人工照明和空调来完成的，而是靠不同的空间布局来调节的，对于能源危机的今天有普遍使用的实际意义，如新疆民居用以生土墙、草泥屋面保温蓄热，并以空间组织避免风沙侵袭；北方窑洞极具特性的冬暖夏凉；简便易行的蒙古包以流线来组织通风；广泛流传的院落体系，在保证了安全、防风、防沙的情况下，将院落数量、形状、大小及建筑单体加以变化组合，来应对不同的规模和环境。

（2）地域性建筑大多因循了不同的地形地貌，为了不占少占良田、保持生态和水土流失，因地就势、化不利为有利，形成了空间形式的丰富性和多样性。

3）地域性建筑的魅力是由表及里的。

（1）以北京为例，20世纪90年代提倡"夺回古都风貌"，导致追求形式的复古，成批的建筑被生硬地扣上混凝土的大屋顶、小亭子，不顾功能的要求和材料的适应性，浪费了大量的人力、物力和财力。"屋外打伞"般的国家大剧院利用"蛋壳"来掩饰盖儿内部的无序和尴尬，犯了形式与功能严重脱节的低级失误，其带有光污染的庞大躯壳，与大会堂西侧所剩无多的空间尺度和人文环境均格格不入，宜用陈志华老师的一句话：

"不能充分发挥新事物的经济和功能效益的形式，也是不美的。"

（2）地域性建筑不同的空间形式是在满足基本使用功能的前提下，以各种客观与主观因素综合导致的结果，如北京四合院的方正、规矩，山西大宅子"喜"字布局、与黄土不分彼此的窑洞，地域性建筑在装饰方面也体现出丽而不俗的：包括砖雕、漆画、屋顶形式的巧妙变化，以及先秦以来既是承重构件也是装饰构件的木构件体系，是通过材料的质感和力学的逻辑性体现的形式美，这些美是另类"建筑意境"的愉快。

（3）地域性建筑对环境的应对不是消极、被动的接受，而是积极、主动的创造，文脉的精髓在于变，不变则废，变则通。长久以来，地域性建筑的演变和发展是一个建筑与环境不断推进、优化的创造过程，并在当时条件下到了一定的历史高度和领先地位。不同的地域特色孕育着不同的建筑文化，而不同的建筑文化也影响着不同的地域特色，它们之间存在着作用力与反作用力、推动与协调的关系，和则留，不合则去，只有主动应对和不断创新，才能使世代传承的地域性建筑文化适应时代需求，长久地延续和发展下去。

（4）地域性建筑多以鲜明的民族特色出现。我国地大物博、人口众多，以多民族著称，56个民族在各自的建筑风格里融入了不同的民俗、信仰和审美，创造了富有浓郁民族特色的建筑文化：如回族的清真寺、蒙古的蒙古包、彝族的"一颗印"等等。它们从原始的建筑继承和发展而来，返璞归真，不拘一格，既融合又独立，是不同地域文化的鲜明体现，是民族魅力的全面展示，是博大而精深的中国文化的有力见证。

2. 地域性建筑对当代建筑设计的启示

当今的地球已经相当脆弱，水土流失、地理下降、气候变暖、能源危机、环境污染、臭氧层破损、生物多样性失衡的多种危机，这些都威胁着人类的生存条件。善待地球资源环境和可持续发展，已成为人类共同的选择和唯一的出路。《可持续发展设计指导原则》中提出了"可持续的建筑设计细则"，其中包括：重视对设计地段的地方性、地域性理解，延续地方场所的文化脉络；增强适用技术的公众意识，结合建筑的功能要求，采用简单、合适的技术；最大范围内使用可再生的地方性材料，避免能耗；针对当地的气候条件，采用被动式能源策略等等。

可持续发展的理念推动了新的建筑形式的产生，传统"天人合一"的建造观念及工艺的原始性，使地域性建筑达到了一定的生态性，但因技术落后和效率低下而不予推广，只有科学的方法才能满足高效的节能，因此地域性建筑的延续应利用高新技术，在建造的整个生命周期内达到全方位的低能耗，使建造真正成为改善未来的一种途径。

传统的地域性建筑，在过去集权的社会建筑制度的影响下，成为统治阶级的工具，更多地体现了尊卑等级、宗法礼教、传统伦理，好似大众在精神层面受到不同程度的压制，地域性建筑的延续应从宏观规划到微观处理、从广义到狭义、从生理到心理，都应给人以愉悦和陶冶，把人的需求放在首位，大众化、人性化，甚至达到心灵的震撼和精神的升华。当今社会是实现每个中国人梦想的和谐社会，应发挥每个人的聪明才智，使地域性建筑的延续应用达到新的高度，为中华民族的伟大兴盛而发扬光大。

十四、建筑后浇带施工质量及技术措施

建筑工程设置后浇带，目的是在建筑施工中为防止现浇钢筋混凝土结构由于温度、收缩不均匀可能产生的有害裂缝。按照设计或施工规范要求，在基础底板、墙、梁相应位置留设临时施工缝，将结构暂时划分为若干部分，经过构件内部收缩，在若干时间后再浇捣该施工缝混凝土，将结构连成整体。后浇带的浇筑时间宜选择气温较低时，可用浇筑水泥或水泥中掺微量铝粉的微膨胀混凝土，其强度等级应比构件强度高一级，防止新老混凝土之间出现裂缝，造成薄弱部位。设置后浇带的部位还应考虑模板等不同措施的安全因素。

高层建筑和裙房的结构及基础设计成整体，但在施工时用后浇带把两部分暂时断开，待主体结构施工完毕，已完成大部分沉降量（50%以上）以后再浇灌连接部分的混凝土，将高低层连成整体。设计时基础应考虑两个阶段不同的后浇带受力状态，分别进行荷载校核。连成整体后的计算应当考虑后期沉降差引起的附加内力。这种做法要求地基土较好，房屋的沉降能在施工期间内基本完成。同时，还可以采取以下调整措施：

（1）调压力差

主楼荷载大，采用整体基础，降低土压力并加大埋深，减少附加压力；低层部分采用较浅的十字交叉梁基础，增加土压力，使高低层沉降接近。

（2）调时间差

先施工主楼，待其基本建成、沉降基本稳定，再施工裙房，使后期沉降基本相近。

（3）调标高差

经沉降计算，将主楼标高定得稍高、裙房标高定得稍低，预留两者的沉降差，使最后两者的实际标高相一致。

后浇带是现浇整体式钢筋混凝土结构施工期间，为了克服因温度、收缩而可能产生有害裂缝而设置的变形缝，经一定时效后再进行后浇封闭，形成整体结构。由于结构由后浇带连成整体，因此后浇带的施工质量与结构质量密切相关。后浇带处往往断面大、钢筋密集、模板支设难度大，特别是杂物、垃圾容易落入，清理干净十分困难，若清理不彻底将会影响结构的整体质量。

1. 后浇带的设计要求

建设项目不同设计的后浇带施工图也不尽相同，现行《高层建筑混凝土结构技术规程》JGJ 3—2010、《地下工程防水技术规范》GB 50108—2008及不同版本的建筑结构构造图集中，对后浇带的构造要求都有详细的规定。由于这些规范、标准是由不同的工程项目需求而定，其内容和要求有所不同，各有偏重，不可避免地存在一些差异，其设计的基本要求是：

（1）后浇带的留置宽度一般 700～1200mm，现常见的有 800mm、1000mm 和 1200mm 三种；

（2）后浇带的接缝形式有平直缝、阶梯缝、槽口缝和 X 形缝四种形式；

（3）后浇带内的钢筋，有全断开再搭接，有不断开另设附加筋的规定；

（4）后浇带混凝土的补浇时间，有的规定不少于 14 天，有的规定不少于 42 天，有的规定不少于 60 天，有的规定封顶后 28 天。《高层建筑混凝土结构技术规程》JGJ 3—2010 规定是 14 天、60 天，中国建筑工业出版社出版的《混凝土结构构造手册》第三版规定是 28 天；

（5）后浇带的混凝土配制及强度，有的要求原混凝土提高一级强度等级，也有的要求用同等级或提高一级的无收缩混凝土浇筑；

（6）养护时间规定不一致，有 7 天、14 天或 28 天等几种不同时间要求。

上述差异的存在给施工带来诸多不便，有很大的可伸缩性，所以只有认真按照施工图纸要求，结合施工及验收规范的不同，结合所建工程的特点、性质、灵活、可靠地应用规范规定，才能有效地保证工程质量。

2. 后浇带施工应该注意的问题

1）后浇带的支撑方案

后浇带封闭前，两侧的梁板与未补浇混凝土前长期处于悬臂状态，所以在未补浇前两侧模板支撑不能拆除，在后浇带浇筑后混凝土强度达 85% 以上一同拆除，混凝土浇筑后注意保护，观察记录；同时，后浇带跨内不得施加其他荷载，例如放置施工设备、堆放施工材料等，以保证结构安全。

2）楼面后浇带的临时保护措施

后浇带空置期间，为防止杂物进入应采取胶合板封闭的措施。

　3）质量控制要求

　　后浇带的连接形式必须按照施工图设计进行，支模必须用堵头板或钢筋网，接缝接口形式在板上装凸条。浇筑混凝土前对缝内要认真清理、剔凿、冲刷，移位的钢筋要复位，混凝土一定要振捣密实，尤其是地下室底板更应认真处理，提高其自身防水能力。后浇带处第一次浇筑留设后，应采取保护性措施，顶部覆盖，围栏保护，防止缝内进入垃圾、钢筋污染、踩踏变形，给清理带来困难。

　4）后浇带质量要求

　　后浇带混凝土采用微膨胀、高一个等级的防水混凝土；后浇带混凝土的保养方法采用蓄水保养。

3. 后浇带的施工技术

　1）模板支设

　　根据分块图划分出的混凝土浇筑施工层段支设模板，并严格按施工方案的要求，在检查合格的基础上进行。

　2）地下室顶板混凝土浇筑

　　（1）混凝土浇筑厚度应严格按规范和施工方案进行，以免因浇筑厚度较大钢丝网模板的侧压力增大而向外凸出，造成尺寸偏差；

　　（2）采用钢丝网模板的垂直施工缝，在混凝土浇筑和振捣过程中，应非凡注重分层浇筑，厚度和振捣器距钢丝网模板的距离。为了防止混凝土搅拌中水泥浆流失严重，应限制振捣器与模板的距离，采用 $\phi 50$ 振捣器时不小于 40cm；采用 $\phi 70$ 振捣器时不小于 500mm；

　　（3）为保证混凝土密实、垂直施工缝处应采用钢钎捣实。

　3）浇筑地下室顶板混凝土后垂直施工缝的处理

　　（1）对采用钢丝网模板的垂直施工缝，当混凝土达到初凝时，用压力水冲洗，清除浮浆、碎片并使冲洗部位露出骨料，同时将钢丝网片冲洗干净。混凝土终凝后将钢丝网拆除，立即用高压水再次冲洗施工缝表面；

（2）对木模板处的垂直施工缝，可用高压水冲毛；也可根据现场情况和规范要求，尽早拆模并及时用人工凿毛；对已硬化的混凝土表面，要使用凿毛机处理；

（3）在后浇带混凝土浇筑前应用喷枪清理表面；

（4）对较严重的蜂窝或孔洞应进行修补。

4）地下室底板后浇带的保护措施

（1）对于底板后浇带，在后浇带两端两侧墙处各增设临时挡水砖墙，其高度高于底板高度，墙壁两侧抹防水砂浆；

（2）为防止底板四周施工积水流进后浇带内，在后浇带两侧50cm宽处，用砂浆做出宽5cm、高5~10cm的挡水带；

（3）后浇带施工缝处理完毕并清理干净后，顶部用木模板或薄钢板封盖，并用砂浆做出挡水带，四面设临时栏杆围护，以免施工过程中污染钢筋、堆积垃圾；

（4）基础承台的后浇带留设后，应采取保护措施，防止垃圾、杂物掉入后浇带内。保护措施可采用木盖板覆盖在承台的上皮钢筋上，盖板两边应比后浇带各宽出500mm以上。

5）地下室顶板后浇带混凝土的浇筑

（1）不同建筑类型后浇带混凝土的浇筑时间也是不同：伸缩后浇带视先浇部分混凝土的收缩完成情况而定，一般为施工后42~60d；沉降后浇带宜在建筑物基本完成沉降后再进行。在一些工程中，设计单位对后浇带的保留时间是有要求的，应按设计要求进行保留；

（2）浇筑后浇带混凝土前，用水冲洗施工缝，保持湿润24h，并排除混凝土表面积水；宜在施工缝处铺一层与混凝土内砂浆成分相同的水泥砂浆；

（3）后浇带混凝土必须采用无收缩混凝土，可采用膨胀水泥配制，也可采用添加具有膨胀作用的外加剂和普通水泥配制，混凝土的强度应提高一个等级，其配合比通过试验确定，宜掺入早强减水剂，且应认真配制、精心振捣。由于膨胀剂的掺量直接影响混凝土的质量，因此，要求膨胀剂的称量由专人负责。所用膨胀剂和外加剂的品种，应根据工程性质和现场施工条件选择，并事先通过试验确定配合比，并适当延长掺膨胀剂的混凝土搅拌时间，以使混凝土搅拌均匀；

（4）后浇带混凝土浇筑后仍应蓄水养护，养护时间不得少于28d。

6）地下室底板、侧壁后浇带的施工

（1）地下室因为对防水有一定的要求，所以后浇带的施工是一个非常关键的环节。在《地下防水工程质量验收规范》GB 50208—2011中也有专门的要求，其中规定：防水混凝土的施工缝、后浇带、穿墙管道、埋设件等设置和构造，均须符合设计要求，严禁有渗漏。另外，施工对后浇带的防水措施也做了如下要求：后浇带应在其两侧混凝土龄期达到42d后再施工。

（2）后浇带的接缝处理应符合《地下防水工程质量验收规范》GB 50208—2011施工缝防水施工的规定；

（3）后浇带应采用补偿收缩混凝土，其强度等级不得低于两侧混凝土；

（4）后浇带混凝土养护时间不得少28d。在地下室后浇带的施工中，必须严格按照规范规定的要求处理。

7）竖向模板支设

竖向模板采用钢丝网模板封堵竖缝，在混凝土浇筑过程中，不应有水泥浆外漏。混凝土初凝后，终凝前用压力水冲洗施工缝表面，清除浮浆、碎片，露出石子，同时也将钢丝网片冲洗干净，混凝土终凝后再将钢丝网片拆除。经处理的垂直施工缝，表面粗糙干净，凹凸不平，新旧混凝土粘结力很强，有效地保证了混凝土的整体性。后浇带的施工缝处理后应采取临时保护措施，防止杂物、污水等进入后浇带内，给后续施工带来困难，对于大体积、大面积的混凝土表面可涂刷缓凝剂，以延缓混凝土表面的终凝时间。

8）后浇带施工的质量控制要求

（1°）后浇带施工时模板支撑应安装牢固，钢筋应进行清理整形，施工的质量应满足钢筋混凝土设计和施工及质量验收规范的要求，以保证混凝土密实、不渗水和产生有害裂缝；

（2）所有膨胀剂和外加剂必须有出厂合格证及产品技术资料，并符合相应标准的要求；

（3）浇筑后浇带的混凝土必须按规范上试件留设的要求留置试块。有抗渗要求的，应按有关规定制作抗渗试块，并保证有足够的试验用数量。

十五、建筑工程施工过程质量控制

施工是形成建设项目实体的过程，也是形成最终产品的重要阶段。所以，施工阶段的质量控制是工程项目质量控制的重点。以下主要对建筑工程施工阶段质量控制的内容进行分析，就如何加强施工阶段的质量控制提出相应的措施。

1. 项目施工阶段质量控制的工作程序

在工程项目施工工序过程中，为了保证建筑工程项目的施工质量，应对建筑工程建设生产的实物进行全方位、全过程的质量监督和控制。它包括事前的建筑工程项目施工准备质量控制、事中的建筑工程项目施工过程中的质量控制及事后的各单项及整个工程项目完成后，对建筑工程项目的质量控制。以上系统控制的三大控制阶段并不是孤立和分开的，它们之间构成有机的整体系统过程。

2. 施工阶段质量控制

为了加强对施工项目的质量控制，明确各施工阶段质量控制的重点，可把施工项目质量控制分为事前控制、事中控制和事后控制三个主要阶段。

1）事前控制

事前控制是指建筑工程项目施工前准备工作的质量控制。具体应做到以下几点：

（1）根据该建筑工程项目的坐落方位及占地面积，对施工项目所在地的自然条件和技术经济条件进行调查，选择施工技术与组织方案，并以此作为施工准备工作的依据。项目部有针对性的组织施工队伍及相关人员进行施工准备工作，充分发挥组织的技术和管理方面的整体优势，把长期形成的先进技术、管理方法和经验智慧，创造性地应用于工程项目；

（2）对建筑工程项目所需的原材料质量进行事前控制，是建筑工程项目施工质量控制的基础。首先要求施工企业在人员配备、组织管理、检测方法以及手段等各个环节加强管理，明确所需材料的质量要求和技术标准，尤其是加强对建筑工程项目关键材料如水泥、钢材等的控制。对于这些关键材料，要有相应的出厂合格证、质量检验报告、复验报告等等，对于进口材料，还要有商检报告及化学成分分析，凡是没有产品合格证明及检验不合格的材料不得进场，同时加强材料的使用认证，防止错用或使用不合格的材料；

（3）搞好设计交底和图纸会审。工程开工前需识图、审图，再进行图纸会审工作，在建筑工程项目开工前，相关技术人员应认真细致的分析施工图纸，从有利于工程施工的角度和利于建筑工程质量方面提出改进施工图意见；

（4）收集国家及当地政府有关部门颁布的有关质量管理方面的法律、法规文件及质量验收标准；工程建设参与各方的质量责任和义务，质量管理体系建立的要求、标准，质量问题处理的要求等，这些是进行质量控制的重要依据。

2）事中控制

事中控制是指施工过程中的质量控制。具体应做到以下几点：

（1）施工单位自身的质量控制。首先，保证质量控制的自我检测系统能够发挥作用，要求其在质量控制中保持良好的工作状态。其次，完善相关工序的质量控制，对于影响工序质量的因素，纳入质量控制范围；对重要和复杂的建筑工程施工项目或者工序设立质量控制点，加强控制；

（2）进行质量跟踪监控控制。首先，在施工过程中，应密切注意在施工准备阶段对影响工程质量因素所做的安排，而在施工过程中是否发生了不利于工程质量的变化；其次，严格检查工序间的交接。对于重要工序和主要工程，必须在规定的时间内进行检查，确认其达到相关质量要求，才能进行下一道工序；

（3）在建筑工程项目施工过程中，对于重要的工程变更或者图纸修改，必须通过相应的审查，在组织有关方面研究、分析、讨论、确认后，才予发布变更指令实施；

（4）严格检查验收。第一，每个工序产品的检查和验收，应当按照规定进行相应的自检，在自检合格后向监理工程师提交质量验收通知单，监理工程师在收到通知后，在合同规定的时间内检查其工序质量，在确认其质量合格后签发质量验收单，此时方可进入下道工序；第二，重要的材料、半成品、成品、建筑构配件、器具及设备应进行现场验收，凡涉及安全功能的有关产品，应按各专业工程质量验收规范规定进行复验，并应经监理工程师检查认可。同时，项目质量控制应实行样板房制；

（5）项目经理部应建立项目责任制和考核评价制度,项目经理应对项目质量控制负责,过程质量控制应由每道工序和岗位的责任人负责。应特别重视开工前的检查,工序（相关工种之间）交接检查、隐蔽工程检查、停工复工后的检查。及时处理已经发生的质量问题和质量事故,保证建筑工程项目的施工质量；

（6）采购质量控制。采购质量控制主要包括对采购产品及其供方的控制，制订采购要求和验证采购产品。建设项目中的工程分包，也应符合规定的采购要求。

3）事后控制

事后控制即施工过程所形成的产品质量控制。具体应做到以下几点：

（1）分部、分项工程的验收。第一，对于在施工过程中形成的分部、分项工程进行中期验收；第二，根据合同要求，对完成的分部、分项工程进行中期验收的同时，还应当根据建筑工程项目的性质，按照有关行业的工程质量标准，评定相应的分部、分项工程质量等级；

（2）组织单项工程或整个建筑工程项目的竣工验收。在一个单项工程完工或者整个建筑工程项目完成后，首先施工单位应进行竣工预验收。在预验收合格后，向监理方提出最终的竣工验收申请；

（3）当建筑工程质量不符合要求时，应按照要求及时整改。经有资质的检测单位检测鉴定，仍达不到设计要求时，应会同设计单位制定技术处理方案；

（4）质量教育与培训。通过教育培训和其他措施提高员工的能力，增强质量和顾客意识，使员工满足所从事的质量工作对能力的要求。

3. 建筑项目施工阶段质量控制的方法

（1）在进行每道工序施工前，项目技术负责人对施工班组长进行书面的技术交底。

（2）质量检验员进行跟班实时质量监督，及时处理发现的质量问题，对不符合建筑工程项目设计及要求的施工，要求其立即停工并限期整改，采取质量一票否决制度。

（3）做好上下工序和交叉工序的交接验收。如果前一道工序不符合质量要求，下一道工序不能施工作业。

（4）合理安排施工工序的交叉。明确交叉单位的责任，做好相关的交接和验收工作，加强对施工产品的保护。

（5）各个施工工序要坚持自检、互检以及专检的质量检查制度，要做到逐级检查，层层把关。要求所有隐蔽工程必须经监理或业主验收，做好隐蔽记录，在业主或者监理签字后才可进入下一道工序。加强工程资料的管理。项目资料负责人对相关资料进行收集和整理，保证资料和数据的完整性和准确性，同时根据合同要求编制竣工资料。

（6）持续有效地开展质量审核，对质量体系运行做出正确诊断，对发现的不合格或潜在的不合格，实施纠正、预防措施，使质量体系步入良性循环。

以上就当前阶段建筑工程项目施工阶段的质量过程控制进行分析探讨，在实际的施工过程中，质量控制是一个很复杂的过程，应该按照施工规范及设计的具体要求，在实践中不断探索总结并达到完善。

十六、工程建设过程的质量管理

建筑工程是百年大计，建筑工程质量的优劣直接关系到建筑企业的生存和发展，并可能对国家、消费者的生命财产造成直接损失。为了加强建设工程质量的管理，保证工程质量，保护人民生命和财产安全，认证贯彻落实《建设工程质量管理条例》相关规定，建设单位、承建单位、监理单位、设计单位依法对建设工程质量负责，建设行政主管部门和其他有关部门应当加强对建设工程质量监督管理，严格执行基本建设程序，坚持先勘察、后设计、再施工的原则，并采用先进的科学技术和管理方法，提高建设工程质量。在工程实施过程中，工程质量安全监督要从现场实体质量，拓展到工程建设参与各方的质量行为，工程的质量往往是由多个主体的违约行为共同引起的，应重点监督工程建设参与各方质量责任主体是否落实，把责任与法纪、权益相结合，以《建设工程施工现场质量保证体系》为重点，强化政府监督，严格执法，在工程项目施工前制定合理的监督方案，对责任和义务、相关的程序和监督提出要求，以法律的形式进行明确约定。

1. 建设单位行为规范

建设单位是建设市场活动中重要主体。建设单位控制着建设工程全部投资，并且是该投资行为的最大受益者。在我国建设市场全面处于买方市场的条件下，建设单位不仅具有设计、施工、监理招投标的主动权，建设行为的监督管理控制权，还具有拒绝支付雇用款项的权利，因此建设单位相对其他建设主体享有充分的权利，它的优势地位相当突出。

　　享有权利就要承担相应的责任，那么对于建设单位应该落实何种责任呢？根据国际惯例，在市场经济条件下应该实行业主负责制，建设单位可以自行负责管理建设行为，也可以委托有资质的其他机构代为管理。也就是说，建设单位在遵守国家建设法规和部门规章的前提下具有管理建设行为的绝对自主权，同时也应该承担因管理行为失误或不当所导致的质量损失和事故的直接责任、间接责任和连带责任。

　　但是，我国现在正处于计划经济向市场经济的过渡时期，建设投资主体多元化，许多建设单位并不是完全意义上的投资业主，还有一些建设单位根本不具备独立管理建设投资的能力。建设单位贪赃枉法，滥用权利的现象大量存在，因此造成的投资浪费和质量事故也屡见不鲜。在这样的条件下实行业主负责制，只能导致建设市场更加混乱。因此，在我国现阶段有必要对建设单位实行资质管理和有效监控，作为向最终实行业主负责制的过渡，现阶段这种过渡已经形成。

2. 承建单位职责

　　建筑企业要完成承接的工程任务，取得预期的社会效益和经济效益，必须走质量效益型道路，贯彻以质量为中心、以效益为目的的"质量兴业"计划。

　　承接工程时，施工单位应当建立质量责任制，根据工程项目的特点和规模，选好与之相适应的项目经理、技术负责人和主要的施工管理人员，是保证工程质量的前提，项目经理的质量意识和管理意识强，项目班子工作齐心协力，预定的质量目标就完成得好，就会创出优质工程。要提高工程质量，必须严格按照设计图纸及现行技术规范施工，有一套工程质量的控制办法，建立健全施工质量检验制度，严格工序管理，做好隐蔽工程的质量检查和记录；做好建筑材料、建筑构配件、设备和商品混凝土的检验，按照设计图纸和施工技术标准施工，不得擅自修改工程设计，不得偷工减料。企业除制定方针目标以外，还必须紧紧围绕工程项目制定一系列的措施，重点监督施工现场的保证体系是否建立健全，保证体系是否有效运行，是否具备持续改进功能。施工质量对进度和经济效益及承包人的信誉有直接影响，项目是企业创建名牌工程，实现优质工程计划的归宿，也是取得信誉的保证。

3. 监理单位控制措施

按照监理规范及项目监理细则要求，在对施工质量进行控制的基础上，整合现有质量安全监督力量，明确监理方的监理职责、监理规划、按照工程监理规范的要求，采取旁站、巡视和平行检验等形式，对建设工程实施监理。承包人施工的每道工序，都需要经监理公司现场工程师签订认可，未经监理工程师签字，建设单位不拨付工程款，不进行竣工验收，建筑用材料、建筑构配件和设备不得在工程上使用或安装，材料不合格的坚决清场，施工单位不得进行下一道工序施工，质量不符合要求的坚决返工重做，重点监督施工企业各有关人员质量责任是否履行，发现违法违规、不履行质量安全责任的有关人员，要坚决予以处罚。

4. 设计单位责任

设计单位经过资质审查具有从事工程设计的特许权，通过设计招投标获得了一个建设工程的设计权和获利权，同时设计单位也必然要承担工程设计的质量义务和相应的法律责任。建设工程的方案设计获得规划部门的审批后，设计单位开始工程技术施工图的设计任务。设计单位根据建设项目的总体要求及地质勘察报告，对工程进行全面策划、构思、设计和描绘，最终形成设计说明书和图纸等设计文件。设计文件是施工单位进行施工的标准性文件，也是监理单位进行施工监理的重要依据，因此设计文件的质量决定了建设工程的"先天"质量。数据统计显示，由设计因素造成的工程质量事故在质量事故中占有相当大的比重。因此，规范设计单位的设计行为、提高设计质量，成为一个需要重视的重大问题。要求设计单位严格遵守国家规范和标准之外，加重设计单位因设计失误而导致的工程质量损失和事故的经济赔偿责任。过轻的设计质量赔偿责任容易使设计单位产生懈怠心理，设计单位有效投入不足，缺乏应有的细心与耐心，最终酿成质量缺陷。

我国设计质量赔偿责任的规定显失公平。住房和城乡建设部与国家工商行政管理局联合印发的《建设工程设计合同》文本规定："由于乙方设计错误造成工程质量事故损失，乙方除负责采取补救措施外，应免收损失部分的设计费，并根据损失程度向甲方偿付赔偿金，赔偿金最多与免收的设计费金额相等"。根据此条规定，无论设计单位由于设计错误给建设单位带来多么严重的经济损失和质量责任，建设单位至多只能获得相当于设计费的有限经济赔偿。一旦发生重大质量事故，根据新合同法的有关规定，此款规定应认定为显失公平，属于可撤销条款。那么设计单位承担的经济赔偿额度到底应该是多少呢？一般认为，设计单位应该承担因其设计错误而造成的实际损失，即直接损失和合理的间接损失。只有这样，才能真正体现《合同法》的公平原则，督促设计单位以更强的责任心进行工程设计，进而防止由设计失误而导致的工程质量损失和事故。同时，也可以有效抑制设计挂靠现象的产生。

综上所述可知，当前建筑工程领域质量管理制度正处于逐步完善阶段，随着相关制度的推行，将依靠科技进步，不断提高管理方式，提升管理水平，实施长效管理；不断修订、完善和健全工程质量安全法律体系，做到"有法可依，有法必依，执法必严，违法必究"；进一步增强企业质量管理的自觉性，增强质量意识，加强项目管理力度，提高建筑工程质量，更好地为和谐社会的经济建设服务。

十七、建筑工程质量问题及控制措施

随着建筑行业的不断发展，广大居民对居住环境水平的要求不断提高，建筑房屋工程质量开始受到广大市民的普遍关心，在工程建设和使用过程中显现出来或大或小的质量问题绝不容忽视，因此要求认真探究原因，充分认识其危害性，采取相应的措施进行有效的综合治理，从根本上消除质量问题的存在，使工程得到正常的投入使用。

1. 建筑工程存在的质量问题

1) 工程质量粗糙

许多商品住宅无论是外观还是内部都相对粗糙，表面凹凸不平，线条横不平，竖不直，缺棱少角，框洞不周正、不对称，色差大，观感效果较差。

2) 以次充好，以劣充优

许多新建工程，施工所用的材料达不到国家规定的标准，进场时无材质证明（或伪造假材质证明），更有甚者故意采购一些不法厂家、不法商家提供的再生材料、不合格材料，进场后也不做试验就直接使用，抽样送检的与施工所用材料不一致，以假乱真，以达到验收的目的，这样的工程交付使用后不久便出现不少质量问题。

2. 存在质量问题的原因

1) 施工方面的原因

首先，工程施工队伍整体素质参差不齐，各建筑施工企业施工人员流动过快，新工人比较多，技术培训跟不上需要，技术工人技术水平偏低，上岗前施工技术员不进行技术交底，工人不按施工工序和施工规范要求进行操作，这就很难达到质量标准。尤其是许多未经过专业训练的农民工涌入建筑行业，导致施工队伍整体素质下降很快。也有不少建筑施工企业缺乏相应的专业技术人员，他们为了省钱雇用一些即无施工经验又不懂图纸和规范的人员来管理施工现场，而一味地追求进度，出现了一些粗制滥造的工程。

其次，在施工过程中，没有建立健全的质量管理体系，各工序与工序、工种与工种之间没有严格的交接制度，前道工序留下的隐患，后道工序施工者不但不及时处理，甚至蓄意隐蔽，没有做到事前预防、事中控制和事后处理的措施。

最后，施工管理混乱。例如，预制空心楼板吊装后不经调整就进行灌缝，所用混凝土的碎石粒度不加控制，造成墙面和地面开裂。施工现场成品和半成品乱堆乱放，随意碰撞损坏，严重影响整体工程质量。

2）材料选用方面的原因

由于材料选用方面原因造成的质量问题也比较常见，例如浇筑混凝土所用的原材料——水泥、砂、石的质量，抹灰用砂含泥量的控制，木门窗木材品种的选择等，都对工程质量有举足轻重的影响。再如，某工程刚刚竣工，内外墙装饰涂料由于质量不过关，在很短时间内就出现变色、脱皮等情况；有的饰面砖由于吸水率过大（>10%）及外形规格不整齐，施工马虎，致使有不少新建成的工程存在外墙饰面砖釉面爆皮、贴砖空鼓、脱落及灰缝不均匀等质量通病，造成外墙渗水；结构板面在施工中，在提升架口部位的板面浇筑马虎，细部处理不到位，没有注意板负筋位置，造成提升架口部分板面出现不必要的结构裂缝等。由于材料及设置质量低劣而造成的质量通病比较普遍，造成的后果也相当严重。

3）设计方面的原因

（1）有些设计单位为了揽到工程一味地附和开发商，在设计上缺斤少两，该设防水的不设防水、该放钢筋的不放钢筋等等，或者用一些不懂技术和设计规范的人员设计出一些不合格的工程，如在屋面防水的设计中，带女儿墙的屋面发现有局部泛水高度不够，也有伸缩缝出屋面墙压顶设计不合理，自由排水的屋面上，檐部不作铁皮泛水檐，而且卷材没有探出挑檐的边沿等。

（2）在楼地面的做法上，预制空心板上先抹找平层而后作面层，按这种设计施工的地面和顶棚，绝大多数易产生裂纹，在设有进深梁楼盖上，进深梁的上方不加设辅筋，多数均在此处发生大孔隙裂纹。

4) 工程造价偏低

房屋的质量问题和工程的造价有直接的关系，建设单位标底造价压得太低，会增加施工企业经营压力而放松管理，材料质量无保证。如当前铝合金窗的质量通病比较普遍地存在，铝合金型材的厚度虽然达到设计要求，但是材质不均匀，表面防腐层质量差，很短时间内就会氧化，密封绒条太小、窗锁与走轮质量差等。就是由于施工企业选用价格低廉的材料与配件所造成。有的建筑物屋面防水材料选用石油沥青油毡等低档的防水卷材，造成屋面防水层耐久性差，容易产生渗漏。在室内装修部分，如吸顶灯不选用玻璃或瓷质的灯罩，而是选用塑料灯罩所以就出现了塑料灯罩未等交付使用即已老化，稍碰即碎。

5) 现场监理工程师监督不到位

施工现场监理行为不到位，也是造成质量问题的一个重要原因。个别监理单位为了寻求经济效益超越资质、借资质承接监理业务，项目监理机构的人员资格、配备不符合要求，存在监理人员无证上岗的现象；现场监理质量控制体系不健全，监理人员对材料、构配件、设备投入使用或安装前未进行严格审查，没有严格执行见证取样制度，有的项目监理机构甚至未按规定程序组织检验批、分项、分部工程的质量验收，就进入下道工序施工，许多质量隐患得不到及时的发现和处理。

3. 控制具体措施

1) 制订质量问题的防治方案

从日常的工程质量监督检查的情况看，目前建筑工程质量通病治理起来还有一定的难度，不可能在短时期内彻底消除，需要有针对性地采取措施进行治理。分期分批重点有目的地来控制治理质量通病，当有些质量通病涉及多个方面因素时，还要通过协调或组织力量攻关，抓住重点，以点带面，制定行之有效的治理方案。

2) 消除设计考虑不周出现的质量问题

设计单位及设计人员，面对出现的工程质量问题要进行认真分析探究，如果属于设计欠周造成的，应改进设计方案。施工图完成之后，应向各方人员做好技术交底工作，听取各方意见，修改设计中欠考虑不周之处。并且，经常去现场参加实践，积累设计经验。设计人员应在满足设计规范的前提下，来考虑业主投资的综合效益，即使建造工程的造价难以降低，也应尽量减少质量问题的存在，使建成之后开工顺利并减少维修费用。

3）提高施工企业的综合素质，改进施工工艺，提高质量意识

据资料介绍，我国由于施工因素造成的质量问题占所有质量问题的80％左右。因此，提高施工企业人员的综合素质，减少因施工不当造成的质量问题至关重要。对治理难度大的质量问题，要组织科研力量研究攻关，对不配套、不成熟的施工技术，应停止或试验总结后再推广。

4）重点把好材料、制品及设备制造质量关

建筑材料使用前，宜严格遵守"先检后用"的原则，做到择优选购，采取货比多家的方法，不采购生产厂家不清、质量不明的建筑材料、制品或设备。购入的材料、制品在使用前，必须严格按规定进行质量检验和检测，合格后方可安装使用。对一些性能尚未完全过关的新材料，要慎重使用。对于地产建筑材料、制品及设备，应加强质量管理，实施生产许可证和质量认证制度，从根本上杜绝不合格产品的流入，使建筑材料的使用在可控范围内。

十八、建筑工程施工管理控制措施

提高建筑产品质量，多创优质工程，一直是施工企业不懈的追求目标。为进一步加强建筑工程产品质量，切实提高工程施工过程质量，要从对影响工程质量的操作人员、施工工艺、机械工具、材料和环境等几个方面入手，提出了质量管理控制的方法和措施。

1. 工程施工质量管理的重要性

工程项目施工涉及面广，是一个极其复杂的连续过程，影响质量的因素很多，如设计、材料、机械、地形、地质、水文、气象、施工工艺、操作方法、技术措施、管理制度等，均直接影响着工程项目的施工质量；而且，工程项目位置固定、体积大，不同项目所处部位不同，不像工业生产厂有固定的流水线、规范化生产工艺及检测技术、成套的生产设备和稳定的生产条件，因此影响施工项目质量的因素多，容易产生质量问题。如使用材料的微小差异、操作过程的微小变化、环境的微小波动，机械设备的正常磨损，都会产生质量变异，造成质量事故。工程项目建成后，如发现质量问题又不可能像一些工业产品那样拆卸、解体、更换配件，更不能实行"包换"或"退款"，因此，项目施工过程中的质量控制就显得极其重要。

2. 严格施工材料及构配件质量的控制

施工所需的材料及构配件质量的优劣，与施工工程实体质量的优劣密切相关。要实现建筑工程质量达标创优的目标，施工企业的施工材料供应部门，必须与施工材料构配件厂家，建立工作联系和材料质量信息反馈系统。密切业务联系，不断改进和提高材料质量，避免和解决与供方的质量争端。一般情况下，施工材料及构配件质量控制的关键，要抓紧材料及构配件采购质量、材料及构配件质量验收、材料及构配件贮存三个环节过程。

1）施工用材料及构配件采购质量控制

物质采购人员要选择合格的供货方。应初拟两家以上供应方待选，经过比较后确定，对经过几次供货考核，确能保证供货质量的供地可签订长期供货协议。同时，还要考虑施工材料构配件价格和费用，交付服务等标准来评价供应厂家。设计部门和建设单位指定的供应材料构配件厂家，经审核确有质量保证能力，可按设计和建设部门指定的厂家订货。否则，应同设计和建设部门协商，另择供方。做到"四不"采购，即不采购达不到质量标准的材料构配件；不采购国家已明确淘汰的材料构配件；不采购不带合格的材料构配件；不采购需用单位已对质量提出异议的材料。

2）施工供应材料构配件的质量验收，是施工材料构配件质量控制的重要环节

在材料构配件供应验收过程中，对材料构配件质量有异议时，供应部门负责同供料单位交涉，具体实施按《原材料构配件质量异议仲裁办法》处理。材料构配件质量复检后要索取复检报告，对复检不合格的施工材料构配件要按《材料构配件隔离办法》、《原材料构配件退货办法》退货清场处理。

3）施工材料及构配件的保管贮存的管理

为使库存的施工材料及构配件不发生变质，保证物质的完好无损，供应部门及分公司或项目经理部的仓库管理人员，要负责验收入库材料和构配件的保管和发放。必须严格按照仓库管理制度，及时上账、上架，严格执行仓库保管原则。特殊材料跟踪管理，按照类别分类保管，严禁混料。开展经常性的对库存物质材料构配件进行检查，以发现可能发生的质量变化和损失情况，防止发生物质材料霉烂、变质、潮湿、锈蚀、虫鼠害、老化和过期失效。工程项目的施工过程，是由一系列相互关联、相互制约的工序所构成，工序质量是基础，直接影响工程项目的整体质量。工序质量的控制，就是对工序活动条件的质量控制和工序活动效果的质量控制，据此来达到整个施工过程的质量控制。工序质量控制的原理是采取数理统计方法，通过对工序一部分（子样）检验的数据，进行统计、分析，来判断整道工序的质量是否稳定、正常。若不稳定，产生异常情况，必须及时采取对策和措施予以改进。在对工序质量控制过程中，一是严格执行施工工艺和操作规程；二是突出对施工人员、施工材料、施工机械设备、施工方法和施工环境等因素实行有效控制，使其处于受控制状态；三是及时检验工序活动效果质量，及时掌握质量动态；四是设置工序质量控制点。对工序关键部

位或薄弱环节，用设置工序质量控制点的办法来保证工序过程质量，使其达到良好的控制状态。

3. 严把施工技术关，监控工程质量水平

施工质量监督与控制，与技术因素息息相关。技术因素除了人员的技术素质外，还包括装备、信息、检验和检测技术等。住房和城乡建设部曾指出："要树立建筑产品观念，各个环节要重视建筑最终产品的质量和功能的改进，通过技术进步，实现产品和施工工艺的更新换代"。这句话阐明了新技术、新工艺和质量的关系。科技是第一生产力，体现了施工生产活动的全过程。技术进步的作用，最终体现在产品质量上。为了工程质量，应重视新技术、新工艺的先进性和适用性。在施工的全过程，要建立符合技术要求的工艺流程、质量标准、操作规程，建立严格的考核制度，不断改进和提高施工技术和工艺水平，确保工程质量。

质量监控的目标管理应抓住目标的制定、展开和实现三个环节。施工质量目标的制订，应根据企业的质量目标及控制中没有解决的问题、没有经验的新施工产品以及用户的意见和特殊的要求等，其中同类工程质量通病是最主要的质量控制目标；目标展开就是目标的分解与落实；目标的实施，中心环节是落实目标责任和实施目标责任。各专业、各工序都应以质量控制为中心进行全方位管理，从各个侧面发挥对工程质量的保证作用，从而使工程质量控制目标得以实现。

施工过程中的方法，包含整个建设周期内所采取的技术方案、工艺流程、组织措施、检测手段、施工组织设计等。施工方案正确与否，直接影响工程质量控制能引顺利实现。往往由于施工方案考虑不周而拖延进度，影响质量，增加投资。为此，制定和审核施工方案时，必须结合工程实际，从技术、管理、工艺、组织、操作、经济等方面进行全面分析、综合考虑，力求方案技术可行、经济合理、工艺先进、措施得力、操作方便，有利于提高质量、加快进度、降低成本。"百年大计，质量第

一"。工程施工项目管理中，我们要站在企业的生存与发展高度来认识工程质量的重大意义，坚持"以质取胜"的经营战略，科学管理、规范施工，以此推动企业拓宽市场，赢得市场，谋求更大的发展空间。

4. 提高和加强施工人员的技术水平

操作人员的心理素质、技术水平，生理缺陷，粗心大意，违纪违章等因素应当有所掌握。施工时要考虑到对人的因素的监管，因为人是施工过程的主体，工程质量的形成受到所有参加工程项目施工的工程技术干部、操作人员、服务人员共同作用，他们是形成产品质量的主要因素。工程质量的形成受到所有参加工程项目施工的管理技术干部、操作人员、服务人员共同作用，他们是形成工程质量的主要因素。因此，要控制施工质量，就要培训、优选施工人员，提高他们的基本素质。首先，应提高他们的质量意识。施工人员应当树中五大观念，即质量第一的观念、预控为主的观念、为用户服务的观念、用数据说话的观念以及社会效益、企业效益（质量、成本、工期相结合）综合效益观念。其次，是人的素质。领导层、技术人员素质高。决策能力就强，就有较强的质量规划、目标管理、施工组织和技术指导、质量检查的能力；管理制度完善，技术措施得力，工程质量就高。操作人员应有精湛的技术技能、一丝不苟的过细工作作风，严格执行质量标准和操作规程的法制观念，是保证建筑产品质量的可靠保障。

十九、房屋建筑工程质量的控制

近几年来，由于建筑规模的不断扩大，有一些不具备承包资质的施工企业，通过种种途径中标进入施工生产领域，在施工生产过程中通过无底限的低价中标、然后以偷工减料、层层转包等不正当方式获利，这些措施难以保证工程质量，严重损害工程质量，给国家财产和人民的生命安全造成重大的危害。所以，建筑施工企业必须将工程质量作为企业生存的根基，必须清楚地意识到工程质量的重要性，从而通过科学的管理手段、先进的技术设备、优秀的员工队伍，来确保工程质量达到国家规范和行业标准，在竞争中立于不败之地。

1. 建筑工程质量管理的特点

房屋建筑工程项目的施工涉及面广，是一个极其复杂的系统工程，具有建筑位置固定、生产流动、结构复杂、多样施工、体型大、整体性强、建设周期长、质量要求高、受自然和环境条件影响大的特点。因此，施工项目的质量管理、工程实施难度比一般工业产品的实施难度更大，具体有如下的表现形式：

1）影响质量的因素多

建筑工程的设计、材料、机械、地形地貌、地质条件、水文、气象、施工工艺、操作方法、技术措施、管理制度、投资成本、建设周期等，都直接影响施工项目的质量进度。

2）易产生质量变异及质量波动大的特点

工程项目的施工没有固定的生产流水线，没有规范化的生产工艺和完善的检测技术，也没有成套的生产设备和稳定的生产环境，再加上影响项目施工质量的偶然性因素和系统性因素都较多，因此，工程质量很容易发生变异，工序过程中的突变也影响到产品质量。

3）质量检查不能解体、拆卸及终检的局限性

工程项目建成后，不可能像某些工业产品那样，再拆卸或解体检查内在的质量，工程项目的质量存在着隐蔽性；工程项目的终检无法进行工程内在质量的检验，发现隐蔽的质量缺陷。而且即使发现质量有问题，也不可能像某些工业产品那样，重新更换零件或像工业产品那样实行"包换"。

4）质量受投资、进度的制约明显

项目的施工质量受投资、进度的制约较大。如一般情况下，投资大、进度慢，质量就相对较好；反之，质量则差。因此，项目在施工中，必须正确处理好质量、投资和进度三者之间的关系，使其达到既对立又统一。

5）评价方法的特殊性

工程质量的检查评定及验收是按检验批、分项工程、分部工程、单位工程进行的。隐蔽工程在隐蔽前，要检查合格后才进行验收，涉及结构安全和使用功能的重要分部工程要进行抽样检测，在分部工程合格的基础上才进行单位工程的验收。

2. 建筑工程质量存在的主要问题

建筑工程质量存在的问题，主要有水泥地面空鼓、掉皮、开裂、起皮、起砂，厨卫、屋面、外墙渗漏严重，门窗缝隙大，开关不灵活、不严，下水道堵塞，厕浴间地面倒坡、积水，滴水线向内倾斜等现象，有的建筑出现严重的不均匀沉降，个别建筑甚至发生整体坍塌事故等。

3. 建筑工程主要质量问题原因

1）施工方面的原因

（1）工程施工队伍素质偏低

工人技术素质较差，操作不按规程顺序进行，尤其是许多未经过专业训练的农民工涌入建筑行业，大多都是属于无证上岗。就目前资料分析，农民工、合同工占总数的2/3，施工现场直接从事操作的工人中，90%的都是流动性质的农民工。专业技术人员的缺乏，无法保障房屋建筑工程的规范性施工。

（2）在施工过程中，没有建立健全的质量控制体系

工序与工序、工种与工种之间没有严格的交接措施，更无"三检"制，前道工序留下的隐患，后道工序施工者不但不及时处理，甚至蓄意隐蔽。

（3）施工管理混乱

施工现场成品和半成品乱堆乱放，随意损坏，严重地影响整体工程质量。

2）材料选用方面的原因

为了节约投资，尽可能地追求利润，选用材料及设备的质量低劣，而造成的质量问题也比较常见，造成的后果相当严重，有的设备及材料安装后尚未交工即损伤或损坏，无法正常使用。

3）设计方面的原因

因一些挂靠的设计企业，设计技术人员的整体水平不高，再加上没有充分考虑到工程项目的实际情况。因此，设计出的作品不尽合理，给建筑物造成潜在的隐患。如：厨房和卫生间设计选用空心楼板且不做防水层，上下水管道穿越楼板不加套管等造成渗漏；在楼地面的做法上，预制空心板上先抹找平层后做面层，按这种设计施工的地面和顶棚，绝大多数易产生裂纹，甚至脱落、掉皮。

4）工程造价过低

房屋工程的质量问题和工程的造价有直接的关系，造价过低，会增加施工企业经营压力而疏于管理，施工企业选用价格低廉的材料与配件，材料质量无保证。房屋工程的投资价格应严格控制，应当符合使用要求，适当地节约而不是盲目地压低造价。

5）现场监理不到位

个别监理单位项目监理机构的现场监理质量控制体系不健全，人员资格、配备不符合要求，当人员不足时随便找非专业人员当监理员，存在监理人员无证上岗的现象，监理人员对材料、构配件、设备投入使用或安装前未进行严格审查，放任施工安装，未按要求组织检验批、分项、分部工程的质量验收，就进入下道工序施工。

4. 建筑工程质量问题防治措施

1）制订质量问题治理方案

有针对性地采取措施，对于质量通病进行治理，分期分批、有重点目标地监控。同时，组织、协调技术、科研力量重点攻关，抓住重点，以点带面，制定行之有效的治理方案。

2）消除设计不周产生的质量问题

对于有问题的工程质量，应通过改进设计方案来治理，同时设计人员应与施工人员做好技术交底工作，听取他们的意见，修改设计中考虑不周到之处，为了使设计切合实际和避免减少差错，设计人员不仅要经常去现场参加实践，积累设计经验外，还应学习有关施工、质量验收规范及检验标准；设计人员应考虑业主投资的综合效益，如果设计考虑周到，即使建造工程的造价难以降低，也可以有效地减少质量问题的存在，建成之后减少维修费用。

3）提高施工企业的综合素质非常关键

改进施工工艺，增强质量意识，施工企业人员的综合素质直接影响着工程的质量。因此，提高施工队伍的整体素质非常关键且必要。

4）积极采用科技成果，努力提高施工技术水平施工

质量控制与技术因素息息相关，为了工程质量，要重视新技术和新工艺的先进性、适用性。在施工的全过程中，要建立符合技术要求的工艺流程、质量标准、操作规程，建立严格的考核制度，不断改进和提高施工技术以及工艺水平，一句话即确保工程质量。

5）重点把好材料、制品及设备的质量关

对购入的材料、制品、半成品在使用前，必须严格按规定进行质量检验和检测，合格后方可用于工程。建立稳定的资源基地和供货关系，也是保证工程质量、提高经济效益、增强市场竞争的重要途径。

综上所述，建设工程的口号多年来总说是"百年大计，质量为本"。房屋建筑工程的质量关系到人们的日常生活和生命、财产安全。而建筑工程的施工是一种复杂的多工种协同操作、多项技术的交叉综合应用过程，包括由熟悉设计意图到会审图纸、从编制施工组织设计开始，到施工过程中的商洽管理、材料抽检、质量检验，直至建筑工程竣工验收全过程中的各项技术工作，资料收集贯穿于整个施工的全过程。必须以现行规范、规程为标准，严格操作程序、科学管理。用认真的态度控制好每个工序环节，才能完成符合要求的合格工程。

第三章　混凝土结构工程

一、工程混凝土与材料设计及关键施工技术

现在，超大型混凝土工程越来越多，对大型混凝土技术的要求更高。现有的混凝土技术难以满足结构需求，需要采用与之相适应的现代混凝土技术。在混凝土材料制备方面，超大型工程对于混凝土材料的性能要求很高，如基础大体积混凝土要求具有低水化热、低收缩性能，配筋密集墙板结构要求具有低收缩自密实性能、高强度、耐久性好。为了满足工程对材料性能要求，当代混凝土的组分发生了明显的变化，胶凝材料除水泥外需掺入功能型矿物掺合料，外加剂需要采用新的高效聚羧酸系材料，甚至对混凝土进行改性。因此，对现代混凝土的制备要有新的技术措施才能达到。

在混凝土结构设计中，超大型混凝土对结构的性能，如结构的抗震性能、抗火性能及结构的耐久性能，都要求比较高。与传统混凝土结构的性能不同，普通混凝土结构的性能还不能全面反映高性能混凝土结构的特性，需要对现代高性能混凝土结构的特性进行分析。

在混凝土结构施工中，超大型混凝土对结构的施工技术提出要求，一般要达到 C80 以上混凝土的模化制备能力。对超大型混凝土工程施工，超高施工部位混凝土材料的泵送，以及要求能够进行混凝土结构施工期性能变化的控制等，这些都需要有创新的施工技术满足大型混凝土结构施工的需求。

1. 超大型混凝土材料性能设计控制关键措施

1) 当代高性能混凝土复合胶凝材料技术

应用聚类方法系统分析现代高性能混凝土复合胶凝材料的水泥，矿物掺合料的诱导激活效应、微集料效应和微晶核效应，

建立可量化分析复合胶凝效应的特征方程，为现代高性能混凝土的性能设计提供依据。

（1）以复合胶凝材料理论为依据，分析了采用聚羧酸系外加剂的低水胶比、低水泥用量混凝土配制技术，开发出可以用以超大体积混凝土结构的低水化热低收缩混凝土。其绝热温升在同条件下比相同强度等级混凝土要低14℃以上，体现了当代混凝土技术相对领先，为超大体积混凝土温度裂缝控制提供了技术支持。

（2）以复合胶凝材料理论为基础，开发出低收缩自密实混凝土，混凝土180d收缩小于 300×10^{-6}。同普通混凝土相比较，收缩率降低了30%以上。

（3）以复合胶凝材料理论为基础，开发出 C80～C100 高强高性能混凝土，C80 混凝土弹性模量大于 4.37×10^4MPa，比现行《混凝土结构设计规范》的规定提高了13%以上。

（4）以复合胶凝材料效应理论为基础，围绕超高层泵送混凝土均质性控制的核心问题，分析了泵送混凝土在输送管内的流动特性。同时，对于剩余砂浆理论，提出了剩余浆体控制润滑层厚度的方法，明确了混凝土可泵送量化指标控制范围，提出了超高层泵送混凝土均质性控制方法，解决了大流动性与抗离析稳定性之间的不协调性，克服了高性能混凝土超高泵程输送性能控制的难题。

2）当代高性能混凝土材料的抗火性能

（1）资料介绍进行了 127 块 100mm×100mm×515mm 混凝土棱柱体，试件在 20～900℃ 条件下的高温试验和高温后的弯曲试验。使用的是 C40 普通混凝土为参照，考查了 C50、C80 和 C100 高性能混凝土棱柱体试件在火灾中的特点，同时通过对强度等级、外掺聚丙烯纤维和外掺矿渣与硅灰等因素的对比，分析高性能混凝土在高温后，残余抗折强度与经历高温之间的相互关系。以此提出了高性能混凝土高温后，残余抗折强度与经历高温之间的工程设计计算公式。

（2）进行了79块掺有聚丙烯纤维的C50、C80和C100高性能混凝土立方体试件抗火试验，表明在经历了20～900℃的试验后，外掺聚丙烯纤维高性能混凝土可以有效抗御高温爆裂，分别针对试块尺寸，强度等级和经历温度等因素，分析了聚丙烯纤维高性能混凝土的高温力学性能，通过统计回归分析，得出可供设计采用的设计曲线。

（3）以C50矿渣高性能混凝土为参考值，系统进行了受高温后高性能混凝土抗压试验研究，求得了高性能混凝土在经历不同温度（20～900℃）后的应力-应变全曲线，建立了相应的关系。通过对比分析揭示了高性能混凝土在高温后强度、变形、模量以及泊松比随着受温高低的变化规律，提出了相关的数学表达形式。

2. 超大型混凝土结构性能设计的关键控制措施

1）当代高性能混凝土结构的抗震性能要求

对于大尺度结构模型试验，要全面研究分析当代高性能混凝土结构梁、框架与剪力墙在低周期反复荷载下的抗震性能，建立高性能混凝土结构梁、框架与剪力墙的恢复力模型。研发了高性能混凝土结构的滞回分析软件，实现了高性能混凝土结构梁、框架与剪力墙的抗震滞回全过程分析。在分析的基础上，研讨了提高结构延性与变形能力的技术措施，在此基础上系统地提出高性能混凝土结构基于性能的抗震设计方法与建议。

（1）进行了对11根高性能混凝土梁（其中有5根非预应力混凝土梁），3根中等预应力度（PPR≤0.75）混凝土梁，以及2根高预应力度（PPR≤0.75）混凝土梁的低周期反复荷载试验，对其受力过程、破坏形态、滞回曲线、骨架曲线、恢复力模型、变形恢复能力、延性、刚度退化、耗能能力等抗震性能进行分析研究。表明与普通混凝土梁相比，高性能混凝土梁具有更优良的抗震性能，中等预应力度与高预应力度的高性能混凝土梁也具有良好的抗震性能。在试验的基础上，提出了高性能混凝土梁的弯矩-曲率恢复力模型，为高性能混凝土框架的非线性滞回分析提供基础数据。

（2）对 2 榀双层双跨高性能混凝土框架和 1 榀 4 层双跨高性能混凝土框架的水平低周期反复荷载试验，对预应力与非预应力高性能混凝土框架的破坏形态、破坏机制、滞回曲线、骨架曲线、恢复力模型、变形恢复能力、位移延性、刚度退化、耗能能力等性能进行较系统的研讨，表明了非预应力高性能混凝土框架和中等预应力度的高性能混凝土框架均具有良好的抗震性能。这些为高性能混凝土框架结构的抗震设计提供依据。

（3）基于非线性有限元原理，制定了高性能混凝土梁基于本构关系的滞回全过程分析程序。在程序设计中考虑了材料非线性、几何非线性、预应力作用、混凝土裂面效应、轴力二次矩、材料双切线模量场等因素影响，并且考虑到高性能混凝土的特点，程序计算值与试验结果比较符合。在此基础上编制高性能混凝土框架结构的恢复力模型的滞回全过程分析程序，并对程序进行验证。通过对不同参数多榀框架结构抗震性能进行模拟计算，进一步证明高性能混凝土框架结构的良好抗震性能，为地震设防的高性能混凝土框架结构提供技术依据。

（4）在分析研究中，发现了一种两层半子结构框架试验方法，有效地解决了传统试验技术的不足，开创性地对高预应力度（PPR≤0.75）高性能混凝土梁抗震性能的研讨，提出了预应力与非预应力高性能混凝土梁的弯矩-曲率恢复力模型，最先进行了高性能混凝土异形柱框架试验讲究，预应力高性能混凝土框架抗震性能的研究，高性能混凝土双连梁短肢剪力墙试研，提出高性能混凝土框架基于层间位移角、残余层间位移角、刚度退化和破损度的抗震性能设计建议。

2）当代高性能混凝土结构的抗火性能

针对当代高性能混凝土结构的抗火性能，进行了试验研究和理论对比分析工作，为高性能混凝土结构的抗火设计提供依据。

（1）比较早地开展高性能混凝土梁在高温后抗剪性能研究，

如600℃与800℃高温下的试验。进行了普通混凝土和高性能混凝土深梁的火灾反应对比分析。对高温后的混凝土深梁进行抗剪试验，在与常温下深梁受力性能对比分析，进行高温后深梁的变形与抗剪性能，提供了高性能混凝土深梁火灾后抗剪强度计算公式及建议。

（2）进行高性能混凝土框架的火灾反应和抗火分析，揭示了混凝土强度等级、外掺聚丙烯纤维对高性能混凝土框架结构的火灾反应和抗火性能的影响。表明在800℃高温火灾下，矿渣高性能混凝土框架结构的抗火性能比较好。提高高性能混凝土强度等级有利于火灾破坏前承受变形的能力。火灾引起的构件轴向变形和内力重分布会造成梁柱节点的提前破坏；作为超静定结构，框架梁柱在火灾中的刚度退化形态不一致，对整体结构的抗火性能是不利的，聚丙烯纤维的掺加可以提高降温时结构的变形恢复能力。

（3）对火灾后未受火的高性能混凝土单层单跨框架，进行低周期反复加载下的抗震性能分析，在高温、混凝土强度等级对高性能混凝土框架结构破坏机制、承载力、滞回特性、延性.刚性及耗能影响规律，建立相应恢复力模型，并分析聚丙烯纤维（PPF）对其性能的影响。表明火灾后的高性能混凝土框架结构易出现"强梁弱柱"，承载力、刚度及耗能明显下降，抗震性能亦降低。对聚丙烯纤维对火灾后高性能混凝土框架结构抗震性能的影响，需要参考多种有利及无利因素综合考虑。

（4）对持荷状态下剪力墙结构的火灾反应与抗火性能分析。通过温度-变形曲线、温度-压力曲线、温度场的研究与分析对比，揭示了不同迎火面温度、不同受火时间，有无外掺聚丙烯纤维的矿渣高性能混凝土剪力墙的火灾反应特点及性能。表明在火灾作用下，高性能混凝土剪力墙具有良好的整体性、稳定性和隔热性能。掺入聚丙烯纤维，可以在一定程度上改善高性能混凝土剪力墙的抗火性能，在此基础上提出高性能混凝土剪力墙的抗火设计。

（5）进行了 3 榀受高温作用后与 1 榀未受高温作用的矿渣高性能混凝土剪力墙在低周期反复作用荷载下的抗震性能对比试验。在试验分析基础上，对比探讨了试件荷载水平位移滞回曲线。荷载水平位移骨架曲线、耗能曲线与刚度退化规律，并对高温作用下及掺入聚丙烯纤维高性能混凝土剪力墙抗震性能的影响。表明高温作用会降低矿渣高性能混凝土剪力墙抗震性能，而掺入聚丙烯纤维可以明显提高矿渣高性能混凝土剪力墙的抗震性能。

3）当代混凝土结构的长期耐久性能

在对当代高性能混凝土梁在 2500d 长期荷载下的挠度、应力及曲率的耐久性分析，开发高性能混凝土梁时随全过程分析软件。基于高性能混凝土收缩徐变和预应力筋松弛的耦合作用分析，在考虑多因素影响的高性能混凝土梁长期变形与应力计算模型，形成可以满足工程使用的高性能混凝土梁长期变形设计的建议。

（1）通过对 19 根高性能混凝土梁长期性能的试验分析，对高性能混凝土梁长期性能的变化规律机理，重点分析混凝土种类、张拉次数、张拉控制应力，截面上下缘应力差对高性能混凝土梁收缩徐变长期性能的影响。表明使用高性能混凝土均可以减少徐变变形和应变，采用二次张拉方式可以明显降低徐变变形和应变，在较小的截面上下缘应力差有助于减少徐变变形和应变。

（2）由于龄期调整有效截面模量法与非线性有限元的考虑，对混凝土梁收缩徐变与预应力筋应力松弛之间的相互影响，开发高性能混凝土梁的时随过程分析软件，与计算吻合。

（3）对于高性能混凝土梁收缩徐变与预应力筋应力松弛的耦合作用分析，建立包括混凝土种类、张拉次数、张拉控制应力、截面上下缘应力差等多项参数影响的高性能混凝土梁长期变形与应力理论分析模型，并在此基础上提出满足工程需要的高性能混凝土梁长期变形的设计建议。

3. 超大型混凝土结构施工的关键技术措施

1）C80 强度等级混凝土大规模生产技术

从当前集中搅拌商品混凝土的生产标准及方法，确定通过优化搅拌时间及投料顺序等措施，满足持续规模化生产要求保证质量的拌制供应技术。基于现有生产设备条件，形成强度在 C80~C100 混凝土的实用配制技术和规模化持续拌制技术。在亚洲第一塔（610m）的广州新电视塔施工中，成功把 C80 混凝土浇筑至核心筒结构，创造了非劲性结构 C80 混凝土的应用。在钢筋混凝土结构中，规模化地将 C100 混凝土浇筑至框筒主体结构，使竖向结构混凝土用量减少了 42%，增加了有效使用面积，高强度混凝土优势明显，提高结构在空间的利用。

2）超大体积混凝土施工的技术措施

混凝土的运输供应控制非常重要，通过调节不同运距混凝土性能的供应方式，保证不同搅拌站供应至施工现场性能的相同。工程应用中如在上海中心大厦主楼基础底板浇筑中，60h 内一次性连续浇筑 6.1 万平方米 C50 高强混凝土，创造了建筑工程大体积混凝土施工的纪录。通过多次一次浇筑大体积混凝土的纪录，开发能够准确反映超大体积混凝土应力-应变仿真分析软件。

3）超高泵送混凝土施工的技术措施

基于超高泵送混凝土特点，研讨超高泵送机械选用布置原则，泵管布置方式和泵送混凝土的有效技术措施。创新地布设泵送缓冲弯管段，攻克泵管内混凝土向下冲击的控制难度，解决了高性能混凝土超高泵送的施工难题。采用混凝土水洗泵送技术，最大限度地利用管道中的混凝土，减少了混凝土浪费和对施工周围环境的污染。工程实践中，在全国许多城市将 C40、C50 和 C80 混凝土一次性泵送 400m 以上的高度，也创造了超高泵送的纪录。

4）混凝土结构施工期性能变化的控制措施

现代高性能混凝土结构浇筑成型过程中，环境条件变化对性能影响的作用，引入多维-多场机理状态方程描述温度、湿度场和应力场的复杂耦合作用，对混凝土结构施工期间变化分析，实现了混凝土结构施工期间性能设计，解决了传统混凝土结构设计理论无法考虑施工期结构历经的直接或间接作用的动态变化过程，影响结构安全性和耐久性的问题。

综上所述，是从超大型工程的混凝土材料的性能设计、混凝土结构性能设计、混凝土结构施工等几个关键环节进行技术创新，确保超大型混凝土工程的顺利实现。该研究成果及经验得到了广泛的应用。

当代混凝土配制技术可以节约一定数量的水泥，最大限度地利用工业弃物作为胶凝材料组分，减少了对环境的污染。研制出高强混凝土可有效减小结构构件尺寸、节省工程材料，也增加了结构使用空间。混凝土泵顶升施工新工艺充分回收利用混凝土材料，减少固体废弃物排放的污染，其社会效益和经济效益明显。

二、高性能早强混凝土用于预制构件的控制

预制混凝土应用在工程建设和市政工程中得到广泛应用，如何在确保混凝土最终性能的条件下提高混凝土早期强度的技术越来越引起预制行业的重视。伴随建筑工业化的发展和资源节约型、环境友好型社会的建设，开发混凝土早强技术可以极大提高预制构件的生产效率，降低生产能耗，具有现实意义。

早强混凝土技术的现状，当前采用的使混凝土早期获得高强度的主要有：早强型复合胶凝材料技术——包括高性能水泥技术和高强高性能矿物外加剂技术；早强型化学外加剂技术；胶凝材料的热活化技术，如蒸压技术、蒸期养护、红外线和微波养护等；其他物理化学活化方式，如磁化水、晶种技术等；对混凝土配合比的调整、降低配合比的水胶比、采用优质的骨料等，这种方法也是一般混凝土生产企业常用的传统方法，此处不作分析。

1. 早强型复合胶凝材料技术

早强型复合胶凝材料体系涵盖了高强高性能水泥技术，高性能矿物外加剂技术及其之间的配置关系。

1) 早强高性能水泥技术

提高水泥熟料中各矿物组分的活性及水泥中早强矿物的组分。同时还要增加水泥的细度也是提高水泥早期强度的主要方式。当前水泥的超细化技术受到专业人士的重视，但同时在使用超细水泥和超细矿物掺合料会造成胶结材料强度的"早长晚不长"现象，另外材料的开裂敏感性增加，因此，在考虑胶结材料早强的同时，必须通过不同品种和颗粒级配胶凝材料的调粒作用，优化胶结材料的综合性能。

试验资料表明：水泥基材料的微细化有助于提高单位时间内水泥的水化速率，提高混凝土早期强度，充分发挥强度潜能。熟料微细化并掺入超细混合材料后，水泥浆体中无害孔隙增多，有害孔大量减少，浆体结构更加致密，强度大幅度提高。造成微细化水泥水化速率提高的主要原因是：比表面积大大提高，矿物的晶格缺陷增多，选择性粉磨效应造成在微小颗粒中反应活性高的铝酸盐与 C_3S 的含量相对富集；助磨剂掺杂反应使矿相晶粒在一定程度上得以活化。

2) 高性能矿物外加剂技术

混凝土矿物外加剂是传统混凝土领域创新成就之一，按其作用效果可分为：改性型矿物外加剂和功能型矿物外加剂。矿物外加剂一般会含有玻璃相，在热力学上不稳定，具有较高的化学潜能。从相图上分析，多属 CaO—Al_2O_3—SiO_2 体系，见图1。

矿物外加剂改善硬化混凝土力学性能机理主要是：

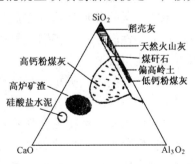

图1 CaO—Al_2O_3—SiO_2 体系示意

复合胶凝效应，包括诱导激活效应、表面微晶化效应和界面耦合效应、微集料效应。为了使矿物外加剂能够提高混凝土的早期力学性能，采取的方法是：机械活化，如超细粉磨；化学激发；热活化，如蒸汽养护、红外养护和微波养护等电磁养护方法。

（1）矿物外加剂的超细机械活化

对高铝硅低钙类掺合料和低钙粉煤灰的超细活化，研究资料介绍，对超细低钙粉煤灰可以显著提高混凝土的蒸养适应性和混凝土早期强度。蒸养超细低钙粉煤灰高性能混凝土的后期强度，弹性模量具有良好的增长率。与普通蒸养混凝土相比，蒸养超细粉煤灰高性能混凝土的脆性降低，塑性变形能力明显增强，干燥收缩明显降低，且抵抗氯离子渗透能力明显提高。超细粉煤灰可以改善蒸养混凝土的内部水化产物组成及其孔隙结构，降低混凝土的孔隙率，提高混凝土的耐久性。

对中钙类掺合料高钙粉煤灰的超细活化，资料表明超细高钙粉煤灰中游离氧化钙在不同温度下的水化速度不同。而且，高钙粉煤灰在与水泥一起水化时的水化速度，要远慢于其单独水化时的水化速度。合适的养化温度对高钙粉煤灰水泥基材料非常重要，超细高钙粉煤灰水泥基材料适用制作蒸养水泥混凝土制品，反应活性要高于低钙粉煤灰。

（2）复合激发类

不同种类的外加剂共存于胶凝材料体系，当配合比很恰当时，在力学性能方面，特别是早期力学性能产生单一矿物外加剂所无法比拟的增强效果。

可以从这些方面分析，当掺合料代替水泥时，浆体早期抗压强度的提高取决于掺合料自身参与水化反应的速率和水化产物的数量。水化产物在掺合料颗粒表面沉积的速度和浆体中硅酸盐、铝酸盐水化产物的非蒸发水量随着掺合料活性的提高而提高。掺合料活性按磨细矿渣微粉、高钙粉煤灰、低钙粉煤灰的顺序降低。将磨细矿渣微粉或高钙粉煤灰与低钙粉煤灰复合，可以克服低钙粉煤灰大掺量取代水泥时混凝土早期强度降低的不足。另外，石膏等激发剂可以促进掺低钙粉煤灰、高钙粉煤灰、矿渣微粉水泥基材料的水化，提高混凝土的早期强度，但是要通过试验确定适宜的石膏掺量，以达到最佳性能和可靠的体积稳定性。

2. 早强型化学外加剂技术

与萘系、三聚氰胺系、氨基磺酸盐系等高效减水剂相对比，聚酸盐系减水剂具有更为优异的性能，可作为早强型聚羧酸系外加剂用于预制混凝土。同时，利用萘系等传统减水剂进行改性开发早强型外加剂也是一个重要的技术措施。

实现聚羧酸系外加剂早强型功能的技术途径有三种，即：一是常规使用合成的聚羧酸减水剂，通过复配早强组分达到早强作用。该种技术主要是通过聚羧酸系减水剂与不同类型早强组分的复合效果，优选合适的复配方案；其二是合成聚合物本身具有较好的早强性能，此技术主要是通过对功能控制型分子结构进行系统研究，为聚羧酸减水剂母液的多元化发展，功能可控型理论提供依据；第三种方法是第一、二种方法的复合使用，通过试验研究确定。

3. 胶凝材料的热活化技术

为了提高预制混凝土构件工厂化制作的速度，许多预制混凝土构件加工会使用热活化技术，例如用蒸汽养护构件加快出厂。根据不同的胶凝材料体系采用相应蒸汽养护措施，使混凝土性能满足设计要求，又能提高制作效率。在蒸汽养护条件下，水泥和掺合料的反应活性都会得到极大提高，使水泥水化反应、掺合料二次水化反应都可以快速进行，从而使混凝土早期强度大幅度提高。

同样，蒸汽养护也可能存在一些缺陷，如延迟钙矾石的问题及由于混凝土早期强度快速发展带来的内部微缺陷增多的问题。但是，由于钙矾石容易在混凝土早期生成，且其晶体具有较高强度，在一定条件下混凝土有增强可能。这些应当是在确定混凝土材料配合比及养护时认真考虑的实际问题。

4. 新型养护技术应用

微波养护技术是混凝土新型养护技术的一种，其技术在混凝土中的应用主要是水泥基材料的养护。一般预制混凝土构件绝对多是用蒸汽养护，但蒸汽养护也有本身的不足。与蒸汽养护相比，微波养护的优势是：微波能够均匀、迅速地加热混凝土，这种加热的作用与混凝土的热传导能力无关；微波养护可以更容易地控制热能的输入，使混凝土脱模前的加热过程得到优化。其技术在不损坏制品 28d 强度的同时，使制品的早期强度得到大幅提高。

5. 磁化水、晶种应用技术

大量文献及应用实践表明，用磁化水拌制混凝土不仅可以加速水泥的水化作用，提高拌合物的和易性，还可以提高混凝土的密实度和强度，加快混凝土的凝结时间，提高混凝土的抗冻性能并节省水泥用量。

在水泥中加入晶种如钙矾石、水化硅酸钙，可以大幅度提高混凝土的早期强度。主要原因是使晶种成为成核活化点，使水泥反应和结晶反应加快，具有加速水泥水化的效应。

6. PHC 管桩混凝土的早强技术

建设工程项目中使用的大量 PHC 管桩，多数要求在成型 1~3d 就达到设计强度的 C80 以上，而预制厂一般是通过蒸汽养护加高压蒸汽养护两道工艺使混凝土达到设计强度的要求，工艺比较复杂且耗能也多。如果通过一道常压蒸汽养护工艺就可以使混凝土达到 C80 强度等级，这种混凝土快速早强技术可以简化 PHC 管桩的生产工艺，降低能耗及设备投入。现在，PHC 管桩混凝土的快速早强技术研究，主要着眼于早强型混凝土矿物外加剂和化学外加剂两个层面。

1）早强型矿物外加剂

如日本一公司研制的高强度混合材 E1000 和 E2000，在混凝土中掺入量约为小于水泥的 13%，混凝土不经过蒸压釜，在短时间达到高强度，1d可达到设计强度75%以上，上海一家公司利用矿渣微粉研制了能显著提高混凝土强度的专门外加剂，可以免蒸压养护，达到C60~C80的混凝土。

2）早强型化学外加剂

早强型化学外加剂的研制主要是跨国化学建材公司和国内有实力的混凝土外加剂生产企业，现在已有产品推出，其混凝土仅用蒸汽养护8h可达到设计强度的70%左右。

综上所述，对于预制混凝土构件，人们希望快速达到强度，减少用于工程的停留时间。而早强混凝土技术方法的应用，在传统的时间里，通过混凝土上下游技术资源的联动，根据不同对预制构件养护工艺的不同，对预制混凝土分类进行，如自然养护、标准养护、普通蒸汽养护达到强度。而当前对于预制构件的早强措施，制定有针对性的早强方案，并研发相应的化学外加剂和矿物外加剂产品，为使混凝土早强提供可靠的技术保证。

三、混凝土结构质量影响因素

现代混凝土主要是采取预拌的生产方式，其组合的成分比较复杂，不再是传统意义上的由水泥、石子、砂和水四种材料组成，而是另外添加了第五种材料，即外加剂（减水、调节凝固时间、保塑）和第六种材料，即矿物外掺合料（主要是粉煤灰和矿粉，起到降低水泥用量、降低水化热和提高混凝土和易性、提高密实性和耐久性的作用）所组成。由于采用了工厂集中拌制，由专用车辆运送施工现场卸料，因而从原材料开始搅拌到泵送入模振捣完成，需要有一定的时间。现在，混凝土浇筑以泵送为主，混凝土拌合物的坍落度普遍较大，但浇筑还是按传统的工艺进行。

从这里可以看出，对于混凝土结构实体质量的影响因素非常多，但是还要从组成的原材料入手，材料的采购选择、配合比的现场设计配制、原材料的储存加使用、生产、运输、泵送、浇捣、成型及养护等方面，分析探讨影响混凝土结构实体质量的因素环节。并提出采取具体的应对措施，确保混凝土结构达到规范所规定的各项要求。

1. 原材料的质量波动影响

1) 进厂水泥的质量波动

主要表现在水泥28d强度、水泥颗粒细度、熟料矿物成分含量、外掺合料的质量不均匀形成的波动，以及由此而引起的对外加剂的适应性问题。即使水泥品种和强度等级相同，不同厂家的水泥在性能上往往也会存在较大的差异性，如水泥的研磨细度、外掺料的品种及掺量等。实际生产中，在不改变混凝土配合比的情况下，一般不要轻易更换水泥厂家。对某一项工程而言，应相对固定生产厂家和品种。当确实需要更换厂家和品种时，应当重新进行配合比设计，严禁将不同厂家生产的水泥混装在一个原料罐中。

2) 粗骨料对混凝土质量的影响

主要表现在供销商提供的石子级配连续性的不稳定上，有的批次进场石子均匀性差且石粉含量偏多。达到同样和易性时，连续级配碎石的砂率要小于单粒级的碎石。单方混凝土的用水量也相对要少，两种骨料的配合比是不一样的。石子中的石粉含量高时，混凝土中的用水量也多。因此，采购石子时必须满足现行《混凝土用砂、石质量及检验方法标准》JGJ 52—2006的相关要求。

3) 掺合料粉煤灰的影响

当前粉煤灰的供应相对紧张，进场粉煤灰的质量波动也很大，主要表现在这一车的灰等级为Ⅱ级，而下一车可能是Ⅲ级，而Ⅱ级和Ⅲ级灰的用水量比、火山灰性和对外加剂的适应性差异是比较大的。在生产过程中，如果不对混凝土配合比根据实际进行调整，就会影响到混凝土的和易性和强度波动，无法控制范围。对此，应该尽量采购原材料质量稳定的厂家供货，不同级别的粉煤灰混装在一个粉煤灰罐中时，应按质量差的粉煤灰使用，同时要密切注意混凝土的和易性及可工性。

同时，对于外加剂厂家的管理水平也存在一定差距，主要表现在其减水率的波动与胶凝材料的适应性方面。

4）细骨料砂子的影响

在供应过程中砂子的含泥量变化、含水率变化、骨料模数的变化，都会严重影响混凝土的拌合物质量。当砂子的细度模数变小时，单方混凝土的用水量会增加；而当砂粒变粗时，单方混凝土的用水量会下降，混凝土的和易性变差。含泥量的增加不仅增加单方混凝土的用水量，而且会影响混凝土的强度和耐久性。砂中氯离子含量的变化，会影响到硬化后混凝土的耐久性，因此，必须严格控制砂子本身的质量。

2. 混凝土配合比设计的控制

在相同坍落度条件下，混凝土的强度等级较低时，拌合物的黏聚性和保水性相对较差，主要原因是其中的粉体含量较少；当混凝土的强度等级较高，在 C60 以上时，因其中的粉体含量较高，混凝土拌合物过于黏稠，保水性则好。混凝土的强度等级较低和混凝土的强度等级较高时，会导致混凝土的泵送性差。

混凝土强度等级低、和易性差的混凝土不仅泵送性能差，而且浇筑成型时在结构体中的密实度极不均匀；反之，混凝土的强度等级很高，过于黏稠的混凝土泵送效果也很差，且浇捣成型时振捣也存在困难，因此，当质量出现较大变化时，应对其配合相对密度重新设计，以适应材质变化的要求。

3. 混凝土的生产管理

（1）混凝土的配合比设计在两种情况下会影响生产质量：一个是由于水泥供应出现问题，生产过程中临时更换了生产厂家，但是没有及时对配合比进行调整，仍然按原来配合比进行生产；另一个是由于水泥罐安排调动不及时，一个罐中装有不同厂家的水泥，而取样试验又不了解水泥实际，也不能知道什么时间可换新配合比。

（2）当水泥供应出现紧张，有时水泥的储存时间不够长，进场的水泥温度比较高，用这种水泥拌制的混凝土其温度偏高是不正常的，水泥的水化速度加快，坍落度损失也会很严重。

（3）在原材料使用上不是先进先用，而是先进的在用，后进的也在用。由于细骨料砂子的含水率多少波动较大，拌合混凝土的和易性也波动较大。同时，也可能在砂石的储存过程中砂仓混入了石子，石子中也混入了砂子，也会造成混凝土拌合物不均匀，影响到质量。

（4）混凝土搅拌站设备的老化也是一个因素，工艺落后、设备运转不正常、过程中经常停电、计量设备误差超标，引起混凝土拌合物和易性不匀，拌合料波动大而影响到质量。

4. 运输对混凝土质量的影响

从所有原材料进场至输送至搅拌机运转搅拌开始，随着时间的延长而拌合物的坍落度在逐渐降低。环境尤其是高温条件时，所有进场的原材料，配合比设计因素影响混凝土坍落度损失的快慢更加速。高温环境坍落度损失极快，外加剂及胶结材料的适应性差，坍落度损失也快，外加剂掺量少，坍落度损失就快，但是外加剂掺量不能多，过了量易引起混凝土拌合物的分层离析。在配合比设计时要综合考虑各种因素，既要不造成浪费，又要确保混凝土的性能及可工作性，达到其耐久性的质量要求。

5. 现场施工对混凝土质量的影响

1）泵送的影响

当混凝土强度等级较低时，单方混凝土中的胶结材料用量相对较少，这时如果坍落度如果略微偏大，混凝土的和易性就会变得很差，若是粗骨料的用量不稳定差时，这种影响更加明显。这样的混凝土泵送性就很差，输送过程中会经常产生堵塞，引起混凝土在输送管中的分层离析。混凝土强度较高，当超过C60时，如果设计不当，拌合物过于黏稠，泵送也产生困难；泵送距离较长，不仅对混凝土的均匀性有影响，同时由于在泵管中停滞时间长，也会加大混凝土的坍落度损失。

2）混凝土的浇筑

在浇筑过程中，影响混凝土实体质量的因素主要是布料方式、入模高度、振捣方式及时间等。

（1）目前，施工过程中许多安装布料机，输送泵混凝土出口处相当长一段泵管安装的是软管，使布料尽可能均匀。但有时，浇筑的墙体较长且楼板面积也大，布料点少，到不了位，只能采用振动棒赶料的方式布料，造成混凝土在结构中的分布不均匀，离布料机远的部位混凝土中砂浆比较多，而在布料点附近则混凝土中的粗骨料含量要高。

（2）施工及质量验收规范规定，混凝土入模高度不允许超过2m。在柱、墙模板内的倾泻高度不能大于3m。这是由于过高会对模板的冲击力就大，同时也引起混凝土拌合物的分层离析。

（3）柱、墙竖向构件的混凝土一次性入模高度不能超过500mm，入模速度应有专人监护，严格控制在规定的浇筑速度内，平面模板上浇筑严禁超荷载堆积混凝土及其设备。

（4）大坍落度泵送混凝土的振捣，稍不注意就会过振，引起混凝土拌合物离析。当平面模板上浇筑混凝土的上表面砂浆偏多，下面肯定石子偏多，混凝土上表面则很快开裂，且裂纹不断扩展，最后在薄弱部位形成贯穿性裂缝。因此，施工时重要的环节是掌握好振捣时间，避免过振和漏振，对楼板混凝土最好采取二次振捣和压抹，对消除已产生的裂缝极其有效。同时，在表面初凝后立即覆盖保水和保温，减少早期失水产生的收缩开裂。

3）混凝土的养护

人们都知道，混凝土的养护非常重要，但是说得多，落实得却较少。混凝土养护的目的是防止其表面失水过快，引起混凝土较大的干燥收缩及自身收缩，减少和防止混凝土结构件的开裂。同时，由于混凝土表面失水过快，不利于胶结材料的充分水化，使混凝土强度发展缓慢而影响到最终强度的达到。

综上浅述，集中预拌混凝土生产企业必须加强对预拌混凝土原材料的采购、存放、使用过程中的管理控制，保证投入使用的材料质量稳定满足设计和配合比需要。在供应合同中应明确规定混凝土的运输时间及至现场的时间，并对和易性及坍落度的抽查约定。在浇筑前对参加施工的人员进行技术交底，规范对混凝土的卸料、泵送、浇筑、成型的过程控制，确保在这些工序过程的控制，满足现行施工及质量验收规范、设计文件的相关规定。

四、基础大体积混凝土裂缝控制

对基础大体积混凝土裂缝控制，是建筑施工的普遍难题。以下通过对某办公楼工程基础混凝土浇筑实践的应用分析，从结构构造和原材料使用、混凝土配合比设计、施工过程及养护措施等多方面对其进行管理控制，并提出一些经过实践检验行之有效的控制裂缝的具体措施。

1. 工程概况

该工程总建筑面积67320m²，地下1层，地上13层，裙楼4层，总高度65.4m，为框架-剪力墙结构。基础混凝土1800m³，主楼、裙楼部分底板厚度为800mm，核心筒底板部位局部厚为1.5m，浇筑期间气温为15～36℃。为确保混凝土工程浇筑质量，严格控制超规范允许裂缝的出现，本工程采用综合温控防裂措施，取得了较好的经济效益和社会效益。

2. 温控防裂技术措施

1）严格控制原材料质量

浇筑前，对所有的原材料均按有关规范抽检其质量指标。浇筑过程中，由施工单位同监理共同，不定期去搅拌站抽检商品混凝土所用各种原材料质量及配合比例，发现问题及时纠正。

2）按设计规定的高性能混凝土设计配合比

工程原设计用42.5R普通硅酸盐水泥配制C40混凝土，考虑到筏板底板大，厚度达800mm，采用42.5R普通硅酸盐水泥水化热较高，而且从高性能混凝土的要求考虑，采用42.5R矿渣硅酸盐水泥可以满足强度要求，故采用42.5R矿渣硅酸盐水泥拌制混凝土，减少早期的升温过快。

3）采用补偿收缩混凝土技术

采用补偿收缩混凝土是防止有害裂缝出现的可行办法。施工人员选出相容性优异的膨胀剂，并在掺量及膨胀率上予以充分考虑，为取得良好的防裂效果创造必要条件。

4）增设构造钢筋防裂抗裂

在混凝土侧立面增设 φ12 水平防裂钢筋，使水平钢筋间距不超过 100mm。该核心筒底板周长很大，其收缩值会比较明显，因此仅靠混凝土本身抗裂是不够的。实践证明，在构造上适当增加防裂抗裂钢筋，对防止裂缝的出现起到了不可忽视的作用。

5）采取严格的养护措施

混凝土采用了三项养护措施：混凝土表面收光后立即覆盖一层塑料薄膜，以防止早期失水出现塑性裂缝；根据测温结果，适时地在塑料薄膜上覆盖二三层棉毡保温，同时在混凝土中部设置冷却水管降温；在塑料薄膜下适时补水，以保证水泥和膨胀剂发挥补偿收缩作用的充分条件。

3. 施工中应注重的问题

1）测温点布置

测温点布置的原则应在不同施工区段、不同标高处的混凝土温升均能得到监控。该承台混凝土的施工方案为自北向南一次连续浇筑，混凝土的初凝时间控制在 8～10h，采用 4 台混凝土泵自北向南全断面推进，混凝土供应量应保证在初凝时间内，使流淌距离达 11～15m 的混凝土得以振捣密实并能及时覆盖。而测温点布置采用 V 形布置，在混凝土断面上布置 3～5 个温度传感器，即 1.5m 厚处为 3 个温度传感器，保证不同施工区段、不同标高处的混凝土温升均可在显示屏上得到反映，从而及时掌握温控工作的实际，采取补救措施。

2）关于混凝土内部的最高温升控制

影响混凝土内部最高温升的主要因素：混凝土配合比中的水泥强度等级、品种和水泥用量；混凝土入模温度；混凝土浇筑厚度；混凝土内部冷却系统效率等。方法是取两个具有代表性的点：A点靠承台北侧（800mm厚）一个点；B点为核心筒底板1.5m厚上一个点。浇筑该承台北侧（A点）时的气温为36℃，混凝土入模温度达29℃。混凝土浇筑顺序为从北向南连续浇筑，A点附近的混凝土最先完成浇筑，在较高入模温度作用下，水泥加速水化放热并在内部积聚，混凝土中心最高温度达到71.6℃，而1.5m厚的B点处混凝土内部最高温度只有70.1℃。这一现象与混凝土温升规律不相符，究其原因在于泵送商品混凝土流动性较大（出机坍落度在200mm以上），混凝土浇筑过程中流淌距离长达11～15m，因此在B点客观上形成了分层浇筑，从而使水泥水化热得以分层释放，避免了温峰叠加，使B点最中心高温升得以降低。

3）关于混凝土温差控制

人们习惯性认为，大体积混凝土裂缝防治的关键在于控制混凝土内外温差小于25℃，最大不得超过30℃。但对于厚度和体量均较大且采取一次性连续浇筑的混凝土结构来说，在混凝土温升早期阶段，这一限定可适当放宽，这样不仅降低了施工和温控难度，而且有利于增进混凝土（掺活性矿物掺合料）早期强度，提高混凝土自身的抗裂能力。基础承台1.5m厚A点处混凝土，在浇筑后16～24h内，混凝土中心与表面温差一度达到30.4℃，测温结束后检查该处混凝土均未出现裂缝。主要是由于在混凝土浇筑早期升温阶段强度较低或呈塑性状态，混凝土弹性模量很小，由变形变化引起的应力很小，温度应力可忽略不计。但在混凝土降温阶段，温差必须控制在30℃以内，而且降温速率不能过快，否则很容易引发温度收缩裂缝。承台处降温速率平均为1.5℃/d，降温速率平均为1.39℃/d。实践表明，养护温度越高，掺用活性矿物掺合料的结构内部混凝土强度越高。因此，承台C40混凝土14d强度应超过标准强度的80%，由温差引起的收缩应力远小于该龄期混凝土的抗拉强度，所以没有出现温差裂缝的产生。

基础承台采用掺粉煤灰和膨胀剂的补偿收缩混凝土，增设了水平抗裂钢筋，从材料和构造角度提高了混凝土抗裂能力。同时采用分层浇筑，一次连续完成 1800m³ 混凝土的整体浇筑施工。在施工和养护期间，对全场混凝土进行了温度测控。混凝土拆膜后，侧面平整光滑，表面未出现任何有害裂缝。该承台混凝土施工实践证明：

（1）采用"双掺"、补偿收缩技术和 60d 甚至 90d 龄期强度验收，优选配合，尽可能减少水泥用量，可以最大限度地降低混凝土温升，为混凝土防裂抗裂创造有利条件；

（2）增设抗裂构造钢筋，可有效减少混凝土表面裂缝；

（3）混凝土施工采用分层浇筑，可延长水泥水化放热时间，减缓混凝土降温速率，减小温度应力，有利于控制混凝土内部收缩裂缝；

（4）混凝土表面及时充分补水养护，是充分发挥膨胀剂效能、防止有害裂缝出现的重要条件。

对于混凝土温差控制，传统认为，大体积混凝土裂缝防治的关键在于控制混凝土内外温差小于 25℃，最大不得超过 30℃。但对于厚度和体量均较大且采取一次性连续浇筑的混凝土结构而言，在混凝土温升早期阶段，这一限定可适当放宽，这样不仅降低了施工和温控难度，而且有利于增进混凝土（掺活性矿物掺合料）早期强度，提高混凝土自身抗裂能力。由于在混凝土浇筑早期升温阶段强度较低或呈塑性状态，混凝土弹性模量很小，由变形变化引起的应力很小，温度应力可忽略不计。但在混凝土降温阶段，温差必须控制在 30℃ 以内，而且降温速率不能过快，否则很容易引发温度收缩裂缝。该承台 1.5m 厚处降温速率平均为 1.5℃/d，5m 厚处降温速率平均为 1.39℃/d。实践表明，养护温度越高，掺用活性矿物掺合料的结构内部混凝土强度越高。因此，C40 混凝土 14d 强度应超过标准强度的80%，由温差引起的收缩应力远小于该龄期混凝土的抗拉强度，所以没有出现温度裂缝。

综上所述，基础大体积混凝土，采用掺粉煤灰和膨胀剂的补偿收缩混凝土，增设了水平抗裂钢筋，从材料和构造角度提高了混凝土抗裂能力。同时采用分层浇筑，一次连续完成基础混凝土的整体浇筑施工。在施工和养护期间，对全场混凝土进行了温度测控。混凝土拆模后，侧面平整、光滑，表面未出现任何有害裂缝。

五、大体积混凝土裂缝分析及质量控制

随着基础建设的迅速发展，桥梁及大型基础大体积混凝土应用越来越多，混凝土在现代各类工程项目中已占据了非常重要的地位。不论什么样的建筑工程，大多数都采用钢筋混凝土结构，因为该建筑材料价廉物美、施工方便、承载力大、可装饰强的特点，日益受到人们的欢迎。但是，在使用混凝土的同时，由于对混凝土的性工程技术人员了解的并不深，在工程完工后的几天至几个月，或者更长一点的时间后，混凝土结构体出现裂缝或其他不良问题，给人们造成担忧的不良感觉。

尽管我们在施工中采取各种措施，小心谨慎，但裂缝仍然时有出现，有些还造成了无法估量的损失。为了降低经济损失、减少和控制裂缝的出现，一些专业研究人员对混凝土构筑物的裂缝形成，进行了大量的研究和技术探讨，提出解决混凝土裂缝的办法和意见，也取得了较多的科研成果，使混凝土构筑物的裂缝降低到最低影响范围。目前，对混凝土结构物裂缝存在问题，是在混凝土工程建设中带有普遍性的技术问题。而混凝土结构的破坏和建筑物的倒塌，也都是从结构裂缝的扩展开始而引起的。故在某些施工验收规范和工程都是不允许混凝土结构出现有明显的裂缝。

但从近代科学关于混凝土工程的研究及大量的混凝土工程实践证明，混凝土结构裂缝是不可避免的，裂缝是人们可以接受的一种材料特性，只是如何使有害程度控制在某一无害范围内。因为混凝土是由多种松散材料组成的一种混合体，而且又

是一种脆性材料，在受到温度、压力和外力的作用下，都有出现裂缝的可能性。

1. 混凝土桥梁裂缝产生原因分析

实际上，混凝土结构裂缝的成因复杂而繁多，甚至多种因素相互影响，但每一条裂缝均有其产生的一种或几种主要原因。混凝土桥梁裂缝的种类，就其产生的原因，大致可划分如下几种：

1）荷载引起的裂缝

是混凝土桥梁在常规静、动荷载，及次应力下产生的裂缝，称荷载裂缝，归纳起来主要有直接应力和次应力裂缝两种。直接应力裂缝是指在外荷载作用下，引起的直接应力产生的裂缝。裂缝产生的原因有：

（1）设计计算阶段，结构计算时不计算或部分漏算；计算模型不合理；结构受力假设与实际受力不符；荷载少算或漏算；内力与配筋计算错误；结构安全系数不够。结构设计时不考虑施工的可能性；设计断面不足；钢筋设置偏少或布置错误；结构刚度不足；构造处理不当；设计图纸交代不清等。

（2）施工阶段，不加限制地堆放施工机具、材料；不了解预制结构的受力特点，随意翻身、起吊、运输、安装；不按设计图纸施工，擅自更改结构施工顺序，改变结构受力模式；不对结构做机器振动下的疲劳强度验算等。

（3）使用阶段，超出设计载荷的重型车辆过桥；受车辆、船舶的接触、撞击；发生大风、大雪、地震、爆炸等。

2）次应力裂缝

是指由外荷载引起的次生应力产生裂缝。裂缝产生的原因有：

（1）在设计外荷载作用下，由于结构物的实际工作状态同常规计算有出入或计算不考虑，从而在某些部位引起次应力导致结构开裂。例如两铰拱桥拱脚设计时常采用布置"X"形钢筋、同时削减该处断面尺寸的办法设计铰，理论计算该处不会存在弯矩，但实际该铰仍然能够抗弯，以至出现裂缝而导致钢筋锈蚀。

（2）桥梁结构中经常需要凿槽、开洞、设置牛腿等，在常规计算中难以用准确的图式进行模拟计算，一般根据经验设置受力钢筋。研究表明，受力构件挖孔后，力流将产生绕射现象，在孔洞附近密集，产生巨大的应力集中。在长跨预应力连续梁中，经常在跨内根据截面内力需要截断钢束，设置锚头，而在锚固断面附近经常可以看到裂缝。因此，若处理不当，在这些结构的转角处或构件形状突变处、受力钢筋截断处容易出现裂缝。

实际工程中，次应力裂缝是产生荷载裂缝的最常见原因。次应力裂缝多属张拉、劈裂、剪切性质。次应力裂缝也是由荷载引起，仅是按常规一般不计算，但随着现代计算手段的不断完善，次应力裂缝也是可以做到合理验算的。在设计上，应注意避免结构突变（或断面突变），当不能回避时，应做局部处理，如转角处做圆角，突变处做成渐变过渡，同时加强构造配筋，转角处增配斜向钢筋，对于较大孔洞有条件时可在周边设置护边角钢。

3）荷载裂缝特征依荷载不同而异，呈现不同的特点

这类裂缝多出现在受拉区、受剪区或振动严重部位。但必须指出，如果受压区出现起皮或有沿受压方向的短裂缝，往往是结构达到承载力极限的标志，是结构破坏的前兆，其原因往往是截面尺寸偏小。根据结构不同受力方式，产生的裂缝特征如下：

（1）中心受拉及受压。裂缝贯穿构件横截面，间距大体相等，且垂直于受力方向。采用螺纹钢筋时，裂缝之间出现位于钢筋附近的次裂缝；中心受压。沿构件出现平行于受力方向的短而密的平行裂缝。

（2）受弯。弯矩最大截面附近从受拉区边沿开始出现与受拉方向垂直的裂缝，并逐渐向中和轴方向发展。采用螺纹钢筋

时，裂缝间可见较短的次裂缝。当结构配筋较少时，裂缝少而宽，结构可能发生脆性破坏。

（3）大小偏心受压。大偏心受压和受拉区配筋较少的小偏心受压构件，类似于受弯构件；小偏心受压。小偏心受压和受拉区配筋较多的大偏心受压构件，类似于中心受压构件。

（4）受剪。当箍筋太密时发生斜压破坏，沿梁端腹部出现大于45°方向的斜裂缝；当箍筋适当时发生剪压破坏，沿梁端中下部出现约45°方向相互平行的斜裂缝。

（5）受扭。构件一侧腹部先出现多条约45°方向斜裂缝，并向相邻面以螺旋方向展开。

（6）受冲切。沿柱头板内四侧发生约45°方向斜面拉裂，形成冲切面。

（7）局部受压。在局部受压区出现与压力方向大致平行的多条短裂缝。

2. 温度变化引起的裂缝

混凝土具有热胀冷缩性质，当外部环境或结构内部温度发生变化时，混凝土会发生变形，若变形受到约束，则在结构内部会产生应力，当应力超过当时混凝土的抗拉强度时即产生温度裂缝。在某些大跨度桥梁中，温度应力可以达到甚至超出活载应力。温度裂缝区别其他裂缝的最主要特征是，将随温度的变化而扩张或合拢。引起温度变化主要因素有：

1）年温差

一年中四季温度不断变化，但变化相对缓慢，对桥梁结构的影响主要是导致桥梁的纵向位移，一般可通过桥面伸缩缝、支座位移或设置柔性墩等构造措施相协调，只有结构的位移受到限制时才会引起温度裂缝，例如拱桥、刚架桥等。我国年温差一般以一月和七月的月平均温度作为变化幅度。考虑到混凝土的蠕变特性，年温差内力计算时混凝土弹性模量应考虑折减。

2）日照

桥面板、主梁或桥墩侧面受太阳暴晒后，温度明显高于其他部位，温度梯度呈非线形分布。由于受到自身强力约束作用，导致局部拉应力较大，出现裂缝。日照和骤然降温是导致结构温度裂缝最常见的原因。

3）骤然降温

突降大雨、冷空气侵袭、日落等可导致结构外表面温度突然下降，但因内部温度变化，会相对较慢而产生温差梯度。日照和骤然降温内力计算时，可采用设计规范或参考实测资料进行，混凝土弹性模量不考虑折减。

4）水化热

出现在施工过程中，大体积混凝土（厚度超过1.8m）在浇筑后，由于水泥水化放热，致使内部温度升高，内外温差太大，当超过25℃时导致表面出现裂缝。施工中应根据实际情况，尽量选择低水化热的水泥品种，限制水泥单位用量，减少骨料入模温度，降低内外温差并缓慢降温，必要时可采用循环冷却系统进行内部散热，或采用薄层连续浇筑，以加快散热。

5）蒸汽养护或冬期施工时施工措施不当

混凝土骤冷骤热，内外温度不均，也易出现裂缝。

6）预制 T 梁

预制 T 梁之间横隔板安装时，支座预埋钢板与调平钢板焊接时，若焊接措施不当，铁件附近混凝土容易烧伤开裂。采用电热张拉法张拉预应力构件时，预应力钢材温度可升高至350℃，混凝土构件也容易开裂。试验研究表明，由火灾等原因引起高温烧伤的混凝土强度随温度的升高而明显降低，钢筋与混凝土的粘结力随之下降，混凝土温度达到300℃之后抗拉强度下降50%，抗压强度下降60%，光圆钢筋与混凝土的粘结力下降80%；由于受热，混凝土体内游离水大量蒸发，也可产生急剧收缩。

3. 收缩引起的裂缝

实际工程中，混凝土因收缩所引起的裂缝是最常见的。在混凝土收缩种类中，塑性收缩和缩水收缩（干缩）是发生混凝土体积变形的主要原因，另外还有自生收缩和碳化收缩。

1）塑性收缩

塑性收缩发生在施工过程中、混凝土浇筑后 4～5h 左右，此时水泥水化反应激烈，分子链逐渐形成，出现泌水和水分急剧蒸发，混凝土失水过快收缩，同时骨料因自重逐渐下沉，因此时混凝土尚未硬化，称为塑性收缩。塑性收缩所产生机率会很大，可达 1% 左右。在骨料下沉过程中若受到钢筋阻挡，便形成沿钢筋方向的裂缝。在构件竖向变截面处如 T 梁、箱梁腹板与顶底板交接处，因硬化前沉实不均匀，将发生表面的顺腹板方向的裂缝。为减小混凝土塑性收缩，施工时应控制水灰比，避免过长时间的搅拌，下料不宜太快，振捣要密实，竖向变截面处宜分层浇筑。

2）缩水收缩（干缩）

混凝土结硬以后，随着表层水分逐步蒸发，湿度逐步降低，混凝土体积减小，称为缩水收缩（干缩）。因混凝土表层水分损失快，内部损失慢，因此产生表面收缩大、内部收缩小的不均匀收缩，表面收缩变形受到内部混凝土的约束，致使表面混凝土承受拉力，当表面混凝土承受拉力超过其抗拉强度时，便产生收缩裂缝。混凝土硬化后收缩主要就是缩水收缩。如配筋率较大的构件（超过 3%），钢筋对混凝土收缩的约束比较明显，混凝土表面容易出现龟裂裂纹。

3）自生收缩

自生收缩是混凝土在硬化过程中，水泥与水发生水化反应，这种收缩与外界湿度无关，可以是正的（即收缩，如普通硅酸盐水泥混凝土），也可以是负的（即膨胀，如矿渣水泥混凝土与粉煤灰水泥混凝土）。

4）碳化收缩

大气中的二氧化碳与水泥的水化物发生化学反应引起的收缩变形。碳化收缩只有在湿度 50% 左右才能发生，且随二氧化碳的浓度的增加而加快。碳化收缩一般不做计算。

混凝土收缩裂缝的特点是大部分属表面裂缝，裂缝宽度较细，且纵横交错，成龟裂状，形状没有任何规律。研究资料表明，影响混凝土收缩裂缝的主要因素有：

（1）水泥品种、强度等级及用量。矿渣水泥、快硬水泥、低热水泥混凝土收缩性较高，普通水泥、火山灰质水泥、矾土水泥混凝土收缩性较低。另外，水泥强度等级越低、单位体积用量越大、磨细度越大，则混凝土收缩越大，且发生收缩时间越长。例如，为了提高混凝土的强度，施工时经常采用强行增加水泥用量的做法，结果收缩应力明显加大。

（2）骨料品种。骨料中石英、石灰岩、白云岩、花岗石、长石等吸水率较小、收缩性较低；而砂岩、板岩、角闪岩等吸水率较大、收缩性较高。另外，骨料粒径大收缩小，含水量大收缩大。

（3）水灰比。用水量越大，水灰比越高，混凝土收缩越大。

（4）外掺剂。外掺剂保水性越好，则混凝土收缩越小。

（5）振捣方式及时间。机械振捣方式比手工捣固方式混凝土收缩性要小。振捣时间应根据机械性能决定，一般以 5～15s/次为宜。时间太短，振捣不密实，形成混凝土强度不足或不均匀；时间太长，造成分层，粗骨料沉入底层，细骨料留在上层，强度不均匀，上层易发生收缩裂缝。

（6）外界环境。大气中湿度小、空气干燥、温度高、风速大，则混凝土水分蒸发快，混凝土收缩越快。

（7）养护方法。良好的养护可加速混凝土的水化反应，获得较高的混凝土强度。养护时保持湿度越高、气温越低、养护时间越长，则混凝土收缩越小。蒸汽养护方式比自然养护方式混凝土收缩要小。

对于温度和收缩引起的裂缝，增配构造钢筋可明显提高混凝土的抗裂性，尤其是薄壁结构（壁厚 20～60cm）。构造上配筋宜优先采用小直径钢筋（$\phi 8 \sim \phi 14$）小间距布置（@ 10～15cm），全截面构造配筋率不宜低于 0.3%，一般可采用 0.3%～0.5%。

六、框架结构混凝土施工常见质量问题及防治

建筑工程中框架结构形式应用比较普遍，由于框架是承受和传递建筑物荷载，抗震设防的主要构件，确保混凝土结构件的施工质量是达到设计要求的最重要环节。而建筑施工技术发展到现今，混凝土结构工程施工质量问题仍然存在，有些甚至比较严重。尽管在施工过程中采取了防范措施，细心谨慎控制，但质量问题仍然很难避免。在施工中遇到的还是模板和钢筋问题最多，因此，控制框架结构的模板和钢筋质量，是防治质量通病的关键因素。

1. 模板工程问题及控制

模板工程是保证混凝土结构件形状和外观尺寸，相互位置，截面尺寸标准和观感质量的最核心要素。模板安装质量的优劣直接影响到混凝土结构的整体质量。

1）构件轴线移位的原因

（1）技术交底不清和翻样不认真，模板拼装时组合件未正确到位；

（2）轴线测量放线偏差大，超过规范允许值；

（3）墙、柱模板根部及顶端无限位措施或限位不当，产生偏移后又未及时纠偏，累积误差更大；

（4）支模时未拉水平和竖向通线，无垂直度控制措施；且模板刚度较差，未加设水平拉杆或拉杆间距过大；

（5）混凝土入模时未均匀对称下料或局部一次浇筑过高，使侧模压力过大，挤偏变胀；

（6）对拉螺杆、顶撑、木楔使用不当或未拧紧松动，造成轴线偏位。

2）移位的防治措施

（1）严格放样按 1/10 ~ 1/50 的比例将各分部，分项翻成详图标注各部位编号、轴线位置、几何尺寸、剖面形状、预留孔洞、预埋件等，经检查复核无误后，再分别对各生产班组进行

技术交底，为模板的制作及安装加固提供保证；

（2）构件轴线测量定位后，要组织专人进行技术复合验收，确认无误后才能进行支模工作；

（3）墙、柱模板根部及顶端必须要设准确可靠的限位标志，如常常采用的在现浇混凝土中预埋短钢筋固定支撑，达到控制位置的准确；

（4）根据结构特点对模板进行专门设计，使模板支撑刚度及强度得到可靠保证；

（5）在混凝土浇筑前，对模板轴线、支撑、顶撑及加固螺旋逐一检查，发现问题及早处理；

（6）混凝土入模要均匀，避免只在一端进行，对称下料及分层振捣非常重要。

3）标高超过允许值原因

（1）楼层无准确的高程控制点或控制点位较少，测量后未闭合，竖向模板底部不平整、垫东西；

（2）模板顶部无标高标志，或未标识则进行安装施工；

（3）多层及高层设标高控制点线转测次数过多，可能积累误差多；

（4）对预留孔洞、预埋件等固定不牢，施工中未检查复核；

（5）楼梯模板踏步尺寸不同且未考虑抹灰及装饰层厚度。

4）标高超限防治措施

（1）在每个楼层测设适当多的标高控制点，竖向模板底部要找平准确，不支垫塞缝；

（2）模板顶部设标高标志，严格按标高标志控制；

（3）建筑楼层标高由底层 ±0.000 标准线控制，必须严格施工一层引测一层，以防止累计误差；当房屋高度超过 30m 时，应另设标准控制线。每层标高引测点不得少于两个，设在两端便于复检；

（4）预埋件及预留孔洞，在安装前要同图纸进行核对，检查准确后再置于设计位置上；

（5）楼梯踏步模板安装时应当踏板垂直且平整，考虑装饰层厚度及模数。

5）结构件变形原因

（1）支撑及围檩间距过大，模板刚度偏低；

（2）用组合小型钢模，连接件未按规定设置，使整体性差；

（3）墙模板对拉螺杆或其间距过大，螺栓型号偏小；

（4）竖向承重支撑在地基上土松软不实，未按要求垫长木板，也并未采取排水处理，造成部分支撑下沉使模板受力不均变形；

（5）门窗洞口对模间对支撑不牢固，易在振捣混凝土时支撑移位，挤压模板变形；

（6）梁柱模板卡具之间过大，或未夹紧模板，或对拉螺杆数量少，造成局部模板无法承受混凝土振捣时产生的侧压力，产生局部爆模；

（7）浇筑墙、柱混凝土速度过快，一次厚度过高，引起过振严重；

（8）使用木模板或胶合板安装支设，经检验合格，但未及时浇筑，风吹日晒雨淋，使模板变形缝隙过大。

6）结构件变形防治

（1）在模板及支撑系统设计时应充分考虑本身的重量，施工荷载及混凝土自重，人员设备及振捣时对模板的侧向压力，充分保证模板及支架有足够的承载力、刚度及稳定性；

（2）梁底横向支撑间距一般不超过600mm，立杆底部如果未硬化时必须夯实，外侧挖排水沟，并铺厚度为50mm、长度为4m的木板垫底；

（3）当采用小钢模拼凑时，连接件按规定设置，围檩及对拉螺杆间距应保证板缝振捣时不漏浆；

（4）梁柱模板如采用卡具时，其间距不要大于200mm，并且卡紧模板，宽度略小于截面尺寸；

（5）浇筑混凝土入模要均匀，严格入模混凝土高度，尤其是门窗洞口模板两侧，既要保证振捣密实，又要防止过振，造成模板变形；对跨度大于4m的梁及板都应当在中间起拱，当设计无明确规定时，起拱高度为跨度的3/1000左右；

（6）使用木模板或胶合板安装时，当检查验收合格后应及时浇筑混凝土，防止模板长时间干燥、变形。

7）模板支撑系统失稳下沉原因

（1）支撑未认真选择，未经过实践应用及计算，无足够的承载力和刚度；

（2）支撑体系稳定性差，无有效的保证措施，混凝土浇筑后自身失去稳定。

8）支撑系统失稳下沉防治措施

（1）模板支撑系统要根据不同的结构类型和模板类型，选择匹配适合的配套体系。安装时应对支撑系统进行必要的验算和经验比较，尤其是支柱间距更应仔细设置，目的是确保支撑系统的刚度和稳定性，牢固可靠。

（2）对于钢质支撑体系及钢楞和支撑布置形式满足结构对模板施工要求，主要是施工荷载及振捣承载力，立杆排架要设剪刀撑和斜支撑；

（3）支撑的根基必须坚硬、可靠，竖向立杆底端要垫钢或木板；在多层或高层施工中要注意逐层加设支撑，分散集中荷载重量。

2. 钢筋工程存在问题及防治

1）钢筋成型存在的问题

钢筋成型制作的质量优劣会直接影响其承受地震产生的水平和振动荷载。而影响钢筋制作成型尺寸不准确的主要原因是，对图纸要求把握不准；钢筋下料长度不准，画图放样方法不对；手工弯曲时板距选择不当，角度控制措施不准确。

2）钢筋成型的防治措施

还是要熟悉设计图纸要求，首先确定构件各种形状钢筋下料长度调整值；板距要经过实践，按照经验参考值调整；复杂

304

形状或大批量同一形状钢筋应放出实样，选择合适的操作参考数，如画线、弯曲伸缩值及板距控制量。

3）钢筋安装质量问题产生的原因

钢筋安装质量优劣会造成钢筋受力位置的变化，影响抵抗震害的能力。质量问题的预防措施是：检查保护层垫块的材质及厚度是否正确，并根据面积大小垫块数量要够；钢筋网片有可能随混凝土振捣而移动或下沉。

4）框架柱钢筋错位的原因

下柱钢筋从柱顶甩出，位置偏离设计规定位置。上柱钢筋搭接不上的原因是：钢筋安装后虽然经过检查认为合格，但是对钢筋的固定措施不可靠而产生移位；浇筑混凝土时被入模料挤压及振捣从一端开始造成推挤，未及时检查复位偏移。

5）框架柱钢筋错位的防治措施

在外伸出部分临时加一道箍筋，按照绑扎间距绑到位，再用样板、铁卡或方木固定好位置；浇筑混凝土前再检查一次，纠正位置准确后再浇筑混凝土；施工中有专人负责看护钢筋，防止移位，保护层不准确。

6）构件露筋的原因

保护层垫块强度过低或固定不牢固掉落；由于钢筋成型尺寸不准确，钢筋骨架绑扎不牢偏位，局部筋紧贴模板；振捣混凝土时撞击到钢筋，或者造成钢筋移位，甚至扎扣松开。

7）构件露筋的防治措施

钢筋保护层垫块质量合格且绑扎牢固、不脱落；绑扎竖向立筋骨架先确定准确位置再绑扎，且垫块一同绑在主筋上，防止脱落；未支设模板先绑扎钢筋时，骨架截面尺寸一定要标准，否则保护层厚度无法保证。

8）构件上部的负弯矩钢筋错位的原因

网片固定方法不当，振捣中碰撞，绑扎不牢，施工人员操作中踩踏；

防治措施：用支撑马凳按间距布置，将上下两层钢筋连接绑扎，使其成为一个整体；在板面架设操作跳板，施工人员不直接踏到钢筋上，振捣中尽量减少对钢筋的碰撞。

综上所述，混凝土结构中模板及钢筋中常见的质量原因较多，造成质量问题分析原因不同，但是对采取的预防措施大体相似，在实践中的效果也比较好，只要在施工中按要求操作，仔细观察比较，发现问题多分析并结合预防措施治理，可以避免和减少质量隐患的存在。

七、高层建筑现浇混凝土常见质量缺陷及预防

高层建筑的施工工艺不断创新，其应用技术也逐渐成熟。现浇混凝土是高层建筑主体结构的最主要形式，其施工质量的优劣对结构的安全耐久性不言而喻。对现浇混凝土结构施工实践过程中一些最常见质量缺陷，并提出具有可操作性的预防处理措施。

1. 现浇混凝土常见质量缺陷

1) 在高层建筑现浇混凝土工程中最常见的质量缺陷

通常表现为：混凝土露筋，夹芯，外观尺寸偏差大，结构件缺棱少角，干燥裂缝等几个主要质量问题。

2) 常见质量缺陷产生的主要原因

(1) 混凝土露筋的主要原因

在混凝土浇筑振捣时钢筋保护层垫块位移、过少或漏放、脱落，钢筋局部紧贴模板无保护层而露筋；结构截面尺寸过小、钢筋过密，有大石子卡在钢筋上，混凝土浆被阻拦，到不了下部，钢筋密集处则产生露筋；因选择的施工配合比不适宜，拌合料分层离析，浇筑部位或模板严重漏浆，拆模后蜂窝孔隙无浆露筋；振动棒碰撞钢筋使钢筋位移形成露筋；模板未提前湿润，保护层部位漏振或失水过多，拆模过早，粘附表面混凝土，拆除时敲打，造成缺棱少角而出现露筋缺陷。

(2) 混凝土夹芯的主要原因

浇筑混凝土前未能按程序对原施工缝表面进行界面处理，

浇筑时又未认真振实；浇筑大面积混凝土要进行分块分层施工，在施工停歇期间有杂物进入积聚在搓面，重新浇筑时也未清理，则夹在两次的施工缝中，形成夹层、夹渣、烂根现象。

（3）混凝土外观尺寸偏差大的主要原因

模板加固支撑不紧产生的自身变形；模板本身拼装不严、有孔洞，不平整；模板系统的刚度、强度及稳定性不足，造成模板整体稳定性变形移位；振动中振动棒碰撞模板过振；放线误差超标，结构构件支模因未认真检查核对，使混凝土外观尺寸偏差大。

（4）混凝土结构件缺棱少角的主要原因

木模板过干，未充分浇水湿润，混凝土浇筑后未及时浇水养护，早期失水，强度偏低；也可能因模板湿润膨胀将边角挤裂，拆除模板敲打，棱角粘模掉落；气温低浇筑混凝土侧模拆除过早，边角受外力或重物挤压而损伤；模板涂刷隔离剂边缘角未刷到，粘模掉角。

（5）混凝土干燥裂缝现象的一般原因

混凝土浇筑后养护不及时、湿润不到位，局部存水或未浇到水，气温较高，风吹太阳直射水分蒸发快，表面体积收缩大，而内部温度变化极小、收缩量也小，表面收缩受到内部混凝土的限制，出现较大拉应力，引起混凝土表面开裂；也由于构件水分的蒸发产生体积收缩，受底部或垫层及周围约束而出现干燥裂缝；混凝土构件长期露天堆放，表面湿度变化无常；混凝土经振捣表面形成水膜而骨料下沉，表面水膜中无骨料且较厚，则出现干燥裂缝。

2. 混凝土质量缺陷的预防处理

1）混凝土结构露筋的预防和处理

（1）混凝土结构露筋的预防措施

浇筑混凝土前，必须对钢筋位置及保护层厚度逐个进行检查，发现问题及时整改调整，受力钢筋梁柱的保护层厚度为25mm；而墙板为15mm；基础无腐蚀水时为35mm；为确保混凝土保护层厚度，要切实处理垫块的质量和绑扎位置的牢固，一般情况每 1m 之内应有一个垫块，尤其是保证主筋的保护层厚度要求；钢筋较密集时应选择合适的粗骨料粒径，最大颗粒不要超过结构截面的 1/4，也不得大于钢筋净距的 3/4；结构截面较小而钢筋较密集，应当使用豆粒石子作骨料；为了预防钢筋位移，不允许振动棒振动钢筋，在钢筋密集处用片状振动，重视保护层部位振捣的密实；要重视提前对模板内的清理和湿润；控制入模混凝土的高度，当超过 2m 时必须用串筒入模；浇筑过程中不要踩踏表面钢筋，由于表面负弯矩筋较细容易变形，当有变形时及时调整恢复。

（2）混凝土露筋的一般处理

将外露钢筋上粘的混凝土清除干净，并用水冲洗浮土，用 1:2 左右的水泥砂浆压实补平；如露筋深，必须将薄弱处混凝土凿除，冲洗干净湿润，用高于原混凝土等级的细石混凝土捣实压抹、覆盖，认真养护。

2）混凝土外观尺寸偏差大的预防及处理

（1）混凝土外观尺寸偏差大的预防措施

模板安装时应当挑选，对存在缺陷的整改修补，拼缝严密不漏浆。主要结构件的模板支撑系统要专门计算及安装支设方案，其刚度、强度及整体稳定性必须得到可靠保证。拌合料入模高度不要超过 2m，有专人负责观察浇筑过程中模板的受力变化。当出现异常立即采取加固措施，防止产生不良后果。浇筑混凝土前，对结构所有截面尺寸进行复查，防止误差超标或安装错误。

（2）混凝土外观尺寸偏差大的处理方法

无抹面要求的混凝土表面不平整，可以增加一层同强度的砂浆抹面；整体结构不正、轴线位移偏差不大时，在不影响正常使用情况下，可以不进行处理；而结构不正、轴线位移偏差超过规范允许值时，要经过质量监督部门认定，共同制定其处理措施。

3）混凝土结构件缺棱少角的预防措施及处理

（1）混凝土结构件缺棱少角的预防措施

木模板在浇筑混凝土前必须充分湿润，而混凝土浇筑后认真养护非常重要，拆除侧面非承重构件模板时，混凝土应有 $1.2N/mm^2$ 以上强度；拆除侧面模板时，由于混凝土强度很低，避免用力过大而损坏边角，而预制构件在运输及吊装时更需要保护边角。

（2）混凝土缺棱少角的处理措施

应当将缺陷处松散颗粒凿除，清洗干净，充分湿润，对破损处用 1:2 左右水泥砂浆修补。较大时必须支模，用比原强度等级高一级的细石混凝土振捣浇筑原状，并认真养护。

4）混凝土干燥收缩裂缝的预防处理措施

（1）混凝土干燥收缩裂缝的预防措施

混凝土水泥用量、水灰比和砂率不能过大，控制砂石级配并避免使用粉砂；施工振捣密实，防止过振和漏振；加强对表面的抹压收光，在混凝土初凝后及终凝前如果能进行二次抹压，会使一些裂缝闭合而且提高混凝土的强度和耐久性。加强混凝土的早期养护，条件允许可延长养护时间，表面重视覆盖，防止太阳光直射；浇筑混凝土前，对基层或模板进行充分湿润非常必要。

（2）混凝土干燥收缩裂缝的处理措施

混凝土的干燥裂缝对结构的安全影响不明显，但任其发展会造成钢筋的锈蚀膨胀损坏，并且影响外观感质量。处理措施多数是对表面抹一层水泥砂浆保护，对于结构件可以在其表面涂刷一层环氧树脂封闭处置。

5）混凝土夹芯现象的预防和处理措施

（1）混凝土夹芯现象的预防措施

在施工缝处当继续浇筑混凝土时，要注意的是：浇筑梁、柱、板结构件时，其间歇时间超过 3h 时，要按施工缝进行处理，应在混凝土强度低于 $1.2kg/cm^2$ 时才允许继续浇筑，对混凝土采取二次振捣，可以提高接缝强度。大体积混凝土施工中，接缝时间一般会超过规定时间，也可以采取待上层混凝土在4h左右再次振捣，然后在其上继续浇筑上层混凝土；在已经硬化的混凝土表面上再重新浇筑新混凝土之前，要对原表面进行处置，清除表层浮浆及软弱层，并凿毛用压力水冲洗干净，充分湿润，表面刷一层1:0.5水泥素浆，再洒一层水泥砂浆，然后浇筑混凝土并覆盖，认真养护。

还可采取在模板沿施工缝位开通长口，便于清除杂物和冲洗，在浇筑前再沿缝封堵；有振动的设备基础混凝土表面宜凿毛，冲洗干净并湿润，洒一层厚度15mm的水泥砂浆再浇筑混凝土。

（2）混凝土夹芯现象的处理措施

当出现的裂缝较细时，冲洗干净并湿润，抹一层水泥砂浆保护层；夹层的处理应慎重，对梁、柱修补应加临时支撑，再凿除夹层处。当彻底清除干净再冲洗湿润，用高一级细石混凝土捣实修补，加强养护。

对混凝土结构裂缝的处理应进行分析，有针对性地进行，主要是加强施工过程中的控制，这一点非常关键。事后修补只是一种补偿措施，但对结构耐久性仍是极其必要的手段。

八、混凝土结构产生裂缝的原因及防治

随着混凝土结构的高性能和大规模的应用，其自身存在的一些缺陷也大量暴露出来，其中最明显的是裂缝的问题，这个裂缝是指的宏观裂缝，也就是裂缝宽度在0.05mm以上的缝。裂缝的存在和发展通常会造成结构内部钢筋的锈蚀，降低混凝土材料的承载力、耐久性及抗渗能力，影响结构体的外观和使用寿命，严重的会危及正常使用和生命财产安全。

1. 混凝土结构裂缝产生的原因

1）微观裂缝

混凝土产生的微观裂缝一般是混凝土材料所固有的，因为混凝土是由水泥、粗细骨料与水拌合后逐渐水化反应硬化而形成的水泥石，材料的物理力学性能并不相同，水泥浆体硬化后的干缩比较大，而组合的骨料则限制了水泥浆的自由收缩，这种约束作用使混凝土内部从水化开始就在骨料与水泥浆体粘结面上形成微裂缝。即使没有外部任何力或者自身发生体积变化情况，在无任何约束时混凝土内部也存在微裂缝，但这种微裂缝在较小外力或变形情况下是处于稳定的状态。当外力或变形作用力较大时，这些粘结面上的裂缝就会发展，甚至扩张穿过硬化后的水泥石，逐渐发展成人们肉眼可见的宏观裂缝。许多微小的宏观裂缝对结构的承载力、耐久性和使用功能不会产生较大影响，只是对人观感心理上有点影响，引起对安全方面的考虑。当可以看到的裂缝比较宽，可能有一定深度时，渗透会造成钢筋锈蚀，混凝土胀裂、脱落，影响到安全使用。

2）宏观裂缝

混凝土结构产生的宏观裂缝原因主要是由于混凝土原材料质量低劣，配合比未进行试配选择，施工过程及工艺方法未进行控制，对温度变化未采取保温措施，对混凝土的早期养护未认真进行，结构件遭受严重损伤或腐蚀，结构体存在严重的薄弱环节，成为结构质量的严重隐患。同时，许多宏观裂缝也是从微观裂缝发展而来的，必须采取有效措施，减少和预防微观裂缝的产生，一旦出现即分析其原因，采取可靠的处理修补措施。

2. 裂缝形成原因分析

1）荷载裂缝

荷载裂缝是在承受一定压力后产生的裂缝，也是受力形成的裂缝。这种裂缝有一定的规律性，可以通过计算分析得到确切的结果。结构件跨中为正截面受弯裂缝，垂直于梁轴下大上小；端部为斜截面受剪裂缝，起始于支座，指向梁顶集中荷载。裂缝沿柱轴纵向分布，中间较密；裂缝集中在最大弯矩部位，受拉面裂缝为水平走向，外大内小且垂直于柱轴，接近极限状态，受压面混凝土有压碎现象。板面裂缝呈环状，沿框架梁边分布；板底裂缝呈十字或米字状，集中在跨中。裂缝分布在板面，垂直于长轴则由板面向下延伸。转角阳台或挑檐板裂缝位于板面，起始于墙板交界，以角点为中心呈"米"字状向外延伸。

2）温度收缩裂缝

温度收缩裂缝是建筑混凝土工程最普遍的一种裂缝。主要是由于温度变形及材料收缩变形受阻及应力超过所造成。据分析，收缩裂缝与原材料质量、施工质量及结构类型的关系比较密切；一般现浇结构或超静定结构，比装配式结构或静定结构收缩裂缝要多；平面尺寸大、施工未认真控制的混凝土收缩缝相对要多。典型的混凝土现浇楼板收缩裂缝主要集中在建筑物中间部位，沿楼层方向并无明显差异，裂缝形状为棱角形，中间大、两端小，绝大部分止于梁墙边。

3）沉缩裂缝

混凝土在水化凝结过程中，早期塑性粗骨料下沉水分逐渐减少因收缩产生的裂缝称作沉缩裂缝。沉缩裂缝是在混凝土浇筑后的 1~2h 内发生，主要产生在结构截面变化处、梁板交接处和梁柱交接处及沿钢筋走向部位。沉缩裂缝形状与收缩裂缝相似，水平方向分布呈两端细中间粗的梭状。引起混凝土沉缩的主要原因是水灰比过大即流动性过大，造成混凝土产生沉淀下沉或水分蒸发过快，使混凝土在振捣过程中加快下沉，混凝土不均匀也是下沉原因。沉缩变形要比收缩变形量大得太多，且裂缝一般可通过二次振捣和二次压抹来消除裂缝。

4）碳化锈蚀裂缝

现在的《工业建筑物可靠性鉴定标准》GB 50144—2008 对于钢筋混凝土结构耐久性给出了评定方法，该方法主要是建立在混凝土碳化和钢筋锈蚀的基础之上，认为混凝土碳化到钢筋部位，钢筋失去了混凝土纯化膜保护会逐渐生锈，钢筋生锈后体积膨胀，会引起混凝土沿钢筋走向开裂；混凝土裂缝的开展反过来又促使钢筋更快生锈，尤其是当环境湿度较大、周围存在腐蚀介质时，这种恶性循环的速度更快。因此，碳化锈蚀裂缝应引起高度重视。其裂缝的特征是：裂缝沿钢筋走向分布，由膨胀铁锈向外将混凝土胀开，裂缝周围混凝土发酥，高出原来的表面，并附带有褐色锈渍物渗出。

5）冻融产生的裂缝

在有季节性冻结土的地区，长期或间断性与水接触的混凝土，当环境温度在 −4~20℃时，表现为冷胀热缩现象。寒冷地区的外露混凝土结构，每年的冬季遭受雪的浸蚀，长期处于干湿交替反复冻融的环境中，当混凝土密实度较差、空隙率较高，容易产生渗漏时，极容易造成混凝土结构冻胀开裂，裂缝逐渐加宽、加深，多次循环使混凝土由表及里开始酥化、剥落，引起内部钢筋锈蚀而破坏。

3. 混凝土常见裂缝的预防

1）塑性沉降裂缝的预防措施

首先，在满足泵送混凝土和可施工的前提下，尽可能减小水灰比和坍落度；保证混凝土的和易性与均匀性，搅拌运输卸料前先快速运转 20s，然后反转卸料。同时，在施工过程中应有专人观察模板的变化，混凝土振捣必须密实，不得漏振和过振，振后及时抹压和覆盖。如果拌合料停留时间长，不允许任意加水，应另加水泥拌合使用。

2）温度应力裂缝的预防处理

要首先降低水泥释放热量，选择水化热低、凝结时间长的低热水泥，降低混凝土的温度。掺入外加剂，如高效减水剂和缓凝剂，以减少拌合用水和提高混凝土强度，掺入外掺合料，减少水泥用量；延长混凝土升至最高释放热时间，减少干缩；尽量选择级配连续性好的粗骨料，减少砂率和砂粒径过小、含泥量低的砂；在满足可泵送的前提下减小拌合物的流动性，切实控制水灰比和单位用水量。

降低混凝土浇筑温度，在高温季节要降低原材料的温度，在一天中选择环境气候比较低的早晚施工，减少外部热量的吸收，运输车辆、泵送管道也要遮蔽防晒，防止混凝土内部升温可预埋水管循环降温；分层浇筑和分层振捣，层面保湿。

结构表面保温与保湿，应尽量长时间保持混凝土的温度和表面湿度，使其表面冷却缓慢、不干燥，使得强度快速增长以抵抗拉应力造成的开裂。目前养护方法是蓄水和覆盖浇水两种方式，但是时间一般不少于14d，水工混凝土不少于28d。

3）施工工序环节控制不严造成的裂缝预防

对结构模板的支设刚度、稳定性、支承力及截面尺寸严格检查，在振捣过程中有专人看护模板，防止变形和下沉胀模。同时，模板也不允许提前拆除，现场试块强度作为拆模依据。

重视钢筋制作及绑扎质量要求，加强对负弯矩筋的检查，支撑马凳的数量不能少，保证面板负弯矩筋的保护层厚度误差在允许范围内。浇筑时分层厚度要控制，尤其是振捣方式应正确，振动棒在一个点振动，快插慢拔，防止过振和漏振，一个振点时间在10s左右为宜；要对抹好的成品进行保护，在强度未达到1.2N/mm² 前，不允许上人或吊小件材料。

4. 混凝土裂缝的常见修复方法

当发现裂缝宽度大于0.2mm 时才能考虑修补，在修补前应对裂缝进行调查和分析。调查内容包括裂缝现状、裂缝产生原因、长度宽度及形状、是否贯通、缝内有无异物及钢筋锈蚀情况，绘制裂缝位置示意图。对裂缝周围情况进行观察，如干湿、污垢、剥落情况，对裂缝处观察是否渗漏水、钢筋是否外露；并调查施工过程控制情况，根据调查分析，再按照裂缝的实际情况采取不同的处理措施。

1）混凝土表面的修补

表面的修补方法是一种简单、有效的常见修补方法，它主要适用于稳定和对结构承载力没有影响的表面龟裂及大面积细小裂缝的处理。习惯的处理措施是在裂缝的表面涂抹水泥浆，环氧胶泥或在混凝土表面涂刷油漆、沥青等防腐材料，在防护的同时为了防止受各种作用的影响不再开裂，也可以采取在表面粘贴玻璃丝纤维布的措施加强。

2）灌浆法修补加强

灌浆法主要适用于对结构整体性有影响或有防渗要求的混凝土裂缝的惨补，它是利用压力设备将胶结材料压入混凝土的裂缝中，胶结材料固化后与混凝土形成一个整体，从而达到加固封堵的目的。常用的胶结材料有水泥，环氧树脂，甲基丙烯酸酯，聚氯酯等化学材料。

3）嵌缝法

嵌缝法是对裂缝封堵最常用的一种方法，它通常是沿裂缝凿 V 形槽，在槽中嵌填塑性或刚性止水材料，以达到封堵裂缝的目的。常用的塑性材料有聚氯乙烯胶泥，塑料油膏，丁基橡胶等。常用的刚性止水材料为聚合物水泥砂浆，该方法比较传统，适用范围广，效果也可靠。

4）结构加固法

加固法主要适用于对结构整体性，承载能力有较大影响的进深或贯穿性裂缝的加固补强。常用的主要有以下几种方法：加大混凝土结构的截面积，在构件的角部外包型钢，采用预应力加固、粘贴钢板加固、增设支点加固及喷射混凝土补强加固法等。

5）混凝土置换法

这种方法是处理混凝土损伤比较严重的一种有效方法，此法是首先将损坏的混凝土剔除，然后再重新置换新的混凝土或其他替换材料，常用的置换材料有：普通混凝土或水泥砂浆，聚合物或改性聚合物混凝土或砂浆。

6）电化学防护法

电化学防腐是利用施加电场在介质中的电化学作用，改变混凝土或者钢筋混凝土所处的环境状态，钝化钢筋以达到防腐目的，同时还可以采用阴极防护，氯盐提取法、碱性复原法也是电化学防腐保护法中常用的几种。

7）仿生自愈法

仿生自愈是一种新型的裂缝处理方法，它是模仿生物组织对受创伤部位自动分泌某种物质而使创伤部位得到愈合的功能。在混凝土的传统组分中加入某些特殊组分，如胶粘剂的液芯纤维或胶囊，在混凝土内部形成智能型仿生自愈合神经网络系统，当混凝土出现裂缝时会分泌出部分液芯纤维，可使裂缝自然愈合。

综上所述可知，混凝土结构产生裂缝的原因极其复杂，但也是难以避免的材料现象。混凝土裂缝的控制是以防为主，而治只是辅助手段，关键是通过合理设计建筑结构，正确选择原材料，结合现场实际确定配合比，加强施工过程控制，按施工工艺标准施工和检查，这样才有可能最大程度地减少混凝土结构裂缝的产生，把裂缝宽度控制在无害的允许范围内，减小裂缝对结构的危害程度。

九、混凝土短柱的判定与设计处理

为避免钢筋混凝土短柱的破坏，减少结构在遭遇地区强烈地震作用下倒塌，现行《建筑抗震设计规范》、《混凝土结构设计规范》及《高层建筑混凝土结构技术规程》中对受压杆件的轴压比及剪跨比做出了明确的限值要求，其目的是保证受压构件的延性。轴压比和剪压比是影响受压构件延性的主要两个因素，但同时也是一对互相矛盾的存在。可以看出，在柱高一定的情况下，为满足轴压比限值要求，需要增大构件的截面尺寸，但截面尺寸的增大会导致剪跨比的减小，造成出现短柱，又降低了构件的延性。在多高层建筑底部楼层，为达到轴压比限值要求，柱子截面设计较大，这样在底部楼层就容易形成短柱；另外，层高较低时，荷载较大的地下车库框架柱；非结构墙体与框架柱之间采用不到顶的刚性连接；楼梯间平台梁与框架柱浇筑在一起的框架柱，也容易形成短柱。

剪跨比 $\lambda = M/(Vh_0) \leq 2$ 的柱称为短柱，$\lambda > 2$ 时则称为长柱。国内及汶川多次地震调查和模拟试验表明，短柱易发生沿斜裂缝截面滑移，混凝土严重剥落等脆性剪切破坏，其破坏特点是裂缝几乎遍布柱体，斜裂缝一旦贯通则承载力急剧下降，破坏速度极快，几乎不具有任何延性。当同一楼层同时存在长柱和短柱且无剪力墙时，常会因短柱首先破坏而导致结构被各个击破而出现连续性破坏或倒塌。因此，在钢筋混凝土结构抗震设计工作中，为避免短柱的脆性剪切破坏，重要的工作是先要准确判定短柱，然后再采取切实有效的技术措施，以提高结构的延性和抗震性能，保证建筑结构的安全使用。

1. 短柱与长柱的区分要求

在工程具体应用中，一般设计人员会根据柱净高 H_n 与柱截面高度 h 的比值 H_n/h 的大小来区分长柱、短柱。当 $H_n/h \leq 4$ 时判定为短柱，反之则认为是长柱。据此方法推定的道理是：考虑到一般的框架柱反弯点在柱高 H_n 中间附近，沿柱高各截面剪力 V 不变，根据剪跨比及短柱定义，有柱上下端截面的剪跨比：$\lambda = M/(Vh) = VH_n/2/(Vh) = H_n/2h \leq 2$，依此认为当 $H_n/h \leq 4$ 时则判定为短柱。

很明显，这样的判定是在柱上下端均为刚性约束，其反弯点位于柱高中间点这一前提下得出的。但在实际工程中，梁柱的线刚度比一般较小，框架梁对柱的约束条件并非刚性约束而实际上是弹性约束。另外，结构的下部楼层柱尤其是与基础相连的底层柱，由于基础对柱的约束远大于上部框架梁对柱的约束，这样，柱的反弯点就会上移而偏移柱高中点，有时甚至在层高范围不会出现反弯点。因此，对反弯点不在柱高中点的柱用 $H_n/h \leq 4$ 作为区分长短柱的标准也不是很准确，而应根据短柱的力学定义 $\lambda = M/(Vh) \leq 2$ 来判定，才是正确的做法。

应进一步地分析，当柱的反弯点不在柱高中间（例如框架结构底层柱），也就是柱上下端截面弯矩不等时，如上所述应根据短柱的力学定义来判定长短柱，但由于上下端截面弯矩不等，因此上下端截面的剪跨比亦不相等，此时应取用上下端截面剪跨比中的大值还是小值进行分析，见图 1。

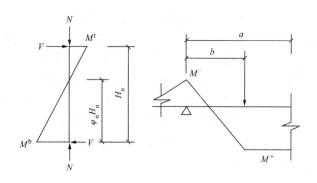

图 1 框架柱及连续梁内力

在层高范围内框架柱的受力状态好比一受定值轴力作用的连续梁，柱净高 H_n 相当于连续梁的剪跨 a。对于对称配筋的剪跨比不变的连续梁，剪切破坏总是发生在弯矩较大的区段，也即是剪跨比较大的区段；而对于框架柱剪切破坏的临界斜裂缝，也总是出现在弯矩较大的区段，即剪跨比较大的区段。钢筋混凝土构件的抗剪承载力是随着剪跨比的增大而减小的，因此对于剪力沿柱高不变的框架柱或受集中荷载作用的连续梁，弯矩较大区段的斜截面抗剪承载力总是小于弯矩较小区段，在荷载作用下如发生剪切破坏，只可能出现在弯矩较大区段，因此用于判定框架柱是否为短柱的剪跨比 λ 应该采用较大的剪跨比，也即是弯矩较大截面的剪跨比。

如图 1 中所示，考虑到框架结构的底层或底部几层，反弯点位置一般位于柱高中点以上，即 $M^b > M^t$，通过分析及短柱力学定义则：

$$\lambda = M^b / (Vh) = V(\psi_n H_n) / (Vh) = \psi_n H_n / h \leqslant 2 \tag{1}$$

或者：$H_n / h \leqslant 2 / \psi_n$ \qquad\qquad (2)

式中 ψ_n——n 层柱反弯点距柱底的距离与柱净高的比值，称为反弯点高度比；

H_n——n 层柱净高；

h——n 层柱截面高度。

用式（2）判定框架柱是否为短柱具有一定的适用性。例如，柱的反弯点位于柱高中间点即 $\psi_n = 0.5$ 时，式（2）变为 $H_n/h \leqslant 4$，这也是许多设计师在概念不十分清晰时所采取的判定；当柱的反弯点位于柱顶 $\psi_n = 1.0$ 时，式（2）则变为 $H_n/h \leqslant 2$；当柱的反弯点位于层高范围之内时，则只能采用最大弯矩作用截面的剪跨比来判断框架柱是否为短柱。在设计时可利用修正后的反弯点法即 D 值法确定框架柱的反弯点比 ψ_n，然后再利用式（2）判定其是否是短柱；当需要更进一步精确判定时，可利用电子计算机求得结果，再利用式（2）判定。

2. 短柱的构造处理

因短柱的破坏为脆性的剪切破坏，因此在抗震设计中，要首先设法不要使短柱成为主要抗震构件，如确实不可避免时可以采取的措施是：

（1）采用高性能的强度等级结构混凝土施工，可以减小短柱的截面尺寸，加大剪跨比，避免出现短柱及更短柱。尽量减小框架梁截面尺寸，降低框架梁对柱的约束作用，使柱长度加大，降低剪跨比。

（2）可以考虑在适当部位设置一定数量的剪力墙，形成多道抗震防线，增强结构抗连续倒塌的能力。

（3）采取可靠的配筋和构造措施，加强对混凝土的约束，提高短柱的延性。构造措施如柱箍筋全高加密，使用井字形复合箍，螺旋箍或连续复合螺旋箍，在柱截面中间设芯柱等。并对箍筋配箍特征值 λ_v 和体积配筋率 ρ_v 针对不同抗震等级和剪跨比提出相应最低限值要求。此方法对 $1.5 \leqslant \lambda \leqslant 2.0$ 的短柱有效，但对 $\lambda \leqslant 2.0$ 的极短柱效果不明显。

（4）一些纵筋可采用 X 形配筋方式，此方式适用于框架柱反弯点在层高范围内情况，部分纵筋采用 X 形配筋是由日本福山大学南宏一教授提出，在许多工程中得到应用。粘结型和剪切型破坏是短柱最常见的两种形式。短柱出现粘结型破坏的条件主要的是剪跨比小，纵筋配筋率大或者使用了大直径根数少的配筋方式，而短柱出现剪切型破坏则为强弯弱剪。如果在短柱中把部分纵筋斜向布置成 X 形，如图 2 所示。

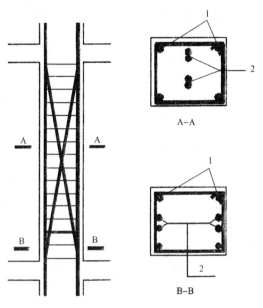

图 2　部分 X 形配筋柱
1—直筋；2—斜筋

由于部分纵筋移向截面中部，可避免由于密排纵筋引起的黏着型破坏；同时，在满足受弯承载力要求前提下，斜向钢筋在柱截面的水平分量又可提高短柱的受剪承载力；另外，X 形配筋方式可使纵筋数量沿柱高的变化正好可以大致与框架柱的弯矩图相同，钢筋得到了充分利用，还可减少柱中部的受弯承载力，有利于强弯弱剪的实现，采用 X 形配筋方式的短柱最终发生弯曲型破坏，因此其有良好的延性和耗能能力。

此外，当短柱设计不能满足现行《高层建筑混凝土结构设计规程》JGJ 3—2010 中的规定："一级且剪跨比不大于 2 的柱，其单侧纵向受拉钢筋的配筋率不宜大于 1.2%"时，采用部分 X

形配筋方式即可解决。由于部分 X 形配筋柱改善短柱抗震性能并不是主要依靠约束混凝土效应，因此，轴压比限值不会提高，配箍特征值 λ_v 与普通柱相同，合适的 X 形配筋量与全部纵筋的比值宜在 1/3 ~ 1/2 之间。

（5）采用分体柱技术措施，分体柱技术主要适用于 7 ~ 9 度设防的框架，框架-剪力墙及框支结构中剪跨比的极短柱，分体柱技术是极短柱设计方法的一个突破。其做法是将位于楼层上、下梁之间的柱用分缝材料分为 2 或 4 个等截面的小柱，如图 3 所示。由于小柱的截面尺寸为原柱的一半，但此剪跨比可提高 1 倍左右。

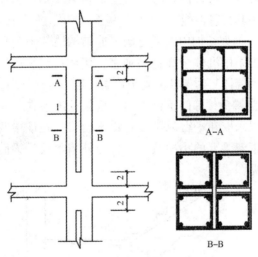

图 3　钢筋混凝土分体柱
1—分缝；2—过渡区

研究表明，分体柱不会出现小柱被各个击破的现象，其破坏过程与整截面柱相同，受压承载能力与整截面柱相当，分体柱会使柱的抗弯承载力有所降低，但抗剪承载力会保持不变，变形能力和延性明显提高，且柱的破坏形态由剪切型转变为弯曲型，可直接实现变短柱为长柱的可能，能十分有效地提高整个结构的抗震性能。其主要技术措施为各小柱之间必须有隔板填缝，填缝材料一般采用竹胶板；各单元柱截面可以为方形或矩形，其边长宜在 400mm 以上；分体柱的上、下端应有整截面过渡区，过渡区高度宜在 100mm 以上；分体柱与框架梁不得偏心。当框架梁截面宽度过小时，可以在平面加腋处理。

（6）采用钢骨混凝土或钢管混凝土柱形式。由于钢骨混凝土、钢管混凝土柱均可显著提高柱的承载力，从而可大幅度减小柱的截面尺寸，增大剪跨比；另外，钢骨混凝土柱的钢骨翼缘和箍筋及钢管混凝土柱的薄壁钢管对混凝土都具有良好的约束作用，可以显著提高核心混凝土的极限变形能力，改善柱的延性，提高其抗震性能。

（7）对框架结构中因填充墙等非结构墙体不到顶形成的短柱，一般可采用沿柱全高箍筋加密，墙体材料采用轻质砌块或外挂墙板，墙体与框架柱之间采取柔性连接方法处理。

（8）为避免楼梯间平台梁因与框架柱浇筑在一起形成框架短柱，可以采取在平台靠踏步处设平台梁，在该梁两端设置支承于楼层框架梁上的小梯柱，平台板外墙不再设梁而使其成为悬挑板，见图4。

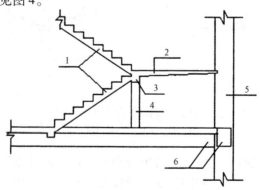

图 4　楼梯间短柱的处理

1—楼板；2—平台挑板；3—平台梁；

4—梯柱；5—框架柱；6—框架梁

综上所述可知，判定短柱不能简单地按 $H/h \leqslant 4$ 作为标准，尤其是结构下部楼层柱在底层更要引起重视；在一般情况下，判定短柱可以按上述 $H_n/h \leqslant 2/\psi_n$ 的公式进行判别，其中反弯点高度比 ψ_n 可以由 D 值法确定；当确定为短柱时，为防止短柱的脆性剪切破坏，提高结构的抗震性能，以上简介了 8 种可供短柱选择的构造处理方案：如采用高性能、高强度等级的混凝土，尽量减小框架梁截面尺寸，降低框架梁对柱的约束作用，在适当部位设置一定数量的剪力墙，采取可靠的配筋和构造措施，一些纵筋可采用 X 形配筋方式，采用分体柱技术措施，钢骨混凝土或钢管混凝土柱等形式。同时，分析了它们的适用范围及优、缺点，在工程实践中可针对具体情况优化选择应用。

十、混凝土结构件加固技术应用及发展

钢筋混凝土结构是当今建筑工程中最重要的结构形式，但是这些建筑物由于设计、施工及使用维修不当，遭受自然环境灾害及人为因素，在建设中存在质量隐患，使用中随时间延长其性能退化，同时人们对居住环境要求也越来越高。个别建筑住宅工程质量存在一定问题，已经危及使用安全。由于土建混合结构一次性投资较大，所以尽管建筑物存在一些不安全因素，特别是一些结构件局部存在缺陷，一般不会采取拆除重建而选择对结构件加固的方法措施，采取花少的费用维修加固达到恢复承载力，确保安全，继续使用。同时，随着经济的较快发展及新的使用要求，如需要改变建筑物的使用功能或向上加层，也是要对现有结构进行加固补强。现在加固技术受到业内越来越多的重视，结合国内外研究及应用实际，对传统及目前常用的加固方法及机理、方法的适用范围、可靠性及不足加以分析探讨。

1. 常用几种加固方法

1）增大截面加固法

增大截面加固法是通过增加原结构件截面面积，达到提高承载力的目的。实现构件提高构件刚度性能，修复损伤截面，增加耐久性。这种传统的加固方法工艺简单、适应性强，具有成熟的设计和施工经验，应用范围较广。同时，在一定程度上减少了房屋的使用空间，增加了结构自重，尤其是对钢筋混凝土结构件的加固，现场要进行湿作业施工、钢筋绑扎或焊接、模板支设加固，施工周期较长，还要进行养护，对周围环境有一定影响。必须认真处理新增部分与原有结构的整体性结合工作，达到新旧体共同受力。增大截面加固多采用于柱、梁、墙、板和一般构筑物的加固补强。柱加固见图1。

2）外包钢加固法

外包钢加固是在混凝土构件四周用乳胶水泥、环氧树脂灌浆或用焊接方法，将型钢、钢板包围在结构表面而达到构件提高整体性。此种加固方法可以大幅度提高构件的抗压和抗弯能力。如果是轻型钢材料，可以在基本上不增大构件截面尺寸的情况下，提高构件的承载力，增强结构的刚度和延性。此加固法施工相对简单，现场工作量较小，受力比较可靠。但是，不足之处是用钢材比较多，加固费用相对高。适用于不允许增大截面尺寸的结构件，工程应用见图2。

图1　加大截面柱　　　　图2　外包钢加固法

3）粘钢加固法

粘钢加固是用胶粘剂将钢板粘贴于构件表面，达到提高结构承载力和变形能力的一种加固补强方法。粘钢加固法与其他的加固方法比较，坚固耐久、施工快速、简洁轻巧、灵活多样、经济合理；不足之处是增加了结构的自重，节点处不易处理，施工要求高，钢材自身在有腐蚀的环境中受到锈蚀，加固效果会受到一些影响。适用于静荷载下的一般受弯、受拉构件，不适用于超筋截面的加固，方法见图3。

4）体外预应力加固法

预应力加固法是对加固构件外侧钢拉杆或撑杆施加预应力，与结构件混凝土共同作用，组成复合构件，提高构件的承载力。体外预应力加固法在改变构件内力，提高结构件承载力的同时，提高截面的刚度，减小构件挠度和裂缝宽度，提高抗裂性能。不足之处是对施工的技术要求比较高，预应力拉杆或压杆与被加固构件的连接处理要复杂，操作难度大。施工中要控制侧向稳定性问题，不宜用于高于60℃环境温度下的结构和混凝土徐变大的构件。适用于大跨度的结构体，工程应用见图4。

图3 粘钢加固法　　　　图4 预应力加固法

上述增大截面、外包钢、粘钢及预应力加固法属于传统的加固方法，在传统加固方法中还包括置换混凝土加固和增加支承加固法等，其施工工艺相对简单，仍存在一定的局限性，如湿作业量大等。

2. 纤维复合材料加固技术

纤维复合材料（Fiper Reinforced Polymers，简称 ERP）加固技术，是用胶粘剂将纤维复合材料粘贴在结构件表面，使两者紧密结合共同工作，以提高结构件的抗弯和抗剪能力，达到加强构件刚强度目的。

1）加固材料

ERP 材料具有轻质、高强，施工方便，宜设计，热膨胀系数低，耐腐蚀性能好，适用范围广和不增加结构自重和截面尺寸的优点。其使用方便、快捷，纤维增强复合材料的使用前景光明。一些工程应用表明，ERP 材料能够满足大跨、重载、高耸、高强和承受恶劣气候环境下的工程结构需要，符合现代施工技术的工业化需求，因而被广泛应用在土木工程的领域中，已是国际土木工程业内的研究热点。目前，主要是碳纤维（CFRP）、玻璃纤维（GFRP）及芳纶纤维（AFRP）三种纤维材料。常用的三种复合材料与螺旋肋筋的性能比较见表 1。

复合材料与螺旋肋筋性能对比　　　　表1

材料类别	密度 （t/m³）	弹性模量 （MPa）	抗拉强度 （MPa）	极限应变 （×10⁻⁶）
螺旋肋筋	7.85	2.0×10^5	1860	9300
玻璃纤维	2.00	5.1×10^4	1670	32745
碳纤维	1.50	1.5×10^5	1700	11333
芳纶纤维	1.30	6.4×10^4	1610	25156

2）外贴 ERP 材料加固技术

纤维复合材料加固最早开始讲究采用的加固技术，在国内已经有 30 年的时间，相关的研究及技术应用目前比较成熟。

但是，外贴纤维片材加固具有易产生纤维片材剥离破坏，其高强性能得不到充分发挥，而且 ERP 材料粘贴在结构件的表面容易受到环境恶劣气候条件的影响，也易遭受磨损及撞击等意外荷载的影响，防火性能较差，与邻近构件锚固不好的缺陷，因而这种加固方法逐渐被效果良好的体外预应力纤维片材加固，同时也被内嵌加固法所替代。材料的耐腐蚀性能较好，工程应用使用范围较广。

3）体外预应力纤维片材加固技术

该技术是针对外贴纤维片材加固方法的欠缺，结合预应力加固技术提出来的，即在结构表面直接粘贴 ERP 材料的加固方法。虽然对结构的极限荷载有很大的提高，但由于 ERP 材料的应变往往有些滞后，对待开裂荷载和屈服荷载提高不明显，限制了 ERP 材料的有效发挥。为了改善这种现象，根据预应力技术的原理，才提出体外预应力纤维片材加固的方法。

资料介绍，同济大学薛伟辰教授对部分碳纤维（CFRP）筋混凝土梁的疲劳性能进行研究。东南大学何超教授通过对 4 根 CFRP 体外预应力模型梁的抗剪试验，研究了预应力筋布置形式及剪跨比不同的试验，对 CFRP 体外预应力混凝土梁抗剪性能的影响。此种加固技术虽然有许多优点，如果锚固措施不当或粘贴质量欠佳，CFRP 也容易发生剥离破坏，不能充分发挥纤维片材强度，而且对挠度过大的受弯构件，开裂严重的混凝土构件难以有效地增加刚度，改善其使用功能，对正常使用极限状态无法发挥应有作用，由此内嵌式加固技术诞生。

4）内嵌非预应力筋材加固技术

内嵌式加固技术（简称 NSM）是近年来开发的一种新 ERP 加固技术，是用环氧树脂将 ERP 筋或 ERP 板条嵌入混凝土保护层中，用以加固混凝土构件的技术。与外贴 CFRP 片材相比，此方法除了具有高效、高强、耐腐蚀性的优点外，还有良好的抗冲击性、耐久性、耐火性及表面处理量小的优点。中南大学贺学军等人通过对 6 根混凝土梁的抗弯加固研究，对内嵌 CFRP 板条加固梁的破坏过程、受力性能、截面应变分布和挠度变形规律进行研究。河南理工大学的赵晋等人通过对 9 根内嵌 CFRP 板条加固梁及两根对比混凝土梁的抗剪试验，以不同加固量、剪跨比、槽间距及开槽尺寸为参数，对内嵌CFRP板条抗剪加固同混凝土梁进行了研究。

通过试验结果的研究表明，内嵌非预应力筋材加固梁的破坏模式，包括混凝土被压碎、筋材被拉断破坏和因粘结失效的破坏。内嵌加固筋材与混凝土之间有可靠的粘结，是筋材与混凝土这两种材料能够共同工作的基本保证。且内嵌非预应力筋材加固对构件的开裂荷载影响很小，对裂缝的发展基本上起不到改善作用，而对ERP筋施加预应力则可以解决这个问题。

5）内嵌预应力筋材加固技术

CFRP材料有各向异性且抗剪强度较低，不能使用普通预应力钢筋的张拉锚具，需要制作专门用的新锚具，国内对于内嵌预应力CFRP材料加固的试验和研究较少。工程应用见图5。

图5 内嵌预应力FRP筋加固

（1）内嵌预应力FRP加固技术

资料介绍，通过对4根内嵌预应力CFRP筋加固混凝土梁加载试验表明，40%预应力度加固梁屈服承载力提高90%，并建立有效模型，采用截面分析法预测预应力加固梁抗弯承载力，效果较非预应力加固要好。另外，还通过对21根混凝土梁进行内嵌预应力CFRP筋粘结传递长度，不同预应力度（40%、45%、50%及60%）表明，粘结长度约为35d（d为CFRP筋直径），对于喷砂处理 CFRP 筋最大粘结应力为 11～16MPa，而螺旋状筋最大粘结应力为 12～23MPa。河南理工大学丁亚红等对 3 根内嵌 CFRP 筋加固的混凝土梁和 9 根内嵌预应力 CFRP 筋加固的混凝土梁进行了抗弯性能试验。

（2）内嵌预应力螺旋肋钢丝加固技术

河南理工大学丁亚红教授提出螺旋肋钢丝的新型材料，又与赵晋等人对内嵌非预应力螺旋肋钢丝加固混凝土梁进行研究，其结果表明，这种加固技术较 FRP 效果好，而且螺旋肋钢丝更易施加应力，同时又对内嵌预应力螺旋肋钢丝加固构件进行了研究，采用单调静载试验。其结果表明，内嵌非预应力螺旋肋钢丝加固技术非常好，它不但能克服外贴 FRP 片材加固混凝土梁引起的剥离破坏，还可以弥补内嵌非预应力螺旋肋钢丝加固混凝土梁的不足，可以大幅度提高加固梁的开裂荷载和极限荷载，改善梁裂缝的发展。

3. 简要小结

（1）传统混凝土梁的加固方法大多都是直接加固构件，在加固的同时存在一些限制和不足，如增加了自重、费用较高等。随着新型加固技术的研发应用，轻质、高强材料的应用是加固技术发展的必然。

（2）纤维复合材料的广泛应用，推动了加固行业走上新的促进提高，外粘加固、体外预应力加固、内嵌预应力加固技术、其他类型加固技术逐步完善，在应用中发展提高。

（3）加固技术的理论讲究和试验需要更深入。从目前的研究和应用看，传统加固方法、FRP 加固技术都存在缺陷或不足，内嵌预应力螺旋肋钢丝加固技术相应而出，但这种加固技术刚刚开始，工程实践也少，还需要实践加以总结完善。

（4）复合技术的发展，结合两种或更多种方法的优势，发挥综合效应和加固效益。如内嵌预应力螺旋肋钢丝加固方法是利用内嵌方式，有效避免了外贴的不足，又充分利用了高性能材料的力学性能，并施加预应力提高加固件抗震性，但对螺旋肋钢丝的锈蚀要防护。

十一、混凝土的施工与温度裂缝的控制

混凝土在当代工程建设中占的相对密度及位置极其重要。时至今日，混凝土的裂缝仍然产生且很普及，在道路桥梁工程中裂缝更是无处不在。尽管在施工中在管理和技术中都采取了各种措施，认真仔细但裂缝仍然会逐渐产生和发展。究其原因是我们仍然对混凝土的温度应力变化重视不够，而应力裂缝也容易出现。

在大体积混凝土中，温度应力及温度控制具有极其重要的作用，这也是由于两方面的原因：一是施工中混凝土易产生温度裂缝，影响到结构的整体性和耐久性；另一个是使用过程中，温度变化对结构的应力状态具有明显的影响。现在经常看到的主要是施工中产生的温度裂缝，以下仅对混凝土施工中裂缝的产生和预防处理措施进行分析探讨。

1. 裂缝的成因

混凝土结构裂缝的产生有多种原因，主要是温度与湿度的变化，由于原材料的品质缺陷，混凝土材料的不均匀和脆性，结构的不合理，模板变形及基础不均匀沉降等。

混凝土在水化期间水泥释放出大量水化热，内部温度聚集不断上升，在结构表面引起拉应力。在后期降温过程中由于受到基础或周围模板等的较大约束，又会在混凝土内部产生拉应力。环境气温的降低也会在混凝土表面引起很大拉应力，当这种拉应力超过此时混凝土的抗裂能力时，即会产生裂缝。

一些混凝土的内部湿度变化很小或变化较慢，但表面湿度可能变化较大或发生剧烈变化，如养护不及时，时干时湿不能一直湿润，干燥时表面变形受到内部混凝土的结束，也容易产生开裂。由于混凝土是由松散材料组成且具有一定的脆性，抗拉强度是抗压强度的 1/10 左右，短期加荷时的极限拉伸变形只有 $(0.6 \sim 1.0) \times 10^4$，而长期加荷时的极限拉伸变形只有 $(1.2 \sim 2.0) \times 10^4$，由于原材料的不均匀性，水灰比的不稳定及车辆运输，入模浇筑过程中产生的离析，在同一块混凝土中其抗拉强度也是不均匀的，存在着局部抗拉强度很低、易出现裂缝的薄弱部位。

在钢筋混凝土中，拉应力主要是由钢筋承担的，混凝土只是承受压应力。在无筋混凝土或钢筋混凝土的边缘部位如果结构内部出现了拉应力，则是由混凝土本身承担。在建筑结构设计中一般都会要求不出现拉应力或者只出现很小拉应力。但是在施工中混凝土由升至高温冷却至使用时的常温，往往会在混凝土内部引起足够的拉应力，有时温度应力可超过其他外荷载所引起的应力，因此，了解温度应力的变化规律对于合理的结构设计施工非常必要。

2. 对温度应力的分析

1）按温度应力的产生和形成，可以分为三个主要阶段

（1）早期。自混凝土入模浇筑开始至水泥释放热基本结束，一般按28d考虑。这个阶段的两个特征：一是水泥释放出大量的水化热；二是混凝土弹性模量的急剧变化。由于弹性模量的变化，这一时期在混凝土内部形成残余应力。

（2）中期。自水泥释放热基本结束时起至混凝土冷却到稳定在常温时止，在这个时期，温度应力主要是由于混凝土的冷却及外界温度变化引起，这些应力与早期形成的残余应力相叠加，在此期间混凝土的弹性模量变化并不大。

（3）晚期。混凝土完全冷却至平常环境的温度进入使用时期，温度应力主要是外界气候变化所引起，这些应力与前两种的残余应力相叠加。

2）按温度应力引起的原因可以分为两类

（1）自身产生的应力。结构体边界上无任何约束力或完全静止状态，如果内部温度是非线性分布的，由于结构本身互相约束而出现的温度应力。如道路桥梁墩身结构体型比较大，混凝土冷却时表面温度同环境一样低，但内部温度相对较高，此时表面则产生拉应力，中间则产生压应力。

（2）约束产生的应力。结构体全部或部分边界受到外界的约束，不能自由变形而产生的应力，如箱梁顶板混凝土和护栏混凝土。

混凝土自身产生的应力和约束产生的应力，往往和混凝土的干燥收缩引起的应力共同作用。要想根据已知的温度准确分析出其应力的分布、大小是一项极其复杂的工作。在许多情况下需要模型试验或数据计算。混凝土的徐变使温度应力有相当大的松弛，计算温度应力时必须考虑徐变的影响因素。

3. 温度的控制及预防措施

为防止裂缝出现，减轻温度应力，可以从控制温度和改善约束条件两个方面采取措施。

1）控制温度的措施

（1）采取粗、细骨料级配合理，用小水灰比干硬性混凝土，掺混合料，加引气剂或塑化剂的方法，尽可能减少水泥用量；

（2）拌和混合料时加水或提前用水冷却骨料，以便在高温环境中浇筑，以降低入模温度；

（3）高温环境中浇筑时宜减少分层厚度，利用其浇筑面散热；

（4）可采取在混凝土中埋设水管，通入冷水循环达到降温的目的；

（5）按规定时间拆模，气温降低时表面保温；对于长期暴露的混凝土表面或壁薄结构，在温度低时一定要保温。

2）约束条件改善的措施

首先，合理安排施工工序，避免过大的高差和侧面长时间暴露；同时，还要避免基础过大起伏；对于板块结构应合理分块分缝，减小面积。此外，还要改善混凝土的性能，提高抗裂能力。并加强保湿防止表面干缩；尤其是保证混凝土质量对防止裂缝极其重要，特别重视可能产生的贯穿性裂缝。如果产生，要恢复其结构的整体性十分困难，因此，施工中应以预防贯穿性裂缝的发生为主要控制环节。

3) 拆除模板时间控制

建筑结构混凝土施工中，为了提高模板的利用周转率，往往要求新浇筑的混凝土尽快拆模。当混凝土温度高于气温时应适当考虑拆模时间，以免引起混凝土表面的早期开裂。新浇筑的过早拆模，在表面引起较大拉应力，会出现温度冲击现象。在混凝土浇筑初期，由于水化热的散发，表面引起很大的拉应力，此时表面温度肯定比气候温高，如此时拆除模板，表面温度急降，必然引起温度梯度，从而在表面附加更大的拉应力，与水化热应力叠加，再加上混凝土干燥收缩，应力达到一定时必然导致混凝土开裂。如果在混凝土拆模后及时在表面覆盖一层保温材料，对于防止裂缝具有相当显著的作用。

4) 配筋对裂缝的控制

加筋对大体积混凝土的温度应力影响不大，因为大体积混凝土的含筋率相对较低，只是对一般混凝土有一些影响。在温度不太高及应力低于屈服极限的条件下，钢材的各项性能是稳定的，而与应力状态、时间和温度无关。钢材与混凝土的线膨胀系数相差很小，在温度变化时两者间只产生很小的应力。由于钢筋的弹性模量为混凝土弹性模量的 7~15 倍，当温混凝土内应力达到抗拉强度而开裂时，钢筋的应力将不超过 $200 kg/m^2$。因此，在混凝土中要想利用钢筋来防止微小裂缝的产生是很困难的。但是，增加钢筋后结构内部裂缝一般就变得数量多、间距小，宽度与深度也较小。如果钢筋的直径细而间距密时，对提高混凝土的抗裂性效果较好。混凝土与钢筋混凝土结构体表面常常会产生细而浅的微裂，其中多数属于干缩裂缝。虽然干缩裂缝一般都比较浅，但是对结构的强度和耐久性仍有很大的影响。

5) 混凝土裂缝控制的一些做法

为了保证质量、防止开裂、提高耐久性，正确使用外加剂也是减少开裂的有效方法。

(1) 混凝土中存在无数毛细孔隙，水蒸发后毛细管中产生毛细管张力，使混凝土产生干缩变形，增大毛细孔径可降低毛细管表面张力，但是会造成混凝土强度的降低。这种表面张力现象在20世纪50年代被国际专业所认可。

（2）水灰比是影响混凝土收缩最重要的因素，使用高效减水防裂剂，能够使混凝土拌和用水量大幅度减少。由于高效减水防裂剂可以改善水泥浆的稠度，减少混凝土泌水即减少沉缩变形。

（3）水泥用量更是混凝土收缩变形的主要原因，掺加高效减水防裂剂的混凝土在保持混凝土强度不变的条件下，可减少15%左右的水泥用量，其体积用增加骨料来补充。提高水泥浆的粘结力，也是提高混凝土的抗裂性。

（4）混凝土在收缩时受到约束会产生拉应力，当拉应力大于此时混凝土的极限抗拉强度时，裂缝随即产生。高效减水防裂剂可以有效地提高混凝土的抗拉强度，大幅度提高混凝土的抗裂能力。

（5）实践表明，掺加外加剂能使混凝土的密实性更好，可以有效提高混凝土的抗渗透性，减少碳化收缩。掺入高效减水防裂剂后，混凝土的缓凝时间适宜，在有效防止水泥迅速水化、释放水化热的基础上，避免因水泥延时不凝结而带来的塑性收缩增加。掺外加剂混凝土的和易性均较好，表面收压容易，可形成微膜，减少水分快速蒸发，减少干燥收缩开裂。

多种外加剂都具有缓凝，增加和易性，提高塑性的功能。在工程应用中，要多进行这些方面的使用对比。经验表明，外加剂复合使用效果比一种要好，更经济和更能提高混凝土性能。

4. 混凝土的早期养护

浇筑后混凝土的常见裂缝，大多数是不同深度的表面浅裂缝，其主要原因是温差梯度造成的裂缝。对于混凝土表面的保温，对防止裂缝有重要意义。从温度应力考虑，对保温的要求是：防止混凝土内外温度差及其表面梯度，防止表面开裂；防止混凝土骤冷，尽量使混凝土施工期最低温度不低于混凝土投用时的最低常温度；防止原有混凝土过冷，以减少新旧混凝土之间的约束。

混凝土早期养护的主要目的是保持适宜的温度、湿度条件，以达到两个方面的效果：一个是使混凝土免受不利温度、湿度变化的影响，防止有害的冷缩和干缩；另一个是使水泥水化作用能顺利进行，以期达到设计的强度和抗裂能力。适宜的温度、湿度条件也是互相关联的，混凝土的保温措施也适于保湿的作用效果。

从混凝土的工程应用及理论分析，新浇混凝土的水分完全可以满足水泥水化的要求且有一定的富余。但是，由于蒸发等原因常会引起表面干燥，从而影响或推迟水泥的正常水化，表面混凝土最容易且更直接地受到这种不利因素的影响。因此，混凝土浇筑的最初 7 天是保湿的关键时期，施工中应引起特别重视。

综上所述，对混凝土工程的施工温度与裂缝之间的关系进行实践与理论的浅要分析探讨，虽然工程界对于裂缝的成因与计算方法有不同的理解，但是对具体的预防和改善措施的意见还是比较统一的，并且在实践中应用的效果也比较好。具体施工中，要求管理及技术人员多观察、多总结比较，出现问题多分析、多考虑，结合现有的多种预防处理措施，避免和减少混凝土结构体裂缝的产生和发展，满足结构混凝土的强度及耐久性能。

十二、混凝土施工裂缝的预防与处理

混凝土是一种由砂、石、骨料、水泥、水及其他外加材料混合而形成的非均质脆性材料。由于混凝土施工和本身变形、约束等一系列问题，硬化成型的混凝土中存在着众多的微孔隙、气穴和微裂缝。正是由于这些初始缺陷的存在，才使混凝土呈现出一些非均质的特性。微裂缝通常是一种无害裂缝，对混凝土的承重、防渗及其他一些使用功能不产生危害。但是在混凝土受到荷载、温差等作用之后，微裂缝就会不断地扩展和连通，最终形成可肉眼见到的宏观裂缝，也就是混凝土工程中常说的裂缝。

混凝土建筑和构件通常都是带缝工作的，由于裂缝的存在和发展通常会使内部的钢筋产生腐蚀，降低钢筋混凝土材料的承载能力、耐久性及抗渗能力，影响建筑物的外观、使用寿命，严重者将会威胁到人们的生命和财产安全。一些工程的失效都是由于裂缝的不稳定发展所导致。但近代国内外的研究和大量的混凝土工程实践证明，在混凝土工程中裂缝问题是不可避免的，在一定的范围内也是可以接受的。只是要采取有效的措施，将其危害程度控制在一定的范围内。《混凝土结构设计规范》GB 50010 也明确规定：有些结构在所处的不同条件下，允许存在一定宽度的裂缝。但在施工中应尽量采取有效措施控制裂缝产生，使结构尽可能不出现裂缝或尽量减少裂缝的数量和宽度，尤其要尽量避免有害裂缝的出现，从而确保工程质量。

混凝土裂缝产生的原因很多，有变形引起的裂缝：如温度变化、收缩、膨胀、不均匀沉陷等原因引起的裂缝；有外荷载作用引起的裂缝；有养护环境不当和化学作用引起的裂缝等等。在实际工程中要区别裂缝形成原因来对待，根据实际情况解决问题。

1. 干缩裂缝及预防

1）干缩裂缝原因

干缩裂缝多出现在混凝土浇筑后的早期失水过快，或是混凝土浇筑完毕后的一周左右。水泥浆中水分的蒸发会产生干缩，而且这种收缩是不可逆的。干缩裂缝的产生，主要是混凝土内外水分蒸发程度不同而导致变形不同的结果：混凝土受外部气候条件的影响，表面水分损失过快变形较大，内部湿度变化较小变形也小，较大的表面干缩变形受到混凝土内部钢筋及模板的约束，产生较大拉应力而产生裂缝。相对湿度越低，水泥浆体干缩越大，干缩裂缝越易产生。干缩裂缝多为表面性的平行线状或网状浅细裂缝，宽度多在 0.05 ~ 0.2mm 之间，大体积混凝土中平面部位多见，较薄的梁板中多沿其短向分布。干缩裂缝通常会影响混凝土的抗渗性，引起钢筋的锈蚀，影响混凝土的耐久性，在水压力的作用下会产生水力劈裂，影响混凝土的承载力等等。混凝土干缩主要和混凝土的水灰比、水泥的成分、水泥的用量、集料的性质和用量、外加剂的用量等有关。

2) 预防措施

一是选用收缩量较小的水泥，一般采用中低热水泥和粉煤灰水泥，降低水泥的用量；二是混凝土的干缩受水灰比的影响较大，水灰比越大，干缩越大，因此在混凝土配合比设计中，应尽量控制好水灰比的选用，同时掺加合适的减水剂；三是严格控制混凝土搅拌和施工中的配合比，混凝土的用水量绝对不能大于配合比设计所给定的用水量；四是加强混凝土的早期养护，并适当延长混凝土的养护时间。冬期施工时要适当延长混凝土保温覆盖时间，并涂刷养护剂养护；五是在混凝土结构中设置合适的收缩缝。

2. 塑性收缩裂缝及预防

1) 塑性收缩裂缝原因

塑性收缩是指混凝土在凝结前，表面因失水较快而产生的收缩开裂。塑性收缩裂缝一般在干热或大风天气极易出现，裂缝多呈中间宽、两端细且长短不一、互不连贯的状态。较短的裂缝一般长 200 ~ 300mm，较长的裂缝可达 2 ~ 3m，宽度约为 1 ~ 5mm，其产生的主要原因为：混凝土在终凝前几乎没有强度或强度很低，或者混凝土刚刚终凝而强度很小时，受高温或较大风力的影响，混凝土表面失水过快，造成毛细管中产生较大的负压，使混凝土体积急剧收缩，而此时混凝土的强度又无法抵抗其本身收缩，因此产生龟裂。影响混凝土塑性收缩开裂的主要因素有水灰比、混凝土的凝结时间、环境温度、风速、相对湿度等。

2) 预防措施

一是选用干缩值较小、早期强度较高的硅酸盐或普通硅酸盐水泥；二是严格控制水灰比，掺加高效减水剂来增加混凝土的坍落度及和易性，减少水泥及水的用量；三是浇筑混凝土前，将基层和模板浇水均匀湿透；四是及时覆盖塑料薄膜或者潮湿的草垫、养护专用毛毯等材料，保持混凝土终凝前表面湿润，或者在混凝土表面喷洒养护剂等措施进行养护；五是在高温和大风天气要设置遮阳和挡风设施，及时保湿养护。

3. 沉陷裂缝及预防

1）沉陷裂缝产生原因

沉陷裂缝的产生是由于结构地基土质不匀、松软或回填土不实或浸水而造成不均匀沉降所导致；或者因为模板刚度不足，模板支撑间距过大或支撑底部松动的原因，特别是在即将进入冬季，模板支撑在冻土上，冻土中午即化冻后产生不均匀沉降，致使混凝土结构产生裂缝。此类裂缝多为深进或贯穿性裂缝，其走向与沉陷情况有关，一般沿与地面垂直或呈 30°～45°角方向发展，较大的沉陷裂缝往往有一定的错位，裂缝宽度通常与沉降量成正比关系。裂缝宽度受温度变化的影响较小。地基变形稳定后，沉陷裂缝也基本趋于稳定。

2）预防措施

一是对松软土、回填土地基，在上部结构施工前应进行必要的夯实和加固；

二是保证模板有足够的强度和刚度且支撑牢固，并使地基受力均匀；

三是防止混凝土浇灌过程中地基被水浸泡；

四是模板拆除的时间不能太早，且要注意拆模的先后次序；

五是在冻土上搭设模板时，要注意采取一定的预防措施，立杆底支垫长木板等。

4. 温度裂缝及预防

1）温度裂缝的原因

温度裂缝多发生在大体积混凝土表面，或温差变化较大地区的混凝土结构中。混凝土浇筑后在硬化过程中，水泥水化产生大量的水化热（当水泥用量为 350～550kg/m³，每 1m³ 混凝土将释放出 17500～27500kJ 的热量，从而使混凝土内部温度升达 70℃ 左右甚至更高）。由于混凝土的体积较大，大量的水化热聚积在混凝土内部而不易散发，导致内部温度急剧上升，而混凝土表面散热较快，这样就形成内外的较大温差。较大的温差造成内部与外部热胀冷缩的程度不同，使混凝土表面产生一定的拉应力。当拉应力超过混凝土的抗拉强度极限时，混凝土表面就会产生裂缝。这种裂缝多发生在混凝土施工中后期。在混凝土的施工中当温差变化较大或混凝土受到寒潮袭击等，也会导致混凝土表面温度急剧下降而产生收缩，表面收缩的混凝土受内部混凝土的约束，将产生很大的拉应力而产生裂缝，这种裂缝通常只在混凝土表面较浅的范围内产生。

温度裂缝的走向通常无一定规律，大面积结构裂缝常纵横交错；梁板类长度尺寸较大的结构，裂缝多平行于短边；深入和贯穿性的温度裂缝一般与短边方向平行或接近平行，裂缝沿着长边分段出现，中间较密。裂缝宽度大小不一，受温度变化影响较为明显，冬季较宽，夏季较窄。高温膨胀引起的混凝土温度裂缝是通常中间粗两端细，而冷缩裂缝的粗细变化不太明显。此种裂缝的出现会引起钢筋的锈蚀、混凝土的碳化，降低混凝土的抗冻融、抗疲劳及抗渗能力等。

2）预防措施

一是尽量选用低热或中热水泥，如矿渣水泥、粉煤灰水泥等。

二是减少水泥用量，将水泥用量尽量控制在 450kg/m³ 以下。

三是降低水灰比，一般混凝土的水灰比控制在 0.5 以下。

四是改善骨料级配，掺加粉煤灰或高效减水剂等来减少水泥用量，降低水化热。

五是改善混凝土的搅拌加工工艺，降低混凝土的浇筑温度。

六是在混凝土中掺加一定量的具有减水、增塑、缓凝等作用的外加剂，改善混凝土拌合物的流动性、保水性，降低水化热，推迟热峰的早出现时间。

七是高温季节浇筑时可以采用搭设遮阳板等辅助措施控制混凝土的温升，降低浇筑混凝土的温度。

八是大体积混凝土的温度应力与结构尺寸相关，混凝土结构尺寸越大，温度应力越大，因此要合理安排施工工序，分层、分块浇筑，以利于散热，减小约束。

九是在大体积混凝土内部设置冷却管道，通冷水或者冷气冷却，减小混凝土的内外温差。十是加强混凝土温度的监控，及时采取冷却、保护措施。

十是预留温度收缩缝。

十一是减小约束，浇筑混凝土前宜在基岩和老混凝土表面铺设 5mm 左右的砂垫层或使用沥青等隔离涂层。

十二是加强混凝土养护，混凝土浇筑后，及时用塑料薄膜或湿润的草帘、麻片等覆盖，并注意洒水养护，适当延长养护时间，保证混凝土表面缓慢冷却。在寒冷季节，混凝土表面应设置保温措施，以防止寒潮袭击。

十三是混凝土中配置少量的钢筋或者掺入纤维材料，将混凝土的温度裂缝控制在可控范围。

5. 化学反应引起的裂缝及预防

碱集料反应裂缝和钢筋锈蚀引起的裂缝，是钢筋混凝土结构中最常见的由于化学反应而引起的裂缝。混凝土拌和后会产生一些碱性离子，这些离子与某些活性骨料产生化学反应，并吸收周围环境中的水而体积增大，造成混凝土酥松、膨胀开裂。这种裂缝一般出现在混凝土结构的使用期，一旦出现很难补救，因此，应在施工中采取有效措施进行预防。主要的预防措施：一是选用碱活性小的砂、石骨料；二是选用低碱水泥和低碱或无碱的外加剂；三是选用合适的掺合料抑制碱集料反应的产生。

由于混凝土浇筑、振捣不良或者是钢筋保护层较薄，有害物质进入混凝土使钢筋产生锈蚀，锈蚀的钢筋体积膨胀，导致混凝土胀裂，此种类型的裂缝多为纵向裂缝，沿钢筋的位置出现。通常的预防措施有：一是保证钢筋保护层的厚度；二是混凝土级配要良好；三是混凝土浇筑要振捣密实；四是钢筋表层涂刷防腐涂料。

1）裂缝处理

裂缝的出现不但会影响结构的整体性和刚度，还会引起钢筋的锈蚀、速混凝土的碳化、降低混凝土的耐久性和抗疲劳、抗渗能力。因此，根据裂缝的性质和具体情况我们要区别对待、及时处理，以保证建筑物的安全使用。混凝土裂缝的修补措施主要有以下一些方法：表面修补法，灌浆、嵌缝封堵法，结构加固法，混凝土置换法，电化学防护法以及仿生自愈合法。

（1）表面修补法

表面修补法是一种简单、常见的修补方法，它主要适用于稳定和对结构承载能力没有影响的表面裂缝，以及深进裂缝的处理。通常的处理措施是在裂缝的表面涂抹水泥浆、环氧胶泥或在混凝土表面涂刷油漆、沥青等防腐材料，在防护的同时为了防止混凝土受各种作用的影响继续开裂，通常可以采用在裂缝的表面粘贴玻璃纤维布等措施；

（2）灌浆、嵌缝封堵法

灌浆法主要适用于对结构整体性有影响或有防渗要求的混凝土裂缝的修补，它是利用压力设备将胶结材料压入混凝土的裂缝中，胶结材料硬化后与混凝土形成一个整体，从而起到封堵加固的目的。常用的胶结材料有水泥浆、环氧树脂、甲基丙烯酸酯、聚氨酯等化学材料；

（3）嵌缝法

是裂缝封堵中最常用的一种方法，它通常是沿裂缝凿槽，在槽中嵌填塑性或刚性止水材料，以达到封闭裂缝的目的。常用的塑性材料有聚氯乙烯胶泥、塑料油膏、丁基橡胶等等；常用的刚性止水材料为聚合物水泥砂浆。

2）结构加固法

当裂缝影响到混凝土结构的性能时，就要考虑采取加固法对混凝土结构进行处理。结构加固中常用的主要有以下几种方法：加大混凝土结构的截面面积，在构件的角部外包型钢，采用预应力法加固、粘贴钢板加固、增设支点加固以及喷射混凝土补强加固。

3）混凝土置换法

混凝土置换法是处理严重损坏混凝土的一种有效方法，此方法是先将损坏的混凝土剔除，然后再置换入新的混凝土或其他材料。常用的置换材料有：普通混凝土或水泥砂浆、聚合物或改性聚合物混凝土或砂浆。

4）电化学防护法

电化学防腐是利用施加电场在介质中的电化学作用，改变混凝土或钢筋混凝土所处的环境状态，钝化钢筋，以达到防腐的目的。阴极防护法、氯盐提取法、碱性复原法是化学防护法中常用而有效的三种方法。这种方法的优点是防护方法受环境因素的影响较小，适用钢筋、混凝土的长期防腐，既可用于已裂结构也可用于新建结构。

5）仿生自愈合法

仿生自愈合法是一种新的裂缝处理方法，它模仿生物组织对受创伤部位自动分泌某种物质，而使创伤部位得到愈合的机能，在混凝土的传统成分中加入某些特殊成分（如含胶粘剂的液芯纤维或胶囊），在混凝土内部形成智能型仿生自愈合神经网络系统。当混凝土出现裂缝时分泌出部分液芯纤维，可使裂缝重新愈合。

总之，裂缝是混凝土结构中普遍存在的一种现象，它的出现不仅会降低建筑物的抗渗能力，影响建筑物的使用功能，而且会引起钢筋的锈蚀降低其刚度，混凝土的碳化，降低材料的耐久性，影响建筑物的承载能力，因此要对混凝土裂缝进行认真研究、区别对待，采用合理的方法进行处理，并在施工中采取各种有效的预防措施来预防裂缝的出现和发展，保证建筑物结构件稳定、安全、可靠地工作，达到设计规定的使用年限。

十三、混凝土裂缝产生的原因及预防措施

在混凝土施工中对某些不太重要的结构，按其所处条件的不同，允许存在一定宽度的裂缝。但施工中仍尽可能采取有效的技术措施控制裂缝的产生，使结构尽量不出现裂缝，减少或尽量避免裂缝的数量和宽度，特别是不让有害裂缝的出现，以确保工程质量。裂缝产生的原因一般认为是：由外荷载（包括施工和使用阶段的静荷载、动荷载）引起的裂缝；由变形（包括温度、湿度变形、不均匀沉降等）引起的裂缝；由施工操作（如制作、脱模、养护、堆放、运输、吊装等）引起的裂缝。

裂缝的分类：按裂缝的方向、形状分类，有水平裂缝、垂直裂缝、横向裂缝、纵向裂缝、斜向裂缝以及放射状裂缝等；按裂缝深度分类，有贯穿裂缝、深层裂缝及表面裂缝三种；按成因分类，主要有塑性裂缝、干缩裂缝、温度裂缝及不均匀沉降裂缝。

1. 塑性裂缝

1）裂缝现象

裂缝在结构表面出现，形状很不规则且长短不一，互不连贯，类似干燥的泥浆面。大多在混凝土浇筑初期（一般在浇筑后4h左右），当混凝土本身与外界气温相差悬殊，或本身温度长时间过高（40℃以上）而气候很干燥的情况下出现。塑性裂缝又称龟裂，属于干缩裂缝，出现比较普遍。

2）产生原因

混凝土浇筑后，表面没有及时覆盖，受风吹日晒，表面游离水分蒸发过快，产生急剧的体积收缩，而此时混凝土早期强度很低，不能抵抗这种变形应力而导致开裂。使用收缩率较大的水泥，水泥用量过多或使用过量的粉砂。混凝土水灰比过大，模板过于干燥。

3）预防措施

配制混凝土时，应严格控制水灰比和水泥用量，选择级配良好的石子，减小空隙率和砂率；同时，要振捣密实，以减少收缩量，提高混凝土抗裂度。浇筑混凝土前，将基层和模板浇水湿润，混凝土浇筑后，对裸露表面应及时用潮湿材料覆盖，认真养护。在气温高、湿度低或风速大的天气施工，混凝土浇筑后应及早喷水养护，使其保持湿润；大面积混凝土宜浇完一段，养护一段。此外，要加强表面的抹压和养护工作。混凝土养护可采用表面喷氯偏乳液养护剂，或覆盖湿草袋、塑料布等方法；当表面发现微细裂缝时，应及时抹压，再覆盖养护。

2. 干缩裂缝

1）裂缝现象

裂缝为表面性，宽度较细。其走向纵横交错，没有规律。较薄的梁、板类构件（或桁架杆件），多沿短向分布；整体性结构多发生在结构变截面处；平面裂缝多延伸到变截面部位或块体边缘，大体积混凝土在平面部位较为多见，但侧面也常出现，并随湿度和温度变化而逐渐发展。

2）产生原因

混凝土成型后养护不当，受到风吹日晒，表面水分散失快，体积收缩大，而内部湿度变化很小、收缩也小，因而表面收缩变形受到内部混凝土的约束而出现拉应力，引起混凝土表面开裂或构件水分蒸发，产生体积收缩，受到地基或垫层的约束而出现干缩裂缝。混凝土构件长期露天堆放，表面湿度经常发生剧烈变化，混凝土经过度振捣，表面形成水泥含量较多的砂浆层，后张法预应力构件露天生产后长久未张拉等。

3）预防措施

混凝土水泥用量、水灰比和砂率不能过大；严格控制砂、石含泥量，避免使用过量粉砂；混凝土应振捣密实，并注意对板面进行抹压，可在混凝土初凝后、终凝前进行二次抹压，以提高混凝土抗拉强度，减少收缩量。加强混凝土早期养护，并适当延长养护时间。长期露天堆放的预制构件，可覆盖草帘、草袋，避免暴晒，并定期适当洒水，保持湿润。薄壁构件则应在阴凉地方堆放并覆盖，避免发生过大的湿度变化。

3. 温度裂缝：

1）裂缝现象

表面温度裂缝走向没有一定的规律性；梁板式或长度尺寸较大的结构，裂缝多平行于短边；大面积结构裂缝常纵横交错。深进和贯穿的温度裂缝，一般与短边方向平行或接近于平行，裂缝沿全长分段出现，中间较密。裂缝宽度沿全长没有太大的变化。温度裂缝多发生在施工期间，缝宽受温度变化影响较明显，冬季较宽，夏季较细。沿断面高度，裂缝大多呈上宽下窄状，但个别也有下宽上窄情况，遇上下边缘区配筋较多的结构，在时也出现中间宽、两端窄的梭形裂缝。

2）产生原因

表面温度裂缝，多由于温度较大。混凝土结构，特别是大体积混凝土基础浇筑后，在硬化期间放出大量水化热，内部温度不断上升，使混凝土表面和内部温差很大。当温度产生非均匀的降温时（如施工中注意不够，过早拆除模板；冬期施工，过早除掉保温层，或受到寒潮袭击），将导致混凝土表面急剧的温度变化而产生较大的降温收缩，此时表面胺到内部混凝土的约束，将产生很大的拉应力（内部降温慢，受自约束而产生压应力），而混凝土早期抗拉强度和弹性模量很低，因而出现裂缝（这种裂缝又称为内约束裂缝）。但这种温差仅在表面处较大，离开表面就很快减弱。因此，裂缝只在接近表面较浅的范围出现，表面层以下结构仍保持完整。深进的和贯穿的浊裂缝多由于结构降温差较大，受到外界的约束而引起的。当大体积混凝土基础、墙体浇灌在坚硬地基（特别是岩石地基）或厚大的老混凝土垫层上时，没有采取隔离层等放松约束的措施，如果混凝土浇灌时温度很高，加上水泥水化热的混凝土冷却收缩，全部或部分地受到地基、混凝土垫层或其他外部结构的约束，将传统在混凝土浇筑后两三个月或更长时间出现，裂缝较深，有时是贯穿性的，将破坏结构的整体性。基础工程长期不回填，受风吹日晒或寒潮袭击作用；框架结构的梁、墙板、基础梁，由于与刚度较大的柱、基础连接，或预制构件浇筑在台座伸缩缝处，因温度变形受到约束，降温时也常出现这类裂缝。采用蒸汽养护的预制构件，混凝土降温制度控制不严，降温过速，或养生窑坑急剧揭盖，使混凝土表面剧烈降温，而受到肋部或胎模的约束，常导致构件表面或肋部出现裂缝。

3）预防措施

尽量选用低热或中热水泥（如矿渣水泥、粉煤灰水泥）配制混凝土；或混凝土中掺适量粉煤灰；或利用混凝土的后期强度，降低水泥用量，以减少水化热量。选用良好级配的骨料，并严格控制砂、石子含泥量，降低水灰比，加强振捣，以提高混凝土的密实性和抗拉强度，在混凝土中掺加缓凝剂，减缓浇筑速度，以利于散热，或掺木钙、减水剂，以改善和易性，减少水泥用量。避开炎热天气浇筑大体积混凝土；必须在热天浇筑时，可采用冰水或深井凉水拌制混凝土，或设置简易遮阳装置，并对骨料进行喷水预冷却，以降低混凝土搅拌和浇筑的温度。分层浇筑混凝土，每层厚度不大于30cm，以加快热量散发，并使温度分布均匀，同时也便于振捣密实。大体积混凝土适当预留一些孔道，采取通冷水或冷气降温。大型设备基础采取分块分层间隔浇筑（间隔时间 5～7d），分块厚度 1～1.5m，以利水化热散发和减少约束作用；或每隔 20～30m 留一条 0.5～1.0m 宽的临时间断缝，40d 后再用干硬性细石混凝土浇筑，以减少温度收缩应力。浇筑混凝土后，表面应及时用草袋、锯末、砂等覆盖并洒水养生。夏季应适当延长养护时间，使其缓慢降温。在寒冷季节，混凝土表面应采取保温措施，以防寒潮袭击。拆模时，块体中部和表面温差不宜大于 20℃，以防止急剧冷却造成表面裂缝。基础混凝土拆模后要及时回填。

346

4. 不均匀沉陷裂缝

1）裂缝现象

不均匀沉陷裂缝多属贯穿性裂缝，其走向与沉陷情况有关，有的在上部，有的在下部，一般与地面垂直或呈 30°～45°角方向发展。较大的不均匀沉陷裂缝，往往上下或左右有一定的差距，裂缝宽度受温度变化影响较小，因荷载大小而异，并且与不均匀沉降值成比例。

2）产生原因

结构、构件下面的地基未经夯实和必要的加固处理，混凝土浇筑后，地基因浸水引起不均匀沉降。平卧生产的预制构件（如屋架、梁等），由于侧向刚度较差，在弦、腹杆件或梁的侧面常出现裂缝。模板刚度不足、模板支撑间距过大或支撑底部松动，以及过早拆模，也常导致不均匀沉陷裂缝的出现。

3）预防措施

对松软土、填土地基应进行必要的夯实和加固。避免直接在松软土或填土上制作预制构件，或经压夯实处理后作预制场地。模板应支撑牢固，保证有足够强度和刚度，并使地基受力均匀。拆模时间不能太早，应按规定执行。构件制作场地周围应作好排水措施，并注意防止水管漏水或养护水浸泡地基。

十四、混凝土结构中主要裂缝成因与防治

混凝土与钢筋混凝土结构，是一种耐久性较好的结构体系，但是由于混凝土是由各种不同材质组成的混合体，其匀质性较差，抗拉强度较低，又有膨胀收缩、徐变等特性，因此在实际工程中，往往由于设计不周、施工粗糙、使用不当等原因，造成混凝土构件与结构出现不同程度的裂缝，给结构造成一定的损伤，影响建筑物的正常使用功能。有些裂缝则危及结构的安全，甚至造成建筑物的严重破坏和倒塌。

1. 地基沉陷引起的裂缝

1）裂缝产生的原因

通常都认为，地基土层在自重的作用下压缩已稳定，因此，地基沉降的外因主要是建筑物荷载在地基中产生的附加应力。其内因是土由三相组成，具有碎散性，在附加应力的作用下土层的孔隙发生压缩变形，引起地基沉降。

2）裂缝的治理措施

包括结构及施工两方面：

（1）结构方面的措施

①采用轻质、高强的墙体材料

如陶粒混凝土、空心砌块、多孔砖等，以减轻墙体自重。选用轻形结构，如可采用预应力钢筋混凝土结构、轻钢结构和各种轻型空间结构等。工业厂房屋盖的重量较大，可将过去常用的大型屋面板外加防水屋盖改成各种自防水预制轻型屋面板，重量可减轻许多。减少基础和上覆土的重量。可采用空心基础、薄壳基础、无埋式薄板基础等自重轻，回填土少的基础形式，以及用空地板代替厚填土以减轻基底压力。

②加强建筑物的刚度和强度

控制建筑物的长高比 $L/H < 2.5$；设置封闭圈梁和构造柱。圈梁设置在基础顶面，顶层门窗上方。地震烈度 8 度地区应每隔一层加一道圈梁，甚至层层设置圈梁。圈梁应设置在外墙、内纵墙和主要内横墙上，并宜在平面内连成封闭系统。圈梁的宽度等于墙厚，高度不小于 120mm。所采用的混凝土强度等级不低于 C15。纵向连续浇筑，一次完成以形成整体结构。构造柱应设置在外墙四角和内外墙交接处，其钢筋与圈梁连接成整体。

③减小或调整基底的附加应力，设置地下室

以挖除的地下室空间的土重抵消部分甚至全部建筑物的重量，达到减小沉降的目的；改变基底尺寸，使不同荷载的基础沉降量接近，减轻不均匀沉降值。

（2）施工方面的措施

①保持地基土的原状结构

黏性土通常具有一定的结构强度，尤其是高灵敏度土，基槽开挖时应避免人来车往，破坏地基持力层土的原状结构。必要时，基槽开挖深度保留 200mm 左右的原状土，待基础施工开始时再挖除。如果坑底已扰动，可先铺一层中粗砂，再铺卵石或碎石压实处理；

②合理安排施工顺序

当建筑物各部分荷载差异大时，施工顺序安排应先盖高楼、荷载重的部分，后盖低层、荷载轻的部分，这样就可以调整部分沉降差；

③注意选择合理的施工方法

在已建成的轻型建筑物附近，不宜堆放大量的建筑材料或土方，以避免地面堆载引起建筑物产生附加沉降。在进行井点降水降低地下水位及挖深坑修建地下室时，应注意对邻近建筑物可能产生不良影响。拟建的密集建筑群内如有采用桩基础的建筑物，桩的设置应首先进行。

2. 施工措施不当引起的裂缝

1) 裂缝的产生

混凝土裂缝的种类和分布位置：现浇楼板混凝土贯穿性龟裂；现浇楼板混凝土预留孔洞的放射性裂缝；墙体混凝土上表面裂缝。

（1）楼板拆模过早或拆模后再次支撑未作同条件混凝土试块，或不依据同条件混凝土试块达到设计强度的 100% 就提前拆模，但拆模后又承受不了荷载就可能造成顶板混凝土开裂；此时，利用支撑对此种情况的混凝土楼板进行局部受力往上顶，因为是局部支点，而且是人为掌握支顶力度，无法确定支力大小，就不可避免地会出现此支撑支顶力过大而使楼板混凝土出现裂缝；

（2）楼板底模和支架的整体强度、刚度不够

存在的原因均能造成楼板底模和支架的整体强度、刚度不够的结果，同时使得混凝土结构产生裂缝。未进行模板强度计算；支撑间距和龙骨间距大于经过模板计算的施工方案间距；

支撑或龙骨的材料规格小于经过模板计算的施工方案的材料规格；竖向支撑的接头缝、支撑与龙骨接触缝、大小龙骨接触缝、小龙骨与竹胶板接触缝因有缝隙而不实；竖向支撑接头轴心不直，且无拉杆或拉杆无效；

（3）泵送混凝土布料杆安放处未设附加支撑

混凝土布料杆本身重量和布料杆系统中混凝土的重量形成的荷载均承压在布料杆4条腿的4个支点上，在送混凝土时布料杆受混凝土输送泵压力冲击的影响，使得布料杆的4条腿支点经常出现两条腿受力的状态，此时的现浇板混凝土强度均未达到设计强度，所以此开间楼板的混凝土很容易产生裂缝。

2）治理措施探讨

（1）模板的支撑、大小龙骨材料规格和间距必须通过模板强度计算确定，并在施工中严格执行；

（2）与模板接触的小横方木厚度必须加工得一致、准确，以确保与模板接触的紧密；

（3）在确保按施工方案设置支撑的拉杆以外，尽可能采用无接头支撑和加强斜支撑，如使用有接头支撑，必须确保两半段支撑的轴心基本一致，且必须保证接头缝隙密实，并在接头部位必须设置双向拉杆，并将拉杆端头与墙顶实，确保有接头的支撑受力后轴心不弯曲；

（4）楼板混凝土开盘前必须将支撑、上下端接头缝、大小龙骨交接缝用木片等物塞实；

（5）将泵送混凝土布料杆安置在每层的固定房间，将布料杆的四个支脚位置固定，在每次顶板施工放线时，弹好固定位置的4个十字线（十字线长不小于1m），将十字线处单独增设支撑，并在每次布料杆吊放时将4个支脚处增铺不小于50mm厚、200mm宽的木垫板，并与十字线对正。此作法是预防混凝土布料杆因泵送压力冲击造成单支脚受力致使楼板开裂的有效方法；

（6）为防止楼层吊放物料的冲击集中荷载造成楼板混凝土

开裂，在每楼层基本固定的吊放物料的房间楼板模板下，在原有支撑数量的基础上适当增加临时性支撑，待上一楼层吊放的物料分散使用或使用完成后，再将此支撑拆下倒往其他部位周转使用。

建筑混凝土结构裂缝有 10 多种类型，其特点和形成规律也各不相同，但在实际工程中，裂缝形成的原因往往是由多种因素造成的，其中有主要因素也有次要因素，因此分清主次因素，对混凝土结构裂缝原因给出科学、正确的"诊断"至关重要，对症下药方能起到事半功倍的效果。

十五、提高混凝土耐久性的方法及措施

通过对影响混凝土结构耐久性因素的分析，结合现有的施工经验，阐述如何提高混凝土结构耐久性的技术措施。

1. 混凝土工程的耐久性问题

我国人口众多，过去为及时解决居住需要和促进工业生产，建造过不少质量不高的民用房屋和工业厂房。结构设计虽然采用可靠度理论计算，实质上仅能满足安全可靠指标的基本要求，而对耐久性要求考虑不足，且由于忽视维修保养，现有建筑物老化现象相当严重。

2. 混凝土结构耐久性问题的分析

混凝土耐久性问题，是指结构在所使用的环境下，由于内部原因或外部原因引起结构的长期演变，最终导致混凝土丧失使用能力。即所谓的耐久性失效，耐久性失效的原因很多，有抗冻失效，碱集料反应失效，化学腐蚀失效，钢筋锈蚀造成结构破坏等。

1）混凝土的冻融破坏

结构处于冰点以下环境时，部分混凝土内孔隙中的水结冰，产生体积膨胀，多余的游离水发生迁移，形成各种压力。当压力达到一定程度时，导致混凝土的破坏。混凝土发生冻融破坏最显著的特征是表面剥落，严重时可以露出石子。混凝土的抗

冻性与混凝土内部的孔结构和气泡含量多少密切相关。孔越少、越小，破坏作用越小；封闭气泡越多，抗冻性越好。影响混凝土抗冻性的因素，除了孔结构和含气量外，还包括：混凝土的饱和度，水灰比，混凝土的龄期，集料的孔隙率及其间的含水率等。

2）混凝土的碱集料反应

混凝土的碱集料反应，是指混凝土中的碱与集料中活性组分发生的化学反应，引起混凝土的膨胀、开裂甚至破坏。因反应的因素在混凝土内部，其危害作用往往不能根治，是混凝土工程中的一大隐患。一些国家或地区因碱集料反应不得不拆除大坝、桥梁、海堤和基础设施，造成巨大损失；国内工程中，也有碱集料反应损害的类似报道，一些立交桥、铁道轨枕等发生不同程度的膨胀破坏。混凝土碱集料反应需具备三个条件：即有相当数量的碱，相应的活性集料，水分。反应通常有三种类型：碱-硅酸反应，碱-碳酸盐反应，慢膨胀型碱-硅酸盐反应，避免碱集料反应的方法可采用：①尽量避免采用活性集料；②限制混凝土的碱含量；③掺用混合材。

3）化学侵蚀

当混凝土结构处在有侵蚀性介质作用的环境时，会引起水泥石发生一系列化学、物理与物化变化而逐步受到侵蚀，严重的使水泥石强度降低至破坏。常见的化学侵蚀可分为淡水腐蚀，一般酸性水腐蚀，碳酸腐蚀，硫酸盐腐蚀和镁盐腐蚀五类。淡水的冲刷会溶解水泥石中的组分，使水泥石孔隙增加、密实度降低，从而进一步造成对水泥石的破坏。有研究表明，当水泥石中的氧化钙溶出5%时，强度下降7%；当溶出24%时，强度下降29%，因此，淡水冲刷会对水工建筑物有一定影响，而当水中溶有一些酸类时，水泥石就受到溶析和化学溶解双重作用，腐蚀明显加速，这类侵蚀常发生在化工厂；碳酸对混凝土的影响主要为：在溶析水泥石的同时，破坏混凝土内的碱环境，降低水泥水化产物的稳定性，影响水泥石的致密度，造成对混凝土的侵蚀。硫酸盐的腐蚀则表现为 SO_4^{2-} 离子深入混凝土内与水泥组分反应，生成物体积膨胀开裂造成损坏；海水中由于存在多种离子，侵蚀形式较为复杂，但主要是由于镁盐使硬化水泥石的结构组分分解，同时硫酸盐作用会造成对水泥石的损坏，而氧化镁沉淀会堵塞混凝土孔隙，会使海水侵蚀有所缓和。

4）钢筋的锈蚀

钢筋的锈蚀表现为：其一，钢筋在外部介质作用下发生电化学反应，逐步生成氢氧化铁等即铁锈，其体积比原金属增大 $2 \sim 4$ 倍，造成混凝土顺筋裂缝，从而成为腐蚀介质渗入钢筋的通道，加快结构的损坏。氢氧化铁在强碱溶液中会形成稳定的保护层，阻止钢筋的锈蚀，但碱环境被破坏或减弱，则会造成钢筋的锈蚀，如混凝土的碳化或中性化。造成混凝土碳化和中性化的原因，主要是混凝土的密实度即抗渗性不足，酸性气体（如 CO_2、SO_2、H_2S、HCL、NO_2）渗入混凝土内与氢氧化钙作用；其二，氯离子对钢筋表面钝化膜有特殊的破坏作用，当混凝土中氯含量超过标准时钢筋会锈蚀，而水和氧的存在是钢筋被腐蚀的必要条件，因此，若混凝土开裂，造成水和氧的通道，则钢筋锈蚀加速，促成混凝土裂缝的进一步开展，混凝土保护层剥落，最终使构件失去承载力。

5）使用方面的因素

有些旧建筑物已经服役几十年了，已满足不了现代发展的使用要求，这些建筑物经常处于超负荷运转中，由于费用等因素的影响，使用单位往往忽视对建筑物早期的防腐处理和必要的维修加固，缩短了建筑物的设计使用寿命。

3. 提高混凝土耐久性的措施

1）原材料的选择

（1）水泥：水泥类材料的强度和工程性能，是通过水泥砂浆的凝结、硬化形成的，水泥石一旦受损，混凝土的耐久性就被破坏，因此水泥的选择需注意水泥品种的具体性能，选择碱含量小，水化热低，干缩性小，耐热性、抗水性、抗腐蚀性、抗冻性能好的水泥，并结合具体情况进行选择。水泥强度并非是决定混凝土强度和性能的唯一标准，如用较低强度等级水泥同样可以配制高强度等级混凝土。因此，工程中选择水泥强度的同时需考虑其工程性能，有时工程性能比强度更重要；

（2）集料与掺合料：集料的选择应考虑其碱活性，防止碱集料反应造成的危害，集料的耐蚀性和吸水性，同时选择合理的级配，改善混凝土拌合物的和易性，提高混凝土密实度；大量研究表明了掺粉煤灰、矿渣、硅粉等混合材能有效改善混凝土的性能，改善混凝土内孔结构，填充内部空隙，提高密实度。高掺量混凝土还能抑制碱集料反应，因而掺混合材混凝土是提高混凝土耐久性的有效措施，即近年来发展的高性能混凝土。

2）混凝土的设计应考虑耐久的需求

混凝土配合比的设计，在满足混凝土强度、工作性的同时，应考虑尽量减少水泥用量和用水量，降低水化热，减少收缩裂缝，提高密实度，采用合理的减水剂和引气剂，改善混凝土内部结构，掺入足量的混合料，提高混凝土的耐久性能。结构构件应按其使用环境设计相应的混凝土保护层厚度，预防外界介质渗入内部腐蚀钢筋。结构的节点细部构造设计，也应考虑构件受局部损坏后的整体耐久能力，结构设计尚应控制混凝土裂缝的开裂宽度。

3）混凝土工程施工应考虑结构耐久性

混凝土的拌制尽量采用二次搅拌法、裹砂法、裹砂石法等工艺，提高混凝土拌合料的和易性与保水性，提高混凝土强度，减少用水量；大体积混凝土的浇筑振捣，应控制混凝土的温度裂缝、收缩裂缝、施工裂缝，建立混凝土的浇筑振捣制度，提高混凝土的密实度和抗渗性，重视混凝土振捣后的表面工序，切实加强养护，以减少混凝土裂缝。混凝土的施工过程对控制构件外观裂缝、施工裂缝至关重要，应加强施工过程工序质量管理，特殊季节施工的混凝土结构也应采取特殊措施。

4）使用阶段的检查和维护

过去建成大量的工程已经过早老化，而且以往的设计标准较低，房屋的维修问题十分突出。由于维修费用不到位，造成工程安全隐患，并在以后需支出更多的大修费用。因此，定期的检查和维护非常必要，这对混凝土结构的适用性和耐久性是非常重要的。短期看，检测和维修会增加一些费用；但从长远看，却非常有益。尤其是结构的损坏，有可能会导致公众安全的建筑物、桥梁和隧道等工程，有必要制定定期检测与评估的法规，确保这些工程在使用期内能正常使用。

通过上述分析可知，混凝土的外部环境、内部孔结构、原料、密实度和抗渗性是混凝土耐久性能的重要因素。因此，工程中应根据具体情况有针对性地采取相应的措施，提高混凝土的耐久性。

十六、优化混凝土冬期施工质量控制

混凝土是一种应用极其广泛的地产建筑材料，是构成建筑物主体的重要组成部分。由于混凝土的自身特点，施工环境和温度对其质量影响较大。混凝土施工与温度有着密不可分的关系，温度是除了混凝土组成材料及配合比之外，影响混凝土水化作用速度的最主要的因素。而水泥与水之间的水化作用，是最终决定混凝土强度的主要因素之一。温度对混凝土水化作用速度的影响主要表现为：温度越低，水化作用的速度越缓慢。当气温低于零度以下时，则水化作用停止。经验可知，冬期混凝土施工，因水化作用速度受温度的影响，极易产生各种质量问题，需要采取一系列优化控制措施，避免质量问题的产生。

1. 混凝土冬期施工质量问题

在冬期混凝土施工有时是不可避免的，然而此时的混凝土施工因为受到周围环境及温度的影响，要求运用更为复杂的施工工序和技术，一旦不能严格按照施工要求展开，势必造成各种质量问题的出现。再者，在冬期混凝土施工时所产生的质量问题，具有极大的隐蔽性和滞后性，不易发现，各种问题多在春季才能显露出来，给后期继续施工带来困难。一旦发现问题必须进行及时的补强处理，若问题无法修补解决就必须返工，带来不可估量的经济损失。总的来说，冬期混凝土施工所表现出来的质量问题主要有以下几个方面：

1）混凝土裂缝

混凝土裂缝的产生可能由多种原因引起，钢筋锈蚀引起混凝土体积的膨胀，最终造成混凝土箍筋即沿主筋方向产生通长裂缝；混凝土中水分的移动所带来的压力极易造成混凝土轴向开裂；另外，混凝土配制时水灰比过大，早期混凝土强度低，失水速度过快也会引起混凝土不同程度裂缝的产生；

2）混凝土结构松散

具有该问题的混凝土在外观上表现为黄色的冰晶状体，敲击声空洞，骨料之间粘滞作用弱，抵抗外界作用能力弱；

3）混凝土水分转移

混凝土在温度差，压力差及湿度差等多重作用力的作用下，势必造成其中的水分由边缘向中心转移，最终造成内部空隙的产生；

4）混凝土表面返霜

混凝土表面返霜实际上指的就是混凝土表面的结晶腐蚀（也是缺水的表现），是外加剂在混凝土硬化后渗出混凝土表面，随着混凝土表面水分的蒸发，在表面形成结晶腐蚀，俗称返霜；

5）混凝土表面起灰砂

混凝土表面起灰砂主要是由于混凝土配制时水灰比过大，造成离析及泌水现象严重，最终导致砂浆和骨料分离，骨料外露，表面疏松，出现起灰砂现象。

2. 混凝土冬期施工的控制措施

混凝土冬期施工质量控制的方法有很多种，就施工技术来说，根据施工温度不同，常采用调整配合比及掺外加剂法和蓄热法。

1）调整配合比法

施工温度为0℃左右时，可应用此法控制混凝土施工质量，具体可通过以下几个方面实施：一是合理选择配合料，在配制冬期施工所用混凝土时，为提高混凝土的抗冻性能常选用硅酸盐水泥作为主要材料，这是因为硅酸盐水泥具有水化热大、早期强度高等特点。另外，在选用骨料时宜采用缝隙少且硬度高的骨料，尽量使骨料的热膨胀系数和周围砂浆的膨胀系数接近，避免空隙和裂纹等质量问题的产生。二是尽量降低水灰比，混凝土冬期施工要求具有大量的水化热和尽量短的凝固时间，因此必须通过适量增加水泥用量来降低水灰比，减小坍落度，增加水化热，减少达到临界强度的时间，提高混凝土的抗冻性。三是适当使用外加剂，混凝土冬期施工时常使用的外加剂包括早强剂和抗冻引气剂等，早强剂主要是为了缩短冬期混凝土施工时的初凝时间，增加混凝土的早期强度，施工中常采用硫酸钠（水泥用量的2%）和M—F复合早强减水剂（水泥用量的5%）作为早强剂，抗冻引气剂主要是为了改善拌合物的流动性和降低冰点，增加其黏聚性及保水性，从而提高其抵抗混凝土内部抗低温的能力，提高冬期混凝土在低温下强度能继续增长，确保施工质量。

2）蓄热法

施工温度为 – 10℃左右时，可应用此法控制混凝土施工质量，具体可通过以下步骤实施：使用蒸汽对混凝土拌合物，如水、砂、石等加热，以保证混凝土在搅拌、运输和浇筑后仍具有足够的热量，加快水泥水化放热速度，提高混凝土抗冻能力。一般优先采用加热水的方法，但水温不宜超过60℃，防止水泥假凝。如通过加热水的方法仍不能达到拌合物出口温度的要求，则需对骨料进行加热，提高温度。该方法具有操作简单、费用低的优点，但极易产生温度不匀、内部温度较低等现象，浇筑后的保温必须加以重视，防止产生冻胀，应谨慎养护。

3. 冬期施工过程的控制

1）混凝土的施工准备工作

首先，在混凝土拌合物选择方面必须保证所采用的骨料清洁、无杂质，避免因杂质造成的开裂和空鼓。采用蓄热法控制冬期混凝土施工质量时，宜采用加热水法。对水加热时，宜在水箱四周加设围护结构，增强保温措施，并随时对水温进行测量和记录。另外，混凝土浇筑前必须保证梁板内无冰雪、冻块。如若有冰雪、冻块存在，必须将其融化并将水放掉。其次，在混凝土浇筑过程中必须设置炉火对混凝土模板进行不间断的烘烤，设置位置为模板下 4m 处，设置时间应当从混凝土浇筑时间开始，到混凝土浇筑完毕的 72h 之间。与此同时，采用蓄热法控制混凝土防冻质量时，所有施工人员还必须加强防火意识，采取一系列防火安全措施。若在添加的外加剂中包含钾、钠离子时，不宜采用常用的活性骨料。对骨料进行加热时，骨料不得在钢板上烤灼。水泥应储存在暖棚内，不得直接加热。严格控制混凝土配制时的水灰比是极为重要的施工环节，水灰比中的水分必须将由骨料带入的水分、外加剂溶液中的水分考虑在内，否则用水量过多。

2）混凝土的运输和浇筑

入模前，必须清除模板及钢筋上的冰雪和污垢，拌合物的容器应具备保温措施。冬期施工中，混凝土的运输必须令容器保温，减少热量的损失，一般可以通过以下几点来满足：减小运输距离、确定最可行的运输线路、将装卸频率和次数降低到最小、合理确定运输容器的形式和规格、选择合适的保温材料。在进行冬期混凝土施工时，不宜在强冻胀性地基上进行浇筑，而应在弱冻胀性地基土上进行，切记在浇筑时应对基土采取一系列的保温措施，以免早期受冻。与支座不做刚性连接的连续梁，应在长度不超过 20m 的段落上同时加热。在多跨刚架的连续横梁中，当刚架支柱的高度与横梁截面高度之比（H/s）小于 1.5 时，则宜采取以下方法：梁的混凝土浇筑与加热应分段进行，段之间的间隔长度不应小于 1/8 梁的跨度，也不得小于 0.7m。在浇筑的混凝土冷却至 15℃ 以下时，间断处可用混凝土填实并加热养护。若分层浇筑厚大的整体式结构时，在已浇筑层的混凝土温度，以及在未被上一层混凝土覆盖前，不应低于计算规定温度，且不得低于2℃。

3）混凝土的养护

混凝土冬期施工必须做好浇筑后的保温及养护工作，尤其是由正温养护转入负温养护前，必须保证混凝土的抗压强度大于等于设计强度的40%。对于C20以下的混凝土，不得小于50MPa。加强混凝土保温时在覆盖塑料薄膜的上面，常采用草袋、麻袋及专用保温毯等保温材料，并均应保持干燥。

混凝土在冬期施工中，极易出现因冻胀而产生的系统通病。在施工过程中，必须重点控制混凝土入模温度。无论采用哪一种温控方法，都是基于温度控制在正温以上为重点。施工时，必须在各个环节严格控制施工质量，严格执行混凝土冬期施工的相关技术规范。只有认真制定方案、加强过程控制，混凝土冬期施工质量才能得到有效保证。

十七、地下混凝土结构裂缝防治技术的应用

1. 不同地下结构部位裂缝产生的原因

现在的各种建筑工程，几乎都设计有地下室建筑工程，而地下混凝土结构普遍存在裂缝的困扰问题。不仅影响到建（构）筑物的正常使用功能，而且降低了结构的耐久性，修补加强相当困难。基于地下结构工程使用的需要，根据工程实践对于不同结构部位产生裂缝的原因进行分析，可以从根源上采取措施，预防裂缝的产生及发展。

1）混凝土墙裂缝

墙板和顶板交接处产生的水平裂缝，是在浇筑完墙板混凝土后，未待墙板混凝土充分沉实和收缩，就进行顶板混凝土的浇筑而造成的裂缝。如两者收缩方向的不同在交接处产生的水平裂缝，在墙板的上下端剪力最大的部位，可能由于构造措施不合理而导致剪力墙的破坏。至于施工缝处的水平裂缝，在施

工前未进行界面处理就直接在其表面浇筑混凝土。墙体混凝土浇筑后，墙侧面未能及时回填土使得墙体混凝土干燥收缩，受周围约束而产生开裂。这是由于浇筑的混凝土受环境气候的影响产生伸胀，温度降低时产生的冷缩；还存在墙体内外膨胀差；另外，也有外加剂微胀作用，从而使墙体伸胀。由于墙体混凝土浇筑时间不同，如地面以上板的膨胀量要比地下层墙板的膨胀值要大，但会随着时间的延长而降低。

　　2）地下室楼板裂缝

　　正常的裂缝只要稍微重视就可防止，在此分析的主要是其他的裂缝。如因楼板设计构造不合理，因结构外部应力影响，造成板面产生裂缝；地下室四周梁与墙体交接处出现的竖向裂缝。在地下施工过程中，往往利用地下室楼板作为临时施工材料设备的集散场所，而在设计时并未考虑这些临时荷载，因而造成地下顶板因使用不当而出现的损伤及开裂。

　　3）混凝土结构梁裂缝

　　梁裂缝主要是由荷载直接应力和次应力的作用，引起结构变形产生裂缝，如将楼板用临时堆放材料机械设备场所等。由于结构件产生裂缝的原因是多方面的，包括设计措施、地基沉降量、材质因素、环境气候因素等。无论何种主导因素产生的裂缝，都会给建筑物安全使用功能及观感带来不利影响。而梁裂缝产生的部位主要是受拉区域裂缝，梁的支座附近斜裂缝和受压区裂缝。这几种主要结构体混凝土的裂缝产生原因中，设计及施工控制及利用场地不合理的因素是主要的。

2. 采取的技术防治措施

　　1）建筑和结构设计措施

　　（1）建筑物的平立面布置应整齐、规则，纵横向构件应均匀对称，电梯井应布置在中间，楼梯宜两侧布置。这样可以避免平面突变导致应力的集中，而造成混凝土结构的裂缝。

　　（2）地下室纵横向水平与竖向的后浇带设置应考虑周到，纵向后浇带宜布置在裙楼与地下室体量突变处，这样可避免泵送混凝土引起的收缩裂缝和体形变化处的间接裂缝。

（3）因地下室外墙迎水面保护层较厚，应当在混凝土外墙受力筋外侧再布置 $\phi 6@200$ 的双向单层钢筋网片用作抗裂，防止混凝土表面因多种原因产生的裂缝。同时，也可以在混凝土中掺入一定量聚丙烯纤维抗裂，以降低混凝土的塑性收缩裂缝减少，提高其抗冲击韧性。

（4）在满足结构受力的前提下，宜选择强度等级较低的混凝土。在现浇连续板周边框架梁或墙体交接界面，板边的上部应设置负弯矩筋。应控制嵌固处及板周边出现面的裂缝，在转角处钢筋沿两个垂直方向布置上部构造筋，以控制产生的45°的斜向裂缝。

（5）对于厚度大于150mm的墙体，应沿墙的两个侧面配筋并且双排双向直径 $\phi 6@250$ 布置网片，这是在满足结构受力要求下，双排双向筋空隙细而密，可以最大限度地改善裂缝及其形态，达到控制裂缝宽度的目的。

（6）应削弱剪力墙洞口的截面，角部应力比较集中，在洞口角部配置双层45°的斜向加强筋，以防止混凝土竖向45°的斜裂缝。

（7）对地下室顶板要及时覆盖土，并对外墙体采取保温处理。这样会更加有效地控制地下室混凝土板由于温度差引起的裂缝。尤其需要重视的是，在设计中控制基础的不均匀沉降是防裂的重要措施。

2）商品混凝土配合比设计

（1）水泥

是关键的胶粘材料，要求拌和厂对混凝土配合比按现行规范规定进行设计，要符合最小水泥用量规则、最大骨料堆积密度原则，按胶砂比及水灰比优化原则设计施工配合比。

（2）粗、细骨料

级配连续性好则混凝土骨架稳定，抗变形能力会强，水泥用量也会降低，使混凝土的抗裂性能越好。而骨料颗粒的优化是将不同粒径骨料进行级配，选择其密度最大的级配为佳。处于潮湿环境的混凝土，碎石最大粒径不要超过40mm，其中针片状软弱颗粒应小于10%，粗骨料最大粒径与输送管之比为1/3，含泥量不大于1%，超过时用水冲洗。

（3）外加剂及掺合料

外加剂品种繁多，性能各异，最常见的如减水剂及加气剂等，其掺量是按水泥重量比进行，一般在3%~6%左右；而外掺合料是以粉煤灰为主要材料，其用量按水泥重量进行，最大掺用量为25%为宜，可以代替水泥；为了控制混凝土结构开裂，采取在混凝土中掺加纤维提高抗裂性，其掺入量为0.5~3kg/m³，经过试验确定。

（4）砂率的选择

在满足泵送要求的前提下，尽量降低抗渗混凝土的砂率，一般宜控制在35%~43%之间，也不宜过小避免缺少浆体而影响到混凝土的密实性。

（5）水灰比和坍落度

水灰比是非常关键的一个值，其比例过大或过小都会对混凝土造成不良影响，要经过多次比较确定。而坍落度应当在满足施工操作条件下，偏小是较好的，要防止混凝土的离析和泌水，减少振捣后表面的浮水收压，防止产生较多龟裂缝。

3）施工采取的主要措施

应选择施工浇筑经验丰富责任性强的人员施工混凝土，尤其是振捣工作更加重要，一个振点不能过振和漏振；当浇筑至高度时抓紧振后表面抹压收光，并覆盖保湿；养护时间按水泥品种进行，但不要少于14d。模板不允许过早拆除，可以利用模板保护混凝土表面，防止干燥裂缝。对于后浇带两侧梁模支撑应当加强，并形成独立支撑体系和足够的刚度，后浇带补偿收缩混凝土达到强度后才能拆模。利用结构楼面作为辅助施工用地。

3. 质量管理与控制

管理与控制一般分为三个控制阶段进行，即事前、事中和事后阶段。

1）事前质量控制

项目部必须建立健全质量管理机构、质量制度和质量体系。技术管理人员应根据建筑物特点，采取不同的材料与环境相结合，在施工组织设计中制定切实有效的控制裂缝的防范措施。

（1）要求设计单位明确抗裂混凝土的膨胀率，提供给搅拌站根据需要进行抗渗防裂混凝土的配制要求，使用水泥品种、粉煤灰，抗裂混凝土的外加剂和掺合料试验情况。

（2）为了控制商品混凝土的半成品质量，组织各有关方参与搅拌站的质量技术交底会，在混凝土施工前去厂家实地考察，并对现场主要本地产原材料、外加剂取样复检，达到从源头上控制混凝土质量的目的。

（3）按照设计图和施工质量验收规范要求，根据地基土质特点、地下水位及环境特点，制定防止地基不均匀沉降并影响周围建筑物地基开裂的专项技术方案。

（4）确定合理工期，避免由于施工速度不恰当的结构裂缝，根据当地气候条件制定季节性控裂技术措施。对浇筑模板必须论证或专门设计，确保其施工过程中承担各种荷载的刚度、强度和稳定性。

2）事中质量控制

（1）即将浇筑混凝土前，要充分湿润模板，无论什么材质的模板都应冲水湿润，但内部不应有积水。后浇带两侧的模板支撑应加强，并形成独立的支撑系统和刚度。在后浇带补偿收缩混凝土达到设计强度后，才能拆除模板。

（2）采取有效的控制钢筋位置，防止浇筑过程中受力筋的位移；同时，对运送现场的混凝土严禁加水，并有专人在卸料口取样测量坍落度，超标的不允许用于施工。

（3）在施工前对参与人员进行技术交底，选择责任心强、技术素质高的人担任振捣手，严格不允许振模板及钢筋，对钢筋密集部位选择扁细振动棒，一定要插到位，并在外侧配合振动。顺序应当是先浇梁后浇板，离开后浇带一定位置下料，边振边向后浇带推进。采取初凝后二次振捣的方法，表面二次抹压，实践表明对密实性和裂缝的消除极其有效。

（4）严格控制现浇混凝土楼板上人和上料时间，根据结构设计、混凝土强度等级和支撑来确定模板荷载，板面均匀堆放材料。

（5）施工缝的处理：地下室外墙预留在底板面以上约500mm，预埋止水钢板或用其他防水处理措施。安立模板前要将混凝土表面清理干净，浇筑混凝土前先刷一层 1:0.5 水泥素浆，再铺一层厚度 30mm 的 1:2.5 水泥砂浆，并及时浇筑。

（6）后浇带的处理：后浇带必须按照设计位置留设，其混凝土浇筑时间应当是主体结构完成后再进行，必要时也可以按施工质量验收规范规定的 6 周即 42d 以后进行。后浇带部位的混凝土要采用补偿收缩微膨胀混凝土，强度等级应于两侧相同或是高于 1 级。在后浇带混凝土浇筑前应将两侧原混凝土表面清理冲洗干净，松散表面凿除并湿润，浇筑后的养护时间不少于两周。

（7）注意环境气候对施工的影响，避免雨天和高温时间段浇筑，高温要采取降温措施，并及时抹压保湿，终凝后最好蓄水养护。对楼层的底模拆除时间要在强度达到设计要求后再进行，此段时间内该部位不要放置重物。

3）事后质量控制

（1）对混凝土的养护时间最好在初凝后就进行，并在振捣后压抹结束时将塑料薄膜盖上，对于竖向结构尽量使模板晚拆，以保护混凝土表面水分的蒸发。

（2）较大体积混凝土应采取降低内部温度防止开裂，通过预埋排水管和内测量的方法控制升温，减少内外温差梯度的影响。

4. 对现有裂缝的处理措施

1）室外裂缝的处理

首先，应在外壁采取柔性防水处理，对于小于 0.2mm 及其以下的裂缝可以不作处理；而大于 0.2mm 的缝做封闭处理，先将裂缝凿成 U 形槽或切割成槽，嵌填聚硫密封膏；涂刷宽度 100mm 的抗裂胶作为抗裂缝变形的蠕变层，再用聚合物如水泥基复合防水涂料作增强处理后作大面积防水层。这是由于聚硫密封膏有较强的粘结、抗拉能力，可以很好地修补裂缝，防止扩大，阻止渗漏。

2）室内裂缝的处理

可以用空气压缩机将树脂浆液或聚合物水泥浆压入裂缝内部，以达到恢复结构的整体性、耐久性和防水的目的。

3）表面密封闭处理

对混凝土表层龟裂微细缝，即宽度小于 0.2mm 的细缝，网状裂纹的毛细作用来吸收低黏度且具有良好渗透性的修补胶液，封闭裂缝通道，如楼板和其他需要防渗的部位，应当在其表面粘贴纤维复合材料，以增强封闭保护。

4）注射处理

选择一定的压力把黏度低、强度高的裂缝修补胶液注入裂缝内。此方法适用于 0.1～1.5mm 宽静止独立裂缝、贯穿性裂缝及蜂窝状局部缺陷的补强和封闭。注射前要按照产品说明书的要求，对裂缝周围进行密封处理。

5）压力注浆法

在一定时间内以较高压力将选择好的注浆液压入裂缝深处，此方法适用于处理规模大的结构体贯穿性裂缝。大体积混凝土的蜂窝状严重缺陷及深而蜿蜒的裂缝修补用此种方法效果明显。另外，在施工现场进行裂缝修补常用的方法，如填充密封法、水泥注浆法、环氧灌浆法等，都可以有效密封裂缝，达到防止渗漏腐蚀钢筋，延长寿命的目的。

综上所述，地下建筑混凝土结构的裂缝产生是不可避免的，但对其裂缝的预防和控制是地下施工质量的重要环节，为了减少裂缝的产生，只有采取优化结构设计，优化混凝土配合比设计，施工过程工艺控制及加强工序过程的事前、事中和事后三个阶段的控制，才能确保地下混凝土结构的裂缝产生和发展，确保结构的整体性和耐久性。

十八、非接触钢筋绑扎搭接的工作机理及重视问题

钢筋连接是混凝土结构施工中的一项重要工作，而绑扎搭接方式中一种应用最早，对机具设备要求最低的连接形式。多年来，工程设计及技术界人士对于钢筋的绑扎搭接形式，特别是非接触方式的绑扎搭接方式普遍存在一种认为可靠性偏低的误区。以下通过对非接触方式钢筋绑扎搭接方式的机理与施工控制重视方面，加以重点分析与阐述。

1. 钢筋绑扎搭接的机理及其可靠性

钢筋绑扎搭接的传力机制从其原理上看，也就是钢筋的锚固作用。钢筋和混凝土之间所以能够协调工作，与这两种材料的物理性能有着密切的关系。一是两者之间的温度线膨胀系数接近（钢材 $1.2 \times 10^{-5} \text{℃}^{-1}$，混凝土 $1.0 \times 10^{-5} \text{℃}^{-1}$），温度变化时两者不至于产生较大的相对滑移，而破坏协同工作；二是钢筋与混凝土间的粘结力，该粘结力由三部分组成：即混凝土中水泥胶体与钢筋表面的化学胶着力，钢筋和混凝土接触面的摩擦力，钢筋表面的机械咬合力。

钢筋锚固理论即建立在对钢筋粘结应力试验及破坏形式研究的基础上。所谓钢筋锚固，是指利用钢筋在混凝土中的埋设段长度，将钢筋所受的力传递给混凝土的一种工作机制。锚固长度的确定是以钢筋拔出试验为依据，通过建立拔出力与粘结力的平衡方式来确定的。由于钢筋的粘结强度与混凝土的轴心抗拉强度 f 大致成正比，在考虑钢筋外形及保护层厚度等因素后，现行《混凝土结构设计规范》规定由拔出力与粘结力的平衡方程推导出了钢筋基本锚固长度的计算公式：

$$l_{ab} = a(f_y/f_t) d \qquad (1)$$

钢筋绑扎连接是两根相向受力的钢筋分别锚固在搭接区域的混凝土内，从而达到了力的传递。而《混凝土结构设计规范》中纵向受力钢筋绑扎接头的搭接长度计算公式：

$$l_a = \S\, l_{ab} \qquad (2)$$

式中，搭接长度 l_a 是通过锚固长度的修正来实现的。

对于某种钢筋连接方式是否可靠，主要技术指标应包括连接强度、刚度、延性和抗疲劳程度等内容。连接强度是指接头一端钢筋是否能够等强度地将力传递给接头另一端的钢筋。国内外试验资料介绍的大量拔出试验都证明，在保证保护层厚度及搭接长度的前提下，绑扎搭接钢筋是比较容易实现力的等强连接，连接刚度是指钢筋接头区域内的整体变形模量，不能低于被连接钢筋的弹性模量，否则会引起接头部位因变形不能协调受力而产生开裂，考虑到绑扎接头两端钢筋相对滑移微弱的影响，现行《混凝土结构工程施工质量验收规范》中对截面内绑扎搭接的接头数量进行严格的限制。而现行《混凝土结构设计规范》则通过搭接长度的修正系数，对不同比率搭接长度加以调整，以修正搭接长度增加粘结应的办法来弥补连接区域刚度的降低问题。从而确保搭接区域的变形协调及整体连接刚度的合格，延伸率和抗疲劳是针对机械连接，也就是套筒螺杆连接及焊接质量要求，此处不进行赘述。

2. 非接触方式的受力机理比较

钢筋绑扎搭接方式分为接触式和非接触式两种，当前国内施工中普遍应用接触式绑扎搭接方式，而非接触式绑扎搭接方式使用较少，这一方面是由于多年的习惯性作业而为；而另一方面也是由于相关应用少也未有应用经验的介绍，造成施工单位在构造处理上无据可依。事实上，国内外许多试验结果表明：影响钢筋锚固粘结效果的因素主要是混凝土强度，保护层厚度，钢筋外形，横向钢筋的约束等。

以带肋钢筋为例，绑扎搭接钢筋受力时两根钢筋搭接处的钢筋受力方向相反，通过钢筋与混凝土之间的粘结锚固作用，实现力的传递。当处于极端平衡状态时，两根钢筋之间的混凝土受到肋的斜向挤压作用，其沿钢筋径向的分力使握裹在外侧的混凝土受到横向拉力，其纵向分力使钢筋与混凝土之间受到剪切作用，其破坏形式一般为肋间混凝土劈裂形成的剪切型破坏。接触式绑扎搭接的方式在钢筋接头处的净距几乎为零，仅填充了一些水泥砂浆，因此其粘结强度与相同强度的正常锚固筋相比要低，易在剪切作用下破坏。因而，在工程中常用增加搭接长度的方式，弥补粘结强度受到削弱的不利影响，同时通过加密箍筋来约束和减缓或尽量不要混凝土过早劈裂。非接触式绑扎搭接方式的钢筋在接头处错开一定距离，混凝土骨料可以对钢筋形成有效握裹力，其产生的粘结强度与正常锚固相当，可以有效抵抗由于肋间混凝土劈裂而形成的剪切破坏。由此可见，以非接触方式绑扎搭接的钢筋较传统接触方式绑扎搭接的钢筋，更符合粘结锚固的工作机理，在力的传递中可靠性更高。

3. 同其他连接形式相对比

传统的与经过改进提高的钢筋连接形式，目前仍然是绑扎、焊接和机械连接三种形式。绑扎连接又被分为接触式与非接触式连接形式。长期以来，国内外工程界专家学者一般存在着对直接绑扎连接尤其是非接触式绑扎连接可靠性偏低的认识。但是，国内外对此进行的大量试验表明，搭接连接方式与机械连接或焊接在一定范围内具有相同的强度效果。在中小直径钢筋的连接方面甚至优越性更可靠。因为搭接连接方式对操作人员的技术要求较低，方便现场操作，其绑扎质量可以用尺量的简单方式目测观察，便于控制质量。

机械连接或焊接方式的控制从理论和工艺方法都不存在任何问题，但是现场操作中的质量差异性是比较大的，加工质量控制也有一些困难。此外，机械连接和焊接件的检测主要依赖于试验数据，检测周期必然使质量控制存在一定的后滞性，在时间应用上有一定难度。从人工使用成本上看，采取绑扎连接所用的人工和设备显然比采用其他连接形式少得多。在施工企业人工成本日益突出的当前，绑扎搭接方式应当是一种较为合适的选项。

4. 工程应用中应注意的问题

1）非接触式绑扎连接的纵向钢筋间距

为了达到混凝土对钢筋的完全可靠包裹，纵向搭接的钢筋间应保证足够粗骨料填充的间距，但间距过大势必会造成接头一侧的钢筋位置偏离搭接位置过多，而产生较大的偏心和附加应力。现行图集 11G101—1 中对非接触绑扎搭接钢铁的纵向间距提出的要求为：$d+30 \leqslant a \leqslant \min$（0.21 或 150mm）。

2）非接触式绑扎连接纵向钢筋的绑扎固定

为了确保非接触式绑扎连接接头的连接刚度，防止受弯构件接头部位的翘曲变形和混凝土浇筑过程中，所产生的冲击力对钢筋形态的破坏，纵向钢筋在搭接范围 $1.3l_a$ 内，应在其与横向钢筋的交叉点处全部绑扎。

3）横向约束增加粘结锚固力

由于搭接钢筋端头部位存在应力突变，在极限状态下的混凝土构件在端头部位，可能产生沿钢筋搭接方向的纵向劈裂裂缝，从而降低粘结锚固力。因此，必须加强对混凝土横向的有效约束，以确保在临界状态下的粘结锚固效果。而横向约束的主要构造措施即是加密箍筋，这也是施工中比较容易做到但多数被忽略的一项重要措施。在《混凝土结构工程施工质量验收规范》中对搭接区域的横向约束进行了如下规定：

（1）搭接范围内的箍筋直径不得小于搭接纵筋的 0.25 倍；

（2）受拉区间距不大于 5 倍纵筋直径且不大于 100mm；

（3）受压区箍筋间距不大于 10 倍纵筋直径且不大于 200mm。

4）非接触式绑扎适宜的构件对技术的要求和施工工艺的考虑

非接触式绑扎连接比较适用于受弯和受剪为主的平面构件，

而以压弯或拉弯为主要受力模式的构件不宜采用。原因在于以受弯和受剪为主的平面构件如楼面板，剪力墙的截面尺寸较大，便于满足纵筋接头部位的间距要求，同时在接头两侧钢筋偏离引起的附加力偶均在构件平面之内，不会与外荷载产生的内力叠加对结构产生不利影响。以压弯或拉弯为主的构件如框架柱的截面尺寸相对较小，竖向搭接钢筋不易固定和绑扎，接头位置箍筋也难以套装就位，附加应力易于外荷载产生的内力叠加对结构产生不利的影响。

综上所述，非接触式绑扎连接钢筋的传力效果优于接触式绑扎连接钢筋，工程应用及试验证明了这一点。但是，目前仍未得到推广使用和普遍认可，一是施工习惯传统，另一方面是技术规范、标准及应用文献极少。随着建筑技术的完善，钢筋连接形式中尤其是中小直径的连接、非接触式绑扎连接钢筋的应用会得到广泛的推广采用。

十九、机制砂对混凝土性能影响的因素

由于天然砂是不可能再生的材料，在大规模开采和使用的今天其资源日趋短缺，供需矛盾在加大，而机制人工砂的生产受到工程界更多的关注，逐渐被认可并大量应用。机制人工砂是由机械破碎，筛分制成的颗粒小于 4.75mm 的岩石颗粒，但不包括软质岩、风化岩石的颗粒。由于近年来建筑用砂量的大幅度增加，天然砂不能再满足日益增长用砂需求，机制人工砂才能得到迅速的研发与加工生产。西方发达国家机制砂的使用已有 40 多年的时间，是将人工砂（经除土处理的机制砂、混合砂）纳入国家标准时间也在 30 年以上。而国内对始于 20 世纪 60 年代水电系统的土木建筑工程，之后在建筑行业得到应用，并开始研发专门的机制砂，即称人工砂生产线。

当前，国内机制砂的生产形式主要有两种：一种是专业生产，利用专业的生产设备，经破碎、除尘（干法或湿法）等制造成级配、细度模数等指标符合规范要求的机制砂；另一种则

是附带生产的产品，利用各种尾矿或者碎石生产遗留的石屑经过简单加工和筛分进行直接利用，这是目前机制砂生产的主体。在推广应用上，用卵石生产的机制砂外观与天然砂无大的区别，特别是混合砂更难区分，推广比较容易。但是，用其他岩石、碎石或尾矿加工的机制砂，从色泽到组成与天然砂区别较大，加上石粉更明显，推广有一定难度。近年来，随着研究的进行，业界开始逐渐接受机械砂与天然砂的混合使用，但是对全部使用机械砂还是存有担忧。对此，要求机械砂的质量控制及其对混凝土性能的影响仍然要深入分析探讨。

1. 机制砂自身特点

1）机制砂的粒形

机械加工砂的颗粒棱角明显，粒外形主要为角锥形和不规则形，并随着母岩种类，机械设备选型的不同而变化。所以，在实际生产中，多数专业生产砂机生产的机制砂的圆形度比较好；少部分用反击式粉碎机生产的颗粒棱角较多，粒状圆形少且差；而利用各种尾矿或是碎石石屑经过简单加工、筛选或直接应用的颗粒片状较多，粒形较差。颗粒形状对于紧密堆积存在一定影响，在工程应用中更加希望得到圆形的颗粒，这种颗粒不仅有利用堆积密实，更有利于改善混凝土的工作性能。

2）机制砂的细度模数及颗粒级配

机制砂的细度模数一般在 3.0 ~ 3.7 之间，但是级配及细度模数是可以得到控制的。机制砂的级配范围是从微米至 4.75mm，其中石粉颗粒径小于 $75\mu m$，在混凝土中只是微填充使用。一般在机制砂中大于 2.36mm 和小于 $150\mu m$ 的颗粒偏多，中间颗粒主要是 $300\mu m$ ~ 1.18mm 的粒径偏少，其级配基本上符合天然砂 1 区和 2 区砂的技术要求，为中粗砂，模数为 3.0 ~ 3.7。随着制砂机设备的改进和工艺的提升，现在专业生产的机制砂级配比较合理，细度模数小于 3.0，可以用以生产性能良好的全机制砂混凝土，而附带生产的机制砂级配并不合理，细度模数偏大，需要改进和提高。

3）机制砂的特点

机制砂颗粒的坚固性要比天然砂略差，但是可以满足现行《建设用砂》GB/T 14684—2011 标准优质品的要求，在各种普通混凝土中应用不存在任何问题。通过调整石粉含量和混凝土配合比，可以用在高强度及高性能混凝土中。

由于相同级配的天然砂和机制砂，机制砂具有相对较大的比表面积，而机制砂的比表面积对混凝土拌合物的坍落度及流动性会有一些影响。

2. 机制砂对混凝土性能的影响

1）对混凝土拌合物工作性的影响

机制砂的粒形特点使其有利于与水泥的粘结，但是对混凝土的和易性不利，用水量较大，拌和低强度的混凝土易泌水和离析。试验资料介绍，机制砂多数颗粒越接近球形，则圆形越大，混凝土的工作性能越好。机制砂的颗粒级配对混凝土拌合物的工作性影响也较明显，对于粒形、级配较差的机制砂，完全可以调整石粉含量、用水量及配合比来改善混凝土的工作性能。

同时，石粉含量的增加可以减小空隙率，挤出空隙中的大量水分，使自由水增多，从而达到浆液体的流动。减少用水量，改善和易性，增加拌合物的密实性。也有资料介绍，当石粉含量增加至 21% 以上时，级配不合理，不仅拌合物的和易性变差，混凝土的密实度也会降低。

在级配问题上，粗颗粒含量多的级配可以适宜增加砂率，降低用水量和减水剂的掺用量，可以确保混凝土保水性和黏聚性。但砂率的增加会影响混凝土的长期性能。同时，降低用水量和减水剂的掺量也会降低水泥胶浆含量，并影响水泥在混凝土中的分散，直接影响到骨料与水泥石的粘结和水泥的水化作用；细颗粒含量多的级配会增大用水量，且易造成粗颗粒之间的不连续，不利于拌合物的工作性能，因此，颗粒级配也需要优化控制。

2) 对混凝土力学性能的影响

资料介绍，采用机制砂的石粉含量为 3.3%，细度模数 3.2 的混凝土强度比河砂稍为低，但相差很小，可以满足强度要求。另外，由机制砂配置的混凝土抗压及抗折强度均明显高于天然砂。对这种现象的解释是：由于机制砂表面粗糙、棱角多，有助于提高界面的粘结强度；同时石粉多，填充了所有空隙，完善了特细级配需求，0.08mm 以下的石粉可以与水泥熟料生成水化碳铝酸钙，促成 C_3S 和 C_3A 的水化。石粉在水泥浆中的均匀分布，能够提高有效结晶产物含量使强度提高。但是，在确定水灰比和单位水泥用量的现状下，机制砂混凝土的强度会随着龄期的发展与石粉含量关系不大。

可以这样认为，机制砂配置的混凝土与天然砂混凝土的对比还是缺乏系统性，不可一概而就。因机制砂的粒形、级配和石粉含量，涉及砂率问题是对混凝土的力学性能有影响的，由于使用原材料有一定差异，每项试验分析也略为不同，但是总体影响方向是一致的。在相同条件下，颗粒越接近圆形则力学性越好；而级配、石粉含量、砂率均应有其合理的值，却会因原料和等级而使这个合理值的范围稍有差异。以 C40 全机制砂混凝土为例，粒形较差的机制砂级配连续性不好，只能控制在级配区 2，细度模数在 3.2 以下，而对于粒状较好的，可放宽到 3.2 以上；当石粉含量在 7% ~ 10% 时最佳，而砂率则控制在 41% 左右的性能要好。

3) 对混凝土耐久性能的影响

要求机制砂的圆形状越多则越好，混凝土的结构应越好，这是由于结构密实性好，其耐久性肯定要好。在工作性和力学性满足使用的前提下，机械加工砂的自然级配、砂率对混凝土的影响极其有限，而石粉含量的影响比较大。

机械加工砂石粉在混凝土中的存在，使机制砂混凝土的密实度较天然砂混凝土要致密得多，由此可见机制砂混凝土的抗渗性要优于天然砂混凝土。试验结果表明，随着石粉含量的加大，机制砂混凝土的重量损失率出现先增后减的趋势，因此，机制砂混凝土中的石粉含量存在一定的限制，一般宜不大于12%较合适。当然，不同的条件也可能使此值有所不同。同时，如果石粉含量合适，机制砂混凝土的抗渗和抗碳化能力也是优于天然砂混凝土的。

3. 仍需要研讨的问题

当前，国内外专业人士对机制砂混凝土的研究，主要集中在破碎方法、泥粉、石粉及颗粒形态等因素，对机制砂混凝土性能的影响方面，极少有人对机械加工砂的吸水率，外加剂影响进行研讨。由于原材料、生产工艺和设备的不同，加工破碎的砂外观圆形表面凸凹程度是不同的，而吸水率也不可能相同。采取球形度较高的制砂机，达到相同坍落度所需要的浆体量也少，可以降低费用成本。对混凝土的性能也是有利。另外，一些专业人员也对石粉的掺量也进行了一些研究，但是仍然存在几个需要解决的问题：

（1）机制砂的吸水率、外加剂及掺量对机制砂混凝土性能的影响；

（2）附带生产机制砂圆形状的改善和提高；

（3）机制砂石粉含量、级配连续性问题的系统处理等。

二十、混凝土中粗骨料对其性能的影响

众所周知，混凝土是建筑工程最大宗的使用材料，它是一种多相复合材料，其强度取决于水泥石，粗骨料及粗骨料与水泥石之间界面强度。粗骨料是混凝土的骨架，据试验分析，粗骨料可占混凝土体积的55%～70%，它会影响新拌混凝土的流变性及硬化混凝土的力学性能和耐久性。但是，在200多年来，人们并没有充分认识到它的重要性，大多数工程界人士把粗骨料只看作是惰性填充物，对粗骨料的研究也相对较少，对混凝土的研究也集中在矿物掺合料、外加剂及水泥水化等方面。

现在，由于天然砂资源比较短缺，人们开始重视对细骨料

的讲究。使机制砂的加工生产与使用得到一定发展，但对于粗骨料仍然未引起足够的重视。当今随着混凝土工程的超高层及大型化，高性能及高强度混凝土的使用越来越多，而在高强度混凝土中，粗骨料相对而言是个薄弱环节。粗骨料本身的特征，如种类、颗粒形状及大小、表面特征及级配，无论是新拌混凝土还是硬化后的混凝土，对其性能都会有重要的影响。因此，有必要全面、深入地探讨粗骨料的物理化学特性对混凝土性能的影响。

1. 粗骨料在混凝土中的作用

粗骨料是混凝土的重要组成部分，以前人们认为粗骨料是一种惰性材料，通过水泥浆的粘结作用与水泥砂浆共同构成混凝土。事实上，粗骨料并不是没有活性的，它的物理化学特性都会对混凝土的性能产生影响。美国混凝土专家 Metha 曾经指出：将粗骨料作为一种惰性填充材料应画上一个句号。在此，将国内外学者对粗骨料在混凝土中所起的作用和研究成果归纳为以下方面。

1）粗骨料的刚性骨架作用

在普通混凝土配合比设计中，几乎都认为粗骨料抗压强度应当是混凝土设计抗压强度的两倍左右，不得低于设计强度的 1.5 倍，粗骨料的强度和弹性模量一般要比水泥石高，其耐久性和稳定性也是混凝土各组分中最好的，而且粗骨料体积超过混凝土体积的一半以上，因此，粗骨料在混凝土中起到刚性骨架的作用。

在混凝土承受压荷载时，其内部由粗骨料传递应力。当混凝土在外荷载作用下发生破坏时，裂缝很难贯穿粗骨料而是绕过粗骨料在骨料周围出现。这样，在一定的条件下，混凝土在破坏时可能会吸收更高的能量，从而提高混凝土的强度。粗骨料的这种作用不仅可以提高混凝土的强度，而且还可以提高混凝土的弹性模量，减小荷载作用下的变形，改善混凝土的变形性，使得混凝土比水泥砂浆的体积稳定性和耐久性更好。对混凝土架构模型，在充分考虑了粗骨料的刚性骨架作用时，在架构模型上建立起新的配合比设计方法得出的配合比，增加了粗骨料的用量，减少了胶凝材料的用量，经济性比较好。

2）粗骨料对混凝土裂缝的引发及阻挡作用

有资料表明，混凝土受压破坏的实质是混凝土内部已形成的缺陷，尤其是众多微裂缝在荷载作用下不断扩展的结果。由此可见，粗骨料对混凝土中裂缝的引发是明显的。混凝土配合比中粗骨料的含量不合理、混凝土施工工艺的局限性及其自身的收缩和徐变，会使混凝土内部在承受荷载前就产生了微裂缝、气泡及粗骨料下的水囊，这些缺陷造成了混凝土在未达到强度前已受到损伤。

粗骨料可以限制混凝土的收缩，使得收缩值与水泥砂浆相比小很多，这样就会导致混凝土内部形成内应力，从而形成微裂缝。内部应力的大小及分布，与混凝土和粗骨料本身的弹性模量相关，也与粗骨料的粒径大小有关。混凝土受力后，微裂缝扩展到粗骨料时，难以通过比混凝土基体密实的石子，因此裂缝要绕过石子在薄弱处通过。这样，裂缝的扩展过程会吸收更多的能量，这也是粗骨料对裂缝的阻拦作用。

3）粗骨料与水泥砂浆之间的作用

混凝土中的粗骨料与水泥砂浆之间存在着界面过渡区，经证明在许多情况下基体与粗骨料的接触处是混凝土结构的薄弱环节，只有粗骨料表面易于和砂浆基体粘结，界面过渡区的强度才能够保证。混凝土的许多性能会与界面过渡区的性能相关。粗骨料混合空隙度的改变会改变混凝土的体积填充率，这样会影响界面过渡区的数量，从而影响混凝土的性能。较好的粗骨料表面构造也会提高混凝土的强度和耐久性。

2. 粗骨料对混凝土性能的影响

1）粗骨料品种的影响

粗骨料种类不同，骨料的材质、强度、弹性模量、化学成分及吸水率等就可能会不同，可以从这些方面分析骨料对混凝土性能的影响。骨料自身的强度、表面状态及吸水率与混凝土的性能密不可分，骨料中的化学成分可能会与水泥胶砂产生反应，对混凝土产生有利或有害的不同影响。

2）粗骨料的强度

弹性模量对混凝土性能的影响。粗骨料对高强度混凝土有较大影响，在高强度混凝土中，水灰比会低于 0.4，这时由于砂浆及砂浆与粗骨料界面的强度比较高，因此，制约混凝土强度的是粗骨料本身的强度与其矿物质特性。在普通混凝土中，水灰比一般略高，砂浆的强度及砂浆与粗骨料的界面强度较低，这才是混凝土的薄弱之处，制约混凝土强度的并非粗骨料。

有研究资料表明，石英岩混凝土的强度最低，砂岩的强度较高，造成差异的原因主要是粗骨料砂岩的变形性优于石英岩，使混凝土中的应力分布较均匀，不易产生应力集中。而在高强度混凝土中，玄武岩混凝土的强度比砾石混凝土高 15% 左右；在普通混凝土中，玄武岩粗混凝土与砾石混凝土的强度差不多，石灰岩的混凝土较高。造成这些差异的原因是高强度混凝土中的粗骨料是薄弱部分，而普通混凝土中砂浆与粗骨料的界面才是薄弱部分。同时，采用强度等级高的水泥，代替强度等级低的水泥配制抗压强度为 90MPa 的混凝土，其他材料不变，结果是混凝土的抗弯抗拉强度提高了 30%，抗压强度不变。这说明，高强度混凝土的抗拉强度主要是由砂浆强度决定的，抗压强度主要是由粗骨料决定的。粗骨料的性能影响着高强混凝土的抗压强度和弹性模量，如粗骨料的强度偏低，先天有缺陷，无论采取何种方法都不能取得理想效果。

时至今日，对于粗骨料弹性模量对混凝土强度影响的研究文献很少。业内普遍认为，粗骨料的弹性模量会直接影响混凝土的强度及弹性模量。粗骨料的品种不同对混凝土弹性模量的影响较大，钢渣混凝土的弹性模量最高，石灰石混凝土的弹性模量最低，原因是石灰石的弹性模量低，导致混凝土产生韧性破坏。同时，粗骨料的弹性模量对混凝土的影响要大于混凝土抗压强度的影响。对于高强度混凝土，玄武岩混凝土的弹性模量最高，石灰岩混凝土的弹性模量次之，花岗岩混凝土的弹性模量最低，原因是在第一次加载时石灰岩混凝土中已有较多的微裂缝。当粗骨料强度与弹性模量与水泥砂浆基体相匹配时，增加粗骨料强度可提高混凝土抗折强度，因此，配制混凝土时应适当考虑基体与骨料协调。

3）粗骨料的吸水率对混凝土性能的影响

不同性能的粗骨料材质不同、空隙不同，吸水率也存在差异。粗骨料的吸水率可以影响拌制混凝土的和易性。实践表明：骨料的吸水率对混凝土的用水量有直接影响。当碎石吸水率≥3%时，混凝土的坍落度明显减小且损失较快。

粗骨料的吸水率对硬化后混凝土的性能也有影响。在普通混凝土中，钙质石灰岩和白云石的强度较高，这是由于两种骨料的孔隙率较大，可以吸附较多的水分，降低骨料周围的水灰比，提高了界面过渡区强度，从而提高了混凝土的强度。同时，粗骨料的吸水率还影响到混凝土的耐久性，尤其对抗冻侵蚀性能影响较大。

4）粗骨料化学成分对混凝土性能的影响

可以从粗骨料化学成分对混凝土性能的影响归纳为三个方面：

一方面，对于活性骨料而言，可能会在界面处水泥浆中的活性物质发生反应，生成水化碳铝酸钙等可以增加界面强度的物质。在普通混凝土中，石灰岩的抗弯抗拉强度较高，也是因为石灰岩与水泥中的物质发生化学反应，提高了界面胶结强度。

另一方面即碱集料反应，可以分为碱-碳酸盐反应和碱-硅酸盐反应。这种反应不是发生在骨料与水泥砂浆的界面处，而是发生在骨料内部，碱骨料反应会引起混凝土膨胀并开裂，是造成混凝土耐久性破坏的主要原因，而且这种破坏是整体性的，难以修复，因此在配制混凝土前，应检测骨料中有害成分，如超标则不能使用。

第三个方面是骨料的化学成分不同，其抵抗高温的性能也不同。在混凝土中粗骨料是影响高温的性能的主要因素，钙质骨料混凝土的抗爆裂性能优于硅质骨料混凝土。

3. 骨料形状与表面形状的影响

粗骨料的外观无论对新拌混凝土还是硬化混凝土的性能影响，都比较明显。粗骨料按照其形成方式和表面粗糙程度不同，可分为碎石和卵石两种。还有另外一种是英国的 BS 821 标准，评价指标为棱角系数，将骨料分为圆形、不规则形和有棱角形，拌制混凝土最理想的颗粒形状是接近球形或较规则的多面体，针片状骨料会增大堆积骨料的空隙率和表比面积，这样会增大骨料表面的吸水率，造成新拌混凝土的流动性。同时，针片状骨料在混凝土的拌制及振捣过程中产生定向排列，导致混凝土强度的降低。从总体分析，因针片状骨料自身形状影响，对混凝土抗折强度影响明显。

只是从强度来说，混凝土中存在最佳针片状颗粒含量为 5% 左右为宜，用于拌制混凝土粗骨料中的针片状颗粒不大于 5%。按现行《建设用砂》GB/T 14684—2011 中规定，强度等级大于 C60 混凝土的针片状颗粒含量小于 5%；在《普通混凝土用砂、石质量及检验方法标准》JGJ 52—2006 和《建设用砂》GB/T 14684—2011 中，对针片状颗粒含量要求是根据混凝土强度等级规定的。在正常施工中拌制混凝土的粗骨料是用卵石或碎石，碎石表面粗糙且化学活性高，容易与砂浆结合；卵石表面比较光滑，Ca（OH）$_2$ 结晶取向性好，附着在表面的 Ca（OH）$_2$ 较厚，劣化了界面过渡区结构，因此，在相同水灰比下，碎石混凝土的强度比卵石混凝土的强度要高。同时，碎石中含有一定数量的针片状颗粒，表面没有卵石光滑，因此就和易性来说，水灰比相同时，卵石混凝土的和易性要优于碎石混凝土的和易性。

4. 粗骨料粒径及颗粒级配的影响

可以从粗骨料的最大粒径对混凝土的影响的一些研究中了解到，由于问题本身的复杂性，仍未得到很好的结论。目前一般认为，对于低强度混凝土，骨料最大粒径的影响不大；而对于高强度混凝土来说，骨料最大粒径的影响较大，用小粒径的石子有利于改善界面过渡区结构。而混凝土抗压强度随粗骨料最大粒径的增大而增大，当粗骨料最大粒径大于 20mm 时，抗压强度略有下降，总体分析，骨料粒径对高强混凝土影响明显。

骨料的颗粒级配是配制混凝土的关键因素，骨料颗粒级配不良的混凝土，施工过程中必然是会产生离析的，浇筑成型会存在缺陷，导致混凝土结构的孔洞、蜂窝及麻面，降低结构的整体强度，更影响到耐久性。而颗粒级配优良的混凝土孔隙率小，堆积密度大，配制的混凝土质量好。但是从一些级配类型的试验看，有的人认为连续级配好，也有的认为间断级配好。由于粗骨料来源的差异性，实际工程中应进行施工试验配制，分析比较再应用。

5. 骨料用量的影响

粗骨料的体积稳定性及强度都要优于砂浆，并且粗骨料的价格远比水泥低，因此适当加大使用粗骨料，可以减小混凝土的收缩和徐变，提高混凝土耐久性的同时，可以降低混凝土的造价。但是，粗骨料的用量不能过多，否则混凝土中砂浆太少，影响混凝土的和易性与界面粘结强度，降低耐久性功能。因此，混凝土中粗骨料的用量对混凝土的性能影响，通过对混凝土中粗骨料效应的研究，指出混凝土中的粗骨料在一定体积范围内，随着粗骨料体积用量的增加，混凝土的强度也随之增加，表明当粗骨料体积用量为 30% ~40% 时，混凝土的性能最差。

综上所述，粗骨料在混凝土中是起到骨架及阻止裂缝产生的作用。它本身的种类、表面状态、最大级配和粒径、用量多少都会影响混凝土的性能。习惯认为，粗骨料是制约高强混凝土的因素，对于普通混凝土单纯提高粗骨料强度并不能提高混凝土强度。骨料的最大粒径不宜过小，会影响到混凝土的工作性；也不宜过大，否则影响到混凝土的强度。

级配良好的粗骨料表比面积小、密度大、孔隙率小，在水灰比相同的条件下配制出的混凝土工作性及耐久性好，强度高，而且可以减少水泥用量，经济效益也好。粗骨料在混凝土中起到刚性骨架作用，故在配制混凝土时必须要有足够的粗骨料，骨料的用量也不要过高，否则影响界面性能。但由于混凝土是一种宏观材料，加上粗骨料来源及性能的不确定性，实际应用中针对粗骨料某些性能对混凝土性能的影响并不能取得一致的结果，如粗骨料粒径、用量的影响，综合研究成果几乎是在大量试验基础上得到定性结果。而要从科学角度定量研究粗骨料对混凝土性能的影响，还是在试验的基础上借助数值模拟技术。

二十一、混凝土掺合料的应用和加工生产

掺合料早期的应用是为了改善混凝土和易性和节省水泥用量，但伴随着混凝土技术的发展进步，人们逐渐认识到使用混凝土掺合料的重要性和必然性。如目前配置的高性能混凝土，采用的工艺通常为高品质通用水泥添加高性能减水剂和混凝土掺合料，特别是混凝土掺合料已经成为制备高性能混凝土不可缺少的组分，其在改善混凝土的力学性能和耐久性方面起着非常重要的作用。

1. 混凝土掺合料分类及作用机理

1）混凝土掺合料分类

混凝土掺合料指具有火山灰活性（或潜在水硬性）的固体粉末，可以用作改善水泥基混凝土强度、和易性、耐久性等特性的胶结材料。混凝土掺合料按活性大小，可分为活性材料与非活性材料两种。所谓活性材料，是指在常温常压有水存在时与激发剂水化形成水硬性胶结材质的物质，而非活性材料仅能改善混凝土的和易性。但这两者又不可截然分开，在一定条件下可以相互转化，例如石灰石粉一般不视为活性材料。但如果

水泥熟料矿物铝酸钙较多时，则石灰石粉可与铝酸钙的水化产物形成水碳铝酸钙，对混凝土早强有利。石英粉一般也不作为活性材料使用，但混凝土构件养护温度较高时活性则可能大幅度增加。当然，石英粉体颗粒加工得特别细时，也会具有一定的活性。活性按水化机理，又可分为火山活性和潜在水硬性活性两类。如粉煤灰、凝灰岩烧黏土等是火山灰质活性材料；钢渣、水淬矿渣等是具有潜在水硬性的活性材料。习惯上，将水泥生产时加入的活性材料称为混合材料，在混凝土拌制时加入的活性材料称为混凝土的掺合料。

2）混凝土掺合料的作用效果

混凝土掺合料是通过改善水泥胶结材料的组成和数量，达到提高混凝土的强度和耐久性，改善混凝土的和易性与体积稳定性，其主要机理是借助了以下几种效应。

（1）活性效应

活性实际上是指在掺合料颗粒表面，在常温条件下的碱性石灰（一般会含有石膏）溶液里溶解 $SiO_2 \cdot Al_2O_3$ 等组成的易难程度。活性效应的大小不仅与化学组成有关，而且与掺合料的比表面积有关。在相同化学组成时玻璃体活性高，同样是玻璃体由熔化快速冷却的比缓慢冷却得到的玻璃体活性高，同样化学组成的微晶体比粗晶体的活性高，高温压稳型晶体比常温晶体活性高。

（2）形态效应

形态效应是掺合料颗粒的表观特征，如球形、圆形、不规则形、片形、柱形等，还包括颗粒表面的粗糙程度、孔隙情况等。掺入球形度好的掺合料，则混凝土拌合物的流动性好，需水量少，有利于提高混凝土拌合物的和易性、强度、耐久性和体积稳定性等指标。

（3）填充效应

填充效应是指填充料颗粒填充在水泥胶结材料的空隙中，特别是掺入了高效减水剂之后，再掺入矿物掺合料的混凝土，更具有良好的减水增塑效果，也就是高性能混凝土的双掺应用。

上述的活性、形态及填充三效应相互影响，同时也相互制约。不同性能的混凝土对掺合料的需求也不尽相同，应有所侧重掺用，这应是混凝土对掺合料应用的重要技术问题。

2. 混凝土掺合料应用技术要求

建筑工程技术同行都了解和掌握一些特殊性能混凝土，是可以通过掺入外加剂来获取得到的。如果正确运用掺合料技术，有时也可以全部或部分不掺外加剂，以达到相同的效果，不仅能降低混凝土的生产费用，还能避免外加剂对混凝土性能产生不良的影响。

1）混凝土掺合料应用的效果

混凝土掺合料具有改善混凝土性能与和易性、增加混凝土强度、提高混凝土耐久性等功效，可以认为混凝土掺合料技术是一项涉及全面提高混凝土性能的基础性技术。与混凝土外加剂相比较，混凝土掺合料可以起到的作用是：

（1）减水功能

优质粉煤灰因其球形外状，具有一定的减水效果是容易理解的，但要强调的是掺入高效减水剂的混凝土，再掺入矿物掺合料会具有更好的减水效果，尤其是在化学减水剂无法适应超低水胶比时，矿物掺合料还具有减水功效，如硅灰，可以使减水率进一步增大。

（2）早强功能

硅灰的颗粒非常小，水化速度快，增强效果好，必然会产生早强效果；石灰石细粉也同样具有早强效果，特别是铝酸三钙含量多的水泥更是这样，石灰石细粉与水化铝酸钙反应，可以形成具有一定胶结能力的碳铝酸盐复合物。

（3）缓凝功能

一些混凝土掺合料水化缓慢，如粉煤灰、矿渣粉、煤矸石细粉等均有一定的缓凝效果。合理选择矿物掺合料的品种和数量，可以达到缓凝的目的。

（4）膨胀功能

如铝矾石＋石膏＋硫酸铝是混凝土的膨胀剂，为降低膨胀型矿物掺合料的费用，充分利用工业矿物废弃物，可以用含铝成分较多的自燃煤矸石或粉煤灰代替铝矾土，制造具有膨胀功能的混凝土掺合料，也可以采取磨细矿物掺合料时再掺入具有一定活性的轻烧镁，亦能达到要求。

（5）防水功能

掺入高效减水剂和微膨胀掺合料的胶结材料，可以形成密实性良好的水泥石，完全可以做到不掺入防水剂也可以制备抗渗性能优良的防水混凝土。

（6）抗腐蚀功能

混凝土掺合料还具有改善混凝土抗腐蚀的功能，混凝土掺合料在进行水化时消耗了水泥熟料与掺合料界面过渡区的一些氢氧化钙和水化铝酸钙，形成耐腐蚀的低碱型水化硅酸钙（莫来石）和钙矾石等，钠离子、钾离子与铝氧八面体络阴离子团结，合成四面体进入硅酸盐晶体结构，形成水化铝硅酸钙被固定，使游离碱含量降低，避免了碱-骨料反应的发生。

（7）增强功能

矿物掺合料水化结果形成的针状水化产物晶体，具有很好的胶结能力，增加了水泥石与掺合料颗粒之间界面的粘结强度，因此可以解释为什么用低强度的硅酸盐水泥可以配置出高强度的混凝土。

2）混凝土掺合料的生产技术

混凝土矿物掺合料的生产和使用已经形成一个门类成熟的技术，一些工业废弃物经加工均可作为混凝土的掺合料使用。其掺合料的生产和使用涉及许多工艺方法和技术手段，大概分析如下：

（1）叠加效应

充分利用各种矿物掺合料不同的显露形态，不同细度、不同表面活性、不同用量进行科学搭配，取长补短，合理优化，使配置混凝土有更好的性能，形成超叠加效应，即采用不同类型或不同细度的矿物掺合料复合使用，会取得比单独使用其中任何一种都好的效果。如大幅度提高矿物掺合料的用量，经试验表明，可以提高混凝土强度10%左右。

（2）复合激发剂技术

复合激发剂一般由三种主要成分构成：一是硫酸盐激发剂，即石膏可以激发混凝土掺合料的活性，尤其对 Al_2O_3 含量较高的煤矸石、粉煤灰更具有效果；二是水泥熟料，即石灰激发剂，激发活性以 SiO_2 为主的混凝土掺合料，如硅灰、矿渣、钢渣等；三是钾、钠等碱性金属盐，如 Na_2SiO_3、Na_2SO_4、Na_2CO_3、$NaHCO_3$ 等，可以提高混凝土的早期强度，促使混凝土掺合料硅氧四面体网络结构分解进入溶液，在水泥水化产物 $Ca(OH)_2$ 的激发下，最后形成具有胶结能力的水化铝硅酸钙。

（3）预加外加剂技术

混凝土掺合料在配置时提前加入各种成核剂、引气剂，因为此类外加剂掺入的数量很少，如引气剂掺量仅为水泥的万分之几，在混凝土制备现场加入很难拌和均匀，在制备掺合料时加入则比较方便，像水工混凝土的拌制就是如此。

（4）预处理技术

预处理技术是指一些矿物掺合料经过预处理，可以提高掺合料的品质，如粉煤灰的碳含量较高会影响外加剂的使用效果，对粉煤灰进行预处理，除去其活性碳的活性，或者经预处理来激发掺合料的活性，有利于提高混凝土的早期强度。

（5）助磨剂技术

矿物掺合料的颗粒只有足够细微才能发挥作用，所以在粉磨矿物掺合料时，掺入各种助磨剂，达到提高研磨效率的功能。

3）混凝土掺合料宜工厂化生产

为方便混凝土掺合料各项技术综合运用到最佳，从生产掺合料开始就充分运用这些技术，做到统一设计、优化配置，而要在混凝土施工现场落实这些技术是很难办到的，必须要在专业工厂内完成，如可以在粉磨矿物掺合料时就提前加入一些减水剂、早强剂等作为助磨剂使用，使这部分外加剂具有助磨、减水的双重作用。

科学生产和使用掺合料，应按混凝土性能要求制备混凝土掺合料（包括建筑砂浆掺合料），应建立相应的标准、规范，为推广生产使用混凝土掺合料提供依据，如水工混凝土掺合料、普通混凝土掺合料、高性能混凝土掺合料及抹面专用砂浆掺合料等。在工厂专业化生产掺合料的另一个优势是可以扩大制备掺合料的来源，产品质量得到稳定，使一些低活性工业废渣得到充分利用，对发展循环经济，建立资源节约型、环境友好型社会非常必要。

3. 混凝土掺合料使用重视问题

掺合料使用不当会对混凝土性能产生极不利影响，为此，对混凝土掺合料的生产和使用应重视一些具体问题。

（1）要注意混凝土掺合料不是最终产品，使用时还要依据所选择水泥的品种、减水剂性能、混凝土性质来确定其掺入量。

（2）混凝土掺合料不同于水泥熟料，它仅仅是掺合料在颗粒表面层发生水化反应，通过强化界面层粘结强度达到节省水泥的目的，其本质相当于增加水泥熟料胶凝材料的比例，所以在经济允许的条件下，适宜增加混凝土掺合料的用量是合适的，也就是掺合料超量取代的应用技术。

（3）虽然混凝土的掺合料活性比较低，但其活性也会因存放时间的延长而降低，因而需要尽可能地使用新生产的掺合料，对掺合料存放时也要防潮、防晒。

（4）掺入混凝土的掺合料的混凝土常因水化慢早期强度低，容易造成混凝土表面形成泌水、碳化而产生起砂，这一现象在低强度等级混凝土表面非常明显，施工时可以在混凝土未达到终凝前，用铁抹子重新压抹光。同时，由于其流动性大、水化慢，在施工时易发生过振，造成部分轻质掺合料上浮而形成分层，要及时调整混凝土的和易性，适当增加其粘结性，防止过振，产生离析现象。

（5）加入混凝土掺合料拌制的混凝土，经常因流动性大及水化慢，粉体材料比例大，尤其是当构件表面系数大、环境气候风大干燥时，混凝土表面易产生较多裂缝，这时可采取二次重振的方法达到防止表面裂缝的产生，同时抹压并用塑料薄膜覆盖，及时浇水保湿，因为此时的裂缝是由于失水快干燥引起的塑性开裂，不要用膨胀剂的方法防裂，那是不可取的措施。

综上所述可知，工程界技术人员对矿物掺合料应用技术的认识并不引起足够重视，缺乏生产与使用相匹配的规范要求，混凝土掺合料的生产加工制备工艺，并不是多么先进、合理，还需要进一步的加强。对混凝土掺合料在工程中反映出来的质量缺陷，采取的预防措施也不科学、规范。

为了能综合应用混凝土掺合料技术，掺合料的生产应由专门的工厂进行制备，专业化和规模化生产完成，才能最大效率地利用各种工业废渣，按照混凝土性能的要求加工掺合料，只有这样才能科学、合理、有效地使用各类矿物掺合料。

二十二、混凝土结构原位加载试验的基本要求

混凝土结构是由性能不同的材料所组成，当出现开裂后是很难再成为一个整体。由于混凝土结构本身就是需要试验研究才能达到需要。现在的混凝土结构基本理论是在试验研究的基础上得到发展的。传统的试验方法多数在试验室里进行，在理想条件下的加载和量测比较容易，便于归纳统计出各种因素影响的规律。但是，理想的试验室条件与实际的工程结构有较大不同，会造成极大的偏差。混凝土结构在当前建筑结构中外形复杂且体量庞大，更是试验室难以模拟的，因此需要对结构直接进行加载、量测试验，以求得结构真实的受力状态和规律。近年来，对既有建筑结构的原位加载试验明显增多，多数是对新材料、新结构及新工艺的性能、探索、验证，对有缺陷或存在疑问的结构的检验和鉴定。但是，缺乏统一的规定，这些结

构原位加载试验自行确定，所得结论也难以得到有效认可。对此进行归纳，总结了近年来各种结构加载试验，分析了传统试验方法的不足，根据原位加载试验的特点，提出进行试验的一般要求，供同行共同探索和参考。

1. 结构原位加载试验的特点

1）条件存在复杂性

工程既有结构的实际受力状态，远比设计计算简图的假定要复杂。如工程结构中理想的简支或嵌固基本不存在，实际结构构件的支承均为弹性约束，只是相对刚度的比例不同，在设计时进行了不同程度的简化。又如，设计中的"传导荷载"考虑的是荷载引起内力由上向下传递。但实际承受内力构件的变形，通过边界反过来又会影响传出内力的构件。这些构件之间的相互影响改变了根据传统假定计算的内力状态，甚至会导致完全不同的破坏状态。因此，结构原位加载试验的承载受力规律与设计计算理论结果往往有较大差异，但更加接近实际。

2）加载量较大

与试验室试验的不同之处是：结构原位加载试验的加载量很大。试验室的试验试件一般是缩小的单个构件，顶多是构件的组合，因此可以用试验机械进行加载控制。结构原位加载试验的对象则是庞大的建筑实体，不仅荷载量大而且加载面也广。如果按设计计算的要求，要施加数量很大的实物，显然不可能达到。若采用千斤顶达到加载效果，则持力的反力架就难以实现。因此，为达到试验分析还是检测的目的，原位加载就具有非常大的实现难度。

3）量测困难大

结构原位加载试验不仅加载困难，试验量测也很难。因为实际结构不比试验室的室内条件，各种外部环境的干扰不可避免：量测和观察的范围大也难以全面覆盖，再加上大量堆积物有可能遮蔽结构表面而影响到观察及量测，这就造成仪器布置和试验量测受到一定的限制。如果达到像试验室那样进行系统、全面、准确的试验量测比较困难。

4）试验后遗留问题

既有结构原位加载试验的另一个矛盾是试验的遗留问题。一般情况下，试验后的结构件还需要继续使用，这就给加载试验控制提出了极大难题。如承载力检验就可能引起结构的破坏，而这些不可恢复的破坏状态，如裂缝存在及残余挠度就会影响到试验后结构的正常使用。在制定试验方案及进行加载试验时，就必须认真、周全考虑，仔细地把这些不利影响降低到最低程度。

5）目的也有限

由于上述原因对既有建筑结构的原位加载试验，不可能像在试验室那样精确、系统、全面地进行。建筑结构的原位加载试验只能是有限的探讨与检验。例如，探讨新结构的受力规律，检验有缺陷建筑结构的实际承载能力等。一般情况下，结构原位加载不作为探讨检验破坏为目的的试验，即不希望加载试验结果造成不可恢复的状态。尽管试验的目的可能比较局限，但它是针对实际结构的加载试验，往往会比理想化的试验室更真实地反映结构的实际受力状态，因此，还是有一定的现实意义。

6）安全问题不容忽视

结构原位加载试验最大困难之一是安全问题，大面积、大吨位、大范围的加载具有较大的危险性。尤其是具有以探讨、检验承载力极限状态为目的的加载试验，更包含一定的不确定性。万一在加载过程中发生无法预见的脆性破坏并引起断裂、倾覆及倒塌，其后果不可估量。为确保安全，一般的结构原位加载试验要搭设安全防护支架，而这样做要付出巨大的经济代价。

2. 结构原位加载试验原则

1）传统试验存在的不足

实际对结构进行原位加载试验过去也有，但是早期的建筑多数是砖墙及混凝土楼板、过梁的混合结构性能检验。如当楼板有裂缝、挠度过大或倾斜时，在相应的房间堆放水泥及砖块，加载至标准荷载检验其实际状态，或者根据设计荷载加重来检验承载力状态。这种加载方法多限于跨度较小、荷载较轻的简支构件。由于试验荷载只属于单纯的荷载模拟，完全不考虑对周边结构的影响，因此局限性较大。

2）内力模拟的原则

当前，建筑结构多数为超静定结构，而且大多具有大跨、重载的特点。不但以水泥、砖块作加载物已远不能满足需求，而且只在超静定结构的局部区域加载，整个结构体系都会参与受力，不可能模拟结构件真实的受力状况。因此，对于现代结构的原位加载试验，最重要的原则是"内力模拟"而非"荷载模拟"，具体做法主要是：

先进行结构分析，求得按检验构件在设计内力网络图中的控制内力值，再在被检验构件及相邻区域进行加载调配计算，使加载在被检验构件的控制截面中，可能实现要求检验的内力值。即不能简单地在被检验构件上加载实现"荷载模拟"。加载方案要求在结构的限定范围内加载，实现被检验构件的"内力模拟"。这种内力模拟相应的加载调配计算比较烦琐、复杂，但是可以通过加载更加接近反映出结构的实际承载受力性能，试验结果更加可靠、准确。

3）原位加载试验的局限性

结构原位加载的"内力模拟"比"荷载模拟"，虽然较准确地反映了结构构件的实际受力状态，但是也有它的局限性。首先，它只能模拟主要内力，如弯矩 M，而不可能全面模拟所有的内力。有些次要的内力，如剪力 V，就无法有效模拟，可能造成一定的偏差。此外，内力是可以模拟的，但是变形、挠度和裂缝却无法模拟。在超静定结构体系的局部区域加载，而只在个别构件中量测引起的变形、挠度和裂缝，与实际结构全面的承载受力状况差距会更大，事实上已经很难模拟了。因此，通常的结构原位加载试验仍以"内力模拟"为主。从试验的目的来说，结构原位加载试验大体可以分为两类：探索结构性能的试验和既有结构的检验性试验。

4）探索性原位加载试验

对当今新型及复杂的结构，难以进行准确的结构分析。只有通过对实际结构的加载和量测，探讨其结构承载受力性能的规律。或者对上述问题已经有了初步的认识，需要通过实际的结构试验加以验证及进一步完善。这类试验只能对需要探讨和验证的问题作有限目标探索，而不可能全面、系统地设置过多的试验内容。在加载试验开始前，应根据试验探讨目标及通过系统检测确定材料的实际性能参数，有针对性地确定加载等级及相应的量测项目，以达到探索及验证目的。对于试验结构中材料的检测，应参照现行《建筑结构检测技术标准》GB 50344的相应规定确定。

5）检测性原位加载试验

当前，既有建筑结构的原位加载试验多数是对结构中有质量问题的构件，如较宽裂缝、挠度变化及其他瑕疵进行在使用状态下的加载检验，或是怀疑有安全隐患的构件进行承载力状态的加载试验。由于试验的难度比较大，而且加载试验的结果有一定的局限性，因此一般不进行承载力状态的加载试验。即使进行承载力状态的试验，也应当控制加载至确定的检验目标为止。也不要进行破坏性试验，即不能继续加载到出现破坏状态。若是通过加载到出现破坏来确定构件的实际安全余量的做法，有极大的危险性，这在具体检测工作中是不能采用的。

6）加载的控制

检验性结构原位试验前，应按照荷载规范、设计规范及设计要求，进行加载预估值的计算，求得各级临界检验荷载值后用作加载控制。对正常使用极限状态的检验，以相应的荷载标准值进行控制。对承载能力极限状态的检验，还应对设计荷载乘上不同的加载系数。这是由于设计时使用的材料强度设计值并非是真值，而是已经含有不同的安全因素。因此，通常的承载力设计值都具有一定的安全储备，即检验余量。在加载试验时，这种影响应当剔除，因而应乘以某种适当的系数。

采用加载系数比较困难且复杂，一定要考虑材料的分项系数、钢筋及混凝土在构件抗力中所占的比例、破坏形式的性质及引起的后果等。其数值在 1.2~1.6 之间。现行《混凝土结构试验方法标准》GB 50152 中，对于原位加载试验的规定中已明确、具体。总之，对承载力检验还是要乘以加载系数，才能起到真正的检验目的。

7）加载的安全考虑

混凝土结构件的破坏形态有可能是无预兆的脆性破坏，破坏后果也可能引起结构的倒塌。以承载力检验为目标的原位加载试验具有一定的危险性，因此，到了不得已的时候不宜进行此类试验。当然，因为实际结构在设计时都有一定的安全储备，脆性的破坏状态也只有极小的比例，只要事先经过周密的计算，采取有效的安全措施，试验中准确控制加载，尤其是对可能引起非延性破坏的加载等级，更加重视控制及观察。当出现非延性破坏的预兆及异常试验现象发生时，立即停止加载，分析原因或卸载，以免不测。

3. 加载试验方法

1）用重物加载

传统的结构原位试验加载多使用烧结普通砖、袋装水泥及混凝土块加载，也可以因地制宜地用砖、过梁或预制构件为加载物。加载物应置于构件上部整齐排放便于计算重量，加载物不要挤紧而相互之间预留不小于 50mm 的空隙，避免形成拱作用而卸载。重物加载的好处是就地取材，价格便宜，重复使用，操作方便，控制容易等。但是，烧结普通砖也具有易破损、受潮、雨淋后重量变化影响计算、体积小、用人工较多的不足。

2）散体加载

为了减少重物加载的不足，可以利用砂、石散体材料加载。

加载及卸载可利用吊车、传送带机械完成，加载量通过一定体积容器计算加以控制。应当注意的是，在加载区域边缘设置围挡，避免砂、石散体的流失。散体加载的特点是受载面积大、容量也大，加载及卸载也方便，重量分布均匀，模拟程度好，加载材料方便、便宜、可重复使用等。当然，砂、石材堆积在结构表面会影响到对产生现象的观察判断，例如出现在构件上表面的裂缝或其他变化，就很难进行观察量测。

3）用液体加载

可以利用液体重量加载，水更方便，费用也最低，通过流量计或水表加载计量。液体加载较好地模拟了均布荷载，而最困难的是密封、防漏处理。现在，多使用围堰、隔水膜作为限定区域的隔离，不能出现渗漏及溢流现象。用水加载同样存在体积大的问题，不能满足现代结构的试验。用水袋等盛水要提前制作，组合使用费用更低。

4）集中力的等效加载

用重物、散体和液体加载是直接对结构的承载面进行均布加载形式，当荷载量很大时堆积费时、费力，而且多半要覆盖构件表面，影响试验观察和量测。模仿试验室试验的加载，可以采取集中力的方式进行加载，条件是在控制截面上的主要内力必须等效，这样才能实现试验检测的效果。

如果直接给预制屋面板进行重物和散体加载试验，在高空实现大吨位堆积较难，且会覆盖构件表面，影响对裂缝的观察。同时，还要搭设大且复杂的安全支架，试验成本会很高。采用集中力等效加载的形式进行试验，将屋盖上荷载通过吊索传递到地面的承载盘中达到加载目标，同时在承载盘下用留有空隙的垫块防止坠落，不用安全支架也可以确保加载的安全。对此，基本简支的构件采用三分点集中力加载，经过简单的计算，只需施加集中力 $F = 3qlb/8$（均布载 q、跨度 l、宽度 b），就可以使跨中最大弯矩值等效，达到准确试验的目的。多层工业厂房屋盖预制板屋面板均布加载检验见图1。

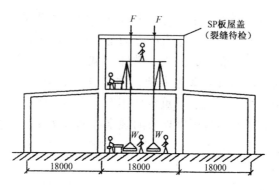

图 1　等效集中力加载

集中力加载可以有多种形式，如图 2（a）所示是直接悬挂重物加载，如图 2（b）所示是通过捯链与地锚加载；也可以通过滑轮组等设施调整加载的比例，甚至改变加载方向。集中力加载宜采用荷载传感器直接测定加载量，传感器宜串联在靠近构件一端的拉索中控制拉力；当采用悬挂重物加载时，可以通过称量加载物，以控制加载量。

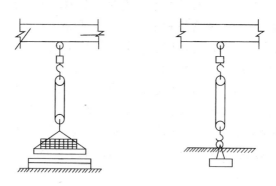

图 2　悬挂重物和捯链加载
（a）悬挂重物加载；（b）捯链-地锚加载

5）组合加载

分析上述加载形式，还可以采取组合加载的形式。例如，利用悬挂重物进行集中力的同时，以重物堆积作为补充，进行加载效应调整，可以准确地达到加载试验效应。当既有结构原位加载试验要求模拟更复杂的承载受力状态时，一般会提出在多个区域进行不同方向的加载要求，同样可以采用多种加载形式组合的加载形式。只是荷载效应的等效试验计算和试验方法的设计更复杂。

6）等效原则

以加载检验的目的而言，试验加载应当是承载受力效应的全面模拟，但是在实际操作中很难做到。除静定构件可以采用荷载模拟之外，一般超静定构件应采用内力模拟的加载原则。而且，即便实现了主要内力的模拟，次要内力、变形、裂缝等效应也难以模拟，因此，在试验的判断和结论中要表达准确。

4. 试验测量与加载控制

1）现场试验为主

与试验室标准试验相比，建筑物原位加载在现场条件要差得多。受现场各种因素的干扰，气候、湿度、日光、风雨及电磁场干扰，此外还有具体条件的限制，需要监测的范围大、仪器布置位置困难等。因加载量大，人力、时间消耗多，这些难以改变的客观影响，造成现场量测和加载控制要有一定的限定原则。

2）量测布置要求

建筑物原位加载量测应符合"少而精"的原则，一般只是对结构的重要部位和被检验构件进行量测，测点数量尽可能要少，只限能够反映主要参数的变化，现场量测仪表应有较好的抗干扰能力，宜采用能够直观读数而避免作调整，关键受力区域不能被遮掩而能够进行裂缝和其他试验的观察。对于检测性试验的量测尤其要简化，宜做到通过对现场试验现象的观察和少量测量数据的分析，做出初步的判断结论。

3）试验的加载控制

建筑物原位试验加载控制十分重要，因为不仅涉及试验检验的准确判断，还关系到安全问题。开始前，必须周密规划详尽的加载方案。探索验证性的试验加载方案，应根据拟达到验证目标及相应量测判断项目。检验性试验加载方案要根据设计及规范，进行正常使用和承载力各级加载预估算，并列出各级检验内容，便于控制加载检验。重视在后期可能出现非延性或脆性破坏的荷载等级时，应缓慢加载并加强观察。如有破坏现象或异常情况，应停止加载及卸载，以免不测。即使未出现破坏，承载力检验加载系数也要选择上限。

4）现场试验的分析判断

检验性试验的最大难度要进行现场试验的分析判断，一些主要的检验结论应在检验现场确定。加载过程中的观察分析和判断显得十分重要。若在试验前就制定了详细的加载方案，明确各级临界加载值及相应检验内容。试验按既定方案进行，试验结束时就可得到准确的结论。

对探索性试验除通过试验现象观察分析得到初步结论后，在试验结束后进行量测数据的整理分析，还可以进一步探讨及验证承载受力的规律，进行更深入的试验目标。

由于工程应用的需要，结构原位加载试验应用增加。但缺乏统一的做法和检验判断规定，影响到进一步的发展。以上通过总结归纳，提出了结构原位加载试验的一般原则，可供业内人员参考，力求更加完善。

二十三、基础混凝土结构是否要实体检验

对于建筑物基础分部工程是否需要进行实体检验，在质量监督管理中仍然存在一些不同认识。相关规范及各种管理条例也无明确要求，建筑界专家学者也认为基础分部也不需要进行实体检验。同时，也有一些专家认为，基础分部不同于上部主体结构，难以进行混凝土结构实体检验，当前的大多数建设工程也是按照现行规范、标准及上述要求进行施工及验收。在此针对上述不同意见，并结合相关规范和检验方法，对基础分部

是否需要实体检验进行分析探讨。

1. 现行规范的相关规定要求

对结构实体的检测要求，是根据现行《混凝土结构工程施工质量验收规范》GB 50204 中对涉及混凝土结构安全的重要部位应进行结构实体检测的具体规定进行的。其内容主要包括混凝土强度、钢筋保护层厚度及工程合同约定的重要项目；必要时，也可检验其他项目。事实上，在很多时候现场施工的情况是：一是没有符合工程实际检测方案，或是方案中的检测部位、数量及方式内容有缺陷；二是具有检测资质的单位只对委托送样的检测报告负责，且按最有利条件选择楼层定点或混凝土构配件检测，单位工程结构实体检测参数结论的完整性、公正性与有效性并不明确；三是检测报告技术参数及检测结论不具有真实性、准确性，漏检项目内容数量较多；四是对不合格的检验报告未进行重复检测，给结构实体质量留下隐患，不能完全满足多层、高层建筑结构主体混凝土施工质量的验收评定要求。

按照现行《建筑工程检测试验技术管理规范》JGJ 190 和《建筑工程质量检测管理办法》的相关规范、规定，结合多层、高层建筑混凝土结构的特点，制定合理的混凝土结构实体检测方案，统一检测程序及方法，计量检定所有检测仪器，明确涉及结构安全的墙、柱、梁等构件的重要部位，还有检测内容，如：混凝土强度、钢筋保护层厚度、钢筋数量、直径和间距、混凝土板厚度、预埋件的力学性能、砂浆强度、砌体强度等。结构实体检测可按层数多次进行或者主体完成后一次进行，应在关系到结构安全的重要部位选择混凝土构件。所选择混凝土的构件必须包括所有的混凝土强度涉及范围，覆盖更多的结构或结构件类型，对结构或是混凝土结构件留置的试块抗压强度不足或有怀疑的，应优先选定检测点检验。但是，对于基础混凝土实体检测并未做出明确规定，只能根据相关要求及个人的体会理解进行工作。

2. 基础混凝土实体检测要求

现在，多数人对基础混凝土分部要不要做实体检验存在不同认识，由于规范、标准中并未明确规定，且在以前的施工经历中的检测机构，主管监督部门对此也未有强制性要求。同时，现行《地下防水工程质量验收规范》GB 50208 规定：防水混凝土抗压强度试件，应在混凝土浇筑地点随机取样后制作，并应符合下列规定：同一工程、同一配合比的混凝土，取样频率和试件留置组数应符合现行国家标准《混凝土结构工程施工质量验收规范》GB 50204 的有关规定。其中，也未明确规定是否对地下防水凝土留置同条件试块。由于同条件试块是最基本的混凝土强度实体检测的依据，对此可以认为基础分部是不需要进实体检验的。但是，在实际应用中还存在概念上的误区，是对规范理解不深刻造成的。

按照现行《建筑工程施工质量验收统一标准》GB 50300 规定，地基与基础分部含地下防水、混凝土基础等子分部工程，主体结构中含混凝土结构等分部工程，而《混凝土结构工程施工质量验收规范》GB 50204 规定，规范适用于建筑工程的混凝土结构工程的施工质量验收，不适用于特种混凝土结构工程的施工质量验收。对此，首先应明确地基与基础分部、主体分部中混凝土子分部是适用《混凝土结构工程施工质量验收规范》GB 50204 的，还要掌握《混凝土结构工程施工质量验收规范》GB 50204 中对结构实体检验的规定。规范规定，对涉及混凝土结构安全的重要部位应进行结构实体检验，结构实体检验应在监理工程师见证下由施工技术负责人实施，承担结构实体检验的试验室应具有相应的资质等级。规范还规定了在混凝土验收中要提供结构实体检验报告，作为地基与基础分部中的混凝土基础验收，也要提供结构实体检验报告。

而《地下防水工程质量验收规范》GB 50208 规定的适用范围是房屋建筑工程、防护工程、市政隧道、地下铁道等地下工程的防水验收。对于其中的防水混凝土部分，规定的强度检验内容只能在《混凝土结构工程施工质量验收规范》GB 50204 的大概念下作为某项特殊混凝土技术要求的补充，应对规范的适用范围放大。

3. 基础混凝土的实体检验做法

根据现行《混凝土结构工程施工质量验收规范》GB 50204 的相关规定要求，结构实体检验的内容为：混凝土强度、钢筋保护层厚度，有的地方会增加结构及空间尺寸的内容。对于混凝土强度，一般是以同条件养护强度作为实体检验的依据。部分人认为，混凝土基础工程无法制作同条件试块，原因是混凝土基础施工完成后会及时回填掉，对于填在土里的混凝土基础是比较难做到相同条件的标准的，因此，混凝土基础分部是无法用同条件试块来检验其强度，这种认识是由于对同条件试块定义的误解所造成的。

混凝土在自然条件下对其强度影响的两个因素：一是养护的温度；二是湿度。控制好这两个因素对于基础混凝土来说，留置同条件试块就变成可行了。对于温度的掌握，一般将同条件试块摆放在地基上或地下室内，即便两者温度差别极小；对于湿度来说，要掌握好相关地质情况，对处于地下水位以上的基础部分，可在其混凝土 28d 养护期后保持自然干燥状态，对于处在地下水位以下的基础部分保持试块处于湿润状态即可，对于一些处于特殊环境的基础可以采取《混凝土结构工程施工质量验收规范》中这条规定：同条件养护试块应在达到等效养护龄期时进行强度试验。等效养护龄期应根据同条件养护试块强度与在标准养护条件下 28d 龄期试件强度相等的原则确定，依此规定创造相似条件进行确定。

对于地下混凝土构件是否应留置同条件试块问题，其他规范也有类似的规定，如《建筑基桩检测技术规范》JGJ 106 要求：当采用钻芯法检测时，受检桩的混凝土龄期达到 28d 或预留同条件养护试块强度达到设计强度。这也从一个方面说明，基础混凝土构件是可以留置同条件试块的。同条件试块的数量可以参照相关规范并与监理人员沟通，保证抗压试验要求并具代表性和真实性。

对于混凝土构件保护层厚度的检测，当前多数采用非破损法和破损法两种方法。而非破损法检测混凝土构件保护层厚度一般采用的是电磁感应法和雷达法。但现在检查的所有方法中，还是无法对基础底部混凝土保护层进行检验。因此，对于基础分部进行混凝土保护层进行的实体检测，只能是用现有的检验手段对非基础底部混凝土构件保护层进行检测，对检测数量可以参照混凝土相关规范实施。

综上所述，建筑物的地基与基础分部是工程项目最重要的一个分部，也是房屋建筑结构体中一个重要的组成部分。现在，建筑物不论复杂程度和高度超限，基础结构几乎采取的全是大型混凝土结构体。混凝土结构的施工质量控制好坏不但影响到基础本身，更是对整个工程的正常使用极其关键。虽然当前的检测技术手段无法对基础混凝土构件进行全面检验，仅能对基础分部中容易检查的部位进行有效检测，但是，对基础混凝土结构的实体检测是必要的，也是验收基础混凝土实体质量的依据之一；也是保证关键部位工程质量，确保主体结构安全不可缺少的必检项目。

二十四、混凝土裂缝的成因及预防处理

1. 混凝土裂缝的种类及成因

1）干缩裂缝

干缩裂缝多出现在混凝土养护结束后的一段时间，或是混凝土浇筑完毕后的一周左右。水泥砂浆中水分的蒸发会产生干缩，而且这种收缩是不可逆的。干缩裂缝的产生主要是由于混凝土内外水分蒸发程度不同而导致变形不同的结果。干缩裂缝多为表面性的平行线状或网状浅细裂缝，宽度多在 0.05 ~ 0.2mm 之间，大体积混凝土中平面部位多见，较薄的梁板中多沿其短向分布。混凝土干缩主要和混凝土的水灰比、水泥的成

分、水泥的用量、集料的性质和用量、外加剂的用量等有关。

2）塑性收缩裂缝

塑性收缩是指混凝土在凝结前，表面因失水较快而产生的收缩。塑性收缩裂缝一般在干热或大风天气出现，裂缝多呈中间宽、两端细且长短不一、互不连贯状态。其产生的主要原因为：混凝土在终凝前几乎没有强度或强度很小，或者混凝土刚刚终凝而强度很小时，受高温或较大风力的影响，混凝土表面失水过快，造成毛细管中产生较大的负压而使混凝土体积急剧收缩，而此时混凝土的强度又无法抵抗其本身收缩，因此产生龟裂。影响混凝土塑性收缩开裂的主要因素有水灰比、混凝土的凝结时间、环境温度、风速、相对湿度等。

3）沉陷裂缝

沉陷裂缝的产生是由于结构地基土质不匀、松软，或回填土不实或浸水而造成不均匀沉降所致；或者因为模板刚度不足、模板支撑间距过大或支撑底部松动等所致，特别是在冬季，模板支撑在冻土上，冻土化冻后产生不均匀沉降，致使混凝土结构产生裂缝。此类裂缝多为深进或贯穿性裂缝，其走向与沉陷情况有关，一般沿与地面垂直或呈 30°～45°角方向发展，较大的沉陷裂缝往往有一定的错位，裂缝宽度往往与沉降量成正比。裂缝宽度受温度变化的影响较小。地基变形稳定后，沉陷裂缝也基本趋于稳定。

4）温度裂缝

温度裂缝多发生在大体积混凝土表面或温差变化较大地区的混凝土结构中。温度裂缝的走向通常无一定规律，大面积结构裂缝常纵横交错；梁板类长度尺寸较大的结构，裂缝多平行于短边；深入和贯穿性的温度裂缝一般与短边方向平行或接近平行，裂缝沿着长边分段出现，中间较密。裂缝宽度大小不一，受温度变化影响较为明显，冬季较宽，夏季较窄。高温膨胀引起的混凝土温度裂缝是通常中间粗、两端细，而冷缩裂缝的粗细变化不太明显。此种裂缝的出现会引起钢筋的锈蚀，混凝土的碳化，降低混凝土的抗冻融、抗疲劳及抗渗能力等。

5）化学反应引起的裂缝

混凝土拌和后会产生一些碱性离子，这些离子与某些活性骨料产生化学反应并吸收周围环境中的水而体积增大，造成混凝土酥松、膨胀开裂。这种裂缝一般出现在混凝土结构使用期间，一旦出现很难补救，因此应在施工中采取有效措施进行预防。主要的预防措施为：一是选用碱活性小的砂、石骨料；二是选用低碱水泥和低碱或无碱的外加剂；三是选用合适的掺合料，抑制碱骨料反应。

2. 混凝土裂缝的预防措施

1）控制混凝土升温

（1）选用水化热低的水泥

水化热是水泥熟料水化所放出的热量。为使混凝土减少升温，可以在满足设计强度要求的前提下，减少水泥用量，尽量选用中低热水泥。一般工程可选用矿渣水泥或粉煤灰水泥；

（2）利用混凝土的后期强度

试验数据表明，每立方米的混凝土水泥用量，每增减 10kg，混凝土温度受水化热影响相应升降 1℃。因此，根据结构实际情况，对结构的刚度和强度进行复算并取得设计和质检部门的认可后，可用 f_{45}、f_{60} 或 f_{90} 替代 f_{28} 作为混凝土设计强度，这样每立方米混凝土的水泥用量会减少 $40 \sim 70 kg/m^3$。相应的水化热温升也减少 $4 \sim 7$℃；利用混凝土后期强度主要是从配合比设计控制，并通过试验证明 28d 后混凝土强度能继续增长。到预计的时间能达到或超过设计强度；

（3）掺入减水剂和微膨胀剂

掺加一定数量的减水剂或缓凝剂，可以减少水泥用量，改善和易性，推迟水化热的峰值期。而掺入适量的微膨胀剂或膨胀水泥，也可以减少混凝土的温度应力；

（4）掺入粉煤灰外掺剂

在混凝土中加入少量的磨细粉煤灰取代部分水泥，不仅可降低水化热，还改善混凝土的塑性；

（5）骨料的选用

连续级配粗骨料配制的混凝土具有较好的和易性，较少的用水量和水泥用量以及较高的抗压强度。另外，砂、石含泥量要严格控制。砂的含泥量小于2%，石的含泥量小于1%；

（6）降低混凝土的出机温度和浇筑温度

首先，要降低混凝土的拌合温度。降低混凝土出机温度的最有效的办法是降低石子的温度。在气温较高时，要避免太阳直接照射骨料。必要时，向骨料喷射水雾或使用前用冷水冲洗骨料。另外，混凝土在装卸、运输、浇筑等工序都对温度有影响。为此，在炎热的夏季应尽量减少从搅拌站到入模的时间。

2）采用保温及保湿养护，延缓混凝土降温速度

为减少混凝土浇筑后所产生的内外温差，夏季应采用保湿养护，冬季应保温养护。大体积混凝土结构终凝后，其表面蓄存一定深度的水，具有一定的隔热保温效果，缩小了混凝土的内外温差，从而控制裂缝的开展。而基础工程大体积混凝土结构拆模后宜尽快回填土，避免气温骤变，亦可延缓降温速率，避免产生裂缝。

3）改善施工工艺，提高混凝土抗裂能力

（1）采用分层分段法浇筑混凝土，有利于混凝土消化热的散失，减小内外温差；

（2）改善配筋，避免应力集中，增强抵抗温度应力的能力。孔洞周围、变断面转角部位、转角处都会产生应力集中。为此，在孔洞四周增配斜向钢筋、钢筋网片，在变截面作局部处理使截面逐渐过渡，同时增配抗裂钢筋都能防止裂缝的产生。值得注意的是，配筋要尽可能应用小直径和小间距，按全截面对称配置；

（3）设置后浇带。对于平面尺寸过大的大体积混凝土应设置后浇带，以减少外约束力和温度应力；同时，也有利于散热，降低混凝土的内部温度；

（4）做好温度监测工作，及时反馈温差，随时指导养护，控制混凝土内外温差不超过25℃。

3. 混凝土裂缝的处理方法措施

1）经过认真调查分析，确认在裂缝不降低承载力的情况下，采取表面修补法、充填法、注入法等处理方法

（1）表面修补法

该法适用于缝较窄，用以恢复构件表面美观和提高耐久性时所采用，常用的是沿混凝土裂缝表面铺设薄膜材料，一般可用环氧类树脂或树脂浸渍玻璃布。

（2）充填法

当裂缝较宽时，可沿裂缝混凝土表面凿成 V 形或 U 形槽，使用树脂砂浆材料填充，也可使用水泥砂浆或沥青等材料。

（3）注入法

当裂缝宽度较小且深时，可采用将修补材料注入混凝土内部的修补方法，首先裂缝处设置注入用管，其他部位用表面处理法封住，使用低黏度环氧树脂注入材料，用电动泵或手动泵注入修补。

2）假若裂缝影响到结构安全，可采取围套加固法、钢箍加固法、粘贴加固法等结构加固法

此方法属结构加固，须经设计验算同意后方可进行。

（1）用围套加固法

在周围尺寸允许的情况下，在结构外部一侧或数侧外包钢筋混凝土围套，以增加钢筋和截面，提高其承载力；对构件裂缝严重，尚未破碎、裂透或一侧破裂的，将裂缝部位钢筋保护层凿去，外包钢丝网一层；大型设备基础一般采取增设钢板箍带，增加环向抗拉强度的方法处理；

（2）钢箍加固法

在结构裂缝部位四周加 U 形螺栓或型钢套箍将构件箍紧，以防止裂缝扩大和提高结构的刚度及承载力。加固时，应使钢套箍与混凝土表面紧密接触，以保证共同工作；

（3）粘贴加固法

将钢板或型钢用改性环氧树脂和胶粘剂，粘结到构件混凝土裂缝部位表面，使钢板或型钢与混凝土连成整体共同工作。粘结前，钢材表面进行喷砂除锈，混凝土刷净干燥，粘结层厚度为 1~4mm。

综上所述，混凝土裂缝应针对成因，贯彻预防为主的原则，完善设计及加强施工等方面的管理，使结构尽量不出现裂缝或尽量减少裂缝的数量和宽度，以确保结构安全。

第四章　保温节能工程

一、北方地区建筑外墙保温做法探析

随着经济的发展和社会的进步，人们的物质生活水平有了一定的提高，伴随着世界能源危机的凸显，低碳环保的观念日益深入人心，建筑围护结构的保温技术，尤其是外墙保温技术成为必然的需求。我国北方地区因所处地理纬度偏高，气候干燥寒冷，季节性差异较大，建筑外墙外保温成为工程设计和施工一个必须解决的技术难题。通过分析探讨在我国北方建筑中常使用的外墙保温系统，从材料选择、施工工艺和缺陷预防等方面进行探讨，正确、合理地选择外保温做法，达到预期的社会效益和经济效益。

1. 外墙保温材料的种类

1）保温材料

现在的建筑施工中，保温材料的使用以挤密苯板、聚苯板、聚苯颗粒保温材料为主。挤密苯板具有密度大、导热系数小等优点，它的导热系数为 0.029W/(m·K)，而抗裂砂浆的导热系数为 0.93W/(m·K)，两种材料的导热系数相差 32 倍，而聚苯板的导热系数为 0.042W/(m·K)，同抗裂砂浆相差 22 倍，因此挤密苯板与聚苯板相比，抗裂能力弱于聚苯板。聚苯颗粒为主要原料的保温隔热材料由胶粉料和胶粉聚苯颗粒做成，胶粉材料作为聚苯颗粒的粘结材料，一般采用熟石灰粉-粉煤灰-硅粉-水泥为主要成分的无机胶凝体系，该类材料的导热系数一般为 0.06W/(m·K)，与抗裂砂浆相比相差 16 倍。该种材料与挤密苯板和聚苯板相比，导热系数要小得多，因而能够缓解热量在抗裂层的积聚，使体系受温度骤然变化产生的热负荷和应力得到较快释放，提高成品抗裂的耐久性能。

2）增强网的选择

玻纤网格布作为抗裂保护层，是重要的关键增强材料，在外墙外保温系统中的应用得以快速发展，一方面它能有效地增加保护层的拉伸强度；另一方面由于能有效分散应力，将原本可以产生的微裂缝分散成许多较细裂缝，从而形成抗裂作用。由于保温层的外保护开裂砂浆为碱性，玻纤网格布的长期耐碱性对抗裂缝就具有了决定性的意义。从耐久性上分析，高耐碱纤维网格布要比无碱网格布和中碱网格布的耐久性好得多，至少能够满足25年的设计使用要求，因此，在增强网的选择上一定使用高耐碱网格布。

3）保护层材料的选择

由于水泥砂浆的强度高、收缩大、柔韧性及变形能力差，直接作用在保温层外面，耐候性差，容易引起开裂。为解决这一问题，必须采用专用的抗裂砂浆并辅以合理的增强网，并在砂浆中加入适量的纤维，抗裂砂浆的压折比小于3。如外饰面为面砖，在水泥抗裂砂浆中也可以加入钢丝网片，钢丝网片孔距不宜过小和过大，面砖的短边应至少覆盖在两个以上网孔上，钢丝网采用防腐好的热镀锌钢丝网最佳。

2. 外墙外保温当前的主要做法

目前，在我国北方地区常用的有内保温、外保温、内外混合保温等几种方法。

1）外墙内保温

外墙内保温就是外墙的内侧使用苯板、保温砂浆等保温材料，从而使建筑达到保温节能效果的方法。该施工方法具有施工方便、对建筑外墙垂直度要求不高、施工进度快等优点。近年来，在工程上也经常地被采用。外墙内保温的一个明显的缺陷就是：结构冷（热）桥的存在使局部温差过大，导致产生结露现象。由于内保温保护的位置仅仅在建筑的内墙及梁内侧，内墙及板对应的外墙部分形成冷（热）桥，冬天与室内的温度差可达到15℃以上。一旦室内的湿度条件适合，在此处即可形成结露现象，易造成保温隔热墙面发霉、开裂。另外，外墙和屋面受室外温度和太阳辐射热的作用而引起的温度变化幅度较大，内外墙反复形变使内保温隔热体系始终处于一种不稳定的墙体上，在这种形变应力的反复作用下，不仅是外墙易遭受温差应力的破坏，也易造成内保温隔热体系的空鼓、开裂，目前一般不提倡采用内保温技术。

2）内外混合保温

内外混合保温，是在施工中外保温施工操作方便的部位采用外保温，外保温施工操作不方便的部位作内保温，从而方便保温的施工方法。从施工操作上看，混合保温可以提高施工速度，对外墙内保温不能保护到的内墙、板同外墙交接处的冷（热）桥部分进行有效的保护，从而使建筑处于保温中。然而，混合保温对建筑结构却存在着严重的损害。外保温做法部位使建筑物的结构墙体主要受室内温度的影响，温度变化相对较小，因而墙体处于相对稳定的温度场内，产生的温差变形应力也相对较小；内保温做法部位使建筑物的结构墙体主要受室外环境温度的影响，室外温度波动较大，因而墙体处于相对不稳定的温度场内，产生的温差变形应力相对较大。局部外保温及局部内保温混合使用的保温方式，会使整个建筑物外墙主体的不同部位，产生不同的形变速度和形变尺寸，使建筑结构处于更加不稳定的环境中，经年温差结构形变产生裂缝，从而缩短整个建筑的寿命。工程保温做法中采用内外保温混合使用的做法是不合理的，比作内保温的危害更大，不宜采用。

3）外墙外保温

外墙外保温是将保温隔热体系置于外墙外侧，使建筑达到保温的施工方法。由于外保温是将保温隔热体系置于外墙外侧，从而使主体结构所受温差作用大幅度下降，温度变形减小，对结构墙体起到保护作用并可有效阻断冷（热）桥，有利于结构寿命的延长。因此，从有利于结构稳定性方面来看，外保温隔热具有明显的优势，在可选择的情况下应首选外保温隔热。然而，由于外保温隔热体系被置于外墙外侧，直接承受来自自然界的各种因素影响，因此对外墙外保温体系提出了更高的要求。就太阳辐射及环境温度变化对其影响来说，置于保温层之上的抗裂防护层只有 3 ~ 10mm，且保温材料具有较大的热阻，因此在热量相同的情况下，外保温抗裂保护层温度变化速度，比无保温情况下主体外倾温度变化速度提高 8 ~ 20 倍。抗裂防护层的柔韧性和耐候性，对外保温体系的抗裂性能起着关键的作用。

3. 常见的质量缺陷分析

1) 聚苯板薄抹灰外保温隔热构造体系

这类外保温隔热通常采用粘贴固定在墙体的外侧，然后在保温板上用抹面砂浆并将增强网铺压在抹面砂浆中，现在基本上是此类做法，但是出现裂缝的也非常多。该聚苯板保温体系层仅是 3mm 的抗裂砂浆复合网格布，膨胀聚苯板的导热系数为 0.042W/(m·K)，而抗裂砂浆的导热系数为 0.932W/(m·K)，两材料的导热系数相差 22 倍。由于聚苯板保温隔热层热阻很大，从而使保护层的热量不易通过传导扩散，因此当受太阳直射时热量积聚在抗裂砂浆层，温差变化以及受昼夜和季节室外气温的影响，对抹灰砂浆的柔韧性及网格布的耐久性提出了相当高的要求。另一个必须考虑的因素是当聚苯板的表面温度超过 70℃ 时，聚苯板会产生不可逆的热收缩变形，造成较为严重的开裂变形，这种情况在高温干燥地区更为明显。

2) 水泥砂浆厚抹灰钢丝网架保温板外保温隔热构造设计

这类外保温隔热通常采用带有钢丝网架的聚苯板作为主体保温隔热材料，分为钢丝网穿透聚苯板和不穿透聚苯板两种类型。钢丝网穿透聚苯板的钢丝网架在施工时，通过预先浇混凝土整体一次性浇筑固定在基层墙体上，不穿透聚苯板的采用机械锚固的方式固定在基层墙体上，面层均采用 15 ~ 20mm 的普通砂浆找平。由于该类体系采用厚抹灰水泥砂浆做法，开裂现象比较普遍，原因主要有：

（1）普通水泥砂浆自身易产生各种收缩变形，并且存在强度增长周期短、体积收缩周期长的实际情况。在约束条件下，当体积收缩形成的拉应力超过水泥砂浆的抗拉强度时，就会出现裂缝。

（2）配筋不合理引起的裂缝。钢丝网架是在水泥砂浆中的位置相当于单面配筋方式，且靠近保温隔热层。在正负风压、热胀冷缩、干缩湿涨及地政等作用都是双向或多向。该种方式的配筋对靠近外墙饰面应力的分散作用很有限，起不到应有的抗裂作用。

（3）不完全外保温引起的裂缝。在外墙保温中，我们经常注重整体墙面的保温，然而却忽略了女儿墙、雨篷、老虎窗、凸窗、外阳台等部位的保温，而使此部分出现开裂或者降低使用寿命。

3）无网聚苯板外保温外饰面粘贴面砖的缺陷

从构造结构上分析，直接在网格布复合抹灰砂浆的无网聚苯板外保温外面粘贴面砖是不合理的。一方面，从受力状况看，应用于外保温的聚苯板通常采用的是点粘法，粘结面积要求达到40%左右，而聚苯板本身具有受力变形的特性，由聚苯板直接承受面砖饰面层（包括粘结砂浆）荷载必然会发生徐变，短期不会发生开裂、脱落事故，但长期的变形将导致受力的失衡，从而引发开裂甚至脱落；另一方面，从抗风压性上看，粘贴聚苯板外保温体系存在空腔，抗风压尤其是抗负风压的性能较差，会出现在刮大风时聚苯板被刮落事故；第三，从防火性能上看，体系本身就存在整体连通的空气层，火势会很快形成"引火通道"，加快火灾迅速蔓延。聚苯板外墙外保温体系在高温辐射下很快收缩、熔结，在明火状态卜燃烧，即在火灾发生时，聚苯板外墙外保温体系将很快遭到破坏。从这个意义上说，在聚苯板外保温体系面层粘贴面砖的做法是非常危险的，火灾状态下聚苯板在受热后严重变形，使面砖层丧失依托，引起面砖层整体脱落，造成安全隐患。

由上可知，由于采用的保温隔热材料与施工工艺的不同，各自的适用范围也不尽相同。在使用过程中，应根据所设计建筑的地理环境、使用功能等因素进行选择。经过应用发现，由于内保温、混合保温等方法在设计中存在的一定缺陷已经不再应用，采用外保温并按照逐层渐变、柔性释放应力的原则，选择材料及施工方法，以达到保温、抗裂的目的。

由于外墙外保温体系是一个有机的整体，组成的各相关层协同作用不仅要求柔性渐变，而且应有一定的相容性和协同性，形成一个复合整体。因此，外墙外保温体系应由聚苯乙烯材料供应商，经质量体系认证和系统材料体系，经性能试验检验合格后成套供应，以保证体系材料的匹配性及抗裂技术的实施，有利于明确外墙外保温体系供应商对外保温工程质量负重要责任。

二、新疆地区建筑节能的现状与对策

建筑节能是国家的基本国策，节能包括节约建筑材料生产、建筑施工和建筑物使用几个方面的能耗，提高建筑中的能源利用效率，减少建筑中能源的散失，在建筑中合理使用和有效利用能源，积极提高能源的利用效率，是社会眚经济发展的需要，也是减少资源损耗的必然趋势。

1. 新疆气候环境及建筑节能

新疆地处祖国版图的高纬度地区，是最寒冷的地区之一。全区严寒地区所占比例非常之大，所有南北地区的市县都是采暖区，采暖时间最长可达年 180 天。夏季干燥炎热，冬季寒冷多风，昼夜温差大，年降水量少，日照时间很长。北疆的年平均气温低于 $-10℃$，而南疆的年平均气温为 $10 \sim 13℃$，夏季极端最高气温在吐鲁番高达 $48.9℃$，克拉玛依为 $45℃$，冬季的极端最低气温在富蕴县境内曾达 $-51.5℃$。针对这种特殊的地理气候环境，新疆区开展建筑节能工作，应以冬季的防寒为主，兼顾夏季的建筑隔热考虑。

1）建筑节能工作的重要性和紧迫性的认识

由于部分地区的管理部门对建筑节能的重要性和紧迫性认识并不能达到国家的要求，使得建筑节能工作开展在一些地区比较缓慢，同时在建筑节能管理制度和措施上，需要做进一步的完善和改进。某些地区新建建筑执行节能标准达不到65%的规定，中小城市和村镇工程的节能工作比较薄弱，一些地市还未建立系统的建筑节能工作机制。

2）在建筑节能方面投入的人力、物力过少，满足不了实际需求

表现在：一些地区的节能工作没有专门机构人员负责，管理比较松散，使建筑节能工作无法系统进行；另一方面，由于资金短缺，进行供热体制改革所需要的基础数据无法收集到位，很多研究开发项目都处于停滞状态，如现有建筑的节能改造项目的落实缺少有效手段，难以实现。

3）建筑节能产品、技术得不到有效推广，某些成熟的节能技术与节能产品得不到及时推广应用，一是节能技术和产品的可选择性不足，某些成熟的新技术、新产品得不到及时推广应用；在新技术、新产品推广应用中没有形成竞争机制，不能充分发挥市场的调节作用；二是新型节能材料虽然性能优良，但价格偏高，难以推广应用。

4）供热体制改革的进度制约建筑节能的工作推动

由于地域较大造成基础工程相对薄弱，分户计量、统计等基础工作一般滞后，有些统计数据准确性、及时性差，科学统一的分户计量统计体系、监测体系和考核体系尚未完全建立，各部门统计力量不足，统计经费落实困难，不能适应当前建筑节能工作的要求。造成一些地区的供热体制改革进展缓慢，影响了建筑节能作的整体进度。

5）新型能源技术和可再生能源利用率低

新疆有着其他省市无法比拟的太阳能和风能天然资源，虽然已开始逐步在开发利用，但在利用的程度和水平上与国外相比还有极大的差距，导致这些优势资源没有得到充分的开发和

有效利用。

2. 开展建筑节能的措施

1) 提高建筑节能意识，加快建筑节能体系全面建设

（1）加快建筑节能政策法规体系建设，鼓励地方政府出台符合当地实际的地方性法规。首先，加快建筑节能相关法规建设，制定出台节能改造工程的相关实施计划和办法，推进建筑供热体制改革，使法规进一步规范和促进建筑节能的进行；其次，加紧制定新建节能建筑的相关法律法规，完善节能建筑配套等相应的政策措施。各地根据当地实际情况编制相应的技术规程，在建筑行业推行准入制度；第三，积极研究制定与建筑节能相关的经济激励政策，与有关部门积极沟通，加紧制定新建节能建筑的墙改基金返还、税收减免，以及既有建筑改造的财政补贴和贴息贷款等各项政策措施。

（2）做好现有建筑的节能改造工作，强化全社会节能意识

首先，政府要组织有关部门，加快研究制定符合新疆实际的与供热体制改革相关的计价、收费等配套政策，解决"节能不节钱"的问题，充分调动消费者节能的积极性和主动性；其次，要加快做好采暖区内热环境差或能耗大的现有建筑的节能改造工作，加大节能宣传力度，调动居民节能建筑改造积极性，实现早节能早受益的目标。

（3）做好建筑节能的技术储备，做好节能培训工作

首先，政府主管部门牵头对成熟的节能技术进行系统整理，编制新疆建筑节能技术目录；其次，加强和完善对节能建筑检测和验收等标准的研究工作，不断提高从业人员熟练运用节能标准和节能技术的能力；同时，将节能情况作为工程评优的重要内容。

2) 鼓励对新型能源技术的开发，可再生能源的综合利用的研发工作力度

大力推行新型能源技术和可再生资源的开发与利用，对太阳能、风能、地热等可再生资源进行能源转换，既节约大量不

可再生资源，又可以保护环境，防止大气污染。例如：鼓励太阳能充足地区开发利用太阳能制冷、制热，太阳能热水器，建立太阳房，太阳能发电等。

3）确保节能建筑工程的施工质量，是建筑节能工作顺利开展的关键因素

建筑节能是一项新的但也是开展应用了 20 多年的工作，建筑节能技术也是近些年才发展起来的，能否正确地运用这一新技术、使用新的保温材料，是确保工程质量的关键所在。按照国家已颁布的相关技术标准及规程规定，居住建筑的寿命最低都要达到 50 年及其以上，但目前的外保温材料究竟能保证多少年，在新疆还没有实践的结论给出。因此，应当从下述几个方面来加以监管控制，以保证节能效果和使用的耐久性。

（1）严格检测保温体系，加强对保温体系的技术鉴定及监控；

（2）加强对保温材料质量的监控，完善保温材料的进场验收及复检制度；

（3）重视门窗的选型、配套及其质量，使其能达到综合节能的效果；

（4）加强对监理、施工、监督等工程技术人员的技术定期培训，使得充分了解新的保温体系、保温材料和操作规程等方面的知识技能；

（5）进一步完善监督检查及验收要点部位，严把质量验收控制关；

（6）要紧盯外墙外保温施工中容易出现的质量通病，如：与墙体和各层间容易出现的空鼓问题；找平层、保护层容易出现的裂缝问题；网格布底层抹灰面积过小，不是全都抹灰的脱开问题；饰面层与网格布的牢固连接问题；易碰撞部位的加强和保护问题；门窗洞口保温板套贴与网格布加强层的施工问题等。这些都必须认真控制，引起足够重视，并加以严格的现场监督、检查并落实。

4）总结经验，找出问题，制定地区实施细节，使保温节能工作扎实开展

例如，克拉玛依市在 2014 年 4 月及 10 月的两次 9 级大风，刮掉了迎风面个别外墙面的保护层及保温层，在分析了刮掉的原因后认为，多年保温技术的应用是成熟的，同样的材料及工艺条件，为什么在同样的风力下只有极个别的墙面保温层被风刮掉，而绝大多数却安全无事，说明这还是由于施工操作人员的责任心和技术素质不到位所造成的。因此，只有加强对操作人员的质量意识和技能的培训，并制定了相应的加强措施才能保证，如网格布必须在基层抹灰的前提下才能贴上去，不允许点贴；加强锚固螺钉从地面开始就进行，且每平方米不少于 4 个；对保温板及锚固螺钉进行拉拔试验，这样从过程到结果都进行严格控制，就减少和杜绝了再脱落的问题。

综上所述，现在的建筑节能对象主要是居住建设工程，涉及的是广大住户。广大居民用辛辛苦苦积攒起来的钱买套房子，希望质量是好的、环境是舒适的，如果出现质量问题和影响环境及保温效果，即使技术再先进、材料性能再好，只要不符合广大人民的利益和要求，也都是要被淘汰的。因此，确保节能建筑工程的质量是建筑节能工作顺利实施的关键。尤其是地处西北的新疆地区，由于冬季采暖占全年的一半左右时间，其保温节能的意义非常重要。切实做好节能技术的应用，对经济社会的发展不可估量。

三、外墙外保温浆料体系质量监督控制

外墙外保温使用的保温浆料体系，主要是由于其热工性能好、施工方便且价格较低的优点，是当前广大地区采用的建筑节能的主要措施之一。保温浆料体统由墙体结构层、界面层、保温浆料即胶粉 EPS 颗粒保温浆料或是无机保温砂浆保温层、抗裂砂浆薄抹灰层和饰面层几个部分构成。保温浆料体系存在保温层厚度不足、保温不到位、空鼓、开裂等质量问题。近年

来，工程质量监督机构为切实维护使用者利益及安全，为确保保温浆料体系的质量，结合实际不断探索和完善监督验收措施，受监督企业及单位在当前环境下人才相对匮乏，而监督人员专业素质良莠不齐因素的影响，该系统监督验收受到制约。如何有效提高监督管理效率，对保温浆料体系进行有效监督，成为质量监督工作亟待解决的实际问题。为规范质量监督行为，住房和城乡建设部在2008年编制了《民用建筑节能工程质量监督工作导则》，明确要求质量监督机构应采取抽查建筑节能工程的实体质量和相关工程质量控制资料的方法，督促各方责任主体履行质量责任，重点是加强事前控制，把检查各责任主体的节能工作行为放在重要位置。

1. 保温浆料工程质量存在问题得原因

1）建设方存在的主要问题

建设单位在保温浆料体系实施过程中的重要性非常关键，其行为往往对保温浆料体系实施效果起决定性影响。由于建筑节能必然要提高建设投资费用，在各种因素制约下，一些建设单位明示或暗示施工单位不要按设计图纸节能要求施工。取消或者部分取消节能设计，严重的变更经过图纸审查通过的节能设计图纸，或经设计变更后的图纸未再审查即交付施工，无法保证节能达到的规划效果。

2）设计企业节能设计文件深度不够

保温节能设计质量的优劣，是影响保温浆料体系施工质量的关键因素。由于设计人员素质水平一般、经验缺乏或参与项目较少，缺乏对当前保温浆料体系规范规定的理解深度的认识，造成设计文件不细、粗糙，节能构造细部处理不到位、节点详图不详，不可能更好地指导施工。许多设计单位对保温节能的设计交底几乎是空白的，而设计文件给施工单位留下一些漏洞，施工单位也会采取任意曲解设计意图，导致保温浆料体系达不到设计要求。

3）施工企业的管理不到位

施工企业是保温浆料体系实施过程的直接操作者，对于真正认真做好保温浆料体系的企业，质量问题会解决得及时且快速。也有相当的企业在进行保温浆料体系施工的环节中，思想上并未引起足够的重视，从而在实际工作中，并未采取严格的管理及有效杜绝问题的发生，存在的质量缺陷大多数是由于质量管理流于形式。表现在少数施工企业的管理体系和质检制度的落实、技术交底、人员培训不落实，节能施工方案未经过审查，未按设计的保温浆料体系程序施工，未用样板引路，其质量达不到设计及规范要求。同时，编制的保温浆料体系专项施工方案与实际图纸不匹配，照搬照抄其他工地的方案。无针对性和可操作性，流于应付检查。还有的在采购保温材料中，只重视价格而忽视了材料的品质和性能，不符合质量标准的劣等品进入施工现场，并存在管理人员及操作人员专业知识缺乏、技术水平低、无施工经验且责任性差的实际。这对于管理及施工质量控制难度极大。

4）监理单位作用未充分体现

现实中，由于一些监理企业对保温浆料体系专业知识的相对缺乏，自身对施工技术的具体要求并不明确，也未查看设计要求及规范规定。加之，一些人员无工作责任性，造成监理在监督施工过程中严重不到位，无法起到有效的监督作用，导致施工过程的监管落实不到操作中，影响到保温系统的整体质量及效果。未对进场的保温材料见证取样送检，未对施工企业的节能关键部位及环节实施旁站监督，巡检和抽检流于形式的现象并不少见。

2. 保温体系实体质量有问题的部位

根据多年工程建设项目监督检查的情况分析，保温浆料体系大面积部位的厚度和做法一般会引起重视并有所保证，但实体质量局部也存在保温层厚度不够、保温不到位的质量缺陷。具体表现在：卫生间，厨房，走廊，楼梯间，采光井及出屋面的电梯间外墙；还有外窗周边，窗套，飘窗顶板底部，飘窗侧面，架空层顶板，敞开式楼梯间墙体；女儿墙内侧墙体，靠外墙阳台分户隔墙等。由于保温浆料体系粘结强度不足，容易产生空鼓现象，主要部位在：基层与保温层之间，保温层与抗裂砂浆薄抹灰层之间，抗裂砂浆薄抹灰层与饰面层之间。这些结构部位的细部保温是保温浆料体系的薄弱环节，也是加强重点监管控制的部位。如果施工过程加强控制并随时抽查，是可以达到保证质量措施的。

3. 保温浆料体系的质量监督措施

1）进行预控监督

保温浆料体系的施工具有自身的特点，作业用流水形式，工序多，工作面广且基本为隐蔽施工，工序间隔时间短，监督验收任务及难度相对大。对于保温浆料体系的工程质量监督，应以事前预控制为主。

（1）强化监督交底

要将保温浆料体系作为质量监督交底的一项重要内容进行，采用二次质监交底做法。在项目办理质监手续后，开工前进行建筑节能的初步质监交底。待主体结构施工验收后，进行大面积节能保温前，再进行一次保温浆料体系专项质监交底。工程质量监督机构要针对具体项目的特点，编制有针对性和指导性的保温浆料体系监督工作方案，并严格按照监督方案进行检查监督，策划并实施全过程随机抽查与重点动态巡查相结合的监督方式。在专项交底阶段，主要是有针对性地提出监管具体要求，明确保温浆料体系监督的重点内容和重点部位，使保温浆料体系的施工过程处于受控监督状态。同时，告知在之前的监督检查中发现的质量问题、现在的质量缺陷及预防重点，要引起工程质量各责任主体的关注，防患于未然。由于保温浆料体系材料的复试项目时间较长，应督促参建企业尽量做到"三早"，即材料早进场，复试早送检，专业队伍早安排。认真做好事前监督，加强事前控制，避免滞后监督的不利局面，同样监督也属于服务性工作，要及时进行。

（2）加强对各主体方进行预控监督

首先，检查质保体系。在建筑工程主体工程验收前，建设业主单位应向当地质量监督机构报送施工中选择的保温浆料体系专项实施方案。质量监督机构应重点抽查保温浆料体系图纸会审、设计交底记录、施工及监理单位质保体系是否健全，施工及监理单位专项施工技术方案、监理细则的编制是否符合工程实际，是否详细、具体，是否具有可操作性，措施是否可靠，能否真正落实保温浆料体系质量目标责任；严格执行保温浆料体系施工技术规范、标准；检查项目管理机构人员资质是否符合要求并到岗，是否建立各类进场材料见证取样复验制度，确保所有进场材料合格；检查监理人员是否按规定旁站、巡检和平行检查，并写好监理记录。

要克服事后检查的被动方法，改变为事前的主动控制，在施工前对管理人员、监理人员及代班组长，就保温浆料体系质量控制要点进行详细技术交底，由施工管理技术人员对所有操作工人进行必要的岗前交底和操作培训。只有扎实、认真地做好前期的准备工作，才能有效地保证过程的质量。

同样，还要加强对样板间的质量引路作用。大量工程表明，样板引路是控制保温浆料体系质量的有效途径。许多建设项目是以样板间作为施工的第一步，样板间的施工一旦经过各方责任验收通过，后面的所有施工工作将以样板间为主要目标进行施工。必须加强对样板间的监督力度，可以发现施工工艺过程的隐患并得到及时纠正，避免造成返工等不必要的损失，为后续施工树立标杆，起到良好的引导作用。同时，在实际工作中可以将样板引路的内容加以延伸，即典型节点处理，所有涉及节能的材料、部件和系统都要做样板或提供实样，并提供完整的质量保证资料，经参建各方确认后再施工，同时进行封存备查。采取这一措施可有效减少不符合设计及施工与质量验收规范要求的材料进入现场，同时也可以震慑企图蒙混过关的材料供应商及施工单位。

（3）充分发挥监理企业的第三方监督作用

质量监督机构重点抓好各监理企业专业配套，技术力量的投入，监督措施落实情况。专业监理工程师对结构基层的处理，保温浆料配合比，搅拌时间及浆料使用时间，保温层的厚度，保温浆料养护，耐碱网格布的粘贴，节点构造和易产生热桥、冷桥缺陷关键部位的施工采取旁站，巡检和平行检查实施认真的监督。专业监理工程师应对经过各有关方同意批准的保温浆料体系施工专项方案的符合性、针对性、合理性及保证性进行审核，结合实际提出意见，并由施工单位进行整改，正式使用。对重点监管项目，在监督力度有限的情况下充分利用监理专业技术支撑，及时掌握施工质量及进度，为动态化监督更具目的性和针对性打下更好的基础。

2）进行动态化监督

质量监督采取全过程随机抽查与重点动态巡查相结合的监督方式进行。应改变之前对施工停工待查的质量控制点检查为不定点、不定期、不定检查内容、不提前告知的日常质量巡查监督。加强对重点部位、关键环节的随机抽查力度和频率，可以避免受监单位只做表面文章，监督人员更容易看到真实情况，以确保抽查内容、部位能够真实、准确地反映工程实体的质量情况，掌握施工质量动态情况，从而增强监督检查的有效性和威慑力。根据巡查监督情况及工程质量发展趋势，及时调整监督方案，变静态管理为动态管理，对容易产生问题的部位做到早预防、早发现、早纠正，将质量缺陷消灭在萌芽状态，使建设施工质量处于完全的受控状态。

通过动态监管增加了质量监督的威慑力，可以促使参建人员特别是项目负责人及技术人员，在保温浆料体系的施工全过程中自觉履行自己的职责，落实质量责任制，逐步提高工程质量整体水平。对于质量管理活动从以往的被动受检变为主动的自查自纠、自我约束控制，有利于及时发现施工过程及工序质量并加强整改，使工程质量得到可靠保证，真正实现工程质量的实质性管理，成为各参与主体方的目标。对于施工现场的质量动态化监督，可以推动企业加强自身质量管理，进一步落实工程建设各方主体的质量责任制，逐步建立健全"企业自控，社会监督，政府监督"的质量保证体系。

3）差别化与社会化监督

专职工程质量监督机构，应区别对待建设项目和节能材料生产厂家，实行差别化监督。根据前期对责任主体的行为监督和工程实体质量监督检查实际，抓住施工队伍素质差，工地管理混乱，责任不落实的项目，将此列入重点监管和监督重点。对于首次在当地施工的企业，进行重点监督检查。采取差异化有针对性的监管，是监督站以少胜多的重要工作方法，可以从人手少工程多的被动中脱出身来，使监督资源合理使用。

根据住房和城乡建设部 ［2010］68 号《关于进一步强化住宅工程质量管理和责任的通知》要求，强化人民群众对住宅工程质量的社会化监督。按照要求及质量监督办法，施工企业及房地产开发商应当分别在房屋施工及销售现场，公示建筑节能信息，保温工程保修信息，如实载入商品房买卖合同、质量保证书或使用说明中。通过加大建筑节能的宣传深入人心，使居住者有知情权，可以有效遏制施工及开发商的偷工减料和更改设计行为。

4）采取数字化监督，加强对保温浆料体系实体质量的监督抽测

建筑节能效果只能通过检测数据来评价，因此试件的代表性和真实性，检测结论的正确与否十分关键，这也是监督人员重点抽查和执法的依据。根据《建筑节能工程施工质量验收规范》GB 50411 的规定，外墙节能构造的现场实体检验方案、粘结强度现场拉拔试验方案应报质量监督站备案，必要时抽检部位、检测机构由监督员调整，可将监督抽查与施工方见证检测二合一检验。为防止施工现场弄虚作假，对抽检部位返工重做，检测时间与备案时间缩短在两天内。如发现异常，检测机构应

第一时间与质监站联系。监督抽检目的可以增强监督检查的有效性和威摄动力。

5）高压化监督

对监督检查中发现质量问题，应采取一警告整改、二处罚清退的高压化监督机制。警告整改是对监督检查中首次发现的质量问题，采取出具整改或停工通知单形式，要求限期整改完。处罚清退是指对质量问题未彻底整改，质量缺陷问题不断出现。存在一定违法违规的质量行为，报请当地建设行政主管部门行政处罚，增加企业不守法，不讲信誉的违法违纪成本。同时，对其单位在建筑市场的信誉管理系统进行扣分。信誉优良的建筑企业，其工程招标投标的中标率会相应增加，监督检查次数也少；而信誉不良的企业，会被限制进入建筑市场，并列为重点监管企业，监督检查的频率也高。对于施工企业的信用分和信用等级，会直接关系到企业的生存与发展，对企业产生极大的威慑效果，会收到好的作用。通过高压化监督，保温浆料体系监管水平不断提升，使参建各方时刻处于有压力的状态，工程质量水平会逐渐提高。

外墙外保温浆料工程是一项整体的系统工程，通过质量监督部门的预控化、动态化、差别化、社会化、数字化和高压化监督模式，对症下药，加强了监督工作的有效性和威慑力，各种外墙外保温浆料系统的施工质量隐患才能得到有效受控中，确保外墙外保温浆料系统的质量满足使用功能。

四、外墙外保温系统容易产生的质量问题

1. 外墙保温因设计原因出现的问题

外墙外保温技术在国内的应用和推广已经有 20 多年的时间，一些建筑设计人员对于各种外保温技术还没有很好的了解掌握，对于外保温的一些做法还存在着模糊的观念，不能很好地灵活掌握和运用，造成设计与施工脱节，无法有效指导施工，以致因为细部节点的构造不完善而导致外保温产生质量问题，

需要引起设计师的高度重视。外保温的饰面层保温系统是非承重复合系统，饰面层不能选用建筑力学上的不安全的饰面砖做饰面材料。建筑规范规定，外挂重量不得超过 $35kg/m^2$，尤其是高层和超高层，如外挂重量超过规定或超越了外保温系统的自重和安全系数，是极大的工程安全隐患，其饰面层为刚性，不符合高层建筑的物理性的柔性摆动原理。外保温饰面涂层出现裂纹、开裂、剥离、起皮，同样是常见的质量现象，引起这种现象的原因主要有两方面：一是干燥收缩；二是温差变形。

在外保温饰面层中，温差变形引起的开裂是主要的。其中，深层次的原因是由于材料选择不当彼此不相容，各种材料之间的变形量不匹配造成的。为了避免和减少这种现象的发生，人们基本选择具有弹性变形能力来显示自身抗裂作用的涂料。通常，温差和干燥收缩产生的应力很大，很容易将涂膜撕裂。而这些弹性涂料一般又不能涂得太厚，否则附着力下降，易开裂、卷皮。同时，弹性也不能过大，否则耐粘污性、耐擦洗很差。更不能使用涂膜坚硬的无机涂料。无机涂料虽然保色性好，但延展性和柔韧性差。也不宜采用平涂方法，因采用平涂方法操作时，材料收缩的方向为一条线，故涂料收缩时易将涂膜拉裂。应使用化学成分相一致、与外保温系统相融的具有亲和性、柔韧性、透气性、自洁能力优越、与外保温构造变形量设计相协调的外保温专用涂料，其变形方向具有多向性，避免了涂膜拉裂现象。

1）常用的 XPS 挤塑板

挤塑聚苯乙烯保温板（XPS），由膨胀聚苯乙烯连续挤压出注入催化剂发泡而成。挤压的过程制造出拥有连续、均匀的表层及闭孔式结构良好的板材。这种结构的互连壁有一致的厚度，完全不会出现空隙，有良好的抗湿、防潮性能和高抗压、抗冲击能力，并具有吸水率和导热系数都很低的优点。因此有应用量加大的发展趋势。但在已完成的外保温工程中开裂现象比较普遍，开裂和脱落现象时有发生。挤塑板造成保温系统开裂和脱落的原因是：与整个系统材料不配套也并不相容。未经大型耐候试验验证，在国际和国内的保温行业没有标准图集是业界都知道的事实。挤塑板虽然具有良好的保温防水性，但由于其强度较高、变形应力大、表面光滑、疏水，难以吸收粘结保温板的胶粘剂，与墙体的粘贴附着性差等原因，在外保温已经成熟的国外，主要用于屋面、地面、0℃以下的墙面保温。目前，国内未经系统研究就用于墙面保温时，如不对材料性能严格控制并经大型耐候性试验验证，必然出现较为严重的质量事故。

挤塑板具有较小的导热系数，为 0.028W/(m·K)，而抹面层的抗裂胶浆的导热系数为 0.93W/(m·K)，两层材料的导热系数相差 33.2 倍，比聚苯板与抗裂胶浆的导热系数相差更大，因此更易产生裂缝。挤塑板比膨胀聚苯板密度大、强度高，由于自身变形及温差变形而产生的变形应力也越大，相对于每条板缝来说，相邻的两块板自身的应力变化是反向的，对板缝进行挤压或拉伸，造成板缝处开裂、渗水、透寒、久而久之造成耐候性附着性下降进而会产生外保温系统剥离、脱落，最后导致外保温系统出现老化损坏的不良后果。

2）EPS 苯板

聚苯乙烯泡沫塑料（EPS）是聚苯乙烯树脂颗粒在容器中加热注入阻燃剂，膨胀出颗粒融合的互连壁蜂窝式结构、再经过自然养生和陈化过程制出的板材。由于聚苯板的隔热性和伸缩性能好，在国外成熟的外保温系统中主要用于外墙体保温。

EPS 板的尺寸变化可分为热效应和后收缩的两种变化，温度变化引起的变形是可逆的。EPS 板加热成型后会产生收缩，这就是后收缩。后收缩的收缩率起初较快以后逐渐变慢，收缩到某一个极限值后就不会再收缩，因此 EPS 板形成后需要进行自然养护和陈化 42d 以上，才可保证 EPS 板的稳定性和保证 EPS 板上墙后不会产生后收缩开裂。由于 EPS 板的伸缩性和弹性较好，融合的颗粒之间的缝隙能够充分吸收外保温胶粘剂，促使保温板与墙体之间的粘结牢固度和耐久性。纯丙烯酸乳液树脂外保温胶粘剂也有同样的共性。

（1）锚栓的设计应用

在外保温系统中胶粘剂应承受系统的全部荷载，为防止20m以上的建筑物受负风压较大时产生震动，负风压较强的部位宜使用锚栓做辅助抗风压固定。许多外保温施工单位使用质量低劣的胶粘剂，误认为锚栓设置数量多能起到固定作用，其结果是过多设置锚栓反而是造成系统产生热桥和脱落的主要原因。锚栓不宜设置在板缝连接处，在600mm×1200mm尺寸规格的EPS板上，设置两支斜线对应的锚栓。锚栓的使用在克拉玛依地区由于风力较大，外保温板从地面开始就用锚杆加强，而且每平方米为8个。即便如此在大风后仍有迎风面外保温板被刮掉的现象，如在2014年4月及10月的两次大风，刮掉了迎风面10多幢山墙的保温板，可以认为锚钉只是辅助作用，而粘结的牢固是靠粘结砂浆完成的。

（2）尽量使保温层与外窗连接成一个整体，减少保温层与窗体间的保温断点、避免热桥的发生

有的设计人员在设计中忽视了外窗膀传热对耗热指标的影响、不对外窗洞口周围的窗膀采取保温设计处理。窗洞周边的热桥效应在节能建筑能耗比例中占有很大的比例，这个问题不容忽视。在窗的设计中还应该考虑根部上口的滴水处理和窗下口窗根部的防水设计处理、防止水从保温层与窗根的连接部位进入保温系统的内部而对外保温系统造成危害。结构伸缩缝的节能设计结构伸缩缝两侧的墙体用老百姓的话讲也相当于山墙，是建筑各围护结构中耗热量较大的部位、在设计中设计人员往往忽视对这部分采取保温措施。在具体的设计中应在主体的施工过程中随时在伸缩缝中错缝填塞双层苯板，板间用木楔挤紧。

（3）女儿墙内侧增强保温处理

对于女儿墙外侧墙体的保温在设计中往往都能引起重视，还会将保温层延续到女儿墙的压顶，可是设计者往往忽视对女儿墙内侧的保温。女儿墙内侧的根部靠近室内的顶板，如果不

对该部分采取保温处理，该部位极容易引起因为热桥通路变短而在顶层房间的顶板棚根处产生返霜、结露现象。对女儿墙的内侧采用保温措施还有助于保护主体结构，使得因温度变化而引起的应力作用都发生在保温层内，以避免女儿墙墙体裂缝这一质量通病的发生。保温截止部位材质变换处的密封、防水和防开裂处理在保温层与其他材料的材质变换处，因为保温层与其他材料的材质的密度相差过大，这就决定了材质间的弹性模量和线性的膨胀系数也不尽相同，在温度应力作用下的变形也不同，极容易在这些部位产生面层的抹灰裂缝。同时，还应考虑这些部位的防水处理，防止水分侵入到保温系统内，避免因冻胀作用导致的破坏，影响系统的正常使用耐久性和寿命。

对于不同的节能建筑因其设计形式、建筑功能不同，所选用的材料和运用的外保温技术不同，所采取的结点设计形也应有所区别。对于每一个单体工程的不同部位，应具体部位具体分析，根据设计的形式、所选用的外保温技术和材料做出相应的具体的完善的节点设计处理方案。只有这样才能正确指导施工，保证外保温系统的工程质量。

2. 外墙保温因材料原因产生的问题

受市场利益的驱动、一些缺乏责任心的企业自以为掌握了外保温技术的应用，在对外保温的技术还没有完全了解的情况下就匆匆上马，在经营中不考虑如何提高自身产品质量、性能，如何完善自己的服务体系，而是为了眼前的利益，匆忙把一些不合格的外保温产品推广到工程中应用，造成一些工程质量问题的不断发生。

1）外保温胶粘剂

是贯穿整个系统中的核心材料，其性能的关键是与 EPS 板的附着力和系统的耐水、抗裂、耐候及耐久性密切相关。胶粘剂中所选用的主要成分纯丙烯酸树脂乳液及骨料中的硅砂尤为重要，对保证外保温系统的使用安全年限起着至关重要的作用。丙烯酸树脂在胶粘剂中起到耐水、耐候的作用，丙烯酸树脂含量的多少起着抗裂作用，骨料中的硅砂起加强附着力的作用。

目前，外保温市场的胶粘剂使用的大多为成本低廉质量低劣的胶粘剂，其无法保证外保温系统的抗裂性和耐久性，为降低成本其树脂含量较低或不使用纯丙烯酸树脂。骨料中的硅砂采用的是未经处理的河砂和含铁的普通石英砂，含铁成分较高，易发生氧化反应，破坏胶粘剂中的树脂乳液分子，使其性能指标逐渐下降。是造成外保温系统龟裂、脱落的最主要原因之一。胶粘剂应选用纯丙烯酸优等树脂乳液和不含铁的硅砂，才能保证外保温系统的牢固安全和耐久年限。

2）EPS 板

对保温板的质量重视不够，未达到自然养生陈化六周时间，使用在工程上，造成收缩率高，使局部出现收缩和温差应力的不均匀，从而引起接缝之间产生裂缝。应对保温板的质量严格控制，保温板的导热系数和力学性能与密度密切相关，密度不宜过大。控制保温板的密度范围，基本上就可控制其导热系数和力学性能，才能保证 EPS 板的尺寸稳定。

3）玻纤网格布

耐碱玻纤网抗裂增强抹面层中所使用的玻纤网格布，如廉价的劣质品，将直接影响到抹面层的抗撞击能力。耐碱性差，长期在抹面层中受到水泥碱性的腐蚀，使抗拉强度降低，出现抹面层龟裂和剥离现象，网格布的使用必须选择耐碱性合格的。

4）外保温饰面层

由于外保温系统在设计上有其构造的特殊要求，饰面层也有相应的技术要求，不允许使用在建筑物理上不合理—即不透气的弹性涂料和涂膜坚硬、易龟裂的无机涂料，以及在建筑力学上不安全的陶瓷面砖做为外保温饰面材料。

3. 外墙保温因施工操作不到位出现的问题

引起外保温工程的质量因素中，因施工操作而产生的质量问题是相当普遍的、因此规范外保温工程施工操作、加强施工过程中的严格质量监控、厂家根据自己的产品特点进行专业化的服务指导等，都是保证外保温工程质量的重要控制手段。施工中容易出现的问题主要有：

1）施工的环境条件

不得在冬季低温情况下进行，施工温度不得低于5℃，5级以上大风和雨雾天也不得施工，否则不仅养生时间发生变化，材料受到冻结后也会破坏产品品质，从而出现龟裂、耐水性下降，严重影响了整个系统的质量。禁止在雨天施工，待表面完全干燥后方可施工。

2）基层表面不宜过于干燥

清除基层表面的油污、脱模剂等妨碍粘结的附着物，凸起、空鼓和疏松部位应剔除并找平，不得有脱层、空鼓、裂缝。面层不得有粉化、起皮、爆灰、返碱现象。旧楼改造时，彻底清除原基层的涂膜和原饰面砖的虚粘、空鼓部分，过于光滑部位要做打磨处理。尤其是混凝土表面必须进行界面处理，否则粘结不会牢固。

3）水泥的混合比例不当产生的现象

因胶粘剂混合水泥的基本作用是缩短胶粘剂的固化时间，因为树脂乳液达到完全固化需要较长的养生时间，水泥只起固化剂的作用。能增加附着力是毫无相关的。胶粘剂的主要成分是纯度100%的丙烯酸树脂乳液，渗入于EPS板融合的颗粒缝隙中，使其具有卓越的柔韧性和附着力，达到养生期需要相对较长的固化时间。所以，胶粘剂加入水泥是缩短养生时间，作为养生促进剂的作用。如超过正常的配比，树脂乳液成分浓度降低，造成胶粘剂附着力下降，会产生疏松及脱落现象。

4）外保温系统的脱落

（1）所用的胶粘剂中所含的纯丙树脂乳液和不含铁分子的硅砂达不到外保温专用技术产品的质量、性能要求或采用机械固定时锚固件的埋设深度不够和锚固数量过多，板缝间设置锚栓，锚栓分布尺寸不正确；

（2）粘结胶浆配比不准确或选用的水泥不符合外保温的技

术要求，而导致外保温系统的脱落；

（3）基层表面的平整度不符合外保温工程对基层的允许偏差项目的质量要求、平整度偏差超标；基层表面含有妨碍粘贴的物质，没有对其进行界面处理；

（4）粘结面积不符合规范要求、粘结面积过小，未达到40%粘结面积的质量规范要求。事实表明，只要砂浆粘结面积达40%以上，有无锚栓一般不会脱落；

（5）采用的聚苯板的密度不足18kg/m³或过大，导致其抗拉强度过低，满足不了保温系统自重及饰面荷载对其强度的承载要求，导致苯板中部被拉损破坏。

5）冬季内墙面返霜结露

（1）因保温节点设计方案不完善形成局部热桥而引起的；

（2）在施工时因聚苯板的切割尺寸不符合要求或施工质量粗糙，造成保温板间缝隙过大，并且在做保护层时没有做相应的保温板条的填塞处理；

（3）建筑主体竣工期晚、墙体里的水分没有完全散发出来引起的，这需要经过一个采暖期后，这种现象会有所改善。

6）保温层粘贴时保温板的空鼓、虚贴影响因素

（1）基层墙面的平整度达不到要求，影响到整个系统的最终效果。抹面层和饰面层的尺寸偏差，很大程度上都是由基层的平整度决定的，因此外保温系统的基层处理的尺寸偏差必须符合粘贴规定；同时，墙面过于干燥，在粘贴保温板时没有对基层进行适当洒水处理，雨后墙面含水量过大，还没有等到墙体干燥就进行保温板的粘贴，因墙体含水量过大而引起胶浆流挂，导致保温板空鼓、虚贴；

（2）胶浆的配置稠度过低或粘结胶浆的黏度指标控制不准确，使得胶浆的初始黏度过低，胶浆贴附到墙面时产生流挂而导致板面空鼓、虚贴；

（3）当进行保温层的施工时，不是双手均匀的挤揉压EPS板面，而是用力猛压板的一端造成另一端翘起，引起另一侧的

板面空鼓、虚贴；在粘贴 EPS 板施工操作时的敲、拍、振动板面，引起粘结胶浆产生空鼓、虚贴；还有保护层、面层、抹灰层的空鼓与开裂，也常常是由于施工操作不当造成的；

（4）在施工中，没有准确的按技术工艺程序要求操作，对每块 EPS 板的粘贴胶浆涂抹多少高低不平、分布不均，会导致虚贴和空鼓；

（5）苯板块之间的高差，必须做打磨处理。粘贴 EPS 苯板时，要采用推揉、挤压方式在上下 200mm 范围内操作。EPS 板的尺寸过大时，可能因基层和板材的不平整而导致虚粘，以及表面平整度不易调整等施工问题。

7）锚栓结合粘结时的注意事项

锚栓的设置部位必须相互对应。EPS 板连接部位设置的锚栓应斜线对应，严禁设置在板缝部位。锚栓进入墙体的深度应达到总长度的 1/3，外墙外保温施工应选用敲击式锚栓。锚栓的使用数量并非 4 个/m²，宜从地面开始锚固。

8）使用耐碱纤维网格布

在上涂抹粘结抹面胶浆先铺设网格布后，涂抹面胶浆易造成抹面层剥离现象，应采用两道抹灰法，先涂抹一层面积大于玻纤网的抹面胶浆，随即将玻纤网压入湿的抹面胶浆中，待抹面胶浆稍干至可碰触时，再抹第二道抹面胶浆。门窗洞口部位必须做加强网处理，檐口勒角处要做翻包处理。网格布粘完后预防雨水冲刷或撞击，对容易碰撞的阳角、门窗应采取保护措施，上料口部位采取防污染措施，发生表面损坏或污染应立即处理。施工后墙体表面在 5h 内免受其他物体碰撞，保护层 8h 内不能被雨淋，待保护层终凝后还要及时喷水养护，养护时间不得少于 3 昼夜。

综上所述，外墙外保温技术的广泛应用，在我国已经有几十年的历史，对建筑保温节能起到非常重要的作用，其应用经验也趋于成熟。但也存在一定的质量问题缺陷，如开裂、刮风脱落现象时有发生，关键还在于设计构造、材料选择及施工质量控制不到位所造成。从实践分析，施工质量对体系的耐久性影响最大。同样的环境下，上百栋外保温在大风下平安无事，仅少数几栋大面积脱落，这明显是操作人员的问题，只有对症下药才能手到病除。

五、外墙保温浆料系统质量控制措施

保温浆料外墙保温系统具有热工性能好、施工方便且造价较低的优势，在夏热冬冷地区是常用的建筑节能使用措施。保温浆料系统是由墙体结构层、界面层、保温浆料（胶粉 EPS 颗粒保温浆料或无机保温砂浆）保温层、抗裂砂浆薄抹灰层和饰面层五部分所组成。保温浆料外墙保温系统质量存在保温层厚度不足、保温不到位、开裂、空鼓等质量缺陷。是质量投诉焦点，也是节能建筑质量通病的重点。

近年来，工程质量监督机构为切实维护公众利益和安全，监督和服务为民，为使保温浆料系统工程质量，结合实际进一步探索和完善相关质量监督验收措施。但受到监督人员匮缺、专业监督人员素质良莠不齐等因素的影响，该系统验收监督受到制约。如何才能有效地提高监督管理成效，对系统进行有效监管，已经成为质量监督工作必须解决的突出问题。为了对加强监督规范行为，建设部在 2008 年颁发了《民用建筑节能工程质量监督工作导则》，明确要求质量监督机构采取抽查建筑节能工程的实体质量和相关工程质量资料的方法，督促各方责任主体履行质量责任，确保工程质量。重点是加强事前控制，把检查各责任主体的节能工作行为放在首位。

1. 保温浆料系统各责任主体质量行为的问题

1）建设方私自变更经过审查通过的节能施工图

建设方在保温浆料系统实施过程中的重要性是不可替代的，其行为往往对保温浆料系统实施效果起关键性作用。但由于建筑节能必定会提高建设费用，受以最小的投资换取最大的空间利润观念影响，为降低成本，在各种因素制约下，一些建设方明示或暗示施工方，可以不按照设计的节能图施工。取消或者部分取消节能设计，严重的擅自更改通过审批的图纸，或者在设计更改后的图未再经原审图单位审查交付施工，节能施工未到位而降低其效果。

2）设计图纸深度不够

施工图设计文件质量，也是影响保温浆料系统施工质量的重要因素。由于设计人员技术素质不高、经验少或理解重视不到位，缺乏对保温浆料系统规范性要求及深度规定的了解，造成设计文件深度不够。存在节能细部构造不够、节点详图不详等现象，对施工无实际指导意义。许多专业设计师对建筑节能的设计交底只有几句甚至空白，而设计文件给保温施工留下较多漏洞可钻，表现在往往有问题却故意曲解设计意图，找理由辩解，最终使保温浆料系统达不到节能效果。

3）施工企业监管缺失

施工单位是保温浆料系统实施的关键环节，对于切实想做好保温浆料系统的施工方，质量还可能有效保证。有相当的施工方在进行保温浆料系统施工的过程中，在思想上并未引起应有重视，从而在实际工作中并没有进行严格的监督管理，存在很明显的质量缺陷，使得监管流于形式。

（1）因一些施工方的管理体制和质控制度落实、技术交底、培训上岗并不完善，节能施工未制定方案，未进行相应的审批，未按保温浆料系统专项方案进行施工，没有在现场采用同材料同工艺制作样板间引路，导致施工质量未达到施工规范及设计要求。

（2）施工企业编制的保温浆料系统施工专项方案与实际的施工图纸并不匹配，只是在别的项目中照搬，无实用及可操作性，也无针对性，只是流于形式。

（3）在保温材料的采购过程中，只注意价格而不关注加工企业的规模和产品质量，造成不符合节能要求的劣质不合格品进入工地。

（4）管理者与操作者都缺乏经验，水平素质低，责任心也不强，缺乏专业技术培训；一些施工人员素质低下，未掌握保温浆料系统的基本知识要求，施工程序要求不了解，招之即来，干完便走，毫无质量意识。

4）监理单位作用未得到发挥

也存在着监理企业对保温浆料系统的专业知识及应用经验的缺乏，自身对施工技术的相关规定缺少必要的掌握，加之责任心欠缺，造成监理在监督过程中的不到位，甚至干错了也不知是对错的基本辨别，无法发挥其真正监管的作用，使施工监理措施无法有效落实，严重影响到保温浆料系统的施工质量，一些工程监理单位未对进场材料见证取样进行检验，未对重要的部位实施施工旁站和平行检查。

2. 保温浆料系统实体质量存在问题的部位

根据多年对工程质量监督的做法，保温浆料系统工程大面积部位的厚度工艺措施还是可以得到重视的，质量也满足要求，但实际存在质量厚度不足的问题，保温不到位的主要部位是：

（1）卫生间，厨房，走廊，楼梯，采光井和突出屋面的电梯房外墙；

（2）外窗周边，窗套，飘窗顶端及底板，架空层顶板，敞开式楼梯间墙体；

（3）女儿墙内侧墙体；靠外墙阳台分户隔墙等。由于保温浆料系统粘结牢固性并不可靠，易产生空鼓现象，主要部位在于：基层与保温层之间，保温层与抗裂砂浆薄抹灰层之间，抗裂砂浆薄抹灰层与饰面层之间。

3. 保温浆料系统质量监督措施

1）采取预控监督措施

保温浆料系统施工的主要特点是：采用流水作业，工序多，工作面大且多属于隐蔽工程，工序之间间隔时间短，验收监督工作量大，也有一定难度。因此，对于保温浆料系统工程质量的监督，应当以事前控制为主。

加强技术交底工作，要把保温浆料系统作为质量监督交底的一项重要内容进行交底，即二次质监交底制度。在建设项目办理质监申报时，开工前进行建筑节能的初步质监交底，待主体结构施工验收后，进行建筑节能施工前再次进行保温浆料系统专项质监交底。监督机构要针对具体项目的工程特点，制定具有针对性和指导性的保温浆料系统监管方案，并严格按照既定方案实施监督，策划并实行全过程随机抽查与重点随机巡查相结合的监督方式。在专项交底阶段，主要是有针对性地提出具体监管要求，明确保温浆料系统监督的重点内容及部位，使其系统在监督受控状态。同时，告知之前监督检查中发现的质量问题、目前控制点及投诉点，要特别引起质量责任主体的重视，避免类似问题的再度发生。

由于保温浆料系统材料复试项目的复试时间较长，应及时告知参建单位提早进行，即材料提前进场，复检早委托及施工队伍早确定。认真做好事前监督，加强事前控制，避免滞后监督的现象，同时也提高监督工作的服务性。

2）加强对参与各方的预控监督

（1）检查质保体系

在建设项目主体结构验收前，建设方应当向当地质量监督机构报送施工使用的保温浆料系统专项实施方案。质量监督机构应当重点抽查保温浆料系统图纸会审，设计交底记录；施工及监理单位质保体系是否健全，施工及监理单位专项施工技术方案，监理细则的编制是否针对工程特点，是否详细、具体，有无可操作性及措施的可靠性，可否切实使保温浆料系统工程质量目标落到实处，是否严格执行保温浆料系统技术规范、标准；检查项目管理机构人员资格是否符合规定并在岗履责，是否建立各类进场材料见证取样复检制度，是否使所有用于工程材料符合设计要求；检查监理单位是否按规定进行旁站、巡查和平行检查，并做好记录。

应将传统的被动"事后把关"验收方式向主动的"事前预

控"验收方式转变，如在施工前对施工人员及监理人员，班组长就保温浆料系统工程质量控制重点进行详细技术交底，再由施工管理人员对所具体操作人员进行必要的技术工艺过程交底和实际操作培训。只有事前对操作者正确掌握保温浆料系统施工要点，才能确保施工质量。

（2）加强样板引路，做好样板间的施工质量

多年的工程实践表明，样板引路是控制保温浆料系统工程质量的有效途径。多数建筑工程都是以样板间作为施工的第一步，样板间的施工一旦经过各方责任验收通过，后续的所施工项目将按照样板间为依据进行施工控制。加强对样板间的监督力度，可以发现施工工艺的质量隐患并得到及时纠正，避免造成不必要的返工浪费造成经济损失，为后续工程树立榜样，起到事半功倍的效果。同时，在实际工程中可以把样板引路的内容延伸化，即典型节点做法，所有涉及建筑节能材料、部件和系统都要做样板或提供实样，并提供完整的质保资格，经参建各方确认后再进行施工，同时进行封存备查。采取这一措施能有效地使不符合设计及规范要求的材料无法进入现场，对不合格材料的使用起到有效限制。

（3）发挥监理单位的社会监管职能

质量监督机构要重点抓好各监理公司专业配套、技术力量的投入和监督措施的落实。专业监理工程师对结构基层的处理，保温浆料配比，搅拌时间及浆料使用时间，保温层厚度，保温浆料养护，贴耐碱网格布，节点构造，易产生热桥和热工损失大的关键部位采取旁站、巡视和平行检查的形式，应落实到位。专业监理工程师应对经过施工单位上级主管部门审核，保温浆料系统的专项方案的符合性、针对性、合理性、可靠性、安全性进行审核，并签署审核意见，由施工单位整改，落实书面资料。对于重点管理项目，在监管力量有限的情况下，同时充分利用监理企业的综合技术力量，要求监理公司落实保温浆料系统专项监理检查情况和下周工作计划，每周按时报，对于重要

事情及时上报的规定，质量监督机构要及时了解工程进度和质量状态，采取动态化监督应更具针对性。

3）实行动态化监督

质量监督采取全过程随机抽查与重点动态巡查相结合的监督模式，改变以前对项目"停工待检"的质量控制点检查，为不定期、不定点检查，不提前告知的日常质量巡查监督。同时，加大对重点部位、关键环节的随机抽查频次和力度，可以避免受检单位做表面掩饰，监督人员更容易看到施工面的真实情况，以确保抽查内容、部位能够真实、准确地反映工程实体的质量状况，掌握全面质量动态。从而增强监督检查的有效性和威慑力。根据巡查监督情况及工程质量发展趋势，及时调整监督方案，变静态管理为动态管理，对容易发生问题的部位及早预防，发现早、纠正早，将质量缺陷消除在萌芽状态，使项目施工质量随时处于受控状态。通过动态监管增强了质量监督的威慑力，可以促使参建企业尤其是项目责任人，在保温浆料系统项目的施工全过程中自觉履行其职责，落实质量责任制，逐步提高监管水平。质量活动从以前的被动受检变为主动的自检、自查、自我约束、规范，有利于及时发现过程中的质量缺陷，使质量平稳、有序，真正实现质量的实质性管理依靠着各参建主体的目标。对施工现场的质量动态化监督，能推动企业加强自身管理，进一步落实工程建设各主体的质量责任制，逐步建立健全"企业自控，社会监理，政府监督"的质量保证体系。

4）实行差别化监督

作为质量监督机构，应区别对待工程项目和节能材料生产厂家，采取差别化监督。根据前期对责任主体行为监督和工程实体质量监督检查实际，紧紧抓住施工队伍技术素质差、现场管理混乱、责任不落实的项目，将其列为重点监督工程，并作为重点监督检查。对初次在本地区施工的企业，也应实行重点监督检查。采取差异化、有重点的监督管理，是监督站以少胜多的重要工作策略，能从入手少、工程量多的被动局面中轻松脱身，使监督资源的合理达到最优化。

5）社会化和数字化监督

根据住房和城乡建设部《关于进一步强化住宅工程质量管理和责任的通知》［2010］68 号文的要求，强化人民群众对住宅工程质量的社会监督。各地也自行制定了建筑节能管理办法，尤其是克拉玛依市由于风大，刮掉保温材料的现象在每次大风后都会出现，对此制定了专门的粘结施工技术措施，在很大程度上减少了刮掉板的数量，但根治还需要各责任主体方的继续努力，尤其是加强对操作工人的质量意识和细部操作要领的掌握，否则监管不到位，质量保证只是一句空话。采取在施工现场明示节能信息、标明节能措施及保修信息等，通过宣传使节能深入人心，让群众了解节能的知情权，使施工及开发商不可以擅自变更材料的使用。

同时，加强对保温浆料系统实体质量的监督抽测，建筑节能效果只能通过检测数据来评价，因此试样代表性和真实性及检测结论的正确与否十分重要，这也是监督人员重点抽查和执法依据。根据《建筑节能工程施工质量验收规范》GB 50411 的规定，外墙节能构造的现场实体检验方案及粘结强度，现场拉拔试验方案要报质监站备案，必要时抽检部位，检测机构由责任监督员调整，将监督抽查与施工方见证检测合二为一。为了防止施工方弄虚作假，对抽检部位重做，检测时间与备案时间缩短在两天内。当发现异常时，检测机构第一时间与质监站联系。监督抽测能增加监督检测的有效性和威慑力，其效果是非常大的。

6）采取高压化监督

对监督检测中发现的质量问题及缺陷，采取一警告整改、二处罚清退的高压监督态势，使得无回旋不改的余地。一警告整改是在监督检查中首次发现质量问题，采用出具整改或停工通知单形式，限期整改合格；二处罚清退是指对质量问题未认真彻底整改，质量问题经常发生，存在一定的违法违规质量行为，对此报请建设行政主管部门进行行政处罚，增加企业不守信用、不守法的违法成本。同时，对其在市建筑市场信息中进行公开公示并扣分。信誉好的施工企业，在项目招标中标的概率会大幅上升，监督检查的次数相应也少。而信誉不良的企业也被限制进入市建筑市场，并被列入重点监管企业，监督检查的频率会很高。企业信用等级和企业信用分，会直接关系到企业的生存状况，对企业产生极大的威慑力量，收到的效果很明显。通过高压化监督，保温浆料系统监管水平会逐渐提高，使参与建设的各主体方时刻处于紧张的压力状态下，工程施工质量也会得到保证。

综上浅述可知，外墙外保温浆料系统是外保温的一项整体系统工程，在整个实施过程中，通过当地质量监督部门采取的预控法，动态化、差别化、社会化、数字化、高压化监督模式，采取有针对性的对症下药，增强了监督工作的有效性和威慑力，各种外保温浆料系统的施工质量隐患才能得到彻底预防，确保外墙外保温浆料系统的使用耐久性及安全性。

六、既有传统住宅节能改造技术措施

我国城镇已建住宅中传统未节能房屋的比例约占85%以上，对其进行节能改造是一项有重大现实意义且极其艰巨的任务。现有节能技术的应用对象主要是新建各种房屋工程，针对既有传统住宅的改造方案并不完善，操作起来有不尽人意之处。考虑到既有传统住宅的特点，经过一些改造项目的应用，提出具有针对性的改造方案。

1. 既有传统住宅的节能特点

1）既有住宅的特点

在建筑高度上差别巨大，涵盖了低层、多层及高层；结构类型低层以砖混结构为主，也有少数的框架结构形式，多层及高层以框架和框架-剪力墙结构为主。尤其是进入20世纪90年代后，住宅的多层及高层以框架和框架剪力墙结构为主且数量巨大。这类住宅外墙中混凝土比例增加，导致热桥分布广、面积多，使建筑整体热工性能降低。

窗墙比是既有住宅的另一个特点，尤其是20世纪90年代以后更突出。而当时的外窗都是非节能产品，热损失要高出节能窗数倍，造成房屋的整体能耗增加、室内热环境降低。而散热面积最大的屋面，多数采用传统的散料保温隔热，吸湿率高，热稳定性差，防水层置于最上层容易受环境气候影响，易老化、耐久性差，对保温层难以形成使用年限内的防水保护。

2）国家对节能的相关要求

我国不同地区环境气候差异很大，不同省市对外围护热工特性也有不同规定，但综合看来，降低外墙及屋顶综合传热系数是要求相同的，见表1。

不同热工分区（部分）住宅围护体热工标准　　表1

热工分区	外墙传热系数 $K/(W \cdot m^{-2} \cdot K^{-1})$	屋顶传热系数 $K/(W \cdot m^{-2} \cdot K^{-1})$	外窗传热系数 $K/(W \cdot m^{-2} \cdot K^{-1})$	遮阳系数
寒冷地区	0.9 ~ 1.16	0.6 ~ 0.8	4 ~ 4.7	暂无规定
夏热冬冷地区	1.0 ~ 1.5	0.8 ~ 1.0	3.2 ~ 4.7	暂无规定
夏热冬暖地区	1.0 ~ 2.0	≤1.0	暂无规定	0.3 ~ 0.9

综合传热系数与当前的节能技术、建筑窗墙比都有关系，前者通过选用合适的节能体系即可满足要求，而后者是既有条件，要因地制宜地采取有针对性的技术措施，以减少外窗能耗。除了热工特性外，保温层的耐久性也是有要求的，要求在改造中确保节能构造的科学、合理。

对既有的传统住宅，节能体系的透气性、抗裂性、耐候性、耐火性及体系的施工性、经济性，也是需要认真考虑的重要因素。

2. 改造实施的技术措施

既有传统住宅节能效果，取决于采暖空调设备能效比及围护体的热工性能。而热工性能包括外墙、外窗、屋面及外部其他构件，是节能改造的主要部位。

1）外墙节能改造

外保温方式因保温层覆盖在墙身外侧，而避免热量直接通过热桥散失出去，是当今应用普遍且认可的成熟技术。现在比较成熟的主要有保温板体系及保温砂浆。

（1）寒冷及严寒广大地区以提高墙体热阻，加强窗洞周围的严密性为关键环节。对于这些地区选择质轻、高效的聚苯板保温体系非常合适。多数采用100mm厚EPS苯板则可达到节能65%的要求。EPS苯板的不足是抗剪差，可以采取沿竖向每隔适当高度设角钢托架，锚栓固定，并用不锈钢丝网的方式增强保温层的抗剪能力，见图1。

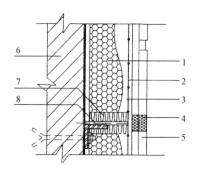

图1　保温板承托锚固构造

1—膨胀聚苯板；2—抗裂钢网片；3—抗裂层；
4—分层缝嵌填耐候密封胶；5—承托筋（与角钢焊接）；
6—既有墙体；7—圆塑料条；8—角钢固定

对于EPS苯板防火性能差的特性，每层设置防火隔离带，宽度300mm以上，用不燃材料，厚度同EPS苯板，要连续隔断。同时，在施工中要做到苯板有充足的熟化时间，不宜用点粘或条点结合粘结方式，最好是满粘，可靠性高；要特别重视窗洞口与窗框之间的交接处理，该部位是热损失的主要部位，窗洞口保温构造见图2。

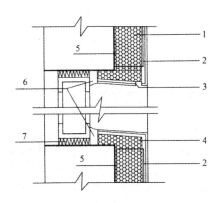

图2　窗洞口保温构造
1—膨胀聚苯板；2—抗裂钢网片；3—成品滴水槽；
4—聚苯板粘贴；5—抗裂钢网翻包；
6—耐候胶灌缝；7—聚氨酯发泡剂

（2）夏热冬暖地区和夏热冬冷地区，要重点提高围护结构绝热性能，当然也要有保温功能

这些区域围护体需要较大的热惰性指标，因此，对蓄热系数也应有要求。在达到节能标准的条件下，保温砂浆体系的蓄热系数大于有机板体系，且施工厚度大于50mm，因自重小、施工厂，质量容易保证，同时具有良好的透气性，是更加适合高湿地区采用的保温技术。对于常见的因干燥收缩变形大而产生的开裂问题，除了加强施工管理和严格工序质量规范的操作，构造上可采取保温层分格、增加锚栓的拉结得到加强。对于保温层厚度通过用防锈分格件予以控制，见图3。

（3）保温颗粒选择

保温颗粒要选择耐久性好、吸湿性弱的材料。无机保温颗粒要比聚苯颗粒更加适宜。如常用的玻化微珠综合性好，可以

代替聚苯颗粒。在保温砂浆和保温板体系中，宜加设钢丝网架，确保系统的抗裂性及安全的构造，而抗裂钢丝网架的防锈处理则直接影响到系统的耐久性。同时，预埋锚栓、承托件及钢网除了材料上要选用镀锌件外，也要处理好焊点的防锈处理。锚固螺栓的固定位置及间隔大小，本着安全、经济合理进行。

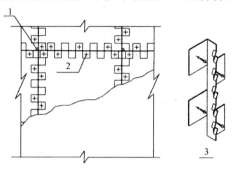

图 3　保温砂浆层分格条做法

1—预埋螺栓焊接点；2—射钉固定；3—分格条

（4）门窗洞口

寒冷及严寒地区外门窗洞口，要通过加设防风罩减少热损失，而夏热与温暖区域，因夏季太阳辐射强，用增设遮阳板来提高洞口的热阻非常必要。遮阳设施的安装及使用也比较普遍，已经有成功应用的产品及安装方法。

2）窗体改造

窗体透光部分是外窗改造中首先考虑的，还要考虑框体材料的材质。应根据节能标准选择合格的玻璃层数、中空间层厚度，再根据该构造尺寸选择相应框体。寒冷地区要选择传热和遮阳系数都低的热辐射中空玻璃，而温暖地区可选择低辐射 Low-E 镀膜中空玻璃。对于多层住宅，框体可选用塑钢窗；中高层以上房屋，应选择带断热层的金属框体，要满足既保温且强度高的双层要求。严寒及寒冷地区要特别重视窗框的密封性能，应以框材选型、密封配件选材为重点考虑。

3）屋面的改造

（1）倒置保温中由于防水层置于保温层下部，受环境温度变化影响小，使用寿命长，特别适用于传统住宅屋面的节能改造。XPS挤塑聚苯板吸水率极低，材料强度较高，非常适合倒铺保温。施工时除去原来已老化的防水层并清理基层，重新进行防水施工，再铺设一体化保温层，可以达到保温及防水的双重功效。对平改坡及种植屋面，也是较理想的屋面隔热构造。

（2）平改坡适用于夏季及温暖地区屋面的改造，但需要对原屋面的承载力，新建部分与原构造节点进行复合。对日照充足地区可结合太阳能集热设备，降低供热费用。

（3）种植屋面成本相对低但绝热效果会好，在一些夏热地区已经有较多的应用经验，可以推广应用。实际施工重点是防水质量，可以采取刚柔结合的多道设防形式，并在刚性层上设置植物根系阻挡层，见图4。

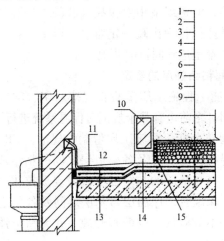

图4　种植隔热屋面

1—种植层；2—过滤层；3—蓄排水层；4—厚10mm隔离及根系阻挡层；
5—C25防水混凝土；6—高分子卷材防水；7—水泥砂浆找平；
8—找坡层；9—钢筋混凝土屋面板；10—砖砌种植床垫；11—挡水坎；
12—天沟；13—防水卷材；14—泄水孔；15—滤水网

综上所述，对于传统建筑的节能改造，指导方针应当是遵循因地制宜、经济合理、安全耐久、适用性强的原则，上述重点是从技术应用的角度考虑，大量的具体问题还需要按照现行的建筑设计节能规范及具体的设计要求进行，同时在材料的选择上采用技术成熟、耐久性及防火功能可靠的保温材料，总之功能达到设计使用耐久年限为目标。

七、外墙保温材料粘结强度现场拉拔试验问题

建筑节能工作开展多年来，外墙外保温技术得到广泛应用，同时外墙外保温系统的空鼓开裂，保温层大风后的脱落时有发生。为此，除了节能效果，外保温系统的安全性已经引起人们的关注。现行《建筑节能工程施工质量验收规范》GB 50411—2007 已实施多年，加强和完善了节能检测工作，标准中对墙体节能工程所涉及的安全性制定了强制性规定，即深入施工现场实体拉拔试验，但是规范中对拉拔试验的方法和结果判定依据未涉及，使具体执行中出现一定难度。以下对存在的问题进行分析探讨，并希望达到同行的共识。

1. 规范对层间粘结强度的规定

《建筑节能工程施工质量验收规范》GB 50411—2007 执行已经 8 年时间，之前也有几个规范对保温系统进行了规定。

（1）《建筑节能工程施工质量验收规范》GB 50411—2007 的规定：保温材料与基层及各构造层之间的粘结或连接，必须牢固。保温板材与基层的粘结强度应做现场拉拔试验。当采用保温浆料做外保温时，保温层与基层之间及各层之间的粘结强度必须牢固，不应脱层、空鼓和幵裂，并无粘结强度指标及检测方法的要求。

（2）《外墙外保温技术规程》JGJ 144—2004 的规定：具有薄抹面层的外保温系统，抹面层与保温层的拉伸粘结强度不得小于 0.1MPa，并且破坏部位应位于保温层内。对于胶粉 EPS 颗粒保温浆料外墙外保温系统进行抗拉强度检验，抗拉强度小于

0.1MPa，并且破坏部位不得位于各层界面。EPS 板现浇混凝土外墙外保温系统应按《外墙外保温技术规程》JGJ 144—2004 附录 B 第 B.2 节规定做现场粘结检验。粘结强度不得小于 0.1MPa，并且破坏部位应位于 EPS 板内。检测方法：试样尺寸 100mm×100mm，断缝应从 EPS 板表面切割至基层表面，按《建筑工程饰面砖粘结强度检验标准》JGJ 110。

（3）《膨胀聚苯板薄抹灰外墙外保温系统》JG 149—2003 规定：膨胀聚苯板垂直于板面方向的抗拉强度，且 ≥0.10MPa。

（4）《胶粉聚苯颗粒外墙外保温系统》JG 158—2004 规定：耐候性试验后，抗裂保护层与保温层的拉伸粘结强度不应小于 0.1MPa，破坏界面应位于保温层。

（5）《无机轻集料保温砂浆及系统技术规程》DB 33/1054—2008 规定：耐候性试验后，抗裂面层与保温层的拉伸粘结强度，A、B 型保温砂浆不得小于 0.15MPa，C 型不得小于 0.1MPa，并且破坏部位应位于保温层内。

《建筑节能工程施工质量验收规范》GB 50411—2007 第 4.2.7 条要求：保温板材料与基层及各构造层之间的粘结或连接，必须牢固。粘结强度和连接方式符合设计要求。保温板材与基层的粘结强度应做现场拉拔试验。保温浆料应分层施工。当采用保温浆料做外保温时，保温层与基层之间及各层之间的粘结强度必须牢固，不应脱层、空鼓和开裂。规范虽然明确了保温板材与基层的粘结强度做现场拉拔试验，但未进行要求相应的检测方法与判定要求，对于保温浆料做保温时，也未要求做现场拉拔试验。

《胶粉聚苯颗粒外墙外保温系统》JG 158—2004 和《无机轻集料保温砂浆及系统技术规程》DB 33/1054—2008 均要求在耐候性试验后，要求做抗裂保护层与保温层的拉伸粘结强度，并非现场拉拔试验，也不包括保温层与各基层之间的粘结强度。

《外墙外保温技术规程》JGJ 144—2004 和《膨胀聚苯板薄抹灰外墙外保温系统》JG 149—2003 中对各层之间的粘结强度

检测对象都是制作的试件，并非现场试验。

2. 外保温完成后应进行现场拉拔试验

粘结强度关系到保温系统的安全耐久性，其重要程度不容轻视。保温材料不论是板材还是浆料，施工中的粘结强度都应当是必检项目，更何况保温浆料大多密度高于保温板材，而保温板材用于保温层的厚度远大于保温浆料，综合两方面因素，保温浆料还是较保温板材对于保温系统承重影响大。应当这样认为：规范中对于保温浆料和保温板材的施工必须与基层有牢固的粘结，对保温板材要进行拉拔试验，而保温浆料未要求拉拔试验，只有要求不要脱层、空鼓和开裂，从安全、耐久性考虑，更好地掌握施工的实际，粘结牢固是必要的。

从墙体节能工程安全耐久性分析，进行拉拔试验非常必要，从墙体节能工程的质量管理上考虑，进行现场拉拔试验更显重要，从检测的真实、直观和灵活及方便方面考虑，进行现场拉拔试验是其他检测不可代替的可靠手段。它不像耐候性试验有局限性，置于试验条件而不是真正涉及的具体部位，且检测点比较随意和灵活，可以有针对性地测试可疑点或确定部位。

粘结强度现场拉拔试验应当是一项有效检测墙体节能工程安全耐久性的试验项目，其操作便捷、能反映真实、优势明显，值得坚持应用。一般是一个拉拔点，可否代表这整面墙的施工粘结牢固，这还是一个需要考虑的问题。

3. 保温材料与各构造层粘结强度的指标

墙体节能工程安全耐久的重要性不容置疑，但其中对于安全耐久性能至关重要的材料粘结强度的现场检测标准仍不十分明确，给具体操作带来一定的困难。

从对规范的规定中知道，除了《外墙外保温技术规程》JGJ 144—2004 中有现场检测规定外，其余现行用于外保温工程的规范标准中，如耐候性试验后检测粘结强度等，都不是现场的拉拔试验。当然，现行规范中对粘结强度指标就不一定适用于现场拉拔的。由于当前使用的保温材料品种繁多、各构造层又不相同，所以确定现场拉拔试验的评定指标是一项艰巨的工程，应进行充分的论证研究，在此只做浅薄的分析探讨。

（1）应当将保温层与基层、保温层与抹面层、抹面层与饰面层之间的粘结强度，进行一次现场拉拔试验。墙体保温系统安全隐患不仅存在于保温层与基层，开裂与脱落不只是由保温层引起，各构造层都应考虑在内，应当把各构造层进行一次现场拉拔试验，求出一个综合性粘结强度，不但检测便利，有利于判定各构造层的综合粘结状态，这样也不至于因等待材料施工龄期，检测时间过久，直接或间接地影响到施工进度。

（2）根据不同墙体保温材料系统，制定相应的现场拉拔试验粘结强度评定指标，见表1。

外保温系统材料粘结强度评定指标（MPa）　　表1

保温系统	使用材料		系统要求
膨胀聚苯板薄抹灰外墙外保温系统	胶粘剂	原强度≥0.6（与水泥砂浆），耐水≥0.4；原强度≥0.10（与苯板），耐水≥0.10破坏界面在苯板上	无
	膨胀聚苯板	垂直于板面方向的拉拔强度≥0.10	
	抹面胶浆	原强度≥0.10　耐水≥0.10破坏界面在苯板上	
胶粉聚苯颗粒外墙外保温系统	界面砂浆	原强度≥0.7　耐水≥0.5	≥0.10且破坏部位不得位于各层界面
	胶粉料	拉伸粘结强度≥0.6　浸水拉伸粘结强度≥0.4	
	抗裂砂浆	拉伸粘结强度≥0.7　浸水拉伸粘结强度≥0.4	
无机轻集料保温砂浆	界面砂浆	原强度≥0.9　浸水≥0.7	耐候试验后，抗裂面与保温层拉伸粘结强度A、B型保温砂浆≥0.15MPa，C型0.1MPa，破坏位于保温层内
	保温砂浆	A型≥0.25　　B型≥0.20　C型≥0.15	
	抗裂砂浆	原强度≥0.7　浸水≥0.5	
	柔性腻子	标准≥0.6	

从表1可以看出，不同墙体保温材料粘结强度要求大不相同，各系统要求也不一样，其原因主要是材质特性与系统要求不同。对于墙体保温材料粘结强度的现场拉拔试验，也应根据系统制定不同的评定指标，采取同一个标准显然是不科学的。

现在的基本做法是参考一些周边检查机构和监督部门制定的相关规定，实体工程墙体节能在抹面层施工后，要做粘结强度的现场拉拔试验，检查各层材料的综合粘结强度，切断缝直至基层，每个单体工程或一个检验批做一组，每组做3个点。检测结果判定：粘结强度平均值必须满足设计要求且不小于0.10MPa，破坏界面不得位于界面层。检测机构据此执行：所有墙体保温系统用同一标准检测，每组按3测点粘结强度平均值报结果，破坏界面进行记录并判定。

虽然这些做法并不是十分科学、准确，既然规定了一次的综合粘结强度检测，也是对各结构层的共同检测，就不要再追究其破坏界面的位置。而每组按3个测点粘结强度平均值报结果，没有对测点粘结强度的最小值做出限定，无疑是存在一定风险的，在很大程度上放宽了墙体保温材料粘结强度的大小变化范围，变相降低了检测判定值，同时在一定程度上放松了对墙体保温材料粘结强度的施工要求，是值得重视并需解决的实际问题。

墙体保温材料系统的现场拉拔试验粘结强度评定在表1的现有基础上，再参考《建筑工程饰面砖粘结强度检验标准》JGJ 110—2008的规定，评定指标也可定为：膨胀聚苯板薄抹灰外墙外保温系统和胶粉聚苯颗粒外墙外保温系统，现场拉拔试验粘结强度不小于0.10MPa，无机轻集料保温砂浆现场拉拔试验粘结强度不小于0.20MPa（C型0.15MPa）；且检测点最小值不应小于规定值的75%的要求。

现在，一些地区检测中心的墙体保温材料系统现场拉拔试验粘结强度主要依据的是《建筑工程饰面砖粘结强度检验标准》JGJ 110—2008的具体规定，采用100mm×100mm的铁板作为标准板，断缝切割直至基层表面，检测比较方便、快捷，只要在结果评定时科学、合理地进行改进，就可以比较真实地反映判断墙体保温材料的粘结牢固程度，减少和避免墙体保温系统的空鼓、开裂和脱落现象，确保安全耐久性的使用功能。

八、埋地管道防腐保温技术的应用

随着油汽田开发及输送的需要，长输管道，城市供热管线，海洋管道发展很快，从输送介质的变化，防腐、保温及防护用的材料和工艺设备也不断地创新，满足了各种土质、地质条件及海洋环境的使用条件。现在，使用最好的 3PE 防腐管道和"两步法""一步法"及"管中管"保温管道使用最多、效果最好，在管道发展中起重要作用。

但是，在长期的生产过程中，保温管生产厂家希望对现行的技术进行改变，把保温管道的生产工艺能像 3PE 的方法，钢管在生产线上以轴向螺旋推进方式连续、不断地进行生产。这样可以大批量生产，超过 2km/d 的水平，尤其是大直径管道的需要更迫切。

1. 聚氨酯泡沫塑料防腐保温管

聚氨酯泡沫塑料防腐保温管的使用范围十分广泛，现应用在供热、石油、化工、保温及制冷等许多行业的生产中，对于节省能源，减少投资有明显的经济和社会效益。

1）防腐保温管结构性能

高密度聚乙烯（HDPE）有优良的防水 . 防腐和力学性能，一般作为外保护层。聚氨酯（PU）泡沫塑料由于具备良好的防水及力学性能，并有优异的保温性能，多用于各种管道的保温层。用高密度聚乙烯和聚氨酯材料构成的防腐保温管得到了广泛使用。尤其是对于直接埋在地下的中低温热力管道，基本上是最主要的保温结构形式。

（1）管道的结构

聚氨酯泡沫塑料防腐保温管，是将钢管、聚氨酯泡沫塑料、聚乙烯套管三种类型的材料结合成一体的复合管。其做法是将钢管表面抛丸除锈之后，对于防腐要求较高的石油管道，需要涂敷环氧粉末涂层（FBE），对于要求不高的其他管道，可涂敷防锈漆或直接包裹（PU）泡沫塑料保温层，不再做其他处理。

泡沫塑料（PU）保温层的密度是 50～70kg/m³，泡沫充分填满钢管与外套之间的空隙，并具有一定粘结强度，使保温、外套及保温层三者形成一个牢固的整体。泡沫塑料（PU）的表观密度增加，压缩强度也增加，导热率也会提高，但是会降低保温效果。对此在工程中，要根据设计和专业规范要求，控制聚氨酯泡沫塑料（PU）的导热率，压缩强度及保温层厚度，是保温设计中考虑的实际问题。对于保护层也要认真考虑，管道在运输吊卸及施工过程中不受损坏，并能承担土壤的压力，多用高密度聚乙烯（HDPE）外套管，也可以用玻璃钢外套。

（2）管道的性能

聚氨酯泡沫塑料（PU）保温材料的主要特点是保温效果好，热损失小，其热导率低于 0.028W/(m·K)，隔热性能优异。其比热渣棉保温材料的热损失减少 70% 以上。由于 PU 泡沫是一次性发泡成型，封闭性好，可使管道与外界达到完全隔绝的状态，对管道起到了极其有效的作用。

2）预制成型的工艺措施

高密度聚乙烯（HDPE）属于热塑性材料，要用专门设备把原材料加热熔融后，挤出包裹到保温管的外表面，也可以挤出制成保温外套管，再套到需要钢管的外面，在两者之间形成的环形空间，浇筑泡沫塑料，构成所需要的防腐保温管道。

聚氨酯泡沫塑料是由有机异氰酸酯、多元醇化合物、发泡剂和其他助剂组成，经机械混合或高分子碰撞，反应生成发泡体，并能在很短时间内常温固化成型。而最佳是在恒温 40℃ 左右时固化成型。而防腐保温管的制作成型工艺，经历了几个发展阶段：

（1）"两步法"预制工艺

最初生产的是"两步法"预制成型工艺，亦称间歇法，第一步是用专门用模具在工作钢管的外圈，浇筑聚氨酯泡沫塑料（PU）保温层。也有采用喷涂发泡的方法，即在工作钢管外壁涂敷泡沫塑料保温层。第二步是热熔挤出高密度聚乙烯（HDPE），包裹到聚氨酯泡沫塑料（PU）保温层的外壁上，形成外壳作为保护层。有的保温厂家将模具做成两半扣合摸具，在其空隙注聚氨酯泡沫塑料（PU）固化后，取出扣到钢管上固紧。外面用轴向移动小车缠绕玻璃丝布，再浇筑环氧树脂作成玻璃钢外护层。这些工艺技术不可能连续进行操作，生产效率相对较低。

（2）"管中管"保温成型工艺

是先把外保护层作成外防护聚乙烯管材，再在其与工作钢管的环形空间浇筑聚氨酯泡沫塑料保温层。欧洲在20世纪60年代将其称为"管中管"，于20世纪80年代国内石油行业引进应用，又推广用于城市供热埋地管线，至今仍然广泛应用。城市集中供热埋地管道的直径在1m以上，这样大管径的保温管道，很难用"一步法"工艺进行生产。而是采取"管中管"的工艺生产，因为工艺简单，投资少速度快，适应范围广的特点，适用于生产直径 ϕ108～630mm 口径的钢管，也可以用于更大直径的钢管，工艺方法是：

将钢管吊起至一定高度（也可垫或架起），在钢管四周绑上多块小支架，每隔2m左右绑一圈，起到控制厚度支撑定位作用。也就是保证保温层径向厚度的均匀一致。然后在其上套既定尺寸已制作合格的聚乙烯外保护套，再用专门用堵头将两端堵塞，防止注入泡沫挤出，同时堵头也是起到定位和支撑作用。最后在预留的浇筑孔，一次性按需要量浇筑发泡料，泡沫固化后即保温管制成。在生产过程中，先要对钢管表面进行除锈，粗糙处干净清理，并对外保温套管内表面进行极化处理，这样泡沫发泡常温成型后，就会与钢管外保温套粘结成一体，从而保证了隔热保温性能。

（3）"一步法"工艺预制成型

"一步法"也是一次成型工艺，属于连续生产法。具体成型工艺是：钢管在传输线上轴向不转动前进，在钢管外面挤出高密度聚乙烯套管。并在其环形空间通过控制设备，在因一工位上完成聚氨酯（PU）泡沫塑料保温层浇筑，发泡固化成型。这样，聚乙烯外保护层和聚氨酯保温层的制作，可一次性完成。这一工艺技术在20世纪80年代我国石油行业，为适应油田开发，针对集输油管道防腐、保温大规模生产的需要，研制开发并成功应用。这种生产工艺自动化程度高，可以3m/min的生产速度。但是，也由于受挤出机流量的限制，在生产大口径钢管保温层时，因用料过多、挤出速度过慢，难以与发泡成型工艺相匹配，容易造成钢管与保温层偏心，保温层与外保护层脱壳，难以保证其质量。

"一步法"生产工艺具有自动化程度高，生产效率高的优点。但是投资大工艺相对复杂，大口径管道还是难以生产。一般只能生产 $\phi57 \sim 426$ 直径的保温管，也可以达到 $\phi500 \sim 600$ 管径的保温生产。

（4）对预制工艺的选择

上述介绍的管道"两步法"、"一步法"及"管中管"保温工艺各有其特点及适用范围，应该根据工程项目的要求和预制成型工艺特点进行选择。石油行业的输油管道，一般温度在几百度，且多设在野外，埋深较浅地面荷载不大，常常会备有自然补偿条件，多数是依照石油行业 SY/T 标准执行，采用"一步法"保温预制成型工艺，综合成本比"管中管"工艺低15%以上，应当是合理的选择。

而现代城市的供热管网，供水管道的水温一般低于100℃，高温水也可能超过100℃多敷设于城镇区域，埋设较深且某些区域荷载较大，很难实现自然补偿，实现无补偿直埋。按照现行《密度聚乙烯外护管聚氨酯泡沫塑料预制直埋保温管》CJ/T 114—2000 的要求，采用"管中管"成型工艺是合理的。由于"一步法"生产效率比较高，综合成本比较低，从综合效益考虑，城市供热的低温水（95～70℃）和直径 φ600 以下管，采取"一步法"生产预制也是合理、可取的。

2. 聚氨酯泡沫塑料防腐保温工艺改进

管道的结构同"两步法"、"一步法"及"管中管"保温工艺是相同的。

1）预制工艺及设备

由于采用"螺旋前进喷涂法"新工艺，在专用螺旋前进生产线上，前段钢管螺旋前进，经过喷涂聚氨酯泡沫塑料。随着螺旋前进喷淦发泡，一层层叠加在钢管外壁上，达到设定的厚度之后，上到生产线后段。每根长度 12m 的钢管全部喷完后，才下生产线。这样一根接一根连续不断地在钢管表面或在涂敷好环氧树脂粉涂层的钢管表面上，喷涂聚氨酯泡沫塑料保温层。

使用高压无气喷涂聚氨酯泡沫的设备，工艺中只是需要黑、白料输送到喷枪上的伴热管，有特殊调温设施，使黑、白料在喷枪处黏度接近。该工艺生产不需要辅助模具等设备。

2）工艺存在问题

因聚氨酯黑、白料喷涂到螺旋前进的钢管上后，聚氨酯要在一定温度的钢管上和环境温度中发泡，希望能够像在恒温炉中一样在一定时间内充分发泡，达到规定的标准厚度，因此对钢管的初始温度，环境温度和发泡治的合适时间都应得到保证。这样才能做出厚度相同合格产品。同时，环氧粉末涂层一般是 0.4mm 厚，缠绕聚乙烯（3PE）是 3～7mm。在生产线上的传输运行中厚度影响可不计，而聚氨酯发泡保温层的厚度一般要求从 0～120mm 以上。而且在生产过程中因材料、温控发泡状况变化，会使总厚度出现变化，因此，对于厚度的变化及其准确性控制需要有措施来保证，处理好才能保证质量的稳定性。

3）工艺的改进措施

首先，生产线运行必须平稳，因为螺旋传动螺距大小产生变化，必然使发泡层厚度不均匀，或形成凹凸不平现象。运行中前后段钢管轴心线保持一中心高度，因前段是钢管，后段在钢管上有 100mm 厚聚氨酯涂层；再者，在聚氨酯发泡过程中，一天之内不同时间的温度都有变化，喷涂时应人为创造成合适的发泡环境，尽量达到恒温状态；最后，若管道批量大可以建成专门车间，虽然费用增加但产品质量有保证。

4）螺旋前进喷涂法的优势

该工艺设备可以生产直径 $\phi159 \sim 1420$ 以上钢管的保温涂层。"两步法"会受预制模具限制，一套模具只能一种管径和一种厚度；"一步法"受发泡模具和发泡空间限制，钢管直径一般在 $\phi400 \sim 600$；"管中管"受支撑支架限制和填充间隙限制，厚度不小于 25mm 和大于 60mm 左右。

5）工艺生产工序过程

抛丸除锈→环氧粉末喷涂→防腐喷涂→聚氨酯保温涂层→聚乙烯防护层→检查。

3. 聚丙烯挤塑发泡保温工艺

1）聚氨酯发泡塑料"螺旋前进喷涂法"经过多年应用比较成功

但是，存在保温层不能满足高温隔热的要求，且在喷涂中对环境温度有求严，给工艺增加不便。而聚丙烯挤塑发泡材料及其夹层材料，是保温隔热效果较好材料。因此，将聚丙烯挤塑发泡的片材缠绕在钢管上实现"螺旋前进喷涂法"，制造出新的保温产品。

2）管道的结构处理

（1）一般用途的防腐保温管道的结构，是在防腐用的环氧粉末涂层上面，缠绕聚丙烯挤塑发泡片材。多层缠绕之后构成保温层，再缠绕聚丙烯材料做外保护层。

（2）对于海底管道，既可以采用以上结构，也可以在多层保温层之间涂敷胶层，并填充空心玻璃微珠等材料构成复合泡沫保温材料。

3）预制成型工艺

454

（1）钢管螺旋前进的传动线

钢管随机抬高或下降，轴向前进速度及径向旋转速度随机调节。其他检测控制机构由电脑全自动控制系统。在聚氨酯发泡塑料旋转前进喷涂生产线上适当改进。

（2）聚丙烯挤塑发泡系统

设置双螺杆挤塑机，前端设置挤塑加热发泡机头及其他电控系统。

4）该工艺装备用于保温效益明显。用一套设备可连续生产不同管径的保温管。保温层厚度可达120mm以上，尤其是大直径管"一步法"无法生产此工艺填补了空白。同时，还可以生产夹层板，制造加温管道。

聚丙烯挤塑发泡在模具上有一个可达180℃的发泡装置，发泡料从模具口出来已是定型的厚度，固化不受环境温度影响。发泡聚丙烯料可耐120℃高温，是仅次于聚乙烯（PE）和聚氯乙烯（PVC）的三大通用塑料，国外海底管道使用聚丙烯料，因有优良耐热性及力学强度，环境适应性好。

综上所述，石油、石化及城市各种管道的大量应用，促进了防腐保温材料的研发和应用。为配合新型聚合物发泡材料用于管道防腐保温，介绍了国内聚氨酯泡沫塑料和聚丙烯挤塑发泡材料，采用"两步法""一步法"及"管中管"保温管道生产工艺及其优势与问题，同时应研发不同材料，适应各种管径及厚度，满足不同温度的多品种防腐保温管道的需求。

第五章　建筑防水与给水排水

一、建筑防水工程设计与施工质量控制

建筑防水工程的整体质量要求是：不渗漏，保证给水排水畅通，使建筑物具有良好的防水使用功能。而建筑防水工程的质量优劣与使用的材料，防水设计，施工及维护管理密不可分，因此充分认识产生渗漏的原因并引起高度重视，从设计及施工质量控制几个方面分析。

1. 房屋建筑产生渗漏的主要原因

住宅工程容易出现渗漏的部位主要是屋面、阳台、厨卫、给水排水管道、外墙及地下室等，造成这些部位渗漏的主要原因是：

1）材料选择原因

近年来，由于建筑规模的不断扩大，各类建筑物大量兴建，一些建材生产厂家把目光投到了防水材料生产上。各种类型的防水材料名目繁多，品种也日新月异。当前，使用的有防水卷材、防水涂料、多种新型防水剂等。虽然大多数防水材料的质量可以达到建筑防水的使用要求，但也同时存在一些生产厂家为了获得更大经济利益而以次充好的现象。一些材料采购环节质量并不是认真把关，便有可能将质量不合格的防水材料流入到施工场地，给防水工程产生渗漏留下质量隐患。

2）设计方面原因

房屋建筑工程的防水设计是保证防水质量的关键环节，如果设计经验较少，考虑不周且构造措施不科学、不合理，即使采用再好的防水队伍和施工工艺、材料合格，也不能确保防水工程的整体质量。同样，如果防水方案设计不科学规范，还会导致防水工程的工序难度，造成防水质量无法保证，各种渗漏

水的产生难以避免。因此，科学、合理的设计是保证建筑工程防水质量的可靠保证。

3）施工方面原因

防水工程是一个系统工程，其施工过程中的质量问题是造成各种渗漏现象的主要原因，施工工序过程中较为常见的问题是：

（1）从防水混凝土本身看

包括洞口混凝土密实度不符合要求，施工缝及后浇带混凝土接槎处存在质量缺陷，主要是密实度及接缝粘结。

（2）防水卷材问题

现在的防水卷材施工工艺有三种，即条粘、点粘和满粘。在卷材的施工工艺过程中，接缝的粘结质量是最关键的，由于卷材本身属于柔性材料，一旦出现质量问题产生的渗漏，要比混凝土更加难以处理，因为找到具体渗漏部位是很难的事情。在很多情况下，防水卷材接缝位置及细部构造的处治是容易出现渗漏的，这些部位在细部的处理不慎是后期难以找到并彻底治理的。

（3）防水砂浆的施工质量

大多数地下工程中使用的防水砂浆是掺入防水剂的砂浆，在施工中会把防水砂浆作为辅助防水层，因而在抹压中并不用心操作，容易造成防水层细部处理不当而产生渗漏，处理有一定难度。

2. 防水工程设计重视的细节

1）地下室的防水及防潮

地下室应采取外围形成整体的防水做法，但当设计地下室最高水位低下结构底板300mm以上，且地基范围内的土及回填土无法形成上层滞水可能时，可另采取防潮处理；否则，地下室也应进行防水处理。对于如穿墙套管及变形缝等特殊部位，是最容易引起渗漏的薄弱部位，一定要处理恰当。当有穿墙套管时，应尽量避免穿越防水层，其位置尽可能高于地下室最高水位，确保防水层最佳效果。套管穿过地下室墙的防水处理现在有两种方式，即固定式及活动式。固定式即将管道同墙体固结为一体，管道不产生伸缩变化；活动式就是当结构有一定变形或热力管道穿过地下室墙体时常规采取的方法。这种方式是管道同墙体之间有柔性处理，可以适应一定的变形伸缩。

变形缝对地下室的防水是不利的，处理措施要恰当。当需要设置变形缝时，要对变形缝的沉降量认真控制，同时做好墙身、地坪及变形缝的防水。窗井、穿墙管沟、变形缝、预埋件及墙身角隅处，不论地下室采用防水或防潮做法，都要采取严格的防水处理。地下管道、窗井及地漏应有防止涌水、倒灌的措施。楼地面沟槽、管道穿楼板及楼板墙面处，应切实防水及防渗漏。

2）屋面的防水构造

屋面防水依据"导"、"堵"的原则，防水和排水同时进行。

（1）以"导"为主的屋面防水，一般是坡屋顶，坡度值 $i = 10\% \sim 35\%$，既要有足够的坡度和相应的排水设施，将屋面的积水快速排掉，又要使用合适的防水材料、科学的构造方法，防止渗漏。

（2）以"阻"为主的屋面防水，一般是平屋顶，坡度值 $i = 2\% \sim 5\%$。对于平屋顶的防水构造措施，可以采取柔性材料防水、刚性材料防水、涂料防水、粉状材料防水的基本方案，也可以采取混合方案。

（3）柔性防水具有一定的延伸性，有适应温度、振动、不均匀沉降因素产生的变形，能承受一定的水压，整体性好，施工过程要求较高。使用材料本身应不透水，有弹性和延伸性，宜施工，可变形和耐久性好。合成高分子防水卷材、高聚物改性沥青防水卷材等，都属于常见的防水材料。

（4）刚性防水构造简单、施工也方便，但对环境温度的变化、屋面基层的变形适应性较差，易开裂。采用厚度不小于40mm 的 C25 混凝土，内配置 $6\phi@100$ 的上表钢筋网片，间距小于 6m 设分格缝，并用丙烯酸等防水弹性材料嵌缝；也可以在混凝土中掺入钢纤维防裂。

（5）涂料与粉状材料防水，依靠生成不溶性物质来封闭基层表面的孔隙，或者生成不透水薄膜附着在基层表面，要求防水涂料生成的薄膜坚固、耐久，有弹性，能与基层有良好的粘结。常用的有沥青基防水涂料，高聚物改性沥青涂料，合成高分子防水涂料等。粉状材料防水是填充板缝、防渗漏的材料，尤其与上人屋顶的保护层配合使用或用于修补，效果更好。

3）楼地层及饰面防水

（1）厕浴间与厨房及有排水要求的房屋地面面层，与相连接各类面层的标高差要符合使用规定。有给水设备或存在浸水可能的楼地面，其面层和结合层使用不透水材质构造。当为楼面时，应加强防水整体性功能。

（2）厕浴间与有防水要求的房屋地面，必须设置防水层隔离，楼层结构一定采用现浇混凝土或预制整体混凝土块。其强度不低于C25；楼板四周除门洞外，应当做混凝土翻边，其高度不小于120mm。施工中对于结构层标高和预留孔洞位置准确，不允许重新凿洞，防止隔离层渗漏。坡度方向正确，排水畅顺。防水隔离层不得留在与墙交接处，应翻边，其高度大于150mm。

（3）楼地面或墙面、小便槽面层应使用不吸水、不吸污、耐腐蚀和易清洗的材料。楼地面标高应略低于走廊标高，并应有不小于3%的坡度向地漏，浴室及盥洗室地面材料应防滑。地漏四周、地面及排水地沟与墙面连接处的隔离层，适当增加层数及局部采用性能较好的隔离层材料；有防水要求的房屋地面，铺设前必须对立管，套管和地漏与楼板节点之间进行密封处理；穿管处做泛水，热力管穿板时要先设套管，排水坡度适中。

（4）饰面防水宜在砖砌墙应在室外地面以上，低于室内地面60mm处设置连续的水平防潮层。室内相邻地面有高差时，宜在高差外墙身的侧面加设防潮层。湿度大房间的外墙内侧也应设防潮层。当内墙面有防水、防潮、防污要求时，按要求高度设置墙裙。

3. 建筑工程防水施工措施

1）增加防水层

为了有效地避免住宅建筑发生渗漏，通常会设置防水层。然而，在实际施工过程中，会因为一些关键部位的应力过于集中，造成防水层发生变形。为避免这些问题的出现，应当在建筑结构应力相对集中部位或防水层较薄弱位置进行加固处理，以提高这些位置的耐久性。这样加强后即便遭受伤害后，仍然可以使防水层处于正常的防水效果，尽量保护渗漏水的发生。建筑房屋工程的排水地漏、水落口及过水孔与预埋件部位，是极容易产生渗漏的薄弱环节，在施工中应采取更重视和严密的节点设防措施。同时，在房屋建筑中一般有较多的管道，而管道周围较其他部位的混凝土更容易产生开裂，渗漏容易产生。因此，在地面砂浆找坡时，应使管道根部高出地面，并要增加卷材或涂料防水层。

2）避免防水层收头

防水层收头一般会出现在柔性防水层中，这主要是由于柔性防水层容易产生老化和收缩，伴随着防水层的不断收缩，其边缘部位会出现翘边现象，这样很容易产生渗漏水。为了减少和避免边缘卷材翘边现象，在柔性防水层施工时应采取可靠的加固措施。具体做法是：把卷材的末端固定，并对该处所有缝进行密封处理，然后将收头置于事先留设的凹槽当中，最后再进行混凝土泛水处理。通过加强处理，能够有效地防止防水卷材因老化收缩引起的翘边，避免在此产生渗漏水现象。

3）屋面天沟及檐口

房屋建筑的屋面是极其易产生渗漏的部位，因为屋顶部位长期遭受太阳光的照射和自然环境的影响，一天中气温也发生大的温差，由于温差会产生较大变形，雨水的冲刷使天沟中产生积水，当防水层被水浸泡又干燥，长期干湿循环，不断加大破坏面积使之加重，多数的屋面渗漏是由于天沟的防水层破坏所致。对此，在实际施工过程中，要针对这些质量薄弱环节所采取相应的防范措施。在屋面天沟防水作业中，应将防水卷材与涂膜结合使用，发挥各自材料的优势会大大提高防水效果。目前常用的做法是一布三涂和两布四涂，即在天沟的阴角部位和屋檐口表面先刷涂料，然后铺增加层胎体，再涂厚度大于1mm的涂料。如果檐口位置构件断面的外形比较复杂，可以采取增加空铺层或者先涂抗裂胶、再做增强层的工艺方法。

4）分格缝及压顶的处理

正常情况下，为了防止刚性防水层及找平层因干燥收缩或温差产生的开裂，一般的构造是设置分格缝，其作用是将整体分开成小块，变形在收缩缝中产生。因分格缝的宽窄会随着时间的推移而发生变化，一旦缝的宽度超过一定范围也会出现渗漏。为此，在设置分格缝时，必须在缝内嵌入高弹性密封材料，并在表面用胎体和涂料覆盖。而压顶肯定是主要指屋面的最高处，这就造成会长期暴露在外部环境中，容易受气候条件变化的影响，同时还会受墙体温差和结构变形影响，即使采取配筋混凝土压顶，也无法避免产生横向裂缝的产生。一般在3年左右使裂缝加大，雨水会沿裂缝进入到墙体之中，绕过防水层长期渗漏，会进入室内。为了避免这类质量问题的发生，在施工过程中必须对压顶做柔性防水的加强层，这个加强层的位置应在压顶下部合适。在具体工程应用中，一定要选择聚合物水泥基涂料，也可以使用聚合物水泥砂浆，主要是基于粘结牢固考虑。如果采用其他防水材料，有可能造成女儿墙与压顶的分层脱开。

5）阴阳角部位

房屋建筑工程中，阴阳角是容易产生渗漏的部位，如屋面的女儿墙根部、地下室底板与墙板交接处、两个立面的交接部位等。在施工过程中必须对各个阴阳角增加辅加层处理，做法是用砂浆将阴角抹成圆弧，再用卷材条加强或涂料加厚胎体。在胎体加强施工时卷材自然铺展，不允许拉紧，松弛状态较好。转角处的防水层加厚，防水效果明显。

4. 防水工程质量管理控制重点

1）防水材料的控制

房屋建筑工程设计选择的防水材料，在进入现场前要拿样品及说明，经监理工程师确认后方可进入现场。防水材料的质量检验应控制好两个主要环节，即材料本身合格及抽样送检工作。

（1）确保防水材料符合现行的质量标准

在正常情况下制定的施工合同中，会对防水材料有比较明确的规定。如果未进行对材料的规定，则必须根据建筑物特点及其重要性和对防水的整体性要求，选择相应的规范对其要求来确定。材料质量是验收，检验质量是否达到规定的标准，要保证不同类型的材料具备与其相对应的检验标准。监理工程师应当有先进的技术措施和手段，获得防水材料的数据信息，并与供货商提供的证明文件认真对照，对防水材料的可靠性进行客观、合理的评判，同时对检验的结果及时通知施工单位，以便进场及了解材料的质量情况。

（2）做好抽样复试工作

监理工理工程师应在材料进场前进行检验，保证材料、半成品符合防水的质量要求。在防水材料进场时强化抽样送检的程序，由有取样资质的监理工理工程师负责材料的抽样工作。在对材料抽检时，要按取样规定选取有代表性的样品，按照规定部位和数量取样，根据不同材质的检验项目及标准由专业试验室进行试验，将其最终结果作为材料可否使用的直接依据。

2）设计对材料的控制

房屋建筑项目的防水设计应当考虑的因素是：保证防水设计方案具有适用性和可行性，使设计方案中选择的防水材料具有较强的耐久性，即在设计的使用年限内不老化、不渗水，也要考虑防水工艺和技术的可行性，方便施工及维护保养。同时，还要重视住宅房屋的使用功能，结构特点和防水材料的耐久年限需要，在综合考虑防水渗漏可能造成的人力及材料损失，按规范划出防水等级，根据等级要求确定防水材料及其方案。还有一个重要的方面是设计采用"防排结合"的策略，在防水设计中明确规定排水做法及坡度、最大汇水面积、落水口内部构造要求，确保积水能快速排除，从而减少防水层产生渗漏的可能性。同时，对于刚性层设置分格缝，利用板缝分格、嵌缝填柔性密封材料的措施，使变形应力转移到板缝，防止找平层、基层混凝土刚性防水层开裂。也可以采取在刚性防水层与基层刚性保护层之间设置隔离层，减轻开裂的机率。同时，设计还要完善事前计划、事中控制和事后总结，使设计质量达到预期目标，也要加强对设计质量和复查的力度。

3）施工工序质量的控制

施工工序质量是施工技术质量管理的重要内容，也是实现质量目标的重要控制节点。对影响因素的管理，工序过程的管理是防水工序质量的控制关键。住宅建筑防水的工序质量控制对象是：几何尺寸，粗糙度，公差等坡度范围，也就是不但控制各项指标分散程度，还要控制特性值波动的中心位置。施工工序控制重点是：保证工序严格执行防水工艺规程，将工艺流程和操作作为防水施工作业的重要依据，并依此提高工序质量。还要加强工序控制的主动性，使过程处于受控状态。及时检查施工工序活动的效果，确保工序活动效果是否与质量标准相符，通过分析工序活动质量，掌握活动信息，使其满足规范和标准的要求。还要设置工序质量控制点，将这些点作为控制重点并加强管理，使工序质量成为防水施工的基础。

综上所述可知，房屋建筑的防水是一门综合性、应用性很强的系统工程，其防水效果及耐久性对建筑物的正常使用功能和生产、生活质量，改善人居环境发挥着重要作用，而防水工程本身的影响因素比较多，其不仅涉及防水项目设计、防水材料、施工专业人员素质、管理及检查监督各个环节，工程任务则是综合各个方面的因素进行全方位的评价，选择符合要求的高性能防水材料，进行可靠、耐久、经济、合理的设计，认真组织和精心管理，实现优良的防水效果。

现今，由于技术水平的不断提高，涌现出许多新材料、新技术和新工艺，建设和施工企业在工程建设中应积极采用新材料和新工艺，从根本上提高建筑物的防水质量，根治渗漏水质量通病的发生，保证建筑物使用功能，有效延长其正常使用年限。

二、建筑防水工程施工质量技术管理

建筑防水是一门综合性、实用性很强的技术工作，对建筑工程的使用功能起着至关重要的作用。防水工程属于一个系统管理控制工作，在这个系统工程中，设计构造、材料选择、施工过程、管理及维护等，在任何一个环节出了问题，都会影响整个防水工程的质量，造成防水失效而产生渗漏。经过多项建设防水的总结，防水工程出现渗漏现象显示，渗漏原因中，由于材料质量不达标造成的渗漏占 20%～30%，因施工工序控制粗糙造成的占 35%～50%，由于设计存在问题造成的渗漏占 15%～26%。建筑防水工程质量传统意义上的四漏，即屋面漏、厕浴间漏、外墙体渗漏、地下室漏，已成为常见的防水质量问题通病。人们普遍的共识是："设计是前提，材料是基础，施工管理是关键"，所以科学的施工管理，不但能保证防水工程的质量，而且可以降低材料消耗、提高防水效率、节约成本费用。工程防水项目施工管理包括施工准备、施工操作和工程验收三大环节。

1. 防水项目施工管理

1）施工准备

为创造有利的施工条件，保证工程防水施工的顺畅进行，施工前的准备是必不可少的一个环节，是保证施工质量的基础。根据工程防水的技术特点和工程进度要求，合理部署、组织、分配施工力量，从技术、材料、人员和管理等方面为工程防水创造有利条件。

2）技术准备

现场施工技术人员通过图纸会审，熟悉工程构造、节点细部构造、设防层次、采用的材料以及规定的施工工艺和技术要求，编制切实可行的工程防水施工方案（包括工程概况、质量工作目标、施工组织与管理、施工准备、施工工艺与要点、安全注意事项），明确工段划分、施工顺序、施工进度、操作要点等技术保障措施，考虑工程防水的每个细节，使设计意图得以贯彻落实。

3）现场准备

要彻底清理、清除施工现场杂物和建筑垃圾，保证施工基层的坡度、平整度、含水率等符合设计和施工、质量验收规范要求。基层不但要强度高、平整、牢固，无蜂窝、麻面和气孔，不得有疏松、空鼓、起砂、起皮和开裂现象，而且要干净、干燥（水乳型涂料允许表面潮湿）。阴阳角处做成圆弧或钝角，基层质量的好坏将直接影响防水施工的质量，并且每铺贴一张卷材前必须再清理一次，以防施工人员鞋上的石子或风刮至施工部位的石子等杂物遗留在卷材底下，破坏卷材。

4）人员准备

工程防水施工必须选择具有施工资质、责任心强、业务技术水平高的专业防水施工队伍进行，操作人员应经过专业培训，持证上岗。防水施工前，应通过图纸会审或技术要求，编制切实可行的防水施工方案和技术措施，并及时、详细地向施工队伍进行技术交底，必要时可进行施工前的技术指导培训教育（进行三次教育：第一次对工人进行质量教育，第二次对工人进行技术教育，第三次对工人进行现场规章制度教育），以保证防水施工队伍能熟练按照技术规范要求，保质、保量地进行防水施工。

5）材料准备

任何一种防水材料都有它的独特性、适用性。"一剂治百病"的观念是错误的。所以，如何选择材料才是重要的课题，选择优良、合格的防水材料，才能保证防水工程的施工质量。防水材料的选择如下：

（1）根据防水工程所处地形地理位置、气候环境条件、结构构造以及防水材料的品种、性能、特点和适用范围，正确选择、合理使用防水材料；

（2）工程防水所采用的防水材料及辅助材料必须具有产品出厂合格证书和国家权威部门的技术性能检测报告，防水材料的性能、规格、品种等应符合现行的国家产品标准和规范要求。对于进场的防水材料要按规范规定抽样复检，防止不合格防水材料混入施工现场，同时要保证辅助材料与防水材料的相容性；

（3）防水材料应尽量选用住房和城乡建设部推广应用的弹性体（SBS）、改性沥青防水卷材、三元乙丙橡胶防水卷材、聚氯乙烯防水卷材、聚氨酯防水涂料等环保型防水材料，严禁使用含苯（包括工业苯、石油苯）的防水涂料；

（4）准备好工程防水所需的施工工具，如搅拌器及搅拌棒、大小容器桶、批刮灰刀、洁净水源、毛刷、滚刷、剪刀、小抹子、消防器材等等。

6）其他准备

根据工程防水施工现场的天气、地理环境及其他客观情况，做好防水层的保护措施，如防雨、防风、防火、防器械破坏等。

2. 防水施工操作过程控制

现场具体施工中，要对施工质量、进度、用料、安全、工序协调等进行科学、有效的控制管理，以保证防水工程的施工质量，提高工效，节约成本费用。防水工程在施工前应先做样板，经检查验收合格，方可全面施工。工程防水施工的一般程序为：基层处理→清扫基层和制备胶粘剂→节点细部防水处理→铺贴防水卷材→节点部位检查处理→工序防水验收→防水保护层施工→蓄水试验→竣工防水验收。

1）施工进度计划管理

通过现场施工进度计划管理，合理分配、部署施工力量，可分块分段进行防水施工，以确保防水施工按期顺利完工，降低成本。

2）施工操作和技术

工程防水应强调"防排结合、以防为主，刚柔结合、以柔适变，复合用材、多道设防，协调变形、共同防护"的系统防水原则。

（1）混凝土结构自防水

①混凝土刚性自防水具有承重和防水两种功能，材料来源广泛、成本低、施工方便、耐久性好，特别是在地下防水工程中可以优选，但刚性防水层对地基沉降不均匀、温度变形、结构振动等因素非常敏感，因此对地基处理要求严格。

②经常采用的防水混凝土有补偿收缩防水混凝土、减水剂防水混凝土、密实剂防水混凝土、纤维混凝土等，还有渗透结晶型防水剂混凝土、混凝土表面增水剂刚性防水。

（2）柔性防水

柔性防水包括卷材防水和涂料防水，卷材防水具有较好的抗拉强度和韧性，能够承受一定的压力、振动和变形，具有较好的耐腐蚀、抗渗能力；涂料防水施工方便、快捷，不受防水工程结构形状的影响。

①铺贴卷材前，必须将表面的粉状物清理干净，看清卷材材料说明，条纹顺直的一面朝上。在大面积铺贴防水材料前，应先做好节点、附加层和增强层、排水沟槽部位的处理，遵循先高后低、先远后近的施工工序；对于墙体立面的施工，应遵循先低后高的顺序，尽量减少防水材料的搭接。

②防水卷材的铺贴方向应根据防水工程的坡度或是否受振动来确定，坡度在15%以内时，宜平行于屋脊铺贴；当坡度大于15%时，应垂直于屋脊铺贴；当坡度大于25%时，一般不宜采用卷材防水层，否则应采取措施固定卷材。上下层卷材不要互相垂直铺贴，平行铺贴时卷材搭接应顺流水方向。

③防水卷材的搭接宽度一般≥100mm，相邻防水卷材的搭接错缝应错开1/3～1/2幅宽，卷材的搭接接缝要用10mm宽的密封材料封口。

④防水卷材收头处应钉压固定，并用密封胶嵌填密实。

3）施工监理检查项目

为使防水工程在安全与质量上能达到预期目标，在施工过程中要求现场监理人员对防水工程的施工全过程进行监理控制，对关键部位、关键工序进行旁站监理，对进场原材料、安全文明施工等进行严格监控。

（1）防水工程施工工艺是否遵守设计要求和施工操作规程；

（2）防水材料及辅助材料的使用、储存是否符合产品质量管理规定；

（3）特别注意检查工程防水细部构造，如落水口、管道根、伸缩缝、阴阳角、天沟、卷材搭接等处的防水施工质量；

（4）检查、抽查所用防水材料及辅助材料的产品质量，防止使用不合格产品，避免偷工减料；

（5）在防水层施工中，每一道防水层完工后，应检查验收合格后方能进行下一道防水层的施工；

（6）对于检查中发现的隐患应立即现场解决，不留后患。同时，重视在施工过程中的安全防御措施，防止火灾事故的发生。

3. 防水工程验收控制

工程施工质量验收要充分体现"验评分离、强化验收、完善手段、过程控制"的原则。防水工程属于隐蔽项目，施工过程中及隐蔽前，必须做好施工记录以及一切过程验收资料手续，及时报监理验收。未验收前，不得隐蔽且进行下道工序施工。

（1）每一分项防水工程应蓄水或者淋水检验，防水工程应无渗漏和积水，排水系统畅通；

（2）防水工程完工后，施工单位会同监理、建设单位检查验收，合格后方可交工；

（3）工程防水验收合格后要将防水材料、辅助材料的出厂质量证明文件和复试检测报告，同验收文件和记录一起存档；

（4）防水工程验收合格后，应派专人负责管理维护，以避免下道工序或者其他因素造成人为破坏。

三、高层建筑给水排水常见质量缺陷及防治

高层建筑层数较多，建筑物内外部结构组成形式相对复杂。给水排水系统是高层建筑的重要组成部分，其投资比例在所建工程中占的份额相对偏低，所以部分施工企业对给水排水工程重要性认识不够，表现在专业技术人员配置不到位，存在专业技术人员素质偏低的现象。随着房屋建筑高度的不断增加，给水排水系统趋向大系统高参数方向发展，对高层建筑给水排水工程施工技术要求更高，加上一些设计本身也存在缺陷，造成施工过程中出现渗、漏、堵等影响使用功能的现象时有发生，甚至影响到工程质量。针对现阶段高层建筑给水排水系统中存在的实际问题，各有关参建方必须采取必要措施，以确保工程质量满足使用要求。

1. 生活给水排水系统施工存在问题

1）出现管道渗水现象

（1）原因分析

当前，高层建筑室内给水管道习惯采用镀锌钢管、钢塑管或塑料管材，造成管道渗水现象的主要原因是：接口处螺纹加工不规范或存在断丝现象；安装螺纹接头时松紧度不恰当或填料不适合，造成螺纹连接部位渗漏水；管材上存在砂眼未能及时发现；管道支架安装距离不合理，管道受力不均匀，导致丝扣部位断丝，此现象在管材变径处当超过规范允许长度时会产生；塑料管材采取热熔性连接对管道的热熔时间不同时，造成管头及管件的受力不均匀等。

（2）防治措施

管材使用前要经过报验检查，确保无裂纹、砂眼等缺陷；加工管材螺纹时应按规程操作，保证丝扣长度符合要求，成型螺纹应端正、光滑，无毛刺、断丝及乱丝问题。安装连接时应挑选相匹配的填充材料，耐久性好，结合紧密，安装紧固，连接管材时用合适的管钳，以保证松紧适度；保持管道支架间支

撑距离符合设计且紧固适当；当采取热熔性连接管道时，必须掌握热熔时间相同，在安装连接时要保持管材两侧受力均匀。

2）低部位及不利节点静水压不满足要求

（1）原因分析

高层建筑室内给水系统多采用分区供水，低层多数采取市政管网或带气压罐的变频供水系统，高层多采用屋顶水箱或加压泵供水。利用分区供水很难达到系统平衡，容易出现用水时压力过大或造成卫生器具连接软管的爆裂现象，不仅影响到正常使用功能，还存在一定的安全隐患。处于最高点是最不利部位，往往由于屋顶水箱设置高度偏低而导致最不利点水压低。若卫生洁具采用延时自闭阀门，则造成阀门无法开启或关闭现象，而采取变频供水系统在确保最不利点供水时，最低层水压则过高，产生问题。

（2）防治解决措施

在设计阶段应根据房屋高度进行科学分区，不要简单地将供水系统一分为二，而是划分为 3 个或更多的供水区域，保证用水的安全、可靠。为防止卫生器具连接软管的爆裂问题，应在合适位置安装减压阀门，有效降低静水压力。

3）管道系统压力满足不了需要

（1）原因分析

给水管道安装后出现水流无压力、水流不畅的问题，其关键原因是设计采用的管道直径偏小所致；安装过程中管道缩口或有毛刺，也可能安装管内进入杂物未清除，屋顶水管口未封堵进入杂物形成堵塞，竣工未按要求冲洗管路等。

（2）解决处理措施

设计师必须严格按高层建筑给水规范规定科学设计，施工人员在安装前逐根检查丝扣及清理管内，对管道缩口或有毛刺彻底进行处理；管道就位后及时保护管口，水箱完成后及时清理干净内部，系统完成后进行压力冲洗及试验。

4）热水系统水温及压力不稳

（1）原因浅要分析

高层建筑热水系统由于用水点分布范围广，线路相对长，很容易出现部分用水点水温不正常的现象。为确保在一定温度之内，宜选择等流程管路布置，此措施既不降低水温，又方便维修与维护。高层建筑热水系统加热设备置于地下室部位，供热方式向上，因低层水压力高，会随着层数向上增加而压力逐渐降低，途中溶入水中的气体也随压力的降低而释放出，容易在管路中形成气塞，严重时会影响热水循环，造成一些供水点的不正常。

（2）解决措施

可以采取在加热设备处引一条膨胀管，连接到冷水供水箱顶部。当系统内热水体积膨胀时，可以把多余的热水溢流进入水箱，这样系统中的压力会保持恒定。

5）分户水表的设置，当前水表的设置形式主要是：

（1）首层集中设置

此种方法虽然方便集中抄表，但是使用管材量大，而入户的支管安装在外墙影响外观，在实际设计和施工时采用很少，一般用于多层住宅建筑。

（2）水表分层设置

这种方式一般设在走廊或楼梯休息平台处的管道井，将该层几户水表集中在管道井内，抄表人员不入住户只在井内抄表，目前许多住宅工程都是采取这种方法安装水表。

（3）分户远传水表的设置

采取分户远传安装的水表是在用户室内，给水立管设在卫生间或厨房内，与传统的立管敷设方法相同，尽量在用水点前面安装。它通过信号线与住宅小区数据采集机相连接，实现远程读表功能。对于智能住宅小区，要采用远程传式水表。

2. 消防给水系统的问题及处理措施

1）消防给水管网施工质量问题

（1）按照消防给水设计规范的要求，室外的消防管网应布置为环状，因环行管网的进水主线不少于两条，并且从两条市政管网引入，若有一条进水主线出现故障，其另一条主干线可以保证发生火灾的消防用水量。

（2）消防给水管网试压未按照设计及现行施工质量验收规范进行。管网施工安装完成后，一定要按照相关要求进行压力试验。对于消防给水管线，如果设计未明确要求时，试验压力应当是工作压力的1.5倍，并且不小于0.6MPa。强度试验是管网在试验压力下10min，压力降≤0.05MPa为合格。然后，将压力缓慢降至工作压力，经检查无渗漏则严密性试验合格。

对于自动喷淋灭火系统，当设计压力≤1.0MPa时，强度试验压力应当是工作压力的1.5倍，并且不小于1.4MPa；当设计压力>1.0MPa时，试验压力应当为工作压力+0.4MPa，水压强度试验是管网在试验压力下稳定30min，压力下降≤0.05MPa为合格。而严密性试验应在水压强度试验和管网冲洗合格后进行，试验压力为工作压力，稳定24h无渗漏为合格。

2）消火栓系统存在的问题

（1）室内消火栓安装及压力达不到要求。组合式消火栓箱嵌装在墙体内，消火栓箱洞口未浇筑混凝土过梁，在荷载作用下消火栓箱体变形，造成箱门开启发生困难；有的施工单位随意改变消防箱底预留孔洞位置，造成安装后栓口出水方向不能与设置消火栓箱的墙面成90°，或者与周围距离过小，导致消防水带不能安装至消火栓口或水带弯折而影响出水量，严重的甚至出水口与墙面平行，无法使用。也存在有的房屋在二次装修时把消火栓掩盖，不标注任何标识，起不到消防的作用。同时，消防水压力达不到设计要求的情况比较普遍，有的使用单位为了应付检查，在消防管网上增设管道泵，在验收和检查时启动管道泵，达到合格的目的。

（2）室外消火栓和水泵接合器的安装不符合规定。室外消火栓和水泵接合器的使用性质完全不同，有的单位将两者混装。由于两者之间有直接的联系，两者的距离按规范要求在15～

40m 之间，但是实际施工中存在距离过近或过远的现象，有的甚至安装在消防车无法靠近的位置。也有的建筑采用地下式室外消火栓和水泵接合器，并没有明确的标志。一些建筑物同时有消火栓和自动喷水灭火系统，但在安装室外消火栓和水泵接合器时，未做明显的标志加以区别。

3）自动喷淋灭火系统存在的问题

（1）感温喷头与周围物体的距离不符合规范要求，喷头与楼板间的距离过近，引起火灾时感温元件不能及时动作，延误喷水时间使火势加速蔓延，或者喷头距周围物体太近，存在消防用水喷射不到其保护范围的安全隐患。

（2）按照现行规范的要求，在无吊顶的场所应选择直立型喷头，而有吊顶的房间应采用下垂型或吊顶型喷头。但是在一些工程中，有的房间由于改变了使用功能，增加或减少了吊顶，而施工企业仍然按照原设计图安装喷头，造成无形中的浪费也不合适。

（3）支架安装不当，按照现行规范为防止喷水时管道可能产生的晃动，在配水干管长度大于 15m 的部位应设防晃动支架，而施工时往往使用普通支架或吊架即完事。

（4）屋顶消防水箱的安装不符合规定。消防水与生活用水共用水箱时，施工时忽视或未采取保证消防用水的技术设施，无法满足消防水箱应储存消防用水量的要求，或未设置防止消防泵加压消防供水进入水箱的技术处置。

4）对消防给水系统隐患的应对措施

（1）对专业设计师必须强制执行建筑消防资格证制度，对于每个工程项目的设计，应至少确定一名具有消防资格证的设计师主持项目的消防系统设计。强制执行建筑设计师的消防资格证，有利于促进建筑设计人员学习现行消防规范，提高建筑消防设计质量。

（2）施工企业必须加强资格认证管理，高层建筑消防专业的施工必须具有相应的消防专业资质的施工单位承建。为了防止施工资质挂靠或分包，可以执行施工企业消防水、电专业的技术及施工管理人员持证上岗。消防监管部门在项目施工过程检查中，可以采取抽查施工专业人员的资格证，以保证高层建筑消防设施的安装质量，防患于未然。

（3）对建设使用企业而言，主管领导应当高度重视，在消防上下大力气投入，不允许私自变更设计图纸，改变或降低消防设计标准，使企业在安全环境中运行。

3. 辅助给水系统存在的问题

1）循环冷却水系统

现在规模略大的建筑物都少不了循环冷却水系统，用于在不同季节室温的调整控制。采取循环冷却水系统既可以辅助给水系统的运行，也能降低空调机组的冷热损耗。高层建筑空调制冷设备的冷却水用量较大，为了减少对水资源的消耗，常采用冷却塔降低水温后循环再使用。

2）软化水系统

软化水在住宅建筑中使用较多，如锅炉房、洗衣房和热水系统等使用的水质硬度要求低，安装给水系统应增设软化处理系统，以调节水质硬度符合使用要求。

3）游泳池循环水系统

游泳池内的水要使用大型给水系统才能保证达到标准的水质。由于游泳者的污染、水的蒸发散热等，必须要对池水采取过滤或消毒处理，还要补充散失的热量。游泳池的循环系统要安装单独的循环水处理系统。

4. 排水系统的施工控制措施

1）排水系统施工中常见的问题

（1）高层建筑物是人员相对密集的地方，生活污废水的产量比较集中也大，排水立管具有长度大、流量大、水流速快的特点，大水流排出易造成下层卫生洁具排水的喷溅。由于卫生洁具的排水属于间歇性下排，会使排水方向的前行管道系统的气体形成正压，水流在下降过程中形成气体产生负压而吸抽，可能会使管道系统产生水的喷溅和水封水抽吸，造成排水管道内的臭味和异味进入室内。

（2）塑料排水管道噪声相对较大。传统排水管是用铸铁制作的，现在逐渐被淘汰及退出建筑排水市场，而普遍采用塑料排水管道。但是，普通的 UPVC 管道的流水噪声要高出铸铁排水管 10dB 以上。如果排水立管靠近卧室，加之现浇混凝土楼板的隔声效果较差，居住者明显感觉到排水管道噪声过大，会影响休息及环境质量。

2）排水系统施工质量的控制措施

（1）高层建筑底层及二层应当单独设立排水管道。而且对于高层的排水系统应加强通气，保持管系内气压的平衡。对此，要采用专门通气管的排水管道系统或新型排水管道系统。

（2）高层建筑的排水立管宜采用乙字弯消能措施。对地漏水封的处理，按现行《建筑给水排水设计规范》GB 50015—2009 的规定，地漏水封深度应小于 50mm。施工单位不要违反这一基本要求，用高水封地漏最好。

（3）卫生间洁具的布置，要尽量考虑使排水立管远离卧室及客厅，立管要考虑选择可降噪声新产品。芯层发泡的 UPVC 管道和 UPVC 螺旋管可以明显降低噪声，现在市场上出现的一种超级静音排水管由于采用了特殊的吸声材料，其排水噪声低于铸铁管。

（4）高层建筑雨水、污水、废水应分开设置立管排放，以便于以后废水回收和污水处理，进场处理方便集中。

5. 水泵及阀门施工安装

1）水泵安装

（1）常见质量问题

高层建筑给水排水施工的水泵，因为设备安装尺寸不准确，施工简单粗糙，未按规定验收进场设备，工序过程顺序前后颠倒，安装就位泵噪声大、漏水，不能按时交付使用，造成工期延误且人工材料投入增加。

（2）预防处理措施

水泵必须有符合国家标准的质量检测报告和出厂合格证，其零部件齐全，不得损伤、锈蚀，转动部位应灵活，不应有阻滞、卡住现象，声音无异常。根据水泵机组的型号及数量，基座尺寸准确计算后再定位，其坡度、标高及位置不得偏移，严格按程序操作安装，并且与机组布置管线最短，弯头最少。

2）阀门的施工安装

（1）常见质量问题

高层建筑给水排水施工所用阀门种类及数量较多，若门的规格和型号不符合设计要求时，安装前未进行质量检验，阀门安装方法不正确，不仅阀门开关不灵活，出现漏水，而且不能调节阻力、压力或正常关闭，甚至导致阀门失灵，加大检修困难。

（2）预防处理措施

依照设计要求选择阀门型号和规格，且其工程压力应符合系统试验压力的要求。按照施工质量验收规范要求，对于给水支管，当管径≤50mm时，要选择截止阀；当管径>50mm时，应选择闸阀。热水管和立管控制阀也应选择闸阀。阀门安装前对每批同型号、规格的抽检不应少于10%，要进行耐压强度和严密性试验，尤其是安装在主干管上起切断作用的闭路阀门，应逐个进行耐压强度和严密性试验，试验压力应符合《建筑给水排水及采暖工程施工质量验收规范》GB 50242的要求。同时，严格按照产品说明书安装。蝶阀要考虑手柄转动的空间，明杆闸阀应留出阀杆伸长开启高度，并且各种阀门杆不能低于水平位置，也不能向下。暗装阀门不仅要设置开启阀门需要的检查门，且阀杆应朝向检查门方向。

6. 预留套管及其安装控制

1）预留套管及孔洞

（1）常见质量问题

高层建筑给水排水施工中，如果预留套管及孔洞不规范、不准确，孔洞尺寸错误或漏留，安装要穿过墙壁、基础或楼板，需要重新打洞甚至砸断结构主筋，严重影响到建筑物的安全，尤其是卫生间穿板孔洞特别多，多次打洞不仅破坏楼板整体性刚度，而且破坏防水层，容易产生渗漏现象。

（2）预防处理措施

由于高层建筑地下室的设备管线较多，而且标准首层、标准层及转换层结构比较复杂，梁柱密集，管道敷设难度较大。对于安装需要的孔洞及预留套管，不仅要核对图纸，还要及时与设计人员沟通。现场技术人员在充分了解图的基础上，对设备及卫生洁具等的安装尺寸，管道配件的要求尺寸，要在施工中提前预留制成表格进行检查。对于洞口防水层的处理要按要求进行，防水层完成后不允许剔槽打洞。

2）套管安装控制

（1）常见质量问题

高层建筑中套管安装不规范，钢套管在钢筋上简单固定，不仅起不到对套管的加强作用，而且影响到使用的耐久性。

（2）预防处理措施

安装在楼板中的钢套管，宜超出楼板装饰面高度20mm，安装在卫生间及厨房楼板中的钢套管，宜超出楼板装饰面高度50mm，且底部应与板底面平齐。钢套管在钢筋上的固定应按构造要求进行，要采取另设加强筋点焊固定。对于防水套管，不仅要保证刚柔性套管埋设位置准确，而且翼环尺寸、壁厚、直径、材质及位置满足管线走向要求。

3）套管的连接

（1）常见质量问题

套管连接的质量问题主要是在管道连接处对接口错边，产生渗漏水现象。

（2）预防处理措施

管口套丝扣时要求螺纹端正、光滑且无毛刺，不乱丝和断丝。加工好的螺纹用手先拧两三扣，再用管钳继续上紧，拧紧后应余出两三丝扣为宜。管钳型号要适宜，若用大规格管钳拧小管件，会因用力大使管件受损；反之，因力矩小管件拧不紧而漏水。在螺纹连接处根据管内输送的介质选择适宜的填料，以使丝扣之间更严密。当管道安装完成后必须按照施工质量验收规范的要求，对严密性和强度进行试验。当试验合格投入使用后，要求进行保护，防止人员踩踏或吊挂物体，以免受力不匀，造成连接丝扣处渗漏。

4）吊支架及托架安装要求

（1）常见质量问题

在高层建筑给水排水系统中，如果管道吊支架及托架安装不牢固，不仅会导致管道弯曲变形，严重时会造成管道渗漏。

（2）预防处理措施

吊支架及托架的安装位置正确，埋置必须平整、牢固。且支架与管道紧密结合，牢固、可靠。滑动支架必须灵活，而且滑托与滑槽两侧间应有 3～5mm 的空隙，其纵向移动量符合设计要求。无热膨胀伸缩管道吊架的吊杆安装应垂直，有热伸长管道吊架的吊杆应偏向热膨胀的反方向。钢管安装水平支架及吊架的间距应符合规定，且固定在结构体上的管道支架不得破坏结构体。

7. 排水系统及室内外消火栓安装

1）排水系统

（1）常见质量问题

在高层建筑排水系统中，由于排水立管较长、流速快，容易引起管道内气压的极大波动，形成一种极不稳定的气水二相流，造成排水管道堵塞，卫生洁具溢水或遭到破坏，使下水管道中的臭味浸入室内，污染生活环境。

（2）预防处理措施

高层建筑排水系统中，高出地面的卫生洁具和排水设备的污水，可以直接排至室外下水道中，而低于地面的卫生器具和排水设备的污水排入集水坑，通过泵把集水坑中污水提升至室外下水管道中。而排水管道在施工时，临时甩口一定要封堵，防止杂物进入管道。高层建筑底层及二层应单独安装排水立管，应加强系统通气处理，通气管道直通至屋顶，系统互相连接。

2）室内外消火栓安装

（1）常见质量问题

消火栓安装方向不符或出水压力不足，箱体变形或门开关不灵活，也有消防水带无法安装在消火栓上，水带形成弯曲影响水流，严重时不能满足消防水压力要求。

（2）预防处理措施

暗敷在墙体内的消火栓箱洞口上部应设置过梁，不得任意改变消火栓箱底预留孔的位置，安装后栓口出水方向与设置消火栓的墙面成90°。对于建筑面积较大、结构功能复杂的房屋建筑，应满足最不利点消火栓水压力的要求。

综上所述，高层建筑由于高层及功能多，给水排水工程与居民的日常生活极其密切。在施工过程中，只有重视对高层给水排水施工的安装质量，针对出现的质量缺陷采取综合性防治措施，杜绝给水排水工程使用中出现的跑、冒、漏、滴、堵的质量问题，满足安全、耐久的使用功能，使建筑质量达到设计及施工质量验收规范的要求。

四、地下防渗墙的施工控制措施

地下土质结构及含水情况比较复杂，防渗墙施工会遇到多种困难，常见的搅拌桩连续造墙施工，地下连续薄防渗墙施工，防渗墙施工的重要技术措施，有其不同的适用条件，可根据不同的地质条件选择不同的技术措施，达到需要的工程效果。

1. 深层搅拌桩连续造墙施工

深层搅拌水泥土防渗墙采用单轴、多轴深搅拌机施工。其原理是用深搅桩机钻孔至设定深度，向孔中注入预拌好的水泥浆，用螺旋形钻头搅拌，尽量使土体和水泥浆强制拌合得比较均匀，形成水泥土柱，互相挤紧，形成墙体在凝结后起到防渗墙的作用。

1）单头深层搅拌桩机施工方法

单头机与多头机施工步骤相同，桩基成墙时，单头机比多头机多一个循环且不分序。每次移机 444mm，最终成墙厚度 325mm。

2）双动力三头深层搅拌桩机的施工方法

搅拌桩机按防渗墙轴线定位，依据桩机上的连通管调平机座，偏斜率宜小于 5‰。桩位对中偏差不超过 50mm。安装水泥浆拌制设备系统，水泥浆要经过过滤，在水泥浆液拌制机和加料斗前各设一过滤网。管线连接：用压力胶管连接泥浆泵出口与深层搅拌桩机的送浆管进口。试运转：调整搅拌速度，不要超过设计值的 10%；调整提升速度：一般控制在 1m/min 左右；送浆管路和供水管路畅通。各种控制仪表应显示正常，检测数据准确。

喷浆搅拌下沉：先启动浆泵至钻头出浆，再启动主机使得正向转动，并把钻头向下推进挡，直钻至设计深度。喷浆搅拌提升：当钻至设计深度时，停钻灌注水泥浆 30s，直达到孔口返浆，再反向旋转提升钻杆，继续注浆，保证孔口有返浆出现。当搅拌头提至设计桩顶时停止提升，再搅拌喷浆几秒，以确保桩头密实、均匀。再复搅：搅拌喷浆几秒后搅拌头正向转动向下推进至设计深度，再反向转动提至桩顶。此时，灌注水泥浆量适当控制以不堵塞为宜。清洗管道：向集料斗中放入清水，开启泥浆泵清洗管道中残余的水泥浆，直至搅拌头出浆孔喷出清水，并用人工清除粘附在搅拌头上的泥土。然后，移动机至下一个深层搅拌桩的位置再按程序施工。

3）深层搅拌桩法防渗墙的适用范围

深层搅拌法在软土基础加固和防渗处理中具有较好的适用性，处理后的地基其承载能力和防渗性能可以满足建筑的需要。在当前的施工技术条件下，考虑经济费用及质量保证，其适用范围应当是松散砂土、粉砂土、粉质黏土及含有少量砾石的土层，也包括土体架空或洞穴情况也可使用。但在砂砾石层、有机质含量较高的淤泥土及含水量较少的黏土层中慎用。

4）深层搅拌桩法防渗墙的施工特点

施工效率高，施工速度每台机可达 13.2m/h，是多种防渗墙施工最快的一种工法；同时，造价也低，成墙的费用是高压喷涂的 1/4，混凝土防渗墙的 1/3 左右；施工工艺简单：不要挖基槽，不需要护壁回填夯实工序，更重要的是不破坏地下结构；成墙效果好：墙体厚度连续均匀，接头少，墙体可满足防渗要求（桩钻头直径 400~500mm），墙体深可达 20m 以上，无污染，施工噪声低等。

2. 防渗墙的施工关键控制点

1）垂直度控制

在钻孔应用中，组合钻机开槽法、射水法及深层搅拌桩三者共同的关键点控制是垂直度。垂直度是关系到建成的防渗墙是否在同一设计轴线位置。因此，在施工过程中可能出现的左右偏差、轴线偏差、孔斜率数据应按操作规程与规定控制，并认真做好记录。发现不垂直偏斜时立即采取纠正措施，确保防渗墙在同一设计轴线位置，误差在规范允许范围内；否则，会出现断墙或墙体局部不衔接留有孔隙，这些缝隙过大且多达不到挡水作用，而且处理的难度极大。

2）墙体接缝衔接的处理

混凝土墙体与混凝土墙体之间接缝应上下反复清洗原已浇筑墙体的接触部位，确定接触面无夹渣泥土。墙体与墙体平行相接，搭接长度应在大于 1m 以上。若是相接后出现封闭不严，出现渗漏通道时，可采取在渗漏通道部位重新钻孔现浇混凝土的办法封闭，达到不渗水的目的。

3）塌孔处理

在施工期间依靠护壁泥浆的做法容易产生扩孔与塌孔问题。扩孔与塌孔产生的主要原因是土壤中含有集料层、粉砂层、空洞及裂缝等。要处理好这些不利地质现象，可以采取的有效措施是：一严格控制护壁泥浆的浓度，必要时在泥浆中可适宜加入膨润土；二是加密安置隔离体，增加支撑力；三是缩短墙体一次性浇筑长度，减少水浸泡的时间。

4）搅拌桩的钻进与提升

搅拌桩是通过钻头的钻入与提升时，依靠浆泵将水泥浆经过高压输浆系统喷入土体搅拌均匀而形成的混凝土挡水墙。它的钻进与提升速度直接与墙体厚度、宽度、强度及抗渗能力相关。因此，在施工作业过程中，机械操作手必须严格执行操作规程和工艺流程。对进行中的原始记录、施工日志要详细记载，并加强关键工序的控制与监督管理。

3. 地下连续薄防渗墙的施工控制

地下连续薄防渗墙施工的几种工法如下：

设备钻孔灌浆成墙：其主要工作原理是钻孔灌浆搅拌成墙。一种常用设备是多头小直径深层搅拌一次成墙桩基。该设备主要由液压步履行走底盘、专用导架、六头钻杆、连锁器等部件组成。设备结构合理，连墙施工效率高，且造墙深度在地下可达22m；而另一种设备是双动力多头深层搅拌桩机，主要是由液压步履行走底盘、专用导架、成墙器、三杆六头搅拌钻头等部件组成。双动力驱动，具有钻孔多级调速、钻杆中心距可调、三管分别计量灌浆、垂直准确、控制方法便利、对环境影响极小的优点，最大成墙深度可达21m。

液压抓斗超薄混凝土防渗墙：该种墙的厚度一般为250～300mm，使用设备选择进口的CH-60型和CH-80型液压抓斗，成槽深度可达70m左右。由于其厚度只有传统防渗墙的1/2～1/3，在许多情况下可以用液压抓斗直接挖掘成槽，施工机械化程度和速度大幅提高。同时，也可以节省大量混凝土及其他材料，工程造价降低。另外，因墙体垂直度和连续性也得到保证，防渗效果完全可以满足不同的设计要求，真正体现了混凝土防渗墙的防渗需要，施工周期短、费用少，实现了快速处理地下基础防渗的功能。

4. 锯槽法成墙工艺及质量控制

锯槽法成墙工艺是用锯槽机的刀杆在先导孔中，以一定的斜角一边作上下往复切割运转，一边沿槽孔轴线根据地层状况，按 0.8 ~ 1.5m/h 的速度向前移动开槽，被锯割切削下来的土体，可以由反循环排渣系统或正循环方式排出槽外，并采取泥浆护壁形成槽孔。当锯槽机成槽长度在 6 ~ 11m 时，使用土工布隔离体将槽孔分为开槽段与浇筑混凝土段，然后进行清孔、塑性混凝土浇筑，形成宽度为 0.2 ~ 0.3m 的防渗墙体。

锯槽机主要是由行走底盘、动力及使动系统，刀杆和支架加压系统，排渣系统，起重设施及电气控制系统组成。按照传动方式，有机械式与液压式两种锯槽机。锯槽机可以根据不同规格的刀杆更换与组合，使开槽宽度达到 0.2 ~ 0.5m，深度达到 40m。锯槽法成墙工艺与其设备的优点是：连续成槽，速度快，成墙质量保证且深度大；适用于黏土、砂土和卵石粒径小于 100mm 的砂砾石地层。由于此方法具备连续成槽的特点，还可以采用自凝灰浆、固化灰浆技术成墙，形成不同强度、抗渗性指标的地下防渗墙。

5. 特殊处理技术控制

（1）导墙严重变形或底部坍塌，采取的方法是：对破坏部位应重新修筑导墙或采取其他安全措施；改善地质条件和槽内泥浆性能。

（2）地层漏浆严重，应迅速填入堵漏材料，必要时可回填槽孔。

（3）在浇筑混凝土过程中导管堵塞，拔脱或漏浆要重新下设时，应当采取的措施是：将导管全部拔出、冲洗，并重新下设，抽吸干净导管内泥浆继续浇筑；继续浇筑前一定要核对混凝土面高程及导管长度，确认导管的安全插入深度。

（4）混凝土浇筑过程中钢筋笼上浮，需要采取的措施是：应及时调整导管进入深度，并适当降低混凝土面上升速度；对笼体锚固或重压。

（5）在混凝土浇筑过程中发生质量问题，应当采取的处理措施是：凿除已浇筑孔内的混凝土，重新进行浇灌；在需要处理墙段上游侧补偿浇一段新墙；地层可灌注性较适宜时，应在需要处理的墙段上游面进行灌注浆或高压喷射灌浆处理。

综上所述，地下防渗墙是确保地下建筑工程能够顺利施工的有效保证，因此，对于地下防渗墙的质量控制，涉及一些方面的问题。对于深层搅拌桩连续墙、连续薄防渗墙的施工，其施工关键技术的控制有其各自的适应条件，应根据工程实际及不同特点选择适宜的施工技术，达到预期目标。

五、地下混凝土连续墙防渗技术应用

地下混凝土连续墙的施工对周围环境的影响相对较小，而墙体刚度大、止水性能好，成为深基础施工采用的最有效的技术措施。但是，由于施工工艺和工序过程中存在一些不确定因素，造成地下连续墙质量有一些缺陷，在基坑开挖中会产生渗漏水，严重时也可能出现涌水、流砂，基坑周围地面出现不均匀沉降及变形状况。为了对地下连续墙各施工环节进行有效控制，保证墙体的建筑质量，宜从设计和施工两个方面制定可控的后续防治措施。由于地下情况各异，有必要对地下连墙的防渗漏技术分析探讨，求得更好的防渗漏效果。

1. 地下连墙渗漏水部位及原因

某地下工程深度为 $-9.500\mathrm{m}$，开挖面积 $3400\mathrm{m}^2$，连续墙长度 $256\mathrm{m}$。混凝土连续墙出现渗漏的部位主要在两墙间的接缝，墙体本身产生的渗水，墙根部漏水及可能产生的涌砂。

1）两墙间接缝的渗漏。此类情况的原因大概有 3 个：

（1）成槽时，垂直度未满足要求，两墙竖向接头处墙体出现"剪刀形"，墙的有效厚度变薄，从而产生接缝的薄弱部位渗漏水；

（2）基坑开挖后，迎土面受巨大的土体侧压力，迫使地下连续墙变形，随着时间的推移变形更加严重，加剧接缝处的渗漏；

（3）地下连续墙的不均匀沉降，造成接缝处的相对滑动，使得接缝处混凝土裂缝漏水。假若一旦出现渗漏，必然会继续严重发展，产生一系列的隐患。

2）墙体本身产生的渗水

水泥遇水后释放出大量水化热，混凝土内部及表面存在较大温度差，由温度差引起的混凝土裂缝是最普遍的现象，引起的渗漏也极其普遍。也可能存在振捣不密实，大石子集中，混合料分层或夹渣淤泥和土块，在巨大水压力作用下失去稳定，在墙体内或边缘上形成集中渗漏通道。

3）墙根部漏水、涌砂

有两种情况会造成墙根部漏水及涌砂现象：一种是槽底部沉渣过厚，残留在槽底部不仅会使地下连续墙的承载力降低，沉降量加大，还会影响墙根部的截水防渗能力降低；另一种是槽底土体不稳定，在土和水压力的共同作用下可能会产生滑动，形成漏水、涌砂。

2. 防渗漏水的技术措施

由于地下工程开挖都比较深，地下水位高及地质构造复杂，施工难度相对大，为了达到更加有效的防渗漏效果，在设计施工中采取了有针对性的防治措施。

1）槽壁加固处理

地下连续墙在成槽前，在工程基坑周边地下连续墙两侧，采取单轴水泥土搅拌桩进行对槽壁的加固，见图1。

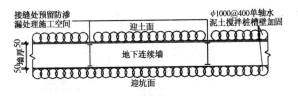

图1 水泥土搅拌桩槽壁加固

采用单轴水泥搅拌桩对槽壁进行加固，既能确保在施工过程中槽壁的稳定性，又可以减轻基坑开挖后地下连续墙的变形，预防变形过大而造成混凝土的开裂，达到较好的防渗漏效果。

2）接头的处理

地下连续墙的接头采用工字钢接头处理形式，工字钢接头施工工艺简单，施工速度快，结构强度和刚度满足，具有一定防水效果，应用比较广泛。在接头防渗处理上采用了两个方案：

（1）用 MJS 工法桩

即全方位高压喷射工法桩，可以进行水平、倾斜、垂直各方向任意角度的施工。尤其是排浆方式，使得在富水土层需要进行孔口密封的情况下，进行水平施工变得安全可行。因此采用 MJS 工法桩对地下连续墙接缝处进行封堵，可以更有效防止接头处渗漏水。使用 φ2200 定角度大直径高压喷旋桩对地下连续墙接头进行封堵，见图 2。

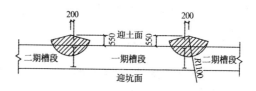

图 2　MJS 工法桩接头处理

（2）高压喷旋桩

此方案是在接头处施作高压喷旋桩。在每个接头处采用 3 根 φ1000 的高压喷旋桩，呈等边三角形布置，每根桩搭接长度为 40mm，见图 3。

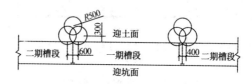

图 3　高压旋喷桩位示意

高压喷旋桩采用三重管高压喷旋桩施工工艺，三管法旋喷是一种水汽喷射，浆液灌注搅拌混合喷射的方法。即用三层喷射管使用高压水和空气同时横向喷射，并切割地基土体，利用空气的长升力将破碎的土由地表排除；与此同时，每一个喷嘴把水泥浆喷射注入到被切割、搅拌的地基中，使高水泥浆与土混合，达到加固的目的。高压喷旋桩地下连续墙接缝处形成严密的防护圈，阻挡水浸入接缝处，有效地预防和阻止渗漏水的出现。

（3）MJS工法桩与高压喷旋桩比较

MJS工法桩有可靠的封堵能力，如果按此方案施工，会达到理想的防渗漏效果。但MJS工法设备要进口，价格贵，施工难度相对大。而高压喷旋桩在国内已达到比较成功的经验，有许多的专业施工队，成本相对低。

3）墙底入岩

基坑场地深度具有较厚砂岩，基坑开挖较大，为防止槽底土体滑动，在地下连续墙施工时采取入岩处理。基坑周边地下连续墙槽段进入风化细砂岩应不少于500mm，地下连续墙采用入岩设计保证了基坑的稳定性，隔断了坑内外地下水的连系。

3. 地下连续墙不同的接头形式

现浇钢筋混凝土壁板式地下连续墙段，其之间要依靠接头连接才能成为整体墙体，接头按受力条件可分为刚性和非刚性两种，对常用的接头形式分析比较。

1）接头（锁口）管接头

采用此类接头的连续墙属于铰接连接，施工时一个单元槽段成槽后在槽段的端部用桥式起重机放入接头管。以一般常用的半圆形接头形式为例，其施工全过程见图4。

锁口管的优点是用钢量少、费用低，但抗剪和抗弯能力差，一般不用于在主体结构的地下连续墙的接头，是当前使用最多的非刚性接头。

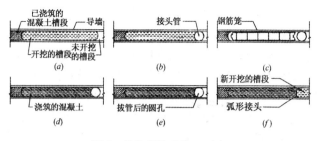

图 4　接头管接头施工示意

（a）开挖槽段；（b）吊放接头管；（c）放钢筋笼；
（d）浇筑混凝土；（e）拔出接头管；（f）形成接头

2）接头箱接头

采用此类接头的地下连续墙槽段，其连接形式为半刚性连接。用接头箱接头的施工方法与管接头相似。一个单元槽段成槽后，吊放接头箱，接头过程见图5。

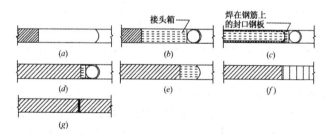

图 5　接头箱接头施工示意

（a）开挖的槽段；（b）放置接头箱；
（c）吊放钢筋笼；（d）浇筑混凝土；（e）拔出接头箱；
（f）后一槽段挖土形成接头；（g）后一槽段放笼、浇筑混凝土

3）工字钢板接头

工字钢板接头常在外侧两边各焊两根螺纹钢筋，保证接头与槽壁连接紧密，防止混凝土侧向流。工字钢板接头的制作与施工过程是：

（1）工字钢板接头的制作必须在工厂进行，然后运至现场

488

安装。加工可采取二次焊接，防止变形。工字接头与钢筋笼连接，把工字接头按设计位置吊装定位好，工字接头钢板与钢筋笼分布筋用钢筋焊接牢固。

（2）为防止混凝土绕流到工字钢外侧，在工字钢两侧全高包裹0.5mm薄钢板或其他材料隔离，对工字钢接头外空隙用石子填充，防止混凝土浇筑时钢筋笼移位或接头变形，工字钢接头见图6。

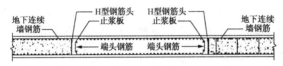

图6　工字钢接头示意

工字钢接头用钢量较大，造价高，施工也有一定难度，但是抗剪和抗弯能力较好，受力和防水性能较高，在许多要求高的地下工程中使用较多。

4. 施工过程的质量控制

1）成槽的质量控制

成槽的垂直度要满足1/500，槽深误差在30mm内，槽段沿竖向相邻槽段偏移不大于30mm。拌制泥浆在24h后才能使用，确保膨润土充分溶胀。泥浆液面要控制在地下水位以上0.5m，导墙顶面以下0.3m，保证液面高度防止塌陷。成槽后应对相邻段混凝土的端面进行刷壁，刷壁次数应在20次以上，在刷壁器上无泥再停止，这样才能确保新旧混凝土的紧密结合，不渗水。用空气压缩机进行反循环清底，沉渣厚度小于100mm。

2）混凝土浇筑质量控制

混凝土性能要求，地下连续墙混凝土应不低于C35，混凝土中最大氯离子含量为0.06%，使用非碱活性骨料，其最大碱含量为3kg/m³。混凝土设计抗渗等级为P10，防水混凝土施工配合比必须通过试验确定，抗渗等级应高于设计一个等级。

混凝土浇筑要求，导管插入到离槽底标高300mm左右方可浇筑混凝土，导管埋入混凝土深度保持在2~6m。用两根导管同时浇筑，两根导管间的混凝土面高差控制在300mm范围内，槽段混凝土面应均匀上升且连续浇筑。要保证初浇灌量，一般每根导管应备有不少于6m³的混凝土量，泛浆高度不小于700mm。

3）后注浆的质量控制

注浆水泥宜用P·O42.5，其浆液水灰比为0.5~0.55。地下连续墙混凝土达到设计强度的70%以上再注浆，注浆压力必须大于注浆处深度土层压力，每根注浆管的水泥注入最为2t。注浆采用压力和注浆量双控，以注浆量为主，注浆压力控制为辅。注浆终止条件为，当注浆量达到设计要求的80%且注浆压力超过2MPa，持荷3min。

4）高压喷旋桩质量控制

浆液水灰比、浆液密度、掺入水泥的单位质量等参数，均以现场试验情况为准。施工现场配备比重计，严格控制水泥用量。严格控制喷浆提升速度，提升速度应小于0.14m/min。高喷孔喷射成桩结束后，应采用含水泥浆较多的孔口返浆回灌，防止由于浆液凝固后体积收缩，造成桩顶面下降，保证顶面标高满足要求。

综上所述，地下连续墙混凝土渗漏水是一直以来存在的问题，不仅影响基坑的安全，还会带来损失浪费。虽然地下连续墙的接头形式有多种，随着技术发展和工程实践，会有新的接头形式出现，不论什么样的接头形式，必须满足使用功能和质量要求，方便施工，经济效益好，科学选择，目的是防止地下水对基坑造成危害及确保施工安全。

六、建筑水暖工程的施工管理与控制

建筑水暖工程质量是建筑分项工程的主要内容，水暖项目主要是指房屋建筑中的给水排水、采暖及通风的总称。从其包括的内容可以看出，水暖系统工程比较复杂，由于系统中连接形式是以管道为主，而且这些管道的敷设是以隐蔽的最多，如地下在管沟内还是直埋，进入室内则在管道井内，沿着墙壁、吊顶内敷设，在连接安装过程中如果某一点不慎，容易出现严重的质量后果。对于和水接触的管道或设备，工序过程中的每一个环节都不容忽视。尤其是建筑安装水暖工程的监控非常重要，现就施工中的具体做法进行分析。

1. 充分做好事前控制

预防为主是建筑工程三大控制重要的控制措施，也就是项目实施前全面工作的准备阶段。做好施工前的充分准备，为后期落实过程可能产生的问题制定应急对策。这样，所有问题会得到有效解决，可以降低可能带来的损失。准备阶段的工作主要是：

1）认真阅读、熟悉、了解设计意图及施工图纸

这里说的阅读、熟悉不只是简单地看懂图纸，而是更深入地了解设计意图，掌握图纸使用的规范、材料选择及设备采用。对于图纸中可能存在的问题，在图纸会审及技术交底时及时提出，对设计中可能产生不利于施工及质量得不到保证的，可以提出意见和建议，将这些可能影响施工的不利因素在施工前得以解决，使项目更科学和更具可操作性，加快进度及质量。

2）扎实学习先进的科技知识，充实自己的技能

当今社会科学技术飞速发展，各种新技术、新材料和新工艺不断涌现，作为施工管理人员，就必须不断地学习和掌握本行业的发展及最前沿的动态。对于一个建设项目而言，在实施过程中一定会遇到新的挑战，对此要有针对性地面对各种有利信息，在实施前就尽可能地学习和收集相关资料，为施工做好必要的保证。

3）入场材料、人员及进度早做计划

按照施工图纸计算出项目各种材料的用量，根据消耗定额并结合工程经验，制定出人工及进度计划安排，工程在什么时

间进什么材料，进多少，需要多少人工做到心中有数，避免人员和材料进场过早造成场地、人员及材料的浪费，而进场义耽误到工期延误问题。在事前阶段，可以采取编制材料入场计划表、施工进度网络计划图、人员需用计划控制表等。

4）施工队伍的选择

各类人员是施工中最关键的因素之一，工人技术素质的好坏直接决定了这个建设项目能否按时、保质保量地完成，在一定程度决定了成本的高低。一个熟练的技术工人能够充分理解实施工作内容，自觉选用最优化的施工方法，能够最大限度地保证工程质量。所以，在选择过程中尽量选择当地信誉好、经验丰富、业绩突出的专业施工队伍。选择队伍时也可以引入招投标模式，择优录取，降低成本，确保质量优异。

同时，对于过程中可能出现的问题或者质量通病有所预测，这就要求现场施工人员有丰富处理问题的经验，结合以前工程中遇到的问题有充分的预控措施，提前采取预控方法，降低或消除发生问题的可能。

2. 做好事中控制

正确处理好实施中的质量、进度及成本控制。而实施阶段是非常关键的一个环节，直接影响到整个项目的施工质量、进度和成本的控制，这个环节是发挥每个管理者才能的时候。

1）对现场管理人员的要求

作为一名管理人员，本身应具有较高的技术及管理素质。如安装工程系统多，要求高，材料、设备品种多，工种复杂，要求专业技术也不同。要求现场管理及专业技术人员针对具体情况，尽量优化每一道工序、每一分项及分部工程，充分利用自身资源，如施工力量、材料供应、设备、资金等。认真、合理地编写施工组织设计并采用横道图或网络图表示出来，从大至小，由面到点，确保每一分项工程在受控中。

从技术角度考虑，施工质量是否达到设计要求及相关规范标准，仅仅从施工过程中的每一道工序的严格要求还是不够的，必须要有相应的质量检查制度，针对每一个工序的具体条件提出不同的验收要求，达到每个验收批的合格。项目管理人员应随时出现在工地，掌握操作过程中的第一手资料，结合图纸及规范控制要求，处理好每一个细节。还必须实行三检制，即实行了多年的自检、互检和专职检查，报监理验收后才能隐蔽或进入下一道工序，从而确保整个施工项目的质量控制。

2）对操作人员的要求

对于施工操作人员的管理，在一定意义上说，人是决定项目质量好坏的关键因素。所有的项目都是通过操作人的手将材料按要求组织而完成。只有严密的管理及过硬的技术技能，才能做好一项优良的建设工程。对于施工人员营造出有荣誉感的质量氛围，职责分明，要有亲和力，使所有参与人员共同努力，为项目献力。在施工中调动和发挥每个人的聪明才智，实行奖罚和劳动竞赛，培养凝聚力。还要明确施工队伍的管理体制，各岗位职责分明。还要针对具体情况使用经济杠杆手段，起到"双管齐下"的效果。

3）工程使用材料的要求

使用经验表明，安装项目的材料费会占到工程造价的75%左右，甚至更高。对于材料费用的控制，不但利于施工质量而且对降低费用有利。建筑水暖工程所需安装材料及配件品种较多，还有最新材料产品的应用，因此，针对水暖材料应用的问题主要是：

首先，对于供应商的选择，同样品牌的产品价格也有一定差异。如何选择质量优异的材料，首选供应商非常必要，通过采购招标的方式，选择质量和价格合适的材料。同时，面对品种繁多的材料选购，从数量、规格上核查清楚，及时进场，不影响安装。

其次，必须对材料进行严格检验，按照规定对入场材料见证取样复检，合格才能用于工程。入场材料的出厂合格证、质量证明及检验报告资料是否齐全，要求进行备案的材料还要有备案证明材料；如果是有压力的配件还要进行压力试验，有严密性要求的同样要试验合格才能用于工程。另外，对于使用材料的保存、发放要跟踪检查。严格控制正常消耗及损失浪费，材料分类保管存放，减少损耗及过剩。

4）进度控制方面

进度直接关系到建设项目顺利进行和执行合同工期的诚信问题。施工方编写好进度计划安排，在进行过程中严格控制。由于施工是一个动态过程，随时出现情况变化，就不可能完全按计划实现。为此必须重视进度，及时同计划对比。当出现实际与计划落后时要查找原因，采取措施赶进度。在赶工期中一定不要放松对质量的控制，否则后果是严重的。返工不但影响工期，而且造成更大的浪费及经济损失。

5）成品的保护

成品的保护非常重要，也是一个实际的现实问题。由于施工现场人员和工种多，交叉施工相互影响大，极容易损坏成品表面。尤其是建筑水暖产品及配件，一些是塑料制品，也有的是镀锌产品，一旦损伤、污染则难以修复，加强对不同专业施工人员的教育十分关键，要求保护成品并互相监督，以减少损失。

6）安全措施不可放松

施工现场情况一般都复杂，人员、机械、材料动态、安全形势严峻，一旦产生问题后果比较严重。需要加强安全管理，时刻警戒。

上岗前的安全教育天天坚持，让每个人知道安全源及危险性，定期检查防护用品的使用，落实到人。在危险环境下，操作人员必须配备防护用品，让检查落到实处。一旦出现安全问题立即采取有效措施，使危险降低到最低点，及时报告并处治。

3. 事后的控制措施

进入后期阶段，也就是对前面几个阶段的总结。对控制有效且成绩大的方面总结发扬，对存在的问题认真总结，找出原因并提出解决办法，在以后的工作中引起早期预防和控制。这个阶段也是对前期实施中管理经验的积累，是充实和提高的极好机会。对于管理者及工程技术人员，要想干好本职工作并不断得到提高，认真分析项目事前及事中实施过程中的问题，是难得的宝贵机会和财富，切不可轻视前两个阶段的过程控制。

建设工程施工尤其水暖专业项目是一个复杂的系统管理工程，涉及多个学科知识和技能，作为一名专业技术人员，要不断学习实践和总结，努力提高和充实自己，成为技术全面能力超强的管理者，自己的发挥空间及贡献会更大，受到业内的敬仰及认可。

七、住宅给水排水的质量控制与通病防治

住宅给水排水分部是建筑工程的一部分，其施工过程和建筑结构的施工密切相关，按照施工进度，其专业主要分为以下几个阶段：预留洞和预埋套管、干管和立管的制作与安装、支管与附件的制作与安装、管道吹洗和试验、设备和卫生器具安装、金属管道的防腐和外部除锈油漆等。

1. 住宅给水排水工程的质量控制

1）预留孔洞和预埋套管阶段

为了防止与其他工种交叉作业，管道受到损坏或者有砂浆等杂物进入管道，产生质量隐患，主体施工阶段、给水排水分部工程的施工工作主要是对预留孔洞和预埋套管的控制。为了防止外墙渗漏，预留孔洞须预埋套管。如果管道需要穿过两个相邻建筑物的外墙时，为了防止建筑物之间沉降不均匀，需要安装柔性套管。虽然预留孔洞和预埋套管阶段的工作量不大，但是对后期的管道安装和整体建筑工程的质量具有重要的意义，丝毫不得粗心大意。

质量控制要点：必须注意和土建施工的密切配合。套管制作必须符合施工规范和图集的要求。预留孔洞和预埋套管的位置必须准确，固定牢靠，不能有遗漏；混凝土浇筑时，必须安排专人旁站，发现位移及时纠正处理。

2）干管和立管的制作和安装阶段

建筑结构封顶后，土建施工单位开始进行墙面粉刷和地面找平，安装公司应注意和土建施工单位密切配合，开始进行给水排水干管和立管的安装施工。

质量控制要点：管道制作特别是镀锌钢管的套丝质量要严格控制，管道连接接口要严密。立管安装前须吊垂线，保证管道的垂直度；管道安装牢固，支吊架的安装要符合规范要求。塑料管道须安装伸缩节，排水立管上按照规范设置检查口。管道井内的隐蔽管道隐蔽前须进行隐蔽验收，如果管道井内有给水立管须进行试压试验，验收合格后方可隐蔽。立管安装施工中断时，须做好上端管口的掩盖，防止杂物进入。

3）支管和附件的制作和安装阶段

给水支管安装有暗装和明装两种方式。暗装管道需在砖墙或地面上开凿管沟，管道安装验收后再用砂浆掩盖。这种安装方式虽然更能满足美观的要求，但是由于其对建筑主体质量会产生一定影响，并且管道检修困难，所以在建筑毛坯房建设中一般很少采用。明装的给水支管沿墙面铺设，需要在墙面上安装管卡固定。

排水支管也有暗装和明装两种方式。暗装时，卫生间的地坪标高和卧室、客厅的地坪标高之间留有一定的高差，排水支管铺设安装后再用石子填塞，粉刷地面。明装的排水支管是在下层卫生间的吊顶内安装，需要安装吊架。暗装方式不仅美观，而且避免了日后上下层居民产生纠纷的隐患。另外，与给水管道不同，由于排水管道不是承压管道，所以管道损坏的机率很小。当然，排水支管暗装时，最好是直管埋设，必须转弯时应安装清扫口，以防止管道堵塞和便于堵塞后的管道清理；隐蔽前须经过灌水试验，检查无渗漏后方可隐蔽。

质量控制要点：管道安装牢固，支吊架的安装要符合规范要求。接口的插入深度必须符合规范要求，保证接口的严密性。支管送到用（排）水点的位置、标高应严格符合设计要求。排水支管顺水流方向的坡度须按照设计要求。阀门安装时应将阀门关闭，以免杂物进入，影响阀门的严密性，单向阀门安装应注意阀门进出口方向和水流方向相一致。

4）管道吹洗和试验阶段

管道安装结束后，应该进行管道的各项试验检查，管道系统的严密性，给水系统的管道还应进行吹洗，以满足卫生要求。试验内容包括：给水管道的压力试验，排水管道的灌水试验，排水管道的通球试验。试验时出现问题应寻找原因，进行整改后重新试验，试验合格后方可交监理验收。

5）设备和卫生器具的安装阶段

为了对成品的保护，防止其他工种在作业时对设备和卫生器具造成损害，设备和卫生器具安装必须在管道吹洗和试验合格后。设备和卫生器具的安装位置必须正确，洗脸盆和洗菜盆的安装标高要符合设计和使用要求，安装要牢固。

6）金属管道的油漆和防腐阶段

这一阶段是施工过程的收尾阶段。消防给水管道必须刷红丹防锈漆表示，金属支吊架须进行镀锌或刷防锈漆，埋地铺设的引入给水管是金属管材时，必须做除锈、防腐处理，以确保其耐久性。

2. 常见质量问题的预防和处理

1）管道渗漏问题的预防和处理

（1）预防

①严格控制采购过程，仔细检查。对于各批次的管材、管件的使用情况做好记录，一旦发现问题及时更换。

②加强成品保护。管道安装后，应和其他工种的作业人员加强沟通，在管道和其他管道、设备交叉处注明管道的位置，避免损坏。定期检查，发现损坏后及时维修。

③对施工人员进行相关培训，交代技术要点，把责任落实到人。

④对于PPR管材安装，应对其的伸缩性采取措施进行预防。

非直埋管道敷设时，应考虑解决管道热胀冷缩变形的技术措施。应尽量利用管道折角自由臂补偿管道的伸缩；当管道不能利用折角作自然补偿时，应采用其他类型补偿措施。水平干管与水平支管连接、水平干管与立管连接、立管和每层支管连接，应有管道伸缩时相互不受影响的补偿措施。布置横管或立管时应充分利用建筑空间，以 U 形管道做变形补偿。

（2）处理

出现渗漏问题，需要寻找漏水点，找到漏水点后分析原因。然后，采取相关措施进行处理，如更换不合格的管材、管件。施工操作不合格的一律返工，重新制作安装。由于热胀冷缩造成的 PPR 管材，截去一段管道，采取上述技术措施进行整改。

2）管道堵塞问题的预防和处理

（1）预防

管道特别是立管安装中断时，在管道敞开的断口用麻袋裹紧缠好，管道井内的立管安装中断时，管道井的上方应盖上厚木板，防止大块杂物进入。安装排水管道时，不仅要按图施工还要考虑实际使用要求，对管径有疑问时提请设计变更。加强对施工作业的指导和管理工作。

（2）处理

施工过程中产生的由于建筑垃圾造成的堵塞，截去管道更换管材、管件后重新安装。对于系统堵塞，需要分层分区寻找堵塞点。使用过程中的堵塞，可以采用手工工具或专用机械疏通管道。

3）给水用水量和水压不足问题的预防和处理

对施工图的认真审核，相关的数据可以通过对相邻建筑物的调查取得作为参照。另外，就是对管道的防护，和对管道堵塞的防护相同。一旦在使用过程中出现这类问题，需要更换设备来对系统进行局部处理。

4）管道周围楼板和墙面渗漏问题的处理

（1）预防

必须对预留孔洞和预埋套管阶段的质量控制要点加强管理。在管道预留孔洞的填塞以及套管和管道之间缝隙的填塞处理时，严格按照规范要求施工。在管道预留孔洞的填塞以及套管和管道之间缝隙的填塞处理施工后，需进行地面存水试验。即在管道空洞外围用砂浆围成一圈，倒入水，放置24h后检查有无渗漏情况，无渗漏为合格，出现渗漏须重新处理。

（2）处理

对于管道周围楼板和墙面渗漏问题的处理，最有效办法是返工重新处理。严格来说，所有的施工空洞都应该由土建施工单位来施工，但是在管道周围孔洞的填塞实际上往往是由给水排水施工单位自己处理的，施工质量就得不到保证，出现问题后责任就不明确，两个专业施工单位或施工队之间互相扯皮。所以，在施工前就必须明确职责。

5）水表空转问题的预防和处理

水表空转是指没有水流从水表通过时，水表转动记数的现象。产生这一问题，必然会损坏用户的利益。产生这一问题的原因：一是水表质量不合格；二是在水表安装过程中施工不当。给水排水工程质量验收规范中明确规定：水表前必须有30cm的直管。如果不能严格按照这一要求施工，当有水流经过给水立管时，给水支管管道内会产生共振，引起水表空转。预防和处理这一问题的方法，主要就是严格控制水表的质量和按照验收规范的要求施工。

八、建筑渗漏产生的原因及预防

近年来，随着城市基础设施建设，住宅建设日益发展的情况下，房屋建筑的渗漏问题及其危害性也越来越多地引起人们的关注。特别是对已经交付使用的建筑物，如果出现渗漏现象，不但影响了工作和生活环境，而且还将缩短建筑物的使用寿命。所以，防治渗漏是施工单位的质量控制重点。在房屋建筑工程中，常见的渗漏现象往往出现在屋面、厨房洗手间管道和地面、外墙等部位。

1. 房屋渗漏的原因分析

1）屋面部位渗漏

（1）山墙和女儿墙泛水部位的渗漏

应在屋面对应室内的渗水位置底部来查看，很容易找到山墙、女儿墙与钢筋混凝土屋面板连接泛水部位的裂缝。该裂缝与屋面平行，其渗水原因主要有两个：一是材料方面。由于这两种材料的温度线膨胀系数不同（砖砌体的温度线膨胀系数与混凝土的温度线膨胀系数两者相差将近一倍），在相同的温度下，由于砖砌体和混凝土的变形值不同，而在其连接部位就产生裂缝。但在处理渗漏时，常常发现施工并没按要求进行。比如，在山墙、女儿墙连接处的防水层没有做成圆弧形，有的防水层在连接处没有做到位，有的填嵌不严密、不牢固，形成裂缝渗水的多发部位。

（2）屋面天沟和檐沟和落水口的渗漏

在现场察看时，经常发现屋面及天沟檐沟的纵向坡度太小，有的甚至有倒坡现象，有的落水口高于沟面，这就使屋面天沟、檐沟排水不畅或积水，因而产生渗水。另外，施工时落水口的短管没有紧贴基层，落水口没有采用密封材料封口，做防水层时又增设附加层，这些都会造成渗水。

（3）变形缝的渗漏

最常见发生渗水的是采用薄钢板顶盖的变形缝，原因是有的镀锌薄钢板顶盖未能按流水方向搭接或接口未加焊，也有少数变形缝渗水是防水层卷材未断开被拉裂，有的是变形缝未加干铺卷材封盖或者加铺了而未达到规定宽度要求，有的是未做附加层等原因而产生渗水。

（4）穿过屋面管道的渗漏

穿过屋面管道的渗水经常出现在卫生间排气管、保温层排气管和厨卫间的排烟道。也有的是基层还没处理好就做防水层及其他构造层，造成构造层与管壁连接处发生裂缝，形成雨水渗漏通道。

（5）屋面板渗漏

屋面板渗水原因的查找较为困难，往往是在维修时挖开了才能找到真正的原因。屋面板渗漏有的由于结构裂缝、结构体不密实、防水材料失效等原因所造成。但从实际情况来看，多数是由于屋面防水层与保温层之间没有处理好而产生的。

2）洗手间

洗手间渗水主要是施工与材料的原因，或卫生器具排水口与排水管连接的质量问题造成的。如：大小便器、地漏下水管、上水开关、水龙头等，排水立管未预埋防水套管，毛坯洗手间在装修时钻洞，损坏暗埋管，使用的塑料或铝塑复合管质量差等。

3）外墙

外墙贴面砖，特别是在空心砖外墙贴砖而忽略底层抹灰，或外墙铝合金窗与墙洞口接触处出现渗水。

2. 防治处理措施

从以上渗漏的现象及其原因分析的情况看，渗漏涉及材料、设计、施工和管理等各个环节。所以，要防治必须是全过程的综合防治。

1）屋面渗漏的防治

（1）加强屋面构造层施工质量管理

屋面构造施工时必须按工序分层分项进行检查和验收，做好检查验收的记录并整理归档。要改变以往靠班组自检的做法，在分项验收中应有监理工程师、施工单位技术负责人参加验收并签证，才能进行下道工序的施工。

（2）山墙和女儿墙渗漏

对于山墙、女儿墙部位的渗漏，设计人员在结构层上加强屋面与山墙、女儿墙的拉结，增加拉结钢筋网片。

（3）天沟和檐沟及变形缝等渗漏

渗漏原因虽然不尽相同，但也有共同之处，如坡度太小、收口处不密实而产生渗水。所以，建议在天沟、檐沟、变形缝的施工时适当增大其坡度（＞2％），在做防水层时都应增设附加层，并采用密封材料嵌填收口处。

（4）屋面穿管漏水

除了按要求做出圆弧和高台外，也应先进行放水检查，再做防水层，注意做好泛水处理。

综上所述，对于钢筋混凝土屋面而言，防止渗漏的主要措施是，重视混凝土的振捣密实至关重要；其次，施工过程中应防止出现施工缝。监理工程师和施工单位应共同进行一次漏水检查，如发现渗漏水，必须查清位置，处理合格并签证后，才能进行屋面抹面和防水层施工，以便形成一道结构防水层。

2）洗手间管道和地面渗漏的防治

首先，要把好设备、备配件质量关。即在施工中加强检查样品。为防止地漏管道和大便器渗漏水，下水管穿过楼板的封堵，应作为一道工序检查签证，合格后才允许进行地面施工。对于蹲式下卧安装的大便器，除检查下水管封堵外，尚需通过试水，检查结构是否漏水。一定要在结构和封管处不出现渗漏水时，才允许安装蹲式大便器，这样即使大便器破碎或接口处渗水，也不至于渗入楼下。

3）外墙渗漏的防治

对于外墙施工中留下的孔洞、框架填充墙的顶部、空心砖外墙的竖缝，首先需进行堵洞和勾缝，并作为一道工序来检查验收，验收合格后才予以抹灰。墙面抹灰分为两道：第1道采用1：3 水泥砂浆，第2道采用1：2 的水泥砂浆（均用细砂作集料）。第2道抹灰的间隔时间为 2～3d。间隔时间过短，基层砂浆尚未收缩，会影响效果。为使窗洞缝隙水不渗到墙体或室内，应在安装铝合金窗框前，在窗台及窗洞两侧抹一道1：2.5 的防水砂浆，厚度为 20mm 的水泥砂浆抹灰层并向外找坡，经监理检查签证后再安装窗外框。

综上所述，房屋渗漏成因复杂、环节众多，而且环环相连，只要其中有一个环节没有处理好而出现问题，都可能产生渗漏。因此，房屋渗漏问题应引起各有关方的足够重视。要总结采用一些切实可行、合理、可操作的施工工艺和措施，不断在实际工程中进行应用和探索，努力解决房屋的渗漏问题，提高建筑工程质量的整体水平。

第六章 建筑电气工程

一、电气安装深化设计中的成本控制

当前，由于经济发展促使建筑项目向更高、更大方向迈进，建设工程的承包方式也随着建设项目而增多。在工程招投标和施工管理方面，建设业主方对机电安装工程深化设计的需求也更加迫切。在国内大型项目的设计中，很多会采取国内外招标，由国内外知名设计公司承担项目的设计。这些国外设计公司设计的图纸往往出来的会是初步设计，国内的一些承包企业难以顺利施工；而在国内设计单位承担的设计图纸中，各不同专业的设计图在空间布置上，管线相互"打架"的现象比较突出，原设计图纸在很多地方无法满足现场施工的实际需要。因此，必须对原图纸进行深化了解消化，并要认真校核各类管线的布置和走向位置，在不违背原设计功能的前提下，重新绘制出符合现场实际状况的图纸，这个过程就是电气工程优化设计的过程。

深化和优化设计作为企业的核心实力，对于大型施工有难度的项目承包可以起到很好的推动作用。一份好的深化设计图纸，可以把设计师的理念和意图在实现过程中得到充分体现，能够满足业主的需要和施工现场不断变化的需要；对于建设电气设备安装的施工方而言，深化设计能够在满足功能的前提下，努力降低施工费用，这也是承包企业进行深化设计的动力。

1. 从工程合同中对设计深化分类

在进行电气设备安装的深化设计前，必须对工程合同进行深入、细致的分析，重点是深化设计要求、变更规定和项目结算的相关规定。按照合同结算方式和对深化设计要求的不同，深化设计工作可以分为以下三大类型：

1）预结算形式的合同

在招投标的时候只定单价，工程量在结算时按实际调整的合同定，无论深化图纸能否在审批后作为竣工图纸的基础，其在现场合同操作中也只是审批流程和发起单位的不同。因为以实际施工的工程量作为结算基础，所以在相关成本管理上的基本措施考虑的出发点是：深化设计以放量为主，为了取得好的功能效果或美观需求，可以要求业主方能适当增加线路用量；在内部控制上的综合布线，以增加合同利润高的单项而减少替换利润少乃至可能会亏损的单项为主要目标。

2）招标价固定即最后的结算调整只是基于变更和价差调整的合同

对深化设计的要求比较简单，多数是管线综合布置的要求，承包单位的深化设计工作，主要是综合管线图、预留预埋图、设备基础图、局部大样图及精装修配合的吊顶平面图。该类型成本管理上的基本措施要求是：在深化设计上以减量为主，尽量减少管线长度；在内部管理控制上，对于综合布置，以减少施工费用高而适当增加费用低的单项为主要目标。需要重视的是：由于吊顶平面图的需要且与装修配合，而一般情形是装修单位进来较晚，业主确定装修图的时间会更晚，与综合管线图及初始的末端布置一般会出现大的变化，这是很多项目变更签证的主要内容之一。

3）招标固定价即最后的结算调整只是基于变更和价差调整的合同约定

但是，对深化设计的要求很高，必须对原初步设计进行校审并优化处理。而且，在建筑功能不变的情况下很难得到经济补偿。例如，某工程招标文件就明确规定：本承包单位须对有关系统设备展开详尽的设计工作，包括编制所需的施工图连同设计计算（如水泵扬程、流量、用电量及电机选配等），详尽的注释和说明等。这种合同模式是在投标阶段，因为没有时间对原初步设计进行深化而直接的投标报价，这样会给承包单位带来极大的经济风险；与风险相对应的合同模式，则在深化设计中会有较大的空间，其深化设计人员的技术水平高低，对项目成本的影响明显大，除了招标价固定类型相同的综合管线布置外，还必须编制很多系统优化的计算书，更充分地证实优化的结果完全可以满足功能要求。在费用控制方面，要把工作重心放心系统深化优化上，对不同方案多进行技术经济分析比较；在综合管线上应以减少工作量为主。这与招标价固定模式相比，其管线只是改变标高及走向的不同外，区别之处在于风管、水管、桥架的尺寸及电缆截面，设备类型都是会改变的。

2. 综合管线的布置

一个大型综合性的智能建筑工程，涉及电气设备安装工程的管线一般包括：空调送回风系统、通风排烟系统、空调供冷供热水系统、冷却水系统、生活给水排水系统、动力系统、电气照明系统、消防喷淋和消火栓给水系统、防雷接地系统、火灾报警系统、楼房自控一系列的智能化控制各专业的管线。对建设业主方提供的这些不同专业的施工图纸，在不改变所设计的各系统设备、材料、规格、型号又不改变原有功能的前提下，把建筑项目中的通风空调风管、空调水管、给水排水及消防水管、强弱电桥架等所有占据顶部空间的大型管线进行优化布置，重新布局设备的管路、路线系统或将其位置移动，使得综合布线的形式更合理。

综合管线布置能够减少停工整改和返工重做，符合质量要求和外观方面的基本水平，最大限度地协调安排各施工企业、电气与设备安装与土建结构、装饰层之间的沟通与协调问题，以满足设计、施工及监督管理、安全使用方面的要求。这也是综合管线布置在费用控制管理上的预结算模式。

采取综合管线布置后，可以加大电气设备安装施工的提前预制工作，在全面进入施工前，可以按批准的综合管线布置图，提前进行管道吊支架及风管和法兰的预制施工，把施工高峰期的部分工程量提前进行，以减轻安装高峰时人、机、物大量涌入供应调配的压力，从而加快工期，使安装免于工期处罚却可以得到奖励；也减少了因高峰期人员、材料、设备多而带来的降低速度，更节约了施工费用。节省工程费用是成本管理招标价的固定形式。

综合管线布置的一般应用控制是："小直径管让大管，有压力管让无压力管，电气线路让热水或蒸汽管道"等。还有一条被有意或无意忽视的习俗，就是管线布置的成本。如果是预结算类型的合同，那应是"增加合同利润高的管线，而减少替换利润低乃至亏损的管线"；若是总价基本固定的合同，那么对施工方有利的就是"利润低的管线让利润高的管线"。在基本保持使用功能和美观的前提下，通过管线布置的增减工程量和调整利润，采取不同管线的布置来达到利润的最大化，应当是每个优化设计师必须遵循的一个原则，也是综合管线布置在成本控制管理上招标价的固定模式。

而综合管线布置在成本控制管理上，还有一种形式是通过综合管线图确定后的准确定位，可以减少如镀锌钢管的二次安装费用。在大型商场、办公写字楼和工厂建设中，空调水管的冷冻水和冷却水都是使用无缝钢管，螺旋焊管一次镀锌二次安装的方式。如果按正常施工工序，必须要把所有管道及设备全部安装完成后，接着将钢管拆下去重新镀锌，再安装就位。而通过综合管线布置图的早期定位，可以不拆除已安钢管镀锌，而是直接在工厂预制镀锌，仅少量弯头和三通需二次安装，这样就节省了一定的费用。

3. 共用支架的设置

当前的电气设备项目安装中，共用支架的使用已经成为一个常态，广泛应用在各种机电安装项目中，尤其是不设吊顶的大型工业厂房、超市和地下室专用区域，其中对于要参与质量评比的优质工程项目，一定要采用共同支架。这是由于共用支架的施工，具有操作便利、管道排列整齐、占地少和美观、大方的优势。其布置应在综合管线布置时同步予以考虑，但也要有所区别。因为共用支架更多地是从少占用地方且美观的角度出发，很多的一般工程对于共用支架方面并没有强制性的要求。

在此需要强调的是，共用支架的费用并不一定低于传统的做法费用，对于常规的机电安装项目，作为优化设计专业人员，需要对共用支架的采用，先进行一次技术经济比较后，再确定在那些区域采取共用支架及共用支架负荷范围。这样，就需要在美观和费用上取一个平衡点。如某体育中心人员众多的工程，所选择的共用支架并不一定适合一般的项目。还需要重视的是，当前很多机电安装项目用了分包的方式分别施工，而作为机电总承包单位，如果选择用大型的共用支架，一定要征求建设业主方的同意，报送施工方案批准后再实施，这样可以顺利得到费用的增加。

在选择共用支架时，还必须综合考虑风管、水管、桁架等各种管线的支架间距和空中位置，在桥架与风水管共用支架时，必须重视接地保护的处理。对于冷热管道，除了保证一定的安全距离外，在支架位置的隔热措施必须可靠，否则会产生冷桥现象，严重的会出现冷凝水。对于在选择共用支架时获得美观、整洁的同时，生产成本也必须重要考虑。特殊专业满足使用功能的情况下，不要造成浪费。

4. 设备校核系统的优化设计

对电气设备安装工程的设备校核，系统深化优化，并不是对所有的工程都要进行优化，前提必须是合同约定总承包要承担该项任务也能承担该项任务。系统深化优化的工作中，同样包含综合管线布置，在此主要是除综合管线布置以外的问题。

设备校核和系统深化优化的要求是：必须深入熟悉和审查招标图纸，明确设计深度，熟悉并了解掌握各专业的工艺流程图，对基本的工艺参数进行复核审查，例如风量、流量、转速、扬程、容量、容积、热量、换热系数等；对各专业深化设计人员，通过对招标图纸的消化及各参数的复核，在满足基本功能情况下对各专业进行综合设计。

对工程项目特别要重视建筑部分功能变化和设备位置的变动。当变化后必须对原设计进行重新复核，尤其是系统的线路、管道和风管的相应位移或长度出现变化，会出现运行时电气线路压降、管道管路阻力、风管的风量损失和阻力损失等情况。这些都需要在深化设计时进行校验计算，核算设计能力是否满足要求。如果设计能力不能满足或能力富裕时，则要求对原有设备的规格中某些参数进行调整。如管道的水泵扬程、空调工程的风量、电气工程中电缆的截面积等，这些数据与其费用密切相关。

在深优化过程中，优化设计人员一定要按照规范标准的更新应用，学习掌握并灵活应用，给项目最新的设计理念。例如，共板法兰风管在防排烟系统的工程应用中，共板法兰风管系统与角钢法兰风管相比，可以有效减少材料使用和安装费用。这在空调送回风系统中的应用非常普遍，但是在防排烟系统中运用存在一些不同意见，在大样图集中没有推荐防排烟中使用。但也没有在任何文件或规范中要求不能使用。当前，在优化设计工作中，可以按照行业协会推广工程中采用的模式，在风管长边小于等于1600mm的防排烟系统中，采用共板法兰风管，而在更大的风管中采用角钢法兰风管的选择。

在对现行专业规范、标准了解掌握后，深化设计工作就可以合理利用规范的允许偏差范围的上下值。例如，在给水管道设计中，设计人员在考虑管道尺寸时，会选择一个参考经济流速，并根据流速和流量来确定尺寸。但是这个经济流速是有一个范围的，比如 $DN100$ 开式系统的经济流速推荐值为 $1.2 \sim 1.6\text{m/s}$，由于上限流速和下限流速所对应的管道尺寸会有一定差别，这也是费用控制的一个有效途径。

5. 专业管线布置费用的控制

专业管线布置系指在初步的综合管线空间位置确定后，各专业对各自管道进行重新布置。这也是综合管线图的一个部分，但又同综合管线布置有一定区别。专业管线布置基本上只是改变专业自身的布置形式及位置，不占据其他专业管道的空间，一般改变的是在管线不是很密集、调整有一定空间的部位，在管线密集的部位改变比较少。当然，专业管线布置最后还是要归纳到综合管线图中综合安排确定。

专业责任设计师在出施工图时，不会对管线布置的成本考虑很周全，主要重视的是工艺系统的阻力、美观和运行效果；而对于施工承包方来说，成本费用的每块钱都是属于利润来抓，设计与施工在管线布置上所处的出发点是不同的，项目总包方在专业管线布置上的费用控制，还有一定的潜力可挖掘。如许多建设项目，设计说明中规定电线的普通回路暗敷设管可以使用FPC管，明管敷设必须使用镀锌钢管。对此，专业人员在优化设计施工图时，尽量将明设管改为暗敷管，同径的FPC管暗敷与镀锌钢管明管敷每米单价会差10元以上，总价应很可观。

通风管的布置在机电各专业管线上占据很显著的位置，大部分项目都有比较大的调整空间。现以一个未完工的房间内风管，深化设计前后的布置对比见图1。就是在保持原设计各房间风量均衡的前提下，对房间内风管的布置进行了调整，这样取得了比较好的经济效益。其中，风管材料设计的是铝箔酚醛复合管，深化后风管的布置并未改变直径，也未改变风口位置，保留原风口阀门。风管位置的改变，其费用节省达数十万元。

综上所述可知，对于大型建设项目的电气设备，可以通过加强深优化设计的管理，加强项目成本费用的控制，但是费用的调节并不是任意的，而是有其条件的。无论是综合管线布置还是设备校核系统的优化，必须按照现行专业规范的设计原则，否则就不是费用控制而是偷工减料，危害严重，必须确保深优化工程的正常使用功能和安全耐久性。

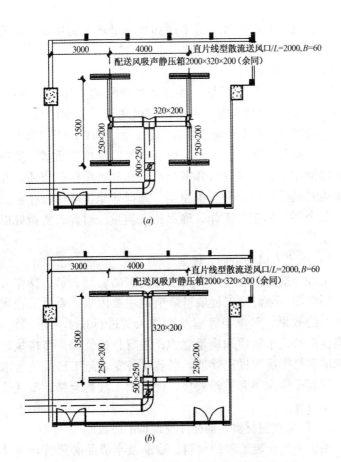

图1　某工程房间内风管深化设计前后的布置对比

(a) 原设计图布置；(b) 深化设计后布置

二、建筑电气安装施工质量控制

电气安装施工质量管理涉及多个方面，自始至终贯穿于项目施工的全过程中。为了减少和杜绝建筑电气工程施工中常见的质量问题，对质量的控制尤其重要。控制的方法应该是预防为主，即改变传统的管理理念，将以前只是对质量的事后检查把关，转向对质量的事前和事中控制，最后再进行检查。施工过程中，只有把控好每一道工序和每一个环节的质量关，才能保证整个电气的安装施工质量。

1. 施工前的控制

建筑电气安装施工是一项专业性极强的工作。一般认为，10kV 及其以上的输变电、供电工程由建筑施工单位总承包后，再分包给当地供电专业施工企业承包。而 10kV 以下的供电工程分包给专业电气队伍施工。为保证电气安装施工质量，监理部门应协助建设业主单位认真审查承包和分包单位的资质，并提出审查意见。按照公平竞争原则，选择好施工队伍。在事前就做好各个环节的把关工作，确保施工质量。对此，要做好以下几点工作。

1）施工人员的培训、优选

工程质量的形成受到所有参与施工的管理人员，操作人员的共同作用，他们是工程质量影响的主要因素。要使工程质量达到好的效果，对参与管理及操作人员进行技术要求的培训，提高他们的技术素质和质量意识；进行目标管理，严格执行质量标准和操作规程过程管理。事前对各专业施工班组的技术培训，提高操作水平和质量素质，使分项工程均合格，实现预定的质量目标。

2）严格控制材料、构配件及设备的质量

用于电气安装工程的材料，成品及半成品必须符合设计要求和产品质量标准，因此，要把握好几个关口，即采购关、检测关、运输保险关和安装使用关。对采购人员的品质要了解，提高其专业技术水平，选择有专业知识、事业心强、认真负责的人员负责材料的供应部分。经常了解市场信息，优选供货厂家，对于进场材料必须要有产品合格证、检验报告等。

3）全面质量管理，达到提高质量控制水平

（1）施工质量的控制与技术因素相关

技术因素除了人员的技术素质外，还包括装备、信息、检验、检测等技术。科技是第一生产力，体现了施工生产活动的全过程。技术进步的作用体现在产品质量。为提高质量水平应重视新技术的应用。在施工安装过程中，要建立符合技术要求的工艺流程、质量标准、操作规程，并有严格的考核制度，不断改进提高管理水平，一切围绕质量工作。

（2）树立管理也是生产力的想法

管理因素在质量控制中占有重要作用，电气安装工程项目应建立严密的质量保证体系和质量责任制，明确责任，各负其责。施工安装过程各个环节要严格控制，各分部、分项均要全面管理到位。在实施全过程管理中，要根据施工队伍自身状况及项目特点，总结质量通病的防治，确定质量目标和控制重点内容。

结合质量目标和控制重点内容编写施工组织设计，制定具体的质量保证计划和措施，在实施中加强质量过程检查，对结果定量分析，将经验加以总结转化成今后保证质量的标准和制度，形成新的质保措施；问题则要作为以后质量管理的预控目标。

2. 事中的控制

在建筑电气施工安装过程中，空调、消防、照明、通信等电线电缆敷设等项目的安装施工，多多少少会存在一些不符合质量要求的问题。要保证施工质量，首先要提高施工操作人员的认识，明确质量的重要性并与个人的经济效益挂钩，以达到使施工人员按程序操作，避免因细部不佳造成的质量隐患。

1）项目部应落实质量责任制

实施工程项目管理需要综合考虑多方面的要素，不同的项目应当有不同的管理重点。企业应始终贯彻项目经理责任制是管理的基础。落实责任制先要明确责任制的内容。项目经理受企业委托对其进行管理，项目经理应负责并确保完成承包合同，降低项目成本，落实质量、安全、费用控制的目标要求。在安装施工过程中，对项目中的一些重要控制项，如材料的选择、分包商的确定，企业应当有自己的一套方法及原则，以便项目经理考虑执行。这样，也可以防止个别人在进行过程中利用权力牟取私利，又可以减少可能出现的质量缺陷，不影响公司声誉。质量责任制应明确到各执行班组，再由此分解至各施工人员，设立奖罚制度，提高操作人员质量意识，把握工序过程的控制。

2）防治电气安装质量通病的重点

（1）常见的电气工程质量通病

主要表现在：防雷接地不符合要求；室外入户预埋管不符合要求；各类电气线管敷设不符合要求；导线的连接接线和色标不符合要求；配电箱的安装及配线不符合要求；开关、插座的线盒及面板的安装，接线不符合要求；灯具、吊扇安装不符合要求；电缆及母线安装不符合要求；室内外电缆沟、构筑物、电缆管敷设不符合要求；路灯、公园照明灯和地灯的安装不符合要求；电话、电视系统线路敷设，面板及接地线不符合要求；智能系统、消防的探头安装不规范等。

（2）电气安装施工质量通病产生的原因

从事电气施工安装人员责任及素质均较差，未完全按照设计要求和电气专业规范施工，电气材料进场管理比较混乱，检查把关不严施工企业对电气施工安装过程控制不严，检查监督不到位。

（3）预防质量通病的措施

主要是：提高操作人员的质量意识非常重要，必须熟悉要求按图施工。在设计中按规范严格执行，达到优化设计提高设计水平。加强过程管理健全质量保证体系；把好原材料入场关，从源头杜绝不合格产品进场，严格工序验收关，并在竣工验收环节严格掌握。

3. 事后的控制

1）严格遵守质量验收标准，对已完工程按程序验收

电气设备安装工程，所用的专门材料，设备，成品及半成品，电气的铭牌、规格、型号、性能和施工工艺安装质量，必须符合设计要求和现行《建筑电气工程施工质量验收规范》GB 50303—2002 及其相关专业规范、标准要求。电气安装工程中质

量的允许偏差，应符合规范中相应的规定；一般质量项目允许偏差和检查方法，应符合相关规定。

2）对安装误差超过规范规定的处理

对于电气安装工程中存在的不合格项目，必须进行及时的返工处理，返工后应及时复查，达到合格才能准许投用，以确保安装内容全部合格。

综上所述，电气安装工程质量的优劣，是直接影响建筑工程质量的一个重要因素。在施工前一定要制定切实可行的预防措施，把质量通病消灭在萌芽状态。因此，就对电气这个特殊工程的设计和施工人员提出了更高的要求，要将电气安装施工放在重要的位置上。抓好电气安装工程的质量管理工作，确保电气安装过程的工序控制，保证广大人民群众的安全用电，防止火灾事故及不能正常运行带来的诸多不便。

三、建筑电气的安全性及施工质量控制

供配电系统的安全性是电气设计中最关键的因素，根据对供电的可靠性要求和中断供电损失程度，电力负荷分为一级、二级和三级。在一类高层建筑中，消防控制室、消防风机、消防电梯、普通电梯、消防和生活水泵、自动报警装置、应急照明及自动灭火系统等设备，是作为一级负荷的；在专用配电室的送排风机，柴油发电机房内设置的送风机和专供消防设备及污水泵也是一级负荷，处理好电气低压配电安全设计和负荷配置。重视电能对人类可能造成的危害及其防护措施，减少危害，提高环境安全感，使生命财产不受伤害。

1. 高层建筑配电系统设计

对于高层建筑，配电系统设计是组成系统的设计；而在供配电系统设计中，安全、合理的设计可以影响到建筑物的使用功能。多数集住宅、办公、娱乐和商业功能于一身，包括空调、消防和排水等基本功能。为此，在高层建筑供配电系统设计中，一定要根据建筑物的规模和性质确定建筑物的用电负荷等级，

也要结合实际供电网络现状，确定高层建筑供配电系统中的电源电压等级及专线电源是公用电源，还是要设置自备电源问题。在高层建筑供配电系统设计中，除了考虑技术因素外，还要考虑设备的运行、管理、维修等诸多因素。

在高层建筑供电电压与电源设计中，为了保证供电系统的合理性，必须根据供电负荷等级来采取相应的正常供电措施，而且这些措施必须要满足设计规范的相关要求。高层建筑一般情况下都不会有特别重要的电负荷，其供电电源低压配电电压应是380/220V。

对于高层建筑的变压器问题，一般需要根据负荷的分布，容量及建筑物功能情况，再通过专业间的协调和当地供电部门的要求，来确认变配电所的数值与位置。变压器的容量要依照计算容量选择，一般变压器的负荷率在75%～85%。而低压线路供电半径一般不会超过200m。供电容量超过500kW，供电距离超过200m时，就必须要考虑变配电所的增设问题。如果条件允许，变配电所位置选在负荷中心附近，简化配电系统，同时也增强系统的安全稳定性，减少电缆使用量，降低线路损耗。

2. 供配电系统及使用安全性

在供电源可以满足电力负荷需要时，供电系统的安全可靠性就显得极其重要了。对于高层建筑中大量应用的一级或二级负荷用电，一级使用两台或更多变压器，且要备用一台柴油发电机组。对启动柴油发电机的必要条件是：当机组的检测线检测到市电回路失压时，发电机组在10s内自动启动，确保一、二级负荷设备供电。同时，为了尽量不降低消防用电，如果突然发生火灾，这就要求消防控制中心发出信号切断非消防用电负荷，因此对常用又不并列运行两台变压器及柴油机组所组成系统的优、缺点进行比较，在实际中选择方案优化。

在电气使用安全性方面包括：功能、结构、材料及使用几个方面。功能安全性通常是指产品的可靠性，如果某种产品的启动、制动和控制功能不可靠，就会造成严重的后果。例如，电梯制动不可靠，不仅无法正常停车，还会伤及人员安全。结构的安全应可靠，如电动机转动速度增高、构件损坏、实际应力大于使用应力，会发生结构事故。材料的安全性，有毒、易燃易爆材料，有些对温度很敏感，会造成设备绝缘降低、发生火灾等事故，对安全极为不利。使用安全也不容忽视，安装使用不当，电气设备应接地，也可以不接地，使用中会发生触电问题。还有标志安全问题，一切可以引起不安全的场所和有可能触电的部位要设置明显的安全标志，这是不可避免的重要标识。

3. 安全用电设计的基本要求原则

电气设备的设计必须保证设备及其组成部分是安全的，并且保证在按规定安装和使用时不得出现任何危险。这是安全设计最基本的要求，在设备的安全设计中会出现技术与经济之间的矛盾，此时必须考虑安全技术的要求，安全技术措施是：直接安全技术措施，在建筑结构方面采取安全措施，将设备设计得无任何危险和隐患。间接安全技术措施，若是不可能或不完全可能实现直接安全技术措施时所采取的特殊措施。只是具有改进和保证安全使用设备的作用，不具备其他功能，还是提示性安全技术措施。若直接和间接技术措施都达不到或不能完全充分达到安全目标，可采取说明、标记或符号形式表示。电气设计必须考虑应用条件，规定在许可的环境下使用。还要考虑操作人员素质、人机工程要求及环境等。

电气设备的安全并非仅涉及电气安全，而更多地考虑其他安全问题。必须确保在安全使用的条件下，能承受在可能出现的物理化学作用时采取有效的防护措施。

1) 电能防护

电能可以采取直接或间接两种作用形式造成危险，要采取相应的防护措施，而触电伤亡是电能直接作用的结果。设备在运行的过程中电能会转换成其他能量形式造成危害称作间接作用，例如各种电磁场、射线、有损于健康的气体、振动、蒸汽、噪声、热及其他各种机械作用，应限制在无害范围内。对因过载和短路在设备内部或周围造成的温度变化，应保证不对设备性能及周围环境造成有损于安全的影响。同样，标志和标牌是保证设备安全安装、操作及维护的安全措施之一。因此，设备上必须有能保持长久、容易辨认且清晰的标志或标牌，这些标志或标牌应给出安全使用所必须的主要特征，如额定参数、接线方式、接地标志、危险标识、可能有的特殊操作类型和运行条件说明等。

2）运行中危险因素防护

电气设备在运行中，若是工件工具和部件所产生的金属屑有可能飞甩出去，则需要采用如安全防护罩等特殊安全技术措施，不要使用提示性安全措施。设备的设计必须使得所产生的噪声和振动保持在尽可能低的范围，如采用低噪声的驱动机构和减振构件。如果设备的灼热或过冷部分能造成危害，应采取隔离处理。如在工作过程中产生有害粉尘、蒸汽和气体，必须将其密封或者使其变为无害后排出。如果有液体的设备在使用中有液体逸出，这种液体应不损害电机绝缘，也不要使液体溢流到地面或溅到人员身上。如果采取措施有难度或处理后仍然不能保证安全，需要在使用说明中明确要求采取的具体措施。

3）开关及控制装置设计

电源的接通、分离及控制，必须保证安全、可靠。较复杂的安全系统要装设监控装置。在容易发生危险的区域内，工作人员不能快速地操作开关。考虑可能造成危险的情况下，设备要安装紧急开关。为了防止误操作，控制系统应装设连锁元件，保证按要求的顺序启动设备，也可以安装能拔出的开关钥匙。

4）设备的结构设计

必须根据设备的使用条件确定设备外壳的防异物、防触电、防水、防爆等级，预防使用绝对安全。设备的外形结构应方便移动和维持处治。需要经常更换的构件应配置在易于更换处。部件和配件的分布应便于装配、安装、测试、操作、检查和维修。设备表面要规整，不得有棱角和变化大的锐角、尖角。

5）材料的选择

设备制造的材料必须承受按规定条件使用时可能产生的物理和化学作用，材质不能对人体造成伤害；材料应有足够的耐老化及抗腐蚀能力。设备必须具备良好的电气绝缘，以避免电能直接作用于人体，且运行平稳、安全、可靠。同时，考虑操作和维修的便利，在运行及休息场所使用的设备噪声应符合要求，确保工作人员长期操作的身心健康。

4. 电气技术在智能建筑中的应用

智能建筑是现代建筑和建筑电气的完美结合。智能建筑是将建筑和办公自动化系统、通信网络系统、楼宇自动化系统、现代服务系统及管理系统等多种系统相结合，提供一个舒适、高效、安全、便利的现代建筑环境。智能建筑内部各自动化系统的运行，要依靠合理的供电及配电系统的支持。而供配电系统必须在安全正常运行下保证内部供电。

现代的智能建筑在设计安装过程中，在进行整体规划的前提下进行严格的计算，再根据用电负荷容量及其分布、各种电力设备的特点及负荷等级，合理设计整个供电及配电系统，保证整个供电及配电系统的最优运转，降低供配电损耗，在稳定经济运行中达到节能的目的。在设计中重点考虑的问题是：

（1）供配电系统尽量简单、安全，相同电压等级的供电系统变配级数应当在两级之内，避免由于变配级数复杂而消耗电力。

（2）适当选择供电电压，由于电压越高电能的损耗越少，在选择供电电压时，要尽可能选择较高的电压，能选择380V的不用220V。为节省能源，一些大型空调主机可以选择使用10/6kV的高压制冷设备。

（3）为了尽量减少电能损失，变电所和负荷中心及低压配电间和电气竖井之间的距离应尽量缩短，供电网络的设计上必须安全、合理，低压供电半径不要超过200m，供电线路电压损失应当在规范限定范围内，有效提高供电质量及降低供电网络运行中的电耗。

（4）认真选择变压器。台数、容量要按照负荷的实际进行，变压器的负荷率应当控制在 0.7 ~ 0.85 之间，在接线设计上要满足负荷的变化，在安全运行与减少电损上设置变压器。

（5）科学进行输导线路横截面积选择，在满足运行电压损失、载流量等多种技术指标条件下，按照电流密度经济适当地进行输导线路横截面积的选择，在减少电能损失、降低投资费用前提下，选择横截面积较大的疏导线。

（6）提高供配电线路的功率因数，在调速控制方案、用电设备选型确定的情况下，如果自然功率因数不能达到接入配电网络的要求时，要进行配电网络的无功功率补偿，通过有效提高功率因数，降低整个输导线路及变压器的电能损耗。

电气设计师要特别重视动力系统的设计。当代智能建筑内有着多种类、多数量的动力设备系统，在正常情况下动力系统主要是正常动力系统和消防动力系统两个部分。其中的正常动力系统包括：中央空调，污水泵，洗衣设备，客用电梯及货梯，开水炉等。由于动力设备多数安排在地下室，因此在系统配电过程中要有动力控制中心，就近控制，节省电能。

消防动力系统主要是消防水泵，消防电梯，水幕水泵，喷淋水泵，下压送风机，排烟风机等设备。由于消防对整个高层建筑非常重要，因此在设计中必须是双线路、双控制系统。一路同消防供电专柜连接。另一路同自备发电机组连接，两路电路必须由两路不同的闭合回路对设备进行控制，方便及时进行末端切换，确保消防系统供电正常。在智能建筑中，合理设置建筑电气，才能保证智能设备正常运转，提供舒适、安全、便利的现代建筑环境。

5. 电气工程施工中质量通病控制

建筑电气的设计科学、合理非常重要，但是实现设计目标施工的质量也非常关键，影响到正常使用和效率、节省能源及安全等问题。

1）常见到的电气施工质量问题

（1）防雷接地通病

对突出屋面的金属管道，水箱上的铁爬梯金属未与防雷接地装置可靠连接。如防雷引下线、均压环、避雷带搭接及焊接长度不够，不满足双面焊长度 $>6d$，单面焊搭接长度 $>12d$；引下线的截面小于带截面且未满焊，有夹渣、气孔及咬肉缺陷；接地极电阻测试点设置不符合要求，如不清理焊渣或不彻底处理、避雷带上的焊接处打磨后不进行防锈处理等。

（2）施工不规范造成火灾隐患

因防火电缆施工工序烦琐，其工艺要求也较高，在以前电气安装后的检查中发现问题比较多，当发生火灾时电缆不能正常工作，后果比较严重。在安装高温灯具时，不按规范要求进行隔热防火或调整灯具发热部位与吊顶和板材的距离，使用中会产生火灾。插接母线安装时，不注意穿心螺旋的绝缘层保护，穿进时用力硬挤，拧紧时螺栓一同转，使绝缘层破坏。安装弯头时由于存在尺寸偏差，强行使弯头母线与直线段母线组装一块，使绝缘层损坏，仪表检查不出。

（3）布线施工质量问题

由于电线电缆的跨度都比较长，环节多，其质量问题一般比较隐蔽，出现后也难以查找，提前预防极其重要。管路敷设中，在平面辐射电线管时，电缆管多层重叠和并排紧贴，在某些部位会高于面层分布筋。电线管埋墙深度太浅，严重的只在抹灰层中间，当管子弯曲时出现凹痕现象。电线管进入配电箱，管口在箱内未做紧固处理；电气导管穿越收缩缝时，未按要求加设补偿装置或补偿装置不能伸缩自如，无法达到安全、可靠。管内穿线，穿线时未戴防护帽，相线未进开关，并未接在螺口灯头的舌簧上；不同的回路在同一穿管或穿管内导线过多。相线、零线和接地导线混色，电缆进户钢管壁厚不够要求。导线连接，埋管未进行防护，进入杂物及水，造成拧劲儿；穿线时管中导线有接头，色标也不清晰；接头不挂锡，多股线不压鼻，绝缘层有刀伤，接线柱少垫圈，不加弹簧垫；包扎不紧密到位，胶带过期；接线柱接多根线，管内线径不够，而管端管外线径正常，使管内存在接头。

（4）设备施工安装问题

配电器箱盒的安装是室内电气安装的重要一环，直接影响到最终室内的观感质量。配电箱的安装不符合规定，其位置及标高不按设计就位，也未做防腐处理。开孔不整齐，几个箱不在同一平面，箱体变形，油漆脱落，穿线管端未打磨毛刺伤及电缆，安装后未检查即通电。插座及开关安装时线盒预埋太深，标高不一、歪斜，面板与墙面有缝隙，面板污染且不平；开关插座的相线、零线及保护线有串接现象，开关插座的导线头裸露，固定螺栓松动，盒内导线余量太少。

2）对施工质量通病的对策

（1）对防雷施工问题的防治

加强对焊工的技能培训及思想素质的培养，提高焊接人员的焊接技能和加强责任性，要求做到搭接满焊的重要性，焊缝均匀、饱满，尤其是立缝，仰焊难度较高焊缝的焊接技能及手法控制。在加强焊接技能培训提高的同时，管理检查也要跟上，对每道工序必须严格检查，不合格的决不放过，要求及时补焊，认真处理焊渣并刷防锈漆。对于房屋顶端的避雷针，避雷带必须与外露的高出屋面金属连接，形成一个整体的电气通路。屋面引下线的截面不得小于避雷带的截面，搭接处的焊缝应平整、饱满，不得夹渣、咬肉或有气孔。减小接地电阻，要增加接地极数量和使用药品量。

（2）对于可能引起的火灾，加强施工过程的巡视检查

观察的重点应当是施工质量通病与规范中强制性执行条文；对于特别重要的部位，特别重要工序应加强力度，切实按照图纸和施工验收规范，对每道工序的验收，发现问题及早纠正整改。

（3）施工过程中的布线

对管路的敷设，当电线管出现多层重叠时，应将最上层的管加长绕道走，电线管不要并列挤紧。进入盒箱的导管，应在

盒箱内外加锁母，巡视中应注意进入盒处的一段管是否平直，锁母可否平直到位，不允许导管斜歪进入。对厚壁钢管严禁焊接，只能连接薄壁钢管。对于管内穿线，穿线前必须戴上护口，管口无丝扣的可戴塑料内护口；对相线未进开关与未接在螺口灯头的舌簧上的接线彻底返工，重新接线试灯。不同电压的导线不能穿在同穿线管内，不同回路的导线不要穿在同一个穿管内。施工中严格区分相线、零线，留意接地保护线的作用与色标的划分。对于导线连接，先清理干净管内垃圾、杂物，最好用压缩空气或用钢丝绑上布条拉出清理。穿线顺线盒平直拉出，不要拧劲儿；每一个接线柱接线不得超过两根线，接头包扎严密、结实、可靠，接线盒内导线要留足用量。

（4）设备安装的控制

对于配电器的安装，要结合配电系统图，充分考虑零线及地线回路数量，以确定零线地线汇流排的尺寸，不同回路的相线零线分别进入不同的漏电保护器，严禁两个以上回路共用一个漏电保护器的零线回路。配电箱安装好后，认真检查所有线路，防止导线间接触不良；及时做好导线间、导线对地间绝缘电阻间的测量和记录。对于插座和开关，要与土建专业密切配合，准确、牢固地确定线盒位置。当预埋线盒过深时，再加安一个盒。安装平板时必须横平竖直，几个盒拉线检查，其高度统一标准。同时，对于面板与墙面的缝要专门处理，不要有缝隙存在，建筑成品的保护、面板的洁净非常重要，工序过程加强检查，使工序之间衔接可靠。

综上所述，供配电系统的安全性是电气设计中非常关键的因素，现代建筑中的智能建筑是当前发展的主要方向。有了好的设计，只有通过施工程序才能实现，因此施工过程中的质量控制及通病防治，是保证各种设备安全运转的关键所在。要求电气工程技术人员有对工作极端负责的精神，不断学习和总结，按照设计文件和施工质量验收规范要求，切实给人们提供一个舒适、安全、便利的用电环境。

四、建筑工程的防雷接地设计及应用

防雷在建筑电气中起到非常重要的作用，随着城市规模的不断扩大，住宅工程高层及超高层项目大量涌现，建筑智能化得到广泛的应用，对于防雷接地的技术需求也越来越高。不同用途的建筑工程，根据不同的用电负荷性质，有不同的供配电系统设计方案和不同的智能系统要求，现就对建筑防雷接地系统的设置有不同的设计要求。

防雷要根据工程所处地理环境、气候条件和多年来雷电的活动频率，以及被保护建筑物的特点，因地制宜地设置防雷保护措施，做到满足建筑形式及内部存放设备，以及物质性质考虑防雷安全要求，并对所采取的防雷装置及方法作技术经济比较，使其安全可靠、经济合理。

1. 防雷接地的基本要求

一般而言，10 层及其以上的建筑物和高度超过 24m 的居住工程都属于高层建筑范畴，而总高度超过 100m 的住宅或公共建筑，均为超高层建筑。其供电负荷等级包括一、二、三级负荷，这些多采用 10/0.4kV 供电，工程中多要求设置 10/0.4kV 变配电所，且多设置于地下层，其低压系统接地形式多数用 TN-C-S 系统或 TN-S 系统，其建筑智能化程度要求较高。工程中一般设置消防控制室和弱电机房，建筑物中强电、弱电进出线较多。

根据《建筑物防雷设计规范》GB 50057 和《民用建筑电气设计规范》JGJ 16 中相关要求，综合考虑到高层民用建筑工程的使用特点，以下就高层民用建筑工程中防雷接地的设计应用，分析探索一些工程应用的实际。以小区建设项目为例，计 3 幢商住楼及纯 5 幢 21 层住宅工程，而 3 幢商品楼地上单体分别独立，共用一个地下一层地下室的高层建筑，结构类型为框架-剪力墙结构，高层建筑的内部设施包括给水排水设备、电力弱电线路及电子信息设备等。

高层建筑物的防雷是一个综合系统工程，必须把外部防雷和内部防雷作为一个整体综合考虑。按照现行规范要求，高层建筑物的防雷装置设计应满足防直击雷、防侧击雷、防雷电感应及雷电波侵入的要求，并应设置总等电位联结板，进行总等电位联结。高层建筑物的防雷设计必须在安全可靠、经济合理和技术先进的前提下，充分考虑接闪功能、屏蔽作用、综合布线、浪涌保护、等电位联结及有效接地这些重要因素，使其达到高效保护、层层防护，有效降低建筑物及电气设备免遭受雷击造成的破坏损失。

2. 建筑物外部防雷措施

防雷保护等级的配备要按雷击次数进行划分。当建筑物通过计算参考的雷击次数 >0.3 次/a 时，按照二类防雷建构筑物构筑防雷设施；当 0.3 次/a > 计算雷击次数 >0.06 次/a 时，按三类防雷建构筑物构筑防雷设施。防雷措施包括接闪器、引下线、接地装置和侧雷击防护等。

1) 接闪器

地面建筑物防直雷击最常见的技术措施是安装避雷针、避雷线及避雷带、网等接闪器进行保护，采用何种方式还是根据建筑物的造型及使用功能而确定。接闪器的作用实际上并不是避雷，而是引雷，即将雷电引向自身并通过引下线安全导入大地，进而实现对建筑物及设备的保护效果。在进行防雷设计时，应优先考虑采用建筑物本身的结构钢筋或钢结构等设施作为防雷设施。

当前，多高层建筑物多数采取明敷避雷带、暗设避雷网、局部加设避雷针的综合性方式避免遭受雷击。防雷装置的设计在复杂建筑群多采用滚球法，而平面的保护则采用网格法。较多情况下外部防雷装置附着在被保护的建筑物体上，其布置形式是按建筑物的形状和所需防护要求所采取的设计。设计时，要根据被保护对象的高度、用途和形状进行选择。

如果根据计算雷击次数比较多，若是按三类防雷建筑物构筑防雷保护措施，接闪器的布置应采用 $\phi 10$ 热镀锌圆钢敷设在建筑物上，形成不大于20×20或24×16的避雷网格。避雷带沿屋角屋脊部位比较高易遭受雷击的部位敷设。屋面的钢筋混凝土现浇板内的纵横筋也是相互连接，形成屋顶屏蔽层，作为备用接闪器，防止有比所规定的雷电流小的电流穿越接闪器而绕至屋顶，但不宜利用屋顶周边结构钢筋代替避雷带。在此要重视的是，固定在建筑物的节日亮化彩灯、航空障碍信号灯及其他用电设备，一般应装上单独的接闪器，设置避雷短针分别进行防雷保护；如通风机等用电设备宜处于接闪器的保护范围内，不应布置在避雷网之外，并不应高于避雷网；从配电盘引出的线路应穿钢管，钢管一端应同配电盘外壳连接，另一端与用电设备外壳或保护罩相连，就近与屋顶防雷装置相连。当钢管因连接设备而中间断开时应设置跨接线；其他屋顶上的金属装置，如金属护栏、钢爬梯等金属构件，以及风帽、排气管、广告牌等，必须与最近的避雷带、避雷网焊接，使其形成电气通路。接闪装置要可靠连接到作为引下线的构造柱或结构的钢筋上。不同标高之间的接闪器通过防雷引下线连接。在无引下线处通过敷设 −40×4 的热镀锌扁钢连接，各防雷装置之间应形成可靠的电气通路。

2）引下线

根据现行设计规范规定，防雷引下线应利用建筑物的柱内钢筋作为引下线，且引下线的钢筋不少于两根。引下线应要沿着建筑物的四周均匀或对称布设。因而应根据建筑物的实际情况，每栋设置8处防雷引下线，用柱子内2φ16以上主筋及4φ12以上主筋，通常焊接作为引下线，其间距应控制在25m以内。在引下线距地1.5m处设置断接卡，用于接地电阻的测试用。作为引下线的每根结构柱的纵向主筋要自下而上焊接，又要与每层楼板内钢筋焊接，引下线上端与避雷带焊接，下端与接地极焊接。每根引下线的冲击接地电阻不宜大于30Ω。

3）接地装置

接地装置尽量利用建筑物基础底梁上下两层主筋中的两根

通长焊接形成的基础接地网，其接地网电阻不宜大于10Ω。若建筑基础未设置圈梁，如仅利用建筑基础钢筋接地体不能满足接地电阻需求时，根据实际需要增加人工接地体。现在，多高层建筑的防雷接地是利用建筑物内钢筋作为接地体，同时把建筑物的防雷接地、工作接地及保护接地，与基础钢筋连接在一体，形成共同接地体。由于高层建筑的基础都进行了防水处理，造成接地电阻增大，还要采取在建筑物周围做圈式接地。周圈式接地可以避开防水处理层，也由于接地体埋在基础的外侧，具有均衡电位的效果，对安全性有利。在大地土壤电阻力高的地区，常规做法的联合接地体的接地电阻难以达到要求时，可以采取向外延伸接地体改良土壤、深埋电极以及外引等方式。需要引起重视的是，接地线应安装在方便检查的位置，设保护措施防止机械损伤和腐蚀，以接地干线敷设在用电设备的接地支线的距离越短越好。

4）侧击雷防护

高层建筑一定要设计防雷电侧击的措施。通常做法是在30m以上每层（或每2层），沿建筑物一周敷设一圈均压带，并与各根引下线相联结。均压带可敷设于外墙抹灰层内，也可以直接利用建筑物结构钢筋，每隔不超过6m与楼板钢筋进行焊接。对于30m及其以上外墙上的金属栏杆、铝合金门窗等接地预埋件，将均压环处的上下两层铝合金门窗、金属栏杆的接地预埋件的引出端与均压环用扁钢或圆钢焊接连通。扁钢的搭接长度为宽度的2倍，扁钢与圆钢的搭接长度是圆钢直径的6倍，全部满焊。利用建筑物主筋及梁板筋作为引下线和均压环时，必须可靠连接，形成牢固的电气通路。

建筑外墙上的金属支撑杆、装饰件等较大金属物也要设置防雷处理，具体做法是：通过预埋件与均压环和引下线联结。建筑物内的各种竖向金属管道每3层要与压环连接一次，上端与防雷装置连接，下端与接地装置连接。建筑物的幕墙金属立柱、横梁与铝合金窗框必须同房屋防雷装置连接成为一个整体，避免遭受雷击破坏。外墙空调机壳也要考虑防雷。

3. 建筑物内部防雷措施

1）采取等电位联结

所有的建筑物都进行总等电位联结板，并进行总等电位联结；总等电位联结作用于全建筑物，它在很大程度上可降低建筑物内间接接触电击的接触电压和不同金属部件间的电位差，并消除自建筑物外部经电气线路和各种管道引入的危险故障电压产生的危害。它应通过进线配电箱旁的接地母排（总等电位联结端子板）将下列可导电部分互相连通：进线配电箱的 PE（PEN）母排；公用设施的金属管道，如上下水、热力、燃气的管道，建筑物金属结构，如设置有人工接地，也包括其他接地极引线；接地母排应尽量靠近两防雷区界面处设置。各个总等电位联结的接地母排应互相连通。

为防止高层建筑物各信息系统免遭雷电波侵害，在低压配电系统与通信、信号网络的线路端安装电涌保护器。SPD 按用途，可以分为低压配电系统 SPD 和通信和信号网络 SPD 两类。

2）过电压保护

电气设备遭受过电压危害一般是由供电线路上的过电压引起的。经验表明，供电线路上的过电压主要包括电网线路故障、操作过电压及雷电过电压，而且都是通过供电线路侵入电气设备的。因此，设置过电线路非常必要。以某小区高层住宅为例，地下室一层设 10/0.4kV 变配电所，地上各单体所有工作与备用电源均由地下室供配电所供电，各栋单体竖井内设置配电箱，弱电机房及消防控制室位子地上一层，地上各单体弱电及消防线路均自在此引来；强弱电敷设路径均为沿地下室桥架敷设，单体内沿管道井内桥架敷设。为预防雷电电磁脉冲引起的过电流和过电压，设置过电压的保护措施是：

（1）在变配电室 10kV 高压进线柜内装上过电压保护器，如氧化锌避雷器，作用为限制操作过电压，并防止雷电流侵入；

（2）在变配电室 10kV 高压真空断路器开关柜内，装设真空断路器操作过电压保护器，如氧化锌避雷器，以限制操作过电压；

（3）在变配电室 0.4kV 低压母线上安装第一级电涌保护器（SPD），以限制操作过电压；感应过电压和防止雷电侵入；

（4）在地上各单体建筑的层配电箱内安装第二级电涌保护器（SPD）；同时，在地上各单体建筑的末端配电箱及弱电机房配电箱内安装第三级电涌保护器（SPD）；

（5）在地上各单体建筑的屋顶室外风机、室外照明配电箱内安装第二级电涌保护器（SPD）；

（6）在计算机电源系统、有线电视系统引入端，卫星接收天线引入端，电话系统引入端处设过电压保护设施，使用电源电涌保护器及信号，数据电涌保护器进行双重保护，防止线路，设备过流和过电压，避免损伤设备。弱电设备进线处均应设置浪涌保护器，防止雷电流侵入和感应过电压。电涌保护器（SPD）可以按以下的要求进行选择：

①根据建筑物防雷类别，当地年平均雷电日，防雷保护区（LPS）的划分，电源的进线方式和系统的重要性高低，来确定电涌保护器的最大放电电流 I_{max}。

②根据被保护设备的耐冲击电压值 U_w 确定 SPD 的电压保护水平 U_p，正常情况下电压保护水平 U_p 应比设备的耐冲击电压值 U_w 小 20% 左右。

③根据被保护回路类型（1P、1P＋N3P、3P＋N）及其接地系统类型（TT、TN-S、TN-C、IT）确定配电网络的最高运行电压 U_m 和 SPD 的最大持续运行电压 U_c。再根据式 $U_m \leqslant U_p \leqslant 0.8U_w$，对照 SPD 的参数选定 SPD。

④弱电信号 SPD 的选择，宜根据系统过电压/过电流威胁水平和 SPD 的特性来进行。考虑信号 SPD 的插入损耗量，信号系统通长最多做两级防雷保护即可。对于一个网络系统，一般情况下安装一级 SPD 就满足了。如果系统传输线路较长，需要安装二级时应考虑多种因素影响及二级 SPD 的配合。

3）屏蔽

高层建筑中，通过墙体部位都要设套管，大量线路穿钢管、金属线槽及桥架，要充分考虑合理布线及接地。屏蔽主要技术是有大量重要微电子设备的机房，弱电线路的屏蔽处置。有大量重要微电子设备的计算机信息系统机房，除线路要穿入钢管屏蔽外，同时要采用六面体建筑物钢筋作全屏蔽，弱电线路宜采用桥架、线槽或金属管布线，非镀锌电缆桥架、线槽间连接板和螺纹连接的金属导管接头，应使用金属线跨接和至少两端接地。这是由于一头接地只能防静电，而两端接地才能防雷击。对接地技术的评价是否共用接地及其安全距离，应采用联合接地的形式，弱电与防雷接地宜相距 10m 以上，弱电接地与强电接地宜相距 3m。

4. 接地装置应用

民用建筑工程低压系统一般采用 TN-C-S 或 TN-S 系统接地模式。保护性接地和功能性接地多数采用共用接地装置，共用接地装置的要求是其电阻不大于 1Ω。接地系统安装完成后，隐蔽项目验收时应及时测量接地电阻值，如达不到要求立即加装人工接地体达标。室内接地的措施：

1）变配电所室内接地措施

高压配电装置室、低压配电装置室内设置周围接地网。高压配电装置室内设置不少于两处的接地端子板。高压配电装置金属外壳，低压配电装置金属外壳要可靠接地。变压器室接地网布置根据系统接地形式是不同的，具体做法宜按照国标图集《接地装置安装》03D501—4 的相关做法。变压器外壳和底座要可靠连接。

2）机房内接地措施

弱电机房、消防控制室、监控室等在室内设置周围接地网，设备金属外壳要与此可靠连接。在机房内设置接地端子板，此接地端子板使用两根热镀锌扁钢直接与接地装置连接，接地端子板引出接地铜排至设备柜内接地母排。

3）设备房机内接地措施

通风机房及电梯机房等设备房内沿墙四周敷设周围接地网，并设置接地端子板。而对室外的接地措施，接地装置宜优先采用构建筑物基础钢筋做自然接地体，当仅利用自然接地体不能满足接地电阻要求时，再加人工接地体，直至满足接地电阻要求。每个单体建筑物都要从基础钢筋中焊接热镀锌扁钢，水平敷设至距建筑物外 1.5m，以备将来加设人工接地体用。室外相邻构筑物基础钢筋间使用 −40×4 热镀锌扁钢焊接相连接，以增大水平接地网面积，大幅降低接地电阻，减少使用人工接地体，降低费用。

5. 防雷接地材料的选择使用

在各种建筑工程项目设计中，利用建筑主体结构柱内的竖向钢筋作为引下线，利用基础钢筋网作自然接地极，与建筑体同寿命，不存在腐蚀问题，也避免遭受外力破坏。利用建筑钢筋作接地体时，有良好的分流效果，因为雷电流通过钢筋泄在地下，钢筋下泄的雷电流是均匀的，而且钢筋的面积可以得到充分的利用。一般埋深都会超过 1m 以下，其电阻率不受季节影响，接地电阻比较稳定。

人工接地装置使用的材料是由金属所组成。由于接地材料长期埋置在地下环境中，肯定会受到土的侵蚀及电气排流造成的杂散电流的影响，导致接地系统材质产生严重腐蚀，使接地材料截面减小，变薄、穿孔甚至断开，严重影响接地系统材质的热稳定性和电气的连续性，产生严重安全隐患的现实。据资料介绍，使用镀锌扁钢和镀锌钢管或角铁的接地网，一般正常运行在 10 年左右，差的三四年后即产生腐蚀而只得更换，影响使用且费用增加。

传统的接地装置多数采用圆钢、角钢及钢管的碳素钢材。铁是一种化学性质较活跃的元素，在常温潮湿的环境下可与多种非金属元素及盐类发生化学反应，形成锈蚀。在一般的土壤中碳钢的年平均腐蚀厚度为 0.2mm 左右，而在严重的污染环境中其腐蚀厚度达 3mm。为减轻腐蚀速度，现在多采用热镀锌材质，锌的抗腐蚀能力比铁好，在一般土中镀锌扁钢在地下的年平均腐蚀速度为 0.065mm/a，所以设计中一般会选择镀锌扁钢作为接地用材。接地材料需要搭接时必须进行焊接，且焊口烧伤部位要进行防腐处理。

在建设设计中，防雷接地、电气设备的保护接地，电梯机房和弱电系统的接地多数采取共用接地系统，要求接地电阻不大于 1Ω，实测不满足时增加人工接地极。

综上所述，建筑物的防雷接地设计和施工是一项并不复杂的系统工程，只是把内外部防雷设置、接地装置作为一个整体、系统的防护措施。防雷设计对于人员安全，建筑物及其设施的保护起到重要作用，而高层及超高层建筑的大量涌现，其重要性更不容忽视。上述对防雷接地的技术应用及其措施，使建筑物及其人员安全得到更加可靠的保护。

五、人防地下室电气施工质量监理控制

大型的公共和民用建筑中，都会设置人防地下室工程。平时功能为汽车停车库等用途，而战时为人员的掩蔽场所。防空地下室电气施工与普通建筑电气施工存在着一些不同，由于一些电气安装人员对防空地下室了解较少，防空需要的地下室电气安装过程中时常会出现一些质量问题，合格的电气监理工程师应认真熟悉设计图的意图、电气专业规范及构造图集。对地下人防工程施工安装过程的监理控制，应做好以下几个方面的控制。

1. 电气监理依据及准备

1）地下室电气设计、施工及验收依据

人防地下室电气设计施工验收依据主要是现行的《人民防空地下室设计规范》GB 50018；《人民防空工程设计规范》GB 50225；《防空地下室建筑设计》FJ01～03；《防空地下室结构设计》FG01～05；《防空地下室给水排水设施安装》S07FS02；《防空地下室通风设计》07FK01～02；《防空地下室电气设计》

07FD01～02；《人民防空工程施工及验收规范》GB 50134 等。

2）施工前的准备工作

主要是：熟悉设计文件及施工图纸，了解人防地下室人员掩蔽所等级，防护单元数量，防护单元电气详细设计施工要求，哪些部分电气材料设备为平时安装，哪些电气设备材料为战前安装等。

2. 安装施工过程的监控

1）电气材料设备的进场验收

人防工程电气设备由于用于地下潮湿环境，应选择防潮性能好的定型产品，线管穿越外墙、临空墙、防护密闭隔墙、密闭隔墙要使用热镀锌钢套管，且壁厚大于 2.5mm，暗敷接线盒应采用防护密闭接线盒，不得使用普通接线盒，防护密闭接线盒采用大于 3mm 的热镀锌钢板制成。进出人防地下室的动力照明线要采用电缆或护套线，电缆或护套线要使用铜芯电缆和电线。灯具的选择宜选用重量较轻的线吊或链吊灯具和卡口灯头。当室内净高较低或平时使用需要吸顶灯时，应在临战时加设防掉落保护网。战时照明利用平时的正常照明。配电箱、板严格禁使用可燃性材料制作，处于易爆场所的电气设备应采用防爆型的。

2）电缆、电线穿管安装

专供上部建筑使用的设备房间，宜设置在防护密闭区之外，人防地下室上部建筑的管道穿越人防围护结构时，应符合相应的规定：人防地下室在战时及平时均不使用的管道，不要穿越人防围护结构；穿越防空地下室顶板，临空墙和门框墙的管道，其公称直径不宜大于 150mm；凡进入防空地下室的管道及其穿越的人防围护结构，均应采取防护密闭措施。

电气线管穿过外墙、临空墙、防护密闭隔墙、密闭隔墙时，应在墙中部安装密闭肋，密闭肋采用不小于 3mm 热镀锌钢管制成，热镀锌钢管两端不得与防护密闭墙平齐，而是应两端各长出 50mm；暗敷热镀锌钢管穿越防护密闭墙时，钢管两端均在墙两侧设置密闭接线盒，接线盒距墙约300mm。

当采取电缆桥架敷设电缆和导线时，电缆桥架不得直接穿过围护结构。在穿越楼板或防护密闭隔墙时，改为穿管敷设。

3）电气线路线管敷设防护密闭处理

电气线路明管敷设时，电缆或护套线穿过镀锌钢套管后，镀锌钢套管应采取密封处理。防护密闭处理的方法是：采用环氧树脂、密封防火胶泥、白布带粘聚醋乙烯逐根填入，油麻缠绕封堵。核4级、核4B级、核5级、常5级人防工程的电气管线采取明敷设时，在受冲击波方向即防护密闭门或临战封堵外侧应设置抗力片防护，核6级、核6B级、常6级人防工程的电气管线不需设置抗力片。

当电气线路用暗管敷设时，防护密闭处理的方法是：使用密闭填料对防护密闭接线盒填塞紧密。密闭填料的选择与电气线路明管敷设时使用的应相同。

4）电气设备的安装

每个防护单元内的人防电源配电柜（箱），宜设置在清洁区域内，并靠近负荷中心和便于操作维修处。防空地下室内的各种动力配电箱、照明箱、控制箱不得在外墙、临空墙、防护密闭隔墙、密闭隔墙上嵌墙暗装。如果确实要设置时，应采取挂墙式明装。灯具的安装应牢固，宜采取悬吊的固定形式；当采用吸顶灯时，应加设橡胶垫圈。自防空地下室内部引至防护门以外的照明回路，应当在该门内侧单独设置短路保护装置或设置单独照明回路。

3. 人防电气工程验收

人防电气工程的系统试验重点检查的内容主要是：检查电源切换的可靠性和可靠的时间；测定设备运行总负荷；检查事故照明及疏散指示电源的可靠性，测定主要房间的照度；检查用电设备自控系统的联动效果；测定接地系统的接地电阻等。

人防工程作为一项专业性很强的分部工程，监理单位在现场对专业监理人员的配备上应当认真考虑配置，尤其是地下工程，所处环境及位置对于防水功能的要求也是极其重要，否则会引起严重后果，建成也不可能进行正常运行，因此，每一个验收批都必须在自检、互检、专职检查合格的基础上再报专业监理确认，才能保证各工序在受控中。

尤其是电气专业属于一个特殊工种，只有专业人员熟练掌握人防电气施工的相关规范、标准及专用图集，加强在施工过程中的工序控制，才能保证人防工程电气分部顺利实施及竣工验收的顺利进行。

六、建筑工程配电设计中存在的问题处理

建筑工程设计是一项工程初始阶段的重要环节，其设计质量的优劣是决定整个工程质量与安全的关键因素。根据我国大量的建筑工程质量事故统计显示，在所有的工程质量事故中，由于设计问题造成的工程质量事故占了 40% 左右。由此可见，工程设计的质量优劣是施工工程质量控制的关键因素，现代建筑工程配电系统设计同样如此。

随着我国城市化建设的步伐不断加快，建筑施工越发频繁。然而，在建筑施工中由于雷击或供电线路老化、损坏及配线系统设计不合理造成的电气火灾事故不断上升，给人们敲响了警钟。建筑施工现场的临时用电设备必须制定科学、合理，严格执行规范强制性要求的使用功能和技术方案，对线路接地设计必须严格按照操作规范进行规划；否则，将对建筑施工安全造成无法预料的不良后果。

1. 供配电系统的设计

我国施工现场临时用电工程所采用的线路电压为 380V、相电压为 220V、电源（电力变压器）中性点接地的三相四线制系统中，接地、接零保护系统分类为 TT、TN-C 和 TNS 三种系统电力。下面对这三种系统加以分析比较。

TT 系统是指在中性点接地的电力系统中，将电源电气设备不带电的金属外壳或接地保护的系统。TT 系统对接地保护电阻

535

方面具有良好的性能，但需要耗费大量钢材，而接地安装和埋设施工也需要较大的工程量，故这种系统经济性不高；TN 系统是一种在电源中性点接地中，将电气设备不带电的金属外壳或基座经中性点接零的保护系统。在这个系统中，作零线（N）与保护零线（PE）合一的系统为 TN-C 系统。工作零线 N 与保护零线（PE）分开的系统为 TN-S 系统。

分析比较这三种系统，在 TN-S 接零保护系统中，只要在配电装置中设置漏电保护器，这种系统便可明显地克服 TT 系统的缺陷。即经济、技术操作上也方便，电气设备的正常不带电的金属外壳或基座在任何情况下都能保持对地零电位水平。按现行《施工现场临时用电安全技术规范》JGJ 46 的规定执行。

建筑工程施工中配电系统设计多采用 TN-S 系统，但在实际安装过程中必须充分考虑到各种自然界条件的影响，如暴露在风吹、日晒、雨淋下，对配电系统容易造成机械损伤、绝缘体性能下降甚至短路事故。由于其长时间暴露在公共场所，也无电位联结，对人员生命安全带来巨大威胁。采用 TN-S 系统供电时，灯具的金属外壳都是通过 PE 线连接的。当某个灯具发生故障时，其故障将 PE 转到其他灯具上，容易造成户外无等电位联结的电击威胁。因此，室外多采用 TT 接地系统，为户外灯设置接地极，引出单独的线接灯具的金属外壳，以避免由 PE 线引来别处的故障电压。

2. 电负荷与配电线路截面的优化选择

由于民用建筑用电负荷绝大多数为单相负荷，三相负荷不平衡必然导致零线通过不平衡电流，随着电脑及各种家用电器的发展与普及，低压电网高次谐波污染日益加剧，3 次及其奇倍数谐波均构成中性线电流。中性线过大电流并由此引发电火灾的现象也日益增多。为此，相关设计规范已规定：三相四线或二相三线的配电线路中，当用电负荷大部分为单相负荷时，其 N 线或 PEN 线截面不宜小于相线截面；以气体放电灯为主要负荷的回路中，N 线截面不应小于相线截面等。可见，民用建筑配电系统的干线、支干线及支线的导线截面原则上均应选择 N 或 PEN 线截面与相线截面相同。然而，当前仍有为数不少的民用建筑配电设计，仍沿用 20 世纪 80 年代末的做法，选择 N 或 PEN 线截面是相线截面的 1/2 或 1/4，这也是最常见的电气设计安全问题之一。

3. 变电所位置的确定

随着我国经济社会的发展，现代高层建筑用电量逐渐增大，这就对建筑物配电系统的安装位置提出了较高的要求。在确定变电所位置时，应充分考虑变电所高压负荷，对于降低电能损耗、保证用电安全稳定具有重要作用。

对于 30 层（100m）以内的高层建筑，配电系统通常设置在底层；60 层左右的高层建筑，则直接设置在建筑物地下或中层和顶层，也可以只设置在建筑物地下。变电所的数量及其位置的分布，应通过技术经济比较决定。同时，也要保证可用性与维修方便。

4. 防雷与接地措施

现代建筑的防雷设计。采用传统的避雷方法简单、可靠，更加经济合算。但必须保证各层楼面钢筋、金属管道与该层用作引下线的柱筋有可靠的连接，形成等电位层。现代建筑都采用钢筋混凝土剪力墙，与楼板的连接十分可靠，关键是做好金属管线的接地。现代建筑的防雷接地、电气设备的保护接地和工作接地，都是合在一起的，组成混合接地系统。接地电阻按最小要求确定，通常在 4Ω 以下。利用建筑物的钢筋混凝土基础作接地板。尽管基础钢筋等自然接地体已能满足接地电阻的要求，仍需要装设水平的人工接地体，将主要的建筑物基础连接成接地网，这对均衡电位、提高安全性都有好处。

5. 电气照明设计

建筑物照明配电设计，包括光源的选择、照明度的大小、照明范围、照明设备造型、位置的选择、光能控制和配电线路敷设等，而随着人们对生活居住环境要求的不断提高，照明设计需要与现代建筑装饰效果密切联系，照明设备的造型、光线、照射范围等都应与建筑艺术意境相结合，并考虑节能效果。选用高光效电光源，可以取得节能的明显效果。在审核图纸时，经常发现应急照明支线带两个防火分区的灯具，没有按照建筑电气工程施工质量验收规范要求，此类问题应注意。

6. 消防电气设计

消防电气设计在设计工作中占有非常重要的地位。它涉及火灾报警、扑救及人民生命财产的重要安全问题，因此应按国家有关规范做好消防电气设计。火灾报警系统的形式应根据具体设计对象来确定。设计者首先必须搞清楚设计对象的建筑形式、规模、分类、建筑个体的分布等诸多因素，再根据这些因素来确定火灾报警系统的形式。

例如：许多电气设计消防线路采用穿塑料管保护，并从吊顶内走线。而《民用建筑电气设计规范》中规定消防联动控制、自动灭火控制、通信、应急照明及紧急广播等线路。应穿金属管保护，并暗敷在非燃烧体结构内。其保护层厚度不应小于30mm。如必须明敷时，应在金属管上采取防火措施。

在现代建筑工程配电系统设计中，必须充分考虑配电系统的安全、稳定运行，从根源上杜绝故障的发生，将安全隐患降至最低，同时还应考虑电气设备与现代建筑结构相结合的装饰效果，这也对行业内建筑电气施工单位提出了更高的技术要求。

七、电气节能在民用建筑中的应用

能源问题已成为全球共同关注的问题，能源短缺成为制约经济发展的重要因素。建筑中的节能设计已得到充分重视，做到合理使用能源、提高能源利用效率，为能源的节约提供了保障。民用建筑是建筑的耗电大户，近几年民用建筑电气节能的重要意义已逐步受到人们的重视。建筑电气节能应坚持的三个基本原则是：

（1）满足建筑物的功能；

（2）考虑实际经济效益；

（3）节省无谓消耗的能量。

因此，节能措施也应贯彻实用、经济合理、技术先进的原则。

照明节能设计就是在保证不降低作业面视觉要求、不降低照明质量的前提下，力求减少照明系统中光能的损失，从而最大限度地利用光能，通常的相应节能措施有以下几种：

1. 高效节能光源的选用

应合理选择灯具的配光，以提高利用系统。设计时，办公室主张采用 T8 或 T5 稀土三基色荧光灯管。这是由于 T8 或 T5 灯管具有更高的显色指数和光效，光衰小、寿命长、用汞量少，更符合节能、环保要求。门厅、走廊等场所采用紧凑型荧光灯替代以往的白炽灯，达到节约能源的目的。

2. 高效节能照明灯具的选用

灯具按光通量在上下空间分布比例分为五类：直接型、半直接型、全漫射型、半间接型和间接型。

1）灯具的结构应便于安装、维护和更换光源

一般办公区优先选用直接式灯具，在有吊顶的办公场所优先选用高光效格栅灯具。

2）合理选择灯具的配光

当电气设备、材料进入施工现场后，保管员、材料员、质检员协同监理工程师，首先检查货物是否符合规范要求，核对设备、材料的型号、规格、性能参数是否与设计一致，清点说明书、合格证、零配件并进行外观检查，做好开箱记录并妥善保管。

3. 高效节能电器附件的选用

1）使用节能电感镇流器和电子镇流器

推广使用低能耗性能优的光源用电附件，如电子镇流器、节能型电感镇流器、电子触发器以及电子变压器等。一般电感式镇流器自身能耗为光源的 10% ~ 15%，而电子镇流器本身能耗极低，并且有恒功率输出的特点。

对于一体化节能灯和单端小功率荧光灯（功率不大于25W），由于对它们的谐波要求、异常保护功能以及预热要求均比较低，应优选电子镇流器。对于 25~65W 的直管荧光灯，优选节能型电感镇流器。

2）实行单灯电容补偿

灯具单灯补偿就是在每套灯具上并联一个电容器进行补偿，将荧光灯、气体放射灯功率因数均提高到 0.9 以上，这样既能减少电路无功功率，又能降低线损和电压损耗，同时由于线路电流的降低，还可以减小导线的截面面积。

4. 其他照明节电措施

（1）充分利用自然光，节省照明用电是照明节能的重要途径之一。

（2）现行《建筑照明设计标准》GB 50034—2013 中规定了各种场所的照度标准、视觉要求、照明功率密度等；同时，应改进灯具控制方式。

（3）选择合理的照度和功率密度值。现行《建筑照明设计标准》GB 50034—2013 规定了一般照明照度的标准值，局部照明应按该场所一般照明照度值的 1~3 倍选取。

（4）减少供电线路上的损耗，照明配电箱应靠近照明负荷中心且便于维护的位置；对灯具布置及回路控制的节能设计。

在民用建筑场所内使用的多为单相电感性负荷，因其自身功率因数较低，在电网中滞后无功功率的比重较大。为保证降低电网中的无功功率，提高功率因数，保证有功功率的充分利用，提高系统的供电效率和电压质量，减少线路损耗，降低配电线路的成本，节约电能，通常在低压供配电系统中装设电容器无功补偿装置。无功自动补偿，按性质分为三相电容自动补偿和分相电容自动补偿。三相电容自动补偿适用于三相负载平衡的供配电系统。

5. 施工技术措施

1）综合布线

金属线槽内导线总截面（包括保护层）不应超过线槽内截面的 20%（控制、信号等小于 50%），线槽垂直、倾斜敷设时，应采取措施防止导线移动。金属管端应加护口，导线接头处应设在箱、盒处，PE 线应采用黄绿相间导线，多芯线应搪锡，线鼻子应与线径配套。电缆、封闭式母线及金属线槽等穿过防火墙、竖井楼板等处时应采用防火隔板及防火材料隔离。镀锌电缆桥架必须有不少于两个有防松螺母或防松垫圈的连接固定螺栓。普通电缆终端可采用绑扎处理，主要电缆除绑扎外，应加电缆头套。

2）照明器具安装

在照明期间的安装过程中，应注意照明器具的螺口灯头相线应该接在中心触点的端子上，零线则接在螺纹的端子上，而灯头的绝缘外壳不能有任何破损或漏电现象。另外，当吊灯灯具的重量大于 3kg 时，就应采用预埋吊钩或螺栓进行固定；而当软线吊灯灯具重量大于 1kg 时，则应增设吊链。

3）开关插座安装

水、电安装工程中开关、插座安装时，必须严格地控制好电器的装置标高、位置以及固定件的离墙、固定间距、固定高度等等尺寸。上下层同一轴线的坐标误差不得大于 50mm。同室的开关、插座标高必须保持一致，允许偏差在 15mm 内，而且开关或插座都不能安装在门后。另外，在同一单位工程中的开关方向应保持统一，绝对不能出现两种以上的不同型号。一般情况下，开关都应以向下为开启。开关、插座、灯具接线时应在箱盒内，方木、圆木内各留 10~15cm 长的余量。各种开关、插座内的接地线、相线、零线严禁串联连接，包括组合式开关箱或组合式插座箱，而且接地线应单独敷设，不准利用塑料护套线中的一根芯作接地线，接地线的颜色则应为绿、黄两种颜色，不能与相线、零线相混淆。

通过对民用照明工程节能的分析，加大建筑电气工程的节能设计与应用，在现实生活中是很必要的。每个人员都应努力学习新技术、新方法，依靠自身掌握的先进科技知识，让建筑电气节能在建筑工程施工与设计中得到更广泛的应用。

八、建筑工程中电气工程的节能措施

据资料介绍，我国单位 GPC 能耗是美国的 3 倍多，日本的 6 倍多，合理节约能源和有效提高能源利用效率，是我国经济能否持续发展的重要因素。我国的电气能耗是建筑能耗的主要组成部分。因此，在建筑电气工程设计、施工、运行阶段，采取相应的技术方法和预防和控制技术措施，保证建筑电气在充分满足、完善建筑物功能要求的前提下，减少能源消耗和提高利用率。

当前，我国拥有世界第三大能源系统，一次能源总产量仅次于美国和俄罗斯。但因我国人口众多，人均拥有量却很低，能源效率低下，未来建筑能源需求量仍然很大。节约能源、降低能源消耗、提高能源效率关乎中国经济的可持续性，也关系到全球的经济发展。

1. 建筑电气节能及能耗

1）建筑电气节能工作应遵循的原则

（1）适用性：即优化供配电设计，按需合理供应；

（2）实际性：即合理选用节能设备及材料，使建造成本和运营成本合理回收；

（3）节能性：即节省无谓损耗的能量，采取先进技术成果和相应的措施节能，使能耗降低。

2）建筑电气能耗

在建筑电气系统中，能量损耗主要产生在电动机、灯具等电气设备、电力变压器和所有敷设的电力电缆之中；电力变压器的损耗主要分为三个方面：空载损耗（铁损）、负载损耗（铜损）和杂散损耗。通过有效的方法保证变压器的总拥有费用最低，从而达到节约资金的目的；电力电缆截面应以确定导线的经济电流密度为根本，就是在已知负荷的情况下，选择最佳的导线截面；或者在已选定导体截面的情况下，确定经济的负荷范围，以寻求投资的最优方案，取得最理想的经济效益；电动机在总用电量中占的比重也很大，其产生的能耗也相当可观。分析高效电动机的节能效果以及不同的电动机系统对能耗的影响情况，选择高效电机，搭建合理的电机系统是关键；灯具照明应尽量选用新型的智能照明节电器，包括选择高效的光源及附件（镇流器等）。我国执行绿色照明工程的目的，是为了在照明工程中最大限度地节约能源。

2. 建筑电气节能措施

1）电力生产具有同时性和集中性两大特点

这决定了能耗将在该建筑物电气系统从变电、传输到用电设备的各个环节发生。

（1）同时性

即电力生产的输送、分配与转换是同时进行的，无法进行大量的储存。

（2）集中性

即电力生产是高度集中的部门，调度和检修必须是统一的。

建筑供配电系统作为电力系统的最终用户端，通常由电源系统、变配电设备、传输线路、配电设备、用电设备等组成。建筑电气节能水平可通过采取有效的措施加以提高，节能措施还应贯彻实用性及经济合理、技术先进的原则。

2）优化设计

设计人员针对每项电气分项工程，都有较详细的电气负荷计算书和采取相应的节能措施。在确定设计方案时，按照"以人为本"的设计思路，深入现场，通过与业主进行有效沟通，了解工程的具体情况；根据负荷特点、建筑使用功能要求、建筑物的结构特征和周围环境特点等多方面因素的综合考虑，进行全面的技术分析比较，力求最佳的设计方案。还要掌握各种节能新技术，并在设计中适当采用可获得巨大的经济效益和社会效益。政府有关职能部门也应加强对建筑电气设计项目的审核管理，可以委托相关技术部门，例如专业学会等对设计图纸文件进行严格审查。

3）合理选择变压器的容量和台数

以适应由于季节性造成的负荷变化时能够灵活投切变压器，实现经济运行减少由于轻载运行造成的不必要电能损耗。在设计中，还应尽量减少三相不平衡度。在供配电系统中的某些用电设备（如电动机、变压器、灯具的镇流器以及很多家用电器等）都具有电感性，会产生滞后的无功电流，它要从系统中经过高低压线路传输到用电设备末端，无形中又增加了线路的功率损耗。因此，合理设计供配电系统在电气节能中起着非常重要的作用。

4）对建筑电气系统运行加以强化管理

加强对建筑电气系统运行的管理，同样可达到节能的效果。主要管理措施有：

（1）设备管理

电气节能在很大程度上取决于设备的运行状况。如果使各种设备安全、有效、稳定地运行，出现故障能快速排除，则可以节约能量。

（2）控制管理

开发并利用功能强大、界面友好的控制软件也是保证电气系统节能运行的有效措施。

（3）人员技术培训管理

加强对电工的培训，提高管理人员素质，以保证电气设备的正常运行和设备的使用效率，才能在电气节能中有所作为。

5）选用先进的节能设备、器具

首先，选用节能型变压器、节能型电动机；其次，照明用电为建筑物用电量的 20%～40%，降低照明用电尤为重要，其主要途径包括：发展高效光源、采用高效灯具、改进照明控制。目前，荧光类高效节能灯已广泛普及，国外普遍看好的发展方向是 LED 光源，比目前的节能灯效率更高，发光光谱可在大范围选择，使用寿命可大大延长。尽管目前 LED 的成本、效率都无法与荧光类节能灯相比，但在最近 10 ~ 20 年内预计将有重大突破。

从上述分析结果表明，在建筑电气工程的设计、施工、运行中，如果采取一些有效的技术方法和技术措施，提出完整的建筑电气节能设计和运行管理方案，就完全可以有效地提高能源利用率，实现节能的目标。

第七章 工程地质及桩基

一、工程地质勘察中水文存在的影响对策

在建工程的地质勘察设计与施工中，水文地质问题一般不引起重视，以下从以往的勘察中水文地质被忽视的原因进行分析并做出评价，主要是针对水文地质给工程带来的不利影响进行探索。工程应用实践表明，在地质勘察、设计和施工过程中，水文地质是一个极其重要但往往被忽视的现实问题。这个问题之所以重要，是因为水文地质和工程地质之间关系极其密切，互相作用又相互关联着。

1. 工程地质勘察与水文地质

地下水既是岩土体的组成部分，直接影响到岩土体工程的特性，又是基础工程所处的环境，关系到建筑基础的安全耐久性。在工程的具体勘察工作中，在勘探成果内却很少直接涉及水文参数的利用，所以水文地质往往只被认为是象征性的工作，在勘察中多数只是简单地对天然状态下的水文地质条件作浅要评价。在一些水文地质条件较复杂的地段，由于工程勘察中对水文地质研究很浅薄，设计中又容易忽视其实质问题，经常会出现地下水引发的多种岩土工程危害问题，造成勘察设计处于被动的情形。为了提高勘察设计工作质量，在地质勘察中加强水文地质问题的研究非常必要，在工程勘察中不仅要求查明与岩土有关的水文地质问题，评价地下水对岩土体和建筑物基础的作用与影响，还必须提出预防及治理的有效措施，为设计与施工提供必要的水文地质资料，达到消除及减少地下水危害的目的。

任何建筑物进行设计的动机，都是需要通过一系列的观测、勘探、试验等方法，查明建筑物所处位置的水文地质条件，掌

握地下的基本情况，尤其是地下水的形成、储存及运动特性，水质、水量的变化规律，提供在制定、利用或排除地下水措施时的重要依据。但是，在实际的工程地质勘察工作中，多数会习惯性地更加注重对勘探暴露出来的岩土类型及其地质性质、地质结构的重视和研究，较少直接涉及水文地质参数的应用，而存在的水文地质一般只认为是象征性的工作，在勘察资料报告中一般只是简单地对天然状态下的水文地质条件做出评价。在一些水文地质环境较复杂的地段，由于理解与研究不深入，导致会发生由于地下水引发的岩土工程造成的危害，使勘察设计人员无计可施。

2. 工程水文地质的评价内容

对工程地质有影响的水文地质因素有：地下水的类型，水位及变化幅度，含水层及隔水层的厚度及分布组合关系，土层或岩层渗漏性的强弱和渗透系数，承压含水层的特征及水头等。为了提高工程地质勘察的质量，应在地质勘察中加强对水文地质存在的分析研究，不仅要查明与岩土工程有关的水文地质现状，评价地下水对岩土体和建筑工程可能产生的作用及影响，更是要提出预防及处理的技术措施，为设计和施工提供必须的水文地质资料，达到消除或减少地下水对建筑物基础可能产生的危害。但在工程地质勘察报告资料中，一般会缺少结合基础设计和施工的需要评价，未表明地下水对岩土工程的危害。要求在以后的工程地质勘察中，从以下几个方面做工作：

（1）要对地下水可能对岩土工程的危害引起足够的认识，重点评价地下水对岩土体和建筑物基础的影响问题，预测可能产生的危害程度并提出预防控制措施。

（2）工程地质勘察还必须密切结合建筑物基础的类型，查明与该地基基础类型有关的水文地质问题，提供基础选型所需的水文地质资料。

（3）同时，还要查明地下水的天然储藏状态和天然条件下的变化规律，更重要的是分析和预测今后在人为改变原状后可能造成对水环境的变化影响，及其岩土体对人工基础的不良作用。

（4）地下水位高低的变化对埋地基础的影响非常明显，在分析工程地质问题时，地下水位以上及以下应区别处理。从工程使用角度对照地下水对基础部分作用的影响，提供不同条件下应当重点考虑的方面。

3. 重视岩土水理性质的研究

岩土水理的性质是指岩土与地下水相互作用时岩土显示出来的各种特性，主要内容包括：溶水性、持水性、给水性、毛细管性、透水性及腐蚀性等，这些特质与构成岩土的固态、液态和气态三相密切相关。

天然地下水在岩土体中有不同的贮存方式，按照埋藏条件可分为上层滞水、潜水和承压水；按含水层空隙性质分为孔隙水、裂隙水及岩溶水等。不同形式的地下水对岩土水理性质的影响程度是不同的，其影响程度又与岩土的类型相关。通过测试岩土水理性质指标，可以为今后地下水量产生变化时应采取的技术手段提供设计依据。有资料研究表明，岩土的水理性质不仅影响岩土的强度和变形，而且某些性质还直接影响到建筑物基础的稳定性。在以往很长时期的工程地质勘察中，对岩土的水理性质测试大多被忽略了，这种情况下对岩土的工程性质所作出的评价是片面和存在隐患的。

4. 认识地下水对岩土及基础的危害

地下水对岩土工程的危害，主要是由于地下水位产生的升降变化、地下水位动水压力作用两个方面的原因所造成。地下水位产生变化可由环境因素及人为因素引起，当地下水位产生的变化达到一定程度时，都会对岩土工程造成危害，而这种危害有三种情况：

1）地下水位升降对岩土工程造成的危害

造成地下水位波动的可能性原因是：季节气候的变化，地球与月亮引力的变化，河流、湖泊及水库水位变化，潮汐变化及气象变化等。而地下水位的反复升降变化可能产生的不良影响是：地下水位波动会导致土的压密，因为土体卸载后接着再加载其密度总比原来的大；增加了建筑物基础使用材料的腐蚀破坏速度；若是采用了木桩则在干湿快速交替下腐烂加快，使一些含盐地层（如石膏层和钠盐层）发生溶解作用，会造成建筑物产生较大位移；能引起膨胀性岩土产生不均匀的膨胀变形，当地下水升降极其频繁时，不仅使岩土的膨胀收缩变形往复循环，而且会导致岩土的膨胀收缩幅度不断加大，进而形成地裂，引起建筑物尤其是轻型建筑物破坏的加重。

由于地下水在自然状态下的动水压力作用比较微弱，一般不会造成明显危害，但是在人为工程大规模活动中，可能会改变地下水自然状态动力平衡条件。在浮压力或扬压力作用下，往往会引起一些严重的岩土工程危害，如流沙、管涌、基坑突涌的形成条件和防治措施，在相关的工程地质应用中得到验证，造成了一定的事故损失。

2）地下水位下降引起的岩土工程危害

地下水位的降低多数是由于人为的因素造成的，如集中大规模抽取地下水，采矿活动中的矿床疏干及河流上游筑堤坝，修建水库截断下游地下水的补充等活动。地下水位的过分下降也会诱发地裂，地面沉降及塌陷等地质灾害以及地下水源枯竭，水质恶化的环境问题，有些地区可能产生沙漠化或者海水倒灌现象，对岩土体及建筑物基础的稳定性造成不良后果，也对人类居住环境造成一定的威胁。

3）地下潜水位上升引起的岩土工程危害

造成潜水位上升的因素包括：附近修建水库，河流局部改道，湖泊水库的水位升高。灌溉工程包括：引水渠道和水浇地渗漏工程施工，工业废水和各种地下给水排水管道的渗漏等。潜水位的上升对建筑物的安全非常不利；它会软化地基，使黏性土含水率增加但其强度大幅降低，压缩性增高。进一步使建筑物产生较大的沉降变形；容易使地基隆起或发生侧向位移，引起基础上浮和墙体失稳；造成原来并没有达到饱和状态的砂土及粉质土达到饱和状态，引起砂土地震液化问题，或者引起流砂、管涌等现象；斜坡、河岸临空面因潜水位上升而降低了岩土体力学性能产生的滑移，崩塌等不良地质现象，导致破坏或失去正常使用功能；还会使原来未加防护的地下室浸水而达不到使用功能；还可能引起土壤沼泽及盐渍化，造成建筑物基础的腐蚀加重。

综上所述，水文地质在建筑物基础持力层选择、基础设计、工程地质灾害防治方面的重要性非常明显，能够引起勘察人员对水文地质作用的重视，在工程地质勘察中切实加强对水文地质问题的分析判断，使勘察成果的可靠性和预见性更好，为建筑工程地下基础打下坚实的技术支持。

二、建筑基坑工程的监测方法应用

在建设项目基坑开挖和基坑支护的设计过程中，为了保证基坑的安全，一般都会采用一系列成熟的技术措施，但有些基坑仍然有一些事故发生。当基坑工程事故发生，就会给国家和人民的生命财产安全带来一定损失，而且还会产生不良的社会影响。只有及时、准确地进行监测控制，才能验证支护结构设计合理与否，为施工提供实时反馈，从而指导基坑开挖和支护安全施工，切实保障施工的顺利进行。现就建筑工程基坑的监测方法作浅要探讨。

1. 监测的作用和目的

在深基坑开挖的施工过程中，对建筑物、土体、道路、构筑物、地下管线等周围环境和支护结构的位移、应力、沉降、倾斜、开裂和对地下水位的动态变化、土层孔隙水压力变化等，借助仪器设备或其他一些辅助手段进行综合监测，监测是否土体发生变化而影响到基坑自身的安全。

在基坑开挖前期，对土体变位动态等各种现象进行监测，通过大量岩土信息的提取，及时比较勘察出监测结果和预期设计的性状差别，分析评价原设计成果，对现行施工方案的合理性进行判断，有效预测下阶段施工中可能出现的新情况，此时可以借助修正岩土力学参数和反分析方法计算来完成预测。为了能为后期开挖方案和步骤提出有用的建议，就需要为合理和优化组织施工提供可靠信息，从而能够及时预报施工过程中可能出现的险情；当有异常情况发生时，应及时采取一定的预控措施，防止安全事故的发生，以确保施工的顺利进行。

2. 监测范围及内容

1）对周围环境的监测

周围环境监测主要包括：邻近构筑物、地下管网、道路等设施变形的监测，邻近建筑物的倾斜、裂缝和沉降发生时间、过程的监测，表层和深层土体水平位移、沉降的监测，坑底隆起监测，桩侧土压力测试，土层孔隙水压力测试，地下水位监测。具体监测项目的选定需要综合考虑工程地质和水文地质条件、周围建筑物及地下管线、施工和基坑工程安全等级情况。

2）对支护体系的监测

支护体系监测主要包括：支护结构沉降监测，支护结构倾斜监测，支护体系应力监测，支护结构顶部水平位移监测，支护体系受力监测，支护体系完整性及强度监测。

3. 监测使用仪器

通常情况下，基坑的监测是需要借助一些仪器设备的，一般使用的仪器主要包含以下几种：

1）测斜仪

该仪器主要用在支护结构、土体水平位移的观测。

2）水准仪和经纬仪

该设备主要用在测量地下管线、支护结构、周围环境等方面的沉降和变位。

3）深层沉降标

用于量测支护结构后土体位移的变化，以判断支护结构的稳定状态。

4）土压力计

用于量测支护结构后土体的压力状态是主动、被动还是静止的，或测量支护结构后土体的压力的大小、变化情况等，来检验设计中的判断支护结构的位移情况和计算精确度。

5）孔隙水压力计

为了能够较为准确地判断坑外土体的移动，可用该仪器来观测支护结构后孔隙水压力的变化情况。

6）水位计

为了检验降水效果就可以采用该仪器来量测支护结构后地下水位的变化情况。

7）钢筋应力计

为了判断支撑结构是否稳定，使用该设备来量测支撑结构的弯矩、轴力等。

8）温度计

温度对基坑有较大影响，为了能计算由温度变化引起的应力，则需要将温度计和钢筋应力计一起，埋设在钢筋混凝土支撑中。

9）混凝土应变计

要计算相应支撑断面内的轴力，则需要采用混凝土应变计以测定支撑混凝土结构的应变。

10）低应变动测仪和超声波无损检测仪

用来检测支护结构的完整性和强度。

无论是哪种类型的监测仪器，在埋设前都应从外观检验、防水性检验、压力率定和温度率定等方面进行检验和率定。应变计、应力计、孔隙水压力计、土压力盒等各类传感器在埋设安装前都应重复标定；水准仪、经纬仪、测斜仪等除须满足设计要求外，应每年由国家法定计量单位检验、校正并出具合格证。由于监测仪器设备的工作环境大多在室外甚至地下，而且埋设好的元件不能置换，因此，选用时还应考虑其可靠性、坚固性、经济性以及测量原理和方法、精度和量程等方面的因素。

4. 监测宜采取的方法

土方开挖前，应对周围建筑物和有关设施的现状、裂缝开展情况等进行调查，并作详细记录；可采取拍照、摄像作为施工前的档案资料。对于同一工程，监测工作应固定观测人员和仪器，采用相同的观测方法和观测线路，在基本相同的情况下施测；基准点应在施工前埋设，经观测确定其已稳定时方可投入使用；基准点一般不少于两个，并设在施工影响范围外，监测期间应定期联测，以检验其稳定性。为了能有效确保其在整个施工期间都能够正常使用，在整个施工期内都应该采取一定的保护措施。

施工进行中，应进行不少于两次的初始观测。而在开挖期间则每天一般观测一次，在观测值相对稳定后则可适当降低观测频率。而当出现报警指标、观测值变化速率加快或者出现危险事故征兆时，则应增加观测次数。布置观测点时要充分考虑深埋测点，在不影响结构正常受力的同时，也不能削弱结构的变形刚度和强度。通常情况下，为了便于监测工作开始，测量元件已进入稳定的工作状态时，深埋测点的埋设的提前量一般不少于30d。

5. 支护结构顶部水平位移监测

观测点沿基坑周边布置，一般埋设于支护结构圈梁顶部，支撑顶部宜适当选择布点，观测点精度为2mm。在监测过程中，测点的布置和观测间隔需要遵循一些原则，通常的原则是：

（1）一般间隔10~15m时，可布设一个监测点；而在距周围建筑物较近处、基坑转折处等重要位置，都应适当加密布点。

（2）在基坑开挖之初，只需每隔2~3d监测一次。然而，随着开挖过程的不断加深，应适当增加观测次数，最好1d观测一次。在发生较大位移时，则需要每天1~2次的观测。考虑到基坑开挖时施工现场狭窄、测点常被阻挡等实际情况，在有条件的场地采用视准线法比较方便。

6. 支护结构的倾斜监测

在监测支护结构倾斜时，通常采用测斜仪进行监测。由于支护结构受力特点、周围环境等因素的影响，需要在关键地方钻孔布设测斜管，并采用高精度测斜仪进行监测。根据支护结构在各开挖施工阶段倾斜变化情况，应及时提供支护结构沿深度方向水平位移随时间变化的曲线，测量精度为 1mm。

设置在支护结构的测斜点间距一般为 20～30m，每边不宜少于两个点。测斜管埋置深度一般是基坑开挖深度的 1.5～2 倍。当埋设在支护墙内时，则应与支护墙深度相同；当埋设在土内时，宜大于支护墙埋深 5～10m。埋入的测斜管应保持竖直，并使一对定向槽垂直于基坑边。在测斜管放置于支护结构后，一般用中细砂回填支护结构与孔壁之问的孔隙，最好用膨胀土、水泥、水按 1:1:6.25 的比例混合回填。目前，工程中使用最多的是滑移式测斜仪，其一般测点间距是探头本身的长度相同，因而通常认为沿整个测斜孔量测结果是连续的，或者在基坑开挖过程中，及时在支护结构侧面布设测点，并采用光学经纬仪观测支护结构的倾斜度。

三、建筑工程桩基施工的质量控制

桩基础作为一种深基础形式，被广泛应用于工业建筑中，桩基具有承载力高、稳定性好，沉降量小而均匀、沉降稳定快、良好的抗震性能等特性，因此得到广泛应用，尤其适用于建造在软弱地基上的各类建（构）筑物地基工程。

1. 桩基施工常见质量问题及原因

打桩施工工序多其影响桩基质量的因素也多，一般有：

（1）工程地质勘察报告不够详尽、准确；

（2）设计的合理取值；

（3）施工中的各种原因。在桩基施工中对质量问题及隐患的分析与处理，会提高建筑物的结构安全。

常见质量问题类别及原因分析如下：

打（压）桩工程常见质量问题有：单桩承载力低于设计值、桩倾斜过大、断桩、桩接头断离、桩位偏差过大五大类。造成上述问题的原因：

1）单桩承载力低于设计要求的常见原因

（1）桩沉入深度不足。

（2）桩端未进入设计规定的持力层，但桩深已达设计值。

（3）最终贯入度过大。

（4）其他，诸如桩倾斜过大、断裂等原因导致单桩承载力下降。

（5）勘察报告所提供的地层剖面、地基承载力等有关数据与实际情况不符。

2）桩倾斜过大的常见原因

（1）预制桩质量差，其中桩顶面倾斜和桩尖位置不正或变形，最易造成桩倾斜。

（2）桩机安装不正，桩架与地面不垂直。

（3）桩锤、桩帽、桩身的中心线不重合，产生锤击偏心。

（4）桩端遇石子或坚硬的障碍物。

（5）桩距过小，打桩顺序不当而产生强烈的挤土效应。

（6）基坑土方开挖不当。

3）出现断桩的常见原因

除了桩倾斜过大可能产生桩断裂外，其他原因还有三种：

（1）桩堆放、起吊、运输的支点或吊点位置不当。

（2）沉桩过程中，桩身弯曲过大而断裂。如桩制作质量造成的弯曲，或桩细长又遇到较硬土层时，锤击产生的弯曲等。锤击次数过多，如有的设计要求的桩锤击过重，设计贯入度过小，以致施工时锤击过度而导致桩断裂。

4）桩接头断离的常见原因

设计桩较长时，因施工工艺的需要，桩分段预制、分段沉入，各段之间常用钢制焊接连接件做桩接头。其原因，还有上、下节桩中心线不重合，桩接头施工质量差，如焊缝尺寸不足等原因。

5）桩位偏差过大的常见原因

测量放线差错；沉桩工艺不良，如桩身倾斜造成竣工桩位出现较大的偏差，打桩过程中施工单位切忌自行处理，必须报监理、业主，然后会同设计、勘察等相关部门分析、研究，做出正确处理方案，由设计部门出具修改设计通知。

2. 桩基施工的技术要点分析

1）施工顺序的合理性

合理的施工顺序能减少施工难度，所以，在施工方案中要认真统筹，依据现场实际情合理安排，在条件允许的情况下应先施工外围桩孔，这部分桩孔混凝土护壁完成后，可保留少量桩孔先不浇筑桩身混凝土，而做为排水井利用，以方便其他孔位的施工，从而保证了桩孔的施工速度和成孔质量。

2）桩基施工的技术控制

（1）施工时，如果桩身内部的混凝土强度与设计的强度相符时，应将桩静置且经蒸汽养护后方可施工；在进行沉桩的施工时，利用经纬仪严格的测量，使桩应该保持垂直，误差不超过 0.5%。因为偏差较大时，会导致桩身容易开裂；

（2）进行接桩的操作施工时，接桩通常采用钢端板焊接的方式，在桩身离地面 1m 的距离时即可焊接。接桩时要时刻观察两节桩身的衔接情况，保证圆角和直角相互正对，在桩顶清理干净之后要进行定位板固定，接着再将上段的桩吊放在下段桩的端板上，利用定位板将上下段的桩接直。如果在两段桩的衔接处有空隙，要利用楔形的铁片加以焊接固定。接头处坡口槽电焊应分三层对称进行，焊接时应减小焊接变形，焊缝连续饱满；焊后清除焊渣，检查焊缝饱满程度焊接完成后应等接头温度与周围环境温差在 10℃ 以内才能沉桩，一般情况下静压桩等候 6min、锤击桩等候 8min 为宜，不得用水淋等方式快速冷却；

（3）在桩帽和送桩器的选择上，要保持外形上的相互匹配，而且在强度和刚度等的选取上也一定要合格，桩帽和送桩器的下端应该采用开孔的方式来加强桩内部同外界的互通性能，尽量使得每次沉桩的操作都一次到底，避免中间的出现的短暂性停歇；在沉桩的过程中，如果出现贯入度不正常，桩身出现略微的偏差或位移时，为了避免桩身或者桩顶的损坏应立即停止沉桩，通过分析出现这种情况的原因并且加以解决，接着方可继续施工；

（4）对于空心桩，一般不进行截桩的操作。如果遇到特殊的情况必须要截桩时，应该采用机械分割的方法将无需截掉的那部分桩身加以固定，然后再沿着钢箍的上边缘进行切割，钢箍绝对不可以利用人力强行截除，可以利用气割法进行切割。

3. 桩基工程施工的质量控制

在打桩过程中若发现质量问题，施工单位不允许自行处理，必须报监理、业主，然后会同设计勘察等相关部门分析，做出正确的处理方案。由设计部门出具修改设计，一般处理方法有：补沉法、送补结合法、纠偏法、扩大承台法、复合地基法等，以下分别简要介绍：

1）补沉法

预制桩入土深度不足时，或打入桩因土体隆起将桩上抬时，均可采用此法。

2）补桩法

可采用下述两种的任一种：

（1）桩基承台前补桩当桩距较小时，可采用先钻孔、后植桩、再沉桩的方法；

（2）桩基承台或地下室完成再补静压桩。此法的优点是可以利用承台或地下室结构承受静压桩反力，设施简单，不延长工期。

3）补送结合法

当打入桩采用分节连接、逐根沉入时，差的接桩可能发生连接节点脱开的情况，此时可采用送补结合法。首先，对有疑点的桩复打，使其下沉，将松开的接头再拧紧，使其具有一定的竖向承载力；其次，适当补些全长完整的桩，一方面补足整个基础竖向承载力的不足；另一方面补充整桩的可承受地震荷载。

4）纠偏法

桩身倾斜但未断裂，且桩长较短，或因基坑开挖造成桩身倾斜而未断裂，可采用局部开挖后用千斤顶纠偏复位法处理。

5）扩大承台法

由于以下三种原因，原有的桩基承台平面尺寸满足不了构造要求或基础承载力的要求，而需要扩大基承台的面积：

（1）桩位偏差大

原设计的承台平面尺寸满足不了规范规定的构造要求，可用扩大承台法处理。

（2）考虑桩土共同作用

当单桩承载力达不到设计要求，需要扩大承台并考虑桩与天然地基共同承担上部结构荷载。

（3）桩基础质量不均匀

防止独立承台出现不均匀沉降或为提高抗震能力，可采用把独立的承台连成整块，提高基础的整体性或设抗震地梁。

6）复合地基法

此法是利用桩土共同作用的原理对地基作适当处理，提高地基承载力，更有效地分担桩基的荷载。常用的方法有两种：

（1）承台下做换土地基

在桩基承台施工前，挖除一定深度的土，换成砂石填层分层夯填，然后再人工地基和桩上施工承台。

（2）桩间增设水泥土桩

当桩承载力达不到设计要求时，可采用在桩间土中干喷水泥形成的方法，形成复合地基基础。

7）修改桩型或沉桩参数

（1）改变桩型

如预制方桩改为预应力管桩等。

（2）改变桩入土深度

例如，预制桩过程中遇到较厚的密实粉砂或粉土层，出现桩下沉困难，甚至发生断桩事故，此时可采用缩短桩长、增加桩数量，取密实的粉砂层作为持力层。

（3）改变桩位

如沉桩中遇到坚硬、不大的地下障碍物，使桩产生倾斜甚至断裂时，可采用改变桩位重新沉桩。

（4）改变沉桩设备

当桩沉入深度达不到设计要求时，可采用大吨位桩架，采用重锤低击法沉桩。

作为建筑工程的重要组成部分的桩基工程，其桩基施工质量对建筑工程的上部构造及结构的整体质量有着极其重要的作用。因此，应加强和提高对桩基施工技术的改进，才能确保桩基工程质量达到设计及施工质量验收规范的规定。

四、桩基工程施工中常见问题的防治

桩基础是建筑工程一种常用的基础形式。当采用天然地基浅基础不能满足建筑物对地基变形和强度要求时，可以利用下部坚硬土层或岩层作为基础的持力层，设计成深基础，其中较为常用的为桩基础。桩基础作为一种深基础，具有承载力高、稳定性好、沉降量小而均匀、沉降稳定快、良好的抗震性能等特性，因此在各类建筑工程中得到广泛应用，尤其适用于建造在软弱地基上的各类建（构）筑物。

桩体按材料可分为钢筋混凝土桩、钢桩、木桩等；按受力分类为摩擦桩和端承桩；按桩的入土方法可分为打入桩、压入桩和灌注桩等。建筑工程桩基础不论采用何种类型的桩，实际施工过程中保证桩基质量，使桩基符合设计要求，是基础工程施工中必须重视的问题。

1. 桩基施工质量问题

随着桩基础应用的日益增多，其施工过程中出现的质量问题也具有多样性，比如：颈缩、断桩、移位、斜桩、检测等问题。以下就桩基础施工中最容易出现的几个问题予以分析。

1）测量施工放线

建筑工程桩基础施工测量的主要任务：

一是把图上的建筑物基础桩位按设计和施工的要求，准确地测设到拟建区地面上，为桩基础工程施工提供标志，作为按图施工、指导施工的依据；

二是进行桩基础施工监测；

三是在桩基础施工完成后，为检验施工质量和为地面建筑工程施工提供桩基础资料，需要进行桩基础竣工测量。

现行《建筑地基基础工程施工质量验收规范》GB 50202—2002 第 5.1.3 条规定：打（压）入桩（预制混凝土方桩、先张法预应力管桩、钢桩）的桩位偏差，必须符合规定；如盖有基础梁的桩，沿基础梁中心线的允许偏差为 150mm；垂直基础梁中心线的允许偏差 100mm。此条为工程建设标准强制性条文，必须严格控制。第 5.4.5 条又将桩位偏差列入钢筋混凝土预制桩质量检验标准的主控项目，即桩位偏差对桩基质量验收具有否决权，如有超出允许偏差范围，即为施工质量不符合要求。测量施工放线是桩基施工时最早应进行的工作，在放线过程中重视不够时，会出现测量放线误差偏大，造成加大桩承台或加桩的处理方式。这样不仅会增加成本，而且还延误工期，对放线的工作必须引起特别的重视。

2）地下水问题

当基础深度在天然地下水位以下时，在基础施工中常常会遇到地下水的处理问题。在桩基础工程中，地下水对人工挖孔桩的施工影响最大。地下水的处理有多种可行的方法，从降水方式来，宜分为止水法和排水法两类。止水法相对来说成本较高，施工难度较大；而井点降水施工简便、操作技术易于掌握，是一种行之有效、使用最多的施工方法，已得到广泛应用。

当地下水位不大时可进行单桩桩内抽水施工，如地下水位较大时，可采用多桩同时抽水来降低地下水。如果桩设计深度不大时，可考虑在场地四周设置井点降水。人工挖孔桩在开挖时，如果遇到细砂、粉砂层地质时，再加上地下水的作用，极易形成流砂，严重时发生井漏，造成质量和安全事故。除此之外，地下水的影响在有冻土地基时也是施工的难点。应当根据不同的地质环境，采取不同的施工方法。比如，冬季经常采用冻结法施工技术。冻结法施工即是利用人工制冷的方法，把土壤中的水冻结成冰形成冻土帷幕，用人工帷幕结构体来抵抗水土压力，以保证人工开挖工作的顺利进行。作为一种成熟的施工方法，冻结法施工技术在国际上被广泛用于城市建设已有100多年的历史。我国采用冻结法施工技术，至今也有40多年的历史，但主要用于煤矿井筒开挖施工。经过多年的国内外施工实践经验证明，冻结法施工有以下特点：可有效隔绝地下水源，其抗渗透性能是其他任何方法不能相比的。冻结法施工对周围环境无污染，无异物进入土中，噪声小。冻结结束后，冻土墙融化不会影响建筑物周围及地下结构。冻结施工用于桩基施工或其他工艺平行作业，能有效缩短施工工期，加快进度。

3）桩基检测

现行《建筑地基基础设计规范》GB 50007—2011 规定，施工完成后的工程桩应进行竖向承载力检验；《建筑基桩检测技术规范》JGJ 106—2014 规定，工程桩应进行单桩承载力和桩身完整性抽样检测；《建筑地基基础工程施工质量验收规范》GB 50202—2002 第 5.1.5 条规定，工程桩应进行承载力检验，桩的测试方法分为静载荷试验和动力测桩两大类，还有抽芯法和静力、动力触探以及埋设传感器法等辅助类方法。目前，桩的静载荷试验主要采用锚桩法、堆载平台法、地锚法、锚桩和堆载联合法以及孔底预埋顶压法等。

在桩基检测中，各个检测手段需配合使用，利用各自的特点和优势，按照实际情况灵活运用各种方法，才能对桩基进行全面、准确的评价。但实际工程中，施工单位为赶工期，往往是桩基施工完后不及时通知检测单位而擅自施工上部结构，待桩基结果检测出来后，上部已施工了几层结构。如果桩基检测不合格再采取补救措施，其代价是相当大的。国内个别地方就曾出现过这种案例。所以，桩基施工时，一定要重视桩基检测这道工序。

2. 钻孔灌注桩及预应力管桩的施工质量控制

对于钻孔灌注桩而言，其成孔时孔深的控制对钻孔灌注桩至关重要。《建筑地基基础工程施工质量验收规范》GB 50202—2002 第5.6.4条明确规定，钻孔只能深而不能浅。对设计采用中风化及以上强度的基岩作为持力层的桩，尤其是抗水平推移、坡地岸边的桩，其桩尖进入持力层的深度对地基承载力及安全使用尤为重要。实际施工中，孔深往往是只浅不深，泥浆沉淀不易清除，影响端部承载力的充分发挥并造成较大沉降量，这给钻孔灌注桩留下了严重的质量隐患。

近些年，随着国内管桩生产企业的不断涌现，管桩产量大幅提高，价格也随之下降，促使管桩特别是预应力高强混凝土管桩，在建筑工程中得到广泛应用。但在施工过程中，由于管理和质量控制不完善，管桩桩基础施工也容易产生质量问题。桩位及桩身倾斜超过规范要求；桩头破裂；桩身（包括桩尖和接头）破损断裂；桩端达不到设计持力层；单桩承载力达不到设计要求；桩的长度不够；桩身上浮；桩顶平面与桩的中心轴线不垂直及桩顶不平整等，制作质量问题都会引起桩顶破碎。

总之，桩基施工质量关系到整个建筑物的基础质量，同时也必须满足设计及施工质量验收规范的规定。打桩过程中如遇到上述情况，都应立即暂停打桩，施工单位应与勘察、设计单位共同研究，查明原因，提出明确的处理意见，采取相应的处理措施后才能继续施工。

五、不同桩型常见施工质量事故分析

1. 打入式预制桩

1）桩身本身质量问题

主要原因有预制桩生产过程中材料、胎模、生产工艺、养护龄期等，因控制不严导致桩身强度不够，桩身几何尺寸偏差大等质量问题，装卸、运输、堆放不当造成桩身裂缝等缺陷，在施工前又未能及时发现。桩身本身质量有缺陷的桩经锤击打入后，将严重影响基桩承载力，造成的事故是很难处理的。

2）接桩质量问题

主要原因有接桩材料、接桩方法等原因，如上下节平面偏差、焊接不牢、焊接后停歇时间过短、螺栓未拧紧、胶泥质量差等。可采用对接桩部位进行补强的方法处理。

3）桩身垂直度问题

影响垂直度原因很多，如施工中垂直度控制、布桩密度、打桩路线、持力层面坡度、地面超载、基坑开挖、相邻工程挤土桩施工等，造成基桩倾斜，严重影响桩身质量及基桩承载力。处理方法将根据事故原因采用纠偏补强、补桩等方法。

4）"拒打"造成的质量问题

打入式预制桩施打过程中常出现送桩困难或无法送桩现象，桩长达不到设计要求。主要原因有勘察资料失实，设计参数、桩型、持力层选用不当，施工中采用的锤重锤垫不当，停歇时间长，或出现复杂地质现象（如夹砂土层等硬土层、地下孤石等），过多的重锤打击易导致桩头碎裂，桩身损伤。

5）"上浮吊脚"造成的承载力不足问题

在深厚软土地区，已打入的桩在施工其相邻基桩时，往往会发生整桩"上浮"、桩端离开持力层的现象。这种现象对基桩承载力影响很大，但如果采取措施将"上浮吊脚"桩压回原位，一般来说其承载力能满足设计要求。

6）锤打出现的桩身质量问题

当重锤打击桩头时，由桩头向桩身射入的压力波，当桩长较长、桩尖为软土层时，桩尖将反射回拉力波，此时的拉力波往往会集中在桩的中部 0.3 ~ 0.7 倍桩长的位置；当桩尖为硬土层时，桩尖将反射回压力波，压力波到达桩顶后又产生拉力波，该拉力波一般集中在桩头部分。如果拉力波产生的拉应力超过预制桩桩身混凝土抗拉强度，混凝土将会出现裂缝，形成断裂面。应选用合适的桩型，采用合适的重锤与锤垫，避免锤打中出现桩身质量问题。

2. 钻（冲）孔灌注桩

钻孔灌注桩施工包括泥浆护壁、水下成孔、水下下笼、清孔、水下灌注等工序，每道工序或轻或重多会出现一些缺陷。

1）钻孔倾斜问题

钻进过程中，遇孤石等地下障碍物使得钻杠偏斜，桩倾斜程度不同，对基桩承载力的影响不同，由于该类事故无法通过基桩质量检测手段测定，所以施工中的垂直度检验显得尤其重要，特别是大直径钻孔灌注桩。

2）坍孔现象

易造成断桩、沉渣、孔径突变等缺陷。主要原因有：

（1）护壁不力。如泥浆质量差，易沉淀，相对密度小，护筒内无足够压力水头，护筒埋深不够，导致筒底漏土等。

（2）钻进速度过快；操作碰撞。如下落提升钻具、放置钢筋笼时碰撞，由于无导向装置的正循环钻机，钻杆细，刚度小，摇晃大而造成钻头导向圈碰撞孔壁。

（3）土质原因。如粉砂土等粗颗粒土层以及松散地层中成孔时，常易发生坍孔事故。

（4）有较强的承压水且水头较高，易造成孔底翻砂和孔壁坍塌。

3）充盈系数过大

一般设计要求混凝土浇灌充盈系数在 1.05～1.25 之间，但由于成孔工艺、地质条件等原因，造成充盈系数超过 1.3，甚至达到 1.6 或更大。这都属于施工不正常现象，它既造成材料的浪费，也造成左右桩刚度不一致的弊病。

4）桩身缩径、夹泥、断桩、离析

均为不同程度的桩身质量问题，对基桩承载力有很大影响，一般来说其发生原因有：

（1）断桩

混凝土浇筑过程中，导管不慎拔出混凝土面，或由于堵管、停电等原因而采取的拔管措施，或软土层中流土、砂土层中流砂挤入钢筋笼内，或导管大量进水。混凝土灌注中出现的这些事故，会使混凝土灌注面与护壁泥浆混合，形成断裂面。此外，采用机械挖土时，机械设备对桩头的碰撞易使桩浅部断裂。钻孔灌注桩在使用商品混凝土时，在混凝土浇筑过程中，由于坍孔较大，实际灌注的混凝土量大大超过预估的混凝土量，在再灌时的混凝土超过原混凝土的初凝时间，产生桩身浅部局部裂缝。

（2）夹泥

混凝土灌注过程中，出现坍孔和内挤，坍落和挤入的土体混入混凝土中，这是一种严重的桩身缺陷。

（3）离析

混凝土和易性差、混凝土初灌量过小、导管进水、导管埋深不足、在混凝土初凝前地下水位变化等，造成桩身局部断面混凝土胶结不良，离析。

（4）缩径

钢筋笼设计太密，如果混凝土级配和流动性差时，造成桩身某些断面尺寸达不到设计要求，或地下承压水对桩周混凝土侵蚀。

5）孔底沉渣

孔底沉渣对端承桩、摩擦端承桩来说，孔底沉渣对其承载力有着致命的影响，处理也很困难。施工中未按有关规范要求清孔、清孔后未及时灌注混凝土、下钢筋笼时碰撞孔壁、混凝土初灌量太小、混凝土灌注前出现坍孔，这些现象多会造成孔底沉渣超标，采用正循环法施工时沉渣问题更为突出。

6）初灌方法不当造成的质量事故

在混凝土初灌过程中存在一定的质量隐患，如采用阻球法初灌时，如果桩径较小，阻球常夹在导管与钢筋笼之间而无法上浮，采用混凝土块法又易堵塞导管。采用砂袋法时，由于砂袋密度与混凝土接近，但强度低于混凝土，一旦沉于桩底易造成沉渣，夹在桩身造成桩身质量缺陷。故建议采用混凝土袋法，能达到不堵管、不造成沉渣，满足桩身强度的要求。

7）桩头浮浆

这是正常现象，但桩头必须处理后才能使用，由于桩顶是承受荷载最大的部位，所以这里着重要提出的是如何处理桩顶浮浆，对大直径钻孔桩，建议先采用气泵等机械方法进行上部清桩，在距设计标高 0.5m 时，必须采用人工凿除法。对小直径桩建议采用人工凿除法，避免机械施工。另外，对现场灌注桩在可能的情况下应加大超灌长度。

3. 人工挖孔桩

从理论和习惯认识上来说，人工挖孔是最容易控制施工质量的桩型，但实际施工中应保证以下的施工质量：

1）桩底积水

桩底积水如果可以人工清除，必须清除、擦干。如果存在地下渗水，人工无法清干，必须采用机械降水，否则极易造成桩底混凝土离析，由于一般的挖孔桩属端承桩，桩底混凝土离析造成的事故很难处理。

2）桩身混凝土的灌注

对桩长较短的桩，可采用滑板法灌注，不应采用直接倾倒法。桩长较长的桩，严禁直接倾倒，否则极易造成混凝土离析、夹气、夹泥；不应采用滑板法，也易造成混凝土离析、夹气、夹泥；应采用导管法送浆，边送边采用机械振捣。

4. 沉管灌注桩

多层建筑工程中，就地沉管灌注桩与其技术经济综合比较上的优势，被广泛采用。沉管灌注桩为挤土型桩，桩径一般为 $\phi377$、$\phi426$，桩长 20m 左右。近些年，由于施工设备与技术的提高，桩径有着逐步增大的趋势，出现了 $\phi500$、$\phi550$ 桩径的沉管桩，桩长在南方一些地区，最长达到 45m 左右，长径比达到

80～90。沉管桩有振动、静压等施工方法，鉴于沉管灌注桩截面尺寸的特点，无论哪种施工方法，施工中易产生以下质量问题有：缩径、夹泥、离析等。混凝土充盈系数硬土中小于1.1，软土中小于1.2。原因主要有：

1）土的性状原因

（1）在软土中沉桩时，土受到强制扰动产生超孔隙水压力，在桩管拔出后挤向刚灌注的混凝土，使桩身局部缩径或夹泥。所以软土层中一定要控制拔管速度。在软硬土层交界处，也极易发生缩径现象，如回填的池塘，回填土下夹有未被清除的河底淤泥，在这种地层中沉管施工，缩径往往发生在淤泥地层中。在桩身埋置范围内的土层中有承压地下水，桩身会产生局部缩径现象；

（2）拔管速度过快。施工中不按有关规范要求，拔管速度过快，造成管内混凝土高度过低，使得混凝土的排挤力小于地层地侧压力而造成缩径夹泥；

（3）管内混凝土量少。管内混凝土应保持2m左右高程，并高于地下水位1.0～1.5m或不低于地面高程，否则管外土体挤入造成缩径夹泥；

（4）混凝土质量差。坍落度小，和易性差，拔管时管壁对混凝土产生摩阻力造成缩径离析；

（5）桩间距过小，邻近桩施工时挤压也有可能造成缩径；

（6）采用反插法施工工艺时，反插深度太大，易把孔壁周围的土体挤入桩身，形成夹泥；

（7）桩身渗水引起的离析。沉桩时，土受到强制扰动产生超孔隙水压力，桩周土如果为渗透系数较大的土层时，在桩管拔出混凝土灌注的过程中，土中的超空隙水压力会向尚未初凝的桩身混凝土中渗透，沿桩身向水压力较小的桩顶上移，常见桩顶冒水现象，造成桩身上部混凝土离析，这种质量事故很难控制，施工中应加强观察。

2）断桩

一般为贯穿全截面的水平向裂缝，造成断桩的原因与缩径基本相同，主要是工程地质、施工工艺、混凝土质量、设计桩距、挖土碰撞等原因。尤其在软土地区，当布桩密度较大时，邻近桩互相水平向挤压，常常在钢筋笼底部形成断裂面，断桩严重程度大于缩径现象。

3）"吊脚桩"

桩底混凝土架空或桩底进泥砂，在桩底部形成薄弱层，造成的原因一般有：

（1）预制桩尖质量差。在沉管时，桩尖由于强度不足被挤压破损后进入桩管，在振拔时未能将桩尖压出，直到管拔至一定高度才落下，但未能落到原标高，形成"吊脚"；或者桩尖被挤压破碎后，泥砂和水从破损处挤入桩管，与桩底混凝土混合成松软的薄弱层。

（2）桩长度较长时，活瓣桩尖被周围土体包围打不开，拔管至一定高度后才打开。

（3）混凝土级配不合理、和易性差，在拔管时，混凝土拒绝落下，造成桩尖下没有混凝土或量少，一般称为"软桩"。类似这种故障可使用大流动性混凝土，或如压拔管的办法来杜绝事故的出现。

5. 环境变异

导致桩基础事故的环境因素很多，常见的因素有：

（1）基础开挖对工程桩造成的影响。例如，机械挖土时挖机碰撞桩头，一般容易导致桩的浅部裂缝或断裂。在软土地区深基坑开挖时，基坑支护结构出现问题时，会使基坑附近的工程桩产生较大的水平位移，灌注桩桩身中上部会裂缝或断裂，薄壁预应力管桩桩身上部裂缝或断裂，厚壁预应力管桩与预制方桩在第一接桩处发生桩身倾斜，基坑降水产生的负摩阻力对桩身强度较差的桩产生局部拉裂缝；

（2）相邻工程施工的影响。间距较近的邻近建筑施工密集的挤土型桩时，如不采取防护措施，土体水平挤压可能造成桩身一处其至多处断裂；

（3）地面大面积堆载，桩身倾斜，桩中上部裂缝或断裂；

（4）在刚施工完成的桩基础上部，重型机械行走碾压，尤其是预制桩桩基础工程，对桩头水平向挤压造成桩头水平位移，桩身中上部裂缝或断裂情况时有发生。

六、钻孔灌注桩施工过程的质量控制

灌注水下混凝土是成桩的关键工序，作业中应分工明确，密切配合，统一指挥，做到快速、连续施工，灌注成高质量的水下混凝土，防止发生质量事故。如出现事故时，应分析原因，采取合理的技术措施，及时设法补救，经补救、补强后，桩必须经认真检验合格方可使用。对于质量极差、确实无法利用的，应与设计单位研究解决。

1. 钻孔灌注桩水下混凝土的技术要求

1）钢筋骨架在制作、运输、吊装、就位等环节的技术要求

（1）钢筋骨架根据吊装条件确定是否采用分段制作。分段制作应确保骨架不变形、接头宜错开。骨架顶端应设吊环。

（2）应在骨架外侧设置垫块，以有效控制保护层厚度，垫块间距竖向为 1.5m，横向沿圆周不少于 4 处。

（3）制作和吊放钢筋骨架的允许偏差应满足规范要求。

（4）吊放钢筋骨架时严禁碰撞孔壁，以免塌孔。

2）水下混凝土的配制

（1）水下混凝土可用火山灰质水泥、粉煤灰水泥、普通硅酸盐水泥或硅酸盐水泥。使用矿渣硅酸盐水泥时，应采取防离析措施。水泥的初凝时间不宜早于 2.5h，水泥的强度等级不宜低于 P. O42.5。

（2）粗骨料宜优先用级配良好的卵石，如用碎石则宜适当增加含砂率。骨料最大的粒径不应大于导管内径的 1/6 ~ 1/8 和钢筋最小径距的 1/4，同时不应大于 40mm；细骨料宜采用细度模数良好的干净中砂。

（3）含砂率宜用 0.40 ~ 0.45，水灰比宜用 0.5 ~ 0.58，有试验依据时可适当增减含砂率和水灰比。

（4）水下混凝土应具有良好的和易性，运输和灌注时不出现明显的离析、泌水并保持足够的流动性，其坍落度宜为 180 ~ 220mm。

（5）水下混凝土每立方的水泥用量不宜少于 350kg。当掺减水缓凝剂或粉煤灰时，可不少于 320kg。

3）灌注施工控制

（1）首批灌注桩混凝土的数量应能满足导管首次埋设深度（≥1.0m）和填充导管底部的需要，为此必须事先计算好首批混凝土的数量。

（2）运到灌注现场的混凝土，应检查其均匀性、坍落度等性能指标；如不符合要求应二次拌合，仍不符合要求则不得使用。

（3）首批混凝土拌合物下落后，应连续不停灌注。

（4）灌注过程中，导管的埋置深度宜控制在 2 ~ 6m，并应经常测探井孔内混凝土面的位置，及时调整导管埋深。

（5）灌注混凝土时，应防止钢筋骨架上浮。在混凝土面距钢筋骨架底部 1m 左右时，应降低灌注速度。当混凝土面升至骨架底口 2m 以上时提升导管，使导管底口高于骨架底部 2m 以上，即可恢复正常速度灌注。

（6）灌注的桩顶标高应高出设计 ±0.000 标高 0.5 ~ 1.0m，多余部分在接桩前凿除。残余桩头应密实，无松散层。

（7）使用全护筒灌注水下混凝土时，护筒内的混凝土灌注高度不仅要考虑导管及护筒将提升的高度，还要考虑因上拔护筒引起的混凝土面的降低，以保证导管的埋设深度和护筒底面低于混凝土面。应边灌注边排水，保持护筒内水位稳定；同时，灌注过程中应将孔中排出的水或泥浆引流到不会污染环境的适当地点，不得随意排放。

2. 成孔质量的控制

成孔是混凝土灌注桩施工中的一个重要部分，其质量如控制得不好，则可能会发生塌孔、缩径、桩孔偏斜及桩端达不到设计持力层要求等，还将直接影响桩身质量和造成桩承载力下降。因此，在成孔的施工技术和施工质量控制方面，应重点做好以下几项工作：

1）采取隔孔施工程序

钻孔混凝土灌注桩是先成孔，然后在孔内成桩，周围土移向桩身土体对桩产生动压力。尤其是在成桩初始，桩身混凝土的强度很低且混凝土灌注桩的成孔依靠泥浆来平衡，故采取较适应的桩距，对防止坍孔和缩径是一项有效的技术措施。

2）确保桩身成孔垂直精度

为了保证成孔垂直精度满足设计要求，应采取扩大桩机支承面积使桩机稳固，经常校核钻架及钻杆的垂直度等措施。

3. 确保桩位、桩顶标高和成孔深度

在护筒定位后，及时复核护筒的位置。严格控制护筒中心与桩位中心线偏差不大于50mm，并认真检查回填土是否密实，以防钻孔过程中发生漏浆现象。在施工过程中自然地坪的标高会发生一些变化，为准确控制钻孔深度，桩架就位后，及时复核底梁的水平和桩具的总长度并做好记录。以便在成孔后，根据钻杆在钻机上的留出长度来校验成孔达到的深度。

虽然钻杆到达的深度已反映了成孔深度，但是如在第一次清孔时泥浆相对密度控制不当或在提钻具时碰撞了孔壁，就可能会发生坍孔、沉渣过厚等现象，这将给第二次清孔带来很大的困难，有的甚至通过第二次清孔也无法清除坍落的沉渣。因此，在提出钻具后用测绳复核成孔深度，如测绳的测深比钻杆的钻探小，就要重新下钻杆复钻并清孔。同时，还要考虑在施工中常用的测绳遇水后缩水的问题，因其最大收缩率达1.2%，为提高测绳的测量精度，在使用前要预湿后重新标定，并在使用中经常复核。

4. 钢筋笼制作质量和吊放

钢筋笼制作前，首先要检查钢材的质量保证资料，检查合格后再按设计、施工和质量验收规范要求验收钢筋的直径、长度、规格、数量和制作质量。在验收中还要特别注意钢筋笼吊环长度，能否使钢筋准确地吊放在设计标高上，这是由于钢筋笼吊放后是暂时固定在钻架底梁上的。因此，吊环长度是根据底梁标高的变化而改变，所以应根据底梁标高逐根复核吊环长度，以确保钢筋的埋入标高满足设计要求。在钢筋笼吊放过程中，应逐节验收钢筋笼的连接焊缝质量，对质量不符合规范要求的焊缝、焊口则要补焊。同时，要注意钢筋笼能否顺利下放，沉放时不能碰撞孔壁；当吊放受阻时，不能加压强行下放，因为这将会造成坍孔、钢筋笼变形等现象，应停止吊放并寻找原因。如因钢筋笼没有垂直吊放而造成的，应提出后重新垂直吊放；如果是成孔偏斜而造成的，则要求进行复钻纠偏，并在重新验收成孔质量后再吊放钢筋笼。钢筋笼接长时要加快焊接时间，尽可能缩短沉放时间。

5. 导管进水问题

1）进水原因

首批混凝土储量不足或是储量足够，但导管口距孔底的间距较大，混凝土下落后不能埋设导管口，以致泥水从导管口涌入。导管密封不严，接头处橡皮垫破裂或导管焊缝破裂，水从缝隙中进入导管。由于测深出错，作业中拔脱导管，底口涌入泥水。

2）控制办法

为了避免进水，作业前要采取相应的预防措施，检查导管密封性及焊缝是否结实，核算初灌量，测导管下水深度。万一进水，应迅速查明事故原因，采取相应对策。

3）分别处理

由上述第一种原因引起的，应立即将导管拔出，用空气吸泥机、水力吸泥机或抓吊清除，也可以用反循环钻机的吸泥泵吸出或提起钢筋笼，采用复钻清除，然后重新灌注。如果是2)、3)原因引起的，应视具体情况拔除导管，重新下管，但灌注前应将进入导管内的水和污泥抽出或取出，方可继续灌注混凝土。续灌的混凝土配合比应增加水泥量，提高稠度，灌入导管内，灌入前将导管小幅度振动片刻，使原混凝土损失的流动性得以弥补，以后续灌可恢复正常配合比。

当导管混凝土面在水下不深且未初凝时，可于导管底部设置防水塞（应使用混凝土特制），将导管插入混凝土内。导管内装入混凝土后稍提导管，利用原混凝土将底塞冲开，然后继续灌注。若如前述混凝土面在水面以下不很深，但已初凝，导管不能重新插入混凝土时，可在原护筒内加设直径稍小的钢护筒，用重压或锤击方法压入混凝土面适当深度，然后将护筒内的水（泥浆）抽出，清除软弱层，再在护筒内灌注普通混凝土至桩顶。

6. 卡管

在灌注过程中，混凝土在导管中下不去为卡管，有两种情况：

（1）初灌时隔水栓卡管；

（2）由于混凝土本身的原因，如坍落度过小、流动性差、夹有大卵石、拌合不均匀，以及运输途中产生离析，导管接缝处漏水泥浆、粗集料集中而造成导管堵塞。

处理办法：可用长杆冲捣管内混凝土，用吊绳抖动导管，或在导管上安装附着式振捣器等使隔水栓下落，如仍不能下落时，则须将导管连同其内的混凝土提出钻孔，进行清理修整（注意不要使导管内的混凝土落入井孔），然后重新吊装导管，重新灌注。一旦有混凝土拌合物落入孔底，则须按前述方法清除。

机械发生故障或其他原因，使混凝土在导管中停留时间过长或灌注混凝土的时间过长，最初的混凝土已初凝，增大了导管内混凝土下落的阻力，混凝土堵在管内。其预防方法是：灌注前仔细检查检修灌注机械并准备备用机械，发生故障时立即调换机械，同时采取措施，加速混凝土灌注，必要时可在首批混凝土中掺加缓凝剂，以延缓混凝土的初凝时间。

当灌注时间已久,孔内的首批混凝土已初凝,导管内堵塞有混凝土时,将导管拔出,重安钻机,利用较小钻头将钢筋笼以内的混凝土吸出,用冲抓锥将骨架逐一拔出,然后用黏土掺砂砾填塞井孔,待沉实后重新钻孔成桩。

7. 成桩质量的控制

为确保成桩质量,要严格检查验收进场原材料的质保书,如水泥出厂合格证、化验报告,砂、石化验报告等,如发现实样与质保书不符,应立即取样复查。对不合格的材料(如水泥、砂、石、水质),严禁用于混凝土灌注桩。

钻孔灌注水下混凝土的施工主要是采用导管灌注,混凝土的离析现象还会存在,但良好的配合比可减少离析程度。因此,现场的配合比要随水泥品种、砂、石料规格及含水率的变化进行调整,为使每根桩的配合比都能正确无误,在混凝土搅拌前都要复核配合比并校验计量的准确性,严格计量和测试管理,并及时填入原始记录和制作试件。

为防止发生断桩、夹泥、堵管等现象,在混凝土灌注时应加强对混凝土搅拌时间和混凝土坍落度的控制。因为混凝土搅拌时间不足会直接影响混凝土的强度,混凝土坍落采用 18~20cm,并随时了解混凝土面的标高和导管的埋入深度。导管在混凝土面的埋置深度一般宜保持在 2~4m,不宜大于 5m 和小于 1m,严禁把导管底端提出混凝土面。当灌注至距桩顶标高 8~10m 时,应及时将坍落度调小至 12~16cm,以提高桩身上部混凝土的抗压强度。施工过程中要控制好灌注工艺和操作,抽动导管时混凝土面上升的力度要适中,保证有程序的拔管和连续灌注,升降的幅度不能过大。如大幅度抽拔导管则容易造成混凝土体冲刷孔壁,导致孔壁下坠或坍落、桩身夹泥,这种现象尤其在砂层厚的地方比较容易出现。

综上所述,在灌注桩施工过程中,严格按设计和施工实施细则要求,按工序进行质量控制,坚持每道工序实施检查验收许可制、成桩辅以适当的检测方法,就能保证属于地下隐蔽工程、施工难以控制的混凝土灌注桩质量，满足设计要求的承载能力。

七、钻孔灌注桩基础质量问题及处理

钻孔灌注桩基础，是一种能适应各种地质条件的基础形式，也是建筑工程地基广泛采用的一种基础形式，施工工艺已较为成熟。该基础为直接在所设计的桩位上开孔，井孔内注满压力水，然后在孔内加放钢筋笼后，通过导管灌注混凝土而成。钻孔灌注桩基础属隐蔽工程，且影响其质量的因素较多，若是未抓住重点进行有效防控，就有可能发生质量问题甚至质量事故，对工程和施工企业本身都会造成重大影响。以下对建筑工程钻孔灌注桩基础在施工中存在的主要质量问题进行分析，并提出预防及处理措施。

1. 钢筋笼上浮问题的处理

1）原因分析

（1）如导管在混凝土中埋入过深或钢筋笼放置初始位置过高，深埋的导管下口流出混凝土，推动导管外上部混凝土整体上升。此时，下半节钢筋笼的主筋、箍筋与混凝土已半黏着，并由于坍落度的损失而黏着力较大，由于上升产生的顶托力之和大于钢筋笼的自重，因此推动钢筋笼与混凝土一起上浮。

（2）如在混凝土灌至钢筋笼下时提升导管，灌注混凝土自导管流出后的较大冲击力，推动了钢筋笼的上浮。

（3）如混凝土灌注到钢筋笼底板附近，混凝土的灌注却因断水断电、机械故障等原因中断，30min 或者更长时间后才能重新灌注，此时桩孔内顶部混凝土产生坍落度的损失或局部初凝，造成混凝土流动性变差，当重新灌注时，混凝土拖动钢筋笼整体上移，严重时可能断桩。

（4）钢筋笼在制作、运输、堆放、起吊等过程中不符合规范要求，存在钢筋骨架内径与导管外壁间距过小、主筋搭接焊接头未焊平、粗骨料粒径太大等问题，在提升导管过程中法兰盘容易挂带了钢筋笼一起上浮。

2）预防及处理措施

（1）要准确定位钢筋笼的初始位置并与孔口固定。导管下放时应确保导管在孔位的中心。混凝土接近笼时，将导管埋深控制在 1.5～2.0m，同时注意导管的出口与钢筋骨架的底端不得平齐灌注混凝土，并随时掌握导管的埋深及混凝土灌注的标高，控制导管底口与钢筋骨架底端高差不小于 1m，如混凝土埋过钢筋笼底端 2～3m 时，及时将导管提高于钢筋笼底端。

（2）保持和改善混凝土的流动性是灌注混凝土施工的基本原则，同时改进灌注工艺及把握好初凝时间，也是施工控制的重要环节。配制混凝土要按配合比严格控制，灌注要保持快速连续进行状态，缩短灌注时间。也可以掺入适量缓凝剂，防止进入钢筋笼时混凝土的流动性变小。

（3）做好混凝土灌注前的各项施工准备，检查及保证水电供给，检查机具、工器具能正常使用且准备齐全等，并安排轮流值班，做好各种应急预案。开始灌注后，就必须保证灌注混凝土的连续性，最大限度地避免中途停工。

（4）防范因钢筋笼不符合施工要求，要在灌注桩的上部分增加钢筋件并设固定装置防止钢筋笼上浮，或者制作钢筋笼时有意让底部向外倾斜 10～15mm，把一根箍筋焊接在钢筋笼最下面的主筋的端头上。在加工钢筋笼骨架时要严格控制质量，在运输时要做好保护尽可能防止变形。导管埋入时要控制好导管外壁与钢筋笼内筋之间的空隙，大于骨料最大粒径的两倍。

（5）浇灌过程中，如出现钢筋笼随导管拔出而上浮的情况时，立即控制混凝土浇灌速度及浇灌量，单向旋转或反复上下摇动导管，及时处理好导管与钢筋笼的挂带问题。

（6）如因导管埋入过深导致钢筋笼上浮的情况时，立即停止灌注。如检查出埋深超过 9m 时，立即拆除多余部分导管，把导管的埋深控制在 3～8m 以内，改善混凝土的和易性，在适当提高坍落度后方可重新灌注。

（7）如无法控制钢筋笼上浮，立即停止浇灌混凝土，在拔出导管后回填黏土入孔内，问题桩做废桩处理，通知监理和设计后确定重新补浇新桩。

2. 断桩问题的处理

1）原因分析

（1）水灰比及坍落度不符灌注要求，当坍落度过大时，会出现离析现象，粗骨料相互挤压则会阻塞导管；当坍落度过小或灌注时间过长时，混凝土下落阻力则会加大而阻塞导管。两者均可导致卡管，最终造成断桩。

（2）浇筑混凝土时，没有采用"回顶法"从导管内灌入，而是从孔口直接倒入的办法灌注混凝土，诱发混凝土离析而造成凝固后不密实、不坚硬，少数孔段出现蜂窝、疏松、孔洞，甚至断桩存在。

（3）当灌注时间过长，混凝土与导管壁的摩擦力势必增大，同时导管提升和起拔过多，若仍采用提升阻力很大的法兰盘连接的导管，在提升时极易造成连接螺栓拉断或导管破裂，产生断桩。

（4）如在清孔过程中未对孔内泥浆含砂率控制不严、监管不力，则会在灌注混凝土过程中造成混凝土上沉渣过厚，该部分沉渣难以被导管内混凝土压力推动，迫使混凝土浇筑中断，易形成断桩。

2）防范及处理措施

（1）灌注时严格、科学地控制混凝土配合比、坍落度和粗骨料粒径。如更换水泥强度、品种或生产厂家，必须事先做好配合比试验，按设计配合比控制混凝土质量。

（2）必须从导管内灌注混凝土，灌注过程必须连续、快速、有节奏，灌注混凝土要准备足量，并且绑扎水泥隔水塞的钢丝要根据首次混凝土的灌入量而定量，严格控制，防止断裂。

（3）选用导管必须要有足够的抗拉强度，能承受其自重加上盛满混凝土的重量，同时内径最好在300mm以上的并保持一致，误差应小于±2mm，内壁无阻、光滑。导管在组拼后须用球塞和检查锤做通过试验。导管最下一节长度一般为4m左右，且底端不得带法兰盘，否则在混凝土内会很难拔起。为了便于丈量长度，每节导管长度应统一，并做记录和标记。

（4）清孔过程中要及时对孔内泥浆的相对密度进行调整，以保证清孔后泥浆的相对密度要达到设计要求。清孔后分别从孔的上部、中部、底部提取泥浆，以检测泥浆的各项指标是否达标。

（5）成孔后必须使用冲洗液认真清孔，清孔时间应根据孔内沉渣情况而定。只有当孔底沉渣值小于规范要求时，才能进行混凝土灌注。

3. 孔壁坍陷问题的处理

1）原因分析

（1）施工工艺控制不当，对地质条件重视不够，未根据土质实际情况采用合适的泥浆和成孔工艺，导致泥浆护壁质量差；

（2）护筒埋设过浅，护筒的接缝和回填土不够密实，出现漏水、漏浆情况，造成孔内出现承压水或孔内液面高度不够，孔壁静水压力降低；

（3）对清孔的冲洗液和孔底沉渣控制不严，导致泥浆黏度和密度降低，孔壁静水压力衰减，孔壁牢固度降低；

（4）在松散砂土中钻进过快，或在某一处空转时间过长，或用给水管直接冲刷孔壁；

（5）待灌时间过长，没有及时灌注混凝土或灌注时间过长；

（6）吊装钢筋笼时碰撞和损伤孔壁。

2）预防及处理办法

（1）认真分析地层结构，成孔选择合适的方法和机具，如土质为松散砂黏土或流沙时，应提高泥浆的相对密度和黏度，选用密度、胶体率、黏度相对较大的质量高的泥浆；

（2）选择足够强度和尺寸的护筒，遇松散易坍的土层应适当埋深护筒，并用黏土密实填封护筒四周；

（3）成孔后必须使用冲洗液认真清孔，清孔时间应根据孔内沉渣情况而定，清孔后分别从孔的上部、中部和底部提取泥浆，以检测泥浆的各项指标是否达标；只有当孔底沉渣值小于规范要求且孔壁牢固时，才能进行混凝土灌注；

（4）加强钻孔的现场管理，钻进速度和空转时间要控制适宜，采用适当的方法保持水头的稳定；

（5）成孔后待灌时间一般控制在3h以内，并派熟练的技术人员控制好混凝土的灌注时间；

（6）搬运和吊装钢筋笼时，应防止变形，安放要对准孔位，避免碰撞孔壁，钢筋笼接长时要加快焊接时间，尽可能缩短沉放时间；

（7）发生孔壁坍陷，应暂停施工判明坍陷部位并认真分析原因。当坍陷的水量较小时，在坍陷部位上1~2m处回填黏质土混合物和砂后可继续钻孔，并严密监控坍陷数量变化。当坍陷无法控制时，立刻拆除护筒和钻机，待回填钻孔并重新埋设护筒妥善后再钻；

（8）当钢筋笼吊装或清孔造成塌孔时，立即停止施工并将钢筋笼吊出，添加泥浆护壁将坍陷物清理干净，不再继续坍陷后重新安装钢筋笼和清孔。

4. 护筒冒水问题的处理

1）原因分析

（1）在埋设护筒时，护筒周围的原状土压实度不够；

（2）埋设时护筒内外的水位差过大；

（3）钻头起落时不慎碰撞和刮损护筒。

2）预防及处理办法

（1）在埋设护筒前，根据地质条件选用最佳含水量的黏土，将坑底与四周土壁分层夯实；

（2）开孔时选好护筒适当的高度，护筒水头高度应保持在1.0~1.5m；

（3）应派经验娴熟的技术人员进行钻头起落监控，尽可能避免碰撞和刮损护筒；

（4）如发现护筒冒水现象，不允许继续施工，须立即停止钻孔，以含水量佳的黏土将坑壁四周加实、加固；

（5）如出现护筒严重移位或下沉情况，则停止安装并重新安装护筒。

5. 钻孔缩颈问题的处理

1）原因分析

塑性土膨胀，使孔径小于设计尺寸。

2）预防及处理办法

（1）选用密度、胶体率、黏度相对较大的高质量泥浆，尽可能降低失水量；

（2）将合适数量的合金刀片焊接于导正器外侧，起钻或钻进时可发挥扫孔作用；

（3）成孔时加大泵量，提高成孔的速度，这样孔壁在成孔一段时间内会形成泥皮，孔壁则不会渗水和引起膨胀；

（4）采用上下反复扫孔的办法扩大孔径，消除缩颈的发生。

6. 钻孔桩身偏斜问题的处理

1）原因分析

（1）存在钻孔机械定位不准确的技术性失误，或施工人员放样有偏差；

（2）钻孔时在土层遇到孤石或障碍物，或在岩石倾斜处和软硬土层交界处，钻头因受阻不均偏移导致桩孔倾斜；

（3）钻杆连接不当或弯曲，导致钻头钻杆两点中线处于不同轴线；

（4）钻架就位后未进行调平或场地本身不平整，导致钻机、底座、钻盘不平而产生偏斜；

（5）开挖基坑时一次性挖土深度过大，由此产生土侧压力导致桩位错动，桩位偏差超出规范允许范围。

2）预防及处理办法

（1）加强技术管理，减少人为的技术性失误，放样和机械定位须根据技术参数反复校核。

（2）钻入斜状岩层、土质不均匀地层、孤石或碰到明显阻碍地层时，须调慢钻速，不能一再加快进度。在地质不均匀地层中钻孔时，宜使用钻杆刚度大、自重大的钻机。

（3）钻孔前，要平整场地并夯实硬化，枕木应均匀着地，尽量找平。钻机安装时钻架上吊滑轮与转盘中心在同一轴线，钻杆位置偏差控制在小于 200mm；此外，安装导正装置也是防止偏斜的有效方法。

（4）在松散易坍地层钻孔时，应尽可能加固地层，钻速不宜过快，注意观察钻杆角度和桩位偏差。

（5）应对一般的偏斜情况，可用钻头上下反复扫钻数次削去硬土，如效果不佳，回填黏土至高出偏孔处 0.5m 以上重新钻入。

（6）如偏差较大，应通知监理及设计人员鉴核，必要时桩箱及桩筏基础在基础底板内增设暗梁，单桩基础通常重新补浇桩。

7. 桩底沉渣量过多问题的处理

1）原因分析

（1）未对准钻孔位，吊放钢筋笼时碰撞孔壁泥土坍落桩底；

（2）泥浆注入量不足或泥浆相对密度过小，难以将沉渣托浮；

（3）未二次清孔或清孔不彻底，清孔后待灌时间过长，泥浆重新沉积。

2）预防及处理办法

（1）钢筋笼吊放与桩中心保持一致，吊装速度不宜过快，应控制好不碰撞孔壁。应当使用钢筋笼冷压接头工艺，加快钢筋对接速度，减少空孔时间从而减少沉渣。钢筋笼放置完毕，检查沉渣量是否在规范要求控制之内，否则利用导管二次清孔，直到符合规范要求。

（2）泥浆的质量要选择并控制好泥浆的黏度和相对密度，不能用清水替代。混凝土灌注时，导管底部至孔底距离最好控制在 30～40mm，混凝土储备量充足，导管一次最好埋入混凝土面下超过 1.0m，以利用混凝土的巨大冲击力清除孔底沉渣。

（3）成孔后钻头在孔底 100～200mm 上保持慢速空转，循环清孔要超过 30min。

8. 卡管问题的处理

1）原因分析

（1）混凝土中粗骨料粒径过大；

（2）初灌时隔水栓堵管；

（3）混凝土流动性、和易性差，造成离析；

（4）混凝土灌注不连续，在导管中停留时间过长；

（5）导管进水造成混凝土沉淀和离析。

2）预防及处理办法

（1）控制粗骨料的最大粒径，必须小于钢筋笼主筋和导管直径最小净距的 1/4 并小于 40mm；

（2）隔水栓直径要与导管内径相配，同时兼顾良好的隔水性能，以保证顺利排出；

（3）灌注混凝土时必须加强对混凝土坍落度和混凝土搅拌时间的控制。坍落度宜控制在 16～20cm，保证良好的和易性；

（4）必要时可掺入适量缓凝剂，以改善混凝土的流动性、和易性和缓凝时间；

（5）导管使用前应试拼装试压，试水压力为 0.6～1.0MPa，以保证导管连接部位的密封性。在灌注过程中，为了避免在导管内形成高压气塞，混凝土要缓缓倒入漏斗的导管内。

结合建设工程项目，在总结基础钻孔灌注桩的施工质量事故得出，人为因素是导致事故发生的根本原因，因此重点抓好施工管理，加强现场监督，强化施工人员质量意识教育，规范施工工序流程，做好事前、事中和事后质量控制，就能避免或减少大部分工程质量事故的发生，达到灌注混凝土桩的施工质量安全。

八、混凝土灌注桩质量环节重点控制

桩基础作为建筑工程强制性控制的重要项目，是建筑工质量控制的关键环节。由于桩基工程的隐蔽性及难以预见性，给施工过程质量控制带来一定难度。根据多年来在基础工程现场管理的一些成功做法，总结出在桩基础质量控制的一些关键性问题及其解决措施。而灌注桩基的质量控制从现行的验收规范要旨上进行比较简单，即便是承载力的鉴定、钢筋笼的检查与桩混凝土质量的判定。但是由于地下工程不可预见的因素很多，对此判断准确有大的不确定。从工作积累的经验分析，桩基承载机理是质量控制的关键；桩的缺陷与防治措施，桩质量的判定，都是围绕桩基的控制进行分析判断。

1. 灌注桩承载机理是控制的关键

端边承桩的承载机理是桩把荷载传递到桩基底部，它支承在坚固的岩土层上，不难得出桩的承载力取决于桩身强度与地基承载力。当桩身强度大于地基承载力，桩的承载力等于地基承载力；反之，桩身强度小于地基承载力，桩的承载力等于桩身强度。此公式在孔底无沉渣情况下成立。对挖孔桩沉渣还是问题，沉渣量过大，桩受荷时会出现较大的沉降量，桩会失效。

1）质量控制关键之一，是对地基承载力的鉴定

从桩的施工程序分析，在质量控制中，首先确保地基承载力符合设计要求，否则会使桩的失效。地基承载力取决于岩层的构造状况，桩嵌入岩石的深度，岩石单轴饱和抗压强度。

2）桩质量控制关键之二，主要是针对桩身强度的控制

地基承载力符合设计要求，如桩身强度不够，桩的承载力也得不到保证，桩身强度是桩质量控制的另一关键因素。桩身质量控制主要是控制混凝土的施工质量，桩身强度取决于钢筋笼的制作质量和混凝土浇筑质量。钢筋笼的制作和检查并不困难而是简单直观。而影响混凝土质量的因素比较多，有些是可以控制的，也有的是不可预见的。

在工程实践中，一些桩是由于混凝土的质量存在问题而桩身达不到设计要求，因此，桩身质量的控制主要是对浇筑混凝土的质量控制。混凝土的质量缺陷一般是由于施工工艺过程控

制不严造成的，对此必须加强对桩基工程的施工工艺，对质量保证措施严格控制；否则，起不到质量控制的目的。在项目验收时，对质量的优劣把握不准，检测发现的问题亦无可靠判断。因钻孔桩的混凝土质量不仅与施工过程中控制有关，还与成孔工艺关系较大。要确保桩孔钻孔质量与灌注工艺的合理性，操作要掌握好。钻孔桩成孔质量在于：桩径不小于设计直径，护壁可靠；关键到混凝土质量的浇灌工艺控制重点是：控制拌合料的和易性，防止产生堵塞，引起断桩质量问题；控制导管埋深在2m以上，使混凝土面处于垂直顶升状，不要使浮浆和泥浆进入混凝土中，防止提漏，引起断桩事故。

　　3）桩质量控制关键之三，主要是沉渣量的检查

　　对于摩擦桩而言，由于桩受力机理是通过桩表面和周围土之间的摩擦力或黏附力，受力时逐渐把荷载从桩顶传递到周围的土体中。如果在设计中端部反力不大，端部的沉渣量对桩承载力的影响亦不大；而对于钻孔端承桩，如果沉渣量过大，势必造成受荷时出现大量沉降，同样桩的承载力亦达不到要求。

2. 钻孔灌注桩质量缺陷及预防

　　1）桩底地基承载力不足的一般原因

　　桩端没有支承在持力层面上。防治的措施：这种现象一般出现在地层比较复杂的情况，多数会采取取芯检验。如果不能钻孔取芯，可参考临近取芯情况、钻速、泥浆返上的岩屑及钻进速度分析判断，同时参考工程地质资料综合考虑。

　　2）钻孔径缩小达不到设计孔径的原因

　　塑性土膨胀。防治措施：钻孔时加大泵量，加快成孔速度，快速通过，在成孔一定时间孔壁形成泥皮，孔壁不再渗水，也不会引起膨胀。当出现缩径时，可采取反复上下扫孔的办法，以扩大孔径。

　　3）对于桩底沉渣量过多问题的原因

　　主要是检查不认真和清孔不干净，也可能未进行二次清孔。防治措施：检查要认真，采取正确的测绳与测锤。一次清孔后

如果不符合要求应采取措施，如改善泥浆性能、延长清孔时间再次清理。在下完钢筋笼后，再进行沉渣量检查；如沉渣量超过规定时，必须进行二次清孔。二次清孔可以利用导管进行，准备一个清孔接头，一端可接导管，另一端接软管。当导管下完后，提高孔底约 0.4m，在软管上接泥浆泵直接进行泥浆循环，二次清孔的好处是可有效保证桩底干净。

4）钢筋笼上浮的处理

（1）钢筋笼上浮的原因

当混凝土灌注至钢筋笼下，如果此时提升导管，导管底端距钢筋笼仅 1m 左右高度时，由于浇灌的混凝土自导管流出后冲击力较大，推动了钢筋笼上浮。同时，由于混凝土浇灌至钢筋笼且导管埋深较大时，其上层混凝土因浇筑时间较长已接近初凝，表面比较硬，与钢筋笼有一定的粘结力。如果此时导管底端未及时提到钢筋笼底部以上，混凝土在导管流出后会以一定速度向上顶升，也会造成钢筋笼的位置上移。

（2）预防的措施

浇灌混凝土过程中，应随时掌握浇筑面高度及导管的埋深。当混凝土埋过钢筋笼底端 2～3m 时，应及早把导管提至钢筋笼底端以上；当发现钢筋笼有上浮的现象时，应立即停止浇灌，并计算导管埋深和已浇混凝土标高，提升导管后再继续浇筑，上浮现象即得以消除。

5）断桩与夹泥层

产生原因是泥浆过稠，增加了浇筑混凝土的阻力，再因泥浆相对密度大且浆内含有较大的泥块，因此，在施工中时常会出现导管流动不畅的堵塞现象，有时甚至导管中浆溢出还是不下，最后只好提出导管上下振击，因导管内存有一定的混凝土，一旦流出速度极快，当提出导管中混凝土急速流出后，即冲破泥浆最薄弱处极速返上，并将泥浆夹裹在桩内，形成夹泥层；同时，在浇筑混凝土过程中，因导管漏水或导管提漏而二次下冲也是造成夹泥层和断桩的原因。导管提漏有两种可能：当导管堵塞时一般会采取上下振击法，使混凝土强行流出，但此时如导管埋深较少，极易提漏；另一种是由于泥浆过稠，如果估算或测混凝土困难，在测量导管埋深时，对已浇灌混凝土高度判断有误，而在卸管时多提，使导管高于混凝土面，也会产生提漏，引起断桩现象。

混凝土浇灌时间过长，而上部混凝土已接近初凝，形成硬壳，而且伴随着时间的延长，泥浆中残渣会不断沉降，从而加快了积聚在混凝土表面的沉淀物，造成混凝土浇灌难度加大，使堵管与导管拔不上来，引发断桩事故。若导管埋得太深，拔出时底部已接近初凝，导管拔上来后混凝土不能及时充填，造成泥浆进入。

6）预防措施

认真进行清管和防止孔壁坍塌，还要尽量提高混凝土的浇筑速度。开始灌注混凝土时尽量积累，准备多一些，灌注时会产生大的冲击力，才能克服泥浆阻力；采取连续、快速浇筑，使混凝土和泥浆一直保持流动状态，可防止导管堵塞。同时，提升导管的准确可靠性，浇筑混凝土过程中可随时测量导管的埋置深度，并严格按操作程序进行；若浇筑水下混凝土，之前检查导管是否有漏水、弯曲等缺陷，发现情况及时更换。

3. 混凝土灌注桩质量判定

1）桩身混凝土质量的判定

比较准确判断桩身混凝土质量的方法是静载与抽芯。但是，因静载与抽芯为操作性检验，时间较长且费用也高，所以会采用动测法判定桩身混凝土的质量，但是动测法会具有一定的局限性，其结果一般不作为桩基工程竣工的验收依据，用于普查质量的参考应用。

2）判断混凝土的质量还要考虑施工单位素质、掌握施工过程实际状况与施工记录等主要依据。了解施工过程实际状况与施工记录，其内容是审查主要参加人员在过程的控制情况及质量情况；审查工艺是否适合于工程实际，采取何种控制措施。

如挖孔桩水位高且量大，是否采用了水下混凝土配合比，并用导管法浇灌混凝土。如果未考虑水下混凝土施工，就可以判断混凝土会严重离析。钻孔桩钢筋笼如没有设置混凝土保护层垫块，再检查浇筑后桩钢筋笼的位置情况，可以推定保护层是严重不足的。

3）对施工记录进行检查，要求施工单位认真做好成孔记录与灌注记录

认真分析记录中出现的机械故障及孔内异常情况，对此进行分析判断。如在成孔记录中未发现坍孔现象，而桩的充盈系数又大，表示在浇筑过程中有塌壁现象，必然造成桩底沉渣量过大或桩身夹砂、夹泥、桩身局部胀大现象。如果在施工过程中曾出现过堵管事故，拔管后二次灌注，就会存在断桩或夹泥层。

对于缺陷的严重程度，还要分析其事故具体处理措施才能清楚。在质量控制中对于桩混凝土质量的判定，要掌握现场施工实际，进行工艺过程控制，可靠、真实地进行现场记录，了解施工企业水平和技术装备，才能比较准确地判定桩的质量。

综上浅述，桩基的混凝土质量控制的关键环节在于地基承载力的鉴定，审查混凝土工艺是否符合实际，掌握桩缺陷的判断及处理措施，分析判断正确才能采取有效的预防及控制措施，达到预期的质量目标。

九、粉喷桩的施工质量及控制

粉喷桩是"粉体喷射搅拌桩"的简称，就是利用专用的喷粉搅拌钻机，将水泥等粉体固化剂喷入软土地基中，并将软土与固化剂强制搅拌，利用固化剂与软土之间所产生的一系列物理化学反应，使软土结成具有一定强度的水泥桩体而形成复合地基的一种施工方法。下面结合某建筑项目基础粉喷桩的施工，探讨粉喷桩的施工质量控制。

1. 粉喷桩施工前的准备工作

1）在施工机械设备方面的准备

（1）首先，根据粉喷桩的设计长度选择合适功率的桩机。如果桩比较长而桩机功率较小，复搅将难以进行。严禁使用非定型产品或自行改装设备；进场设备必须配备性能良好的能显示钻杆钻进时电流变化的电流表，显示管道压力的压力表和计量水泥喷入量的电子秤或流量计；

（2）桩机上的气压表、转速表、电流表、电子秤必须经过标定，不合格的仪表必须更换；

（3）每台桩机钻架相互垂直两面上分别设置两个 0.5kg 重的吊线坠，并画上垂直线。在每台桩机的钻架上画上钻进刻度线，标写醒目的深度。

2）在原材料方面的准备

（1）粉喷桩所用水泥必须经过试验室抽检，满足设计及规范的相关要求。并尽量不采用那些产量较小、质量不稳定的小水泥厂生产的水泥；

（2）水泥的堆放应符合防雨、防潮的要求，严禁使用过期、受潮、结块、变质的水泥；

（3）按相关规范要求做室内设计配比试验，测定软土的天然含水量、孔隙比、液塑限、有机质含量、有机质含量、pH 值和不同掺入量水泥土各龄期的无侧限抗压强度，以检验粉喷桩加固该种软土的适用性和设计掺灰量下的桩身强度能否达到设计要求。在试验过程中，监理人员应进行全过程旁站监督或进行平行试验，以保证试验结果准确、可靠。

3）施工前进行工艺试桩

不同地段具有不同的地质条件，为了克服盲目性，确保粉喷桩加固地基收到预期的效果，在粉喷桩施工前必须进行工艺试桩，试桩数量不少于 5 根。试桩的目的是：

（1）提供满足设计喷粉量的各种操作参数，例如管道压力、灰罐压力、钻机提升速度、喷粉机转速等；

（2）验证搅拌均匀程度及成桩直径；

（3）了解下钻及提升的阻力情况，并采取相应的措施；

（4）确定该地质条件下，符合质量要求的合理掺灰量（土质差、黏性大、含水量大时一般按两三组掺灰量试桩，每组比设计掺灰量增加 5kg，每组试桩一般为 3 根）；

（5）确定进入持力层的判别方法。工艺试桩成桩 28 天，经取芯检测合格后，方可进行粉喷桩正式施工。

2. 粉喷桩施工过程中的质量控制措施

粉喷桩属地下隐蔽工程，其质量控制应贯穿在施工的全过程，并应坚持全方位、全过程的施工监理。

1）场地清理及施工放样

施工开始前，将原地面整平至粉体搅拌桩施工高程处，清除桩位处地上、地下的一切障碍物，对于地形复杂及构造物处的粉喷桩，应先回填黏性土，碾压至设计的压实度并有一定的排水坡度。钻机就位应严格按照设计桩位及规范要求，用全站仪或经纬仪定位。

2）粉体计量控制

粉喷桩的质量优劣与水泥掺入量的多少及喷粉的均匀性有直接关系。要保证喷粉的均匀性，关键是掌握好钻头的提升速度。从开始喷灰到钻头处喷灰出来有一定时间，钻机钻至桩底后，必须预喷停留一段时间方可提钻。停留时间由管道长度及试桩结果确定。

3）二次重复搅拌控制

水泥含量与土搅拌均匀程度是关系到粉喷桩桩体强度的关键因素。钻头喷出的粉体往往呈脉冲状，若得不到充分搅拌，粉体在桩中呈现层状，形成一种"夹生"。这样的桩即使水泥掺入量再多，也没有强度。复搅的作用在于通过充分的搅拌使粉体与土及水得到比较完全的接触作用，促使桩体的形成。大量的施工实践已充分证明，粉喷桩复搅与不复搅的质量相差甚大。关于复搅与提升，应采用"二喷二搅"的施工工艺，即：钻进至桩底后慢档提升、喷灰、搅拌至停灰面，然后钻进、复搅复喷至桩底再提升、搅拌至停灰面，完成后移位。钻进提升时管道压力不宜过大，以防淤泥向孔壁四周挤压，形成空洞。

4）对于补喷和废桩处理措施

当发生意外情况影响桩身质量时，应在水泥终凝前采取补喷措施，补喷重叠长度≤1.0m。补喷无效时须重新打桩，新桩与废桩的间距≥200mm。

5）输灰管须经常检查，不得泄漏及堵塞

管道长度以60m为宜。对钻头定期检查，直径磨耗量≤10mm，钻头直径≤530mm。在灌注桩两侧布设粉喷桩位时，应预留钻孔灌注桩施工操作位置，预留净距为1.40m。施工成桩顺序从四周边开始向中心进行，相邻两根桩必须跳跃间隔钻孔。

6）监理在施工过程中的控制

现场专业监理必须对粉喷桩施工进行全过程旁站。在旁站过程中，应随时抽查钻机的水平度和垂直度、钻进深度、喷灰深度、停灰标高、复搅深度、喷灰的管道压力、灰罐内的水泥加入量、剩余水泥量等；现场监理应及时收取记录器打印记录，并校核时间、桩号的连续性等，防止出现弄虚作假现象；现场监理应在每日施工停止后，对施工现场水泥用量和记录器打印记录中的水泥用量加以统计、对比。当两者误差大于5%时，必须查明原因后，方可在打印记录上签字认可或采取补桩等处理措施；现场监理应对当日水泥用量与日进度指标进行控制，如果某台桩机完成的延米数超过规定值较多，或某根桩记录器打印记录显示时间少于规定值较多时，则认为存在搅拌不匀或弄虚作假可能，并应采取补桩措施加以处理。

7）养护

粉喷桩施工完成，经检测合格后，桩头必须先用水泥土回填，养护28d后方可进行下道工序的施工。

3. 事后检测阶段的质量控制措施

粉喷桩施工完成后，应按规定频率进行取芯、无侧限抗压强度、单桩及复合地基承载力试验。检测时，现场监理应全过程旁站，对取芯、单桩及复合地基承载力试验的桩，应由监理工程师指定。

取芯时其正确位置应取桩径 1/2 处，而不应取在桩中心处，因粉喷桩桩体中心是钻杆占据的空间，成桩后中心部位强度较低，易造成桩体强度偏低的假象；钻孔取芯时要注意保持钻机平衡，避免因钻杆倾斜而造成斜孔，导致取芯失败；取芯长度应比桩长大 50cm 左右，以检验桩底土的性状。

对检测中发现的问题，如未穿透软土层、部分断灰、喷灰不均匀、强度不足等，应严格进行加密、补桩等处理措施。在粉喷桩检测方法中，应以取芯试验为主，通过该方法可以直观地掌握整个桩体的完整性、搅拌的均匀程度、桩体垂直度、桩长、是否达到持力层、含灰量的多少等规范要求。

十、工程地质勘察的重要性

建筑物是建在地面以上及地面以下的工程项目，其用地土层的分布，土质的疏松、强度，地下水的深度等都会影响到在建建筑物的安全使用。所以，为确保建筑及其地基基础设计的准确性，就必须有建筑场地的地质资料作为工程设计依据。只有对建筑场地的地质资料有全面了解和准确把握，才能更好地对建筑及地基进行可靠设计。

1. 工程地质勘察的目的作用

工程地质勘察主要是运用坑深、触探、钻探等勘察手段和方法，对在建工程的场地进行调查研究分析，为工程设计和施工提供所需的地质资料。

1）建筑场地的复杂程度

根据建筑场地的地形情况，将场地复杂程度分为三个级别：

简单场地，对建筑地基影响不大；

中等场地，对建筑的地基可能会造成一定的影响；

复杂场地，对建筑的地基存在很大的影响。

2）工程所在场地地质条件的研究及当地建筑工程经验

例如，在某一陌生区域，对当地的地质环境条件缺少了解研究，则勘察工作量就要加大；相反，如果在此地有工程施工经验，则花费时间及工作量都会减少。

2. 建设规模及建筑物等级

依据所建工程类型、建筑地基负荷大小、建筑地基损坏后造成建筑整体后果的程度等，可将建筑分为三个等级：即一级建筑物，主要指的是关键性或有纪念意义的建筑物，破坏后果很严重；二级建筑，主要指的是地基负荷较大的建筑物，破坏后果严重；三级建筑，主要指的是建筑地基负荷不大，破坏后果不严重。

勘察工作的准备：

（1）接受工程地质勘察任务书，结合工程场地地质条件制定相应的勘察工作计划；

（2）建筑规模较大或地质条件复杂的场地，应当进行工程地质测绘，并实地观察场地地质情况；

（3）设置勘察点和勘察线，采用各种地质勘察手段或方法探明场地地质情况，并取得地质试样；

（4）对取得地质试样进行物理力学性质测试和水质分析测试。

3. 地质勘察各阶段的内容

1）选址勘察

（1）目的

选址勘察是指对工程场地的地质的稳定性和适宜性做出评价。

（2）选址阶段的勘察工作

①对工程场地所在区域的地形地貌、地震、矿产资源和工程地质信息以及气候、自然条件等信息进行收集；

②工程现场实地踏勘，初步了解场地的土层结构情况、形成原因和大致成型年代，主要土层、地下水位等情况；

③对附近区域的建筑物规模、结构、地质资料等情况有所了解；

④工程场地地质情况复杂，现有资料不能准确反映地质信息，应进行必要的地质测绘及勘探工作。

2）初步勘察

（1）目的

①对在建建筑的地基稳定做出评价；

②为建筑的总体平面提供必要信息；

③为工程的主要建筑地基施工发案提供参考资料；

④如遇不良地质现象提交防治方案。

（2）主要任务

①对场地地质初步了解；

②对地下水水位和冻结深度有初步了解；

③查明场地中不明地质现象、范围，对工程项目的影响和发展趋势。

3）详细勘探

（1）目的

①从工程地质角度评价建筑地基，提出相应建议；

②为建筑地基设计提供详细的地质工程资料；

③为建筑地基的加固和处理提供工程资料支持；

④为不良地质情况的防治提供地质资料。

（2）主要任务

①详细勘察主要采用的手段以原位测试、勘探和室内试样检测为主。

②复杂场地或一、二类建筑物，详细勘探点宜按主要柱列线布置；对其他场地和建筑物可沿建筑物周边或建筑群布置；对重要设备基础应单独布置。

③要以地基主要受力层为原则钻探勘探孔深度。如果地基需要进行变形验算，部分勘探孔可以底基层压缩深度。

④对场地进行详细勘探时，原位测试井、探孔数量级所取地质试样，应依据地质的复杂程度、建筑规模或类别确定。取试样和进行原位测试部位，应依据设计要求、地基情况确定。

4）施工勘察

①对较重要建筑物的复杂地基需进行验槽。验槽时应对基槽地质素描，实测地层界限，查明人工填土的分布和均匀性等，必要时应进行补充勘探测试工作。

②基坑开挖后，地质条件与原勘察资料不符，并可能影响工程质量。

③深基坑设计及施工中，需进行有关地基监测工作。

④地基处理、加固时，需进行设计和检验工作。

⑤地基中溶洞或土洞较发育，需进一步查明及处理。

⑥施工中出现边坡失稳，需进行观测及处理。

4. 工程地质勘察报告

1）文字部分

（1）勘察工作的任务和概况；

（2）是否存在影响建筑物地基不稳情况存在及其影响程度；

（3）工程场地的地质土层结构、强度及各土层物理力学性质；

（4）地下水位的深度、水质情况、变化情况及对建筑材料的腐蚀程度；

（5）在地震设防区划分场地类型和场地类别，并判别饱和沙土及粉土；

（6）对建筑地基基础方案进行分析，提出经济可行的设计方案意见，尤其对地基设计和施工中需注意的地方提出建议；

（7）当工程需要时，尚应提供深基坑开挖的边坡稳定计算和支护设计所需的技术参数，论证其对周围已有建筑物和地下设施的影响；基坑施工降水的有关技术参数及施工降水方法的建议；提供用于计算地下水浮力的设计水位。

2）图表部分

（1）勘探点平面布置图；

（2）工程地质剖面图、综合工程地质图或工程地质分区图；

（3）土的物理力学性试验总表。重大工程根据需要，绘制综合工程地质图或地质分区图、地质柱状图或综合地质柱状图和有关试验曲线等。

十一、建筑桩基工程质量控制

由基桩和连接于桩顶的承台共同组成的基础，俗称桩基础。桩身全部埋于土中而承台底面与土体接触，称为低承台桩基；桩身上部露出地面而承台底位于地面以上，则称高承台桩基。建筑桩基通常为低承台桩基础。在高层和大跨度建筑中，桩基础应用比较广泛。常用的桩型主要有预制桩和灌注桩两大类。桩基工程的施工现场条件复杂、工序繁多、工艺要求高，桩基的质量主要取决于勘察、设计、施工等诸多方面。工程地质勘察报告是否详细、准确，设计取值是否合理，以及施工中的材料、工艺、设备等等，都是影响桩基础工程质量的因素，稍有不慎便会造成质量问题或事故。若处理不及或不当，就会给工程留下隐患。所以，对质量问题（或事故）的分析与处理是否正确得当，通常都会影响到建筑物的安全使用、工程造价以及工期。为了防止类似的问题发生，能否在桩基工程施工中对质量问题及隐患进行正确的分析与妥善的处理，就显得尤为重要。

1. 常见的质量问题

（1）测量放线错误，使整个建筑物错位或桩位偏差过大；

（2）单桩承载力低于设计值；

（3）桩身倾斜过大超过允许值；

（4）预制桩接头断裂偏移；

（5）存在断桩；灌注混凝土施工质量失控，发生断桩事故；

（6）桩基验收时出现的桩位偏差过大；

（7）离析、桩身夹泥、混凝土强度达不到设计要求、钢筋错位变形严重等；

（8）灌注桩顶标高不到顶：

常见的有两种情况：一种是施工控制不严，在未达到设计标高时混凝土停浇；另一种虽然标高达到设计值，因桩顶混凝土浮浆层较厚，凿出后出现桩顶标高达不到设计标高。

2. 质量问题的原因探析

下面主要就单桩承载力低于设计值、桩倾斜过大、断桩、桩接头断离、桩位偏差过大等问题进行详细探析：

1) 桩承载力低于设计要求的常见原因

(1) 桩沉入深度不够；

(2) 桩端未进入设计规定的持力层，但桩深已达设计值；

(3) 最终贯入度过大；

(4) 其他诸如桩倾斜过大、断裂等原因导致单桩承载力下降；

(5) 勘察报告所提供的地层剖面、地基承载力等有关数据与实际情况不符。

2) 倾斜过大的常见原因

(1) 预制桩质量差，其中桩顶面倾斜和桩尖位置不正或变形，最易造成桩倾斜；

(2) 桩机安装不正，桩架与地面不垂直；

(3) 桩锤、桩帽、桩身的中心线不重合，产生锤击偏心；

(4) 桩端遇石块或坚硬的障碍物；

(5) 桩距过小，打桩顺序不当而产生强烈的挤土效应；

(6) 基坑土方开挖不平整，倾斜。

3) 出现断桩的常见原因

除了桩倾斜过大可能产生桩断裂外，其他原因还有三种：一是桩堆放、起吊、运输的支点或吊点位置不当；二是在沉桩过程中，桩身弯曲过大而断裂。如桩制作质量造成的弯曲，或桩细长又遇到较硬土层时，锤击产生的弯曲等；三是锤击过度而导致桩断裂。

4) 桩接头断离的常见原因

当设计桩较长时，因施工工艺需要，桩需要分段预制，分段沉入，各段之间常用钢制焊接连接件做桩接头。这种桩接头的断离现象较为常见。其原因除了上述以外，还有上下节桩中心线不重合、桩接头施工质量差，如焊缝尺寸不足等原因。

5) 桩位偏差过大的常见原因

测量放线差错沉桩工艺不良，如桩身倾斜造成竣工桩位出现较大的偏差等。

3. 常见质量问题的处理措施

打（压）桩的过程中，如果发现质量问题，施工单位切忌自行处理，必须报监理、业主，然后会同设计、勘察等相关部门分析、研究，做出正确处理方案，由设计部门出具修改设计通知。对事故处理方案要求安全可靠、经济合理、施工期短，并对未施工部分应提出预防和改进措施。还应考虑事故处理对已完工程质量和后续工程方式的影响。比如，在事故处理中采取补桩时，会不会损坏混凝土强度还比较低的邻近桩等。事故应及时处理，防止留下隐患，避免事故的再次发生。桩基事故处理方法较多，但要对方案进行技术经济比较，选择安全可靠、经济合理和施工方便的方案。要根据现场实际情况，选用最佳的处理方案。一般处理方法有补沉法、补桩法、送补结合法、纠偏法、扩大承台法、复合地基法等。下面分别作简要介绍：

1）补沉法

预制桩入土深度不足，或打入桩因土体隆起将桩上抬时，均可采用此法。

2）补桩法

补桩法就是会同设计、监理以及业主的意见，根据设计单位出具的补桩方案补打，但此方法投资大、工期长，很难被各方所共同认可。

3）补送结合法

当打入桩采用分节连接，逐根沉入时，差的接桩可能发生连接节点脱开的情况，此时可采用送补结合法。首先，对有疑点的桩复打，使其下沉，把松开的接头再顶紧，使其具有一定的竖向承载力；其次，适当补些全长完整的桩，一方面补足整个基础竖向承载力的不足；另一方面补打的整桩可承受地震荷载。

4）纠偏法

桩身倾斜，但未断裂且桩长较短，或因基坑开挖造成桩身倾斜而未断裂，可采用局部开挖后用千斤顶纠偏复位的方法处理。

5）扩大承台法

（1）桩位偏差大

原设计的承台平面尺寸满足不了规范规定的构造要求，可用扩大承台法处理。

（2）考虑桩土共同作用

当单桩承载力达不到设计要求，需要扩大承台并考虑桩与天然地基共同分担上部结构荷载。

（3）桩基质量不均匀

防止独立承台出现不均匀沉降或为提高抗震能力，可采用将独立的桩基承台连成整块，提高基础整体性或设抗震地梁。

6）复合地基法

此法是利用桩土共同作用的原理对地基作适当处理，提高地基承载力，更有效地分担桩基的荷载。常用的方法有以下几种：

（1）承台下做换土地基

在桩基承台施工前，挖除一定深度的土，换成砂石填层分层夯填，然后再在人工地基和桩基上施工承台。

（2）桩间增设水泥土桩

当桩承载力达不到设计要求时，可采用在桩间土中干喷水泥构成水泥土桩的方法，形成复合地基基础。

7）修改桩型或沉桩参数法

（1）改变桩型

如预制方桩改为预应力管桩等情况。

（2）改变桩入土深度

例如，预制桩在贯入过程中遇到较厚的密实粉砂或粉土层，出现桩下沉困难，甚至发生断桩事故，此时可采用缩短桩长、增加桩数量，取密实的粉砂层（膨胀土层）作为持力层。

（3）改变桩位

如沉桩中遇到坚硬、不大的地下障碍物，使桩产生倾斜甚至断裂时，可采用改变桩位，重新沉桩。

（4）变沉桩设备

当桩沉入深度达不到设计要求时，可采用大吨位桩架，重锤低击法沉桩。

8）其他方法

（1）底板架空

底层地面改为架空楼板，以减填土自重，降低承台的荷载。

（2）上部结构卸荷

有些重大桩基事故处理困难，耗资巨大，耗时过多，只有采取削减上部建筑层数的方法减小桩基荷载。也有采用轻质、高强的隔墙或其他材料代替原设计的厚重结构而减轻上部建筑的自重。

（3）结构验算

出现桩身混凝土强度不足、单桩承载力偏低等事故，可通过结构验算等方法寻找处理方案。如验算结果仍符合规范的要求时，可与设计单位协商，不作专门处理。但此方法属挖设计潜力，必须征得设计部门的同意，万不得已时用之，且应慎之又慎。

（4）综合处理法

选用前述各种方法的几种综合应用，往往可取得比较理想的效果。

（5）采用外围补桩

增加周边嵌固，防止或减少桩位侧移等。

综上所述，伴随着改革开放的深入和市场经济的完善，建筑业取得了惊人的成绩，为国民经济的持续发展做出了巨大的贡献。建筑工程质量已成为建筑业和全社会普遍关注的热点问题。有些工程质量隐患的存在，给人民的生命财产和经济造成一定的损失。只要引以为戒、防微杜渐，从点滴细微处做起，严格把握从设计到施工质量控制的每一个环节，消除质量隐患，就能够杜绝和减少质量事故的发生，保证工程的安全和正常使用。

十二、工程项目基坑开挖的支护施工技术

建筑工程项目基础支护技术的应用比较广泛，但在实际施工过程中都会存在这样那样的安全质量问题，以下浅述建筑基坑工程从土方开挖、支护施工、安全防范措施，并着重介绍建筑工程支护施工技术的重点控制方面。

1. 建筑工程基坑支护简介

随着地下建筑工程的不断深入，基坑工程得到越来越多的开发利用。所谓基坑工程，就是为了保护基坑的开挖、地下主体结构的施工安全和周边环境不被或少被破坏，而采取的支挡保护措施，同时它还包含了基坑的土方开挖、施工机械的利用以及降水、防水等方面的技术措施，所有这些共同组成了建筑工程地下基坑支护的全部内容。由于地下建筑工程开挖深度的不断增加，开挖土方的面积越来越大，建筑工程支护施工的难度也相应地不断加大。建筑工程的基坑工程是一个很复杂的问题，它包含着许多不确定的因素和内容，涉及土力学中的变形、稳定、强度以及防水等方面的工作，需要不断地加以研究，并在施工中认真总结，使基坑工程的施工技术得到不断的完善。

当前，放坡开挖和在支护结构保护下的开挖，最常用的有两种施工工艺。放坡开挖即无支护开挖，适用于基坑开挖深度较小、土质条件较好的边坡，与之相对应的是支护开挖，即有支护体系保护下的开挖。针对不同的工程实际选择合理的开挖和支护方式，并在所选支护条件下进行合理的施工工艺的设计和选择。由于基坑工程的环境复杂性和保障结构施工，同时由于基坑施工过程中普遍存在着许多不可预知的可变因素，造成建筑基坑工程支护施工工艺存在着一些实际的问题。

2. 建筑工程中基坑支护存在的问题

目前，在建筑工程支护过程中，基坑支护还存在一系列的具体问题：

1）深基坑环境的复杂性

设计过程中，根据提供的资料进行基坑工程支护的设计，由于环境的多样性和复杂性，不可能考虑到实际施工中遇到的各种问题，由于地质调查覆盖的程度不同，现实中存在的软弱地层或涌水地层等可能没有勘察到，在实际中需要多加预防与制定相应的预防措施，以保障支护施工的顺利进行。

2）设计与施工不达标

由于设计人员的疏忽或认识不足，在进行边坡的设计时存在着一定的问题，但这种情况往往较少发生。最主要的是施工单位在施工时，没有严格按照设计及相关规范要求，如在喷射混凝土养护过程中混凝土未按照规范要求进行合理的养护，未达到设计强度要求就进行接下来的支护施工；或者在土钉支护过程中，锚杆并未达到设计的强度等等，都是经常遇到的；同时，边坡面处理不当，达不到标准要求，以及相关负责人员急功近利，没有做好基坑施工工序的协调工作，只是盲目地追求施工进度，都会给建筑工程支护带来安全隐患。

3）基坑工程中地下水的影响

在基坑工程的开挖和支护过程中，地下水的影响尤其需要得到足够的重视，是一个不能忽略的问题。随着基坑开挖深度的不断增加，许多基坑在地下水位以下或者受到地下水的影响，尤其在地下水位较高的地区及粉砂地基中，往往容易发生地下水的灾患，容易给基坑工程支护工程带来极大的危险。对于基坑支护等过程中出现的涌水、渗水等现象，需要事先制定相应的防范措施。

此外，建筑工程施工过程中还存在着许许多多的问题，比如地基的不均匀沉降、施工工艺的优化等。

3. 建筑工程中基坑支护施工技术要点

针对以上所述的建筑工程施工过程中存在的许多问题，做出如下建筑工程基坑支护施工的技术要求论述：

1）合理选择支护施工方法

在此，针对深基坑工程的支护形式进行简单的说明。重力式挡土墙支护结构、混合式支护结构和悬臂式支护结构是深基坑支护的三种主要方式，悬臂式支护结构潜入基坑底部的岩体或土体，借助于岩土体的支撑作用保证结构的稳定，适用于基坑开挖深度较小、土质条件较好的情况下；而重力式挡土墙则依靠自身的重量来保证支护结构在各种压力下的平衡，混合式支护结构可以简单地理解为锚杆支护结构，借助于锚杆以及喷射混凝土面层，使基坑与支护结构形成一个整体，相互作用，保证基坑支护的安全。如何根据实际情况合理选择施工工艺，在经济的条件下尽可能地保证安全和稳定，是一个重要的研究课题。

2）建筑基坑工程开挖

由于建筑基坑工程多在土质地基或软弱岩层地基下施工，挖土量一般都比较大，在基坑的开挖过程汇总，应针对具体情况选择合理的开挖方式，一般可采用分开挖的方式进行，这样就可以一边开挖一边进行开挖土的运输，避免了在工作面处土方的堆积，提供了良好的施工环境。同时，在土方开挖过程中，应对围护结构进行适当的监测，合理地控制土方开挖的速度和进程。

3）建筑基坑支护施工

不同的建筑基坑类型，采取的支护方式也不相同，如钻孔灌注桩、锚杆、土钉墙、地下连续墙以及支护桩等等，针对不同的支护方式，需要注意不同的支护施工的要求。如在锚杆施工中进行必要的现场试验等，需要保证锚杆的强度达到设计要求。总之，应严格按照设计及规范要求进行基坑支护施工。

4）支护施工中的安全防护措施

在工程项目基坑的施工过程中，安全防范措施是必不可少的。比如：进入施工现场的工作人员或监理人员等都必须有相应的防护措施，必须佩戴安全帽及持证上岗等；工作人员不可酒后上岗工作；需要有专门的技术人员按照规定检查机器设备的维修和保养工作，保证正常施工等。

5）建筑基坑支护防水技术要求

地下水是建筑基坑支护施工中，一个必须得到足够重视的问题。当地下水位变化较大或地基长期处于地下水位以下时，需要对基坑进行降水工作，保证正常施工，对可能出现流沙、管涌的基坑需要制定应急预案措施。

必须严格按照设计以及施工规范相关要求，合理地进行建筑工程基坑开挖边坡支护的施工，保证支护结构的稳定性和施工安全，尽可能地避免出现安全隐患。

十三、地基基础处理的一般措施

随着各项建设事业的快速发展，建筑物的设计施工日新月异，在满足人们生活行为所需的同时，也给人类的进步和发展提供了依据。既然各种各样的建筑物在人们的想象力下被建造了起来，可是每个建筑物都少不了一个重要的工程施工，那便是地基工程的施工。它是建造整个建筑工程的基础部分，它的施工质量优劣直接关系到整个工程的安全、可靠。

1. 地基基础的施工问题

作为建设工程的第一步重要工序，地基基础施工的质量是高层建筑施工质量控制的基础，并且也包括工程建设质量的关键部位。整个工程建设的质量往往是由地基基础施工的质量决定的，特别是作为一个土地面积辽阔的大国，工程所在地的地质情况常常会随着地域条件的不同而存在较大的差别，这就对工程建设中的地基施工带来了严峻挑战，并且对地基基础施工的质量也提出了更高的要求。而现在我国的工程施工特别是建筑施工中，地基基础施工难题并没有得到应有的重视，处理效果并不理想。总体而言，我国工程建设中地基基础施工的质量控制任重而道远，为有效增强工程建筑地基基础施工的质量提升，地基基础施工的质量控制是关键的核心所在。

2. 地基基础施工当前存在的难题

地基基础施工相比整个工程项目有着至关重要的意义，在当前的工程建设中仍然存在着一定难题，主要有以下几点。

1）地基建设中的塌方问题。

在工程项目的地基建设中，一个不可以忽视的难题便是地基边坡的塌方。在工程的地基建设整个过程中，假设出现了塌方现状，必然会使地基土受到扰动，进而影响到地基的整体承载力，不但会对自身的工程建设造成危害，并且还会严重影响周围建筑物的安全，甚至会造成安全事故及人员伤亡。特别是在基坑开挖深度较深，并穿过不一样的土层时，施工方假设不去根据不一样土层的工程特性（地基土的内摩擦角、黏聚力、湿度、重度等）来确定地基基坑的边坡开挖坡度和支护方法，就会造成边坡顶部受到堆载或外力的振动产生变形，因此引发塌方问题。由于工程施工方在土方开挖时施工措施不当，需要做支护时没有去做应有的保护，也会造成塌方的后果。

2）地基缺乏保护

工程项目的地基施工中的另一个重要难题便是地基缺乏充足的保护，特别是在地下水位较高地区进行工程施工，假设不处理好地下水的外排除，就会对地基施工带来严重的危害。假设地基的基础缺乏充足的保护，防水、排水对策不到位，就会造成地基进水，不但会造成地基基础施工的困难，也会对地基的质量造成损害。特别是在多雨季节，一定要处理及时基坑的积水，被水浸泡的地基表层土必须将松软部分彻底清除。

3）地基建设中协调不及时

在地基建设中，由于办理协调疏忽也会对地基质量造成一定的影响。协调办理人员因疏忽造成基坑开挖与设计不符，就会引起基坑的抗剪切力不够，从而造成基坑的变形，影响地基施工的整体质量。

3. 施工控制技术措施

1）预压排水固结法

地基处理就是为了提高地基承载能力，改善地基土体的变形、渗透性质而采取的人工处理地基的一些方法，一般包括：

（1）真空预压法

处理地基的基本原理是在被加固的土体表面铺设横向排水通道，在土体的一定深度内布置竖向排水通道塑料排水板，然后进行真空密封，利用真空负压排出土体中的水和气体，改变土体的三相结构，降低土体中的孔隙水压力，提高有效应力，从而使土体产生沉降固结，改良了土体状况，提高了地基承载力。

（2）堆载预压法

是在布设完的排水通道的地基上分层施加堆载材料，进行正向施加荷载，使地基土体产生沉降固结的方法。荷载材料根据当地资源情况可以选用土、砂或山皮土、山皮石等，按设计分级堆载到一定的厚度或标高，达到一定的固结周期后，卸载至设计标高整平。

（3）真空联合堆载法

加固软土地基的工艺是在正进行的真空预压密封膜上做一定的保护层后，在地基上分层填加堆载料，增大对地基土的施加荷载，将真空法和堆载法联合运用，从而进一步提高被加固土体后的地基承载力，满足使用要求，此种方法处理完成后的地基承载力可达 $15t/m^2$ 以上。

（4）真空预压法

特别适用于低强度、高压缩性、高含水率的软弱淤泥土质、淤泥质黏土的地基处理加固；并且，具有相对工期短、造价低、处理整体效果好等优点。而堆载预压法加固期长、受季节性影响大和需要大量的堆载材料等特点，已逐渐被真空法所替代。特别是针对大面积围海造陆，是由吹填土形成的超饱和的软土地基处理，真空预压法加固地基优势明显，已被广泛采用。

2）强夯和强夯置换法

强夯和强夯置换法是用起重设备将重夯锤（一般 10～40t）起吊到一定高度（一般为 10～40m），然后使其自由下落，利用其产生的较大的冲击能对土体进行强力夯实，以提高其密实强度、降低其压缩性的一种地基加固处理方法。强夯法所使用的设备简单、施工速度快、加固效果好，节约三材，经济效益明显。

（1）强夯法

是一项动力固结技术。能否迅速地使水从土体内排走，是决定强夯效果好坏的关键。强夯法主要适用于处理碎石土、砂土、低饱和度的粉土与黏性土、湿陷性黄土、素填土和杂填土等地基，对于高饱和度的粉土与黏性土应谨慎采用。如单纯用强夯法处理高饱和度的粉土与黏性土，可在场地内布置一定数量的碎石桩、砂桩或塑料排水板，形成排水通道，也能起到一定的加固处理效果。

（2）强夯置换法

是采用在夯坑内回填块石、碎石等粗颗粒材料，用夯锤夯击形成连续的强夯置换墩。强夯置换法一般适用于高饱和度的粉土与软塑、流塑的黏性土等地基上对变形控制要求不严的工程。

3）复合地基形成法

通过对被加固土体填充相应的材料，改变土体的结构，使土体被增强或被置换形成一定的增强体，由增强体和周围地基土共同承载荷载，形成复合地基的一些地基处理方法。如：振冲法、砂石桩法、CFG桩法、水泥深层搅拌法、土和灰土挤密桩法、高压喷射注浆法等。工程施工中，根据特殊的地质条件对地基承载力的特殊要求而选用不同的处理方法，以达到相应要求。根据充填料的不同，其加固的机理是不同的。通过填充砂和石料深入土体，被置换或挤密，从而达到提高承载力的目的；将水泥粉或水泥浆、粉煤灰或化学浆液充填进土体，通过这些填加料与土体产生化学反应，使土体凝聚、胶结、固化来提高承载力。

4）振冲法施工

利用振动和水冲加固土体的方法统称振冲法。振冲法根据是否添加回填料，分为振冲密实法和振冲桩法。振冲密实法适用于处理黏粒含量不大于10%的砂土地基，可提高砂土地基的承载力，消除砂土地基的液化。振冲密实法加固砂土地基，主要是依靠振冲器的强力振动使饱和砂层发生液化，砂颗粒重新排列，孔隙减少，从而起到加固砂土地基的作用，表现为振冲过程中的地面下陷。当采用振冲密实法处理的砂土地基中黏粒含量超过30％，则处理效果明显降低，这时可考虑采用振冲桩法；振冲桩法适用于处理砂土、粉土、黏性土、素填土和杂填土等地基。振冲桩法的填料一般为碎石，因此，一般也称为振冲碎石桩法。

通过上述的分析介绍可知，影响工程建筑地基基础的原因多种多样，其原因所具备的特点与形成的规律也不尽相同。在实际工程建筑施工的整个过程中，应分清主次影响因素，对建筑地基基础工程施工技术在遵循科学的基础上予以准确的判断，针对实际问题采取有效措施，能对建筑工程施工起到有效效果的处理措施。

主要参考文献

1. 张吉人．建筑结构设计施工质量控制［M］．北京：中国建筑工业出版社，2006

2. 侯力更主编．砌体结构设计［M］．北京：中国计划出版社，2006

3. 韩葆铨．高层住宅设计中的三轮结构优化法［J］．城市建设，2010（12）

4. 周永明，徐伟斌．复杂高层结构设计［J］．建筑技术，2011.42（5）414-417

5. 张瑞文．框架-剪力墙高层建筑结构优化设计研究［J］．山西建筑，2011（01）

6. 吴学敏．高层建筑剪力墙中连梁设计的探讨［J］．建筑结构学报，2011.16（1）

7. 刘铮．建筑结构设计误区与禁忌实例［M］．北京：中国电力出版社，2009

8. 金伟良等．结构全寿命的耐久性与安全性、适用性的关系［J］．建筑结构学报，2009（6）1-7

9. 周云等．基于性能的结构抗风设计理论框架［J］防灾减灾工程学报，2009（3）244-252

10. 中国建设监理协会．建设工程质量控制［M］．北京：中国建筑工业出版社，2015

11. 中国建设监理协会．建设工程投资控制［M］．北京：中国建筑工业出版社，2015

12. 中国建设监理协会．建设工程合同管理［M］．北京：中国建筑工业出版社，2015

13. 王宗昌．建筑工程施工质量控制与防治对策．北京：中国建筑工业出版社，2010

14. 王宗昌．建筑工程施工质量控制与实例分析．北京：中国电力出版社，2010

15. 王宗昌．施工和节能质量控制与疑难处理．北京：中国建筑工业出版社，2011

16. 王宗昌．建筑工程质量控制与防治．北京：化学工业出版社，2012

17. 王宗昌．建筑工程质量精细化控制与防治措施．北京：中国建筑工业出版社，2013

18. 王宗昌．建筑工程施工技术与管理．北京：中国电力出版社，2014

19. 王宗昌．建筑工程质量控制防治与提高．北京：中国建筑工业出版社，2014

20. 赵明华，俞晓．土力学与基础工程．武汉：武汉理工大学出版社，2003

21. 张建设主编．建筑工程施工［M］．武汉：武汉理工大学出版社，2007

22. 罗福午等主编　土木工程质量缺陷事故分析及处理（第二版）［M］．武汉：武汉理工大学出版社，2009

23. 钟汉华等．建筑工程施工技术［M］．北京：北京大学出版社，2009

24. 刘荣生．砌体结构常见裂缝的分析与应用［J］．建材技术与应用，2008（5）

25. 李湘洲．我国新型墙体材料现状及趋势．砖瓦界，2006（8）

26. 章迎尔主编．建筑装饰施工．上海：同济大学出版社，2010

27. 王春堂主编．装饰抹灰工程．北京：化学工业出版社，2008

28. 张建设．建筑工程施工［M］．武汉：武汉理工大学出版社，2007

29. 钟贵强．建筑施工管理中的关键问题分析［J］．城市建设理论研究（电子版），2012（16）

30. 郭刚等．浅谈建筑施工企业经营及项目管理［J］．黑龙江科技信息，2010（08）

31. 孙灵锁，王娟．建筑施工安全管理职责分配的现状及思考［J］．建筑安全，2009（1）

32. 江焕坤，金俊．建筑施工管理的探讨［J］．黑龙江科技信息，2011（17）

33. 詹祝军．新农村建设中的市政工程管理［J］．城乡建设，2008（11）

34. 覃文元等．市政工程管理的要点和发展对策［J］．国际工程与劳务，2006.

35. 周奎等．土木工程结构健康监测的研究进展综述［J］．工业建筑，2009.39（3）95-102

36. 蓝燕强．大跨度钢结构网架健康监测的探讨［J］．中国建筑金属结构，2013（12）45

37. 田微等．自修复聚合物材料用微胶囊［J］．化工学报，2006.56（6）

1138-1140

38. 张其林等．大跨度空间结构健康监测应用研究［J］．施工技术，2011．40（4）4-8

39. 杜荣军．建筑施工脚手架实用手册［M］．北京：中国建筑工业出版社，1994

40. 石伟国．高层建筑型钢悬挑脚手架设计与施工技术探讨．建筑技术，2013．（8）717-720

41. 王金玉．工程建设质量管理与控制研究［M］．青岛：中国海洋大学出版社，2012

42. 王宗昌．建筑工程质量控制实例．北京：科学出版社，2004

43. 王宗昌．建筑施工细部操作质量控制．北京：中国建筑工业出版社，2007

44. 王宗昌．建筑工程质量通病预防控制实用技术．北京：中国建材工业出版社，2007

45. 王宗昌．建筑及节能保温实用技术．北京：中国电力出版社，2008

46. 王宗昌．建筑保温节能施工常见问题及对策．北京：中国建筑工业出版社，2009

47. 朱宏亮等．我国工程建设标准及其管理制度现状分析［J］．标准科学，2011（01）

48. 李伟等．重庆市工程建设标准化现状分析［J］．合作经济与科学，2011（18）

49. 读本编写组．领导干部质量安全知识读本［M］．北京：中国计划出版社，2009

50. 黄翠连．分析建筑施工管理中存在的问题［J］．建材发展导向，2011（2）

51. 胡佐立．浅析建筑施工过程中的质量问题［J］．西部大开发，2010（7）

52. 龚剑等．超大型工程混凝土结构与材料性能的设计及其施工关键技术［J］．建筑施工，2012（1）01-04

53. 严捍东．矿物掺合料早期水化活性的测试和分析［J］材料科学与工程学报，2005（31）388-392

54. 施惠生等．蒸养超细粉煤灰高性能混凝土性能试验研究［J］．水泥，2007（3）1-4

610

55. 王栋等．预拌混凝土质量可靠性评价体系的研究［J］．混凝土，2012
（5）105-107

56. 张宏伟．大体积混凝土裂缝控制［J］．市政技术，2010（S1）

57. 卓平立、孟宪丽．大体积设备基础混凝土施工裂缝控制［J］．山西建
筑，2008（31）

58. 余建．建筑结构中短柱的界定及对改善抗震性能措施述评［J］．中国
建材科技，2009（2）56-60

59. 叶列平等．从汶川地震中框架结构震害谈强柱弱梁屈服机制的实现
［J］．建筑结构，2009（11）52-59

60. 朱彦鹏等．钢筋混凝土框架柱端弯矩增大系数初探［J］．工程抗震与
加固改造，2010（4）52-57

61. 彭丽．钢筋混凝土结构加固技术探讨［C］．2007年预应力上海论坛学
术论文集

62. 王文炜．FRP加固混凝土结构技术及应用［M］．北京：中国建筑工业
出版社，2007

63. 丁亚红等．内嵌法加固构件研究综述［J］．工业建筑，2009.39（增
刊）257-264

64. 宋白平．浅谈地基变形引发的砖混结构墙体裂缝．同煤科技，2006
（2）

65. 牛获涛著．混凝土结构的耐久性与寿命预测．北京：科学出版社，
2003

66. 金伟良，赵羽习著．混凝土结构耐久性．北京：科学出版社，2002

67. 孟胜国等．混凝土冬期施工技术及温度控制［J］．建筑技术开发，
2006，33（6）：75-76

68. 彭圣浩．建筑工程质量通病防治［M］．北京：中国建筑工业出版社，
2008

69. 董立波等．冬季混凝土施工技术［J］．黑龙江交通科技，2008（10）：
11-12

70. 江小红等．机制砂的发展及应用与存在问题探讨［J］．甘肃科技，
2011（1）82-84

71. 李勇等．浅谈机制砂的生产及其在混凝土中的应用［J］．福建建筑，
2009（12）56-58

72. 岳海军等. 水泥混凝土用机制砂的级配探讨与试验［J］. 混凝土, 2012（3）91-94

73. 浦心诚等. 高效活性矿物掺合料与混凝土的高性能［J］. 混凝土, 2002（2）3-7

74. 陈习云等. 粗骨料对混凝土性能的影响. 建材技术与应用, 2010（10）10-12

75. 欧阳东. 混凝土矿物减水剂的概念、理论及其应用［J］. 混凝土, 2000（1）44-47

76. 饶美娟等. 掺合料对超高性能水泥基材料强度的影响［J］. 建筑技术, 2009（7）633-635

77. 阮炯正等. 混凝土复合掺合料专业化生产技术［J］. 混凝土, 2009（9）

78. 徐惠忠, 周明. 绝热材料生产及应用［M］. 北京: 中国建材工业出版社, 2007

79. 谢浩. 发达国家建筑节能的启示［J］. 住宅科技, 2009（01）

80. 郭莹. 外墙内、外保温技术在建筑节能住宅中的作用［J］. 建筑技术开发, 2009（2）

81. 李寅. 建筑节能之外墙保温方式探讨［J］. 建筑节能, 2007（2）

82. 徐强. 上海建筑节能的形势与任务［J］. 上海节能, 2006（03）

83. 李珠等. 玻化微珠保温砂浆性能分析［J］. 建材技术与应用, 2007（3）

84. 杜朝阳. 谈蒸压加气混凝土自保温墙体工程质量监督要点［J］. 工程质量, 2011（1）8-11

85. 王成群. 当前建筑节能工作中存在问题及监督管理措施［J］. 科技与生活, 2010（14）95-99

86. 郭玉新. 埋地钢管道防腐保温工艺技术. 防腐保温技术, 2009（2）23-34

87. 黄留群等. 欧洲液体聚氨酯涂料管道补口技术考察情况. 防腐保温技术, 2011（1）17-24

88. 于兆新. 多层住宅建筑的防水施工问题［J］. 建材技术与应用, 2009（5）45-47

89. 唐林. 墙体外保温节能的构造原理及其在工程中应用［J］. 住宅科技, 2006（12）

90. 欧阳立谋. 高层商住楼给水排水管道安装施工分析［J］. 广东建材 2011（2）55-57

91. 王向农. 聚丙烯泡沫保温技术. 北京：化学工业出版社，2010

92. 王卫东. 地下连续墙作为主体结构的设计［J］. 建筑结构，2012（1）3-8

93. 沈春林等. 建筑的渗漏与防治［M］. 北京：中国建筑工业出版社，2009

94. 李兴龙. 电气深化设计的价值工程法［J］. 建筑电气，2011（5）30-34

95. 肖潇. 高层住宅建筑给水排水设计［J］. 科技传播，2012（5）112-113

96. 张金凤. 建筑物室内电气施工质量问题探讨［J］. 科技信息，2009（32）

97. 马铭等. 地下连续墙接头形式及渗漏分析［J］. 地下空间与工程学报 2008（30）

98. 王厚余. 低压电气装置的设计安装和检验（第二版）. 北京：中国电力出版社，2007

99. 孙立宝. 地下连续墙施工中几种接头形式对比分析应用［J］. 探矿工程 2011（5）53-56

100. 崔立. 配电箱运行中存在的问题及注意事项［J］. 电力安全技术，2003（06）

101. 卢璐等. 关于建筑电气施工质量若干问题探讨［J］. 价值工程，2010（29）

102. 杨永康. 建筑配电箱设备安装施工工序［J］. 广东建材；2010（04）

103. 吴步峰. 某公寓楼小区桩基工程质量分析与处理［J］. 福建建筑，2010.2

104. 张军. 灌注桩基工程机械冲击成孔施工工艺［J］. 石家庄铁路职业技术学院学报，2009（4）

105. 张跃川. 桩基工程施工方案编制［J］. 工程建设与设计，2009（12）

106. 邓南等. 汕头地区小高层复合桩基工程初探［J］. 广州建筑，2009（5）

107. 张毅、张文君. 桩基工程成孔质量检测技术探讨［J］. 现代商贸工业，2009（19）

108. 刘涛等. 某高层建筑工程质量事故实例分析与加固处理［J］. 建筑结构学报, 2002（02）

109. 邱贤荣. 浅论地质勘测各阶段技术要点分析［J］. 中国水运（下半月）, 2008（08）

110. 陆佰鑫. 浅析建筑工程中的深基坑支护施工技术［J］. 科技资讯, 2011（15）: 72

111. 靳永军, 吴海洋, 刘德成. 高层建筑深基坑支护的施工质量控制［J］. 科技信息, 2009（06）

112. 龙亚德. 建筑工程中深基坑支护技术的应用［J］. 四川建材, 2008

113. 王铁梦. 抗与放的设计原则及其在跳仓法施工中的应用［M］. 北京: 中国建筑工业出版社, 2008